JavaScript+Zepto+Vue.js 移动前端开发从入门到实践

储久良 著

清華大學出版社
北京

内 容 简 介

本书以 JavaScript 为基础，以 jQuery 移动端框架 Zepto 为构件，以 Vue. js 3. x 为核心，以 Vue Router 和 Pinia 为路由和共享存储，以 uni-app 为终端终极解决方案，详细介绍了 Web 移动前端开发的基本知识架构。全书为设计师和开发者提供了一套完整的移动前端开发的基础套件，以满足 Web 移动前端项目开发者的需求。

全书共分为 12 章。第 1～4 章介绍 JavaScript 基础及应用；第 5、6 章介绍 jQuery 移动端框架 Zepto 基础及高级应用；第 7、8 章介绍 Vue. js 基础及高级应用；第 9 章介绍 Vue 3. x 前端工程构建工具；第 10、11 章介绍 Vue Router 和 Pinia；第 12 章简要介绍 uni-app 跨平台移动端开发工具。每章配有本章学习目标、学习内容、项目实战、小结与练习，便于读者自主学习与实践提高，通过项目实战来培养工程素养和编程能力。

本书可作为高等学校计算机类相关专业的软件开发、实验和实训类课程的教材，也可作为 Web 前端开发工程师和广大爱好者等培训、实训的参考用书。

图书在版编目（CIP）数据

JavaScript＋Zepto＋Vue. js 移动前端开发从入门到实践/储久良著. -- 北京：清华大学出版社，2025. 5. --（清华科技大讲堂丛书）. -- ISBN 978-7-302-69122-8

Ⅰ. TP312. 8；TP393. 092. 2

中国国家版本馆 CIP 数据核字第 2025WX3576 号

策划编辑：魏江江
责任编辑：王冰飞　薛　阳
封面设计：刘　键
责任校对：申晓焕
责任印制：杨　艳

出版发行：清华大学出版社
　　网　　址：https://www. tup. com. cn，https://www. wqxuetang. com
　　地　　址：北京清华大学学研大厦 A 座　　**邮　　编**：100084
　　社 总 机：010-83470000　　**邮　　购**：010-62786544
　　投稿与读者服务：010-62776969，c-service@tup. tsinghua. edu. cn
　　质量反馈：010-62772015，zhiliang@tup. tsinghua. edu. cn
　　课件下载：https://www. tup. com. cn，010-83470236
印 装 者：三河市龙大印装有限公司
经　　销：全国新华书店
开　　本：185mm×260mm　　**印　　张**：25. 75　　**字　　数**：679 千字
版　　次：2025 年 6 月第 1 版　　**印　　次**：2025 年 6 月第1 次印刷
印　　数：1～1500
定　　价：69. 80 元

产品编号：107270-01

前言

党的二十大报告指出：教育、科技、人才是全面建设社会主义现代化国家的基础性、战略性支撑。必须坚持科技是第一生产力、人才是第一资源、创新是第一动力，深入实施科教兴国战略、人才强国战略、创新驱动发展战略，开辟发展新领域新赛道，不断塑造发展新动能新优势。高等教育与经济社会发展紧密相连，对促进就业创业、助力经济社会发展、增进人民福祉具有重要意义。

在互联网＋飞速发展的时代，跨平台跨端(多端)开发一直是比较热门的话题，也是目前各行各业的主流业务开发需求。"只写一次，到处可以运行(一端开发，跨端运行)"一直是广大开发者所期望的。跨平台解决方案可以做到一次开发，多端复用，一套代码能够运行在不同设备上，这可以在很大程度上降低研发成本，同时在产品效能上满足快速验证和快速上线的实际需求。

目前跨端跨平台的优秀技术方案很多，其中，uni-app(DCloud)和 taro(京东凹凸实验室)依靠大力度投入，成为市场主流。uni-app 是一个使用 Vue.js 开发所有前端应用的框架，开发者利用该平台能够编写一套代码，可发布到 iOS、Android、Web(响应式)、各种小程序(微信/支付宝/百度/头条/飞书/QQ/快手/钉钉/淘宝)、快应用等多个平台。这样读者和开发者就能够以较低的开发成本和较少的学习成本，快速满足用户的多端开发的需要。目前图书市场上满足此类需求的图书并不多见，因此需要打造一本以 JavaScript 为主线，Zepto、Vue.js、uni-app 融为一体的专门教程，以满足移动前端基础开发的需求，为此作者创作了本书。

1. 主要内容

全书共分为 12 章。第 1 章 Web 前端开发概述，第 2 章 JavaScript 基础，第 3 章 JavaScript 事件处理，第 4 章 DOM 和 BOM，第 5 章 Zepto 移动框架，第 6 章 Zepto 高级应用，第 7 章 Vue 3.x 基础应用，第 8 章 Vue 3.x 高级应用，第 9 章 Vue 3.x 前端工程构建工具，第 10 章 Vue Router 路由，第 11 章 Pinia-Vue 存储库，第 12 章 uni-app 跨平台移动端开发工具。

2. 编写特色

(1) **科学架构知识体系，契合工程需求**：以 JavaScript 为核心串联知识体系，有机整合 jQuery 移动端框架 Zepto、渐进式框架 Vue.js 与跨平台框架 uni-app，满足读者及开发者在移动端开发的基础诉求与实际工程开发需要。

(2) **精选实战案例，助力能力提升**：从多元行业应用场景中挑选 148 个融合多知识点实战案例，将关键知识点与技能培养融入其中。案例难度循序渐进，有力推动"教、学、做"一体化教学的实施。

(3) **精创实战视频，满足实训需求**：依据知识体系与能力培养目标，结合工程实际设计 24 个实战项目，并提供实战视频讲解。详实的项目实战要求与步骤保障教学实训有序开展，项目实战视频对关键知识点与技能点细致讲解，便于读者与开发者观摩学习和仿真实训。

3. 教学资源

为了使读者更好地掌握本书内容，本书录制了项目实战教学视频，总时长800分钟，帮助读者学习和消化所学知识，提高实践技能。本书还提供了教学大纲、教学课件、教学案例源码、素材等配套资源。同时，本书通过"清览题库"平台提供在线教学服务，主要提供教材的单元测验和组卷服务功能，方便高校教师开展线上线下混合式教学。

资源下载提示

课件等资源：扫描封底的"图书资源"二维码，在公众号"书圈"下载。
素材(源码)等资源：扫描目录上方的二维码下载。
在线自测题：扫描封底的作业系统二维码，再扫描自测题二维码，可以在线做题及查看答案。
微课视频：扫描封底的文泉云盘防盗码，再扫描书中相应章节的视频讲解二维码，可以在线学习。

4. 适用对象

本书适合于熟悉HTML5和CSS3等基础知识、有一定网页设计基础、对Vue.js渐进式框架非常感兴趣的读者及各类Web前端开发爱好者。对没有HTML5和CSS3基础的读者或者前端爱好者，也可以参考学习作者的《Web前端开发技术——HTML5、CSS3、JavaScript》(第4版·题库·微课视频版)，边学边用，提高学习效率。

本书的出版得到清华大学出版社的大力支持，在此表示衷心感谢。目前Web前端框架技术发展迅速，新特性和新功能不断涌现，跨端平台优秀方案层出不穷，由于时间紧、任务重和能力所限，书中遗漏和不足之处在所难免，恳请各位技术专家和读者朋友批评指正。

本书配套的教学资源建设成果荣获2023第五届中国计算机教育大会计算机类教学资源建设优秀课程配套资源一等奖。

作　者

2025年3月于苏州虎丘

目录

扫一扫

源码下载

第1章

Web前端开发概述

本章学习目标：

通过本章的学习，读者将熟悉 Web 前端开发主流工具和 Web 前端开发工程化工具，掌握常用的开发工具使用方法和学会配置运行环境。

Web 前端开发工程师应知应会以下内容。

- 熟悉并学会使用 Web 前端开发工具。
- 学会使用各种主流的 Web 前端开发工程化工具。
- 学会 JavaScript 基础编程和熟练使用各种运行方式。
- 学会 TypeScript 基础编程和熟练使用各种运行方式。

1.1 Web 前端开发工具

目前比较流行使用 JavaScript 或 TypeScript 开发前端项目，通常借助于前端框架技术来实现。现阶段流行的三大前端开发框架有 Vue、React、Angular，但在中国 Vue. js 尤其受欢迎。Vue. js 适合于开发大中型企业项目。其构建项目的方法主要有两种：一种方法是使用 Vue CLI 来创建，创建的项目一般会比较大，渲染速度慢，内存消耗大；另一种方法是使用下一代前端构建工具 Vite 来创建项目，具有快速的冷启动、及时的热模块更新、真正的按需加载。本书主要采用 Vite 来构建 Web 前端项目。

目前 Web 前端开发的主要工具有 Visual Studio Code（简称 VS Code）、HBuilder X（简称 HX）、WebStorm、SubLime Text 等。推荐使用 VS Code 和 HX。

1.1.1 Visual Studio Code

Visual Studio Code 是一款免费开源的现代化轻量级代码编辑器，支持几乎所有主流的开发语言的语法高亮、智能代码补全、自定义热键、括号匹配、代码片段、代码对比、集成 git 等特性，支持插件扩展，并针对网页开发和云端应用开发做了优化。软件跨平台支持 Windows、macOS 以及 Linux。程序界面如图 1-1 所示。

1.1.2 HBuilder X

HBuilder X 是 DCloud（数字天堂，https://www. dcloud. io/）推出的一款支持 HTML5 的 Web 开发 IDE。其定位是 IDE 和编辑器的完美结合，具有轻巧、极速、强大的语法提示，专为 Vue 打造，清爽护眼等特点。程序界面如图 1-2 所示。

1.2 Web 前端开发工程化工具

为了提高 Web 前端项目的开发质量和效率，业界推出了很多 Web 前端开发工程化工具。这些工具包括 Node. js（跨平台的 JavaScript 运行环境）、各类前端框架（如 Vue、React 及

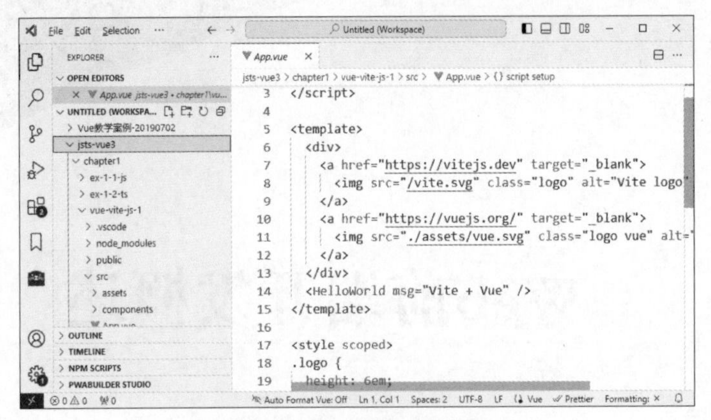

图 1-1 VS Code IDE 界面

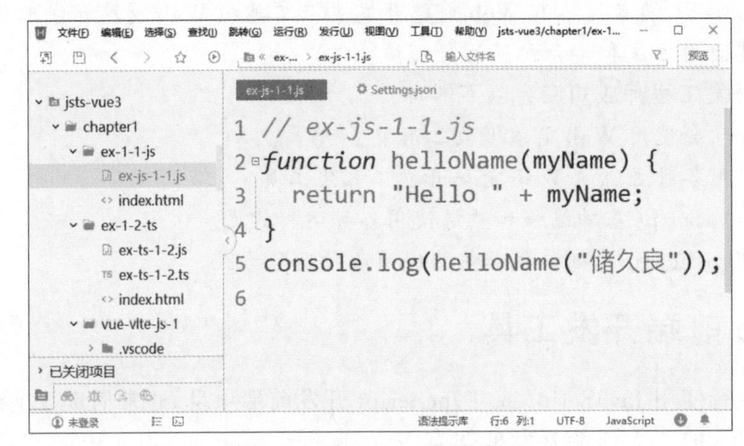

图 1-2 HBuilder X 程序界面

Angular)、构建工具(如脚手架工具 Vue CLI、Vite 等)、项目打包工具(如 webpack、Rollup 等)。下面分别进行介绍。

1.2.1 跨平台的 JavaScript 运行环境 Node.js

由于 Vite 需要 Node.js 版本 v18+或 v20+,所以应根据操作系统的类型选择下载相应版本的 Node.js,其历史版本网址为 https://nodejs.org/en/download/releases/。例如,在 Windows(x64)下,可以下载 v16.14 版本,文件名为 node-v16.14.0-x64.msi,然后直接安装,安装完成后在"开始"菜单中可以看到 Node.js 程序组,如图 1-3 所示。然后选择 Node.js command prompt 命令或按 Win+R 组合键输入"cmd"打开命令行窗口,如图 1-4 所示。由于新版的 Node.js 已经集成了 Node 包管理器工具,所以 npm 一并安装完成。可以通过输入 node -v、npm -v 命令来测试是否安装成功,如果出现版本信息则表示安装成功。

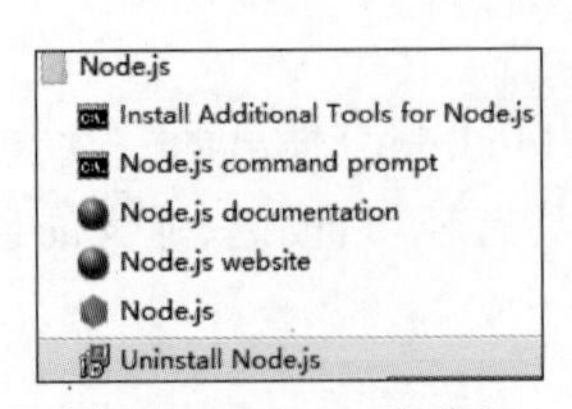

图 1-3 Node.js 程序组

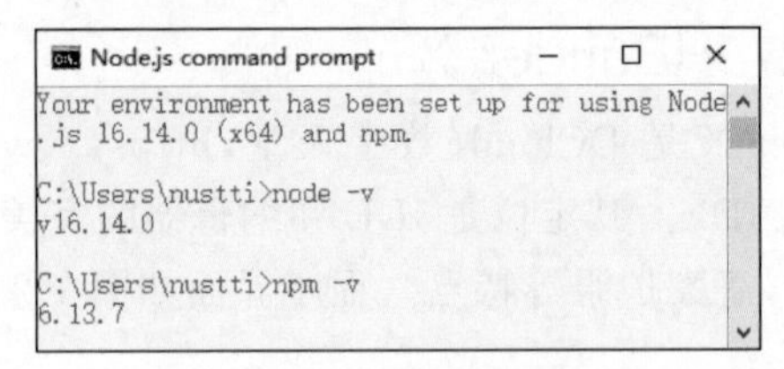

图 1-4 检查安装的版本号

1.2.2 渐进式框架 Vue.js

Vue(发音为/vjuː/,类似 view)是一款用于构建用户界面的渐进式 JavaScript 框架。它基于标准 HTML、CSS 和 JavaScript 构建,并提供了一套声明式的、组件化的编程模型,帮助用户高效地开发用户界面。无论是简单还是复杂的界面,Vue 都可以胜任。其特点是易学易用,性能出色,适用于场景丰富的 Web 前端框架。目前,Vue 3 的版本为 v3.4.27。在实际开发中可以通过 script 标记来引入 vue.global.js,或者在项目中使用 npm 来安装 Vue 插件。

1.2.3 Vue 脚手架 Vue CLI

Vue CLI(Vue Command-Line Interface)是命令行界面,也称为脚手架。Vue CLI 是一个官方发布的 Vue.js 项目脚手架,使用 Vue CLI 可以快速搭建 Vue 开发环境以及对应的 webpack 配置。

Vue.js 官方脚手架工具使用了 webpack 模板对所有的资源进行压缩等优化操作,它在开发过程中提供了一套完整的功能,能够使得开发过程变得更高效。

使用 Vue CLI 及 webpack 等插件时,需要全局安装。命令如下。

```
npm install -g @vue/cli
npm install -g webpack webpack-cli webpack-dev-server
```

- Vue CLI2 初始化项目命令:

```
vue init webpack projectName
```

- Vue CLI3 初始化项目命令:

```
vue create projectName
```

注意 上面安装的是 Vue CLI3 的版本,如果想按照 Vue CLI2 的方式初始化项目是不可以的。如果仍然需要使用旧版本的 vue init 功能,可以全局安装一个桥接工具。命令如下。

```
npm install -g @vue/cli-init
npm init weback projectName
```

服务器运行项目命令如下。

- Vue CLI2 启动服务命令:

```
npm run dev
```

- Vue CLI3 启动服务命令:

```
npm run serve
```

1.2.4 下一代构建工具 Vite

1. Vite 简介

Vite 是 Vue 的编写者尤雨溪开发的 Web 开发构建工具。它是一个基于浏览器原生 ES 模块导入的开发服务器,在开发环境下,利用浏览器去解析 import,在服务器端按需编译返回,完全跳过了打包这个概念,服务器随启随用。同时,它不仅对 Vue 文件提供了支持,还支持热更新,而且热更新的速度不会随着模块增多而变慢。在生产环境下使用 Rollup 打包。它主要由以下两部分组成。

- 一个开发服务器。它基于原生 ES 模块,提供了丰富的内建功能,如速度快到惊人的模块热更新(Hot Module Replacement,HMR)。
- 一套构建指令。它使用 Rollup 打包代码,并且它是预配置的,可输出用于生产环境的高度优化过的静态资源。

Vite 意在提供开箱即用的配置,同时它的插件 API 和 JavaScript API 带来了高度的可扩展性,并有完整的类型支持。目前 Vite 的最新版本为 v4.1.1,其详细功能可以参见 Vite 官方中文文档(https://cn.vitejs.dev/guide/)。

Vite 的主要特性有快速的冷启动、及时的热模块更新、真正的按需加载。

2. Vite 创建项目的方法

Vite 创建项目的命令如下。

- npm init 创建项目:

```
npm init vite my - project - - template vue
```

- npm create 创建项目:

```
npm create vite my - project - - template vue - ts
```

通过对话界面,完成项目初始创建。然后依次执行以下命令:

```
cd my - project
npm install
npm run dev
```

3. Vite 构建基于 Vue 框架的项目

在 Vite 构建项目时首先要选择需要使用的框架(如 Vue、React 等),然后选择支持的脚本语言(如 JavaScript、TypeScript),之后开始创建项目。

(1) 选择支持脚本为 JavaScript。创建项目步骤如下。

① 使用 npm create vite 命令创建。

```
npm create vite vue - vite - js - 1 - - template vue
```

在命令行窗口执行上述命令,选择 Vue 框架和 JavaScript 后按 Enter 键,结果如图 1-5 所示。

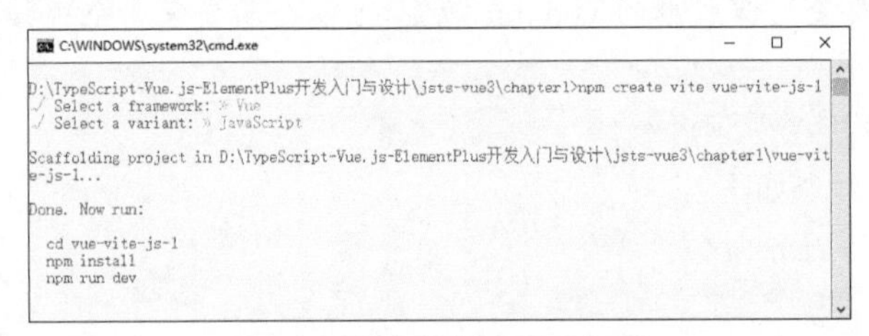

图 1-5　命令行创建项目界面

② 进入项目文件夹,执行依赖包安装,再启动本地服务,如图 1-6 所示。

```
cd vue - vite - js - 1
npm install
npm run dev
```

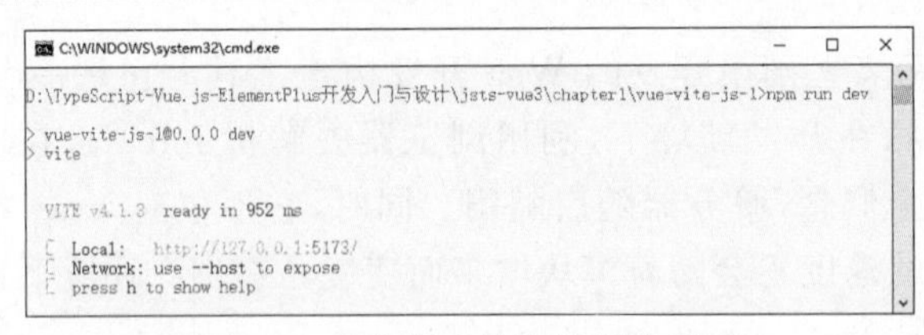

图 1-6　命令行启动本地服务界面

③ 打开 Chrome 浏览器,输入"http://127.0.0.1:5173/",初始页面如图 1-7 所示。

(2) 选择支持脚本为 TypeScript。创建项目步骤如下。

① npm create vite 命令创建。

```
npm create vite vue - vite - ts - 1 - - template vue - ts
```

在命令行窗口执行上述命令,选择 Vue 框架和 TypeScript 后按 Enter 键,结果如图 1-8 所示。

Vite + Vue
http://localhost:5173
Vue
元素
Find components...
<App> fragment
<HelloWorld> fragment
单击按钮，count会增1
Vite + Vue
count is 2
Edit components/HelloWorld.vue to test HMR
Check out create-vue, the official Vue + Vite starter
<HelloWorld>
props
msg: "Vite + Vue"
setup
count: 2 (Ref)

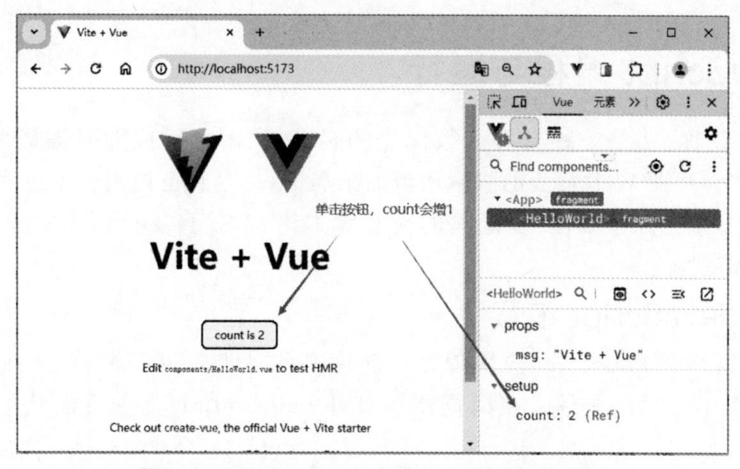

图 1-7 Vite+JS+Vue 创建 Vue 项目初始页面

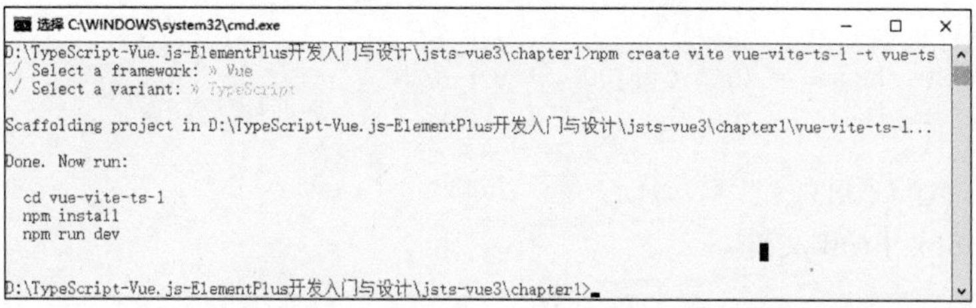

选择 C:\WINDOWS\system32\cmd.exe
D:\TypeScript-Vue.js-ElementPlus开发入门与设计\jsts-vue3\chapter1>npm create vite vue-vite-ts-1 -t vue-ts
√ Select a framework: » Vue
√ Select a variant: » TypeScript
Scaffolding project in D:\TypeScript-Vue.js-ElementPlus开发入门与设计\jsts-vue3\chapter1\vue-vite-ts-1...
Done. Now run:
cd vue-vite-ts-1
npm install
npm run dev
D:\TypeScript-Vue.js-ElementPlus开发入门与设计\jsts-vue3\chapter1>

图 1-8 Vite 创建 Vue 项目初始页面 1

② 进入项目文件夹，执行依赖包安装，再启动本地服务，如图 1-9 所示。

```
cd vue-vite-ts-1
npm install
npm run dev
```

选择 npm run dev
D:\TypeScript-Vue.js-ElementPlus开发入门与设计\jsts-vue3\chapter1>cd vue-vite-ts-1
D:\TypeScript-Vue.js-ElementPlus开发入门与设计\jsts-vue3\chapter1\vue-vite-ts-1>npm run dev
> vue-vite-ts-1@0.0.0 dev
> vite
VITE v4.1.2 ready in 4747 ms
Local: http://127.0.0.1:5173/
Network: use --host to expose
press h to show help

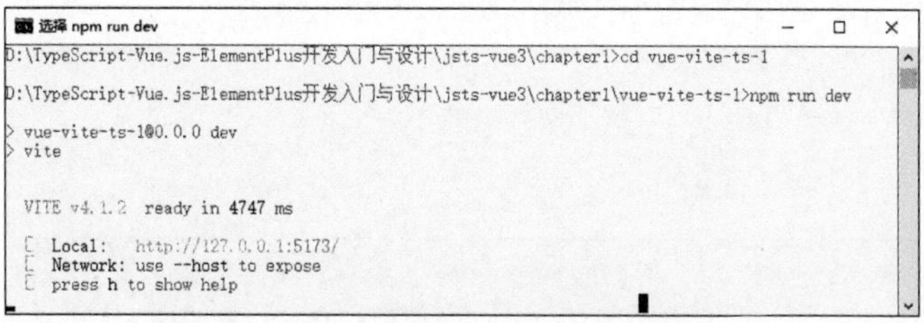

图 1-9 Vite 创建 Vue 项目初始页面 2

③ 打开 Chrome 浏览器，输入“http://127.0.0.1:5173/”，初始页面如图 1-10 所示。

Vite + Vue + TS
http://localhost:5173
Vue
元素
Find components...
<App> fragment
<HelloWorld> fragment
单击按钮，count会增1
Vite + Vue
count is 4
Edit components/HelloWorld.vue to test HMR
Check out create-vue, the official Vue + Vite starter
<HelloWorld>
props
msg: "Vite + Vue"
setup
count: 4 (Ref)

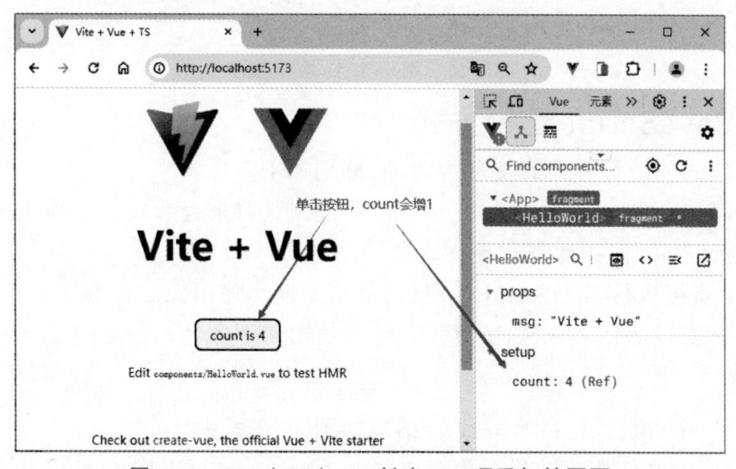

图 1-10 Vite+TS+Vue 创建 Vue 项目初始页面

1.3 JavaScript 编程与运行

JavaScript(简称 JS)是一种具有函数优先的轻量级、解释型或即时编译型的编程语言。虽然它是因为作为开发 Web 页面的脚本语言而出名的,但是它也被用到了很多非浏览器环境中。JavaScript 是基于原型编程、多范式的动态脚本语言,并且支持面向对象、命令式、声明式、函数式编程范式。

1.3.1 JavaScript 编程

【例 1-1】 第一个 JavaScript 应用程序。创建项目文件夹 webjs-1-1,并在此文件夹下创建 index. html 和 js-1-1. js 文件。在浏览器中打开 index. html,查看页面效果,如图 1-11 所示。内容分别如下。

(1) 创建 js-1-1. js 文件。

```
1.  // js - 1 - 1.js
2.  for (var i = 1, sum = 0; i <= 100; i++) {
3.    sum = sum + i;
4.  }
5.  console.log("累加和 = " + sum);
```

(2) 创建 index. html 文件。

```
1.   <!-- index.html -->
2.   <!DOCTYPE html>
3.   <html lang = "en">
4.     <head>
5.       <meta charset = "UTF - 8" />
6.       <meta http - equiv = "X - UA - Compatible" content = "IE = edge" />
7.       <meta name = "viewport" content = "width = device - width, initial - scale = 1.0" />
8.       <title>第一个 JS 应用程序</title>
9.     </head>
10.    <body>
11.      <script src = "js - 1 - 1.js"></script>
12.    </body>
13.  </html>
```

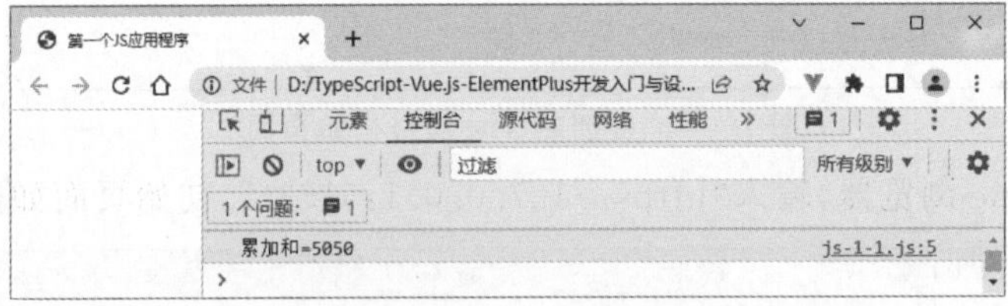

图 1-11 第一个 JS 应用程序

1.3.2 JavaScript 运行方式

JavaScript 代码的运行方式通常分为两种,分别如下。

(1) 嵌入 HTML 文档(如 index. html)中,通过浏览器来查看效果。当 JavaScript 代码中含有操作 DOM 元素时,使用此方式更为合适。

(2) node. js 直接执行 JavaScript 代码(仅适用于输出使用控制台方法)。

使用 node. js 直接运行 JavaScript 代码,可以使用如下命令。

```
node js 文件名
```

在命令行窗口中,执行 node js-1-1. js,结果如图 1-12 所示。

如果将 js-1-1. js 文件修改并另存为 js-1-2. js,代码如下,可以嵌入 HTML 文档中,通过浏

```
C:\WINDOWS\system32\cmd.exe
D:\>cd D:\TypeScript-Vue.js-ElementPlus开发入门与设计\jsts-vue3\chapter1\webjs-1-1

D:\TypeScript-Vue.js-ElementPlus开发入门与设计\jsts-vue3\chapter1\webjs-1-1>node js-1-1.js
累加和=5050

D:\TypeScript-Vue.js-ElementPlus开发入门与设计\jsts-vue3\chapter1\webjs-1-1>
```

图 1-12 node.js 直接运行 JS 代码

览器查看 index.html(引入 js-1-2.js)页面效果如图 1-13 所示。但如果直接使用命令“node js-1-2.js”方式执行,就会报“ReferenceError:document is not defined”错误且只显示信息。

```
1.  // js-1-2.js
2.  for (var i = 1, sum = 0; i <= 100; i++) {
3.    sum = sum + i;
4.  }
5.  // console.log("累加和 = " + sum);
6.  var p1 = document.createElement("p");
7.  p1.appendChild(document.createTextNode("累加和 = " + sum));
8.  document.body.appendChild(p1);
```

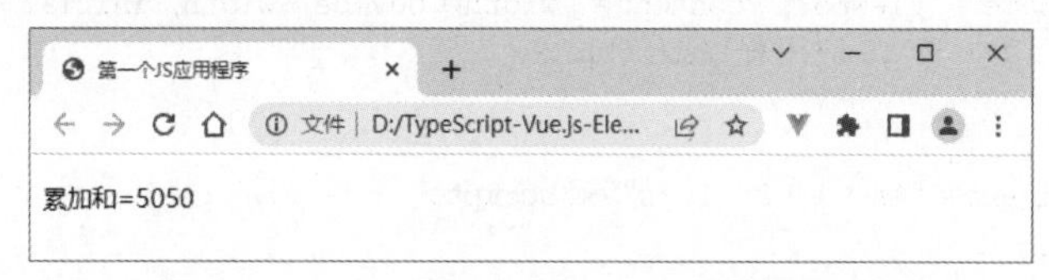

图 1-13 嵌入 HTML 文档中的 JS 应用程序

1.4 TypeScript 编程与运行

TypeScript 是微软开发的一个开源的编程语言,通过在 JavaScript 的基础上添加静态类型定义构建而成。TypeScript 通过 TypeScript 编译器或 Babel 转译为 JavaScript 代码,可运行在任何浏览器及任何操作系统上。通常 TS 文件不能直接运行,需要通过 tsc 编译为 JS 文件才能被浏览器理解。

编译之前,先要使用 npm 全局安装 TypeScript,然后使用“tsc -v”查看安装是否成功。如果看到版本号,如图 1-14 所示,就说明安装成功。再使用 tsc 来编译 TS 就可以了。命令如下。

```
npm install -g typescript
tsc ts 文件名
```

```
C:\WINDOWS\system32\cmd.exe
D:\TypeScript-Vue.js-ElementPlus开发入门与设计\jsts-vue3\chapter1\webts-1-2>tsc -v
Version 4.9.5

D:\TypeScript-Vue.js-ElementPlus开发入门与设计\jsts-vue3\chapter1\webts-1-2>
```

图 1-14 tsc 版本查看

1.4.1 TypeScript 编程

【例 1-2】 第一个 TypeScript 应用程序。创建项目文件夹 webts-1-2,并在此文件夹下创建 index.html 和 ts-1-2-1.ts 文件。然后使用 tsc 编译 TS 文件为 JS 文件,再嵌入 HTML 文档中。在浏览器中打开 index.html,查看页面效果,如图 1-15 所示。内容分别如下。

(1) 创建 ts-1-2-1.ts 文件。

```
1.  // ts-1-2-1.ts
2.  function sum(n: number): number {
3.    let sum_1 = 0;
4.    for (let i = 1; i <= n; i++) {
5.      sum_1 = sum_1 + i;
```

```
6.     }
7.     return sum_1;
8.  }
9.  console.log("累加和 = " + sum(100));
```

(2) 使用 tsc 编译 TS 文件为 JS 文件。

编写 ts-1-2-1.ts 后，就可以使用 tsc ts-1-2-1.ts 将 TS 文件转译为 ts-1-2-1.js。可以在 HTML 文档中引入 ts-1-2-1.js，然后在浏览器中查看，如图 1-15 所示。也可以使用 node.js 直接运行 ts-1-2-1.js，结果如图 1-16 所示。

(3) 创建 index.html 文件。

```
14.  <!-- index.html -->
15.  <!DOCTYPE html>
16.  <html lang = "en">
17.    <head>
18.      <meta charset = "UTF - 8" />
19.      <meta http - equiv = "X - UA - Compatible" content = "IE = edge" />
20.      <meta name = "viewport" content = "width = device - width, initial - scale = 1.0" />
21.      <title>第一个 TS 应用程序</title>
22.    </head>
23.    <body>
24.      <script src = "ts - 1 - 2 - 1.js"></script>
25.    </body>
26.  </html>
```

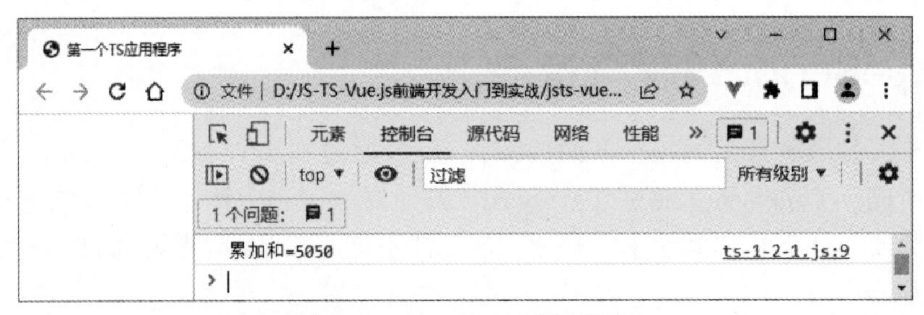

图 1-15　第一个 TS 应用程序

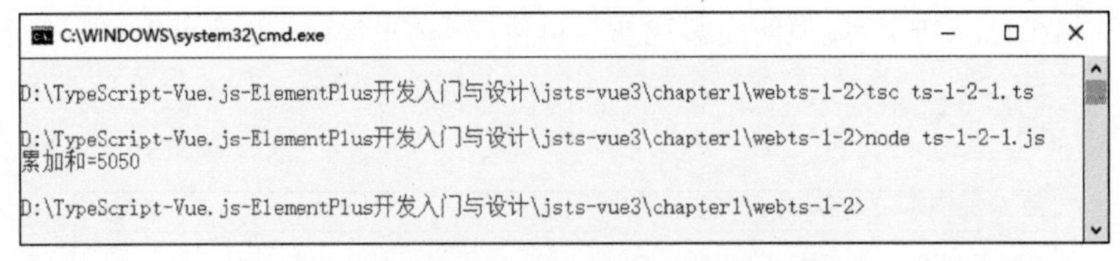

图 1-16　node 执行转译后的 JS 应用程序

1.4.2　TypeScript 运行方式

TypeScript 代码的运行方式通常分为两种，分别如下。

(1) 使用 tsc 将 TS 文件转译为 JS 文件，然后嵌入 HTML 文档(如 index.html)中，通过浏览器来查看效果。当 TypeScript 代码中含有操作 DOM 元素时，使用此方式更为合适。

注：每次修改代码后，都要重复执行两个命令(tsc ts 文件名，node js 文件名)，才能运行 TS 代码，太烦琐。而使用 ts-node 包，可直接在 node.js 中执行 TS 代码(简化方式)。

(2) 使用 ts-node 直接执行 TS 代码(仅适用于 TS 文件中使用控制台方法输出的场景)。需要全局安装 ts-node 包，才能直接运行 TypeScript 代码。其安装命令和使用方式如下。

```
npm install -g ts - node
ts - node ts - 1 - 2 - 1.ts
```

在命令行窗口中执行上述命令，结果如图 1-17 所示。

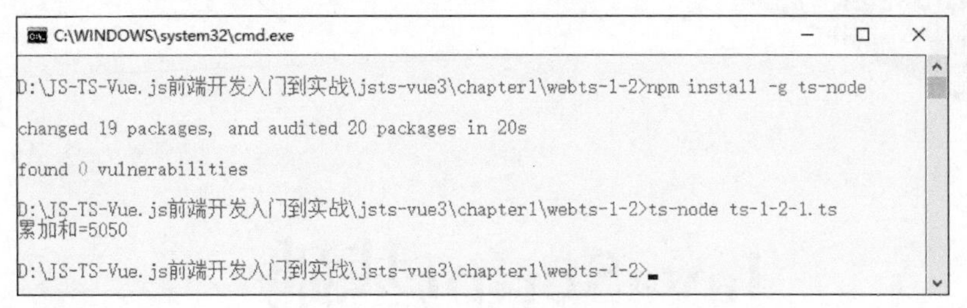

图 1-17　node.js 直接运行 TS 代码

项目实战 1

1. 简易 JavaScript 编程实战——显示我的姓名

2. 简易 TypeScript 编程实战——显示我的个人信息

小结

本章重点介绍 Web 前端开发工具、前端工程化构建工具及 JavaScript 和 TypeScript 编程与运行方式等内容。通过这些内容的介绍，让读者能够了解和学会使用 Web 主流开发工具(如 VS Code、HBuilderX 等)来编写代码，逐步学会使用 Vue CLI 和 Vite 等工程构建工具来构建 Web 前端项目。

练习 1

扫一扫

习题

扫一扫

自测题

第2章

JavaScript基础

本章学习目标：

通过本章的学习，读者将对基于对象和事件驱动的 JavaScript 脚本语言有一个初步的认识，初步掌握 JavaScript 的特点和基础语法以及基本程序控制结构，学会使用 JavaScript 自定义函数编写特定功能的函数。

Web 前端开发工程师应知应会以下内容。

- 掌握 JavaScript 的使用方式。
- 掌握 JavaScript 标识符和变量的命名规范及其使用方法。
- 掌握 JavaScript 常用运算符和表达式。
- 掌握 JavaScript 中顺序、选择、循环三种程序控制结构的使用方法。
- 学会使用 JavaScript 自定义函数。
- 学会用 JavaScript 解决实际工程中的基本问题。

自从作为 Web 的编程语言出现以来，JavaScript 一直非常流行。也就是说，目前 JavaScript 依然是整个市场上需求量最大的编程语言之一。在 2024 年 7 月 TIOBE 编程语言排行榜中，JavaScript 稳居第 6 位。那么 JavaScript 到底是什么？JavaScript 是一种基于对象和事件驱动并具有安全性能的解释型脚本语言，其目的是能够在客户端网页中增加动态效果和交互能力，实现了用户与网页之间的一种实时的、动态的交互关系。

2.1 JavaScript 概述

JavaScript 由 Netscape 公司的工程师 Brendan Eich（布兰登·艾奇）于 1995 年开发设计，最初命名为 LiveScript，是一种动态、弱类型、基于原型的语言。JavaScript 在设计之初受到 Java 的影响，语法上与 Java 有很多类似之处，并借用了许多 Java 的名称和命名规范。后来 Netscape 与 Sun 公司进行合作，将 LiveScript 改名为 JavaScript。

2.1.1 JavaScript 的组成

完整的 JavaScript 是由 ECMAScript 核心标准（其中 ECMA 是指欧洲计算机制造商协会）、DOM（文档对象模型）、BOM（浏览器对象模型）三部分组成的。其中，ECMAScript 主要定义了 JS 语法；DOM 提供了一套操作页面元素的 API，DOM 可以把 HTML 看作文档树，通过 DOM 提供的 API 可以对树上的节点进行操作；BOM 提供一套操作浏览器功能的 API，通过 BOM 可以操作浏览器窗口。

2.1.2 JavaScript 的特点

JavaScript 主要运行在客户端，由浏览器解释和处理，不需要和 Web 服务器发生任何数据交换，因此不会增加 Web 服务器的负担。

JavaScript 具有如下特点。

1. 简单性

JavaScript 是一种解释性语言，且采用小程序段的方式实现编程，因此 JavaScript 编写的程序不需要经过编译即可直接逐行地解释执行，此外，它的变量类型采用弱类型，未使用严格的数据类型进行安全检查。

2. 安全性

JavaScript 是一种具有安全性能的脚本语言，它不允许程序访问本地的硬盘资源，不能将数据存入服务器，不允许对网络文档进行修改和删除，只能通过浏览器实现信息浏览或动态交互，从而有效地保障数据的安全性。

3. 动态性

JavaScript 可以直接对用户的输入信息进行简单处理和响应，而无须向 Web 服务程序发送请求再等待响应。JavaScript 的响应采用事件驱动的方式进行，当页面中执行了某种操作时会产生特定事件，如移动鼠标、调整窗口大小等，会触发相应的事件响应处理程序。

4. 跨平台性

JavaScript 程序的运行只依赖于浏览器，与操作系统和机器硬件无关，只要能够安装支持 JavaScript 的浏览器都能正确运行。

2.1.3 JavaScript 的放置位置

JavaScript 代码通常不能单独运行，可以嵌入 HTML 文档中，也可以通过 node.js 直接运行。在 HTML 文档中通常放置在页面的 head 或 body 部分。当页面载入时，会自动执行位于 body 部分的 JavaScript，而位于 head 部分的 JavaScript 只有被显式调用时才会被执行。常用的书写位置有以下几种。

1. 写在行内

```
<input type="button" onclick="alert('Hello World!');" value="显示信息">
```

2. 写在<script>标记中

```
<script type="text/JavaScript">
  alert('Hello World!');
  document.write('Hello World!');
</script>
```

由<script>…</script>标记包裹的代码就是 JavaScript 代码，它能够被浏览器解释执行。通常需要将此标记插入到<body>标记中才能执行。

3. 写在外部 JS 文件中，在页面中引入

```
<script type="text/JavaScript" src="js-1-1.js"></script>
```

把代码放在单独的文件中更便于代码维护和复用。

4. <head>中的 JavaScript

JavaScript 代码可以被放置于 HTML 页面的<head></head>部分。此时，JavaScript 代码必须以函数形式出现才能正常使用。这些函数会在相关事件中被调用。

```
<head>
  <script type="text/javascript">
    function headFunction(){
      alert("调用头部定义的函数!");
    }
  </script>
</head>
```

【例 2-1】 JavaScript 代码放置位置实战。

代码如下，页面如图 2-1～图 2-3 所示。

(1) js-1-1.html 文件，代码如下。

```
1.  <!-- js-1-1.html -->
2.  <!DOCTYPE html>
3.  <html lang="en">
4.    <head>
5.      <meta charset="UTF-8" />
6.      <meta http-equiv="X-UA-Compatible" content="IE=edge" />
7.      <meta name="viewport" content="width=device-width, initial-scale=1.0" />
8.      <title>JS放置位置</title>
9.      <script type="text/javascript">
10.       function headFunction() {
11.         alert("调用头部定义的函数!");
12.       }
13.     </script>
14.   </head>
15.   <body>
16.     <form action="">
17.       <input type="button" onclick="displayMessage()" value="调用外部JS函数" />
18.       <input type="button" onclick="headFunction()" value="调用头部函数" />
19.     </form>
20.     <script>
21.       alert("这是script标记内执行的JS代码");
22.     </script>
23.     <script src="js-1-1.js"></script>
24.   </body>
25. </html>
```

代码中第 9～12 行、第 17～18 行、第 20～22 行、第 23 行分别使用 4 种不同放置位置。

(2) 外部 JS 文件 js-1-1.js，代码如下。

```
1.  // js-1-1.js
2.  function displayMessage() {
3.    alert("这是外部JS函数调用!");
4.  }
```

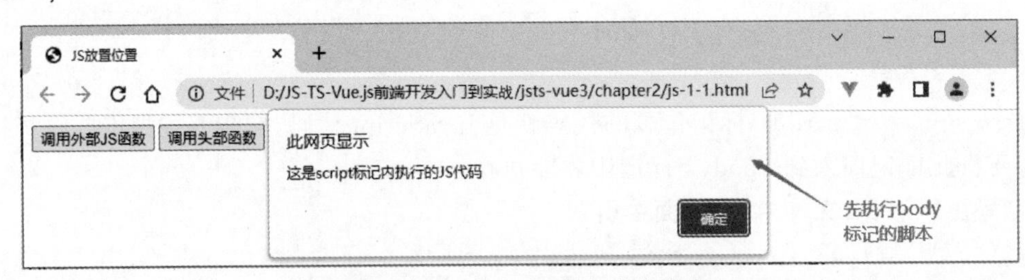

图 2-1 执行<body>标记中的脚本

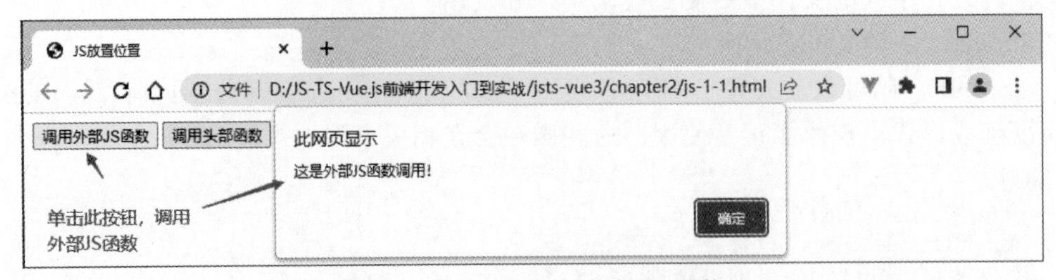

图 2-2 单击按钮调用外部 JS 函数

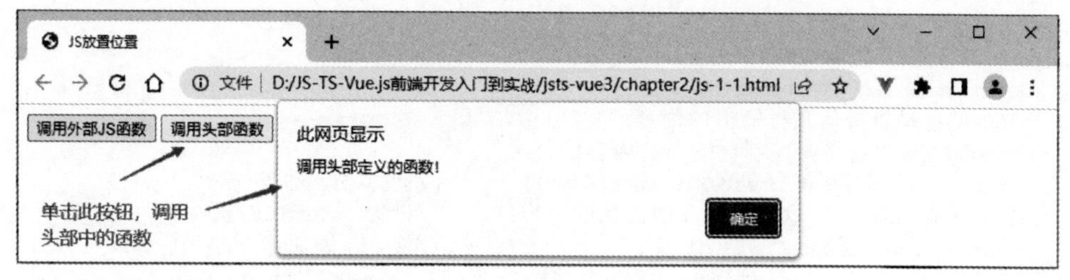

图 2-3 单击按钮调用头部 JS 函数

2.1.4 JavaScript 的输出

JavaScript 不提供任何内建的打印或显示函数。JavaScript 能够以不同方式“显示”数据，具体方式如下。

- 使用 window.alert()写入警告框。
- 使用 document.write()写入 HTML 输出。
- 使用 innerHTML 写入 HTML 元素。
- 使用 console.log()写入浏览器控制台。

1. 使用 window.alert()

可以使用警告框来显示数据。代码如下。

```
window.alert("这是要显示的数据");
alert("这是要显示的数据");
```

2. 使用 document.write()

出于测试目的，使用 document.write()输出数据比较方便。这个语句会影响页面效果，代码如下。

```
document.write("这是要显示的数据");      //输出"这是要显示的数据"
document.write (300 + 500);              //输出 800
```

3. 使用 innerHTML

如需访问 HTML 元素，JavaScript 可使用 document.getElementById(id).innerHTML。其中，id 属性定义 HTML 元素，innerHTML 属性定义 HTML 内容。

```
<body>
  <div id = "demo"></div>
  <script>
    document.getElementById("demo").innerHTML = "向 div 中添加 HTML 文本内容";
  </script>
</body>
```

执行上述代码后，向 id 为 demo 的 div 中添加“向 div 中添加 HTML 文本内容”。

4. 使用 console.log()

在浏览器中，可使用 console.log()方法来显示数据。通过按 F12 键来激活浏览器控制台，并在菜单中选择“控制台”。

```
<script>
  console.log("向控制台输出数据");
</script>
```

【例 2-2】 JavaScript 输出实战。

JS 代码如下，页面如图 2-4 和图 2-5 所示。建立 js-2-2.html 文档(文档简单，代码省略，以下同)，在 body 中引入 js-2-2.js 文件。然后在浏览器中打开 HTML 文档查看页面效果。

```
1.  /*   js-2-2.js
2.       JS输出方法的应用   */
3.  document.write("向页面输出内容!");
4.  alert("这是告警信息框输出的内容!");
5.  console.log("这是向控制台输出的内容!");
6.  var div1 = document.createElement("div");       //创建div元素
7.  div1.innerHTML = "这是向div中添加的内容!";      //设置innerHTML属性
8.  document.body.appendChild(div1);                //将div添加到body中
```

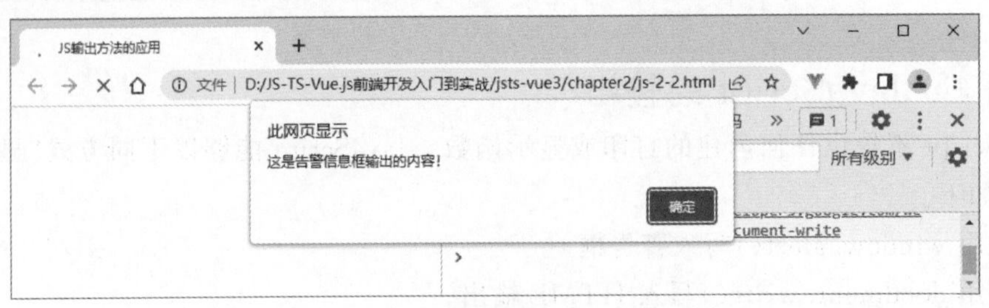

图 2-4　告警信息框输出信息

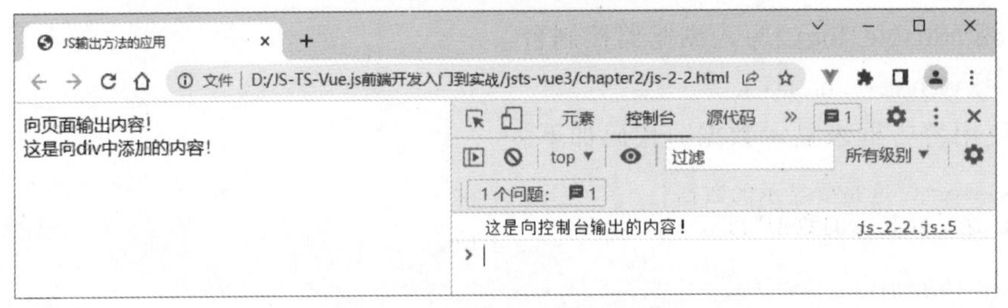

图 2-5　其余方法输出信息

2.2　JavaScript 语句

在 HTML 中,JavaScript 语句是由 Web 浏览器“执行”的“指令”。例如,以下都是语句。

```
var x,y,z          //变更声明语句
x = 2023 ;         //赋值语句
y = 1102 ;         //赋值语句
z = x + y ;        //赋值语句
```

2.2.1　JavaScript 语句构成

JavaScript 语句由以下部分构成:值、运算符、表达式、关键词和注释。

以下语句告诉浏览器在 id="demo"的 HTML 元素中输出“Hello World.”。

```
document.getElementById("demo").innerHTML = "Hello World.";
```

2.2.2　JavaScript 程序

计算机程序是由计算机“执行”的一系列“指令”。在编程语言中,这些编程指令被称为语句。JavaScript 程序就是一系列的编程语句。

注意　在 HTML 中,JavaScript 程序由 Web 浏览器执行。

大多数 JavaScript 程序都包含许多 JavaScript 语句。这些语句会按照它们被编写的顺序逐一执行。JavaScript 程序(以及 JavaScript 语句)常被称为 JavaScript 代码。

2.2.3　分号

分号用于分隔 JavaScript 语句。如果有分号分隔,则允许在同一行写多条语句。请在每

条可执行的语句之后添加分号。例如：

```
x1 = 100;                    //每行一条语句
y1 = 300;                    //每行一条语句
z1 = x1 + y1;                //每行一条语句
a = 100; b = 300; c = a + b; //每行多条语句
```

注意 虽然以分号结束语句不是必需的，但仍然强烈建议读者这么做。

2.2.4 空格字符

JavaScript 会忽略多个空格。可以向脚本中添加空格，以增强程序的可读性。

下面这两行是相等的。

```
var person  =  "ChuJiuLiang";          //使用空格
var person = "ChuJiuLiang ";           //未使用空格
```

在运算符(=、+、-、*、/)旁边添加空格是一个好习惯。例如：

```
var x  =  y  +  z;      //运算符左右均添加空格
```

2.2.5 JavaScript 行长度和折行

为了达到最佳的可读性，程序员们常常喜欢把代码行控制在 80 个字符以内。如果 JavaScript 语句太长，对其进行折行的最佳位置则是某个运算符。示例如下。

```
document.getElementById("demo").innerHTML =
"Hello World.";
```

2.2.6 JavaScript 代码块

JavaScript 语句可以用花括号({…})组合在代码块中。代码块的作用是定义一同执行的语句。在 JavaScript 中经常会看到成块组合在一起的语句。例如：

```
function myFunction() {
  document.getElementById("demo").innerHTML = " Hello World.";
  document.getElementById("myDIV").innerHTML = "欢迎使用 JavaScript 语言。";
}
```

2.2.7 JavaScript 关键词

JavaScript 语句常常通过某个关键词来标识需要执行的 JavaScript 动作。常用的部分关键词如表 2-1 所示。

表 2-1 常用的部分关键词

序号	关键词	说 明
1	break	终止 switch 或循环
2	continue	跳出本次循环并进入下一次循环
3	debugger	停止执行 JavaScript，并调用调试函数(如果可用)
4	do…while	执行语句块，并在条件为真时重复代码块
5	for	只要条件为真，重复执行语句块
6	function	声明函数
7	if…else	如果某个条件为真，执行语句块
8	return	退出函数
9	switch	根据匹配到的条件，执行相应的语句块
10	try…catch	对语句块实现错误处理
11	var	声明变量

【例 2-3】 JavaScript 语句实战。

JS 代码如下，页面如图 2-6 所示。先建立 js-2-3. html 文档，在 body 中引入 js-2-3. js 文件，然后在浏览器中打开 HTML 文档查看页面效果。

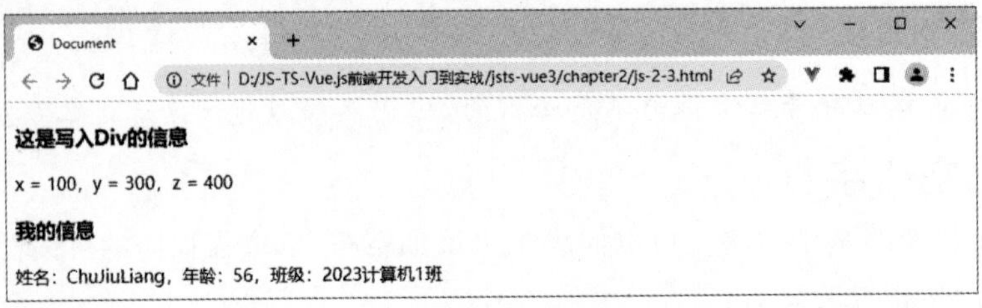

Document

D:/JS-TS-Vue.js前端开发入门到实战/jsts-vue3/chapter2/js-2-3.html

这是写入Div的信息

x = 100, y = 300, z = 400

我的信息

姓名：ChuJiuLiang，年龄：56，班级：2023计算机1班

图 2-6 JavaScript 语法应用

```
1.  // js - 2 - 3.js
2.  var myName = "ChuJiuLiang",  age = 56,  className = "2023 计算机 1 班";
3.  var x = 100,  y = 300,  z = x + y;
4.  var div1 = document.createElement("div");      //创建 div 标记
5.  div1.setAttribute("id", "demo");               //设置标记的 id 属性
6.  document.body.appendChild(div1);
7.  document.getElementById("demo").innerHTML = "< h3 >这是写入 Div 的信息</h3 >";
8.  document.write("x = ", x + ",");
9.  document.write("y = ", y + ",");
10. document.write("z = ", z);
11. document.write(
12.   "< h3 >我的信息</h3 >姓名：" + myName + ",年龄：" + age + ",班级：" + className
13. );
```

2.3 JavaScript 语法

JavaScript 语法是一套规则，它定义了 JavaScript 的语言结构。主要包括 JavaScript 值、JavaScript 字面量、JavaScript 变量、JavaScript 运算符、JavaScript 表达式、关键词、JavaScript 注释、JavaScript 标识符等。

2.3.1 JavaScript 标识符

1. 标识符

在 JavaScript 中，标识符用于命名变量（以及关键词、函数和标记）。在大多数编程语言中，合法名称的规则大多相同。

在 JavaScript 中，首字符必须是字母、下画线(_)或美元符号($)。

连串的字符可以是字母、数字、下画线或美元符号，但不能使用 JavaScript 关键字与 JavaScript 保留字；不能使用 JavaScript 预定义的单词，如 Infinity、NaN、undefined 等。JavaScript 标识符对大小写敏感，如变量 name 和 Name 是两个不同的变量。

注意 数值不可以作为首字符，这样，JavaScript 就能轻松地区分标识符和数值。

根据以上规则，判断下列标识符命名是否合法。

```
Do_JavaScript、_2023Js、this_123、$dcv           //合法
if、3Com、case、switch、-$break、2023Js          //不合法
```

2. 关键词

关键词是 JavaScript 中已经被赋予特定意义的一些单词，关键词不能作为标识符来使用。JavaScript 中主要的关键词如下。

break case catch continue default

```
delete      do        else     finally      for
function    if        in       instanceof   new
return      switch    this     throw        try
typeof      var       void     while        with
```

3. 保留字

JavaScript 中除了关键词以外，还有一些用于未来扩展时使用的保留字，保留字同样不能用于标识符的定义。JavaScript 中主要的保留字如下。

```
abstract    boolean    byte           char       class
var         debugger   double         enum       export
extends     final      float          goto       implements
import      int        interface      long       native
package     private    protected      public     short
static      super      synchronized   throws     transient
volatile
```

4. 转义字符

如果在字符串中涉及一些特殊字符如"\"""""'"等，这些字符无法直接使用，需要采用转义字符的方式。JavaScript 中常用的转义字符如表 2-2 所示。

表 2-2 JavaScript 中常用的转义字符

转 义 字 符	代 表 含 义	转 义 字 符	代 表 含 义
\b	退格符	\t	水平制表符
\f	换页符	\'	单引号
\n	换行符	\"	双引号
\r	回车符	\\	反斜线
\uhhhh	编码转换		

2.3.2 JavaScript 变量

所谓变量，顾名思义，就是在程序运行过程中不断变化的量。在编程语言中，变量用于存储数据值。JavaScript 使用 var 关键词来声明变量。在定义变量时，JavaScript 不需要指定变量的数据类型，它会在需要的时候自动对不同的数据类型进行转型。"="符号用于为变量赋值。

```
var 变量名[ = 初值][,变量名[ = 初值]…] ;          //基本语法
var userName, userAge;                           //举例,声明两个变量
var str = "Hello World!",x = 100;                //举例,声明两个变量并赋值
```

变量命名应该符合标识符命名规范。可以同时声明多个变量，各变量之间用逗号","分隔；也可以边声明边赋值。每条声明语句均需要以";"结束，这是一个好习惯。在 JavaScript 中，建议所有变量"先声明再使用"。

历史上，程序员曾使用连字符"-"、下画线"_"和驼峰式大小写三种方法把多个单词连接作为一个变量名。例如：

```
var first - name, last - name, master - card, inter - city ;       //连字符" - "
var first_name, last_name, master_card, inter_city ;               //下画线"_"
var firstName, lastName, masterCard, interCity ;                   //驼峰式大小写
```

2.3.3 ECMAScript 6 变量定义 let 和 const

ECMAScript 6(以下简称 ES6，也称为 ES2015)是 JavaScript 语言的下一代标准，已经在

2015 年 6 月正式发布了，其目标是使 JavaScript 语言能够用来编写复杂的大型应用程序，成为企业级开发语言。

ES6 中新增了两个可以定义变量的关键词 let 和 const。这两个关键字词在 JavaScript 中提供了块作用域(Block Scope)变量(和常量)。

在 ES6 之前，JavaScript 只有两种类型的作用域：全局作用域和函数作用域。全局(在函数之外)声明的变量拥有全局作用域。全局变量可以在 JavaScript 程序中的任何位置访问。局部(函数内)声明的变量拥有函数作用域。局部变量可以在函数内部访问。

1. let

ES6 新增了 let 命令，用来声明变量。它的用法类似于 var，但是它所声明的变量只在 let 命令所在的代码块内有效。

let 和 var 的差异：let 允许声明一个作用域限制在块级中的变量、语句或者表达式(属于块级作用域)。let 不能重复声明，不会被预解析。var 声明的变量可以是全局或者整个函数块的。

注意 所谓“预解析”就是在当前作用域中，JavaScript 代码执行之前，浏览器首先会默认把所有带 var 声明的变量和带 function 声明的函数进行提前的声明(未被初始化)或者定义(赋值)。在预解析时，变量只会声明，而函数既会声明也会定义。

```
var chu = 100                                    //全局变量
function chufun() {
    console.log('Hello world!');
}
function showName(){
  var myName = "储久良";                          //函数级变量
  alert(myName + "欢迎您!");                      //此处的 myName 为"储久良"
}
```

其中，var chu=10 可以拆分为如下两个过程：var chu(声明)和 chu=10(定义)。

var 声明的变量和 function 声明的函数在预解析时是有区别的。var 声明的变量在预解析时只是提前声明，function 声明的函数在预解析时会提前声明并且会同时定义。例如：

```
console.log(number);        //undefined
var number = 2022;
console.log(number);        //2022
func(1000, 2000);           //3000
function func(n1, n2) {
  var total = n1 + n2;
  console.log(total);
}
```

第一次输出 number 时，由于预解析的原因，只声明了还没有定义，所以会输出 undefined；第二次输出 number 时，已经定义了，所以输出 2022。

注意 var 变量会发生变量提升的现象，即变量可以在声明之前使用，值为 undefined。而 let 必须在变量声明之后使用，否则会报错。

```
1.  // var 的情况
2.  console.log(chu);        //输出 undefined
3.  var chu = 2022;
4.  // let 的情况
5.  console.log(bar);        //报错 ReferenceError
6.  let bar = 2;
```

2. const

常量不能重新赋值(重新赋值会报错)，不能重复声明，不会被预解析。常量属于块级作用用域。例如：

```
const numberArr = [1,2,3,4,5,6,7]        //赋值
numberArr.push(10, 20, 30);              //可以执行
console.log(numberArr);                  //输出所有元素
numberArr = [15,2,3,4,5,6,7]             //报错,不能重新赋值
```

注意　对象常量属性可以修改,但对象的引用不能修改,否则会报错。

2.3.4　JavaScript 值与字面量

字面量是用于表达一个固定值的表示法,又叫常量。字面就是所见即所得,JavaScript 程序执行到代码中的字面量,会立即知道它是什么类型的数据,值是多少。

字面量可以用于表示固定值,如数字、字符串、undefined、布尔类型的字面值等。例如：

- 数值字面量：8、9、10。
- 字符串字面量："大前端"、"Web"。
- 布尔字面量：true、false。

JavaScript 语句定义两种类型的值,分别为混合值和变量值。混合值被称为字面量,变量值被称为变量。书写混合值最重要的规则是：①写数值时有无小数点均可；②字符串是文本,由双引号或单引号包围。

2.3.5　JavaScript 注释

JavaScript 提供了两种类型的注释：单行注释和多行注释。单行注释使用双斜线"//"作为注释标记,可以单独一行或跟在代码末尾。注释行数较少时适宜使用单行注释；如果注释行数较多,可以考虑使用多行注释。多行注释以"/ * "标记开始,以" * /"标记结束,两个标记之间所有的内容都是注释文本。注释会被浏览器忽略,不会被执行。注释对以后阅读和维护程序都十分方便。

如果在某行代码前面加上单行注释符号"//",那么此行代码就不能执行(被阻止或被屏蔽),这对程序调试非常有用。

【例 2-4】　JavaScript 语句实战。

JS 代码如下,页面如图 2-7 所示。先建立 js-2-4.html 文档,在 body 中引入 js-2-4.js 文件,然后在浏览器中打开 HTML 文档查看页面效果。

```
1.  /* js-2-4.js
2.  JS 语法实战   */
3.  var x1 = 100,  y1 = 300;                          //数字字面量,变量定义
4.  var student = "LiMing";                           //字符字面量
5.  function sum(num1, num2) {
6.    return num1 + num2;                             //返回累加和值
7.  }
8.  document.write("<br>x1 = " + x1 + ",y1 = " + y1); //换行,页面输出
9.  document.write("<br>x1 + y1 = " + sum(x1, y1));   //换行,页面输出
10. //alert('这条信息不会通过告警框输出')               //屏蔽
```

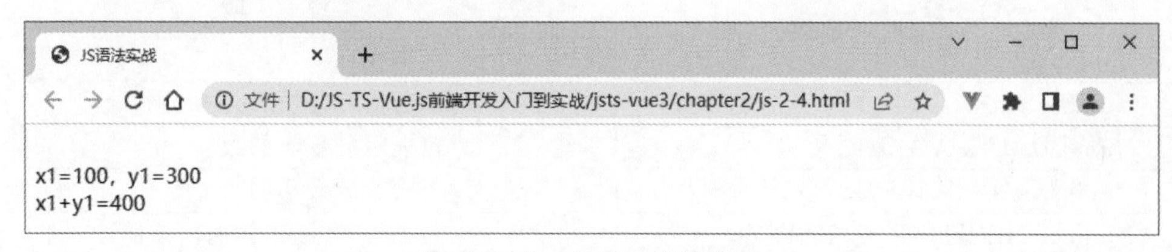

图 2-7　JavaScript 语法应用

2.4 数据类型和消息对话框

JavaScript 虽然是弱类型的脚本语言，但它还是有数据类型。JavaScript 变量能够保存多种数据类型，如数值、字符串值、布尔值、对象等。JavaScript 常用的对话框有告警框 alert()、确认框 confirm()和提示框 prompt()。

2.4.1 数据类型

数据类型是每一种计算机语言的重要基础，JavaScript 中的数据类型可分为字符型、数值型、布尔型、null、undefined 和对象等类型。

1. String 字符型

字符型数据又称为字符串，字符串(或文本字符串)是指一串字符(如"Chu Jiu Liang")。字符串被引号包围，可使用单引号(' ')或双引号(" ")。

下面的例子列举了正确和错误使用字符型数据的几种情形。

```
var name = "ChuJiuLiang",className = '23 计算机 1 班'           //正确：分别使用单、双引号
var message1 = '欢迎参加"十四五"规划讨论会'                     //正确：单引号包裹双引号
var message2 = '热烈欢迎参加"JavaScript 技术'研讨的专家";      //错误：单、双引号嵌套且交叉
```

注意 字符串内引用字符串时，可以在单引号内嵌套双引号，也可以在双引号内嵌套单引号，但嵌套不能交叉。

2. Number 数值型

JavaScript 中数值型可分为整型、浮点型、内部常量以及特殊值。

(1) 整型。例如，300、－2023、0 等都是整数。整数除了以十进制表示外，还可以以八进制和十六进制的方式表示。使用 0 开头的整数是八进制整数，如 015、－032 等都是合法的八进制整数。使用 0x 或 0X 开头的整数是十六进制整数，如 0x26、0X3B12 等都是合法的十六进制整数。

(2) 浮点型。例如，2.023、－534.87 等都是浮点型数值。浮点数还可以采用科学记数法表示，如 6.3e15 表示 6.3×10^{15}。

(3) 内部常量。JavaScript 中常用的内部常量如表 2-3 所示。

表 2-3 JavaScript 中常用的内部常量

常　量	说　明	常　量	说　明
Math. E	自然数	Math. LN2	2 的自然对数
Math. PI	圆周率	Math. LN10	10 的自然对数
Math. SQRT2	2 的平方根	Math. LOG2E	以 2 为底的 e 的对数
Math. SQRT1_2	1/2 的平方根	Math. LOG10E	以 10 为底的 e 的对数

(4) 特殊值。JavaScript 中的特殊值如表 2-4 所示。

表 2-4 JavaScript 中的特殊值

特 殊 量	说　明
Infinity	无穷大
Number. NaN	非数值(Not a Number)
Number. MAX_VALUE	可表示的最大的数
Number. MIN_VALUE	可表示的最小的数
Number. NEGITIVE_INFINITY	负无穷大，溢出时返回该值
Number. POSITIVE_INFINITY	正无穷大，溢出时返回该值

【例 2-5】 字符串与数值型数据的应用实战。

JS 代码如下，页面效果如图 2-8 所示。

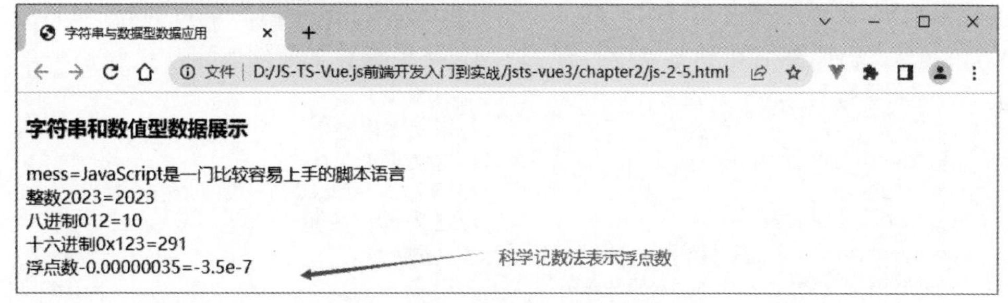

图 2-8 字符串与数值型数据的应用

建立 js-2-5. html 文档，在 body 中引入 js-2-5. js 文件，然后在浏览器中打开 HTML 文档查看页面效果。

```
1.  // js-2-5.js
2.  var mess = "JavaScript 是一门比较容易上手的脚本语言";
3.  var sum = 2023,   x = 012,   y = 0x123,   z = -0.00000035;
4.  document.write("<h3>字符串和数值型数据展示</h3>");
5.  document.write("mess = " + mess);
6.  document.write("<br>整数 2023 = " + sum);
7.  document.write("<br>八进制 012 = " + x);
8.  document.write("<br>十六进制 0x123 = " + y);
9.  document.write("<br>浮点数 - 0.00000035 = " + z);
```

3. Boolean 布尔型

布尔型是一种只含有 true 和 false 这两个值的数据类型，通常来说，布尔型数据表示“真”或“假”。在实际应用中，布尔型数据常用在比较、逻辑等运算中，运算的结果往往就是 true 或者 false。例如：

```
var x = true, y = false;
var exp = (1 > 2) && (5 > 3);
if(x == y){ … }
```

JavaScript 中，通常采用 true 和 false 表示布尔型数据，但也可将它们转换为其他类型的数据，例如，可将值为 true 的布尔型数据转换为整数 1，而将值为 false 的布尔型数据转换为整数 0。但不能用 true 表示 1 或用 false 表示 0。

4. null 空类型

在 JavaScript 中，null 表示“nothing”，它被看作不存在的事物。在 JavaScript 中，null 的数据类型是对象。null 也称为空类型，该类型只有一个值即 null，表示“无值”，什么也不表示。通过设置值为 null 来清空对象，以释放存储空间。例如：

```
var preson = null;      //空类型，清空对象
var string1 = "";       //值是 "",类型是 "string"
typeof preson           //返回 object
```

5. undefined 未定义类型

在 JavaScript 中，没有值的变量，其值是 undefined，typeof 也返回 undefined。在 JavaScript 中，undefined 也是一类特殊的值，是指变量创建之后还没有赋予之前所具有的值，则返回值就是 undefined。

它与 null 的不同之处在于：null 表示已经对变量赋值，只不过赋的值是“无值”；而 undefined 表示变量不存在或者没有赋值。如果使用未定义的变量也会显示 undefined，但通

常使用未定义的变量会造成程序错误。

【例 2-6】 字符串与数值型数据的应用实战。

JS代码如下,页面如图 2-9 所示。建立 js-2-6.html 文档(文档简单,代码省略),在 body 中引入 js-2-6.js 文件,然后在浏览器中打开 HTML 文档查看页面效果。

```
1.  // js-2-6.js
2.  var x = true,  y = false;               //定义布尔变量
3.  var exp = 1 > 2 && 5 > 3;               //定义布尔变量
4.  var myName;                             //定义 undefined 型变量
5.  var myCar = null;                       //定义 null 变量
6.  document.write("var myName,myName 的值 = " + myName);
7.  document.write("<br> x = true,x 结果为" + x);
8.  document.write("<br> y = false,y 结果为" + y);
9.  document.write("<br> exp = 1 > 2 && 5 > 3,exp 结果为" + exp);
10. document.write("<br> myCar = null,类型为" + typeof myCar);
```

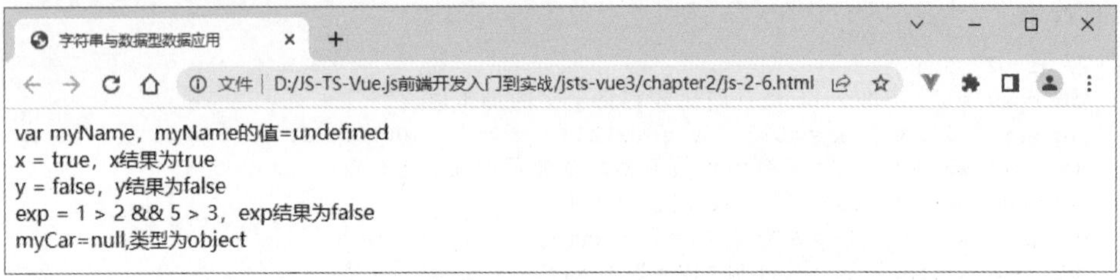

字符串与数据型数据应用

文件 | D:/JS-TS-Vue.js前端开发入门到实战/jsts-vue3/chapter2/js-2-6.html

var myName，myName的值=undefined
x = true，x结果为true
y = false，y结果为false
exp = 1 > 2 && 5 > 3，exp结果为false
myCar=null,类型为object

图 2-9 布尔型、null、undefinded 型数据的应用

6. Object 对象类型

JavaScript 对象用花括号{name:value}来书写。对象是由属性/值对构成,多个属性/值对,由逗号分隔。对象的属性可以是任何类型的数据,包括数值、字符、布尔型,甚至是另一种类型的对象;而方法是一个定义在对象中的函数,用于实现特定的功能。例如:

```
var student = {myName:"LiMing", age:21, className:"21 大数据技术"};
```

JavaScript 中定义了多个对象,如 Date、Window、Document 等,这部分内容将在后续章节中详细介绍。

7. JavaScript 数组

JavaScript 数组用方括号[]书写。数组中的各项由逗号分隔。例如:

```
var courses = ["Web 前端开发技术", "JSP 程序设计", "数据结构(Java 版)"];
```

8. JavaScript 动态类型

JavaScript 拥有动态类型,这意味着相同变量可用作不同类型。例如:

```
var num;                //此时 num 是 undefined
var num = 2023;         //此时 num 是数值
var num = "2023";       //此时 num 是字符串值
```

9. typeof 运算符

使用 JavaScript 的 typeof 可确定 JavaScript 变量的类型。例如:

```
var myName = "ChuJiuLiang",flag = true,sum = 2023;
typeof myName                 //返回 string
typeof sum                    //返回 number
typeof flag                   //返回 boolean
```

【例 2-7】 数组、对象与动态数据类型的数据实战。

JS 代码如下,页面如图 2-10 所示。建立 js-2-7.html 文档,在 body 中引入 js-2-7.js 文件。

然后在浏览器中打开 HTML 文档查看页面效果。

```
1.  // js-2-7.js
2.  var student = { myName: "李明", age: 22, className: "21 大数据技术" };
3.  var intNum = [100, 200, 300, 400, 500];          //定义数组变量
4.  var num;                                          //定义 undefined 型变量
5.  document.write("var num,num 的类型是" + typeof num);
6.  var num = 2023;                                   //定义为整数
7.  document.write("<br>var num = 2023,num 的类型是" + typeof num);
8.  document.write("<hr>student 对象的属性值对: ");
9.  //采用 for in 循环输出对象的属性值对
10. for (var item in student) {
11.   document.write("<br>" + item + ":" + student[item]);
12. }
13. document.write("<hr>");
14. document.write("intNum 数组成员为: " + intNum); //输出数组成员
```

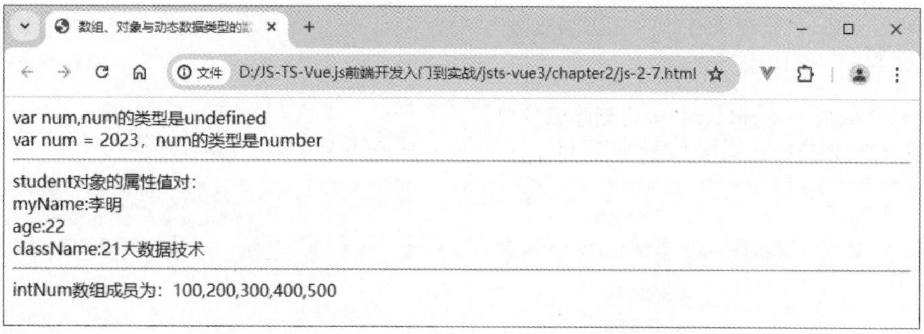

数组、对象与动态数据类型的
D:/JS-TS-Vue.js前端开发入门到实战/jsts-vue3/chapter2/js-2-7.html

var num,num的类型是undefined
var num = 2023，num的类型是number

student对象的属性值对:
myName:李明
age:22
className:21大数据技术

intNum数组成员为：100,200,300,400,500

图 2-10　数组、对象和动态数据类型数据的应用

2.4.2　消息对话框

JavaScript 中的消息对话框分为告警框、确认框和提示框三种。

1. 告警框

alert()函数用于显示一条指定消息和一个“确定”按钮的告警框。语法如下。

```
alert(message);
```

其中,message 参数是显示在弹出对话框中的纯文本(非 HTML 文本)。如果要实现换行,可以使用转义字符“\n”。显示消息中也可以包含变量。

2. 确认框

confirm()方法用于显示指定消息以及包括“确定”和“取消”按钮的对话框。在 JavaScript 中,confirm()只有一个参数,返回值为 true 或 false(布尔型)。语法如下。

```
confirm(message);
```

其中,message 参数是显示在弹出对话框中的纯文本(非 HTML 文本)。如果单击“确定”按钮,则 confirm()返回 true。如果单击“取消”按钮,则 confirm()返回 false。在单击“确定”按钮或“取消”按钮把对话框关闭之前,它将阻止用户对浏览器的所有操作。即在调用 confirm()时,将暂停对 JavaScript 代码的执行,在用户做出响应之前,不会执行下一条语句。

3. 提示框

prompt()方法用于提示用户在进入页面前输入某个值。语法如下。

```
prompt("提示信息",默认值);
```

如果用户单击提示框中的“取消”按钮,则返回 null。如果单击“确认”按钮,则返回文本输入框中输入的值。在单击“确定”按钮或“取消”按钮把对话框关闭之前,它将阻止用户对浏览

器的所有操作。即在调用 prompt()时，将暂停对 JavaScript 代码的执行，在用户做出响应之前，不会执行下一条语句。

prompt()有两个参数，第 1 个参数是提示信息；第 2 个参数是文本框的默认值，可以修改。

【例 2-8】 JavaScript 对话框实战。JS 代码如下，页面如图 2-11～图 2-14 所示。建立 js-2-8.html 文档，在 body 中引入 js-2-8.js 文件，然后在浏览器中打开 HTML 文档查看页面效果。

```
1.  // js-2-8.js 对话框应用
2.  var score = prompt("输入课程成绩：", 60);                //单击"取消"按钮,返回 null
3.  if (score != null) {
4.    if (parseInt(score) >= 60) {                        //parseInt()解析为整数
5.      alert("祝贺您,成绩通过!");
6.    } else {
7.      alert("成绩未通过\n 还需继续努力!");                   //实现换行显示
8.    }
9.  }
10. var yesNo = confirm("确定删除吗?");
11. alert(yesNo ? "您按下'确定'按钮" : "您按下'取消'按钮");   //条件运算符
```

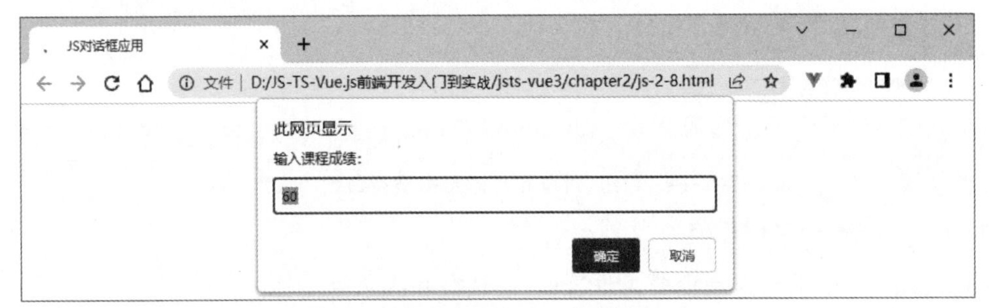

图 2-11 对话框应用初始界面图

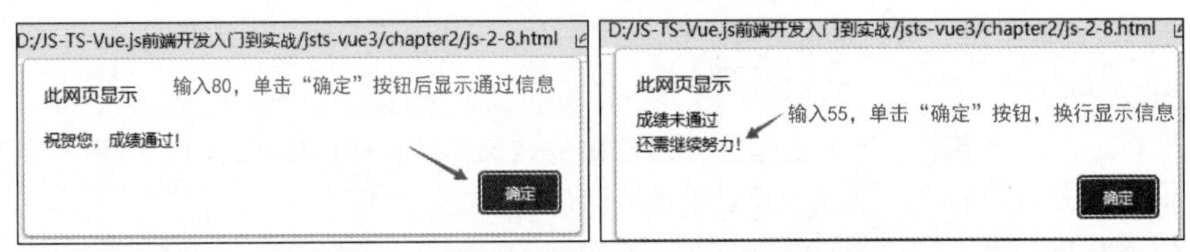

图 2-12 在提示框中输入 80 和 55 时效果界面图

图 2-13 确认框初始界面图

图 2-14 在提示框中分别单击“确定”和“取消”按钮后的界面图

2.5 运算符和表达式

JavaScript 运算符主要有算术运算符、关系运算符、逻辑运算符、赋值运算符、条件运算符、逗号运算符和位运算符等。根据操作数的个数,也可以将运算符分为一元运算符、二元运算符和三元运算符。

由操作数(如变量、常量、函数等)和运算符结合在一起构成的式子称为"表达式"。最简单的表达式可以是常量名称。例如,以下都是合法的表达式。

```
2023                        //整型常量表达式
2.023                       //浮点型常量表达式
"JavaScript"                //字符型常量表达式
myName                      //变量表达式
```

2.5.1 算术运算符和表达式

JavaScript 算术运算符负责算术运算。用算术运算符和操作数连接起来符合规则的式子,称为算术表达式。JavaScript 中常用的算术运算符如表 2-5 所示。

表 2-5 JavaScript 中常用的算术运算符

运算符	操作描述	举例	运算结果
+	加法运算符	var x1=100,y1=200,sum=x1+y1;	300
-	减法运算符或取反运算符	var x1=100,y1=200,num=y1-x1;	100
*	乘法运算符	var x1=10,y1=20,result=y1 * x1; var z1="ABC",result=x1 * z1	200 NaN
/	除法运算符	var x1=10,y1=20,result=y1/x1; var z1="ABC",result=x1/z1	2 NaN
%	模(取余)运算符	var x1=4,y1=3,result=x1%y1;	1
++	自增运算符(前置、后置)	var x1=4,z1=x1++,y1=++x1	4,6
--	自减运算符(前置、后置)	var x1=4,z1=x1--,y1=--x1	4,2

加法运算符还有特殊用法。在用于字符串时,+运算符被称为级联运算符。如果两个操作数都是字符型,或者一个是字符型另一个是数值型,那么加法运算会将数值转换成字符串,然后执行两个字符串的连接操作。例如:

```
"Hello" + "JavaScript";   //对两个字符串执行连接操作,结果为"HelloJavaScript"
"JavaScript" + 1.6        //将数值转换为字符,再与字符串进行连接操作,结果为"JavaScript1.6"
```

如果减法运算符用于取反运算,那么它就是一个一元运算符,操作数必须为数字,且运算符位于操作数前。

```
-2023;                      //操作数为 2023,取反结果为 -2023
-(-2023);                   //操作数为 -2023,取反结果为 2023
```

减法运算符还有一个作用,就是可以将字符串转换成数值型数据。例如:

```
"190" - 0;                  //将字符串"190"转换成数值型 190
```

如果操作数不是数值型,但可以转换为数值型,乘法运算符会自动将其转换为数值型,再进行乘法操作;如果操作数无法转换成数值型,则运算结果为"NaN"。

```
3 * "8";                    //将字符"8"转换为数值 8,再执行乘法操作,结果为 24
3 * "A" ;                   //"A"无法转换为数值,结果为 NaN
```

除法运算符的运算规则与乘法运算类似,如果操作数不是数值型,但可以转换为数值型,除法运算符会自动将其转换为数值,再进行除法运算;如果操作数无法转换成数值型,则运算结果为 NaN。如果被除数为正数,除数为 0,则结果为 Infinity;如果被除数为负数,除数为 0,则结果为-Infinity。

```
18/"3" ;                    //将字符"3"转换为数值 3,再执行除法操作,结果为 6
18/"A" ;                    //"A"无法转换为数值,结果为 NaN
120/0;                      //被除数为 120,除数为 0,结果为 Infinity
-120/0;                     //被除数为 -120,除数为 0,结果为 -Infinity
```

模运算符又称取余数运算符,可以计算第一个操作数对第二个操作数的模(余数)。模运算符同样可以将能够转换为数值型的操作数转换为数值型数据再运算,如果操作数无法转换为数值型,则取模结果为 NaN。另外,任何数字对 0 取模结果都是 NaN。

```
18 % "7" ;                  //将字符"7"转换为数值 7,再执行取模操作,结果为 4
18 % "A" ;                  //"A"无法转换为数值,结果为 NaN
20 % 0 ;                    //第二个操作数为 0,结果为 NaN
```

++/--运算有两种形式:前置和后置。前置(先运算后使用)是将++、--运算符放在操作数之前,表示在使用操作数之前,先将其增加 1、减少 1;后置(先使用后运算)是将++、--运算符放在操作数之后,表示在使用完操作数之后,再将其增加 1、减少 1。例如:

```
var x,y,a = 3,b = 5;
x = a++;                    //自增后置,x 的值为 3,a 的值为 4
y = ++b;                    //自增前置,y 的值为 6,b 的值为 6
var x,y,a = 8,b = 10;
x = a--;                    //自减后置,x 的值为 8,a 的值为 7
y = --b;                    //自减前置,y 的值为 9,b 的值为 9
```

2.5.2 关系运算符和表达式

关系运算符用于比较运算符两端的表达式的值,确定二者的关系,根据运算结果返回一个布尔值。用关系运算符和操作数连接起来符合规则的式子,称为关系表达式。JavaScript 中常用的关系运算符如表 2-6 所示。

表 2-6 JavaScript 中常用的关系运算符

运算符	操作描述	运算符	操作描述
==	等于	>	大于
!=	不等于	>=	大于或等于
<	小于	!==	非全等于(不等值或不等型)
<=	小于或等于	===	全等于(等值等型)

1. 等于运算符(==)

等于运算符是一个二元运算符,用于判断两个操作数是否相等,如果相等返回 true,如果不相等返回 false。有以下三点需要注意。

(1) 操作数的类型转型。如果被比较的操作数是同类型的,那么等于运算符将直接对操作数进行比较。如果被比较的操作数类型不同,那么等于运算符在比较两个操作数之前会自动对其进行类型转换。转换规则如下。

① 操作数中既有数值又有字符串时,JavaScript 将字符串转换为数值,再进行比较。

② 操作数中有布尔型值时,JavaScript 将 true 转换为 1,将 false 转换为 0,再进行比较。

③ 操作数一个是对象,一个是字符串或数值时,JavaScript 将把对象转换成与另一个操作数类型相同的值,再进行比较。

(2) 两个对象、数组或者函数的比较不同于有字符串、数字和布尔值参与的比较。前者比较的是引用内容，换句话说，只有两个变量引用的是同一个对象、数组或者函数时，它们才是相等的；如果两个变量引用的不是同一个对象、数组或函数，即使它们的属性、元素完全相同，或者可以转换成相等的原始数据类型的值，它们也是不相等的。

(3) 特殊值的比较。

特殊值的比较和返回结果如表 2-7 所示。

表 2-7　特殊值的比较和返回结果

关系表达式	返回结果	关系表达式	返回结果
null==undefined	true	false==0	true
"NaN"==NaN	false	true==1	true
5==NaN	false	true==2	false
NaN==NaN	false	undefined==0	false
NaN!=NaN	true	null==0	false
5==="5"	false	"5"==5	true

2. 不等于运算符(!=)

不等于运算符和等于运算符的比较规则正好相反：如果两个操作数相等，则返回 false；如果两个操作数不等，则返回 true。除此之外，不等于运算符的数据类型转换规则，对象、数组和函数的比较方法，以及特殊值的处理情况都可以参考等于运算符的情况，等于运算符返回 true 时，不等于运算符返回 false；等于运算符返回 false 时，不等于运算符返回 true。

3. 小于运算符(＜)

小于运算符用于比较两个操作数，如果第一个操作数小于第二个操作数，那么计算结果返回 true，否则返回 false。

小于运算符存在数据类型转换问题，其规则如下。

(1) 操作数可以是任何类型的，但是比较运算只能在数值和字符上执行，所以不是数值和字符类型的数据都会被转换成这两种类型。

(2) 若两个操作数都是数值，或者都能被转换为数值，则按照数值大小规则比较。

(3) 若两个操作数都是字符串，或者都能被转换为字符串，则按照字母顺序规则比较。

(4) 若一个是字符串或者能被转换为字符串，一个是数值或者能被转换为数值，则首先将字符串转换成数值，然后按数值大小规则比较。

(5) 若操作数中包含既不能转换成数值也不能转换成字符串的内容，比较结果是 false。

4. 小于或等于运算符(＜=)

小于或等于运算符用于比较两个操作数，如果第一个操作数小于或等于第二个操作数，那么计算结果返回 true，否则返回 false。数据类型转换规则参考小于运算符。

5. 大于运算符(＞)

大于运算符用于比较两个操作数，如果第一个操作数大于第二个操作数，那么计算结果返回 true，否则返回 false。数据类型转换规则参考小于运算符。

6. 大于或等于运算符(＞=)

大于或等于运算符用于比较两个操作数，如果第一个操作数大于或等于第二个操作数，那么计算结果返回 true，否则返回 false。数据类型转换规则参考小于运算符。

7. 全等于号(===)与非全等于号(!==)

全等于号"==="表示比较的两个数据的值和类型均相等，结果为 true，若只是值相同，但类型不同，则结果为 false。例如，"666"===666，值相同但类型不同，结果为 false。非全等于号"!=="表示比较的两个数值的值和类型有一个不相等,或两个都不相等。例如,"666"!==666,值相同但类型不同,结果为 true。

2.5.3 逻辑运算符和表达式

逻辑运算符用来执行逻辑运算,其操作数都应该是布尔型数值和表达式或者是可以转换为布尔型的数值和表达式,其运算结果返回 true 或 false。用逻辑运算符和操作数连接起来符合规则的式子,称为逻辑表达式。JavaScript 中常用逻辑运算符如表 2-8 所示。

表 2-8 逻辑运算符

a	b	! a(逻辑非)	a&&b(逻辑与)	a||b(逻辑或)
true	true	false	true	true
true	false	false	false	true
false	true	true	false	true
false	false	true	false	false

1. 逻辑与运算符(&&)

逻辑与运算符是一个二元运算符,如果两个布尔型操作数都是 true,则运算结果为 true;如果两个操作数中有一个或两个为 false,则运算结果返回 false。

注意 逻辑与的特殊用法。expr1 && expr2,若 expr1 可转换为 true 则返回 expr2,否则返回 expr1。

```
true && false                //结果为 false
(8<10) && (3>-1)             // (8<10)为 true,(3>-1)为 true,结果为 true
var s1 = new Object(),s2 = new Object();
var re = s1 && s2;           //由于 s1 可以转换为 true,返回 s2 给 re
```

2. 逻辑或运算符(||)

逻辑或运算符是一个二元运算符,如果两个布尔型操作数中有一个或两个为 true,则运算结果返回 true;如果两个布尔型操作数全部为 false,则运算结果返回 false。

注意 逻辑或的特殊用法。expr1 || expr2,若 expr1 可转换为 true 则返回 expr1,否则返回 expr2。

```
true || false;               //结果为 true
(3>=5) || (2>0) ;            //(3>=5)为 false,(2>0)为 true,结果为 true
var s1 = new Object(),s2 = new Object();
var re = s1 || s2;           //由于 s1 可以转换为 true,返回 s1 给 re
```

3. 逻辑非运算符(!)

逻辑非运算符是一个一元运算符,其作用是先计算操作数的布尔值,然后对运算结果的布尔值取反,并作为结果返回,即如果操作数的布尔值为 true,则逻辑非的运算结果返回 false;反之运算结果返回 true。

```
!5;                          //5 先转换为布尔型变量 true,逻辑非运算结果为 false
!((6<12)&&(4>12)) ;          //6<12 为 true,4>12 为 false,结果为 true
```

2.5.4 赋值运算符和表达式

赋值运算符要求其左操作数是一个变量、数组元素或对象属性,右操作数是一个任意类型的值,可以为常量、变量、数组元素或对象属性。赋值运算符的作用就是将右操作数的值赋给左操作数。用赋值运算符和操作数连接起来符合规则的式子,称为赋值表达式。JavaScript 中常用的赋值运算符如表 2-9 所示。

表 2-9 赋值运算符

运算符	操作说明	举 例
=	基本赋值运算符	var x=5
+=	复合赋值运算符,a+=b 等同于 a=a+b	var x=x+5; 等同于 var x+=5
-=	复合赋值运算符,a-=b 等同于 a=a-b	var x=x-5; 等同于 var x-=5
*=	复合赋值运算符,a*=b 等同于 a=a*b	var x=x*5; 等同于 var x*=5
/=	复合赋值运算符,a/=b 等同于 a=a/b	var x=x/5; 等同于 var x/=5
%=	复合赋值运算符,a%=b 等同于 a=a%b	var x=x%5; 等同于 var x%=5

2.5.5 位运算符和表达式

位运算符是对二进制表示的整数进行按位操作的运算符。如果操作数是十进制或者其他进制表示的整数,运算前先将这些整数转换成 32 位的二进制数,如果操作数无法转换成 32 位的二进制数,位运算的结果为 NaN。JavaScript 中常用的位运算符如表 2-10 所示。

表 2-10 位运算符

运算符	操作描述	举 例	结 果
&	按位与运算符	表达式: 10 & 78 转换: 00001010 && 01001110	二进制: 00001010 十进制: 10
|	按位或运算符	表达式: 81 | 16 转换: 01010001 && 00010000	二进制: 01010001 十进制: 81
~	按位非运算符	表达式: ~100 00000000 00000000 00000000 01100100	二进制: 11111111 11111111 11111111 10011011 十进制: -101
^	按位异或运算符	表达式: 10 ^ 30 转换: 00001010 ^00011110	二进制: 00010100 十进制: 20

2.5.6 条件运算符和表达式

条件运算符是一个三元运算符,条件表达式由"?"":"两个运算符和三个操作数构成。若条件表达式的结果为 true,则将真值表达式的值赋给变量,否则将假值表达式的值赋给变量。语法和举例如下。

```
<变量> = <条件表达式> ? <真值表达式> : <假值表达式>
var max = (number1 > number2)?number1:number2;
```

2.5.7 其他运算符和表达式

JavaScript 中除了上述运算符外,还有一些其他运算符,如表 2-11 所示。

表 2-11 其他运算符

运算符	操作描述	举 例	结果或说明
,	逗号运算符	var rs,ss=0; rs=(3+5,10*6);	60
new	新建对象运算符	var obj=new Object(); var date=new Date();	定义 Object 对象 定义 Date 对象
delete	删除运算符	delete array[30]; delete obj. height;	删除数组中元素 删除对象属性
typeof	类型运算符	typeof 300; typeof "Hello";	number string

typeof 运算符的具体规则如表 2-12 所示。

表 2-12 typeof 运算符的具体规则

数据类型	运算结果	数据类型	运算结果
数值型	number	数组	object
字符型	string	函数	function
布尔型	boolean	null	object
对象	object	undefined	undefined

【例 2-9】 JavaScript 运算符与表达式实战。

JS 代码如下，页面如图 2-15 所示。建立 js-2-9.html 文档，在 body 中引入 js-2-9.js 文件，然后在浏览器中打开 HTML 文档查看页面效果。

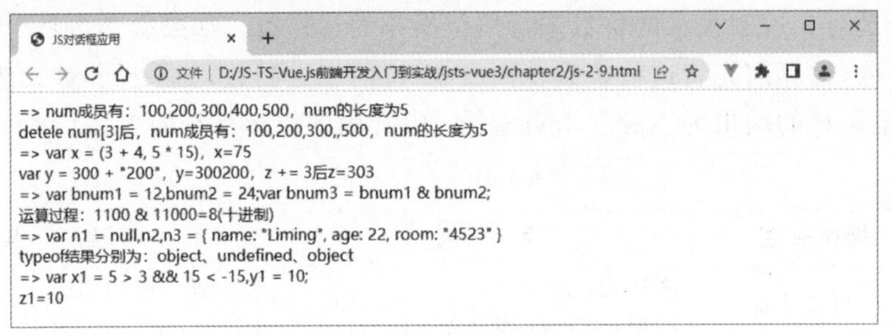

图 2-15 运算符与表达式的应用

```
1.  // js-2-9.js 表达式与运算符
2.  var num = [100, 200, 300, 400, 500];   //数组定义并赋值
3.  document.write("=> num 成员有：" + num + ",num 的长度为" + num.length);
4.  delete num[3];                          //delete 运算符
5.  document.write(
6.    "<br>detele num[3]后,num 成员有：" + num + ",num 的长度为" + num.length
7.  );
8.  var x = (3 + 4, 5 * 15);                //逗号运算符
9.  document.write("<br>=> var x = (3 + 4, 5 * 15),x=" + x);
10. var y = 300 + "200",
11.   z = 300;                              //级联运算符
12. z += 3;                                 //复合赋值表达式
13. document.write('<br>var y = 300 + "200",y=' + y + ",z += 3 后 z=" + z);
14. var bnum1 = 12, bnum2 = 24;
15. var bnum3 = bnum1 & bnum2;
16. document.write("<br>=> var bnum1 = 12,bnum2 = 24;var bnum3 = bnum1 & bnum2;");
17. document.write( "<br>运算过程：" +  bnum1.toString(2) + " & " + bnum2.toString(2) +
18.   "=" +  bnum3 +  "(十进制)"
19. );
20. var n1 = null,n2, n3 = { name: "Liming", age: 22, room: "4523" };
21. document.write('<br>=> var n1 = null,n2,n3 = { name: "Liming", age: 22,
22.  room: "4523" }');
23. document.write(
24.   "<br>typeof 结果分别为：" + typeof n1 + "、" + typeof n2 + "、" + typeof n3
25. );
26. var x1 = 5 > 3 && 15 < -15, y1 = 10;   //x1 为 false
27. var z1 = x1 || y1;                      //x1 由 false 转换为 0,再与 y1 逻辑或
28. document.write("<br>=> var x1 = 5 > 3 && 15 < -15,y1 = 10;");
29. document.write("<br>z1=" + z1);
```

2.6 JavaScript 程序控制结构

JavaScript 程序是专门用来解决某一问题的特定代码。JavaScript 程序的结构有三种，分别为顺序结构、选择结构和循环结构，任何复杂的算法均可以使用这三种结构来表达。

2.6.1 顺序结构

顺序结构是按照语句出现的顺序，从第一条语句开始一步一步逐条执行，直至最后一条语句。大多数 JavaScript 程序都是顺序结构的，当遇到复杂问题时，需要使用选择结构或循环结构，或者同时使用三种结构才能解决实际问题。

【例 2-10】 JavaScript 顺序结构程序实战——计算圆的面积。

JS 代码如下，页面如图 2-16 所示。建立 js-2-10.html 文档，在 body 中引入 js-2-10.js 文件，然后在浏览器中打开 HTML 文档查看页面效果。

```
1.  // js-2-10.js 顺序结构程序
2.  document.write("<br>计算圆的面积<hr>");
3.  var radius = prompt("请输入圆的半径：", 10);                      //提示信息框输入半径，单位 cm
4.  document.write("<br>圆的半径为" + parseInt(radius));
5.  var area = Math.PI * parseInt(radius) * parseInt(radius);  //解析为整数
6.  document.write("<br>圆的面积为" + area.toFixed(2));         //小数点后取 2 位
```

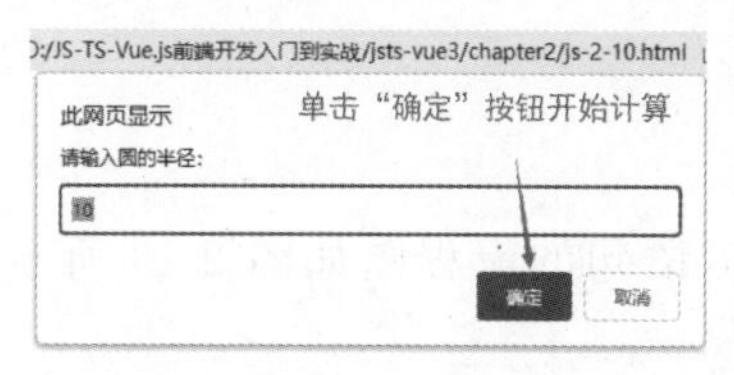

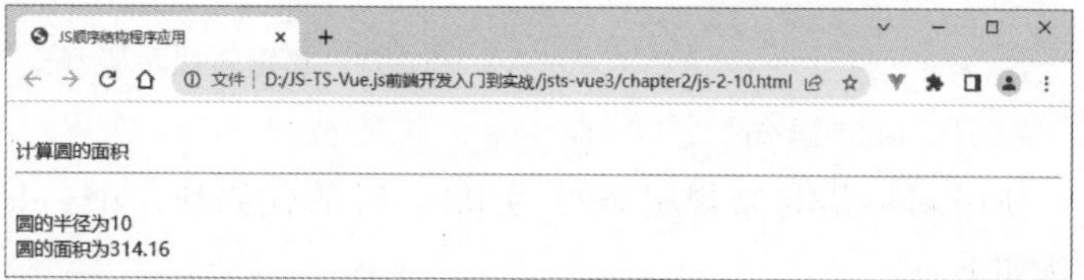

图 2-16 计算圆的面积

代码中第 2 行采用提示信息框的方式输入圆的半径，单击“确定”按钮，开始计算并显示结果；如果单击“取消”按钮，则圆的面积为 NaN。第 4 行采用 parseInt()解析函数，将输入的数据转换为整数。第 6 行采用 toFixed(2)将运算结果转换为固定两位小数的实数。

2.6.2 选择结构

在 JavaScript 中可以使用 4 种形式的选择结构语句。

- 使用 if 来规定要执行的代码块，如果指定条件为 true。
- 使用 else 来规定要执行的代码块，如果相同的条件为 false。
- 使用 else if 来规定要测试的新条件，如果第一个条件为 false。
- 使用 switch 来规定多个被执行的备选代码块。

1. if 语句

使用 if 语句来规定条件为 true 时被执行的 JavaScript 代码块。语法如下。

```
if (条件) {
    条件为 true 时，执行的代码；
}
```

关键词 if 使用小写字母，大写字母易出错。if 语句的流程图如图 2-17 所示。

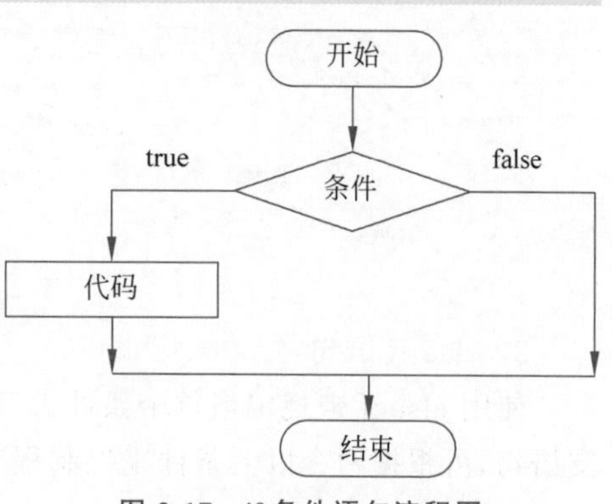

图 2-17 if 条件语句流程图

【例 2-11】 if 语句实战——判断课程考核是否通过。

通过提示框的方式输入课程成绩，在未单击“取消”按钮的情况下，当课程成绩大于或等于 60 时，考核结果为通过。

JS 代码如下，页面如图 2-18 所示。建立 js-2-11.html 文档，在 body 中引入 js-2-11.js 文件，然后

在浏览器中打开 HTML 文档查看页面效果。

```
1.  // js-2-11.js
2.  var score = prompt("输入课程成绩：", 100);
3.  if (score != null) {
4.    if (score >= 60) {
5.      alert("课程成绩为：" + score + ",考核结果为通过!!");
6.    }
7.  }
```

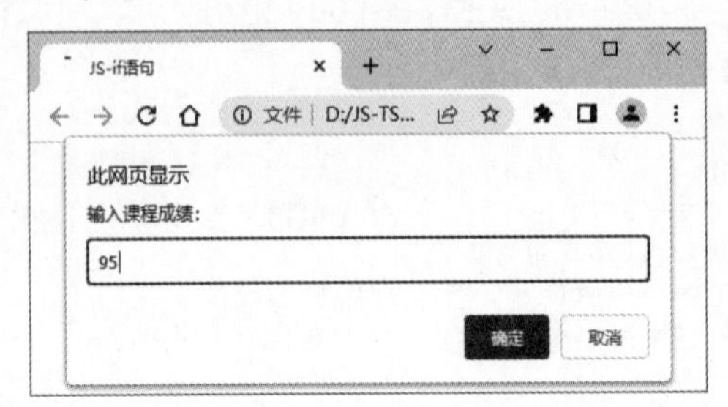

图 2-18 if 语句应用实例

2. if…else 语句

使用 else 语句来规定条件为 false 时的代码块。if…else 语句的流程图如图 2-19 所示。语法如下。

```
if (条件) {
   条件为 true 时执行的代码块 1
}else{
   条件为 false 时执行的代码块 2
}
```

【例 2-12】 if…else 语句实战——判断确认框中单击了哪个按钮。

JS 代码如下，页面如图 2-20 所示。建立 js-2-12.html 文档，在 body 中引入 js-2-12.js 文件，然后在浏览器中打开 HTML 文档查看页面效果。

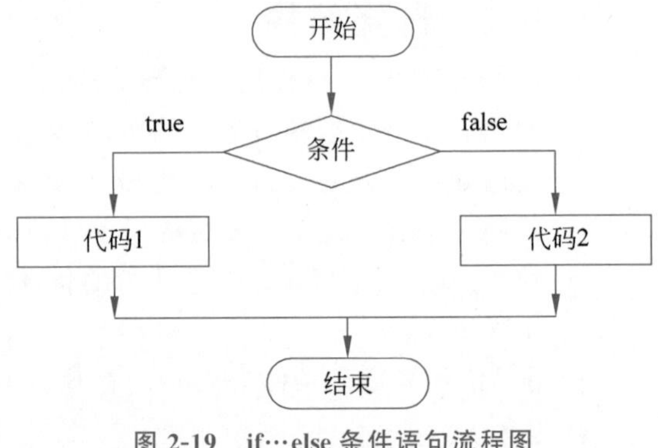

图 2-19 if…else 条件语句流程图

```
1.  // js-2-12.js
2.  var yesNo = confirm("确认吗?");
3.  if (yesNo == true) {
4.    document.write("您按下'确定'按钮!");
5.  } else {
6.    document.write("您按下'取消'按钮!");
7.  }
```

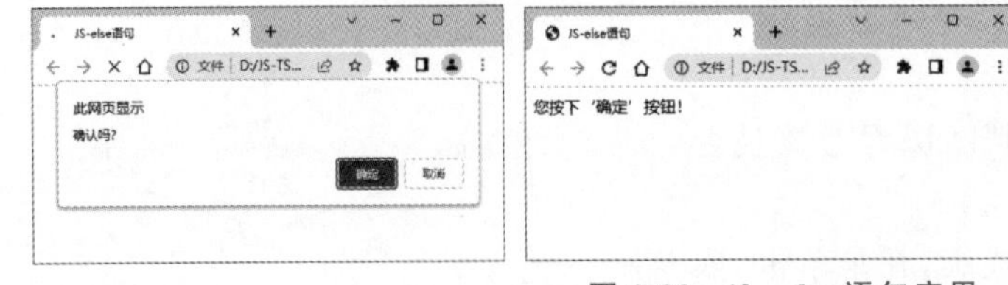

图 2-20 if…else 语句应用

3. else if 语句

使用 else if 来规定当首个条件为 false 时的新条件。if…else if…else 语句是多条件多分支语句，可根据两个以上条件来控制程序执行的流程。语法如下。

```
if (条件 1) {
    条件 1 为 true 时执行的代码块 1
} else if (条件 2) {
    条件 1 为 false 而条件 2 为 true 时执行的代码块 2
} else {
    条件 1 和条件 2 同时为 false 时执行的代码块 3
}
```

程序执行时，首先计算条件 1 的值，若计算结果为 true，则执行代码 1，执行完后结束 if…else if…else 语句；若计算结果为 false，则继续计算条件 2 的值；以此类推，假设第 m 个条件的值为 true，则执行紧跟的代码 m，并结束 if…else if…else 语句执行；否则继续计算第 $m+1$ 个条件的值。若所有条件的值都为 false，则执行关键词 else 后面的代码 n，结束 if…else if…else 语句的执行。其语句的执行流程如图 2-21 所示。

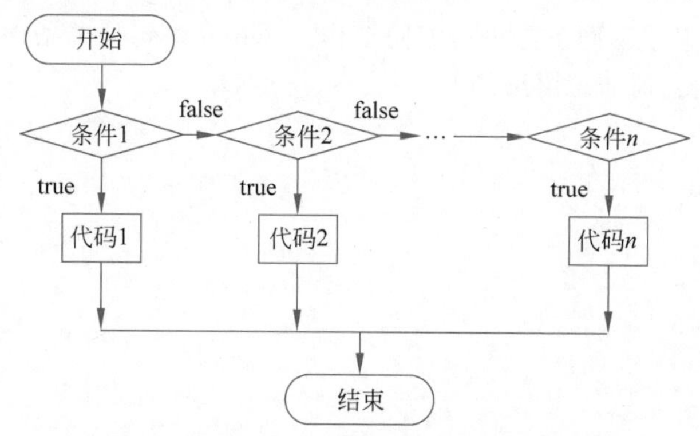

图 2-21　多重 if…else if…else 条件语句流程图

【例 2-13】　else if 语句实战——判断全国计算机二级考试成绩等级。

JS 代码如下，页面如图 2-22 和图 2-23 所示。建立 js-2-13. html 文档，在 body 中引入 js-2-13. js 文件，然后在浏览器中打开 HTML 文档查看页面效果。

```
1.  // js-2-13.js
2.  document.write("<h2>全国计算机二级考试成绩查询</h2>");
3.  var score = prompt("输入全国计算机二级考试成绩: ", 85);
4.  if (score != null) {
5.    //没有单击"取消"按钮,单击"确定"按钮
6.    if (parseInt(score) >= 90) {
7.      document.write("<h3>成绩等级为优秀</h3>");
8.    } else if (parseInt(score) >= 80) {
9.      document.write("<h3>成绩等级为良好</h3>");
10.   } else if (parseInt(score) >= 60) {
11.     document.write("<h3>成绩等级为合格</h3>");
12.   } else {
13.     document.write("<h3>成绩等级为不合格</h3>");
14.   }
15. }
```

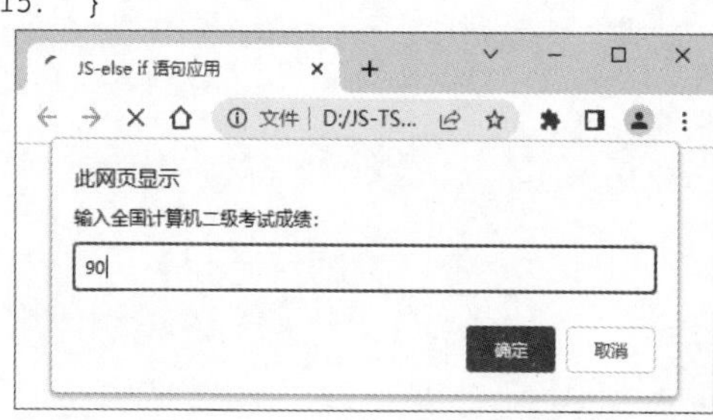

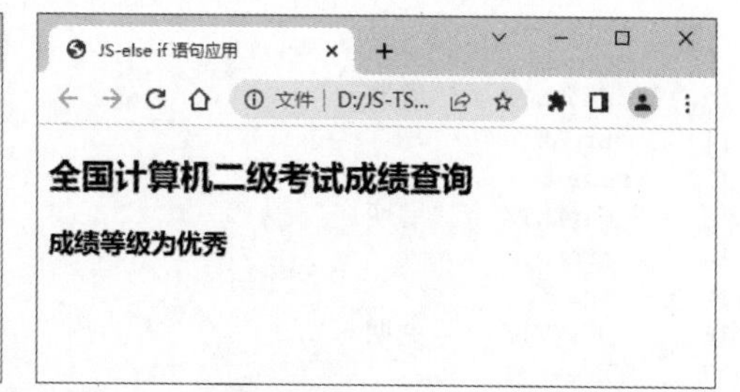

图 2-22　else if 语句——输入 90 时效果页面

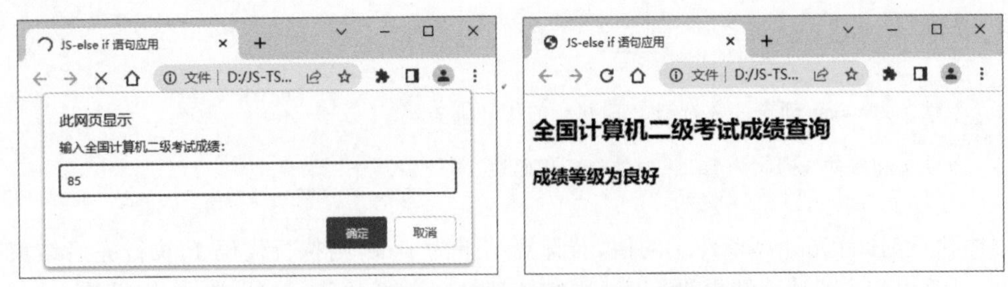

图 2-23 else if 语句——输入 85 时效果页面

分别输入 90、85、65、45 等成绩来检验程序运行结果，等级分别为“优秀”“良好”“合格”“不合格”。

4. switch 语句

switch 语句用于基于不同条件执行不同动作。switch 语句是单条件多分支语句，比 else if 语句使用起来更方便、简洁。语法如下。

```
switch(表达式) {
      case value 1:
         代码块
         break;
         …
      case value N:
         代码块
         break;
      default:
         默认代码块
}
```

switch 语句需要计算一次 switch 表达式，然后把表达式的值与每个 case 的值进行对比，如果匹配，则执行相关代码块。

注意 每个 case 语句块的后面都有一个 break 语句，其作用是终止 switch 语句的执行，继续执行 switch 下面的语句。如果没有这个 break 语句，那么 switch 语句会从和表达式的值匹配的 case 常量开始，依次执行后面所有的代码，直到 switch 语句的结尾处。

【例 2-14】 switch 语句实战——当前日期与周名转换。

JS 代码如下，页面如图 2-24 所示。建立 js-2-14. html 文档，在 body 中引入 js-2-14. js 文件，然后在浏览器中打开 HTML 文档查看页面效果。

```
1.  // js - 2 - 14. js
2.  var dayZWTX = "";
3.  var day = new Date();
4.  //getDay()以数值获取周名(0～6)
5.  switch (day. getDay()) {
6.   case 0:
7.    dayZWTX = "星期日";
8.    break;
9.   case 1:
10.   dayZWTX = "星期一";
11.   break;
12.  case 2:
13.   dayZWTX = "星期二";
14.   break;
15.  case 3:
16.   dayZWTX = "星期三";
17.   break;
18.  case 4:
19.   dayZWTX = "星期四";
```

```
20.     break;
21.    case 5:
22.     dayZWTX = "星期五";
23.     break;
24.    case 6:
25.     dayZWTX = "星期六";
26.   }
27.   document.write("今天是" + day.toLocaleString());  //转换本地日期格式
28.   document.write("<b>--" + dayZWTX + "</b>");
```

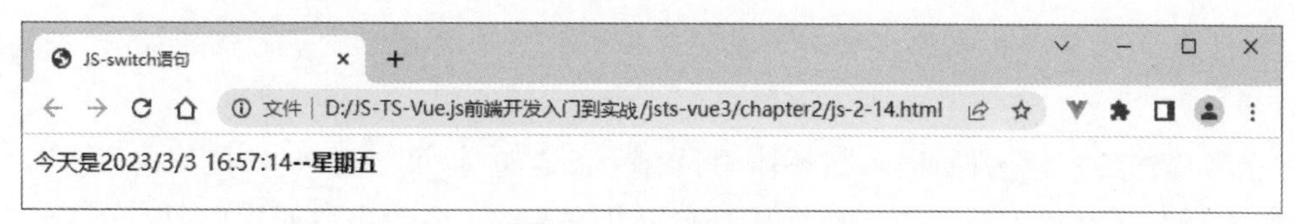

图 2-24 switch 语句的应用

2.6.3 循环结构

假如需要多次运行代码,且每次使用不同的值,那么使用循环就相当方便。

JavaScript 支持不同类型的循环,分别如下。

- for:多次遍历代码块。
- for/in:遍历对象属性或数组元素。
- while:当指定条件为 true 时循环一段代码块。
- do/while:当指定条件为 true 时循环一段代码块。

1. for 循环

for 循环是一种结构简单、使用频率高的循环控制语句,其作用是有条件地重复执行一段代码。for 语句的执行流程如图 2-25 所示。语法如下。

```
for (语句 1; 语句 2; 语句 3) {
     要执行的代码块
}
```

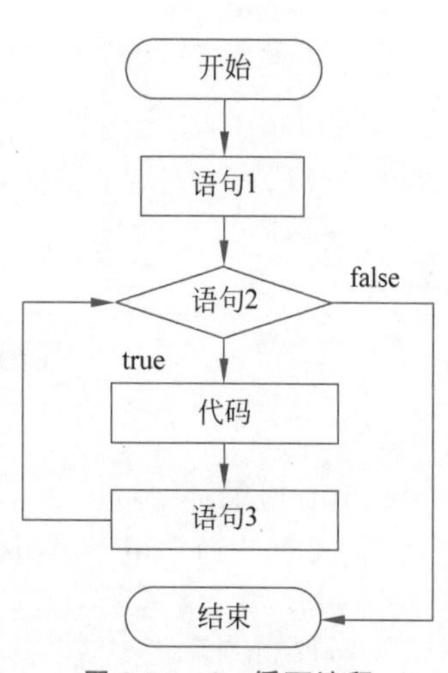

图 2-25 for 循环流程

其中,语句 1 在循环(代码块)开始之前执行;语句 2 定义了运行循环(代码块)的条件;语句 3 会在循环(代码块)每次被执行后执行。

for 是 for 语句的关键词,for 关键词后面的一对圆括号()不可省略,圆括号中用分号";"分隔三个语句。

语句 1 用来初始化循环中所使用的变量(如 i=0),在循环开始前执行。在语句 1 中可以初始化多个值(由逗号分隔),语句 1 是可选的。例如:

```
1.  var cars = ["BMW", "Volvo", "Porsche", "Ford"];
2.  var i = 2;
3.  var len = cars.length;                //取数组 cars 的长度
4.  var text = "";
5.  for (; i < len; i++) {                //语句 1 省略
6.      text += cars[i] + "<br>";
7.  }                                     //text 分行输出 Porsche、Ford
```

语句 2 用于计算初始变量的条件,也是可选的。若语句 2 返回 true,那么循环会重新开始;若返回 false,则循环将结束。

注意 若省略语句 2,那么必须在循环中提供一个 break,否则循环永远不会结束。

语句 3 也是可选的,通常在每次循环执行后都被执行,用来修改循环变量的值,然后再继续执行语句 2，判断条件是否为真，决定是否继续下一次循环。例如：

```
1.  var cars = ["BMW", "Volvo", "Porsche", "Ford"];
2.  var i = 0;
3.  var len = cars.length;
4.  var text = "";
5.  for (; i < len; ) {    //语句 1、语句 3 均省略
6.      text += cars[i] + "<br>";  i++;
7.  }                       //分 4 行输出 BMW、Volvo、Porsche、Ford
```

注意 若省略语句 3，那么必须在循环体中包含修改循环变量的值的语句，否则会造成死循环。

花括号{}内的代码为循环体，循环体中只有一条语句时，可以省略{}，但不建议省略{}。

【例 2-15】 for 语句实战——计算从起始数开始连续 100 个整数的累加和。

JS 代码如下，页面如图 2-26 所示。建立 js-2-15.html 文档，在 body 中引入 js-2-15.js 文件，然后在浏览器中打开 HTML 文档查看页面效果。

```
1.  // js-2-15.js
2.  document.write("<h3>for 循环应用</h3>");
3.  var start = prompt("输入起始整数：", 100);      //提示框中输入起始数
4.  if (start != null) {                        //单击"确定"按钮，开始计算，parseInt()解析为整数
5.    for (var i = parseInt(start), sum = 0; i < parseInt(start) + 100; i++) {
6.      sum += i;                                //复合赋值语句
7.    }
8.    document.write("<br>从" + start + "开始连续 100 个整数的和 = " + sum);
9.  } else {
10.   document.write("<br>请刷新页面，输入数据，并单击'确定'按钮!!");
11. }
```

图 2-26 for 循环应用

2. for/in 循环

for/in 语句通常用于遍历数组元素和对象的属性。语法如下。

```
for (variable in object|array) {   // |表示或者
    需要循环执行的代码;
}
```

其中，variable 可以是一个变量名、数组元素或对象属性。object|array 可以是一个对象名|数组。for/in 循环将逐一遍历 object|array 的每一个属性或每一元素。

【例 2-16】 for/in 循环实战——对象和数组的遍历。

JS 代码如下，页面如图 2-27 所示。建立 js-2-16.html 文档，在 body 中引入 js-2-16.js 文件，然后在浏览器中打开 HTML 文档查看页面效果。

```
1.  // js-2-16.js
2.  var student = {name: "LiMing",  age: 22, className: "2022 大数据技术", sex: "男", };
3.  var nums = new Array(100, 200, 300, 400, 500);
4.  document.write("<h3>学生基本信息</h3>");
5.  for (var pro in student) {
6.    //属性是变量时，可以使用 student[pro]来访问对象的属性
7.    document.writeln(pro + ":" + student[pro] + "<br>");
8.  }
```

```
9.  document.write("<h3>数组元素</h3>");
10. var i = 0;
11. for (var item in nums) {
12.   document.write(i + "-" + item + " ");
13.   i++;
14. }
```

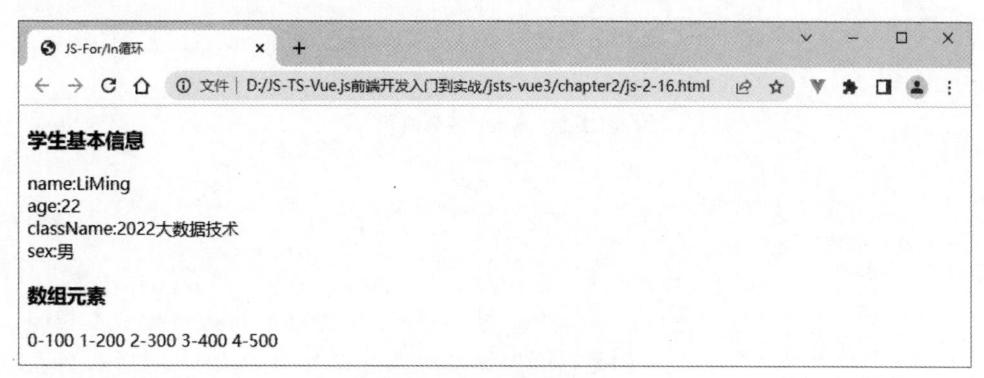

图 2-27 for/in 循环应用

3. while 循环

只要条件为 true,循环将一直执行代码块。语法如下。

```
while (条件)
  {
   要执行的代码块;
}
```

由于 while 循环中只有一个条件表达式,不像 for 循环有三个语句,所以变量初始化语句必须挪到 while 循环结构前面,循环变量控制语句必须挪到 while 循环体中。此时,while 循环与 for 循环才能执行同样的功能。

while 语句的执行流程如图 2-28 所示。

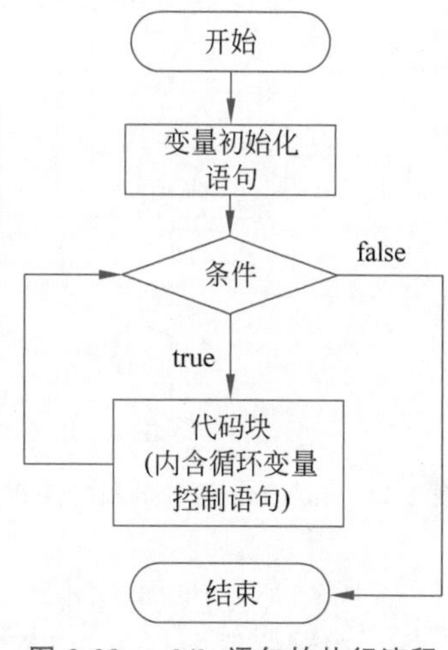

图 2-28 while 语句的执行流程

【例 2-17】 while 循环实战——计算从起始数开始连续 100 个整数的累加和。

JS 代码如下,页面如图 2-29 所示。建立 js-2-17. html 文档,在 body 中引入 js-2-17. js 文件,然后在浏览器中打开 HTML 文档查看页面效果。

```
1.  // js-2-17.js
2.  document.write("<h3>while 循环应用——计算从起始数开始连续 100 个整数的累加和</h3>");
3.  var start = prompt("输入起始整数: ", 100);       //提示框中输入起始数
4.  if (start != null) {
5.    //单击"确定"按钮,开始计算,parseInt()解析为整数
6.    var i = parseInt(start),   sum = 0;         //变量初始化
7.    while (i < parseInt(start) + 100) {
8.     sum += i;                                  //复合赋值语句
9.     i++;                                       //循环变量控制语句
10.   }
11.   document.write("<br>从" + start + "开始连续 100 个整数的和 = " + sum);
12. } else {
13.   document.write("<br>请刷新页面,输入数据,并单击'确定'按钮!!");
14. }
```

4. do/while 循环

do/while 循环是 while 循环的变体。在检查条件是否为真之前,这种循环会执行一次代码块,然后只要条件为真就会重复循环。do/while 语句的执行流程如图 2-30 所示。语法

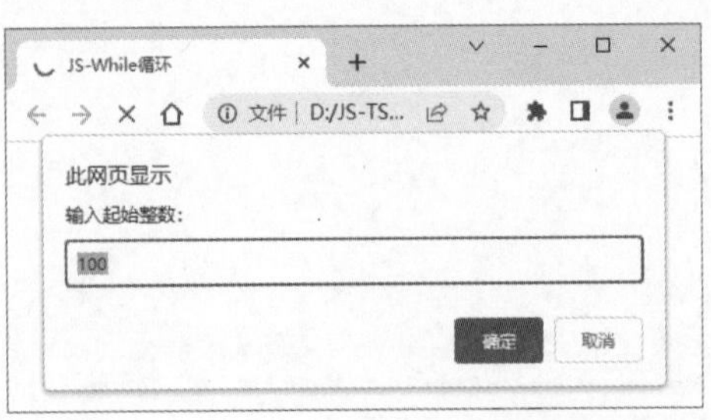

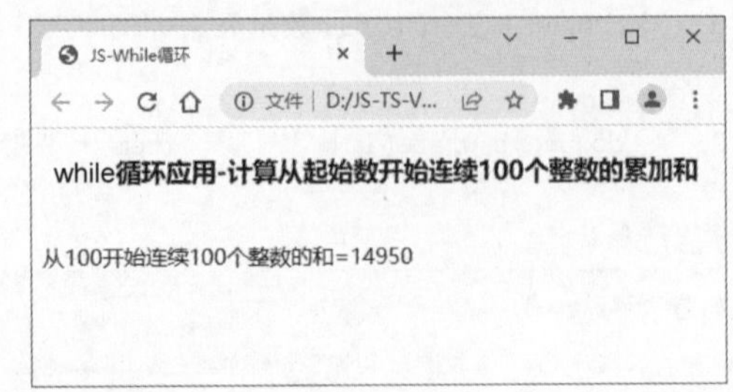

图 2-29 while 循环应用

如下。

```
do {
      执行的代码块;
} while(条件)
```

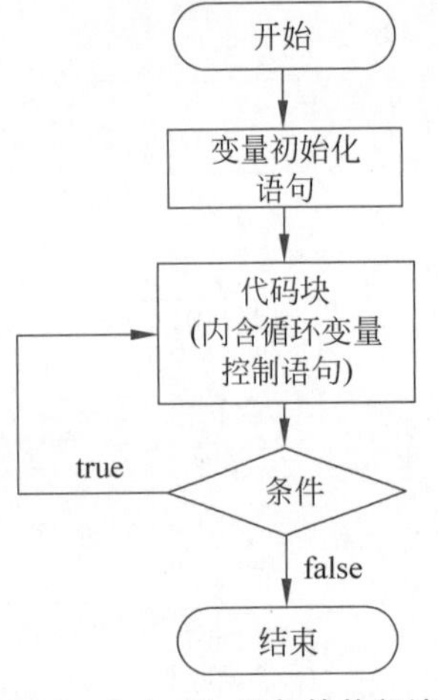

图 2-30 do/while 语句的执行流程

do/while 循环和 while 循环的执行过程基本相同，所不同的是，while 循环先判断条件是否为 true，后执行循环体；而 do/while 循环则是先执行一次循环体，后判断条件。因此，在一定条件下，while 循环可能一次都不执行，而 do/while 循环在任何条件下至少要执行一次。

与 while 循环一样，使用 do/while 循环时需要注意如下几个问题。

(1) 在 do/while 循环之前必须完成循环变量初始化工作。

(2) 不管有没有语句，循环体语句必须使用{}括起来。

(3) 循环体语句中必须含有循环控制语句，避免发生死循环。

【例 2-18】 do/while 循环实战——计算从起始数开始连续 100 个整数的累加和。

JS 代码如下，页面如图 2-31 所示。建立 js-2-18.html 文档，在 body 中引入 js-2-18.js 文件，然后在浏览器中打开 HTML 文档查看页面效果。

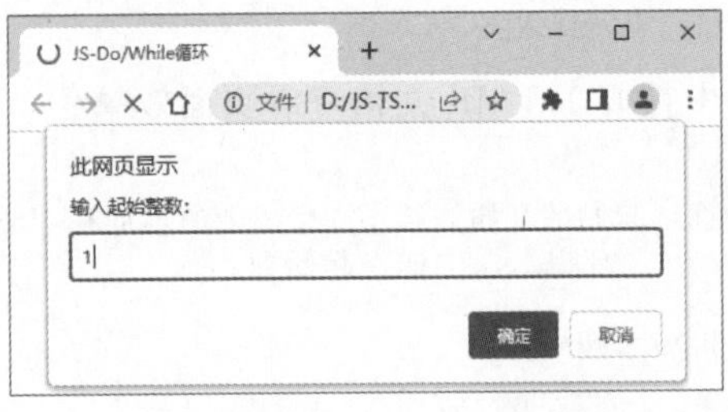

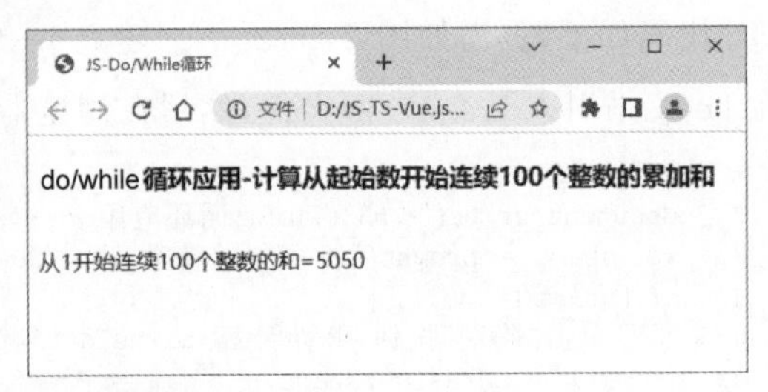

图 2-31 do/while 循环应用

```
1.  // js-2-18.js
2.  document.write("<h3>do/while 循环应用——计算从起始数开始连续 100 个整数的累加和
    </h3>");
3.  var start = prompt("输入起始整数: ", 100);       //提示框中输入起始数
4.  if (start != null) {
5.    //单击"确定"按钮，开始计算，parseInt()解析为整数
6.    var i = parseInt(start), sum = 0;             //变量初始化
7.    do {
8.      sum += i;                                   //复合赋值语句
9.      i++;                                        //循环变量控制语句
10.   } while (i < parseInt(start) + 100);
```

```
11.     document.write("<br>从" + start + "开始连续 100 个整数的和 = " + sum);
12.   } else {
13.     document.write("<br>请刷新页面,输入数据,并单击'确定'按钮!!");
14.   }
```

5. 循环嵌套

一个循环内又包含着另一个完整的循环结构,称为循环嵌套。内嵌的循环中还可继续嵌套别的循环,这就构成多重循环结构。

【例 2-19】 循环嵌套实战——九九乘法口诀表。

JS代码如下,页面如图 2-32 所示。建立 js-2-19.html 文档,在 body 中引入 js-2-19.js 文件,然后在浏览器中打开 HTML 文档查看页面效果。

```
1.  // js-2-19.js
2.  document.write("<h3>九九乘法口诀表</h3>");
3.  //外循环控制变量 i,从 1 到 9
4.  for (var i = 1, cj = 1; i <= 9; i++) {
5.    //内循环控制变量 j,从 1 到 i
6.    for (var j = 1; j <= i; j++) {
7.      document.write(j + "*" + i + "=" + i * j + "  ");
8.    }
9.    document.write("<br>");   //换行
10. }
```

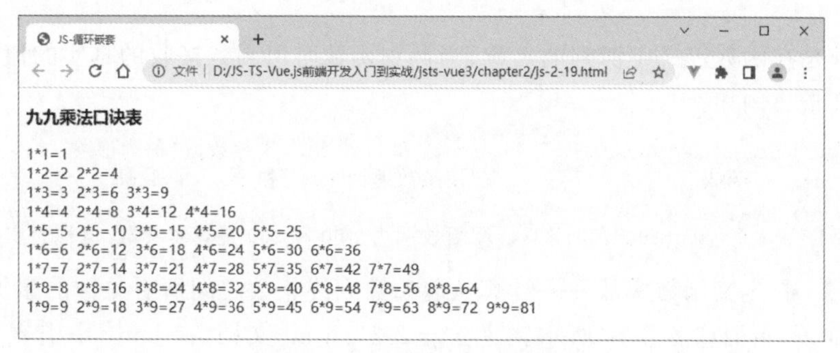

图 2-32 输出九九乘法口诀表

6. break 和 continue

在实际问题中,有时并不需要完整执行完所有循环才结束程序,可能遇到一些需要提前中止或跳过某些循环等情况,这时就需要使用 break 和 continue 语句来解决实际问题。

break 语句"跳出"循环,continue 语句"跳过"循环中的一个迭代。break 语句也可以用于"跳出"switch 语句。

break 语句会中断循环,并继续执行循环之后的代码(如果有)。如果发生指定的条件,continue 语句将中断(循环中的)一个迭代,然后继续循环中的下一个迭代。

【例 2-20】 break 和 continue 实战——有条件输出数组中指定的元素。

JS代码如下,页面如图 2-33 所示。建立 js-2-20.html 文档,在 body 中引入 js-2-20.js 文件,然后在浏览器中打开 HTML 文档查看页面效果。

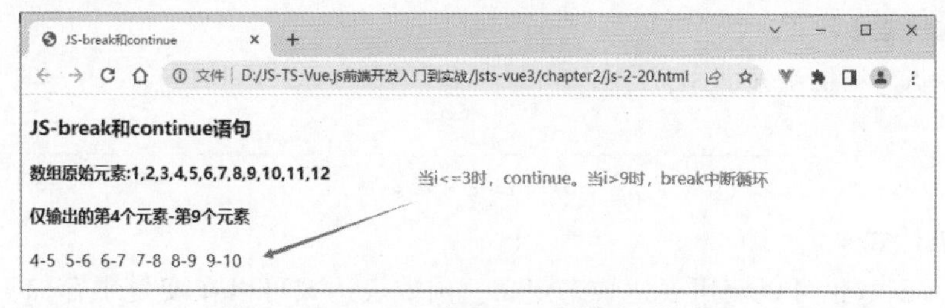

图 2-33 break 和 continue 在循环中的应用

2.7 JavaScript 函数

JavaScript 函数是执行特定任务的代码块。JavaScript 函数会在某代码调用它时被执行。JavaScript 函数分为系统内部函数和系统对象定义的函数及用户自定义函数。

函数先定义后使用,函数定义一次,可以多次使用。函数可以提高程序代码的复用率,既减轻了开发人员的负担,又降低了代码的重复度。JavaScript 函数一般定义在 HTML 文件的头部< head >标记、< body >标记及外部 JS 文件中,而函数的调用可以在 HTML 文件的主体< body >标记中的任何位置。

2.7.1 自定义函数

1. JavaScript 函数语法

JavaScript 函数通过 function 关键词进行定义,其后是函数名和圆括号()。函数名可包含字母、数字、下画线和美元符号(规则与变量名相同)。圆括号可包括由逗号分隔的参数,由函数执行的代码被放置在花括号{}中。语法如下。

```
function functionName (参数 1, 参数 2, …,参数 n) {
    要执行的代码
}
```

函数参数是在函数定义中所列的名称,当调用函数时由函数接收的真实的值。在函数中,参数是局部变量。例如:

```
function myFunction(num1,num2) {        //num1 和 num2 是形式参数,也称为形参
  return num1 * num2;                   //该函数返回 num1 和 num2 的乘积
}
var number1 = myFunction(100,200);      //函数调用,100 和 200 是真实参数,也称为实参
```

【例 2-21】 自定义函数实战——计算从起始数到终止数之间所有整数的累加和。

JS 代码如下,页面如图 2-34 所示。建立 js-2-21.html 文档,在 body 中引入 js-2-21.js 文件,然后在浏览器中打开 HTML 文档查看页面效果。

```
1.  // js-2-21.js
2.  document.write("<h3>自定义函数的应用</h3>");
3.  //计算从起始数到终止数之间所有整数的累加和
4.  function sum(a, b) {
5.    for (var i = a, sum1 = 0; i <= b; i++) {
6.      sum1 += i;                //复合赋值语句
7.    }
8.    return sum1;                //返回计算累加和
9.  }
10. var x = 100,  y = 200;       //实参赋值
11. document.write("计算从" + x + "到" + y + "所有整数的累加和 = " + sum(x, y));  //传值
```

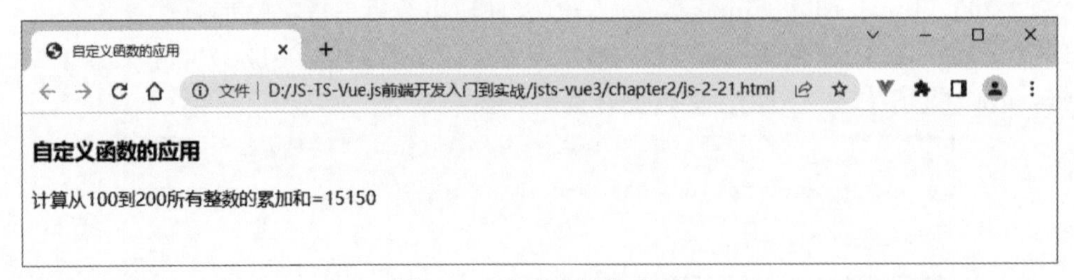

图 2-34 自定义函数应用

2. 函数表达式

JavaScript 函数也可以使用表达式来定义。函数表达式可以在变量中存储。在变量中保

存函数表达式之后，此变量可用作函数。例如：

```
var x = function (a, b) {return a * b};
var z = x(4, 3); // x 可作为函数,结果为 12
```

上面的函数实际上是一个匿名函数(没有名称的函数)。存放在变量中的函数不需要函数名，总是使用变量名调用。上面的函数使用分号结尾，因为它是可执行语句的一部分。

3. Function()构造器

JavaScript 函数是通过 function 关键词定义的。函数也可以通过名为 Function()的内建 JavaScript 函数构造器来定义。例如：

```
var myFunction = new Function("a", "b", "return a * b");
var x = myFunction(4, 3);
```

实际上无须使用函数构造器。上面的例子可以写成如下形式。

```
var myFunction = function (a, b) {return a * b};
var x = myFunction(4, 3);
```

4. 自调用函数

函数表达式可以作为“自调用”。自调用表达式是自动被调用(开始)的，在不进行调用的情况下，函数表达式会自动执行。假如表达式后面跟着()，则无法对函数声明进行自调用，需要在函数周围添加圆括号，以指示它是一个函数表达式。例如：

```
(function () {
    var x = "Hello!!";        //我会调用我自己
})();
```

【例 2-22】 自调用函数实战。

JS 代码如下，页面如图 2-35 所示。建立 js-2-22.html 文档，然后在浏览器中打开 HTML 文档查看页面效果。

```
1.  <!-- js-2-22.html -->
2.  <!DOCTYPE html>
3.  <html>
4.    <head>
5.      <title>自调用函数</title>
6.      <meta charset = "UTF-8" />
7.    </head>
8.    <body>
9.      <h1>JavaScript 函数</h1>
10.     <p>可以在不调用的情况下自动调用函数: </p>
11.     <p id = "myself"></p>
12.     <script>
13.       (function () {  //匿名的自调用函数(没有名称的函数)
14.         document.getElementById("myself").innerHTML = "哈哈! 我调用我自身!";
15.       })();
16.     </script>
17.   </body>
18. </html>
```

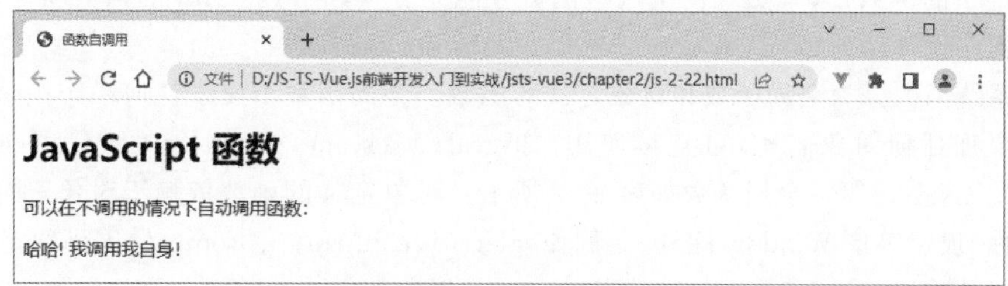

图 2-35　自调用函数

5. 箭头函数

箭头函数允许使用简短的语法来编写函数表达式,不需要 function 关键词、return 关键词和花括号。例如:

```
// ES5
var x = function(x, y) {
  return x * y;
}
// ES6
const x = (x, y) => x * y;
const x = (x, y) => { return x * y };
```

【例 2-23】 箭头函数实战。

JS 代码如下,页面如图 2-36 所示。建立 js-2-23.html 文档,然后在浏览器中打开 HTML 文档查看页面效果。

```
1.  <!-- js-2-23.html -->
2.  <!DOCTYPE html>
3.  <html>
4.    <head>
5.      <title>JavaScript 箭头函数</title>
6.      <meta charset="UTF-8" />
7.    </head>
8.    <body>
9.      <h1>JavaScript 箭头函数</h1>
10.     <p>使用箭头函数,不必输入 function 关键字、return 关键字和花括号。</p>
11.     <script>
12.       var product = (x, y) => x * y;
13.       document.write("<br>product = (x, y) => x * y;");
14.       document.write("参数:(100,22),结果为" + product(100, 22));
15.     </script>
16.   </body>
17. </html>
```

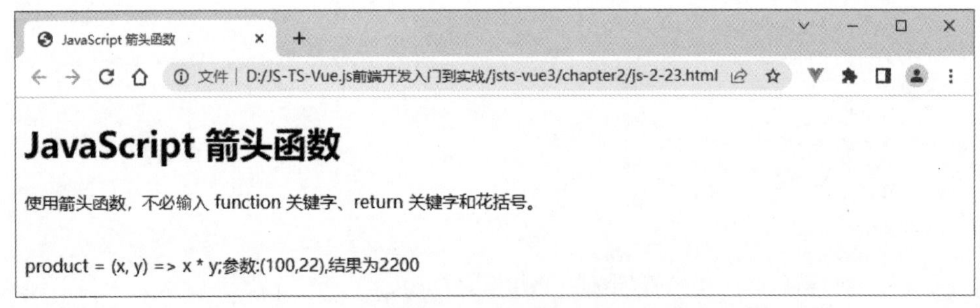

图 2-36 箭头函数应用

2.7.2 常用系统函数

JavaScript 中有许多预先定义的系统内部函数和对象定义的函数,这些预定义的系统函数大多数存在于预定义的对象中。例如,String、Date、Math、Window 及 Document 对象中都有很多预定义的函数,只有熟练使用这些函数才能充分发挥 JavaScript 的强大功能,简洁、高效地完成程序设计任务。

常用系统函数分为全局函数和对象定义的函数。全局函数不属于任何一个内置对象,使用时不需要加任何对象名称,可直接使用,如 eval()、escape()、unescape()、parseFloat()、parseInt()、isNaN()等。全局函数如表 2-13 所示。对象定义的函数依赖于对象,使用时需要加对象名称(顶层对象 Window 除外)。例如,alert()、confirm()、prompt()等函数是 Window 对象定义的函数。document.write()是 Document 对象的方法。

表 2-13 全局函数

函　　数	说　　明
decodeURI()	解码某个编码的 URI
decodeURIComponent()	解码一个编码的 URI 组件
encodeURI()	把字符串编码为 URI
encodeURIComponent()	把字符串编码为 URI 组件
eval()	计算 JavaScript 字符串，并把它作为脚本代码来执行
escape()	对字符串进行编码
unescape()	对由 escape()编码的字符串进行解码
parseFloat()	解析一个字符串并返回一个浮点数
parseInt()	解析一个字符串并返回一个整数
getClass()	返回一个 JavaObject 的 JavaClass
isNaN()	检查某个值是否是非数值
isFinite()	检查某个值是否为有穷大的数
Number()	把对象的值转换为数值
String()	把对象的值转换为字符串

以下主要介绍常用的全局函数和对象函数。

1. 全局函数

1) eval()、escape()、unescape()函数

```
eval (string)          //计算表达式的值
escape (string)        //编码函数
unescape (string)      //解码函数
```

eval(string)函数用于计算 JavaScript 字符串，并把它作为脚本代码来执行。如果参数是一个表达式，eval()函数将执行表达式。如果参数是 JavaScript 语句，eval()将执行 JavaScript 语句。

escape(string)函数可对字符串（ISO-Latin-1 字符集）进行编码，这样就可以在所有的计算机上读取该字符串。该函数不会对 ASCII 字符和数字进行编码，也不会对“ * 、@、-、_、+、.、/”这些ASCII 标点符号进行编码，其他所有的字符都会被转义序列替换。其中，string 表示要被转义或编码的字符串。

unescape(string)函数返回的字符串是 ISO-Latin-1 字符集的字符。该函数通过找到形式为％xx 和％uxxxx 的字符序列（x 表示十六进制的数字），用字符\u00xx 和\uxxxx 替换这样的字符序列进行解码。其中，string 表示要解码或反转义的字符串。

【例 2-24】 eval()、escape()、unescape()函数实战。

JS 代码如下，页面如图 2-37 所示。建立 js-2-24. html 文档，在 body 中引入 js-2-24. js 文件，然后在浏览器中打开 HTML 文档查看页面效果。

```
1.  // js - 2 - 24.js
2.  document.write("< h3 > eval()、escape()、unescape()函数应用</h3 >");
3.  document.write("eval('x = 23;y = 20;document.write(x * y))'");
4.  eval("x = 23;y = 20;document.write(x * y)"); //执行代码，输出 460
5.  document.write("< br > eval('5 + 3') = " + eval("5 + 3"));
6.  document.write("< br > eval(x + 17) = " + eval(x + 17));
7.  document.write("< hr >");
8.  var escString = escape("JavaScript 比较容易学!");
9.  document.write('escape("JavaScript 比较容易学!") = ');
10. document.write(escString);
11. document.write("< hr >");
12. document.write("unescape(escString) = " + unescape(escString));
```

图 2-37　eval()、escape()、unescape()函数应用

2）parseFloat()、parseInt()函数

```
parseInt (string,radix)
parseFloat (string)
parseInt ("34")                 //结果为 34
parseFloat ("123.123ABC")       //结果为 123.123
```

parseInt()函数的作用是返回 string 字符串对应的十进制整数值，参数 radix 用于指定数字的基数(2～36)。只有字符串中的第一个数字会被返回，如果字符串的第一个字符不能被转换为数字，那么 parseInt()会返回 NaN。parseInt()函数的参数说明如表 2-14 所示。

表 2-14　parseInt()函数的参数说明

参　数	说　明
string	要被解析的字符串
radix	表示要解析的数字的基数。该基数介于 2～36。 如果省略该参数或其值为 0，则数字将以 10 为基数来解析。 如果它以"0"开头，将以 8 为基数。 如果它以"0x"或"0X"开头，将以 16 为基数。 如果该参数小于 2 或者大于 36，则 parseInt()将返回 NaN

parseFloat()函数的作用是返回 string 字符串对应的实数值。只有字符串中的第一个数字会被返回，如果字符串 string 的第一个字符不能被转换为数字，那么 parseFloat()会返回 NaN。

解析为数字型数值函数的几种特殊用法如下。

```
parseInt (" 34")                     //首字符为空格时，结果为 34
parseInt ("ABC 34")                  //结果为 NaN
parseFloat (" 123.123ABC")           //首字符为空格时，结果为 123.123
parseFloat("56BACDDDD FF")           //结果为 56
```

【例 2-25】　parseFloat()、parseInt()函数实战。

JS 代码如下，页面如图 2-38 所示。建立 js-2-25.html 文档，在 body 中引入 js-2-25.js 文件，然后在浏览器中打开 HTML 文档查看页面效果。

```
1.  // js-2-25.js
2.  document.write("<h3>parseFloat()、parseInt()函数应用</h3>");
3.  document.write('parseInt("100") = ' + parseInt("100"));
4.  document.write('<br>parseInt("100.33") = ' + parseInt("100.33"));
5.  document.write('<br>parseInt("99 88 77") = ' + parseInt("99 88 77"));
6.  document.write('<br>parseInt(" 100 ") = ' + parseInt(" 100 "));
7.  document.write('<br>parseInt("56 years") = ' + parseInt("56 years"));
8.  document.write('<br>parseInt("ABC DEF 2023") = ' + parseInt("ABC DEF 2023"));
9.  document.write('<br>parseInt("10", 8) = ' + parseInt("10", 8));
```

```
10.  document.write("<hr>");
11.  document.write("parseFloat('100') = " + parseFloat("100"));
12.  document.write("<br>parseFloat('2023.33') = " + parseFloat("2023.33"));
13.  document.write('<br>parseFloat("99 88 77") = ' + parseFloat("99 88 77"));
14.  document.write('<br>parseFloat(" 90 ") = ' + parseFloat(" 90 "));
15.  document.write('<br>parseFloat("56 years") = ' + parseFloat("56 years"));
16.  document.write('<br>parseFloat("ABC DEF 2023") = ' + parseFloat("ABC DEF 2023"));
```

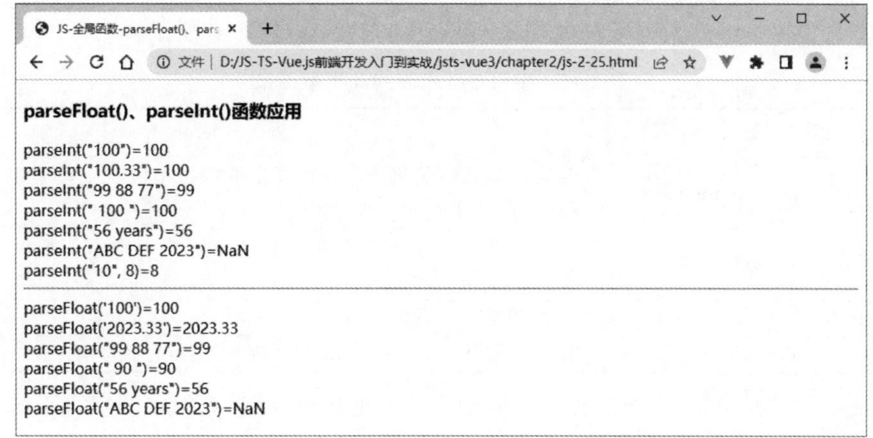

图 2-38　parseFloat()、parseInt()函数应用

3) isNaN()函数

```
isNaN (string)
```

isNaN()函数的作用是判断 string 是否不为数值，如果 string 是特殊的非数字值 NaN(或者能被转换为这样的值)，返回的值就是 true；如果 string 是其他值，则返回 false。

【例 2-26】　isNaN()函数实战。

JS 代码如下，页面如图 2-39 所示。建立 js-2-26.html 文档，在 body 中引入 js-2-26.js 文件，然后在浏览器中打开 HTML 文档查看页面效果。

```
1.  // js-2-26.js
2.  document.write("<h3>isNaN()函数应用</h3>");
3.  document.write('"2023"是否不为数值:' + isNaN(2023) + "<br>");
4.  document.write('"5*130"是否不为数值:' + isNaN(5 * 130) + "<br>");
5.  document.write('"JavaScript 易学!"是否不为数值:' + isNaN("JavaScript 易学!"));
```

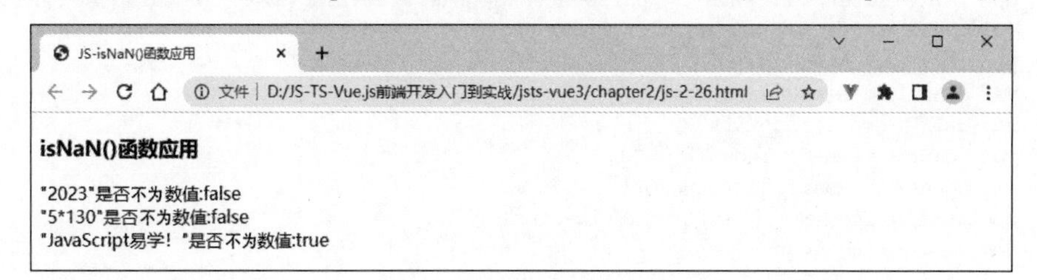

图 2-39　isNaN()函数应用

2. 常用的对象函数

(1) toString(radix)。将 Number 型数据转换为字符型数据，并返回指定的基数的结果。其中，radix 的取值范围为 2～36，若省略该参数，则使用基数 10。例如：

```
var a = 12;
alert(a.toString(2));    //告警框输出结果为 1100(二进制)
alert(a.toString());     //告警框输出结果为 12(默认的十进制)
```

(2) toFixed(n)。将浮点数转换为固定小数点位数的数字。n 是整数，用于设置小数的位数，如果省略了该参数，将用0代替。例如：

```
var a = 2023.3456;
alert(a.toFixed(2));     //保留 2 位小数,告警框输出结果为 2023.35
alert(a.toFixed(5));     //保留 5 位小数,告警框输出结果为 2023.34560
alert(a.toFixed());      //四舍五入为整数,告警框输出结果为 2023
```

（3）字符串查找和提取常用函数。

字符串对象提供了一系列字符串查找和提取的函数，如表2-15所示。

表 2-15　字符串对象查找和提取函数

函　　数	说　　明
indexOf(searchvalue,fromindex)	从前向后搜索字符串。返回指定的字符串值在字符串中首次出现的位置，如果没有发现，返回－1
lastIndexOf(searchvalue,fromindex)	从后向前搜索字符串。返回一个指定的字符串值最后出现的位置，如果没有发现，返回－1
charAt(index)	返回在指定位置的字符
substring(start,stop)	用于提取从start到stop(不包括该元素)的字符串

在项目开发过程中，经常通过程序提取用户输入的数据，然后对提取的字符串进行适当处理，以达到对用户输入的数据进行有效性、合法性验证的目的。如判断用户名首字符是否为字母、字符串中是否包含特定字符等，通过String对象提供的方法可以很容易实现。例如：

```
var str = " JavaScript is easy to learn! ";
var substr = str.substring(3,6);      //从第 0 个字符开始数,第 3～6 个字符为"aSc"
var somestr = str.charAt(4);          //从第 0 个字符开始数,取第 4 个字符结果是"S"
alert(str.indexOf("S"));              //告警框输出 4
```

【例 2-27】 常用的对象函数实战。

JS代码如下，页面如图2-40所示。建立js-2-27.html文档，在body中引入js-2-27.js文件，然后在浏览器中打开HTML文档查看页面效果。

```
1.  // js - 2 - 27.js
2.  document.write("< h3 >常用对象函数应用</h3 >");
3.  var num = 20.1256;
4.  document.write("num = 20.1256,num.toFixed(2) = " + num.toFixed(2));
5.  var num1 = parseInt(num);  //解析为整数
6.  document.write("< br > num1 = parseInt(num),num1.toString(2) = " + parseInt(num).toString
    (2));
7.  document.write("< hr >");
8.  var email = "snmp@sina.com.cn";
9.  var at1 = email.indexOf("@", 0);
10. var point1 = email.indexOf(".");
11. var point2 = email.lastIndexOf(".");
12. document.write('email = "snmp@sina.com.cn"');
13. document.write("< br >@位置: " +  at1 + ";第 1 个.位置: " +
14.   point1 + ";最右边第 1 个.位置: " + point2 );
15. //判断@与第 1 个.号之间间隔的字符数,如果大于或等于 2,则说明格式是正确的
16. var subStr = email.substring(at1 + 1, point1);
17. document.write("< br >格式是正确判断标准: @与第 1 个.号之间间隔的字符数,大于或等于
    2." );
18. document.write("< br > email.substring(at1 + 1, point1) = " + subStr + ",由于长度是" +
    subStr.length);
19. if (point1 - at1 - 1 >= 2) {
20.   document.write("< br >所以邮箱格式是正确的。");
21. } else {
22.   document.write("< br >所以邮箱格式是不正确的。");
23. }
```

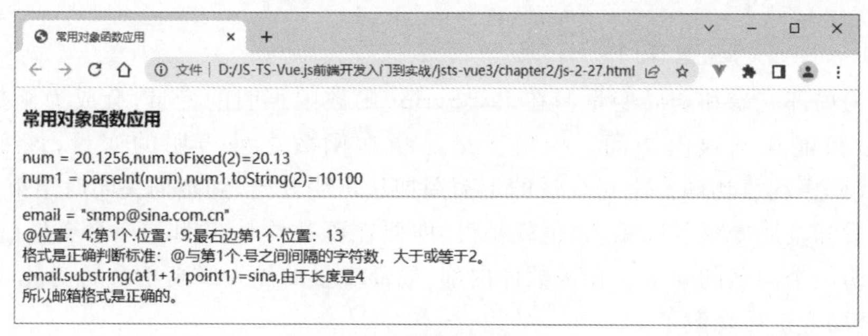

图 2-40 常用对象函数应用

2.7.3 return 语句

如果需要返回函数的计算结果，可以使用带参数的 return 语句。如果不需要返回函数的计算结果，则使用不带参数的 return 语句。语法如下。

```
return;                    //无返回值,此句可省略
return expression;         //返回 expression 的值
```

下面的 return 语句都会终止函数的执行。

```
return;
return true;
return false;
return x;
return x + y / 3;
```

注意 有值返回的函数调用方式与无值返回的调用方式略有不同。无值返回可以通过事件触发、程序触发等方式调用。有值返回的函数类似于操作数，和表达式一样可以直接参加运算，不需要通过事件或程序来触发。函数体内使用不带返回值的 return 语句可以结束程序运行，其后所有语句均不再执行。

【例 2-28】 return 语句实战。

JS 代码如下，页面如图 2-41 所示。建立 js-2-28. html 文档，在 body 中引入 js-2-28. js 文件，然后在浏览器中打开 HTML 文档查看页面效果。

```
1.  // js-2-28.js
2.  document.write("<h3>JavaScript return 语句应用</h3>");
3.  function sum(n1, n2, n3) {
4.    return n1 * n2 * n3;       //return 以后的语句被忽略,不会执行
5.    alert("此句并没有执行!");
6.  }
7.  function displayName(name) {
8.    document.write("<br>Hello " + name);
9.    return;                    //return 以后的语句被忽略,不会执行
10.   alert("此句并没有执行!");
11. }
12. document.write("函数 sum(n1, n2, n3),调用 sum(10, 20, 30) = " + sum(10, 20, 30));
13. document.write("<br>函数 displayName(name),调用 displayName('储久良')");
14. displayName("储久良");      //执行函数
```

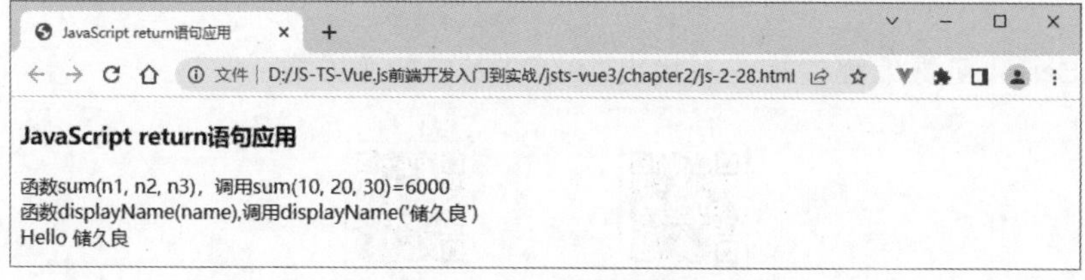

图 2-41 return 语句应用

2.7.4 函数变量的作用域

变量分为局部变量和全局变量。在 JavaScript 函数中声明的变量，会成为函数的局部变量，局部变量只能在函数内访问。全局变量是指在函数之外声明的变量，该变量在整个 JavaScript 代码中均可访问。全局变量的生命周期从声明开始，到页面关闭时结束。

局部变量和全局变量可以重名，也就是说，即便在函数体外声明了一个变量，在函数体内还可以再声明一个同名的变量。在函数体内部，局部变量的优先级高于全局变量，即在函数体内，同名的全局变量被隐藏了。

需要注意的是，专用于函数体内部的变量一定要用 var 关键字声明，否则该变量将被定义成全局变量，如果函数体外部有同名的变量，可能导致该全局变量被修改。

【例 2-29】 函数变量的作用域实战。

JS 代码如下，页面如图 2-42 所示。建立 js-2-29.html 文档，在 body 中引入 js-2-29.js 文件，然后在浏览器中打开 HTML 文档查看页面效果。

```
1.  // js-2-29.js
2.  document.write("<h3>函数变量的作用域</h3>");
3.  var n1 = 1000;
4.  document.write("<br>函数外定义 var n1 = 1000;全局变量 n1 = " + n1);
5.  function sum(m1, m2) {
6.    n1 = 2000;      //修改全局变量
7.    document.write("<br>sum(m1, m2)内全局变量被修改,n1 = " + n1);
8.    return m1 + m2;
9.  }
10. function show() {
11.   var n1 = 3000; //同名局部变量
12.   document.write("<br>var n1 = 3000;同名局部变量 n1 = " + n1);
13. }
14. show();
15. document.write("<br>sum(100,200) = " + sum(100, 200));
```

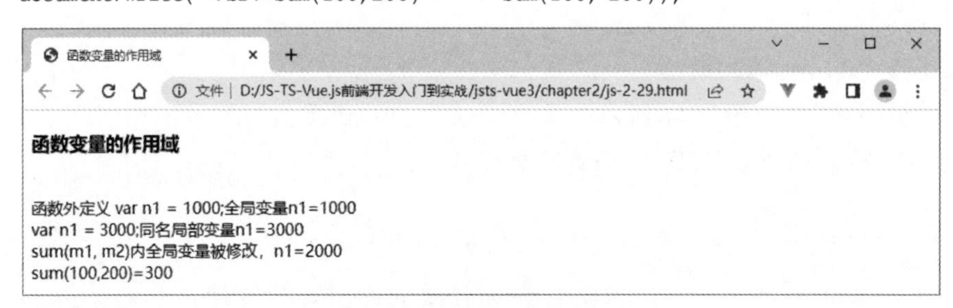

图 2-42 全局变量和局部变量应用

项目实战 2

1. JavaScript 程序结构编程实战——找出指定范围以内的水仙花数

2. JavaScript 函数编程实战——找出 10 000 以内的平方数

小结

本章主要介绍了 JavaScript 语言基础内容，包括 JavaScript 组成、特点、放置位置、语句、语法、数据类型和对话框、运算符和表达式、三种程序控制结构(顺序、选择和循环)及函数等相关知识。以 JavaScript 脚本编程为主线，编写独立的外部 JS 文件，并将外部 JS 文件嵌入 HTML 文档中，从而实现动态、交互式的页面效果。

练习 2

扫一扫

习题

扫一扫

自测题

第3章

JavaScript事件处理

本章学习目标：

通过本章内容的学习，读者将能够了解HTML事件类型，理解JavaScript事件在页面中的作用，理解事件、事件句柄和事件处理函数等概念；通过编写事件处理函数来响应相关事件，完成特定的功能需求。

Web前端开发工程师应知应会以下内容。

- 了解JavaScript事件类型。
- 理解事件、事件句柄与事件处理函数的概念与关联方式。
- 掌握常用的HTML事件。
- 掌握常用的鼠标单击、双击及移动等事件。
- 掌握常用的键盘事件及窗口事件。

3.1 JavaScript事件

采用事件驱动是JavaScript语言的一个最基本的特征。事件是指一些可以通过脚本响应的页面动作。当用户单击鼠标或者提交一个表单，甚至在页面上移动鼠标时，就会产生相关的事件。绝大多数事件的命名是描述性的，很容易理解，如Click、Submit、MouseOver等，通过名称就可以猜测其含义。

3.1.1 事件类型

JavaScript事件大多数与HTML标记相关，都是由用户操作页面元素时触发的。根据事件触发的来源及作用对象的不同，可以把事件分为鼠标事件、键盘事件、HTML事件、文档事件及手势事件(移动端)等类型。

1. 鼠标事件

鼠标事件主要指使用鼠标操作HTML元素时触发的事件。常用的鼠标事件有鼠标单击、鼠标双击、选择文本框、选中单选按钮、选中复选框等。例如，当鼠标移动、悬停、移出网页上相关区域内的特定元素时将触发MouseMove、MouseOver和MoveOut事件。

2. 键盘事件

键盘事件主要指用户在键盘上按键时触发的事件。例如，用户在键盘上按下某一个键时会触发KeyDown事件，用户释放按下的键时会触发KeyUp事件。

3. HTML事件

HTML事件主要指当窗口发生变动或者发生特定的客户端/服务器端交互时触发的事件。例如，页面完全载入时在Window对象上会触发Load事件；任何元素或者窗口本身失去焦点时会触发Blur事件。

4. 文档事件

文档事件主要指文档对象底层元素发生改变时触发的事件。例如,在元素中添加子元素时触发、元素中任意子元素被删除时触发、元素结构中发生任何变化时触发、元素从文档中移除之前触发、元素从文档中被添加之前触发等事件。

5. 手势事件

在移动端设备上发生手势触发事件。例如,发生手指触摸时触发、手指在元素上滑动时触发、手指从屏幕上移开时触发、当系统停止跟踪触摸时触发等事件。

3.1.2 事件句柄

事件句柄(又称事件处理函数)是指事件发生时要进行的操作。每一个事件均对应一个事件句柄,在程序执行时,将相应的函数或语句指定给事件句柄,则在该事件发生时,浏览器便执行指定的函数或语句,从而实现网页内容与用户操作的交互。当浏览器检测到某事件发生时,便查找该事件对应的事件句柄有没有被赋值,如果有,则执行该事件句柄。通常,事件句柄的命名原则是在事件名称前加上前缀 on。例如,鼠标移动 MouseOver 事件,其事件句柄为 onMouseOver。语法和示例如下。

```
<标记  事件句柄 = "JavaScript 代码">… </标记>
< input type = "button" name = "" value = "显示" onclick = "show();">
```

事件句柄名称与事件属性名称相同,都作为 HTML 标记的属性,与事件名称不同,只是在事件名称前面加上了"on"。例如,Click 事件的事件句柄为 onClick,该项标记对应的事件属性也为 onClick;Blur 事件的事件句柄为 onBlur,该项标记对应的事件属性也为 onBlur;其他事件的事件句柄以此类推。常用的事件类型、事件句柄及说明如表 3-1 所示。

表 3-1 事件类型、事件句柄及说明

事件类型	事件句柄	值	说明
键盘事件	onKeyDown	script	当键被按下时运行脚本
	onKeyPress	script	当键被按下后又松开时运行脚本
	onKeyUp	script	当键被松开时运行脚本
鼠标事件	onClick	script	当鼠标单击时运行脚本
	onDblclick	script	当鼠标双击时运行脚本
	onMouseDown	script	当鼠标按键按下时运行脚本
	onMouseMove	script	当鼠标指针移动时运行脚本
	onMouseOut	script	当鼠标指针移出某元素时运行脚本
	onMouseOver	script	当鼠标指针悬停于某元素之上时运行脚本
	onMouseUp	script	当鼠标按键松开时运行脚本
HTML 事件	onChange	script	当元素改变时运行脚本
	onSubmit	script	当表单被提交时运行脚本
	onReset	script	当表单被重置时运行脚本
	onSelect	script	当元素被选取时运行脚本
	onBlur	script	当元素失去焦点时运行脚本
	onFocus	script	当元素获得焦点时运行脚本
	onLoad	script	当文档载入时运行脚本
	onUnload	script	当文档卸载时运行脚本

3.1.3 事件处理

只要给指定的事件句柄(事件属性)绑定事件处理代码就可以响应事件。事件处理指定方式一般有两种：在 HTML 标记中静态指定、在 JavaScript 中动态指定。

1. 静态指定

```
<标记 事件句柄 1 = "事件处理程序 1" [事件句柄 2 = "事件处理程序 2"  …  事件句柄 n = "事件处理程序 n"]>…</标记>
```

静态指定是在开始标记中设置相关事件句柄，并绑定事件处理程序即可。一个标记可以设置一个或多个事件句柄，并绑定事件处理程序。事件处理程序可以是 JavaScript 代码串或函数，通常将事件处理程序定义成函数。

例如，给< a >标记和< body >标记添加事件句柄，并绑定事件处理函数：

```
< a onClick = "show();">事件处理</a>
< body onLoad = "alert('页面装载成功!');" onbeforeunload = "pageLoad();"></body>
```

【例 3-1】 事件处理方式实战——静态指定。

JS 代码如下，页面效果如图 3-1 所示。

(1) JS 代码 js-3-1.html 如下。

```
1.  <!-- js-3-1.html -->
2.  <!DOCTYPE html>
3.  <html lang = "en">
4.    <head>
5.      <meta charset = "UTF-8" />
6.      <title>静态指定事件处理函数</title>
7.      <script src = "js-3-1.js"></script>
8.    </head>
9.    <body>
10.     <h3>静态指定方式应用</h3>
11.     <input type = "button" value = "JS 语句"  onclick =
12.       "document.getElementById('content').innerHTML = '使用 document.write()输出信息'"  />
13.     <input type = "button" value = "绑定事件处理函数"
14.       onclick = "displayInfo('调用 displayInfo()函数输出信息')"  />
15.     <p id = "content"></p>
16.   </body>
17. </html>
```

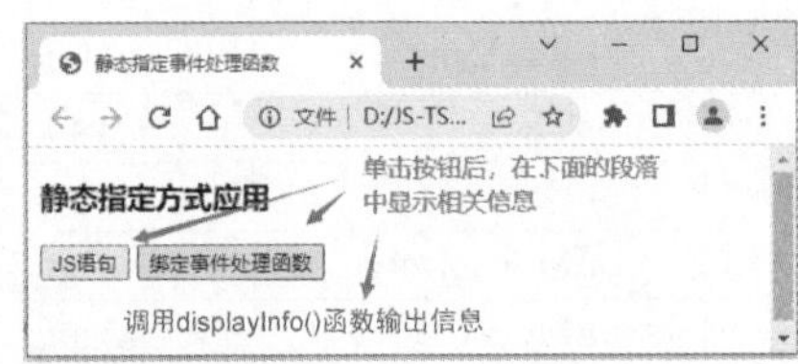

图 3-1 静态指定方式应用

(2) 外部 JS 文件 js-3-1.js 代码如下。

```
1.  // js-3-1.js
2.  function displayInfo(message) {
3.    document.getElementById("content").innerHTML = message;  //innerHTML 属性赋值
4.  }
```

2. 动态指定

通常情况下使用静态指定方式来处理事件，但有时也需要在程序运行过程中动态指定事件，也称为分配某一事件，这种方式允许程序像操作 JavaScript 属性一样来处理事件。语法和示例如下。

```
<事件源对象>.<事件句柄> = function(){<事件处理程序>;}
Object.onclick = function(){handler();}      //动态给对象指派事件，绑定事件处理函数
Object.onclick();                            //调用方法
```

```
Object.onclick = null              //事件销毁
//事件注册(添加事件监听器)
element.addEventListener(event, function,useCapture)
//例如,给 window 对象添加 beforeunload 事件监听器
window.addEventListener('beforeunload',beforeUnloadHandler,true);
function beforeUnloadHandler(event){
   event.returnValue = "要离开吗?"
}
```

动态指定用法中,“事件处理程序”必须使用无名函数 function(){}来定义,函数体内可以是字符串形式的代码,也可以是函数。

addEventListener()方法用于向指定元素添加事件。其参数说明如下。

- event:必需。字符串,指定事件名。注意:不要使用“on”前缀。例如,使用“click”,而不是使用“onclick”。

注意　关于所有 HTML DOM 事件,可以通过查看完整的 HTML DOM Event 对象参考手册进行了解。

- function:必需。指定事件触发时执行的函数。当事件触发时,事件对象会作为第一个参数传入函数。事件对象的类型取决于特定的事件,例如,“click”事件属于 MouseEvent(鼠标事件)对象。
- useCapture:可选。布尔值,指定事件是否在捕获或冒泡阶段执行。其值为 true,表示事件句柄在捕获阶段执行;其值为 false(默认值),表示事件句柄在冒泡阶段执行。

【例 3-2】 指定事件方式实战——动态指定。

JS 代码如下,页面效果如图 3-2 所示。

(1) JS 代码 js-3-2.html 如下。

```
1.  <!-- js-3-2.html -->
2.  <!DOCTYPE html>
3.  <html lang="en">
4.    <head>
5.      <meta charset="UTF-8" />
6.      <title>动态指定实战</title>
7.      <style type="text/css">
8.        input {width: 100px; height: 40px;border-radius: 20px;border: 1px dashed black; }
9.      </style>
10.   </head>
11.   <body>
12.     <h3>动态指定实战</h3>
13.     <input type="button" onclick="staticFun()" value="静态指定" />
14.     <!-- 初始时未静态指定 -->
15.     <input id="myInput" name="myInput" type="button" value="显示信息" />
16.     <p id="content"></p>
17.     <script src="js-3-2.js"></script>
18.     <script type="text/JavaScript">
19.       //向 button 元素动态分配 onclick 事件句柄
20.       document.getElementById('myInput').onclick = function(){dynmicFun()};
21.       myInput.onclick(); //程序触发
22.       //事件注册,使用此功能,需要屏蔽第 20~21 行代码
23.       //document.getElementById('myInput').addEventListener('click', dynmicFun)
24.     </script>
25.   </body>
26. </html>
```

(2) 外部 JS 文件 js-3-2.js 代码如下。

```
1.  //js-3-2.js
2.  var count = 0;      //定义全局变量
```

```
3.  function staticFun() {
4.    document.getElementById("content").innerHTML =
5.      "< h3 style = 'color:red;'>这是静态指定方式</h3 >";
6.  }
7.  function dynmicFun() {
8.    count++;                 //累加
9.    if (count >= 2) {
10.     //从第 2 次开始,以后是单击事件触发
11.     document.getElementById("content").innerHTML =
12.       "< h3 style = 'color:green;'>这是单击事件触发!</h3 >";
13.   } else {
14.     //第 1 次是程序触发
15.     document.getElementById("content").innerHTML =
16.       "< h3 >这是动态指定,程序触发!</h3 >";
17.   }
18. }
```

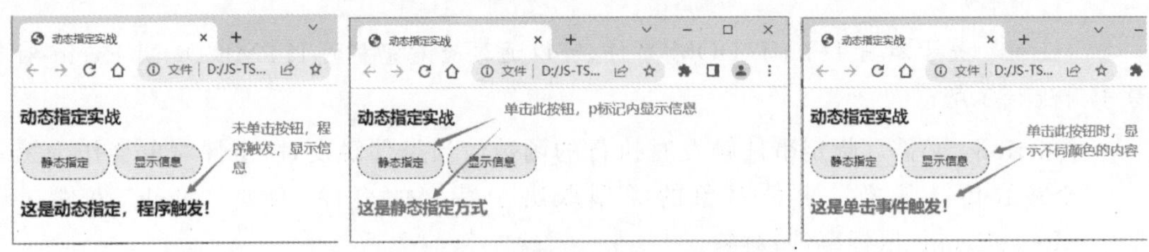

图 3-2　动态指定与静态指定混合应用

事件流描述的是从页面中接收事件的顺序。事件发生时会在元素节点和根节点之间按照特定的顺序传播,路径所经过的所有节点都会收到该事件,这个传播过程即 DOM 事件流。

DOM 事件流包含三个阶段,分别是事件捕获阶段、处理目标阶段、事件冒泡阶段。首先发生的事件捕获为截获事件提供机会,然后是实际的目标接收事件,最后一个阶段是事件冒泡阶段,可以在这个阶段对事件做出响应。

在 DOM 事件流中,事件的目标在捕获阶段不会接收到事件,这意味着在捕获阶段事件从 document 到< div ></div >就停止了,下个阶段是处理目标阶段,于是事件在< div ></div >上发生,并在事件处理中被看成冒泡阶段的一部分。然后,冒泡阶段发生,事件又传播回 document,如图 3-3 所示。

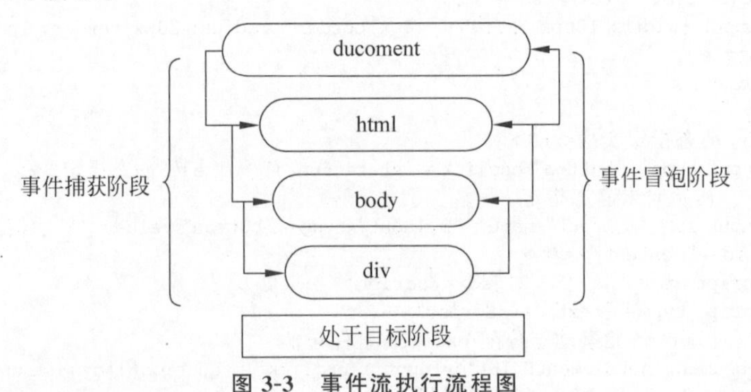

图 3-3　事件流执行流程图

【例 3-3】 DOM 事件流(事件捕获与事件冒泡)实战。

JS 代码如下,页面如图 3-4 所示。

```
1.  <!-- js-3-3.html -->
2.  <!DOCTYPE html>
3.  <html>
4.    <head>
5.      <meta charset = utf-8" />
6.      <style>
```

```
7.         #container {margin: 0 auto;   text-align: center;}
8.         #parentDiv {margin: 0 auto;   width: 500px; height: 200px;
9.          background-color: rgb(210, 218, 225);  text-align: center;
10.        }
11.        #subDiv { margin: 50px auto; width: 300px;
12.         height: 100px;   background-color: #99ddaa;
13.        }
14.        #information {   height: 100px; margin: 0 auto; }
15.      </style>
16.    </head>
17.    <body>
18.      <div id="container">
19.        <h3>DOM 事件流</h3>
20.        <div id="parentDiv">
21.          <div id="subDiv">子 Div </div>
22.        </div>
23.        <div id="information"></div>
24.      </div>
25.      <script>
26.       function $(id) { return document.getElementById(id);}   //通过 id 获取页面元素
27.       var parentDiv =  $("parentDiv");                         //获取父 div
28.       var subDiv =  $("subDiv");                               //获取子 div
29.       //以下是事件冒泡,从内层元素向外层元素依次执行单击事件
30.       parentDiv.addEventListener( "click", function () {
31.         $("information").innerHTML += "<br>parentDiv-冒泡单击事件!";
32.        }, false);
33.       subDiv.addEventListener("click", function () {
34.         $("information").innerHTML += "<br>subDiv-冒泡单击事件!";
35.        },  false );
36.      </script>
37.    </body>
38. </html>
```

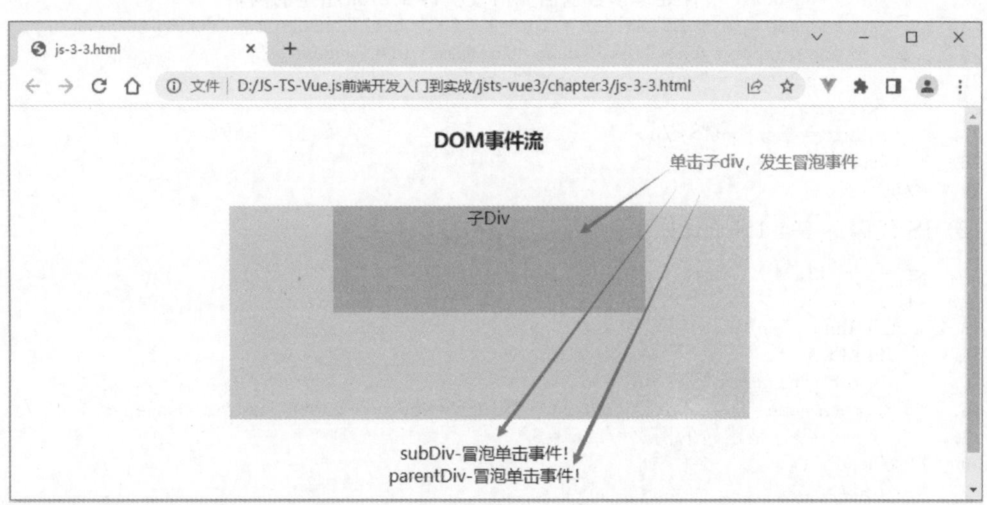

图 3-4 DOM 事件流——冒泡事件

只需要将代码第 32、35 行中的 false 改为 true，就可以改为捕获事件，同时将第 31、34 行中的“冒泡”改为“捕获”即可。

3.1.4 事件处理程序的返回值

在 JavaScript 中如果事件处理程序不需要有返回值，此时浏览器会按默认方式进行处理。但有些情况下需要使用返回值来判断事件处理程序是否正确进行处理，或者通过这个返回值来判断是否进行了下一步操作。事件处理程序的返回值都为布尔型值，如果为 false，则阻止浏览器的下一步操作；如果为 true，则进行默认的操作。语法如下。

```
<标记 事件句柄 = "return 函数名(参数);" ></标记>
```

事件处理代码中的函数必须具有布尔型的返回值，即函数体中最后一句必须是带返回值的 return 语句。

【例 3-4】 事件处理程序返回值的应用。

JS 代码如下，页面如图 3-5 和图 3-6 所示。

(1) JS 代码 js-3-4. html 如下。

```
1.  <!-- js - 3 - 4.html -->
2.  <!DOCTYPE html>
3.  <html lang = "en">
4.    <head>
5.      <meta charset = "UTF - 8" />
6.      <title>事件处理程序返回值的应用</title>
7.      <script type = "text/JavaScript">
8.        function $(id){return document.getElementById(id);}
9.        function showName() {
10.         if ($("myName").value == "") {
11.           $("content").innerHTML = "没有输入内容!";
12.           return false;
13.         } else {
14.           $("content").innerHTML = "欢迎你!" + $("myName").value;
15.           return true;
16.         }
17.       }
18.     </script>
19.   </head>
20.   <body>
21.     <h3>事件处理程序返回值的应用</h3>
22.     <!-- onsubmit 事件处理函数返回真值就执行 action 指定的网页 -->
23.     <form name = "myForm" action = "js - 3 - 4 - 1.html" onsubmit = "return showName();">
24.       姓名: <input type = "text" name = "myName" id = "myName" />
25.        <input type = "submit" value = "提交" />
26.     </form>
27.     <p id = "content"></p>
28.   </body>
29. </html>
```

(2) JS 代码 js-3-4-1. html 如下。

```
1.  <!-- js - 3 - 4 - 1.html -->
2.  <!DOCTYPE html>
3.  <html lang = "en">
4.    <head>
5.      <meta charset = "UTF - 8" />
6.      <meta name = "viewport" content = "width = device - width, initial - scale = 1.0" />
7.      <title>这是跳转的网页</title>
8.    </head>
9.    <body>
10.     <h3>这是跳转网页。</h3>
11.     <script>
12.       var ss = document.location.search.split(" = "); //获取 URL 中搜索内容,并用" = "分隔
13.       //对 URI 进行解码 decodeURI()
14.       document.write(ss[0].substring(1) + " = " + decodeURI(ss[1]));
15.     </script>
16.   </body>
17. </html>
```

在“姓名”文本框中输入姓名，单击“提交”按钮，触发 Submit 事件，调用执行代码“return showName();”，返回值为 true 则浏览器进行下一操作，访问网页 js-3-4-1. html，如图 3-6 所示，同时在页面中显示传递过来的姓名数据。如果在文本输入框中不输入任何内容就单击“提

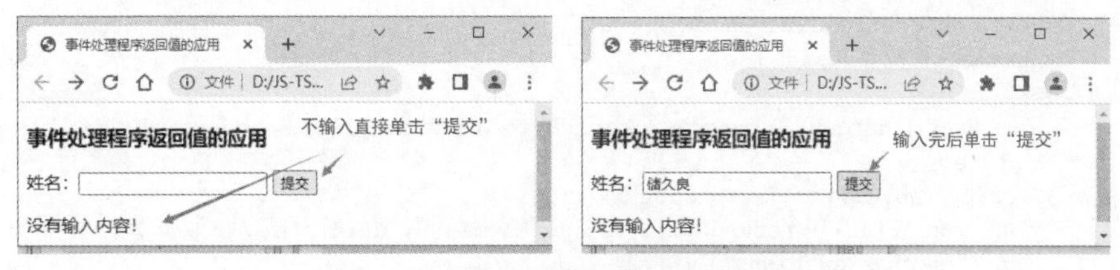

图 3-5　事件处理程序的返回值应用

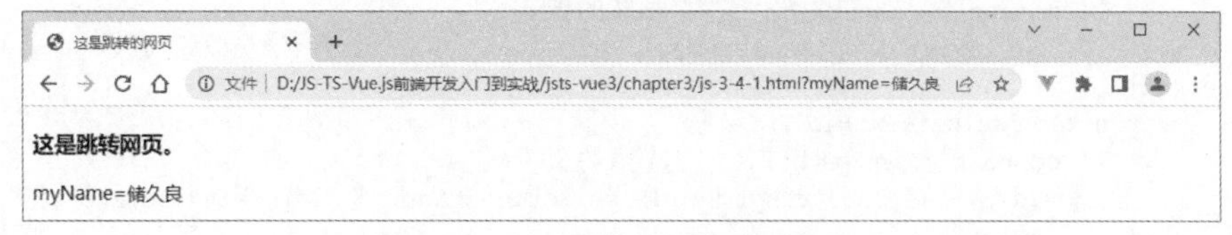

图 3-6　返回值为真时的跳转页面

交”按钮则返回 false 值，浏览器阻止进行下一操作，提示“没有输入内容！”。

3.2 HTML 事件

HTML 事件是发生在 HTML 元素上的“事情”。当在 HTML 页面中使用 JavaScript 时，JavaScript 能够“应对”这些事件。

HTML 事件可以是浏览器或用户做的某些事情。例如，HTML 网页完成加载、HTML 输入字段被修改、HTML 按钮被单击等。通常，当事件发生时，用户会希望做某件事。

JavaScript 允许在事件被侦测到时执行代码。通过 JavaScript 代码，HTML 允许用户向 HTML 元素添加事件处理程序。常见的 HTML 事件属性有 onChange、onClick、onMouseOver、onMouseOut、onKeyDown、onLoad 等。

3.2.1 onChange 与 onSelect 事件属性

在 HTML 表单中，当选择了单行文本输入框或多行文本输入框内的文字时会触发 Select 选择事件。部分示例代码如下。

```
<input type = "text" name = "" value = "文本被选择后触发事件" onSelect = "JavaScript:alert('内容已被选中!')">
<textarea rows = "5" cols = "40" onSelect = "alert('内容已被选中!') "></ textarea>
<select id = "mySel" onChange = "changeOptions()">
    <option disabled>-- 请选择 --</option>
    <option value = "1">Web 前端开发技术</option>
</select>
```

代码中第 1 行定义了一个单行文本输入框，并设置 onSelect 属性值为 JavaScript 代码；当文本框的内容被选中后，将触发 Select 事件，调用代码，通过告警消息框弹出一个显示“内容已被选中!”的对话框；当一个单行文本输入框或多行文本输入框失去焦点并更改值时或当 select 下拉选项中的一个选项状态改变后会触发 Change 事件。

【例 3-5】 onChange 与 onSelect 事件属性实战。

JS 代码如下，页面如图 3-7 和图 3-8 所示。该例的难点在于如何获取在单行文本框和多行文本域中选择的文字内容。可以借助于对象的 selectionStart、selectionEnd 属性来获取所选区域的文字内容的起始和终止位置。

```
1.  <!-- js-3-5.html -->
2.  <!DOCTYPE html>
3.  <html lang = "en">
4.    <head>
```

```
5.        <meta charset = "UTF-8" />
6.        <title>下拉菜单</title>
7.        <style>
8.         fieldset { margin: 0 auto; width: 500px; height: 200px; padding: 20px; }
9.        </style>
10.       <script language = "JavaScript">
11.        function $(id) { return document.getElementById(id); } //获取元素
12.        function changeOptions() {
13.         var index = $("mySel").selectedIndex;                //获取下拉框中选项
14.         $("content").innerHTML = "选择的课程: "
15.            + $("mySel").options[index].text;                //获取选项文本
16.        }
17.        function selectText(id) {
18.         $("content").innerHTML = "选择的文本: " +
19.           $(id).value.substring($(id).selectionStart, $(id).selectionEnd);
20.        }
21.       </script>
22.     </head>
23.     <body>
24.       <div align = "center">
25.         <form>
26.           <fieldset>
27.             <legend>HTML 事件应用</legend>
28.             姓名: <input type = "text"  name = ""  id = "myName"
29.               onselect = "selectText('myName')"  placeholder = "请输入姓名"  /><br />
30.             意见: <textarea  id = "myTxt"  cols = "30" rows = "4"
31.               placeholder = "请输入意见" onselect = "selectText('myTxt')" ></textarea>
32.             <br />选择课程: <select id = "mySel" onChange = "changeOptions()">
33.               <option disabled>-- 请选择 --</option>
34.               <option value = "1">Web 前端开发技术</option>
35.               <option value = "2">Vue.js 前端框架技术</option>
36.               <option value = "3">JSP 程序设计</option>
37.               <option value = "4">JavaEE 编程</option>
38.             </select>
39.             <p align = "center" id = "content"></p>
40.           </fieldset>
41.         </form>
42.       </div>
43.     </body>
44.   </html>
```

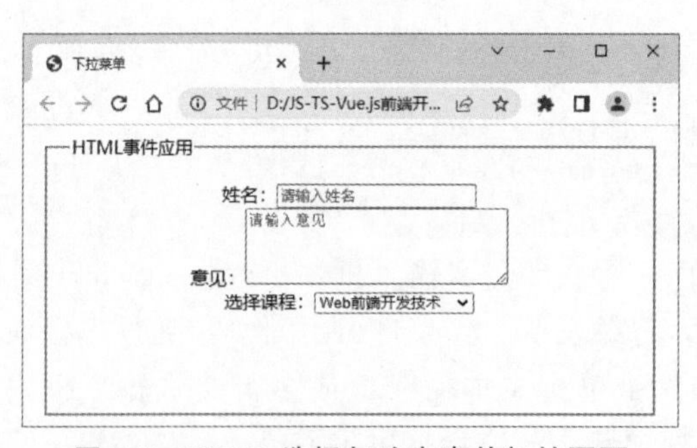

图 3-7　HTML 选择与改变事件初始页面

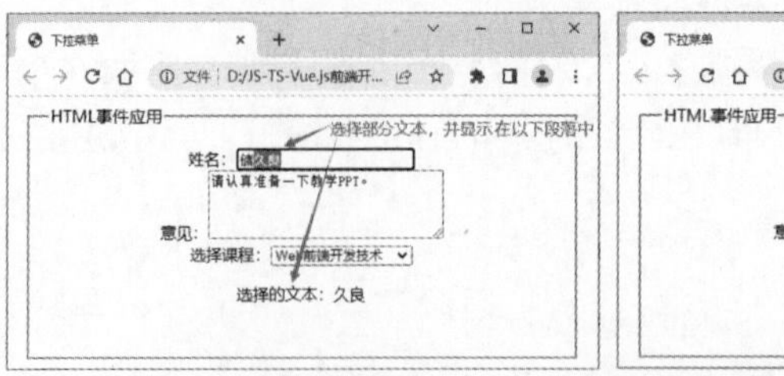

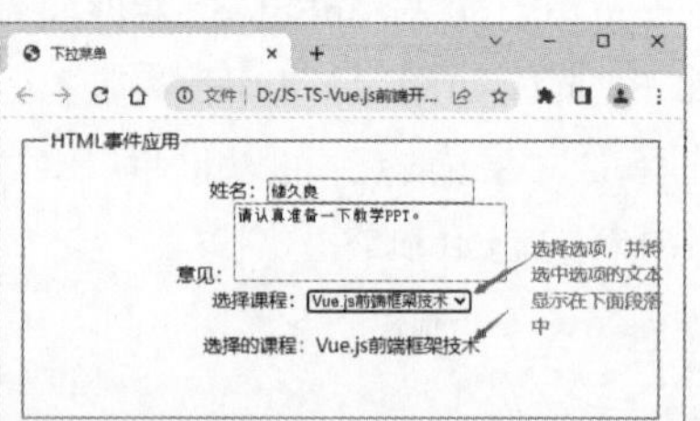

图 3-8　选择部分文本与选择列表框中选项执行页面

代码第19行中的“selectionStart”表示选择所选区域的起始位置，“selectionEnd”表示选择所选区域的终止位置。然后通过substring()函数来获取所选中的文本。

3.2.2　onSubmit与onReset事件属性

在HTML表单中单击“提交”按钮后，会触发Submit事件，将表单中的数据提交到服务器端；当单击“重置”按钮后，会触发Reset事件，将表单中的数据重置为初始值。在表单中，插入一个type属性值为submit的<input>标记来添加一个“提交”按钮，当单击该按钮时会触发表单的Submit事件；同样可以插入一个type属性值为reset的<input>标记来添加一个“重置”按钮，当单击该按钮时会触发表单的Reset事件。语法如下。

```
<form onSubmit = "return submitTest();"  onReset = "resetTest()">
    <input type = "submit" name = "" value = "提交事件" >
    <input type = "reset" name = "" value = "重置事件" >
</form>
```

如果需要在表单Submit事件及Reset事件触发时完成特定的功能，如需要对表单数据进行合法性验证，则需要为表单设置onReset和onSubmit事件句柄，并自定义相关函数。

【例3-6】 表单提交、重置事件实战。

JS代码如下，页面如图3-9和图3-10所示。

```
1.  <!-- js-3-6.html -->
2.  <!DOCTYPE html>
3.  <html lang = "en">
4.    <head>
5.      <meta charset = "UTF-8" />
6.      <title>表单提交、重置事件属性应用</title>
7.      <style type = "text/css">
8.        fieldset {width: 350px;height: 150px;margin: 0 auto;padding: 10px 20px;}
9.      </style>
10.     <script type = "text/JavaScript">
11.       function $(id){return document.getElementById(id);}      //通过ID获取页面元素
12.       function checkInfo(){
13.        //用户名长度大于或等于8,密码长度大于或等于8
14.        var name1 = $("myName").value,psw1 = $("myPsw").value;
15.        if(name1.length>=8 && psw1.length>=8 ){
16.          var msg = "用户名:" + name1 + "\n 密码是:" + psw1;
17.          $("info").innerHTML = msg;                             //给p添加提示信息
18.         return true;
19.        }else{
20.          $("info").innerHTML = "用户名或密码长度不合法!";       //给p添加提示信息
21.         return false
22.        }
23.       }
24.       function clearInfo(){ $("info").innerHTML = "将数据清空";}       //给p添加提示信息
25.     </script>
26.   </head>
27.   <body>
28.     <form onSubmit = "return checkInfo();" onReset = "clearInfo()">
29.       <fieldset>
30.         <legend align = "center">表单数据验证</legend>
31.         <label>用户名: </label>
32.         <input type = "text" id = "myName" placeholder = "请输入用户名(长度>=8)" /><br/>
33.         <label>密 码: </label>
34.          <input type = "password" id = "myPsw" placeholder = "请输入密码(长度>=8)"/>
             <br/>
35.         <input type = "submit" value = "提交" />
36.         <input type = "reset" value = "重置" />
37.         <p id = "info"></p>
38.       </fieldset>
```

```
39.         </form>
40.     </body>
41.  </html>
```

代码中第 11～24 行定义了三个函数，分别是 $(id)、checkInfo()和 clearInfo()；第 28 行为表单设置了 onSubmit 和 onReset 事件属性，并分别绑定事件处理函数。

当单击“提交”按钮，触发 Submit 事件，调用代码“return checkInfo();”，这段代码将调用 checkInfo()，获取输入框中的用户名和密码，并判断用户名和密码的长度是否大于或等于 8，分别在< p >标记内提示不同的信息。当单击“重置”按钮时，触发 reset 事件，调用代码“clearInfo()”，执行后在< p >标记内显示“将数据清空”信息。

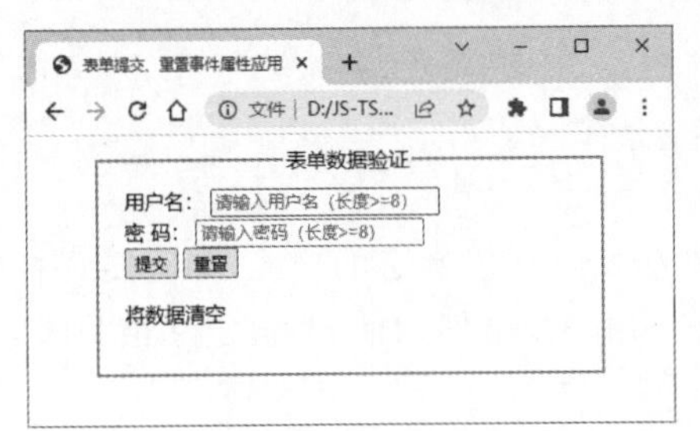

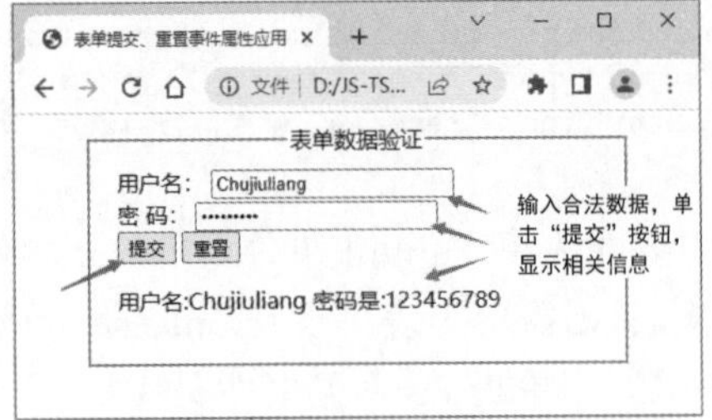

图 3-9　初始页面和输入合法数据单击“提交”按钮时的提示信息

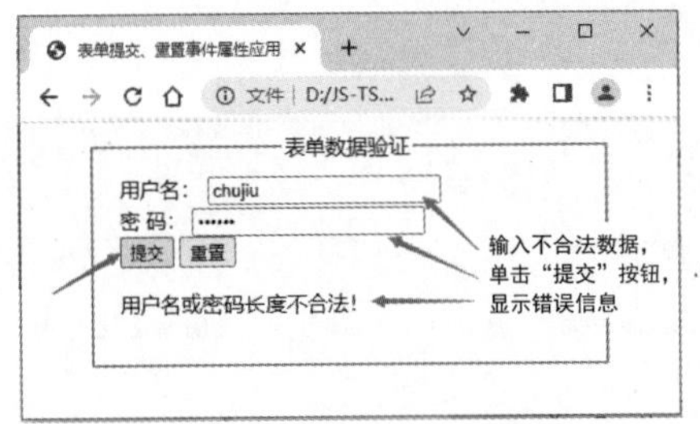

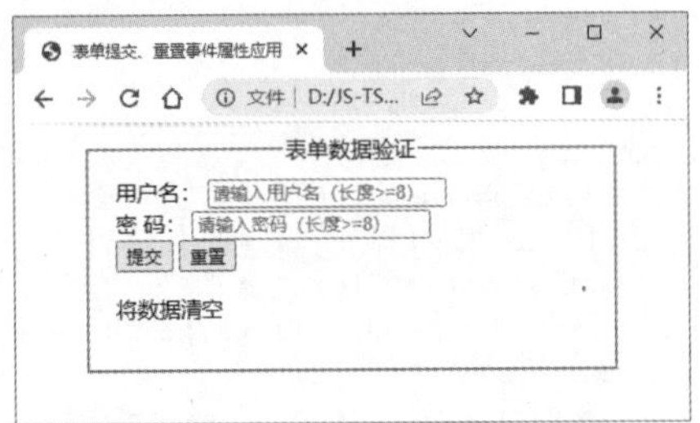

图 3-10　输入不合法数据单击“提交”按钮的提示信息和重置时的提示信息

3.2.3　onFocus 与 onBlur 事件属性

当 HTML 表单控件获得焦点时会触发 focus 事件，当表单控件失去焦点时会触发 blur 事件。当单击表单中的按钮时，该按钮就获得了焦点；当单击表单中的其他区域时，该按钮就失去了焦点。

【例 3-7】　onFocus 与 onBlur 事件属性实战。

JS 代码如下，页面如图 3-11 和图 3-12 所示。该例的难点是如何实现对对象的样式进行控制。可以通过 HTML DOM style 对象的属性进行相关属性的设置，从而达到设置或获取相关属性的值。初始时< input >标记的外在表现边框为有颜色的虚线，获得焦点时边框变成有颜色的实线边框。button 按钮失去焦点时，将改变背景颜色。

```
1.   <!-- js-3-7.html -->
2.   <!DOCTYPE html>
3.   <html lang="en">
4.     <head>
5.       <meta charset="UTF-8" />
6.       <title>获得/失去焦点测试</title>
7.       <script type="text/JavaScript">
8.        function $(id){return document.getElementById(id)}//通过 ID 获取页面元素
9.        function loseFocus(){
10.          $("btn").style.background="#F0F0FF"            //通过 style 对象来设置背景色
11.       }
12.      function changeStyle(id){
13.        $(id).style.border="1px solid #345678";         //通过 style 对象来设置边框
```

```
14.         $(id).style.background = "white";                 //通过 style 对象来恢复背景色
15.       }
16.     </script>
17.     <style>
18.       input {border-radius: 10px;   border: 1px dashed #123456;
19.         margin: 5px;   height: 25px;   background-color: white;   }
20.         fieldset {margin: 0 auto; width: 300px; height: 160px; padding: 30px; text-align:
          center;}
21.       [type="button"] { width: 200px;   height: 30px;   } /* 属性和值选择器 */
22.     </style>
23.   </head>
24.   <body>
25.     <form autocomplete="off">
26.       <fieldset>
27.         <legend>获得/失去焦点事件属性应用</legend>
28.         姓名:<input   type="text"    id="myName"   size="30"
29.           onFocus="changeStyle('myName')"    /><br/>
30.         住址:<input   type="text"   id="myAddr"    value=""
31.           size="30"   onFocus="changeStyle('myAddr')"    /><br />
32.         <input   type="button"   id="btn"   value="获得/失去焦点触发事件"
33.           onfocus="changeStyle('btn')"    onblur="loseFocus()"    />
34.       </fieldset>
35.     </form>
36.   </body>
37. </html>
```

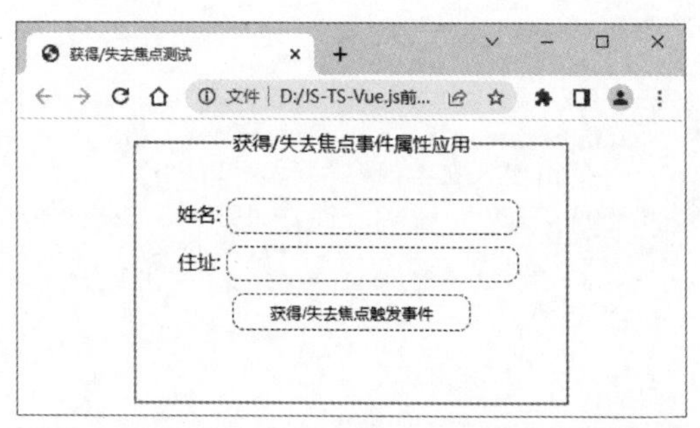

图 3-11　onFocus 与 onBlur 事件属性应用初始页面

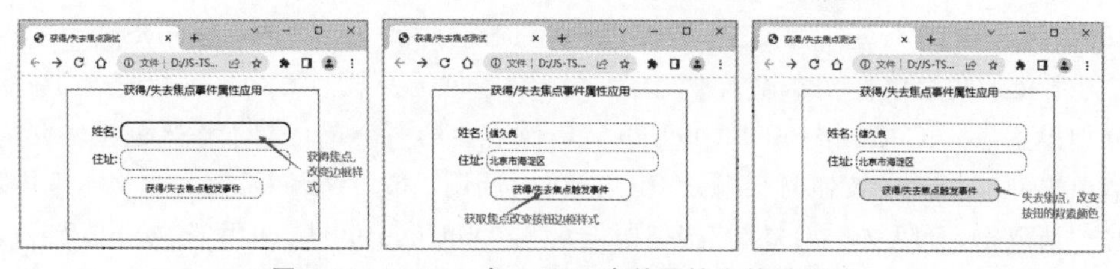

图 3-12　onFocus 与 onBlur 事件属性生效时页面

3.3　鼠标事件

在 HTML 页面中，通过鼠标对页面中的对象（元素）进行操作时会触发鼠标事件。当单击时会触发 Click 事件，双击时会触发 DblClick 事件，按下鼠标按键后再松开时会触发 MouseUp 事件等。下面对一些常用的鼠标事件进行介绍。

3.3.1　onClick 与 onDblClick 事件属性

鼠标事件指用鼠标对页面中的对象（元素）进行单击、双击操作时触发的事件。当单击页面中的按钮时可以触发鼠标单击事件，当双击页面中的按钮时可以同时触发鼠标单击、鼠标双击事件。语法如下。

```
<input type="button" name="click" value="鼠标单击" onClick="alert('单击了!')">
<input type="button" name="click"  value="鼠标双击" onDblClick="alert('双击了!')">
```

【例 3-8】 onClick 与 onDblClick 事件属性实战。

JS 代码如下,页面如图 3-13 所示。

```
1.  <!-- js-3-8.html -->
2.  <!DOCTYPE html>
3.  <html lang="en">
4.    <head>
5.      <meta charset="UTF-8" />
6.      <title>onClick 与 onDblClick 事件属性</title>
7.      <script type="text/JavaScript">
8.       function $(id){return document.getElementById(id);}
9.       function copyText(){$("target").value=$("source").value;}
10.      function copySplitText(){$("target").value=$("source").value.split("");} //分隔
         //split()
11.     </script>
12.     <style>
13.      fieldset{margin: 0 auto;  width: 450px;height: 160px;
14.        padding: 10px;   text-align: center;  }
15.      input { border-radius: 10px; border: 1px dashed #334455; height: 26px;   }
16.     </style>
17.   </head>
18.   <body>
19.     <form method="post" action="">
20.       <fieldset>
21.         <legend>onClick 与 onDblClick 事件属性</legend>
22.         原始内容:<input type="text" id="source"  value="ABCDEF 文本"
23.           placeholder="请输入文本内容"   /><br />
24.         目标内容:<input type="text" id="target" readonly /><br /><br />
25.         <input type="button" value="请单击,复制文本" onclick="copyText();" />
26.           <input type = "button" value = "请双击,分隔文本后复制" ondblclick =
            "copySplitText();" />
27.       </fieldset>
28.     </form>
29.   </body>
30. </html>
```

代码中第 8～10 行定义了三个函数,分别为 $(id)、copyText()、copySplitText();第 22～24 行定义了两个单行文本输入框,且第二个文本框为只读;第 25、26 行定义了两个普通按钮,分别设置了 onCilck 和 onDblClick 事件属性。在第一个单行文本输入框中输完内容后,单击“请单击,复制文本”按钮时会触发 Click 事件,调用 copyText()函数完成文本框内容的复制。单击“请双击,分隔文本后复制”按钮时会触发 DblClick 事件,调用 copySplitText()函数完成先将文本分隔再复制文本内容。

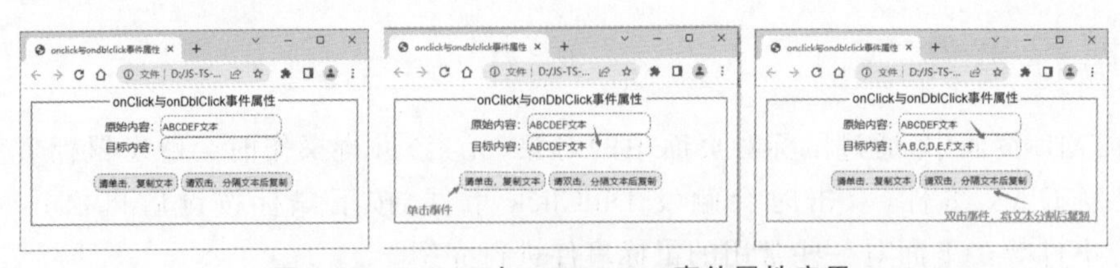

图 3-13 onClick 与 onDblClick 事件属性应用

3.3.2 onMouseOver、onMouseOut、onMouseDown、onMouseUp 事件属性

鼠标事件除了常用的 Click 事件之外,还有鼠标进入页面元素 MouseOver 事件、鼠标退出页面元素 MouseOut 事件和鼠标按键检测 MouseDown 及 MouseUp 事件等。利用这些事

件属性绑定相关事件处理函数，就可以实现相关功能。

【例 3-9】 鼠标移动事件属性实战。

JS 代码如下，页面如图 3-14 和图 3-15 所示。该例要求使用 HTML DOM style 对象的相关属性和 HTML 对象的 innerHTML 属性来进行编程。

```
1.  <!-- js-3-9.html -->
2.  <!DOCTYPE html>
3.  <html lang="en">
4.    <head>
5.      <meta charset="UTF-8" />
6.      <title>鼠标移动事件</title>
7.      <script type="text/JavaScript">
8.       function $(id){return document.getElementById(id);}
9.       function mouseOver(){
10.        $('div1').style.border = "10px dashed #AABBCC";
11.        $('div1').style.background = "#AFFAFC";
12.        $("content").innerHTML = "鼠标移动事件响应-mouseOver"
13.      }
14.      function mouseOut(){
15.        $('div1').style.border = "10px dotted #BDBDBD";
16.        $('div1').style.background = "#F1F2F3";
17.        $("content").innerHTML = "鼠标移动事件响应-mouseOut"
18.      }
19.      function mouseDown(){
20.        $('div1').style.border = "10px solid #FDFBBD";
21.        $('div1').style.background = "#F2F1F3";
22.        $("content").innerHTML = "鼠标移动事件响应-mouseDown"
23.      }
24.     </script>
25.     <style type="text/css">
26.      div {width: 300px;  height: 180px; margin: 0 auto;
27.       border: 10px double #99aadd; text-align: center;
28.      }
29.     </style>
30.   </head>
31.   <body>
32.     <div  id="div1" onmouseover="mouseOver()"
33.      onmouseout="mouseOut()"  onmousedown="mouseDown()"  >
34.      <h3>鼠标移动事件响应</h3>
35.      <p id="content">鼠标移动事件响应。</p>
36.     </div>
37.   </body>
38. </html>
```

代码中第 7～24 行定义了 4 个 JavaScript 函数，分别为 $(id)、mouseOver()、mouseOut()和 mouseDown()，后三个函数均是实现边框样式和< p >标记内容的改变。第 32 行定义了一个 div，并分别设置 onMouseOver、onMouseOut 和 onMouseDown 等事件属性。当鼠标悬停、移出和按下按键时触发相关事件，执行改变 div 边框样式和 p 的内容。

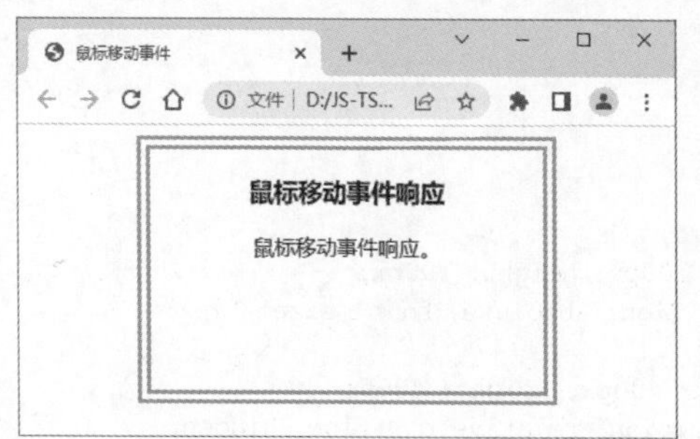

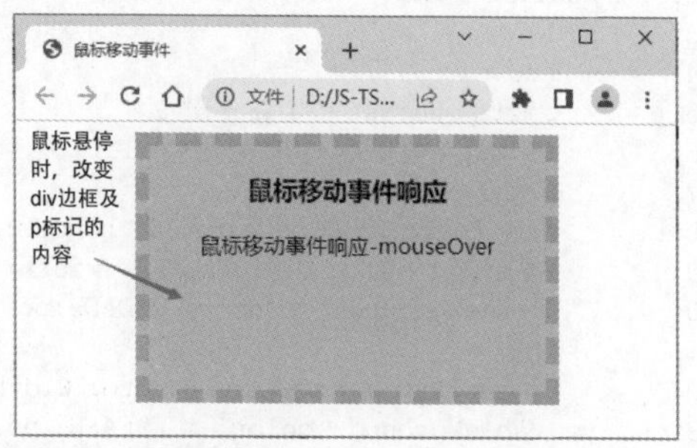

图 3-14 页面初始效果和鼠标悬停时的效果

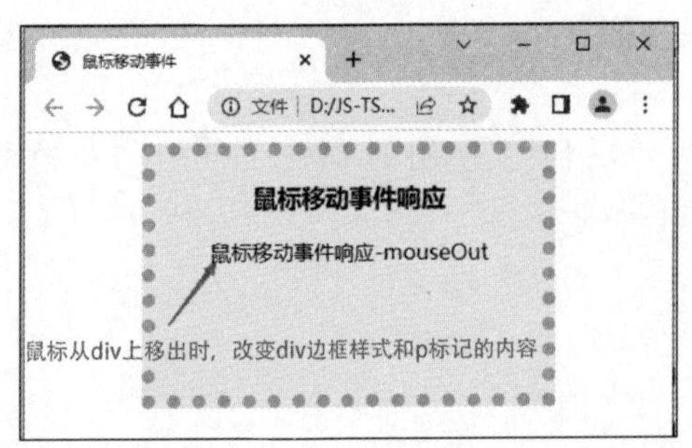

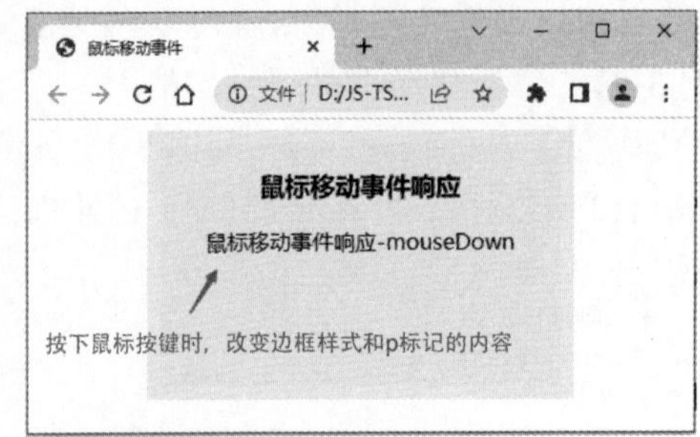

图 3-15　鼠标移出和鼠标按键按下时的效果

3.4　键盘事件

键盘事件主要分为 KeyDown、KeyPress 及 KeyUp，分别用来检测键按下、键按下后松开及键完全松开等动作。通过 Window 对象的 event.keyCode 可以获得按键对应的键码值。常用的字母和数字键的键码值(keyCode)对应表如表 3-2 所示。

表 3-2　字母和数字键的键码值对应表

键　　位	码值	键　　位	码值
0～9(数字键)	48～57	A～Z(字母键)	65～90
BackSpace(退格键)	8	Tab(制表键)	9
Enter(回车键)	13	Space(空格键)	32
Shift	16	Control	17
Alt	18	Caps Lock	20
Home	36	end	35
←(左箭头键)	37	↑(上箭头键)	38
→(右箭头键)	39	↓(下箭头键)	40

【例 3-10】 键盘操作事件属性实战——通过移动 4 个方向键在父 div 中移动子 div。

JS 代码如下，页面如图 3-16 和图 3-17 所示。

该案例中需要使用到元素的 HTML DOM Element offsetLeft 属性和 HTML DOM Element offsetTop 属性。其中，offsetLeft 属性返回相对于父元素的左侧位置(以像素计)，此属性为只读。offsetTop 属性返回相对于父元素的顶部位置(以像素计)，此属性为只读。通过动态指定事件处理函数来实现操作 4 个方向键移动子 div(移动速度为 10 像素/次)。代码如下。

```
document.onkeydown = function(event){}
```

```
1.  <!-- js-3-10.html -->
2.  <!DOCTYPE html>
3.  <html lang="en">
4.    <head>
5.      <meta charset="UTF-8" />
6.      <title>键盘事件的应用</title>
7.      <style>
8.       div {margin: 0;padding: 0; border: 0;  }
9.       #myDiv { top: 0; left: 0;  width: 100px; height: 100px;
10.        background-color: #D9DADB;position: absolute; font-size: 14px;
11.      }
12.      #parentDiv { margin: 0 auto; width: 400px; height: 400px;
13.        background-color: #F9FAFB; position: relative;overflow: hidden;
14.      }
```

```
15.        </style>
16.        <script type="text/JavaScript">
17.         function $(id){return document.getElementById(id) }
18.          document.onkeydown = function(event){
19.           var myDiv1 = $("myDiv");        //获取 div 元素
20.           event = event||window.event;    //解决事件对象的兼容性问题
21.           var speed = 10;                 //定义移动速度
22.           switch(event.keyCode){
23.            case 37:                       //左箭头
24.             if(myDiv1.offsetLeft >= 10){
25.               myDiv1.style.left = myDiv1.offsetLeft - speed + 'px';
26.             }
27.             break;
28.             case 39:                      //右箭头
29.              if(myDiv1.offsetLeft <= 290){
30.                myDiv1.style.left =  myDiv1.offsetLeft + speed + 'px';
31.              }
32.               break;
33.            case 38:                       //上箭头
34.            if(myDiv1.offsetTop >= 10){
35.                myDiv1.style.top =   myDiv1.offsetTop - speed + 'px';
36.             }
37.            break;
38.            case 40:                       //下箭头
39.            if(myDiv1.offsetTop <= 290){
40.                myDiv1.style.top =   myDiv1.offsetTop + speed + 'px';
41.              }
42.               break;
43.            }
44.        //在子 div 中显示 offsetLeft 和 offsetTop 值
45.            myDiv1. innerHTML = " offsetLeft:" + myDiv1. offsetLeft + " \ noffsetTop:" +
           myDiv1.offsetTop
46.         }
47.        </script>
48.      </head>
49.      <body>
50.        <h3 align = "center">键盘操作事件属性实战</h3>
51.        <div id = "parentDiv">
52.         <div id = "myDiv"></div>
53.        </div>
54.      </body>
55.    </html>
```

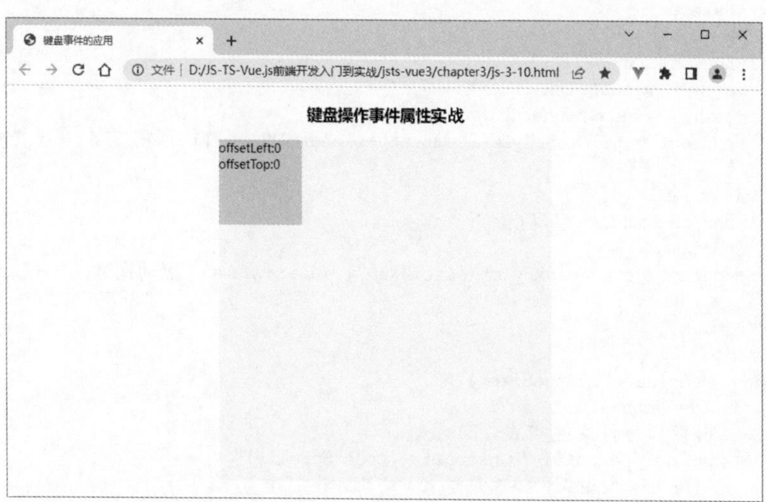

图 3-16 未操作 4 个方向键时初始页面

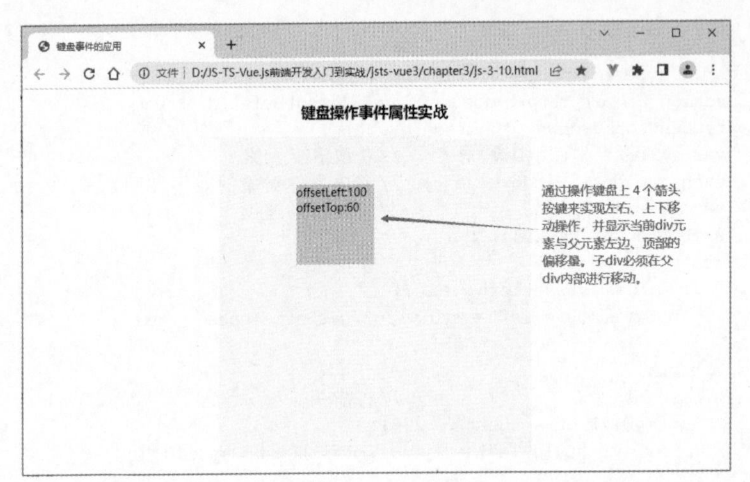

图 3-17　操作键盘上 4 个方向键移动子 div 的页面

3.5　窗口事件

窗口事件是指浏览器窗口在调整大小 Resize、DOM 内容加载完成 DOMContentLoaded、窗口滚动 Scroll 以及加载页面 Load 或卸载页面 beforeUnload 时触发的事件。

3.5.1　onResize 与 onScroll 事件属性

onResize 事件会在窗口或框架被调整大小时发生，onScroll 事件会在文档被滚动时发生。

【例 3-11】　窗口事件属性实战 1——onResize 与 onScroll 事件属性。

JS 代码如下，页面如图 3-18 和图 3-19 所示。

```
1.   <!-- js-3-11.html -->
2.   <!DOCTYPE html>
3.   <html lang="en">
4.     <head>
5.       <meta charset="UTF-8" />
6.       <title>JS 窗口事件</title>
7.       <style>
8.         #containter {width: 200px; height: 250px;margin: 0 auto;text-align: center;}
9.         #parentDiv {width: 200px; height: 200px;border: 1px dashed black; overflow: scroll;}
       #subDiv {width: 400px; height: 400px;background-color: #f1f1f2;text-align: left;}
10.      </style>
11.      <script>
12.        function changeSize() {
13.          var w = window.innerWidth;
14.          var h = window.innerHeight;
15.          document.getElementById("content").innerHTML = "窗口宽：" + w + "窗口高：" + h;
16.        }
17.        var count = 0;
18.        function countScroll() {
19.          count++;
20.          document.getElementById("scrollNum").innerHTML = "滚动次数：" + count;
21.        }
22.      </script>
23.    </head>
24.    <body onresize="changeSize()">
25.      <div id="containter">
26.        <h3>窗口事件属性实战</h3>
27.        <div id="parentDiv" onscroll="countScroll()">
28.          <div id="subDiv" >这是子 div</div>
29.        </div>
30.        <p id="content"></p>
31.        <p id="scrollNum"></p>
```

```
32.         </div>
33.       </body>
34.   </html>
```

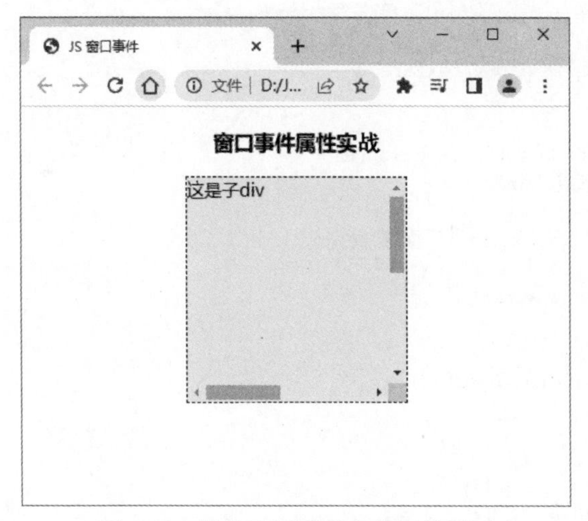

图 3-18 操作窗口事件之前初始页面

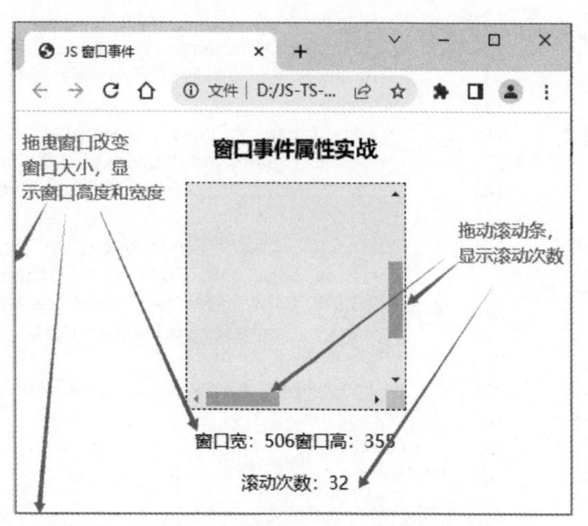

图 3-19 改变窗口大小和拖曳滚动条时页面

3.5.2 onDOMContentLoaded、onLoad 与 onBeforeUnload 事件属性

1. DOMContentLoaded 事件的触发

DOMContentLoaded 事件在 HTML 文档(不包括样式表、图像和 Flash 等)加载完毕，并且 HTML 所引用的内联 JS 和链接外部 JS 的同步代码都执行完毕后触发。

2. Load 事件的触发

当页面 DOM 结构中的 JS、CSS、图像以及 JS 异步加载的 JS、CSS、图像都加载完成之后，才会触发 Load 事件。

3. BeforeUnload 事件触发

当窗口文档及其资源即将卸载时，会触发该事件。该文档仍然可见时事件仍可取消。该事件可以弹出对话框，提示用户是继续浏览页面还是离开当前页面。对话框默认的提示信息根据不同的浏览器有所不同，标准的信息类似“确定要离开此页吗?”。该信息不能删除。

采用添加监听器的方法来解决这一问题。在<body>标记内增加如下代码，实现当关闭窗口时可以触发 BeforeUnload 事件，而不需要在<body>标记上设置 onBeforeUnload 事件属性。代码如下。

```
1.   <script type = "text/JavaScript">
2.       window.onbeforeunload  =  function() {return "onbeforeunload is work";}
3.   </script>
```

【例 3-12】 窗口事件属性实战 2——onDomContentLoaded、onLoad 与 onBeforeUnload 事件属性。

JS 代码如下，页面如图 3-20 和图 3-21 所示。

(1) HTML 文档 js-3-12.html 代码如下。

```
1.   <!-- js - 3 - 12.html -->
2.   <!DOCTYPE html>
3.   <html lang = "en">
4.     <head>
5.       <meta charset = "UTF - 8" />
6.       <title>窗口事件的应用 - load、DOMContentLoaded 等</title>
7.       <link rel = "stylesheet" href = "js - 3 - 12.css" />
8.     </head>
```

```
9.      <body>
10.       <div>
11.         <h4>load、DOMContentLoaded、beforeunload应用</h4>
12.         <p onclick="$('info').value+='单击了段落!\n'">单击我!</p>
13.         <img src="image-3-12.png" alt="" />
14.         <textarea id="info" rows="5" cols="40"></textarea>
15.       </div>
16.       <script type="text/JavaScript">
17.        document.addEventListener("DOMContentLoaded", function(e) {
18.         $("info").value+="DOM内容装载完成...\n";
19.        });
20.        window.onload=function(){ $("info").value+="页面装载完成...\n";}
21.        window.onbeforeunload = function() {
22.         $("info").value+="onbeforeunload is work!\n"
23.         return "onbeforeunload is work!";
24.         }
25.        function $(id){return document.getElementById(id);}
26.       </script>
27.     </body>
28.   </html>
```

(2) 链接的外部CSS文件js-3-12.css代码如下。

```
1.  /* js-3-12.css */
2.  div {margin: 0 auto;height: 200px; width: 400px; text-align: center; }
3.  p {margin: 0 auto;width: 200px;height: 40px; border: 1px solid black;}
```

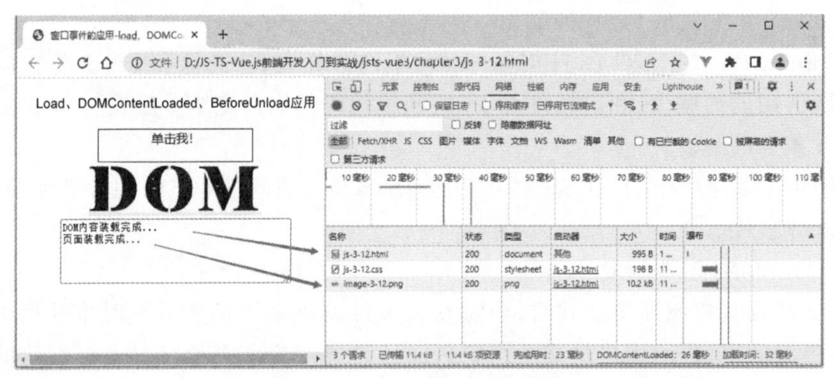

图 3-20 页面加载完成时页面

从图3-20可以看出,先使用26ms完成DOMContentLoaded事件,接着才完成Load事件,总用时32ms。当用户单击段落时,会向多行文本域中添加一行信息为“单击了段落!”,如图3-21所示。当用户单击标题栏右侧的“关闭”按钮时,会出现如图3-22所示的对话框,先单击“取消”按钮,然后同样会向多行文本域中添加一条信息为“onbeforeunload is work!”。然后再次单击浏览器标题栏右侧的“关闭”按钮,此时触发BeforeUnload事件,关闭窗口。

图 3-21 加载页面时效果图

图 3-22 单击时效果图

项目实战 3

1. JavaScript 事件处理实战——学生信息录入

2. JavaScript 事件处理实战——图书选择

小结

本章主要介绍 JavaScript 脚本中的事件、事件句柄和事件处理函数概念以及三者之间的关联关系，重点介绍了两种事件处理方式，分别是静态指定和动态指定，也可以采用事件注册，给指定的元素添加事件监听器。同时介绍了 DOM 事件流，包含事件捕获阶段、处理目标阶段和事件冒泡阶段三个阶段。

最后重点介绍了常用的 HTML 事件、鼠标事件、键盘事件以及窗口事件等。在 HTML 事件中，详细介绍了 Change、Select、Reset、Submit、Focus 与 Blur 事件。在鼠标事件中，详细介绍了鼠标 Click、DblClick 及鼠标移动事件。在窗口事件中，主要介绍了窗口调整大小、窗口滚动事件、DOM 内容装载完成事件、装载事件和卸载事件。通过给这些事件绑定相关事件处理函数来解决实际工程的业务需求。

练习 3

第4章

DOM和BOM

本章学习目标：

通过本章的学习，读者将能够掌握 JavaScript 语言中核心对象的常用属性及方法，理解 DOM 及 BOM 的概念。掌握 DOM 访问、创建、删除、修改及克隆节点等基本操作；掌握 Window 对象的常用属性及方法；学会运用 Navigator、Screen、History、Location 等对象的相关属性和方法来解决实际应用问题。

Web 前端开发工程师应知应会以下内容。

- 学会使用 JavaScript 核心对象的常用属性及方法。
- 理解 DOM 节点树的构建及节点类型的划分。
- 学会使用 DOM 来操作节点、元素、CSS 和 Event 对象。
- 理解 BOM 中各个对象的层次关系。
- 学会使用 Window 对象的定时器及对话框方法。
- 学会使用 Navigator、Screen、History、Location 等对象的属性和方法。

4.1 JavaScript 对象

JavaScript 中的所有事物都是对象，如字符串、数值、数组、函数等。此外，JavaScript 允许自定义对象。JavaScript 对象是一种特殊的数据，拥有属性和方法。

JavaScript 中的对象可以分为 4 种类型，分别如下。

(1) 原生对象(Native Object，也称为本地对象)。ECMA-262 将其定义为"独立于宿主环境的 ECMAScript 实现提供的对象"。简单来说，原生对象就是 ECMA-262 定义的类(引用类型)，包括 Object、Function、Array、String、Boolean、Number、Date、RegExp、Error、EvalError、RangeError、ReferenceError、SyntaxErro、TypeError、URIError 等。这些对象独立于宿主环境，先定义对象，实例化后再通过对象名来使用。

(2) 内置对象(Built-in Object)。由 ECMAScript 实现提供的、不依赖于宿主环境，在 ECMAScript 运行之前就已经创建好的对象就叫作内置对象。这意味着开发者不必明确实例化内置对象，因为它已被实例化了。ECMA-262 只定义了两个内置对象，即 Global 和 Math。Global 是全局对象，它只是一个对象，而不是类，既没有构造函数，也无法实例化一个新的全局对象。例如，isNaN()、isFinite()、parseInt()和 parseFloat()等，都是 Global 对象的方法。Math 对象可以直接使用，如 Math. Random()、Math. round(20. 5)等。

(3) 宿主对象(Host Object)。即 ECMAScript 实现的宿主环境提供的对象。所有 BOM 和 DOM 对象都是宿主对象。通过它可以与文档和浏览器环境进行交互，如 Document、Window 和 Frames 等。

(4) 自定义对象。即根据程序设计需要，由编程人员自行定义的对象。例如，定义一个

Person 对象，它有 4 个属性，分别是 firstName、lastName、age 和 eyeColor，同时给属性赋值。定义代码格式如下。

```
/* 第 1 种方法 */
var person = new Object();
person.firstname = "Chu";
person.lastname = "JiuLiang";
person.age = 58;
/* 第 2 种方法 */
var person = {
    firstName:"Li",
    lastName:"Ming",
    age:23,
};
```

在面向对象编程过程中，对象必须先定义再实例化，使用 new 运算符来创建对象。例如：

```
var obj = new Object();       //定义 obj 对象
obj.show();                   //调用对象 obj 的 show()方法
console.log(obj.name) ;       //输出对象 obj 的属性 name
```

访问对象的属性和方法，都需要使用“对象名称.属性名”或“对象名称.方法名()”的形式来访问。JavaScript 中包含一些常用的对象如 Array、Boolean、Date、Math、Number、String、Object 等。这些对象常用在客户端和服务器端的 JavaScript 中，下面对这些常用对象进行介绍。

4.1.1　Array 对象

Array 对象用于在单个变量中存储多个相同类型的值，其值的类型可以是字符串、数值型、布尔型等。由于 JavaScript 是弱类型的脚本语言，所以数组元素的类型也可以不一致。但作为 Web 前端开发人员，在实际工程中应尽量保证数组元素的数据类型一致。

1. 创建 Array 对象

```
var str1 = new Array();                                  //定义空数组
var str2 = new Array(size);                              //定义含有 size 个元素的数组
var str3 = new Array(element0, element1, …, elementn);   //定义并初始化数组
var str4 = ["AAA","BBB","CCC","DDD"];                    //直接赋值数组
var str5 = [];                                           //直接定义空数组
```

其中，参数 size 定义数组元素的个数。返回的数组的长度 str2.length 等于 size。参数 element0、…、elementn 是参数列表。当使用这些参数来调用构造函数 Array()时，新创建的数组的元素就会被初始化为这些值。使用[]可以给数组直接赋初值，也可以是空[]。

2. 数组的返回值

数组变量 str1～str5 返回新创建并被初始化了的数组。如果调用构造函数 Array()时没有使用参数，那么返回的数组为空，数组的 length 为 0。当调用构造函数时只传递给它一个数字参数，该构造函数将返回具有指定个数其值为 undefined 的数组。当其他参数调用 Array()时，该构造函数将用参数指定的值初始化数组。当把构造函数作为函数调用，不使用 new 运算符时，它的行为与使用 new 运算符调用它时的行为完全一样。

3. 初始化数组元素与修改数组元素的值

当数组为空数组时，可以使用循环给数组元素进行赋值，也可以一一赋值。例如，str1[i]=表达式，i 称为数组的下标，其取值范围为 0～str1.length-1。如果数组下标超出了数组的边界，则返回值为 undefined。可以用赋值的方式来修改数组指定位置上的元素。例如：

```
var str1 = new Array();          //定义空数组 str1
str1[0] = "AAAA";                //给第 0 个元素赋值,0 为下标
```

```
str1[1] = "BBBB";           //给第 1 个元素赋值,即修改第 1 个元素的值,1 为下标
var len = str1.length;      //定义变量 len,获取数组 str1 的长度
str1[1] = "CCCC";           //给第 1 个元素重新赋值,即修改第 1 个元素的值
```

4. 数组对象的属性和方法

Array 对象的长度可以通过 length 属性值来获取。Array 对象最常用的方法如表 4-1 所示。

表 4-1 Array 对象最常用的方法

方　法	说　明
join("分隔符")	用指定的分隔符把数组的所有元素串起来组成字符串
pop()	删除并返回数组的最后一个元素
push(item1,item2,…)	数组的末尾添加一个或更多新元素(如 item1),并返回新的长度
shift()	删除并返回数组的第一个元素
unshift(item1,item2,…)	数组的开头添加一个或更多新元素(如 item1),并返回新的长度
splice(index, *n*, item1, item2,…,item*x*)	删除 index 位置处连续 *n* 个元素,并向数组添加 item1,item2,…,item*x* 等新元素。前面两个参数为必选,后面的新元素可以省略
slice(start,end)	在数组中选择从 start 到 end(不包括该元素)位置上的指定元素,返回一个新的数组。start 规定从何处开始选取。如果是负数,那么它规定从数组尾部开始算起的位置。也就是说,−1 指最后一个元素,−2 指倒数第二个元素,以此类推。end 可选。规定从何处结束选取。该参数是数组片段结束处的数组下标。如果没有指定该参数,那么切分的数组包含从 start 到数组结束的所有元素。如果这个参数是负数,那么它规定的是从数组尾部开始算起的元素
sort()	对数组的元素进行排序。字符串型数组按字母顺序升序;数字排序(按数字顺序升序):sort(function(a,b){return a-b});数字排序(按数字顺序降序):sort(function(a,b){return b-a})
reverse()	将一个数组中的元素反转排序
toString()	把数组转换为字符串(用逗号分隔),并返回结果
toLocaleString()	把数组转换为本地数组,并返回结果
concat()	连接两个或更多个数组,并返回结果。例如,var c=a.concat(b),a,b 均为数组

【例 4-1】 JavaScript 数组对象实战——数组排序与反序。

代码如下,页面如图 4-1 所示。该例主要使用数组的 sort()和 reverse()方法来分别给数值型和字符串型数组进行排序与反序操作。

```
1.  <!-- js-4-1.html -->
2.  <!DOCTYPE html>
3.  <html lang="en">
4.    <head>
5.      <meta charset="UTF-8" />
6.      <title>数组对象实战</title>
7.      <style>
8.        fieldset{width: 500px;height: 230px;margin: 0 auto;}
9.      </style>
10.   </head>
11.   <body>
12.     <fieldset>
13.       <legend align="center">数组对象实战-数组排序与反序</legend>
14.       <script type="text/JavaScript">
15.         var num = new Array(10,300,20,400,50,1000);                    //数值数组
16.         //var num = [10,300,20,400,50,1000]                            //两种定义均可以
17.         var str = new Array("AABB","ssSS","GGFF","SSGG","CCDD","BBCC");//字符串数组
18.         document.write("<br>原来字符型数组:" + str);
19.         document.write("<br>反序后字符型数组:" + str.reverse());
```

```
20.            document.write("<br>排序后字符型数组：" + str.sort());
21.            document.write("<hr>");
22.            document.write("原来数值型数组：" + num);
23.            document.write("<br>反序后数组：" + num.reverse());
24.            document.write("<br>字母升序直接排序后数组：" + num.sort());
25.            document.write("<br>数字升序排序后数组：" + num.sort(function(a,b){return a-
               b}));
26.            document.write("<br>数字降序排序后数组：" + num.sort(function(a,b){return b-
               a}));
27.          </script>
28.        </fieldset>
29.      </body>
30.    </html>
```

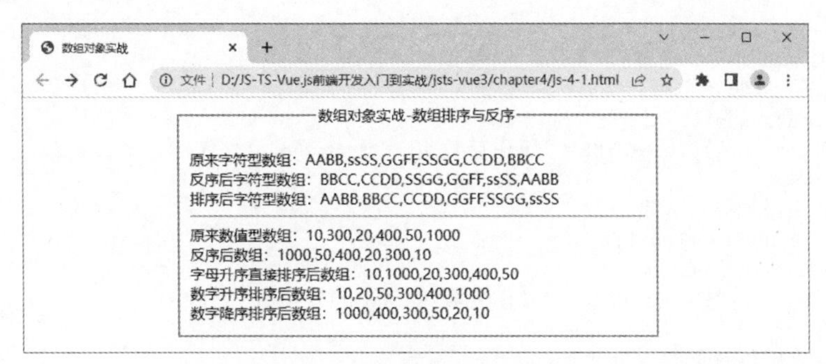

图 4-1 数组排序与反序

代码中第19、20行分别反序输出和按字母升序输出字符串数组元素。第23、24行分别反序输出和按字母升序输出数值型数组元素。第25、26行分别按数字升序和数字降序输出数值型数组元素，此时sort()方法必须带参数，参数为匿名函数function(a,b){}。函数体语句为带参数的return语句。若为return a-b表示升序，若为return b-a则表示降序。

【例 4-2】 JavaScript数组对象实战——数组元素添加与删除。

代码如下，页面如图4-2～图4-4所示。该例主要使用数组的push()、pop()、shift()、unshift()、splice()和join()等方法来操作数组元素。

(1) HTML文档js-4-2.html代码如下。

```
1.   <!-- js-4-2.html -->
2.   <!DOCTYPE html>
3.   <html lang="en">
4.     <head>
5.       <meta charset="UTF-8" />
6.       <title>数组对象实战-数组元素添加与删除</title>
7.       <style>
8.        fieldset {width: 600px; height: 230px;margin: 0 auto; }
9.       </style>
10.      <script src="js-4-2.js"></script>
11.    </head>
12.    <body>
13.      <fieldset>
14.        <legend align="center">数组对象实战-数组元素添加与删除</legend>
15.        <script type="text/JavaScript">
16.          var num = new Array();          //定义空数组
17.          //给数组随机赋值1～100的整数
18.          for (var i = 0; i <= 9; i++) {
19.           num[i] = rndInt();             //产生1～100的整数
20.          }
21.          //输出数组元素
22.          document.write("<br>初始化后的数组：" + num.join(','));
23.        </script>
24.        <p>
```

```
25.         < input type = "button" onclick = "addEnd(rndInt())" value = "数组末尾添加" />
26.         < input type = "button" onclick = "addStart(rndInt())" value = "数组开头添加" />
27.         < input type = "button" onclick = "deleteEnd()" value = "数组末尾删除" />
28.         < input type = "button" onclick = "deleteStart()" value = "数组开头删除" />
29.         < input type = "button" onclick = "deleteRnd(rndIndex())"
30.         value = "删除指定位置的元素"   />
31.       </p>
32.       < p id = "content"></p>
33.     </fieldset>
34.   </body>
35. </html>
```

(2) 外部 js-4-2.js 文件代码如下。

```
1.  // js - 4 - 2.js
2.  //在末尾添加一个元素
3.  function addEnd(num1){
4.    num.push(num1);
5.    $ ("content").innerHTML = "操作后数组: " + num.join(',');
6.  }
7.  //在开头添加一个元素
8.  function addStart(num1){
9.    num.unshift(num1);
10.   $ ("content").innerHTML = "操作后数组: " + num.join(',');
11. }
12. //删除末尾位置上的一个元素
13. function deleteEnd(){
14.    num.pop();
15.    $ ("content").innerHTML = "操作后数组: " + num.join(',');
16. }
17. //删除开头位置上的一个元素
18. function deleteStart(){
19. num.shift();
20. $ ("content").innerHTML = "操作后数组: " + num.join(',');
21. }
22. //通过 ID 获取页面元素
23. function $ (id){
24.   return document.getElementById(id);
25. }
26. //产生 1～100 的随机整数
27. function rndInt(){
28.   return Math.floor(Math.random() * 100 + 1);
29. }
30. //在随机位置上删除一个元素
31. function deleteRnd(index){
32.   if(num.length > 0){
33.      $ ("content").innerHTML = "原来数组中 - 第" + index + "位置上的元素 - " + num[index]
         + " - 将被删除了";
34.     num.splice(index,1)
35.      $ ("content").innerHTML += "< br >操作后数组: " + num.join(',');
36.   }
37. }
38. //产生随机位置下标
39. function rndIndex(){
40.   return Math.floor(Math.random() * num.length);
41. }
```

4.1.2 Math 对象

Math 对象的作用是执行常见的算术任务。Math 对象提供多种算术值类型和函数,无须在使用这个对象之前对它进行定义。Math 对象拥有一系列的属性和方法,能够进行比基本算术运算更为复杂的运算。

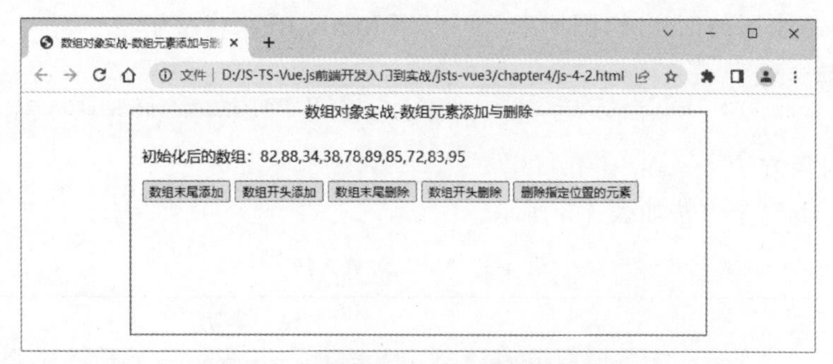

图 4-2 数组元素添加与删除初始页面

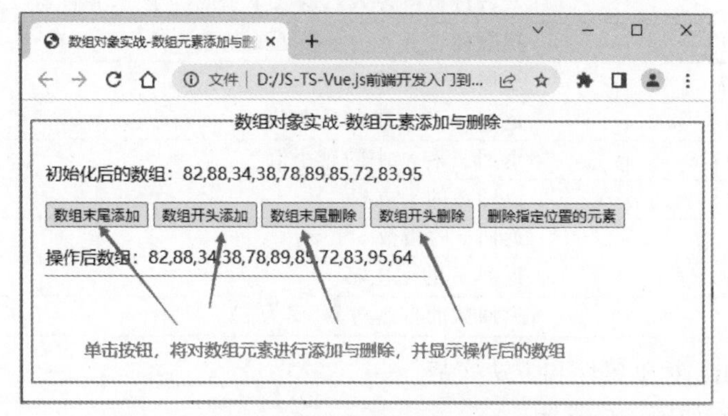

图 4-3 数组元素添加与删除操作结果的页面

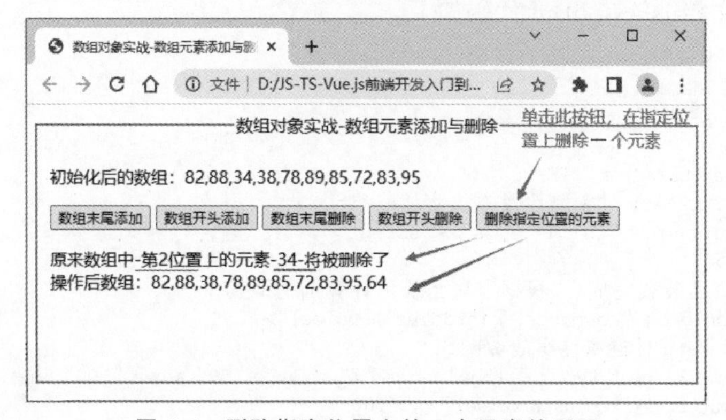

图 4-4 删除指定位置上的一个元素的页面

1. Math 对象属性

JavaScript 提供 8 种可被 Math 对象访问的算术值，如表 4-2 所示。

表 4-2 Math 对象属性

属 性 名	说 明
Math. E	返回算术常量 e，即自然对数的底数（约等于 2.718）
Math. LN2	返回 2 的自然对数（约等于 0.693）
Math. LN10	返回 10 的自然对数（约等于 2.302）
Math. LOG2E	返回以 2 为底的 e 的对数（约等于 1.414）
Math. LOG10E	返回以 10 为底的 e 的对数（约等于 0.434）
Math. PI	返回圆周率（约等于 3.141 59）
Math. SQRT1_2	返回 2 的平方根的倒数（约等于 0.707）
Math. SQRT2	返回 2 的平方根（约等于 1.414）

例如，计算一个圆的面积时，圆周率就可以用 Math.PI 来代替了。

```
var radius = 20.23;
var area = Math.PI * radius * radius.toFixed(2);    //保留两位小数,值为 1285.71
```

2. Math 对象方法

常用的 Math 对象方法如表 4-3 所示。

表 4-3　Math 对象方法

方　法　名	说　　明
Math.ceil(x)	对数进行上舍入。返回大于或等于 x，并且与 x 接近的整数
Math.floor(x)	对数进行下舍入。返回小于或等于 x，并且与 x 接近的整数
Math.round(x)	把数四舍五入为最接近的整数
Math.random()	返回 0～1 的随机数
Math.max(x,y)	返回 x 和 y 中的较大值
Math.min(x,y)	返回 x 和 y 中的较小值
Math.sqrt(x)	返回数的平方根
Math.exp(x)	返回 e 的指数
Math.pow(x,y)	返回 x 的 y 次幂
Math.log(x)	返回数的自然对数(底为 e)

【例 4-3】 Math 对象属性和方法实战。

代码如下，页面如图 4-5 所示。

(1) HTML 文档 js-4-3.html 代码如下。

```
1.  <!-- js-4-3.html -->
2.  <!DOCTYPE html>
3.  <html lang="en">
4.    <head>
5.      <meta charset="UTF-8" />
6.      <title>Math 对象属性及方法实战</title>
7.      <script src="js-4-3.js"></script>
8.    </head>
9.    <!-- 页面装载完成后,根据滑块当前值计算圆的面积 -->
10.   <body onload="computer($('radius').value)">
11.     <h3>Math 对象属性实战</h3>
12.     半径: 1<input type="range" min="1" value="50" max="100" id="radius" onchange=
        "computer($('radius').value)"  />100,
13.     圆的面积: <input type="text" name="" id="area" readonly />
14.     <h3>Math 对象方法实战</h3>
15.     <p>
16.      起始数: <input type="number" name="" id="start" min="1" max="100" />
17.      终止数: <input type="number" name="" id="end" min="101" max="300" />
18.      个数: <input type="number" name="" id="num" min="5" max="10" />
19.     </p>
20.     <input  type="button"  value="产生指定范围内指定个数的随机整数"      onclick=
        "cerateNum()"  />
21.     <p id="content"></p>
22.   </body>
23. </html>
```

代码中第 7 行引入 js-4-3.js。在 js-4-3.js 中完成 randomInt(startInt,endInt,n)(随机产生指定范围、指定个数的整数)、computer(radius)(根据半径计算圆的面积)、$(id)(通过 ID 获取页面元素)、cerateNum()(调用 randomInt(startInt,endInt,n)产生数组并显示在<p>标记内)4 个函数的定义。第 10 行设置 onLoad 属性，绑定 computer($('radius').value)事件处理函数用于计算滑块当前值对应的圆的面积。第 12 行定义了一个滑块，拖动滑块触发

Change 事件，调用计算圆的面积函数。第 20 行定义了一个普通按钮，单击按钮时触发 Click 事件调用 createNum()函数在<p>标记内显示所产生的数组。

（2）外部 js-4-3.js 文件代码如下。

```
1.  // js - 4 - 3.js
2.  //随机产生[startInt,endInt]区间的 n 个整数
3.  function randomInt(startInt, endInt, n) {
4.   var num = new Array();                   //定义空数组，用于存放随机整数
5.   for (var i = 0; i < n; i++) {
6.    //使用 Math 对象的方法
7.    num[i] = Math.floor(Math.random() * (endInt - startInt + 1) + startInt);
8.   }
9.   return num;                              //返回数组
10. }
11. //计算圆的面积,使用 Math 对象属性 PI
12. function computer(radius) {
13.  var area = Math.PI * radius * radius
14.   $("area").value = area.toFixed(2);     //保留两位小数
15. }
16. function $(id) {
17.  return document.getElementById(id);
18. }
19. //产生指定范围内的指定个数的整数
20. function cerateNum() {
21.   $("content").innerHTML = "随机数组: " + randomInt($("start").value, $("end").value,
      $("num").value);
22. }
```

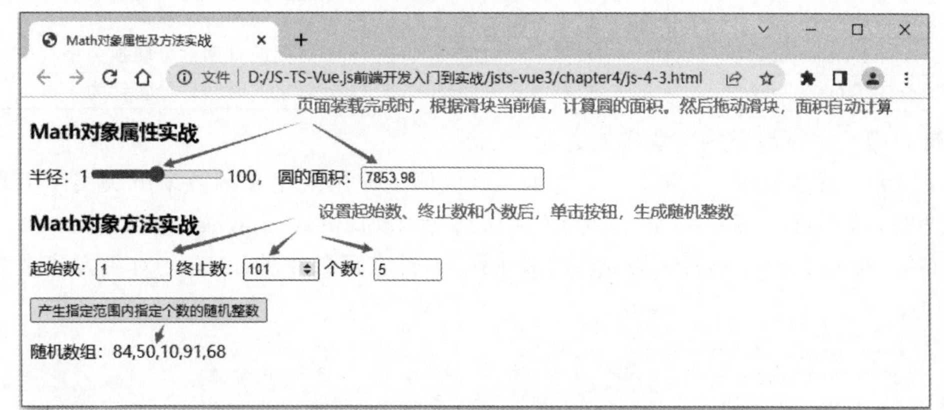

图 4-5 Math 对象属性和方法应用

4.1.3 Date 对象

Date 对象用于处理日期与时间。Date 对象有很多方法，可以用于提取时间和日期。

1. 创建 Date 对象：new Date()

以下 4 种方法可以创建 Date 对象。

```
var d = new Date();
var d = new Date(milliseconds);    //参数为 ms
var d = new Date(dateString);
var d = new Date(year, month, day, hours, minutes, seconds, milliseconds);
```

其中，milliseconds 参数是一个 UNIX 时间戳，它是一个整数值，表示自 1970 年 1 月 1 日 00:00:00 UTC(the UNIX epoch)以来的毫秒数；dateString 参数表示日期的字符串值；year、month、day、hours、minutes、seconds、milliseconds 分别表示年、月、日、时、分、秒、毫秒。

根据上述创建方法来定义 Date 对象。例如：

```
var today = new Date();                          //自动使用当前的日期和时间
var today = new Date(3000);                      //1970 年 1 月 1 日 0 时 0 分 3 秒
var today = new Date("Apr 15,2016 15:20:00");    //2016 年 4 月 15 日 15 时 20 分 0 秒
var today = new Date(2016,3,25,14,42,50);        //2016 年 3 月 25 日 14 时 42 分 50 秒
```

2. Date 对象方法

Date 对象中包含着丰富的信息,可以通过 Date 对象提供的一系列方法分别提取出年、月、日、时、分、秒等各种信息,也可以将 Date 对象按需要的格式转换为字符串。Date 对象常用方法如表 4-4 所示。

表 4-4 Date 对象常用方法

方 法 名	说 明
getDate()	从 Date 对象返回一个月中的某一天(1～31)
getDay()	从 Date 对象返回一周中的某一天(0～6)
getMonth()	从 Date 对象返回月份(0～11)
getFullYear()	从 Date 对象以 4 位数字返回年份
getHours()	返回 Date 对象的小时数(0～23)
getMinutes()	返回 Date 对象的分钟数(0～59)
getSeconds()	返回 Date 对象的秒数(0～59)
getMilliseconds()	返回 Date 对象的毫秒数(0～999)
getTime()	返回 1970 年 1 月 1 日至今的毫秒数
toString()	把 Date 对象转换为字符串
toLocaleString()	根据本地时间格式,把 Date 对象转换为字符串
toLocaleDateString()	根据本地时间格式,把 Date 对象的日期部分转换为字符串
toLocaleTimeString()	根据本地时间格式,把 Date 对象的时间部分转换为字符串

【例 4-4】 Date 对象的方法实战。

代码如下,页面如图 4-6 和图 4-7 所示。该例侧重使用自定义函数来解决实际工程中的问题。根据需要在头部< script >标记中分别定义 $(id)、showDate1()、showDate2()、getTime()、getDate()、getDateTime()这 6 个函数,并在函数中使用 Date 对象方法来实现所需的功能。

```
1.  <!-- js-4-4.html -->
2.  <!DOCTYPE html>
3.  <html lang="en">
4.    <head>
5.      <meta charset="UTF-8" />
6.      <title>Date 对象方法实战</title>
7.      <script>
8.       function $(id) { return document.getElementById(id); }
9.       function showDate1() { $("content1").innerHTML = getDate() + getTime();}
10.      function getTime() {                //分别取时、分、秒,并返回字符串形式的时间
11.        var time = new Date();
12.        var h = time.getHours();
13.        h = h < 10 ? "0" + h : h;         //两位时数格式
14.        var m = time.getMinutes();
15.        m = m < 10 ? "0" + m : m;         //两位分数格式
16.        var s = time.getSeconds();
17.        s = s < 10 ? "0" + s : s;         //两位秒数格式
18.        return h + ":" + m + ":" + s;
19.      }
20.      function getDate() {                //取年、月、日和星期几,并返回字符串型当前日期
21.        //格式化日期——年,月,日
22.        var date = new Date();            //实例化一个日期对象
23.        var year = date.getFullYear();    //返回当前日期年份
```

```
24.          var month = date.getMonth() + 1; //返回的是 0~11,分别对应 1~12 月
25.          year = year < 10 ? "0" + year : year;
26.          var dates = date.getDate();          //返回日期
27.          dates = dates < 10 ? "0" + dates : dates;
28.          var day = date.getDay();             //返回的是 0~6,分别对应星期日~星期六
29.          var day_arr = [ "星期日", "星期一", "星期二", "星期三","星期四", "星期五","星期
             六"];
30.          return (
31.            "今天是: " + year + "年" + month + "月" + dates + "日 " + day_arr[day]
32.          );
33.        }
34.        function getDateTime(){               //取字符串型当前日期和时间
35.          var mydate = new Date();
36.          return mydate.toLocaleString()
37.        }
38.        function showDate2(){                 //显示当前日期和时间
39.          $("content2").innerHTML = "今天是: " + getDateTime();
40.        }
41.      </script>
42.    </head>
43.    <body>
44.      <h3>Date 对象方法实战</h3>
45.      <!-- 使用多种方法显示当前日期和时间 -->
46.      <script>
47.        var dd = new Date();
48.        document.write("今天是: " + dd)
49.      </script>
50.      <p><input type = "button" name = "dt" value = "显示日期和时间 - 单独提取" onclick =
         "showDate1()" /></p>
51.       <p id = "content1"></p>
52.      <p><input type = "button" name = "dt" value = "显示日期和时间 - 直接转换" onclick =
         "showDate2()" /></p>
53.      <p id = "content2"></p>
54.    </body>
55.  </html>
```

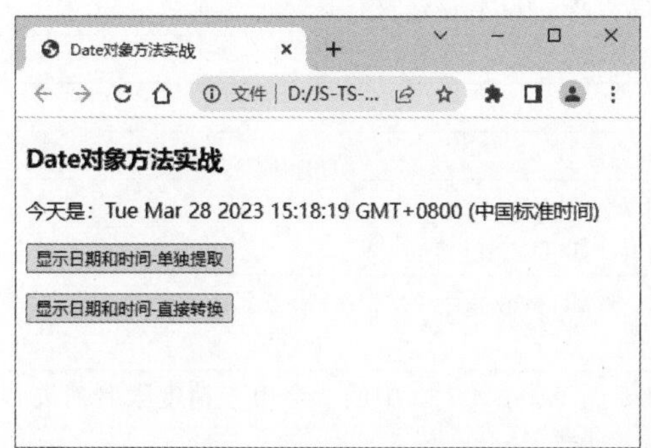

图 4-6 Date 对象方法实战初始页面

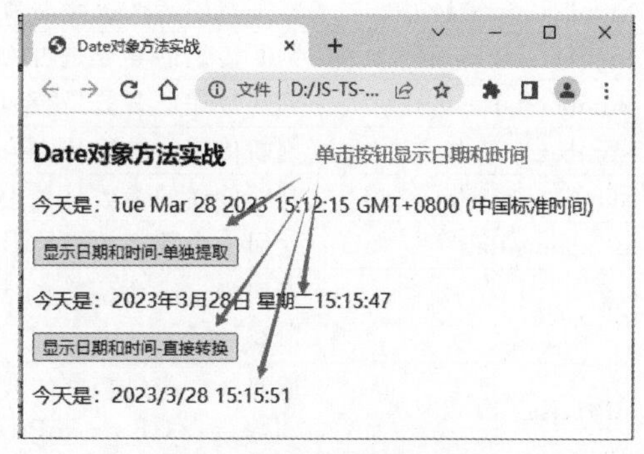

图 4-7 单击按钮后的页面

代码中第 51 行和第 53 行定义了两个<p>标记，当用户单击两个按钮时，分别调用 showDate1()、showDate2()方法将所转换的当前的日期和时间等信息显示在<p>标记中。

4.1.4 Number 对象

1. Number 对象数据表示

JavaScript 中只有一种数字类型，可以使用也可以不使用小数点来书写数字。例如：

```
var pi = 3.14;        //使用小数点
var xi = 314;         //不使用小数点
```

极大或极小的数字可通过科学(指数)记数法来表达。例如：

```
var chu = 2.56e3;        //2560
var jiu = 3.14e - 5;     //0.0000315
```

默认情况下,JavaScript 数字采用十进制方式来显示。可以通过 toString()方法来输出十六进制、八进制、二进制数据。例如:

```
var number1 = 24;
number1.toString(16);   //返回 18
number1.toString(8);    //返回 30
number1.toString(2);    //返回 11000
```

2. Number()函数

使用强制类型转换函数 Number(value)可以把给定的值转换成数字(可以是整数或浮点数)。Number()的强制类型转换与 parseInt()和 parseFloat()方法的处理方式相似,只是它转换的是整个值,而不是部分值。

```
var number1 = Number(false) ;                //返回值为 0
var number1 = Number(true) ;                 //返回值为 1
var number1 = Number(null) ;                 //返回值为 0
var number1 = Number(100) ;                  //返回值为 100
var number1 = Number("5.5 ");                //返回值为 5.5
var number1 = Number("56 ")   ;              //返回值为 56
var number1 = Number(undefined) ;            //返回值为 NaN
var number1 = Number("5.6.7 ")   ;           //返回值为 NaN,与 parseFloat("5.6.7")不同
var number1 = Number(new Object()) ;         //返回值为 NaN
```

3. Number 对象方法

Number 对象常用的方法如表 4-5 所示。

表 4-5 Number 对象常用的方法

方　法	说　明
Number. parseFloat()	将字符串转换成浮点数,和全局方法 parseFloat()的作用一致
Number. parseInt()	将字符串转换成整型数字,和全局方法 parseInt()的作用一致
Number. isFinite()	判断传递的参数是否为有限数字
Number. isInteger()	判断传递的参数是否为整数
Number. isNaN()	判断传递的参数是否为 isNaN()
Number. isSafeInteger()	判断传递的参数是否为安全整数
toExponential()	返回一个数字的指数形式的字符串,如 1.23e+2
toFixed()	返回指定小数位数的表示形式。例如:var a=123;b=a. toFixed(2); // b="123.00"
toPrecision()	返回一个指定精度的数字。如以下例子中,a=123 中的 3 会由于精度限制消失:var a=123;b=a. toPrecision(2); //b="1.2e+2"

【例 4-5】 Number 对象方法实战。

代码如下,页面如图 4-8 所示。

```
1.  <!-- js - 4 - 5.html -->
2.  <!DOCTYPE html>
3.  <html lang = "en">
4.    <head>
5.      <meta charset = "UTF - 8" />
6.      <title>Number 对象方法实战</title>
7.    </head>
8.    <body>
9.      <h3>Number 对象方法实战</h3>
10.     <!-- 使用多种方法显示当前日期和时间 -->
11.     <script>
```

```
12.         var number1  =  true;
13.         var number2  =  3.15e - 3;
14.         var number3  =  "324.342.21";         //字符串型
15.         var number4;                          //undefined
16.         document.write( "< br > number1 = "  +  number1  +  ", Number ( number1 ) = "  +  Number
            (number1) );
17.         document.write( "< br > number2 = "  +  number2  +  ", number2.toExponential() = "  +
18.           number2.toExponential());
19.         document.write("< hr >");
20.         document.write("number3 = " + number3);
21.         document.write("< br > Number.parseFloat(number3) = " + Number.parseFloat(number3));
22.         document.write("< br > parseFloat(number3) = "  +  parseFloat(number3));
23.         document.write("< br > Number(number3) = "  +  Number(number3));
24.         document.write("< br > Number.parseInt(number3) = "  +  Number.parseInt(number3));
25.         document.write("< br > parseInt(number3) = "  +  parseInt(number3));
26.         document.write("< hr >");
27.         document.write("number4 = "  +  number4);
28.         document.write("< br > Number(number4) = "  +  Number(number4));
29.       </script >
30.     </body >
31.   </html >
```

代码中第 17 行调用 Number 对象的 toExponential()方法获取指数形式的字符串。第 21～25 行采用 Number 对象方法与全局 parseInt()、parseFloat()方法进行输出比较,结果是一样的,但 Number("324.342.21")强制转换结果是 NaN,与 Number.parseInt()结果不同。

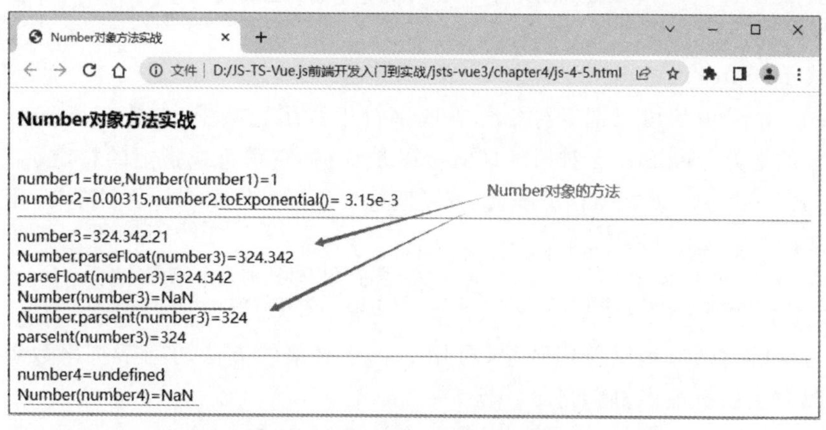

图 4-8 Number 对象方法应用

4.1.5 String 对象

String 对象用于处理已有的字符串。一个字符串用于存储一系列字符,如"Chu JiuLiang"。一个字符串可以使用单引号或双引号来包裹。使用位置(索引)可以访问字符串中任何的字符。字符串的索引从零开始,所以字符串中第一个字符为[0],第二个字符为[1],以此类推。例如:

```
var str = "Welcome to you!";          //定义字符串
var oneChar = str[0];                 //通过索引访问字符串中的字符,W
var substr = str.substring(3,6);      //com
```

String 对象提供诸多方法实现字符串检查、抽取子串、字符串连接、字符串分隔等字符串相关操作。

(1) 创建 String 对象方法。

```
var str1  =  "hello,world";                  //直接赋值字符串
var str2  =  new String("hello,world");      //通过 String()类生成
```

(2) String(value)函数。用于强制类型转换,可以把给定的值转换成字符串。例如:

```
var str1 = String("2023");                                  //返回值为字符串 2023
var str2 = String("xyz");                                   //返回值为字符串 xyz
var str3 = String("false");                                 //返回值为字符串 false
var str4 = String(true);                                    //返回值为字符串 true
var str5 = String(null) ;                                   //返回值为字符串 null
var str6 = new Array("AA","BB","CC");alert(String(str6));   //返回值为 AA,BB,CC
var str7 = String(new Object())                             //返回值为字符串[object,Object]
```

(3) String 对象属性及方法。

① String 对象 length 属性。

String 对象常用的属性 length,用于返回目标字符串中的字符个数。例如:

```
var str1  =  "Hello,JavaScript";
var len  =  str1.length;   //str1.length 返回 16,即 str1 所指向的字符串有 16 个字符
```

② String 对象方法。

- string. concat(string1,string2,…,string*X*)

String 对象的 concat(string1,string2,…,string*X*)方法能将作为参数传入的字符串加入调用该方法的字符串的末尾,并将结果返回给新的字符串。参数为必需的。例如:

```
var ts = new String("Hello ");
var addedStr = new String("xiao Wang! ");   //作为子串添加给其他字符串
var newStr = ts.concat(addedStr);           //其值为 Hello xiao Wang!
```

- split(separator)

split(separator)方法可以把字符串分隔成字符串数组。其中,参数 separator 为分隔符,从该参数指定的地方分隔 String 对象。其值可以是空格、空字符或指定的特定字符。例如,将“How are you doing today?”按空格分隔,就可以把这个字符串分成 5 个子字符串。代码如下。

```
var str1  =  " How are you doing today?";    //定义字符串
var strArray  =  str1.split(" ");            //分隔符为空格,通过分隔函数给 strArray 数组赋值
document.write(strArray.join(","));          //输出 How,are,you,doing,today?
```

split()方法的返回值是字符串数组,可用 Array 对象的方法访问字符串数组中的元素。split()的分隔方法还有很多,例如:

```
var str1  =  str1.split("");  //把字符串按字符分隔,返回数组["H","o","w",…]
var str2  =  str1.split("o"); //把字符串按字符 o 分隔,返回数组["H","w are y","u d","ing
t","day?"]
```

- String 对象中的方法

String 对象还提供很多方法,如表 4-6 所示。

表 4-6　String 对象中的方法

方法名	说　明	方法名	说　明
blink()	显示闪动字符串	big()	使用大字号来显示字符串
bold()	使用粗体显示字符串	small()	使用小字号来显示字符串
fontcolor()	使用指定的颜色来显示字符串	strike()	使用删除线来显示字符串
fontsize()	使用指定的尺寸来显示字符	sub()	把字符串显示为下标
italics()	使用斜体显示字符串	sup()	把字符串显示为上标
toLowerCase()	把字符串转换为小写	toUpperCase()	把字符串转换为大写
toString()	返回字符串	valueOf()	返回某个字符串对象的原始值
charAt()	返回在指定位置的字符	slice()	截取字符串的片段,并将其返回

续表

方法名	说　明	方法名	说　明
substr()	从指定索引位置截取指定长度的字符串	substring()	截取字符串中两个指定的索引之间的字符
indexOf()	返回某个指定的字符串值在字符串中首次出现的位置	lastIndexOf()	从后向前搜索字符串，并从起始位置(0)开始计算返回字符串最后出现的位置
includes()	查找字符串中是否包含指定的子字符串	split()	根据给定字符将字符串分隔为字符串数组
trim()	去除字符串两边的空白	concat()	拼接字符串

【例 4-6】 String 对象方法实战。

代码如下，页面如图 4-9 所示。

```
1.  <!-- js-4-6.html -->
2.  <!DOCTYPE html>
3.  <html lang="en">
4.    <head>
5.      <meta charset="UTF-8" />
6.      <title>String 对象方法实战</title>
7.      <style>
8.        #container{margin: 0 auto; text-align: center; }
9.        #left, #right{display: inline;text-align:left;width: 400px;}
10.     </style>
11.   </head>
12.   <body>
13.     <fieldset id="container">
14.       <legend align="center">String 对象方法实战</legend>
15.       <fieldset id="left">
16.         <legend align="center">字符串处理相关函数</legend>
17.         <script>
18.       var str = "Welcome to you!";            //定义字符串
19.       var oneChar = str[0];                   //通过索引访问字符串中的字符,W
20.       var substr = str.substring(3, 6);     //com
21.       var str1 = String(new Object());
22.       document.write("str=" + str + ",oneChar= str[0],oneChar=" + oneChar);
23.       document.write("<br>substr = str.substring(3, 6),substr =" + substr);
24.       document.write("<br>str.indexOf('o'),位置为" + str.indexOf("o"));
25.       document.write(",str.lastIndexOf('o'),位置为" + str.lastIndexOf("o"));
26.       document.write("<br>str1 = String(new Object()),str1 =" + str1);
27.       var str2 = "Hello,JavaScript";
28.       var len = str2.length;
29.       document.write("<br>str2 = 'Hello,JavaScript',length=" + len);
30.       var str3 = "Hello JavaScript!";
31.       var strArray = str3.split(" ");      //strArray 是一个数组
32.       document.write("<br>字符串数组 strArray 元素为" + strArray.join(",")); //以逗号
          //分隔
33.       </script>
34.       </fieldset>
35.       <fieldset id="right">
36.         <legend align="center">字符串显示风格相关函数</legend>
37.         <script>
38.         var MyString = new String("Hello LiMing!");
39.          document.write("<br>原始字符串: " + MyString);
40.          document.write("<br>sub()方法: " + MyString.sub());
41.          document.write("<br>sup()方法: " + MyString.sup());
42.          document.write("<br>big()方法: " + MyString.big());
43.          document.write("<br>small()方法: " + MyString.small());
44.          document.write("<br>bold()方法: " + MyString.bold());
45.          document.write("<br>fontsize(5)方法: " + MyString.fontsize(5));
```

```
46.           document.write("<br>italics()方法: " + MyString.italics());
47.           document.write("<br>strike()方法: " + MyString.strike());
48.           document.write(
49.            "<br>fontcolor('ff0000')方法: " + MyString.fontcolor("b1b2b3")
50.            );
51.            </script>
52.         </fieldset>
53.       </fieldset>
54.     </body>
55.   </html>
```

该例中综合运用了大量的 String 对象的方法。第 15～34 行主要是使用 String 对象的字符串处理相关函数。第 35～52 行主要运用 String 对象的字符串显示风格相关的函数。

图 4-9　String 对象方法应用

4.1.6　Boolean 对象

Boolean 对象用于将非布尔值转换为布尔值(true 或 false),是 Number、String 和 Boolean 三种包装对象中最简单的一种,它没有大量的实例属性和方法。

Boolean 对象具有原始的 Boolean 值,只有 true 和 false 两个状态。在 JavaScript 脚本中,1 代表 true 状态,0 表 false 状态。

(1) 创建 Boolean 对象。

```
var boolean1 = new Boolean(value);        //构造方法
var boolean2 = Boolean(value);            //转换函数
```

第 1 行语句通过 Boolean 对象的构造函数创建对象的实例 boolean1,并用以参数传入的 value 值将其初始化;第 2 行语句使用 Boolean()函数创建 Boolean 对象的实例 boolean2,并用以参数传入的 value 值将其初始化。

(2) Boolean()函数。

```
var bol1 = Boolean("");              //空字符串转换为 false
var bol2 = Boolean("hello");         //非空字符串转换为 true
var bol3 = Boolean(50);              //非零数字转换为 true
var bol4 = Boolean(null);            //null 转换为 false
var bol5 = Boolean(0);               //零转换为 false
var bol6 = Boolean(new object());    //对象转换为 true
```

注意　如果省略 value 参数,或者设置为 0、-0、null、""、false、undefined 或 NaN,则该对象设置为 false;否则设置为 true(即使 value 参数是字符串"false")。

创建初始值为 false 的 Boolean 对象,例如:

```
var myBoolean1 = new Boolean();
var myBoolean2 = new Boolean(0);
var myBoolean3 = new Boolean(null);
```

```
var myBoolean4 = new Boolean("");
var myBoolean5 = new Boolean(false);
var myBoolean6 = new Boolean(NaN);
```

创建初始值为 true 的 Boolean 对象，例如：

```
var myBoolean7 = new Boolean(1);
var myBoolean8 = new Boolean(true);
var myBoolean9 = new Boolean("true");
var myBoolean10 = new Boolean("false");
var myBoolean11 = new Boolean("Bill Gates");
```

4.1.7 RegExp 对象

RegExp 是 Rregular Expression（正则表达式）的简写。正则表达式是描述字符模式的对象，通常用于对字符串模式匹配及检索替换，是对字符串执行模式匹配的强大工具。

正则表达式的语法体现在字符模式上。字符模式是一组特殊格式的字符串，它由一系列特殊字符和普通字符构成，其中每个特殊字符都包含一定的语义和功能。通常用于表单数据验证，如用户名、密码、邮箱、手机号码、身份证等。使用正则表达式比字符串函数更加简单、快捷。

1. RegExp 对象创建

```
var pattern1 = new RegExp(pattern,modifiers);
var pattern2 = /pattern/modifiers;
var str = "Hello,JavaScript";              //举例
var pattern = /javascript/i;               //不区分大小写搜索
var result = str.match(pattern);           //result 结果为 JavaScript
```

其中，pattern（模式/规则）描述了表达式的模式；modifiers（修饰符）的取值包含“g”“i”“m”，分别用于指定全局匹配、不区分大小写的匹配和多行匹配。

注意 当使用构造函数创建正则对象时，需要常规的字符转义规则（在前面加反斜线\）。例如，以下语句功能是等价的。

```
var reg = new RegExp("\\w+");
var reg = /\w+/;
```

2. RegExp 修饰符

RegExp 修饰符用于执行不区分大小写、全文的搜索和多行匹配。修饰符的作用如下。

（1）i：执行不区分大小写的匹配。

（2）g：执行全局匹配（查找所有匹配而不是在第一个匹配后停止）。

（3）m：用于执行多行匹配。区分大小写而非全局。它只影响开头处^和结尾处 $ 的行为。^规定字符串开头的匹配项，$ 规定字符串末尾的匹配项。设置“m”后，^和 $ 也匹配每行的开头和结尾。

例如：

```
<script>
  var str = "Is this all there is?";          //str 中包含两个 is,不区分大小写
  var pattern = /is/g;                        //执行全局匹配
  var result = str.match(pattern);
  document.write("result = " + result);       //result = is,is
  //多行搜索 is
  var text = 'Is this
  all there
  is'
  var pattern = /^is/m;                       //在字符串中每行的开头对"is"进行多行搜索
  var result = text.match(pattern);
  document.write("result = " + result);       //输出 is
</script>
```

3. RegExp 操作方法

在 JavaScript 中，RegExp 对象是带有预定义属性和方法的正则表达式对象。RegExp 对象有 test()、exec()、compile()（编译正则表达式，自 1999 年以来，在 JavaScript 1.5 版本中已被弃用）三个方法，其作用分别如下。

（1）test()方法用于搜索字符串指定的值，根据结果返回真或假。

```
var pattern = /a/;
alert(pattern.test("Hello JavaScript!"));       //输出 true
alert(/a/.test("Hello JavaScript!"));            //不使用变量保存 pattern
```

（2）exec()方法用于检索字符串中的指定值。返回值是被找到的值；如果无匹配，则返回 null。

```
var pattern1 = new RegExp("a");
document.write(pattern1.exec("Hello JavaScript!"));  //字符串中有"a",输出 a
var pattern2 = new RegExp("B");
document.write(pattern2.exec("Hello JavaScript!"));  //字符串中无"B",输出 null
```

【例 4-7】 RegExp 对象操作方法实战。

JS 代码如下，页面如图 4-10 所示。

```
1.  <!-- js-4-7.html -->
2.  <!DOCTYPE html>
3.  <html lang="en">
4.    <head>
5.      <meta charset="UTF-8" />
6.      <title>RegExp 对象实战</title>
7.    </head>
8.    <body>
9.      <script>
10.      document.write("<h3>RegExp 对象操作方法实战</h3>");
11.      var str1 = "Hello,JavaScript";          //举例
12.      var pattern1 = /javascript/i;           //不区分大小写搜索
13.      var result1 = str1.match(pattern1);  //result 结果为 JavaScript
14.      document.write("str1 = 'Hello,JavaScript',str1.match(pattern) = " + result1);
15.      var str2 = "Is this all there is?";
16.      var pattern2 = /is/g;                   //全局搜索
17.      var result2 = str2.match(pattern2);
18.      document.write("<br> str2 = 'Is this all there is?',result2 = " + result2);
19.      var pattern3 = /a/;
20.      document.write("<br>/a/.test('Hello JavaScript!') = ");
21.      document.write(pattern3.test("Hello JavaScript!"));   // true
22.      var pattern4 = new RegExp("a");                       //构造函数
23.      document.write("<br> pattern4 = new RegExp('a'),");
24.      document.write("pattern4.exec('Hello JavaScript!') = ");
25.      document.write(pattern4.exec("Hello JavaScript!"));   //字符串中有"a",输出 a
26.      var pattern5 = new RegExp("B");
27.      document.write("<br> pattern5 = new RegExp('B'),");
28.      document.write("pattern5.exec('Hello JavaScript!') = ");
29.      document.write(pattern5.exec("Hello JavaScript!"));   //字符串中有"B",输出 null
30.    </script>
31.  </body>
32. </html>
```

4. 支持正则表达式的 String 对象的方法

在 JavaScript 中，正则表达式常用于 4 个字符串方法：search()、replace()、match()和 split()。

1) string.search(regexp)方法

search()方法用于检索与正则表达式相匹配的值。若未匹配，则 search()返回−1。

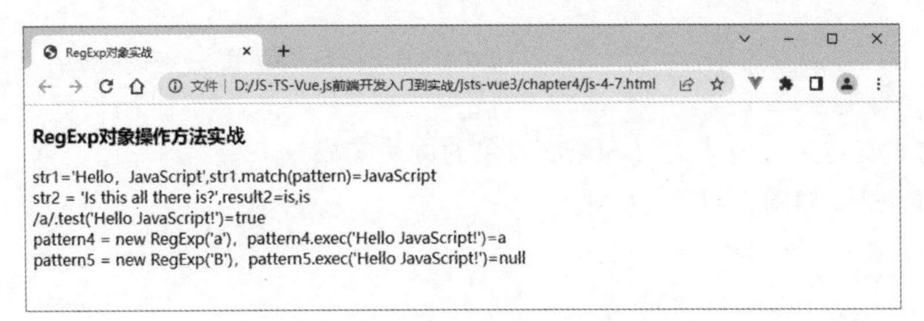

图 4-10 RegExp 对象操作方法应用

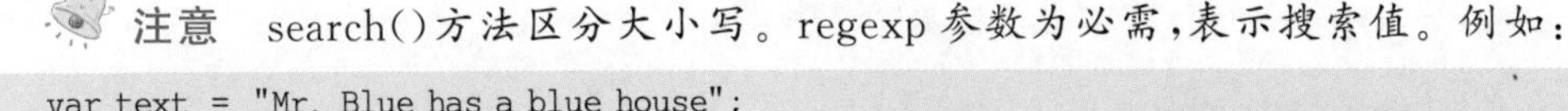

注意 search()方法区分大小写。regexp 参数为必需,表示搜索值。例如:

```
var text = "Mr. Blue has a blue house";
var position1 = text.search("Blue");        //搜索"Blue",有,则返回位置值 4
var position2 = text.search("blue");        //搜索"blue",有,则返回位置值 15,区分大小写
var position = text.search("A");            //搜索"A",无,则返回 - 1
```

2) string.replace(regexp,replacement)方法

replace()方法用于在字符串中搜索值或正则表达式,替换与正则表达式匹配的子串,返回已替换值的新字符串。replace()方法不会更改原始字符串。其中,regexp 为必需,表示要搜索的值或正则表达式,该参数指定要替换的模式的 RegExp 对象,如果该参数是字符串,则将它作为要检索的直接量文本模式;replacement 为必需,表示新字符串,指定替换文本或生成替换文本的函数。例如:

```
var text = " Visit Microsoft!";
document.write(text.replace("Microsoft", "NetScape"));  // Visit NetScape!
var str = "Mr Blue has a blue house and a blue car. ";
document.write(str.replace(/blue/g, "red"));      // Mr Blue has a red house and a red car.
document.write(str.replace(/blue/gi, "red"));     // Mr red has a red house and a red car.
 //返回替换文本的函数
var text = "Mr Blue has a blue house and a blue car. ";
var result = text.replace(/blue|house|car/gi, function (x) {
  return x.toUpperCase();
  });
document.write(result);                          // Mr BLUE has a BLUE HOUSE and a BLUE CAR.
```

3) string.match(regexp)方法

match()方法用于将字符串与正则表达式进行匹配,找到一个或多个与正则表达式匹配的文本。match()方法返回包含匹配项的数组。其中,regexp 为必需,表示搜索值。例如:

```
var text = " You are reading the documentation for Vue 3! ";
var result = text.match("ion");          //字符串
document.write(result);                  //输出 ion
document.write(text.match(/ion/));       //正则表达式,同样输出 ion
document.write(text.match(/re/g));       //正则表达式,全局,输出 re,re
document.write(text.match(/re/gi));      //正则表达式,全局,不区分大小写,输出 re,re
```

4) string.split(separator, limit)方法

split()方法用于按照正则表达式将字符串拆分为一个字符串数组。split()方法返回新数组,不会更改原始字符串。其中,separator 为可选,用于拆分的字符串或正则表达式。如果省略,则返回包含原始字符串的数组。如果(" ")用作分隔符,则字符串在单词之间进行拆分。limit 为可选,用于限制拆分数量的整数,超出限制的项目将被排除在外。例如:

```
var text = "How are you doing today?";
var myArray1 = text.split(" ");      //分隔符为空格,数组元素为每个单词
var myArray2 = text.split("");       //分隔符为空字符,数组元素为每个单词的组成字母
var myArray3 = text.split(" ",3);    //分隔符为空格,数组元素为前三个单词
```

```
var myArray4 = text.split("o");    //分隔符为'o',数组元素为按'o'分隔的字符串
var myArray5 = text.split();       //分隔符不指定,数组元素为字符串本身
```

【例 4-8】 支持正则表达式的 String 对象的方法实战。

代码如下,页面如图 4-11 所示。

```
1.  <!-- js-4-8.html -->
2.  <!DOCTYPE html>
3.  <html lang="en">
4.    <head>
5.      <meta charset="UTF-8" />
6.      <title>RegExp 对象字符串方法实战</title>
7.      <style>
8.        #leftDiv, #rightDiv {
9.          display: inline-block; text-align: left; border: 1px dotted black;
10.         padding: 10px 20px;margin:5px auto;
11.       }
12.       #container {
13.         margin: 0 auto;  text-align: cneter; width: 1130px;
14.         height: 420px;padding: 10px;border: 1px dashed black;
15.       }
16.     </style>
17.   </head>
18.   <body>
19.     <div id="container">
20.       <h3 align="center">RegExp 对象字符串方法实战</h3>
21.       <div id="leftDiv">
22.         <script>
23.           document.write("<h3>search()方法</h3>");
24.           var text1 = "Mr. Blue has a blue house";
25.           document.write("text1 = 'Mr. Blue has a blue house'");
26.           var position1 = text1.search("Blue"); //搜索"Blue",有,则返回值 4
27.           document.write('<br>text1.search("Blue") = ' + text1.search("Blue"));
28.           var position2 = text1.search("blue"); //搜索"blue",有,则返回值 15,区分大小写
29.           document.write('<br>text1.search("blue") = ' + text1.search("blue"));
30.           var position3 = text1.search("A");   //搜索"A",无,则返回 -1
31.           document.write('<br>text1.search("A") = ' + text1.search("A"));
32.           document.write("<h3>replace()方法</h3>");
33.           var text2 = "Hello JavaScript!";
34.           document.write('text2 = "Hello JavaScript!"');
35.           document.write(
36.            '<br>text2.replace("JavaScript", "Vue.js") = ' +
37.             text2.replace("JavaScript", "Vue.js")
38.            );
39.            var str = "Mr Blue has a blue house and a blue car. ";
40.            document.write(
41.             '<br>str = "Mr Blue has a blue house and a blue car. "'
42.            );
43.            document.write(
44.             '<br>str.replace(/blue/g, "red") = ' + str.replace(/blue/g, "red")
45.            );
46.            var text3 = "Mr Blue has a blue house and a blue car. ";
47.            var result = text3.replace(/blue|house|car/gi, function (x) {
48.             return x.toUpperCase();
49.            });
50.            document.write(
51.             "<br>text3.replace(/blue|house|car/gi, function (x) { return x.toUpperCase
    ();}"
52.            );
53.            document.write("<br>result=" + result);
54.         </script>
55.       </div>
56.       <div id="rightDiv">
```

```
57.        <script>
58.          document.write("<h3>match()方法</h3>");
59.          var text4 = " You are reading the documentation for Vue 3! ";
60.          document.write('text4 = " You are reading the documentation for Vue 3! "');
61.          var result = text4.match("ion");
62.          document.write('<br>result = text4.match("ion") = ' + result);
63.          document.write("<br>text4.match(/re/g) = " + text4.match(/re/g)); //输出 ion
64.          document.write("<br>text4.match(/re/gi) = " + text4.match(/re/gi));
             //同样输出 ion
65.          document.write("<h3>split()方法</h3>");
66.          var text5 = "How are you doing today?";
67.          document.write('<br>text5.split(" "),数组元素: ' + text5.split(" "));
             //分隔符为空格,数组元素为每个单词
68.          document.write('<br>text5.split(""),数组元素: ' + text5.split(""));
             //分隔符为空字符,数组元素为每个单词的组成的字母
69.          document.write('<br>text5.split(" ", 3),数组元素: ' + text5.split(" ", 3));
             //分隔符为空格,数组元素为前三个单词
70.          document.write('<br>text5.split("o"),数组元素: ' + text5.split("o"));
             //分隔符为'o',数组元素为按'o'分隔的字符串
71.          document.write('<br>text5.split(),数组元素: ' + text5.split());
             //分隔符不指定,数组元素为字符串本身
72.        </script>
73.      </div>
74.    </div>
75.  </body>
76. </html>
```

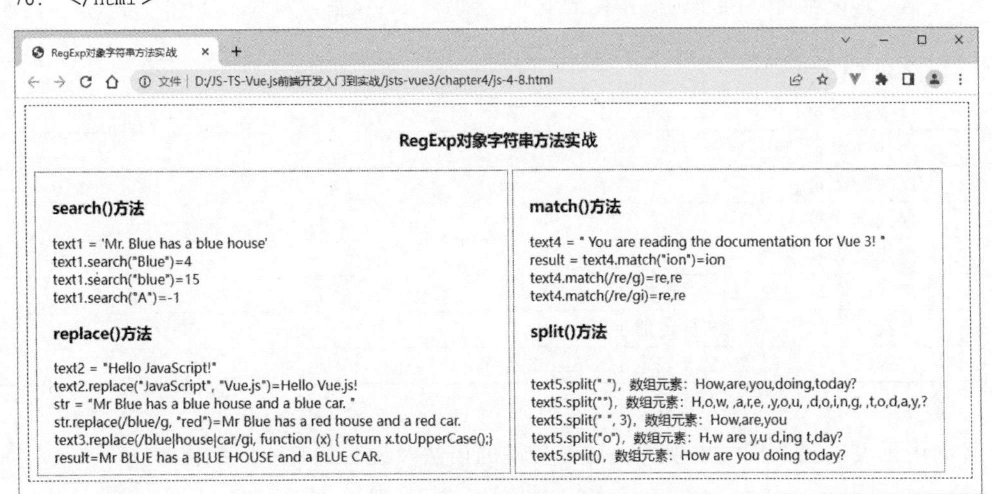

图 4-11 RegExp 字符串对象方法应用

5. 方括号

方括号用于查找某个范围内的字符,如表 4-7 所示。

表 4-7 方括号中的语法

表达式	说 明
[abc]	查找方括号之间的任何字符。[]表示一个字符集合
[^abc]	查找任何不在方括号之间的字符。"^"为方括号内的取反符
[0-9]	查找任何从 0 至 9 的数字。"-"为方括号内部的范围符(以下同)
[^0-9]	查找任何不在方括号内的字符(任何非数字)
[a-z]	查找任何从小写字母 a 到小写字母 z 的字符
[A-Z]	查找任何从大写字母 A 到大写字母 Z 的字符
[A-z]	查找任何从大写字母 A 到小写字母 z 的字符

6. 元字符

元字符是具有特殊含义的字符，如表 4-8 所示。

表 4-8 元字符的语法

元字符	说　明
/…/	代表一个模式的开始和结束
.	查找单个字符，除了换行符或行终止符。等价于[^\n]
\w	查找单词字符。匹配一个单字字符(字母、数字或者下画线)，等价于“[A-Za-z0-9_]”。例如，“/\w/”能够匹配“apple,”中的“a”，“$5.28,”中的“5”和“3D.”中的“3”
\W	查找非单词字符。等价于“[^A-Za-z0-9_]”。例如，“/\W/”或者“/[^A-Za-z0-9_]/”能够匹配“50%.”中的“%”
\d	查找数字。等价于“[0-9]”。例如，“/\d/”或者“/[0-9]/”能够匹配“B2 is the suite number.”中的“2”
\D	查找非数字字符。等价于“[^0-9]”。例如，“/\D/”或者“/[^0-9]/”能够匹配“B2 is the suite number.”中的“B”
\s	查找空白字符。包括\f\n\r\t\v 等
\S	查找非空白字符。等价于“/[^\f\n\r\t\v]/
\b	在单词的开头/结尾查找匹配项。例如，“/\bm/”能够匹配“moon”中的“m”，但不会匹配“imoon”中的“m”
\B	查找匹配项，但不在单词的开头/结尾处。例如，“er\B”能匹配“verb”中的“er”，但不能匹配“never”中的“er”
\0	查找 NULL 字符
\n	查找换行符
\f	查找换页符
\r	查找回车符
\t	查找制表符
\v	查找垂直制表符
\xxx	查找以八进制数 xxx 规定的字符
\xdd	查找以十六进制数 dd 规定的字符
\uxxxx	查找以十六进制数 xxxx 规定的 Unicode 字符

7. 量词

量词用来设定某个模式出现的次数。量词的语法及说明如表 4-9 所示。

表 4-9 量词的语法及说明

量　词	说　明
n+	匹配任何包含至少一个 n 的字符串
n*	匹配任何包含零个或多个 n 的字符串
n?	匹配任何包含零个或一个 n 的字符串
n{X}	匹配包含 X 个 n 的序列的字符串
n{X,Y}	匹配包含 X～Y 个 n 的序列的字符串
n{X,}	匹配包含至少 X 个 n 的序列的字符串
n$	匹配任何以 n 结尾的字符串
^n	匹配任何以 n 开头的字符串
?=n	匹配任何其后紧接指定字符串 n 的字符串
?!n	匹配任何其后没有紧接指定字符串 n 的字符串

8. 特殊符号

正则表达式中经常使用一些特殊符号，特殊符号对应的语法如表 4-10 所示。

表 4-10　特殊符号对应的语法

语法	说　明
^	匹配一个输入或一行的开头,/^a/匹配"an A",而不匹配"An a"
$	匹配一个输入或一行的结尾,/a$/匹配"An a",而不匹配"an A"
*	匹配前面元字符 0 次或多次,/ba*/将匹配 b,ba,baa,baaa
+	匹配前面元字符 1 次或多次,/ba*/将匹配 ba,baa,baaa
?	匹配前面元字符 0 次或 1 次,/ba*/将匹配 b,ba
(x)	匹配 x 保存 x 在名为 $1...$9 的变量中。()标记一个子表达式的开始和结束位置
(x|y)	匹配 x 或 y。|表示指明两项之间的一个选择

注意　花括号{}表示量词,里面表示重复的次数;方括号[]表示字符集合,匹配方括号中的任意字符(多选一);圆括号()表示优先级。

9. RegExp 对象属性

RegExp 对象属性如表 4-11 所示。

表 4-11　RegExp 对象属性

属　性	说　明
constructor	返回创建 RegExp 对象原型的函数
global	检查是否设置了"g"修饰符
ignoreCase	检查是否设置了"i"修饰符
lastIndex	规定开始下一个匹配的索引
multiline	检查是否设置了"m"修饰符
source	返回 RegExp 模式的文本

10. 常用的正则表达式

在实际工程项目中,常用的正则表达式和匹配特定字符串如表 4-12 和表 4-13 所示。

表 4-12　常用的正则表达式

字　符	说　明
^[\u4e00-\u9fa5]{0,}$	匹配中文字符串
[^\x00-\xff]	匹配双字节字符(包括汉字在内)
\n\s*\r	匹配空白行
^\s|\s$	匹配首尾空白字符
\w+([-+.]\w+)*@\w+([-.]\w+)*\.\w+([-.]\w+)*	匹配 E-mail 地址
\d{3}-\d{8}*|\d{4}-\d{7}	匹配国内电话号码
[1-9][0-9]{4,}	匹配腾讯 QQ 号
[1-9]\d{5}(?!\d)	匹配中国邮政编码
[a-zA-Z]+://[^\s]*	匹配网址 URL
^(?=.*\d)(?=.*[a-z])(?=.*[A-Z]).{8,10}$	强密码(必须包含大小写字母和数字的组合,不能使用特殊字符,长度为 8～10)

表 4-13　常用匹配特定字符串

字　符	说　明
^[A-Za-z]+$	匹配由 26 个英文字母组成的字符串
^[A-Z]+$	匹配由 26 个英文字母的大写组成的字符串
^[a-z]+$	匹配由 26 个英文字母的小写组成的字符串

续表

字　符	说　明
^[A-Za-z0-9]+ $	匹配由数字和26个英文字母组成的字符串
^\w+ $	匹配由数字、26个英文字母或者下画线组成的字符串

【例4-9】 RegExp对象方法综合实战——表单验证。

代码如下，页面如图4-12和图4-13所示。

```
1.  <!-- js-4-9.html -->
2.  <!DOCTYPE html>
3.  <html lang="en">
4.    <head>
5.      <meta charset="UTF-8" />
6.      <title>RegExp对象实战-表单验证</title>
7.      <style>
8.       fieldset{ margin: 0 auto; width: 500px; height: 320px; }
9.       input{ border-radius: 10px; border:1px dashed black; height: 20px; }
10.     </style>
11.     <script>
12.      function $(id) { return document.getElementById(id); }
13.      function checkName() {
14.       //用户名正则,4~16位(字母,数字,下画线,减号)
15.       var patt_name = /^[a-zA-Z0-9_-]{4,16}$/;
16.       if (patt_name.test($("name").value)) {
17.         $("i_name").innerHTML = "OK".fontcolor("green");
18.       } else {
19.         $("i_name").innerHTML = "姓名输入不符合验证规则".fontcolor("red");
20.       }
21.      }
22.      function checkPassword() {
23.       //密码强度正则,最少6位,包括至少1个大写字母、1个小写字母、1个数字、1个特殊字符
24.       var patt_password =
25.         /^.*(?=.{6,})(?=.*\d)(?=.*[A-Z])(?=.*[a-z])(?=.*[!@#$%^&*?
          ]).*$/;
26.       if (patt_password.test($("password").value)) {
27.         $("i_password").innerHTML = "OK".fontcolor("green");
28.       } else {
29.         $("i_password").innerHTML = "密码输入不符合验证规则".fontcolor("red");
30.       }
31.      }
32.      function checkIdCard() {
33.       //身份证号(18位)正则,地址码+年份码+月份码+日期码+顺序码+校验码
34.       var patt_idCard =
35.         /^[1-9]\d{5}(18|19|([23]\d))\d{2}((0[1-9])|(10|11|12))(([0-2][1-9])|10|
          20|30|31)\d{3}[0-9Xx]$/;
36.       if (patt_idCard.test($("idCard").value)) {
37.         $("i_idCard").innerHTML = "OK".fontcolor("green");
38.       } else {
39.         $("i_idCard").innerHTML = "身份证号码输入不符合验证规则".fontcolor("red" );
40.       }
41.      }
42.      function checkMobile() {
43.       var patt_mobile = /^1[34578]\d{9}$/;
44.       if (patt_mobile.test($("mobile").value)) {
45.         $("i_mobile").innerHTML = "OK".fontcolor("green");
46.       } else {
47.         $("i_mobile").innerHTML = "手机号码输入不符合验证规则".fontcolor("red");
48.       }
49.      }
50.      function checkQq() {
51.       var patt_qq = /^[1-9][0-9]{4,10}$/;
```

```
52.          if (patt_qq.test($("qq").value)) {
53.            $("i_qq").innerHTML = "OK".fontcolor("green");
54.          } else {
55.            $("i_qq").innerHTML = "QQ 账号输入不符合验证规则".fontcolor("red");
56.          }
57.        }
58.        function checkWeiXin() {
59.          //微信号正则,6~20 位,以字母开头,仅包括字母、数字、减号、下画线
60.          var patt_wx = /^[a-zA-Z]([-_a-zA-Z0-9]{5,19})+$/;
61.          if (patt_wx.test($("weixin").value)) {
62.            $("i_weixin").innerHTML = "OK".fontcolor("green");
63.          } else {
64.            $("i_weixin").innerHTML = "微信账号输入不符合验证规则".fontcolor("red");
65.          }
66.        }
67.      </script>
68.    </head>
69.    <body>
70.      <form method="get" action="">
71.        <fieldset>
72.          <legend align="center">学生信息采集</legend>
73.          <p>
74.            姓名:<input type="text" id="name"  onblur="checkName()"
75.              required  placeholder="请输入姓名" />
76.            <span id="i_name"></span></p>
77.          <p>密码:<input type="password" id="password" onblur="checkPassword()" />
78.            <span id="i_password"></span></p>
79.          <p>身份证:<input type="text" onblur="checkIdCard()" id="idCard" />
80.            <span id="i_idCard"></span></p>
81.          <p>手机号码:<input type="text" id="mobile" onblur="checkMobile()" />
82.            <span id="i_mobile"></span></p>
83.          <p>QQ:<input type="text" id="qq" onblur="checkQq()" />
84.           <span id="i_qq"></span></p>
85.          <p>微信:<input type="text" id="weixin" onblur="checkWeiXin()" />
86.            <span id="i_weixin"></span></p>
87.          <p><input type="submit" value="提交" /><input type="reset" /></p>
88.        </fieldset>
89.      </form>
90.      <script></script>
91.    </body>
92.  </html>
```

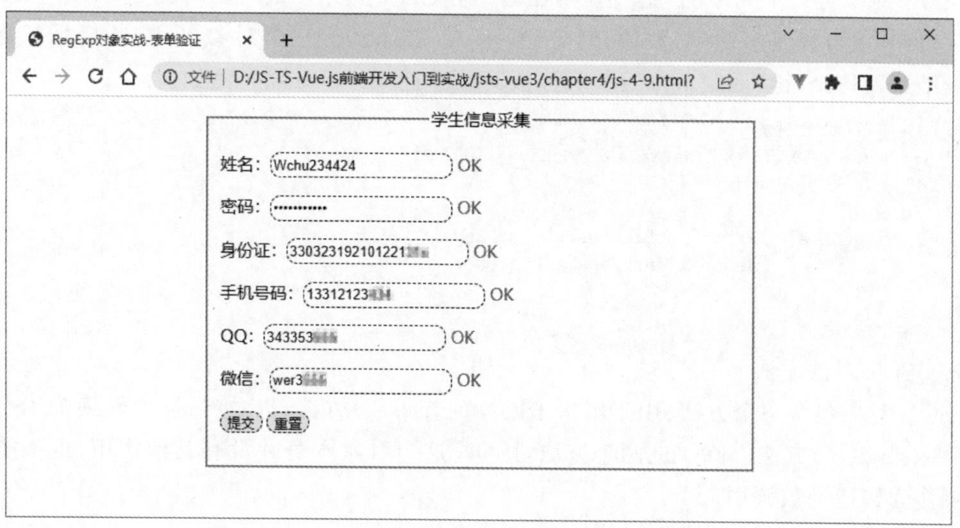

图 4-12 表单验证输入正确信息时页面

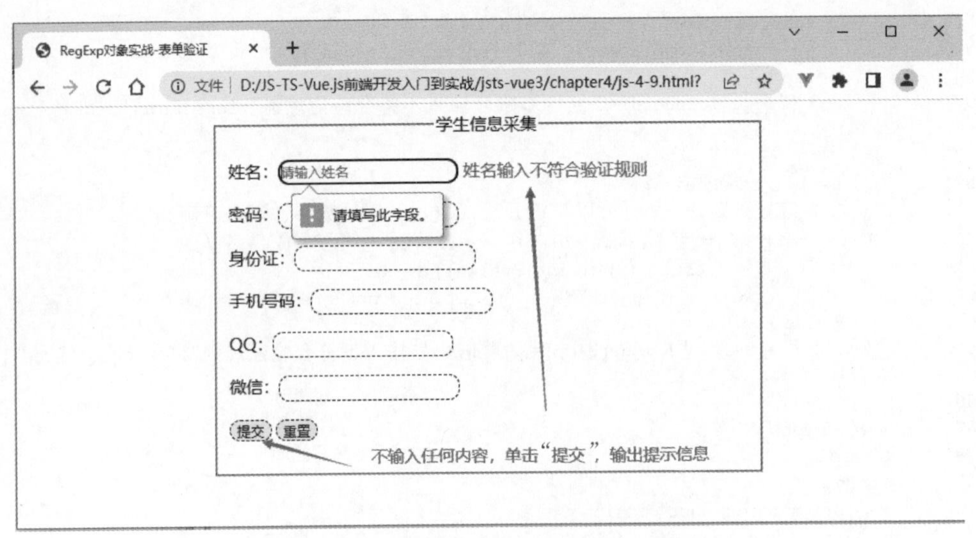

图 4-13　表单验证不输入任何信息时页面

代码中第 74～75、77、79、81、83、85 行主要完成对姓名、密码、身份证、手机号码、QQ、微信等文本输入域在失去焦点时的验证。在绑定函数中，通过 pattern. test($ (id). value)来进行验证，当返回值为真时，提示“OK”，当返回值为假时，提示相应的提示信息。

4.1.8　JSON 对象

JSON(JavaScript Object Notation，JavaScript 对象表示法)是一种轻量级的数据交换格式。它基于 ECMAScript(W3C 制定的 JS 规范)的一个子集，采用完全独立于编程语言的文本格式来存储和表示数据。简洁和清晰的层次结构使得 JSON 成为理想的数据交换语言。易于人阅读和编写，同时也易于机器解析和生成，并有效地提升网络传输效率。

JSON 是 Douglas Crockford(道格拉斯・克罗克福德)在 2001 年开始推广使用的数据格式，在 2005—2006 年正式成为主流的数据格式，雅虎和谷歌就在那时候开始广泛地使用 JSON 格式。

1. JSON 对象表示法

JSON 对象是一个无序的“键/值”对集合。JSON 对象的“键/值”对由键和值组成，键必须是字符串，值可以是字符串、数值、对象、数组、布尔、null。一个对象以{左花括号开始，}右花括号结束。每个“键”后跟一个“:”，“键/值”对之间使用“,”分隔。例如：

```
//一个简单 JSON 对象
{"firstName": "Brett", "lastName": "McLaughlin"}
//一个 JSON 数组对象
  { "people":[
    {"firstName": "Brett",  "lastName":"McLaughlin" },
    { "firstName":"Jason","lastName":"Hunter"}
    ]
}
```

2. JSON 对象方法

JSON 对象包含两个方法:用于解析 JSON 的 parse()方法，以及将键/值转换为 JSON 字符串的 stringify()方法。除了这两个方法，JSON 这个对象本身并没有其他作用，也不能被调用或者作为构造函数调用。

1) JSON. parse()接收数据

JSON. parse()用于解析 JSON 格式的字符串，将 JSON 转换成 JavaScript 对象。例如：

```
var myJSON = '{ "name":"Chu jiu liang",  "age":58, "city":"Suzhou" }';          //JSON 字符串
var myObj = JSON.parse(myJSON);
console.log(myObj);                          //输出{name: 'Chu jiu liang', age: 58, city: 'Suzhou'}对象
```

通常将从服务器上接收到的 JSON 格式数据转换为 JavaScript 对象。传递给 JSON. parse()方法的字符串要符合 JSON 标准,否则会报错。

2) JSON. stringify()发送数据

JSON. stringify()用于将 JavaScript 对象转换成 JSON 格式的字符串。例如:

```
var myObj = { name:"Chu JiuLiang",  age:58, city:"SuZhou" }; //JS 对象
var myJSON = JSON.stringify(myObj);
console.log(JSON);     //输出{"name":"Chu JiuLiang","age":58,"city":"SuZhou"}对象
```

通常将数据发送到服务器之前,需要将 JavaScript 对象换为 JSON,然后将其发送到服务器。

4.2 JavaScript HTML DOM

4.2.1 HTML DOM 简介

通过 HTML DOM(Document Object Model,文档对象模型),JavaScript 能够访问和改变 HTML 文档的所有元素。DOM 已得到所有浏览器的支持。DOM 也是一个发展中的标准,它指定了 JavaScript 等脚本语言访问和操作 HTML 或者 XML 文档各个结构的方法,随着技术的发展和需求的变化,DOM 中的对象、属性和方法也在不断地变化。

当网页被加载时,浏览器会创建页面的 DOM。DOM 模型被结构化为对象树。

4.2.2 HTML DOM 节点树

HTML DOM 定义了访问和操作 HTML 文档的标准方法。HTML 文档结构好像一棵倒置的树一样,其中,<html>标记就是树的根节点,<head>和<body>是树的两个子节点。这种描述页面标记关系的树状结构称为 DOM 节点树(文档树)。

【例 4-10】 简易页面实战。

代码如下,页面效果如图 4-14 所示。根据此页面的文档结构可以绘制一棵倒置的 DOM 节点树,如图 4-15 所示(替换文本的内容)。

```
1.  <!-- js-4-10.html -->
2.  <!DOCTYPE html>
3.  <html lang="en">
4.    <head>
5.      <meta charset="UTF-8" />
6.      <title>HTML DOM 节点树的应用</title>
7.    </head>
8.    <body>
9.      <h1>JavaScript DOM</h1>
10.     <a href="http://www.edu.cn/">教育网</a>
11.   </body>
12. </html>
```

4.2.3 HTML DOM 节点

根据 HTML DOM 规范,HTML 文档中的每个成分都是一个节点。具体节点如下。

- 整个文档是一个文档节点。
- 每个 HTML 标记(元素)是一个元素节点。
- 包含在 HTML 元素中的文本是文本节点。
- 每一个 HTML 属性是一个属性节点。

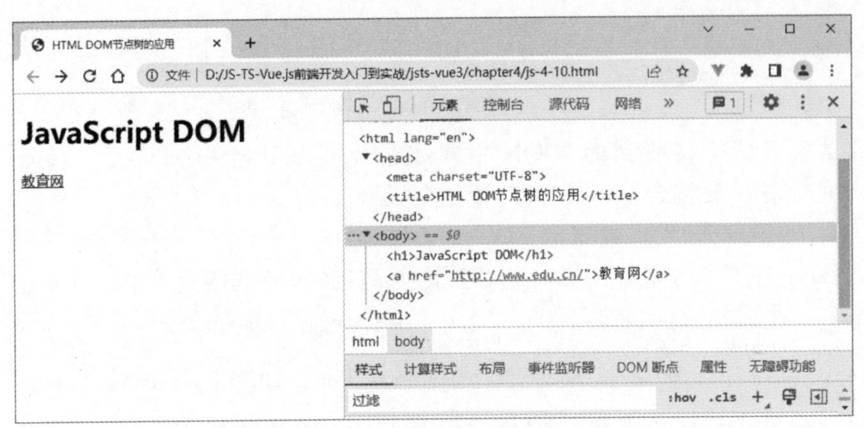

图 4-14 简易页面

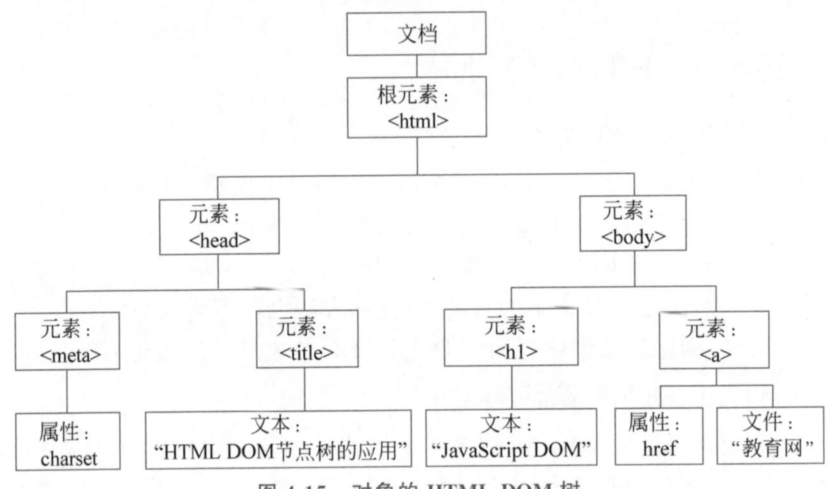

图 4-15 对象的 HTML DOM 树

• 注释属于注释节点。

通过 Document 对象的 documentElement 属性可以获得整棵 DOM 节点树上的任何一个元素。例如：

```
var root = document.documentElement; //获取根节点
```

可以通过节点的 firstChild 和 lastChild 属性来获得它的第一个和最后一个子节点。HTML DOM 规定一个页面只有一个根节点，根节点是没有父节点的，除此之外，其他节点都可以通过 parentNode 属性获得自己的父节点。例如：

```
document.write(root.firstChild.nodeName);     //输出 HEAD
document.write(root.lastChild.nodeName);      //输出 BODY
var parentNode = bNode.parentNode;            //parentNode 属性
```

同一父节点下位于同一层次的节点称为“兄弟节点”，一个子节点的前一个节点可以用 previousSibling 属性获取，对应的后一个节点可以用 nextSibling 属性获取。在图 4-15 中，< body >节点下的子节点< a >节点以及< h1 >节点就互为“兄弟节点”。从 DOM 树中可以看出根节点没有父节点，而最末端的节点没有子节点。不同节点对应的 HTML 元素是不同的，因此节点有不同类型。文档树中每个节点对象都有 nodeType 属性，该属性返回节点的类型。常用的节点类型、值及说明如表 4-14 所示。

```
var nodeList = root.childNodes;
document.write(nodeList[0].nextSibling.nodeName) ;          //输出 BODY
document.write(nodeList[1].previousSibling.nodeName);       //输出 HEAD
```

表 4-14 常用节点类型、值及说明

节点类型	nodeType 值	说明
Element	1	元素节点，表示文档中的 HTML 元素
Attribute	2	属性节点，表示文档中 HTML 元素的属性
Text	3	文本节点，表示文档中的文本内容
Comment	8	注释节点，表示文档中的注释内容
Document	9	文档节点，表示当前文档

对于大多数 HTML 文档来说，元素节点、文本节点及属性节点是必不可少的。

1. 元素节点

元素节点(Element Node)构成了 HTML DOM 基础。在文档结构中，< html >、< head >、< body >、< h1 >和< a >等标记都是元素节点。HTML 标记提供了元素的名称，如段落元素 p、无序列表元素 ul 等。元素可以包含其他元素，也可以被其他元素包含。图 4-15 显示了这种包含与被包含的关系，唯独< html >元素没有被其他元素包含，因为它是根元素，代表整个文档。

2. 文本节点

元素节点只是节点树中的一种类型，如果文档完全由空元素(不包含其他元素及内容)组成，那么这份文档本身将不包含任何信息，因此文档结构也就失去了存在的价值。在 HTML 文档中，文本节点(Text Node)包含在元素节点内，如 h1、a、li 等节点就可以包含一些文本节点。

3. 属性节点

元素一般都会包含一些属性，属性的作用是对元素做出更具体的描述。例如，一般元素都有 name 属性，该属性能够对元素进行命名，以便于用户编程时访问。例如：

```
< img src = "image4 - 1. jpg" name = "mySrc" />
```

在< img >标记中，name 和 src 都是属性节点(Attribute Node)。由于属性总是被放在起始标记内，所以属性节点总是被包含在元素节点当中，可以通过元素节点对象调用 getAttribute()方法来获取属性节点。

4.2.4 HTML DOM 节点访问

访问节点的方式可以有很多种，既可以通过 Document 对象的方法来访问节点，也可以通过元素节点的属性来访问节点。

在 HTML 表单中，经常需要对用户名、密码及邮箱地址等文本输入框进行访问，可以通过如下几种方式进行。

1. 通过 getElementById( )方法访问节点

Document 对象的 getElementById(id)方法可以访问页面中的节点。使用该方法时，必须指定一个目标元素的 id 属性作为参数。语法和示例如下。

```
var objEle = document. getElementById( id);              //语法，调用时参数需要加引号
  <!--   以下是应用举例。HTML 元素设置 id 属性 -->
  < input   type = "text" name = "name"   id = "name"   placeholder = "请输入姓名" />
var inp1 = document. getElementById("name"). value;     //获取指定元素的 value
```

在使用该方法时需要注意以下两点。

- id 为必选项。对应于 HTML 元素的 id 属性值，类型为字符串型。在设计 HTML 页面时，最好给每一个需要交互的元素设定一个唯一的 id，以便查找。

• 该方法返回的是一个 HTML 元素的引用。如果指定 id 的元素未找到，则返回 null。

通过此方法可以编写一个通过 id 获取 HTML 页面元素的通用方法 $(id)。

```
function $(id){ return document.getElementById(id); }   //参数加引号
```

2. 通过 getElementsByName( )方法访问节点

除通过元素的 id 获取对象外，还可以通过元素的名字来访问。语法和示例如下。

```
var eleSet = document.getElementsByName("name");                //语法，返回数组
  <!-- 以下是应用举例。HTML 元素设置 name 属性 -->
  <input  type="text" name="name"  id="name"  placeholder="请输入姓名" />
  <input  type="text" name="name"  id="age"  placeholder="请输入年龄" />
var inp2 = document.getElementsByName("name")[0].value;        //获取姓名内容
var inp3 = document.getElementsByName("name")[1].value;        //获取年龄内容
```

在使用该方法时需要注意以下两点。

• name 为必选项。对应于 HTML 元素 name 属性的值，类型为字符串型。该方法调用时，返回的是一个数组(元素集合)，即使对应于该名字的元素只有一个。
• 如果指定名字，在页面中并不存在相应的元素，则返回一个长度为 0 的数组，编程时可以通过数组的 length 属性来判断是否找到了对应的元素。

通过此方法可以编写一个通过 name 属性获取 HTML 文档上的一组元素的通用方法 $name(name)，此函数返回一个对象数组。

```
function $name(name){return document.getElementsByName(name);} //参数加引号
```

3. 通过 getElementsByTagName()方法访问节点

除通过元素的 id、name 属性可以获得对应的元素外，也可以通过标记名称来获得页面上所有同类的元素，如表单中的所有 input 元素。语法和示例如下。

```
var eleSet = document.getElementsByTagName(tagname);        //语法，标记名加引号
  <!-- 以下是应用举例。按标记名获取元素 -->
<p>这是第 1 个段落。</p>
<p>这是第 2 个段落。</p>
<p>这是第 3 个段落。</p>
var pSet = document.getElementsByTagName("p");               //获取页面上所有 p 元素
var p1 = pSet[0].innerHTML,p2 =  pSet[1].innerHTML, p3 =  pSet[2].innerHTML;
```

在使用该方法时需要注意以下两点。

• tagname 为必选项。对应于页面元素的类型(如<p>标记、<input>标记等)，是字符串型的数据。该方法调用时，返回的是一个数组，即使页面中对应于该类型的元素只有一个。
• 通过数组的 length 属性来判断该类型元素的总数。如果没有此类元素，返回空数组。

通过此方法可以编写一个通过 tagname 获取 HTML 文档上的一组元素的通用方法 $tag(tagname)，此函数返回一个对象数组。

```
function $tag(tagname){return document.getElementsByTagName(tagname);} //参数加引号
```

【例 4-11】 getElementById()、getElementsByName()、getElementsByTagName()方法实战。

代码如下，页面效果如图 4-16 和图 4-17 所示。

```
1.  <!-- js-4-11.html -->
2.  <!DOCTYPE html>
3.  <html lang="en">
4.    <head>
5.      <meta charset="UTF-8" />
6.      <title>DOM 节点访问实战</title>
```

```
7.        <style>
8.         fieldset {margin: 0 auto; width: 350px;height: 240px; border-radius: 8px;
9.          border: 1px dashed black;   text-align: center;}
10.        [type="button"] {border-radius: 5px;border: 1px dotted black;margin: 2px 5px;}
11.       </style>
12.       <script type="text/JavaScript">
13.          //定义三个通用函数
14.          function $(id){return document.getElementById(id);}
15.          function $name(name){return document.getElementsByName(name);} // 数组
16.          function $tagName(tagname){return document.getElementsByTagName(tagname);}
17.          function getInfo(){
18.           var msg = "用户名为: ";
19.           var username =  $("username").value;               //按 ID 提取
20.           var psw =  $name("password")[0].value;             //按 name 提取
21.           var email =  $tagName("input")[2].value;           //按 tag 提取,顺序第二个 input
22.           if(username!= "" && psw!= "" && email!= ""){
23.              msg += username + "<br>密码为:" +  psw + "<br>邮箱地址为:" + email;
24.             $("content").innerHTML = msg;                     //显示在<p>标记内
25.           }else{
26.             $("content").innerHTML = "请输入合法内容!";       //显示在<p>标记内
27.           }
28.          }
29.          function clearAll(){                                 //清空
30.           $("username").value = "";
31.           $name("password")[0].value = "";
32.           $tagName("input")[2].value = "";
33.           $("content").innerHTML = "";
34.          }
35.       </script>
36.     </head>
37.     <body>
38.       <form method = "post" action = "" name = "myform">
39.          <fieldset>
40.            <legend align = "center">用户信息</legend>
41.            用户名:<input type = "text" name = "username" id = "username"required/><br />
42.            密码:<input type = "password" name = "password" id = "password" required/><br />
43.            邮箱:<input type = "text" name = "email" id = "email" required /><br /><br />
44.            <input type = "button" value = "使用不同的方法提取用户信息"onclick = "getInfo
           ();"/>
45.            <input type = "button" value = "清空" onclick = "clearAll()" />
46.            <hr />
47.            <p id = "content"></p>
48.          </fieldset>
49.       </form>
50.     </body>
51.   </html>
```

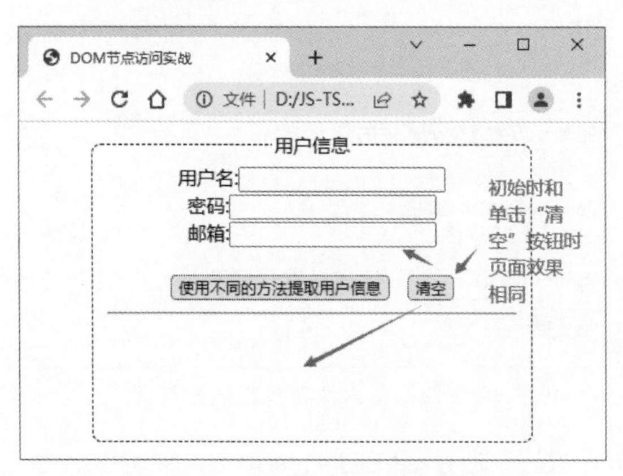

图 4-16　初始时和单击"清空"按钮时页面

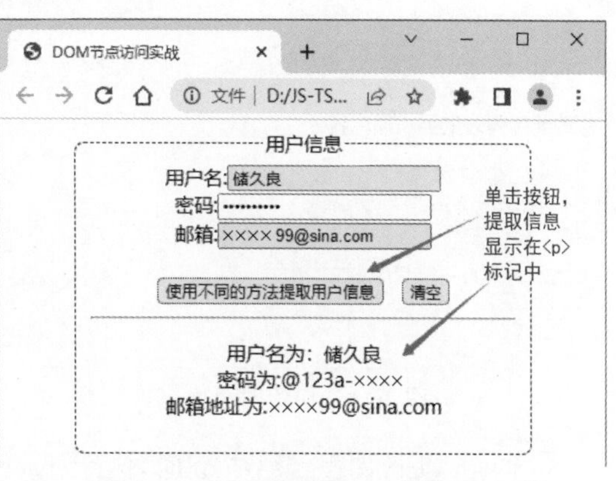

图 4-17　输入信息后单击按钮页面

4. 通过 getElementsByClassName()方法访问节点

getElementsByClassName()方法返回文档中所有指定类名的元素集合，作为 NodeList 对象。NodeList 对象代表一个有顺序的节点列表。NodeList 对象可通过节点列表中的节点索引号来访问列表中的节点(索引号由 0 开始)。

例如，在 class="myList"的列表中修改 class="course"的第一个列表项(索引值为 0)的内容，代码如下。

```
var list = document.getElementsByClassName("myList ")[0];
list.getElementsByClassName("course")[0].innerHTML = "Milk";
```

【例 4-12】 getElementsByClassName()方法实战。代码如下，页面如图 4-18 和图 4-19 所示。

```
1.  <!-- js-4-12.html -->
2.  <!DOCTYPE html>
3.  <html lang="en">
4.    <!DOCTYPE html>
5.    <html>
6.      <head>
7.        <meta charset="utf-8" />
8.        <title>getElementsByClassName()方法的应用</title>
9.        <script>
10.         function changeItem() {
11.           //获取类名为 myList 的所有 ul 集合
12.           var nodeList = document.getElementsByClassName("myList");
13.           //对第 0 个 ul 中类名为 course 中的第 0 个 li 的标记内容进行修改
14.           nodeList[0].getElementsByClassName("course")[0].innerHTML = "微信小程序开发".
              fontcolor("red");  //替换后变成红色
15.         }
16.       </script>
17.     </head>
18.     <body>
19.       <h3>修改无序列表的列表项内容</h3>
20.       <ul class="myList">
21.         <li class="course">Web 前端开发技术</li>
22.         <li class="course">Vue.js 前端框架技术与实战</li>
23.         <li class="course">JSP 程序设计</li>
24.       </ul>
25.       <p>单击按钮修改第一个列表项的文本信息 (索引值为 0)。</p>
26.       <button onclick="changeItem()">更改课程名称</button>
27.     </body>
28.   </html>
29. </html>
```

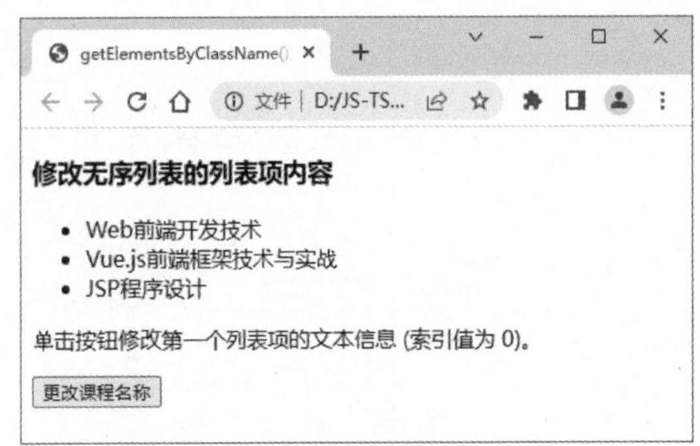

图 4-18 初始时页面

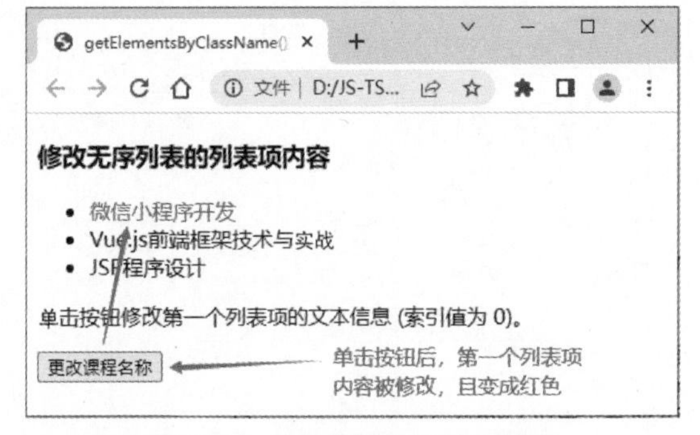

图 4-19 单击按钮执行效果页面

当单击"更改课程名称"按钮时，执行 changeItem()方法。通过 getElementsByClassName()方法获取类名为"myList"的第 0 个无序列表，同样通过该方法获取第 0 个列表项，然后修改第 0 个列表项的内容,且文字变成红色。

5. 通过 DOM forms 方法访问节点

除了 getElementById()、getElementsByName()等方法外,还可以通过 Document 对象的 forms 属性来获得这个 form 对象。

1) 获取 form

在例 4-11 中,通过 document. forms 属性来获取页面中的 form。例如:

```
var forms = document.forms;        //通过 document 的 forms 属性获得数组对象
var myform1 = forms[0];            //获得数组中的第一个 form 对象
```

当然也可以通过 form 对象的 name 属性来访问页面中的 form 对象。例如:

```
var myform2 = document.loginform;        //loginform 为 form 对象的 name
```

2) Form elements 方法获取表单中的元素

formObject. elements 方法返回表单中所有元素的集合。注释:集合中的元素按照它们在源代码中出现的顺序进行排序。获得 form 对象之后,就可以通过 form 对象的 elements 属性或该元素的 name 属性来获得其包裹的元素。例如:

```
var username1 = loginform.elements[0];      //通过 elements 属性来访问"用户名"输入框
var username2 = loginform.username;         //通过 name 属性来访问"用户名"输入框
var psw1 = loginform.elements[1];           //通过 elements 属性来访问"密码"输入框
var psw2 = loginform.password;              //通过 name 属性来访问"密码"输入框
var email1 = loginform.elements[2];         //通过 elements 属性来访问"邮箱地址"输入框
var email2 = loginform.email;               //通过 name 属性来访问"邮箱地址"输入框
```

6. 通过 querySelector()访问单个节点

文档对象模型 Document 引用的 querySelector()方法返回文档中与指定选择器或选择器组匹配的第一个 html 元素 Element。如果找不到匹配项,则返回 null。

【例 4-13】 querySelector()方法实战。

代码如下,页面效果如图 4-20 和图 4-21 所示。

```
1.  <!-- js-4-13.html -->
2.  <!DOCTYPE html>
3.  <html>
4.    <meta charset="utf-8" />
5.    <title>querySelector()实战</title>
6.    <head>
7.      <style>
8.        #myDIV {border: 1px dashed black;margin: 5px;}
9.        button{width: 120px;border:1px dotted balck;border-radius: 5px;}
10.     </style>
11.   <script>
12.       function changeText() {
13.         var div1 = document.getElementById("myDIV");
14.         div1.querySelector(".someone").innerHTML = "哈哈,内容被替换啦!".fontcolor('red');
15.       }
16.     </script>
17.   </head>
18.   <body>
19.     <div id="myDIV">
20.       <h2>querySelector()实战</h2>
21.       <h3 class="someone">div 中带有 class="someone"的标题</h3>
22.       <p class="someone">div 中带有 class="someone"的段落。</p>
23.     </div>
24.     <p>单击按钮,可以在 div 中使用 class="someone"来更改第一个元素的文本。</p>
25.     <button onclick="changeText()">改变子元素内容</button>
```

```
26.     </body>
27.   </html>
```

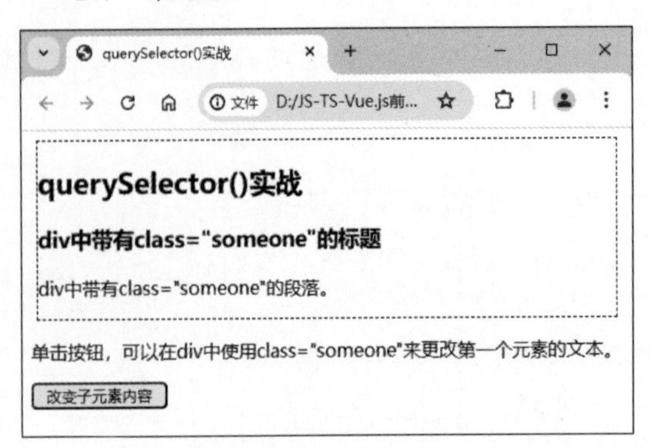

图 4-20　初始页面

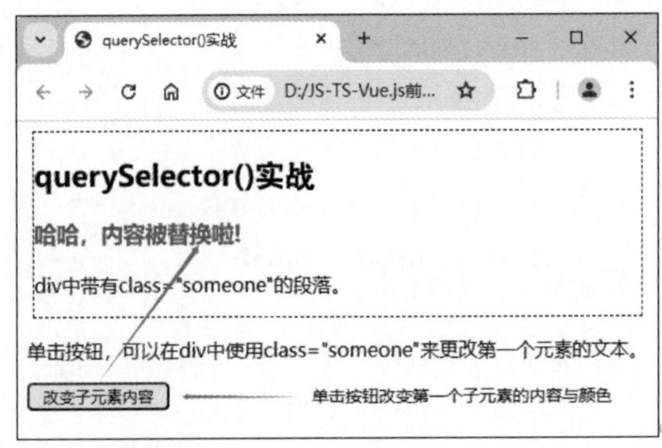

图 4-21　单击按钮执行效果页面

7. 通过 querySelectorAll()访问所有节点

querySelectorAll()返回所有匹配的元素，类型是 NodeList。querySelectorAll()方法返回与指定的 CSS 选择器匹配的元素的子元素的集合，作为静态 NodeList 对象。NodeList 对象表示节点的集合。可以通过索引号访问节点。索引从 0 开始。

注意　可以使用 NodeList 对象的 length 属性来确定与指定选择器匹配的子节点数，然后可以遍历所有节点并提取所需的信息。

【例 4-14】 getElementsByClassName()方法实战。

代码如下，页面如图 4-22 和图 4-23 所示。

```
1.   <!-- js-4-14.html -->
2.   <!DOCTYPE html>
3.   <html>
4.     <head>
5.       <meta charset = "utf-8" />
6.       <title>querySelectorAll()方法实战</title>
7.       <style>
8.         #myDIV {border: 1px dashed black;margin: 5px;}
9.         button{width: 120px;border:1px dotted balck;border-radius: 5px;}
10.      </style>
11.    <script>
12.      function changeBgColor() {
13.        var div1 = document.getElementById("myDIV").querySelectorAll(".someCalass");
14.        div1[0].style.backgroundColor = "red";
15.      }
16.      </script>
17.    </head>
18.    <body>
19.      <div id = "myDIV">
20.        <h3>querySelectorAll()方法实战</h3>
21.        <h2 class = "someCalass">div 中带有 class = "someCalass"的标题</h2>
22.        <p class = "someCalass">div 中带有 class = "someCalass"的段落。</p>
23.      </div>
24.      <p>单击按钮,使用 class = "someCalass"(索引 0)将背景颜色添加到 DIV 中的第一个元素。
         </p>
25.      <button onclick = "changeBgColor()">改变背景颜色</button>
26.      <p><strong>注意: </strong> Internet Explorer
27.        8 及更早版本不支持 querySelectorAll()方法。</p>
28.    </body>
29.  </html>
```

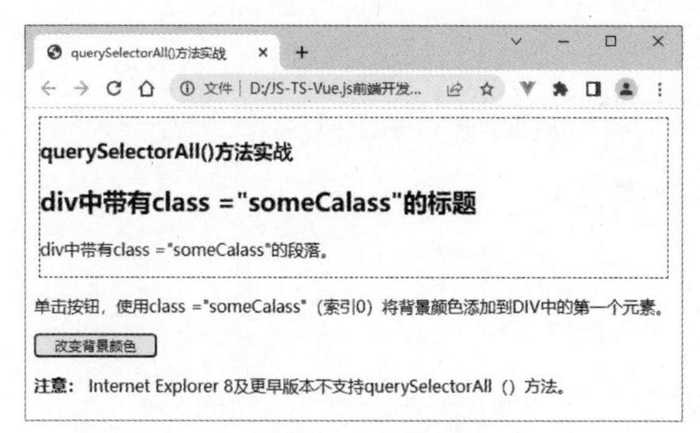

图 4-22　初始页面

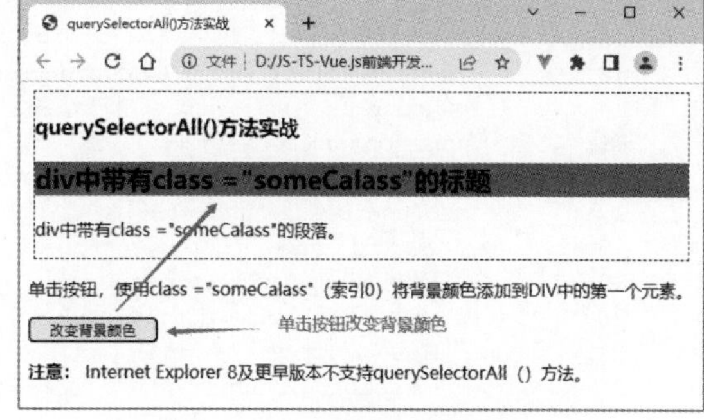

图 4-23　单击按钮执行效果页面

4.2.5　DOM 节点操作

DOM 的应用非常广泛，可以通过 Document 对象实现表格的动态添加和删除，可以通过 Document 对象替换文本节点的内容等。对 DOM 节点的操作，可以抽象成 4 个部分：获取、修改、新增、删除。

1. DOM 节点操作方法

DOM 对象操作方法有很多，常用操作方法如表 4-15 所示。

表 4-15　DOM 节点操作方法

方法名	说　明
createElement(tagname)	创建标记名为 tagname 的节点
createTextNode(text)	创建包含文本 text 的文本节点
createDocumentFragment()	创建文档碎片
createAttribute()	创建属性节点
createComment(text)	创建注释节点
appendChild(node)	添加一个名为 node 的子节点
insertBefore(nodeB,nodeA)	插入，在名为 nodeA 的节点前插入一个名为 nodeB 的节点
replaceChild(nodeB,nodeA)	修改，用一个名为 nodeB 的节点替换另一个名为 nodeA 的节点
cloneNode(boolean)	克隆一个节点，它接收一个 boolean 参数，为 true 时表示该节点带文字；为 false 时表示该节点不带文字
removeChild(node)	删除一个名为 node 的子节点

2. 操作 DOM 元素

(1) 创建与添加新元素。

通常可以使用 createElement()、createTextNode()及 appendChild()等 DOM 操作方法来动态添加新元素。

【例 4-15】 DOM 添加新元素实战——计算机科学与技术专业核心课程添加。

代码如下，页面效果如图 4-24 和图 4-25 所示。

```
1.  <!-- js-4-15.html -->
2.  <!DOCTYPE html>
3.  <html lang="en">
4.    <head>
5.      <meta charset="UTF-8" />
6.      <title>DOM 添加新元素</title>
7.      <style>
8.        div{margin: 0 auto; width: 300px;height: 300px;
9.  border:1px dashed black;padding:10px 20px; }
10.         p{text-align: center; }
```

```
11.        </style>
12.        <script>
13.         function $(id) {return document.getElementById(id); }
14.         var courses = new Array( "算法设计与分析","操作系统","UML 建模语言","软件工程");
15.         function addCourse() {
16.           var oneLi = document.createElement("li");
17.           if (courses.length > 0) {
18.             var textNode = document.createTextNode(SelectCourse());
19.             oneLi.appendChild(textNode);        //封装 li 元素
20.             $("ul1").appendChild(oneLi);      //添加到 ul 中
21.           }else{
22.             $("info").innerHTML = "没有课程可以添加!".fontcolor("red");
23.           }
24.         }
25.         function SelectCourse() {
26.           //从课程数组中选择某一不重复的课程
27.           var index = Math.floor(Math.random() * courses.length);
28.           var oneCourse = courses[index];      //取出已经随机选中的课程
29.           courses.splice(index, 1);            //删除已经添加的课程
30.           return oneCourse;
31.         }
32.        </script>
33.      </head>
34.      <body>
35.        <div id = "container">
36.          <h3>计算机科学与技术专业核心课程</h3>
37.          <ul id = "ul1">
38.            <li>计算机网络</li>
39.            <li>数据结构</li>
40.            <li>计算机组成原理</li>
41.          </ul>
42.          <p><button onclick = "addCourse()">添加核心课程</button></p>
43.          <p id = "info"></p>
44.        </div>
45.      </body>
46.   </html>
```

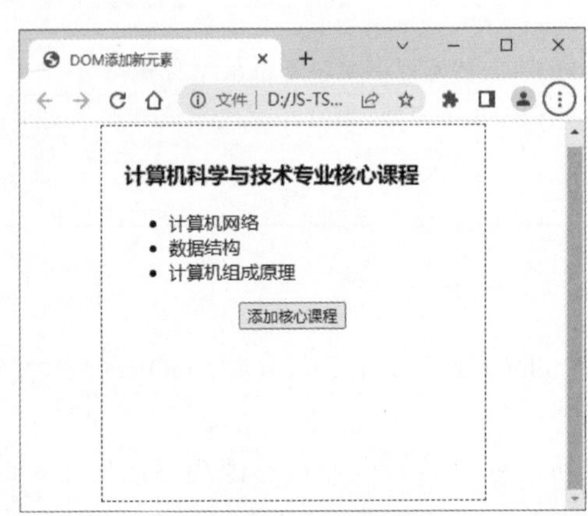

图 4-24　初始时页面

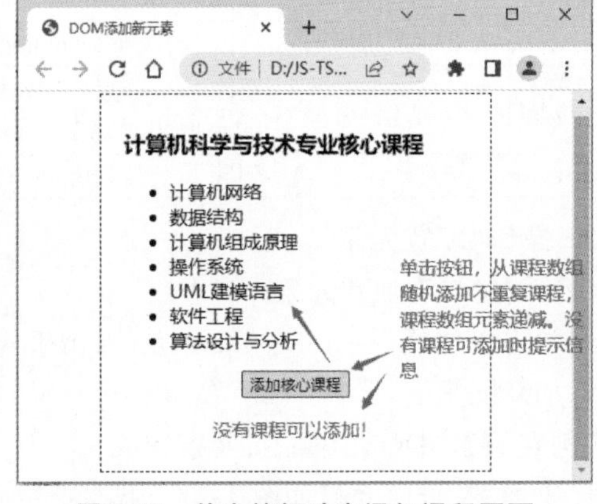

图 4-25　单击按钮动态添加课程页面

该例中通过数组来保存需要添加的课程，然后随机地从数组选择一门课程添加到无序列表中，并将此课程从数组中删除，这样课程不会重复添加到无序列表中。当课程数组中没有课程时，将停止向无序列表中添加课程。

(2) 插入、替换与删除元素。

【例 4-16】 DOM 节点插入、替换和删除操作方法实战。

代码如下，页面效果如图 4-26～图 4-29 所示。

```
1.  <!-- js-4-16.html -->
2.  <!DOCTYPE html>
3.  <html lang="en">
4.    <head>
5.      <meta charset="UTF-8" />
6.      <title>DOM节点插入、替换、删除</title>
7.      <script type="text/JavaScript">
8.        function $tag(tagname){return document.getElementsByTagName(tagname); }
9.        function $(id) {return document.getElementById(id); }
10.       function replaceNode(){
11.         //将<h4>元素替换为<div>元素,并重新设置div的内容
12.         var div2 = document.createElement("div");              //创建div元素
13.         div2.innerHTML = "<h4>web前端开发技术!</h4>";          //设置新div的内容
14.         var h4 = $tag("h4")[0];                                //获取第0个h4标记
15.         $("div1").replaceChild(div2,h4);                       //用div替换h4元素
16.         $("info").innerHTML="操作提示: h4元素已经被新div替换啦!".fontcolor("red");
17.       }
18.       function insertNode(){
19.         //在div中第2个段落前插入一个<h4>元素
20.         var newh4 = document.createElement("h4");              //创建h4
21.         var ptxt4 = document.createTextNode("哈哈,我是新来啦!-new h4");  //创建文本
22.         newh4.appendChild(ptxt4);                              //封装新h4
23.         $("div1").insertBefore(newh4,$tag("p")[1]);            //在第2个p前插入
24.         $("info").innerHTML="操作提示: h4元素已经删除啦!".fontcolor("red");
25.       }
26.       function removeNode(){
27.         //删除页面上的blockquote元素
28.         var bq=$tag("blockquote")[0];                          //获取数组中第0个元素
29.         $("div1").removeChild(bq);                             //删除blockquote元素
30.         $("info").innerHTML="操作提示: blockquote元素已经删除啦!".fontcolor("red");
31.       }
32.     </script>
33.     <style>
34.       button:hover {border: 1px dashed black; background-color: #f9f9f9;}
35.     </style>
36.   </head>
37.   <body>
38.     <h3>DOM节点插入、替换、删除</h3>
39.     <div id="div1">
40.       <h4>JavaScript与Vue.js前端设计</h4>
41.       <p id="p1">Hello JavaScript!</p>
42.       <p id="p2">Hello Vue.js前端框架技术</p>
43.       <blockquote>JavaScript是一门简易的脚本语言-blockquote.</blockquote>
44.     </div>
45.     <button onclick="replaceNode()">替换节点</button>
46.     <button onclick="insertNode()">插入节点</button>
47.     <button onclick="removeNode()">删除节点</button>
48.     <p id="info"></p>
49.   </body>
50. </html>
```

代码中第7～32行定义了5个JavaScript函数,名为$tag(tagname)、$(id)、replaceNode()、insertNode()和removeNode(),分别实现按标记名称获取对象数组、按id获取页面元素、替换节点、插入节点和删除节点的功能。

(3) 设置或获取节点的innerText和innerHTML。

在DOM中有两个很重要的属性,分别是innerText和innerHTML,通过这两个属性,可以更方便地获取和设置DOM元素的属性。

innerText属性是用来修改起始标记和结束标记之间的文本。innerHTML属性可以直接给元素赋值为HTML字符串(可以包含标记),而不需要使用DOM的方法来创建元素。例如:

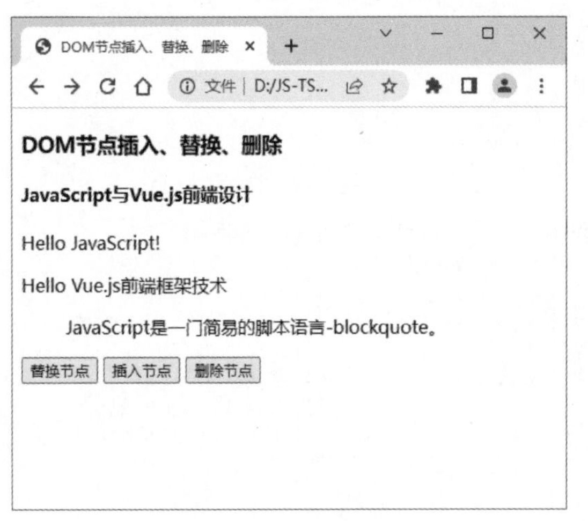

图 4-26 初始时页面

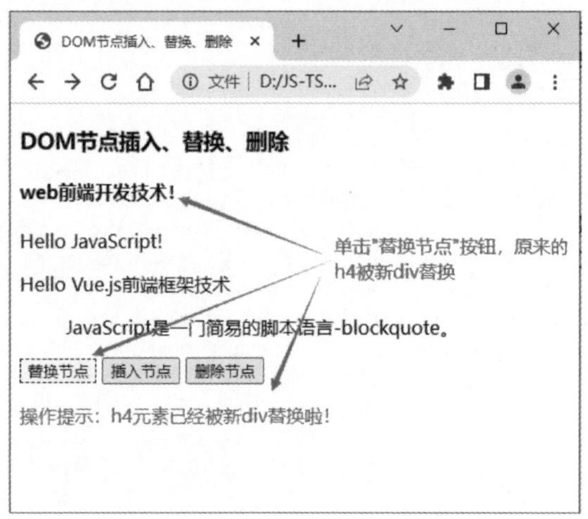

图 4-27 单击“替换节点”按钮页面

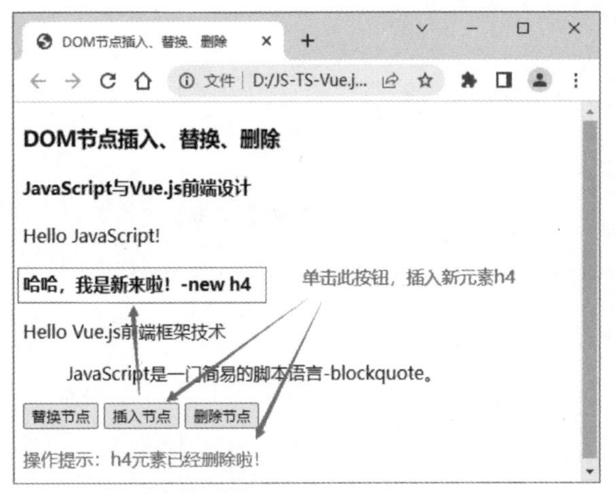

图 4-28 单击“插入节点”按钮页面

图 4-29 单击“删除节点”按钮页面

```
//采用 DOM 操作方法给 oDiv(div 对象)添加文本
oDiv.appendChild(document.createTextNode("所需添加的文本信息。");
//使用 DOM 对象的 innerText 属性,非常简洁
oDiv.innerText = "所需添加的文本信息."; //省去创建节点的步骤
//创建 strong 标记和文本节点,并封装成 storng 元素
var strong1 = document.createElement("strong");
var otext = document.createTextNode("Hello JavaScript!");
oDiv.appendChild(strong1.appendChild(otext));
//使用 DOM 对象的 innerHTML 属性设置元素,非常简洁
oDiv.innerHTML = "< strong > Hello JavaScript!</strong >";
```

还可以使用 innerText 和 innerHTML 属性获取元素的内容。如果元素只包含文本，则 innerText 和 innerHTML 返回相同的值。但是，如果同时包含文本和其他元素，innerText 将只返回文本的内容，而 innerHTML 将返回所有元素和文本的 HTML 代码。

(4) 获取并设置指定元素属性值。

在 DOM 中，可以通过 getAttribute()方法、setAttribute()方法来动态地获取及设置节点属性值。具体使用方法如下。

- element.getAttribute(name)：该方法用于获取元素指定属性的值。参数 name 为字符串，表示属性的名称。

- element.setAttribute(name,value)：该方法用于设置元素指定属性的值。参数 name 为字符串，表示要设置的属性的名称，参数 value 为字符串，表示属性的值。

【例 4-17】 DOM 节点属性及方法实战。

代码如下，页面效果如图 4-30 和图 4-31 所示。

```
1.  <!-- js-4-17.html -->
2.  <!DOCTYPE html>
3.  <html lang="en">
4.    <head>
5.      <meta charset="UTF-8" />
6.      <title>DOM 节点属性及方法实战</title>
7.      <script type="text/JavaScript">
8.       function $(id){return document.getElementById(id);}
9.       function getText() { $("content").value =  $("div1").innerText;} //取标记内的文本
10.     function getHTML(){ $("content").value =  $("div1").innerHTML;} //取标记内 HTML 文本
11.      function randomType(){
12.        //随机取一个编号类型,返回编号类型值
13.        var bianHao = new Array("1","A","a","I","i");
14.        var index = Math.floor(Math.random() * bianHao.length);
15.        var oneChar = bianHao[index]; //取出选中的编号类型
16.        return oneChar
17.      }
18.      function changeType(){
19.        //随机改变有序列表项前的编号类型
20.        $("children").setAttribute("type",randomType());
21.        $("info").innerHTML = $("children").getAttribute("type");
22.      }
23.      function getType(){ $("info").innerHTML = $("parent").getAttribute("type");}
24.     </script>
25.   </head>
26.   <body>
27.     <h3>DOM 对象属性 innerText 与 innerHTML 实战</h3>
28.     <div id="div1"><strong>Web 前端开发技术,不错!</strong></div>
29.     <p>
30.       <button onclick="getText()">提取元素 innerText</button>
31.       <button onclick="getHTML()">提取元素 innerHTML</button>
32.     </p>
33.     <textarea id="content" cols="60" rows="3"></textarea>
34.     <h3>DOM 对象 getAttribute()与 setAtttrib()实战</h3>
35.     <ul id="parent" type="disc">
36.       <li>Web 前端开发全程实战</li>
37.       <li>Web 前端基础项目化教程</li>
38.       <li>
39.         Web 安全
40.         <ol id="children">
41.           <li>Web 安全与攻防入门</li>
42.           <li>Web 渗透测试技术</li>
43.           <li>Web 开发与安全</li>
44.         </ol>
45.       </li>
46.       <li>Node.js Web 全栈开发实战</li>
47.       <li>Web 设计原理与实战</li>
48.       <li>Web 程序设计</li>
49.     </ul>
50.     <p>
51.       <button onclick="getType()">改变父 UL 列表前符号</button>
52.       <button onclick="changeType()">改变子 OL 列表前符号</button>
53.     </p>
54.     <p id="info"></p>
55.   </body>
56. </html>
```

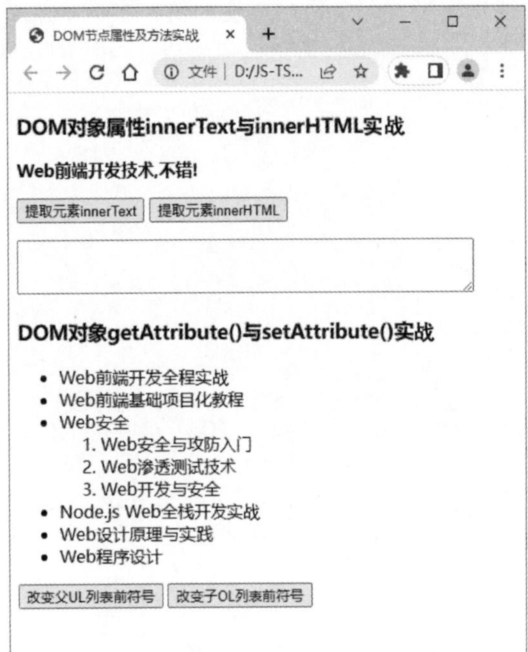

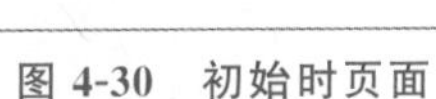
图 4-30　初始时页面

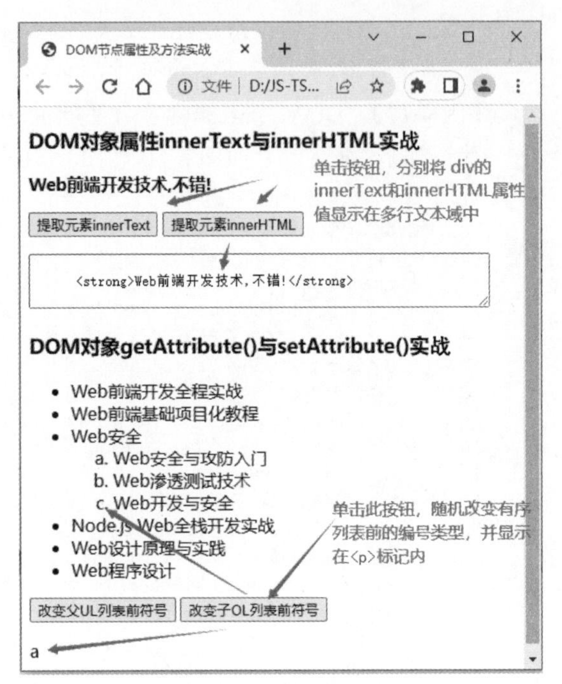

图 4-31　单击按钮后页面

代码中第 7～24 行定义了 $(id)、getText()、getHTML()、randomType()、changeType()、getType()6 个 JavaScript 函数。其中，$(id)的功能是通过 id 获取页面元素；getText()的功能是取<div>标记内的文本，并显示在多行文本域中；getHTML()的功能是取<div>标记内的 HTML 文本，并显示在多行文本域中；randomType()的功能是随机产生有序列表编号类型；changeType()的功能是根据 randomType()返回的编号类型来重新改变有序列表前的编号，并在<p>标记中显示编号类型；getType()的功能是获取无序列表的类型，并显示在<p>标记内。

除了 DOM 对象的上述方法外，也可以访问以下 HTML 文档对象的相关属性。

document.anchors：返回文档中具有 name 属性的所有 a 元素的集合。

document.body：返回文档的 body 元素。

document.documentElement：返回文档的 Document 元素(html 元素)。

document.embeds：返回文档中所有 embed 元素的集合。

document.forms：返回文档中所有 form 元素的集合。

document.head：返回文档的 head 元素。

document.images：返回文档中所有 img 元素的集合。

document.links：返回文档中具有 href 属性的所有 a 和 area 元素的集合。

document.scripts：返回页面中所有 script 脚本的集合。

document.title：返回当前文档的标题。

4.2.6　DOM 操作元素

在 HTML DOM 中，Element 对象代表 HTML 元素，如 p、div、a、table 或任何其他 HTML 元素。Element 对象可以拥有类型为元素节点、文本节点、注释节点的子节点。NodeList 对象表示节点列表，如 HTML 元素的子节点集合。Element 对象常用的属性如表 4-16 所示。

表 4-16 Element 对象常用的属性

属性	说　　明
className	设置或返回元素的 class 属性
clientHeight	在页面上返回内容的可视高度(高度包含内边距(padding),不包含边框(border)、外边距(margin)和滚动条)
clientLeft	返回一个元素的左边框的宽度,以像素表示
clientTop	返回一个元素的顶部边框的宽度,以像素表示
clientWidth	返回元素的可见宽度
id	设置或返回元素的 id
innerHTML	设置或返回元素的内容
innerText	设置或返回节点及其子节点的文本内容
offsetHeight	返回元素的高度
offsetWidth	返回元素的宽度
offsetLeft	返回元素的水平偏移位置
offsetTop	返回元素的垂直偏移位置
offsetParent	返回元素的偏移容器
outerHTML	设置或返回元素的内容(包括开始标记和结束标记)
outerText	设置或返回节点及其子节点的外部文本内容
scrollHeight	返回元素的整体高度
scrollLeft	返回元素左边缘与视图之间的距离
scrollTop	返回元素上边缘与视图之间的距离
scrollWidth	返回元素的整体宽度
textContent	设置或返回节点及其后代的文本内容
style	设置或返回元素的 style 属性

编程时,可以获取和设置相关 Element 对象的相关属性。

【例 4-18】 DOM Eelment 对象属性设置与获取实战。

代码如下,页面效果如图 4-32 和图 4-33 所示。

注意　设置元素的 outerHTML 属性时,会将元素本身替换掉,这一点可以从调试元素时的页面结构看出来。

```
1.  <!-- js-4-18.html -->
2.  <!DOCTYPE html>
3.  <html lang="en">
4.    <head>
5.      <meta charset="UTF-8" />
6.      <title>Document</title>
7.      <style>
8.      #test {width: 280px;height: 100px;border: 1px dashed black;position: relative;}
9.      </style>
10.     <script>
11.       function changeLeft() {
12.         var offset = 10;
13.         var testDiv = document.getElementById("test");
14.         document.getElementById("demo").innerHTML = testDiv.offsetLeft;
15.         testDiv.style.left = testDiv.offsetLeft + offset + "px"; //每次向右移动 10px
16.       }
17.       function replaceContent() {
18.         if (document.getElementsByTagName("h3").length > 0) {
19.           document.getElementsByTagName("h3")[0].outerHTML =
20.             "<p><em>outerHTML 与 innerHTML 作用是不同的。</em></p>";
21.         }
```

```
22.         }
23.       </script>
24.     </head>
25.     <body>
26.       <h2>Element 对象的 outerHTML 属性实战</h2>
27.       <h3>DOM Element</h3>
28.       <button onclick="replaceContent()">替换标记内容</button>
29.       <div id="test">
30.         <p>单击按钮一次,DIV 向右移动 10px。</p>
31.         <p>DIV offsetLeft is: <span id="demo"></span></p>
32.       </div>
33.       <p><button onclick="changeLeft()">向右移动 10px</button></p>
34.     </body>
35.   </html>
```

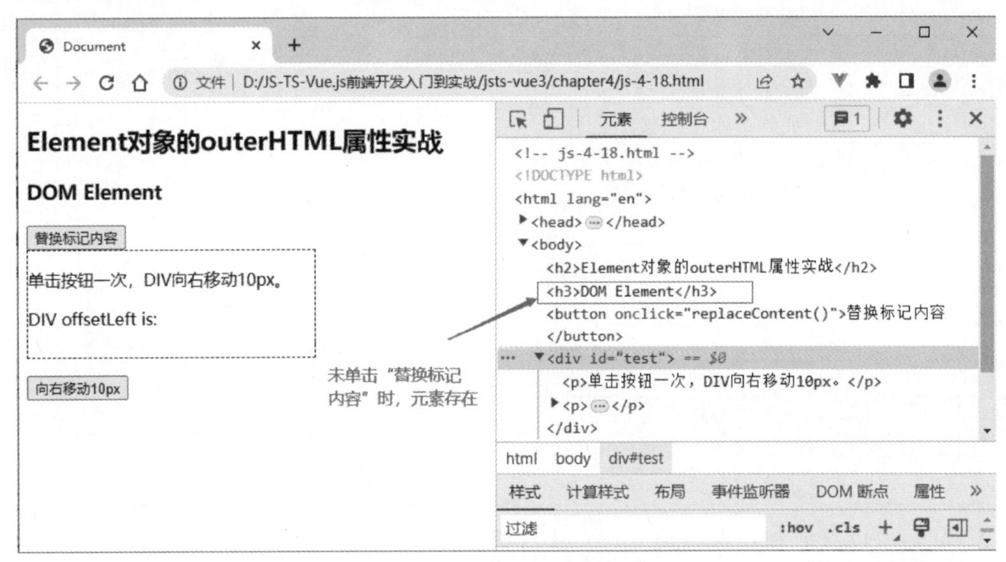

图 4-32　未单击按钮时初始页面

图 4-33　单击按钮后执行页面

4.2.7　DOM 操作 CSS 样式

1. 改变 HTML 样式

HTML DOM 允许 JavaScript 更改 HTML 元素的样式。例如：

```
document.getElementById(id).style.property = new style;
```

2. 使用事件改变样式

HTML DOM 允许在事件发生时执行代码。当 HTML 元素发生“事情”时，浏览器会生成事件：单击某个元素时、页面加载时、输入字段被更改时。

例如，当用户单击按钮时，可以更改 id=“id1”元素的样式：

```
<button onclick = "document.getElementById('id1').style.color = 'red'">
```

注意 在实际编程时，可以参考 HTML DOM Style 对象的相关属性来进行编程。也可以通过 Element 对象的 className 和 id 属性来动态地给元素添加新的 class 和 id 属性。还可以使用 setAttribute(property，value)来设置新属性。

【例 4-19】 DOM Eelment 对象属性设置与获取实战。

代码如下，页面效果如图 4-34 和图 4-35 所示。

```
1.  <!-- js-4-19.html -->
2.  <!DOCTYPE html>
3.  <html lang = "en">
4.    <head>
5.      <meta charset = "UTF-8" />
6.      <title>Document</title>
7.      <script>
8.        function $(id) {
9.          return document.getElementById(id);
10.       }
11.       function $tag(tagName) {
12.         return document.getElementsByTagName(tagName);
13.       }
14.       function changeCSS() {
15.         $("id1").style.color = "red";                          //style属性
16.         $("id2").className = "newClass";                       //动态添加 class
17.         $tag("h2")[2].id = "newId";                            //动态添加 id
18.         // $tag("h2")[2].setAttribute("id","newId");           //同样可以
19.       }
20.     </script>
21.     <style>
22.       .newClass { font-style: italic; font-size: 24px;font-family: 宋体;}
23.       #newId {color: green; text-decoration: underline; }
24.     </style>
25.   </head>
26.   <body>
27.     <h3>DOM CSS - 更改 HTML 样式</h3>
28.     <p id = "p1">Hello JavaScript!-- 默认样式</p>
29.     <p id = "p2">Hello JavaScript!-- JS 更改样式</p>
30.     <script>
31.       $("p2").style.color = "blue";
32.       $("p2").style.fontFamily = "隶书";
33.       $("p2").style.fontSize = "28px";
34.     </script>
35.     <h3>DOM CSS - 使用事件更改 HTML 样式</h3>
36.     <h2 id = "id1">HTML DOM 允许在事件发生时执行代码 - style。</h2>
37.     <h2 id = "id2">HTML DOM 允许在事件发生时执行代码 - add class。</h2>
38.     <h2>HTML DOM 允许在事件发生时执行代码 - add id。</h2>
39.     <button onclick = "changeCSS()">更改颜色</button>
40.   </body>
41. </html>
```

4.2.8 DOM 操作 Event 事件

HTML DOM 事件允许 JavaScript 在 HTML 文档元素中注册不同事件处理程序。事件

图 4-34 未单击按钮时样式效果页面

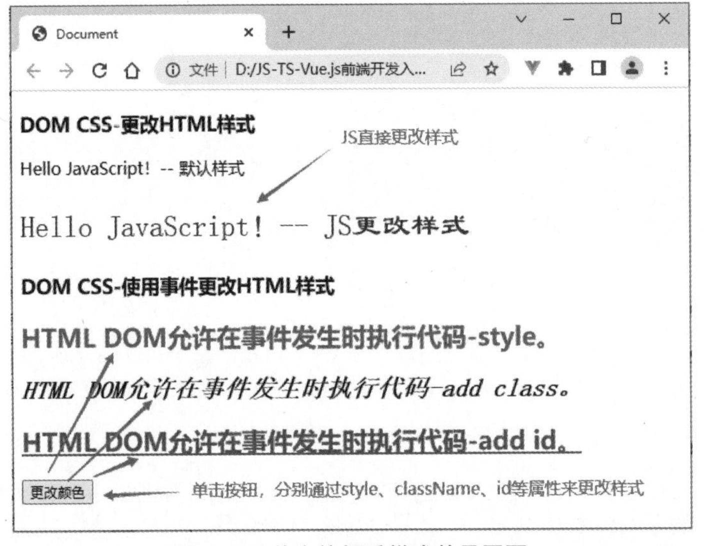

图 4-35 单击按钮后样式效果页面

通常与函数结合使用，函数不会在事件发生前被执行(用户单击按钮)。事件通常分为鼠标事件、键盘事件、表单事件、框架/对象事件、拖动事件、动画事件、过渡事件及其他事件等。

可以通过 addEventListener()、removeEventListener()方法在任何 HTML DOM 对象上添加或取消事件侦听器，也可以给 HTML 元素设置或指派事件属性(如 onClick、onKeyUp 等)，这样元素就可以响应相应的事件，去执行对应的事件处理程序。还可以使用 attachEvent()方法将事件处理程序附加到元素，使用 detachEvent()删除事件处理方法。例如：

```
< img onmouseover = "bigImg(this)" onmouseout = "normalImg(this)" border = "0" src = "/statics/
images/course/smiley.gif" alt = "Smiley" width = "32" height = "32">
< button id = "myBtn">执行相关事件</button >
< script >
  function bigImg(ele1){    //ele1 为对象,设置 style 对象的 height 和 width 属性改变 img 样式
    ele1.style.height = "64px";ele1.style.width = "64px";
  }
  function normalImg(ele){ //ele1 为对象,设置 style 对象的 height 和 width 属性改变 img 样式
    ele1.style.height = "32px";ele1.style.width = "32px";
  }
```

```
  //将事件处理程序添加到 Window 对象
  window.addEventListener("resize", function(){
    document.getElementById("demo").innerHTML = sometext;
    });
  element.attachEvent(event, function);       //添加 event 事件
  element.detachEvent(event, function);       //删除 event 事件
  var ele2 = document.getElementById("myBtn");
  if (ele2.addEventListener) {                //浏览器支持,返回 true
    ele2.addEventListener("click", function1);
  } else if (ele2.attachEvent) {              //适用于 IE 8 及更早版本
     ele2.attachEvent("onclick", function2);
}
</script>
```

4.3 JavaScript BOM

BOM(Browser Object Model,浏览器对象模型)。定义了浏览器对象的组成和相互关系,描述了浏览器对象的层次结构,是 Web 页面中内置对象的组织形式。浏览器对象模型如图 4-36 所示,从图中不仅可以看到浏览器对象的组成,还可以看到不同对象的层次关系,Window 对象是顶层对象,包含 History、Document、Location、Screen、Navigator 及 Frame 对象。这些对象都含有若干属性和方法,使用这些属性和方法可以操作 Web 浏览器窗口中的不同对象,控制和访问 HTML 页面中的不同内容。

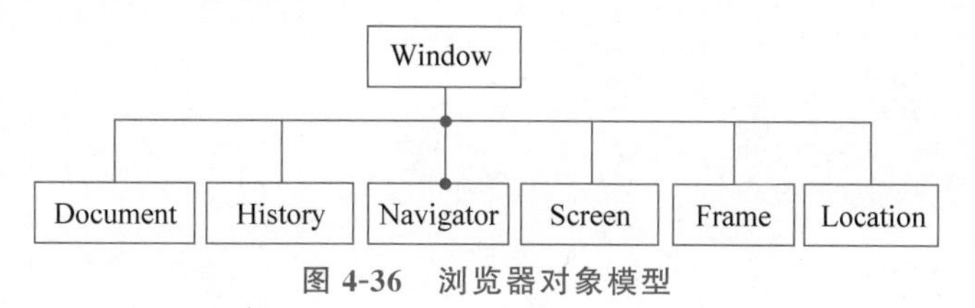

图 4-36 浏览器对象模型

4.3.1 Window 对象

Window 对象位于浏览器对象模型的顶层,是 Document、Frame、Location 等其他对象的父类。在实际应用中,只要打开浏览器,无论是否存在页面,Window 对象都将被创建。由于 Window 对象是顶层对象,使用 Window 对象方法时不必显式地注明 Window 对象。例如:

```
window.document.write("Hello JavaScript!");
window.alert("这是告警信息!");
alert("这是告警信息!");                    //省略 Window 对象,直接方法
document.write("Hello JavaScript!");   //省略 Window 对象,直接方法
```

Window 对象内置了许多方法,如表 4-17 所示。

表 4-17 Window 对象的方法

方法名	说　明
alert(message)	显示带有一段消息和一个确认按钮的告警框
confirm(question)	显示带有一段消息以及确认按钮和取消按钮的对话框
prompt(message,defaultValue)	显示可提示用户输入的对话框
open(url,name,features,replace)	打开一个新的浏览器窗口或查找一个已命名的窗口
blur()	把键盘焦点从顶层窗口移开
close()	关闭浏览器窗口
focus()	把键盘焦点给予一个窗口
setInterval(code,interval)	按照指定的周期(以毫秒计)来调用函数或计算表达式

续表

方法名	说　明
clearInterval(intervalID)	取消由 setInterval()设置的 timeout
setTimeout(code,delay)	在指定的毫秒数后调用函数或计算表达式
clearTimeout(timeoutID)	取消由 setTimeout()方法设置的 timeout

Window 对象提供了一些定时器方法，这些方法可以使 JavaScript 代码周期性地重复或延迟执行。例如，Window 对象的 setInterval()方法用于设置在指定的时间间隔内周期性触发某个事件，典型的应用如动态状态栏、动态显示当前时间等。clearInterval()方法用于清除该间隔定时器使目标事件的周期性触发失效。

【例 4-20】 Window 对象的定时器方法实战——实现 div 沿对角线移动。

代码如下，页面效果如图 4-37 和图 4-38 所示。

```
1.  <!-- js-4-20.html -->
2.  <!DOCTYPE html>
3.  <html lang="en">
4.    <head>
5.      <meta charset="UTF-8" />
6.      <title>Document</title>
7.      <style>
8.        #container {
9.          width: 400px;height: 400px;  background: #fafbfc;
10.         position: relative;     /* 父容器相对定位 */
11.
12.       }
13.       #animate {
14.        width: 50px;height: 50px;    background-color: black;
15.        position: absolute;      /* 子容器相对定位 */
16.       }
17.     </style>
18.     <script>
19.       var pos = 0;
20.       var timer = 0;
21.       function $(id) {return document.getElementById(id);}
22.       function myMove() {timer = setInterval(frame, 5);}
23.       function frame() {
24.         if (pos == 350) {
25.           pos = 0;                //回归原点,继续重复移动
26.         } else {
27.           pos++;
28.           $("animate").style.top = pos + "px";       //top 重新赋值
29.           $("animate").style.left = pos + "px";      //left 重新赋值
30.         }
31.       }
32.       function myStop() {
33.         clearInterval(timer);                        //清除定时器
34.       }
35.     </script>
36.   </head>
37.   <body>
38.     <h3>Window 对象定时器实战</h3>
39.     <p>
40.       <button onclick="myMove()">移动 div</button>
41.       <button onclick="myStop()">停止移动</button>
42.     </p>
43.     <div id="container">
44.       <div id="animate"></div>
45.     </div>
46.   </body>
47. </html>
```

代码中第 19、20 行定义了两个全局变量。第 21～34 行定义 4 个 JavaScript 函数，分别为 $(id)、myMove()、frame()、myStop()；第 40、41 行定义了两个普通按钮，分别是“移动 div”按钮及“停止移动”按钮，并为这两个按钮设置了 onClick 事件句柄，分别绑定 myMove()和 myStop()。当单击“移动 div”按钮时，执行 myMove()方法，定时 5ms 执行 frame()方法，实现黑色 div 沿对角线重复移动。当单击“停止移动”按钮时，执行 myStop()方法，清除定时器，黑色 div 停止移动。

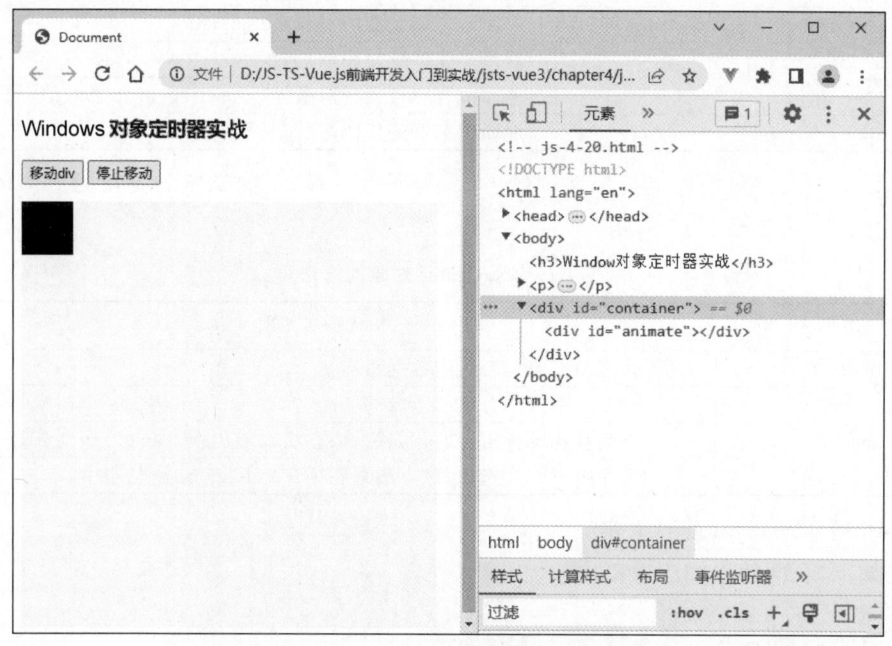

图 4-37　Window 对象定时器实战初始时页面

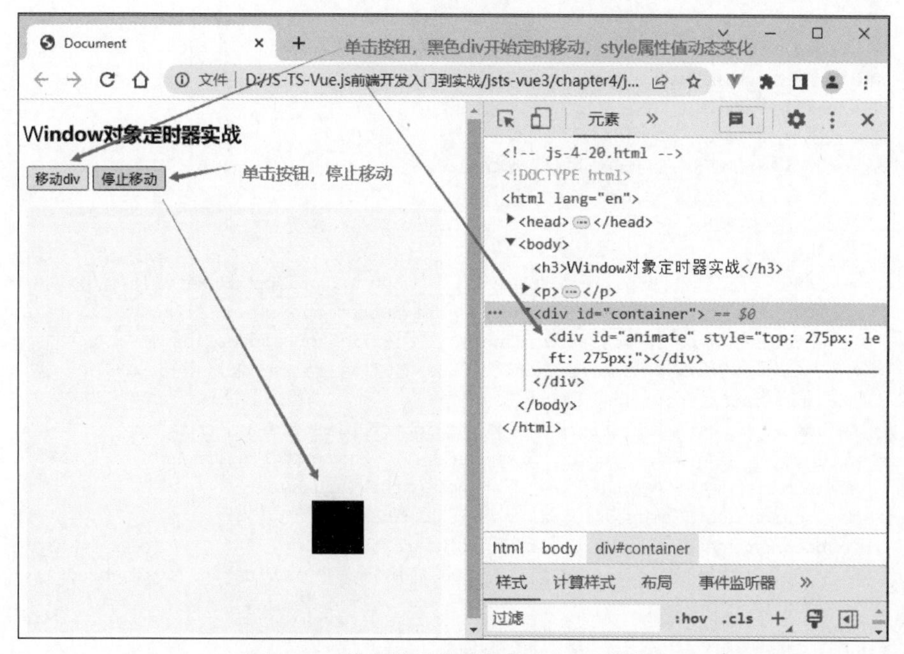

图 4-38　单击按钮移动和停止 div 时页面

4.3.2　Navigator 对象

Navigator 对象用于获取用户浏览器的相关信息。该对象包含有关访问者的信息。

Navigator 对象包含若干属性，主要用来描述浏览器的信息，但不同浏览器所支持的 Navigator 对象的属性也是不同的，常用的属性如表 4-18 所示。

表 4-18　Navigator 对象的属性

属　性　名	说　　明
appName	返回浏览器的名称
appVersion	返回浏览器的平台和版本信息
platform	返回运行浏览器的操作系统平台
language	返回操作系统使用的语言
userAgent	返回由客户机发送服务器的 user-agent 头部的值
appCodeName	返回浏览器的代码名

另外，Navigator 对象还支持一系列的方法，与属性一样，不同浏览器支持的方法也不完全相同。常用的方法如表 4-19 所示。

表 4-19　Navigator 对象的方法

方　法　名	说　　明
taintEnabled()	规定浏览器是否启用数据污点
javaEnabled()	规定浏览器是否启用 Java
preference()	查询或者设置用户的优先级，该方法只能用在 Navigator 浏览器中
savePreference()	保存用户的优先级，该方法只能用在 Navigator 浏览器中

【例 4-21】　Navigator 对象实战。

代码如下，页面效果如图 4-39 所示。

```
1.  <!-- js-4-21.html -->
2.  <!DOCTYPE html>
3.  <html lang="en">
4.    <head>
5.      <meta charset="UTF-8" />
6.      <title>Window Navigator 对象实战</title>
7.    </head>
8.    <body>
9.      <h3>Window Navigator 对象实战</h3>
10.     <div id="info"></div>
11.     <p id="state"></p>
12.     <script>
13.       info = "<p>1.Browser CodeName 是 " + navigator.appCodeName + "</p>";
14.       info += "<p>2.Browser Name 是" + navigator.appName + "</p>";
15.       info += "<p>3.Browser Version 是 " + navigator.appVersion + "</p>";
16.       info += "<p>4.Cookies Enabled(true: 已启用;false: 未启用): " +
17.         navigator.cookieEnabled +"</p>";
18.       info += "<p>5.Platform 是 " + navigator.platform + "</p>";
19.       info += "<p>6.User-agent header 是 " + navigator.userAgent + "</p>";
20.       info += "<p>7.language 是 " + navigator.language + "</p>";
21.       document.getElementById("info").innerHTML = info;
22.       document.getElementById("state").innerHTML =
23.         "Java 启用状态(false: 未启用; true:启用): " + navigator.javaEnabled();
24.     </script>
25.   </body>
26. </html>
```

4.3.3　Screen 对象

Screen 对象包含用户屏幕的信息。Screen 对象常用的属性如表 4-20 所示。

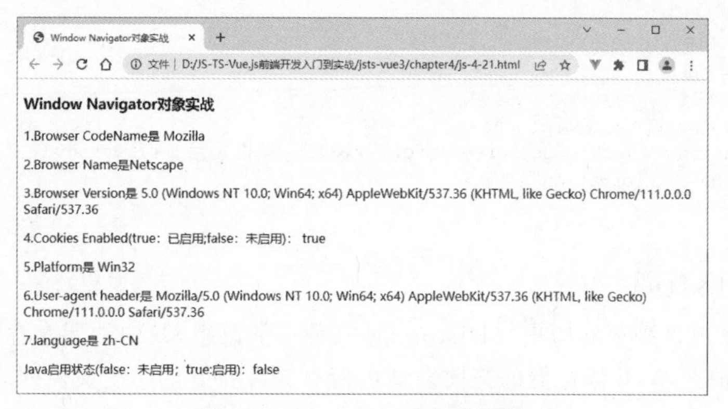

图 4-39　Navigator 对象的应用

表 4-20　Screen 对象常用的属性

方法名	说明
availWidth	返回可用的屏幕宽度
availHeight	返回可用的屏幕高度
height	返回显示屏幕的高度
width	返回显示屏幕的宽度
colorDepth	返回用于显示一种颜色的比特数
pixelDepth	返回屏幕的像素深度

在浏览器窗口打开时，可以通过 Screen 对象的属性来获取屏幕设置的相关信息。

【例 4-22】 Screen 对象实战。

代码如下，其页面效果如图 4-40 和图 4-41 所示。

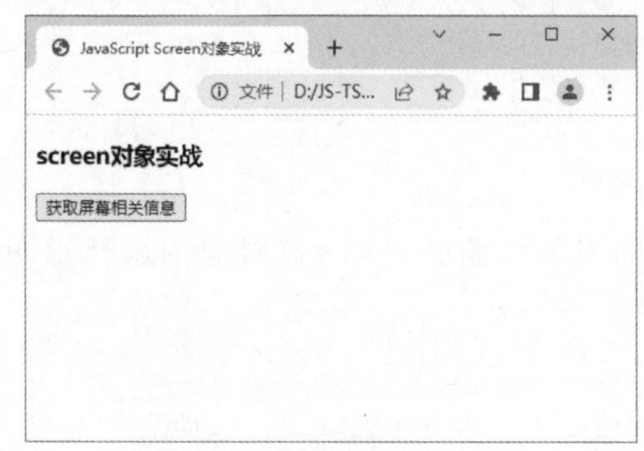

图 4-40　未单击按钮时页面

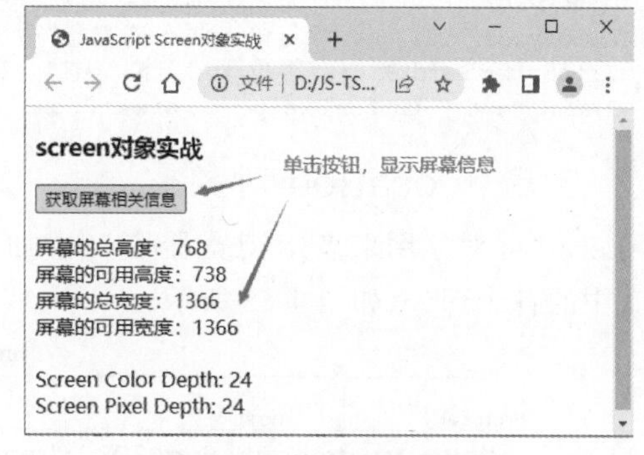

图 4-41　单击按钮后页面

```
1.  <!-- js-4-22.html -->
2.  <!DOCTYPE html>
3.  <html lang = "en">
4.    <head>
5.      <meta charset = "UTF-8" />
6.      <title>JavaScript Screen 对象实战</title>
7.      <script type = "text/JavaScript">
8.        function $(id){return document.getElementById(id);}
9.        function getScreenInfo(){
10.         var info = "屏幕的总高度：" + screen.height + "<br>";
11.         info += "屏幕的可用高度：" + screen.availHeight + "<br>";
12.         info += "屏幕的总宽度：" + screen.width + "<br>";
13.         info += "屏幕的可用宽度：" + screen.availWidth + "<br>";
14.         info += "<br>Screen Color Depth: " + screen.colorDepth;
15.         info += "<br>Screen Pixel Depth: " + screen.pixelDepth;
16.        $("information").innerHTML = info;
17.        }
```

```
18.        </script>
19.     </head>
20.     <body>
21.        <h3>screen 对象实战</h3>
22.        <button onclick="getScreenInfo()">获取屏幕相关信息</button>
23.        <p id="information"></p>
24.     </body>
25.  </html>
```

4.3.4 History 对象

History 对象包含浏览器历史。History 对象是一个数组，其中的元素存储了浏览历史中的 URL，用来维护在 Web 浏览器的当前会话内所有曾经打开的历史文件列表。History 对象有三个常用的方法，如表 4-21 所示。

表 4-21 History 对象的常用方法

方法名	说　明
forward()	加载 history 列表中的下一个 URL
back()	加载 history 列表中的前一个 URL
go(number|URL)	加载 history 列表中的某个具体页面。URL 参数指定要访问的 URL，number 参数指定要访问的 URL 在 history 的 URL 列表中的位置

History 对象的这三个方法与浏览器软件中的“后退”和“前进”按钮的功能一致。需要注意的是，如果没有使用过“后退”按钮或跳转菜单在历史记录中移动，而且 JavaScript 没有调用 history. back()或 history. go()方法，那么调用 history. forward()方法不会产生任何效果，因为浏览器已经处在 URL 列表的尾部，没有可以前进访问的 URL 了。例如：

```
history.back()        //与单击浏览器“后退”按钮执行的操作一样
history.go(-2)        //与单击两次浏览器“后退”按钮执行的操作一样
history.forward()     //等价于单击浏览器“前进”按钮或调用 history.go(1)
<input type="button" value="Forward" onclick=" window.history.forward()">
```

4.3.5 Location 对象

Location 对象用来表示浏览器窗口中加载的当前文档的 URL，该对象的属性说明了 URL 中的各个部分，如图 4-42 所示。

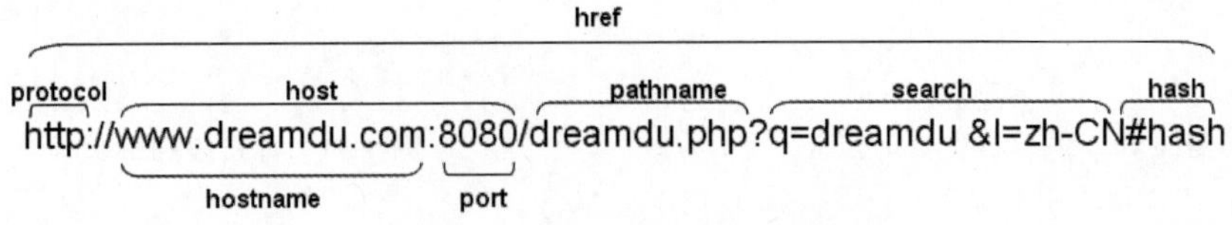

图 4-42 Location 对象属性示意图

Location 对象的常用属性如表 4-22 所示。

表 4-22 Location 对象的常用属性

属性名	说　明
hash	设置或返回从井号(#)开始的 URL(锚)
href	设置或返回完整的 URL
hostname	设置或返回 URL 中的主机名
protocol	设置或返回当前 URL 的协议
port	设置或返回当前 URL 的端口号
pathname	设置或返回当前 URL 的路径部分
host	设置或返回 URL 中的主机名和端口号的组合
search	设置或返回从问号(?)开始的 URL(查询部分)

通过设置Location对象的属性，可以修改对应的URL部分，而且一旦Location对象的属性发生变化，就相当于生成了一个新的URL，浏览器便会尝试打开新的URL。虽然可以通过改变Location对象的任何属性加载新的页面，但是一般不建议这么做，正确的方法是修改Location对象的herf属性，将其设置为一个完整URL地址，从而实现加载新页面的功能。

Location对象和Document对象的location属性是不同的，Document对象的location属性是一个只读字符串，不具备Location对象的任何特性，所以也不能通过修改Document对象的location属性实现重新加载页面的功能。

Location对象除了上面所述的属性以外，还具有三个常用的方法，用于实现对浏览器位置的控制。Location对象的方法如表4-23所示。

表4-23 Location对象的方法

方法名	说　明
reload()	重新加载当前文档
assign()	加载新的文档
replace()	用新的文档替换当前文档

在实际应用中的代码如下。

```
location.assign("obj.html");     //转到指定的URL资源
location.reload("obj.html");     //加载指定的URL资源
location.replace("obj.html");    //新的URL资源会替换当前的资源
```

【例4-23】 Location对象的应用。

代码如下，页面效果如图4-43和图4-44所示。

```
1.  <!-- js-4-23.html -->
2.  <!DOCTYPE html>
3.  <html lang="en">
4.    <head>
5.      <meta charset="UTF-8" />
6.      <title>Window Location对象实战</title>
7.      <script type="text/JavaScript">
8.        function $(id) {return document.getElementById(id); }
9.        function newLocation1(){ location.href = "http://www.edu.cn"; }
10.       function newLocation2(){ location.assign("http://www.gov.cn"); }
11.       function showCurrLocation(){
12.         var info = "<br>页面位置href是 " + window.location.href;
13.          info += "<br>页面路径是 " + window.location.pathname;
14.          $("info").innerHTML = info;
15.       }
16.     </script>
17.   </head>
18.   <body>
19.     <h3>Window Location对象实战</h3>
20.     <button onclick="showCurrLocation()">获取当前Location对象的相关属性值</button>
21.     <div id="info"></div>
22.     <button onclick="newLocation1()">改变href-中国教育网</button>
23.     <button onclick="newLocation2()">加载新文档assign()-中央人民政府</button>
24.     <p id="content"></p>
25.   </body>
26. </html>
```

图 4-43　未单击按钮时初始页面

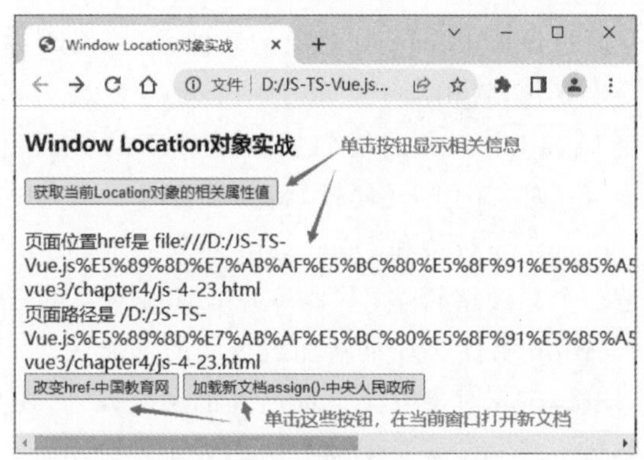

图 4-44　单击相关按钮后页面

上述代码中第 7～16 行定义了 4 个函数，分别为 $(id)、newLocation1()、newLocation2()和 showCurrLocation()；第 22、23 行定义了两个按钮，分别是"改变 href-中国教育网""加载新文档 assign()-中央人民政府"。单击这两个按钮时，分别在当前窗口打开相关网站。

项目实战 4

1. JavaScript 核心对象实战——随机抽题

2. DOM 操作方法实战——早点供应

小结

本章介绍了 JavaScript 对象的概念及 Array、Date、Math、Number、String、Boolean、RegExp 和 JSON 等常用对象。通过大量的操作案例详细讲解了这些对象的方法和属性在实际开发中如何具体应用。

重点对 DOM 和 BOM 进行深入细致的讲解。介绍了 DOM 树结构和节点分类定义、DOM 节点访问方法、DOM 操作节点、DOM 操作元素、DOM 操作 CSS 和 DOM 操作事件等方法。

BOM 定义了浏览器对象(包括 Window、History、Document、Location、Screen、Navigator、Frame 等)的组成和相互关系，描述了浏览器对象的层次结构。在 BOM 中，每个对象都含有若干属性和方法，使用这些属性和方法可以操作 Web 浏览器窗口中的不同部件。

练习 4

第5章

Zepto移动框架

本章学习目标：

通过本章的学习，读者能够了解移动端开发框架 Zepto(官网 https://zeptojs.com/)的新特性和相关功能，学会使用 Zepto 构建移动端应用。充分了解与 PC 端 jQuery 库在使用上的相同点与区别，根据实际前端项目的需要，灵活运行 Zepto 框架的核心 API、事件、表单、AJAX 及插件等相关模块的功能。

Web 前端工程师应知应会以下内容。

- 熟悉 Zepto 框架新特性和模块结构。
- 学会在 HTML 中引入 zepto.js 或 zepto.mim.js 文件。
- 掌握 Zepto 选择器，并通过选择器来获取元素。
- 掌握 Zepto 操作 DOM 的各种方法。

5.1 Zepto 简介

5.1.1 Zepto 概述

Zepto 是一个轻量级的、针对现代高级浏览器的 JavaScript 工具库，它兼容 jQuery 的 API。

Zepto 是一款开源软件，它采用的是对开发者和商业都很友好的开源协议——MIT license。Zepto 的设计目的是提供与 jQuery 兼容的 API，但并不是百分之百覆盖 jQuery API。Zepto 提供一个 5～10KB 的通用库，可下载并快速执行，有一套大家熟悉且稳定的 API，所以用户可以把主要的精力放到应用开发上。如果用户会用 jQuery，那么也一定会用 Zepto。

Zepto 主要针对移动端，因为不兼容 IE 浏览器，所以更轻量级，体积更小，只有 10KB 左右，为移动端 touch 事件提供了很好的支持，但它也有部分 API 是和 jQuery 的实现方式不同的。

5.1.2 Zepto 的下载与引入

1. 下载 Zepto

Zepto 目前有两个版本，分别是 zepto.js v1.2.0(开发版，57.3KB)和 zepto.min.js v1.2.0(稳定版，9.6KB)。

可以访问 https://zeptojs.devjs.cn/zepto.js 和 https://zeptojs.devjs.cn/zepto.min.js，然后右击页面，选择"另存为"菜单，打开"另存为"对话框，将 zepto.js 和 zepto.min.js 保存到工作目录下的/js 子文件中。

也可以访问 https://github.com/madrobby/zepto 进行下载，使用下列命令进行安装。

```
npm install zepto --save
```

默认构建包含以下模块：Core、AJAX、Event、Form、IE。如果 $ 变量尚未定义，Zepto 只

设置全局变量 $ 指向它本身，没有 Zepto. noConflict()方法。

2. 引入 Zepto

在 HTML 页面中，可通过< script >标记从本地或以 CDN 方式引入稳定版本或开发版本。例如：

```
<script src="../js/zepto.js"></script>
<script src="../js/zepto.min.js"></script>
<script src="https://cdn.bootcdn.net/ajax/libs/zepto/1.2.0/zepto.js"></script>
<script src="https://cdn.bootcdn.net/ajax/libs/zepto/1.2.0/zepto.min.js"></script>
```

5.1.3 Zepto 支持的浏览器

Zepto 对 Safari、Chrome、Firefox、iOS 5＋Safari、Android 2.3＋Browser、IE 10＋(Windows，Windows Phone)等主要浏览器 100%支持，对其余次要浏览器全部或部分支持。

Zepto 的一些可选功能是专门针对移动端浏览器的，因为它的最初目标是在移动端提供一个精简的类似 jQuery 的工具库。在浏览器(Safari、Chrome 和 Firefox)上开发页面应用或者构建基于 HTML 的 WebView 本地应用，如 PhoneGap，使用 Zepto 是一个不错的选择。

总之，Zepto 希望在所有的现代浏览器中作为一种基础环境来使用。Zepto 不支持旧版本的 IE 浏览器(版本低于 10)。

5.1.4 Zepto 模块

Zepto 也不完全和 jQuery 一样，在 Zepto 里面有些功能是默认没有的，如 animate()方法，若需要使用此功能，必须在 Zepto 里面增加一个 fx 模块。因为 Zepto 是基于模块来管理的(将某些特定的功能独立出来形成一个单独的 JS 文件，称为模块)。采用模块的方式是为了提高性能，按需添加功能模块。

Zepto 默认有 5 个模块，分别为 zepto、event、ajax、form、ie，这 5 个模块被称为核心模块。表 5-1 中最前面 5 个 API 已经包含在 zepto. js 文件中，需要使用后面的 API 时，必须单独下载相应的 JS 文件(如 touch. js)。

表 5-1 Zepto 中所有的模块

模块	缺省	说 明
zepto	√	核心模块；包含许多方法
event	√	通过 on()&off()处理事件
ajax	√	XMLHttpRequest 和 JSONP 实用功能
form	√	序列化 & 提交 Web 表单
ie	√	增加支持桌面的 IE10＋Windows Phone 8
detect		提供 $.os 和 $.browser 消息
fx		animate()方法
fx_methods		动画形式的 show()、hide()、toggle()和 fade*()方法
assets		实验性支持从 DOM 中移除 image 元素后清理 iOS 的内存
data		一个全面的 data()方法，能够在内存中存储任意对象
deferred		提供 $.Deferred promises API。依赖 callbacks 模块。 当包含这个模块时，$.ajax()支持 promise 接口链式的回调
callbacks		为 deferred 模块提供 $.Callbacks
selector		实验性地支持 jQuery CSS 表达式实用功能，如 $('div:first')和 el.is(':visible')
touch		在触摸设备上触发 tap-和 swipe-相关事件，这适用于所有的“touch”(iOS，Android)和“pointer”事件(Windows Phone)

续表

模块	缺省	说　明
gesture		在触摸设备上触发 pinch 手势事件
stack		提供 andSelf()&end()链式调用方法
ios3		String. prototype. trim()和 Array. prototype. reduce()方法(如果它们不存在)以兼容 iOS 3. x

注意　某些模块必须打包进 zepto. js 文件才能用,例如 fx_methods 模块的方法:hide()、show()等动画方法。

5.1.5　自定义 zepto. js 文件模块

通常可以直接使用默认的 zepto. js 和 zepto. min. js 两个版本。然而,为了更好的程序效果和自由性,可以通过 Zepto 源码、选择相应的模块来构建 zepto. js 和 zepto. min. js。

自定义编译步骤如下。

(1) 下载 zepto. js 源码(https://github. com/madrobby/zepto#readme)。

(2) 解压源码,并打开命令行进入源码根目录。

```
#打开命令行工具,进入解压的 zepto 目录
$ cd zepto - main
#安装 npm 包依赖
$ npm install
```

(3) 修改 make 编译文件的依赖模块。

```
modules = (env['MODULES'] ||'zepto event ajax form ie').split('')
##修改:增加 touch gesture fx fx_methods 等模块##
modules = (env['MODULES'] || 'zepto event ajax form ie touch gesture fx fx_methods').split('')
```

(4) 编译最终的 zepto. js。

```
$ npm run - script dist
```

(5) 在 dist 子文件夹中查看编译生成的新的 JS 文件,如图 5-1 和图 5-2 所示。

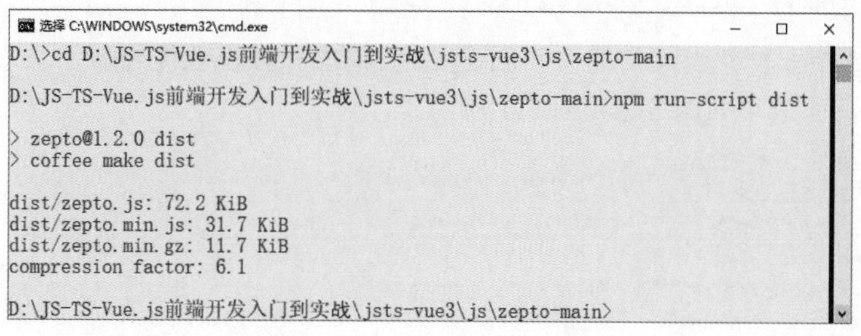

图 5-1　命令行状态执行结果

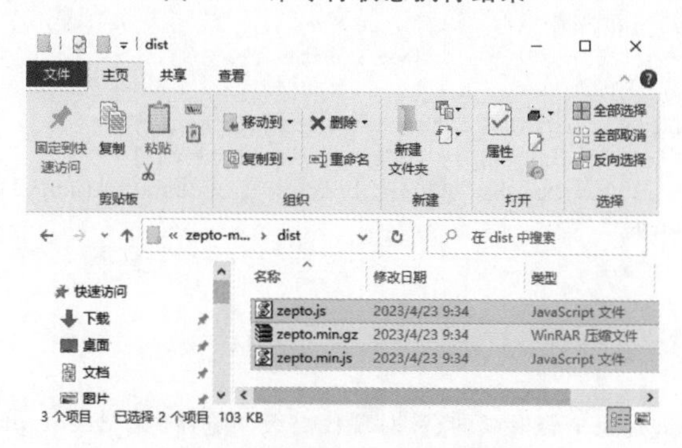

图 5-2　自定义 zepto. js 模块

5.1.6 Zepto 核心方法

Zepto 核心方法是使用 $(), $ 表示 Zepto 自身，没有 Zepto.noConflict()方法，这与 jQuery 不同。函数参数有多种类型，核心方法使用语法如下。

```
$()
$(function(){})                        // 传入一个函数，在 DOM ready 时执行
$(selector, [context])                 // 集合对象
$(<Zepto collection>)                  // 相同的集合对象
$(<DOM nodes>)                         // 集合对象
$(htmlString)                          // 集合对象
$(htmlString, attributes)              // 集合对象 v1.0+
Zepto(function($){ ... })              // 当页面装载完成时执行回调
```

可以通过执行 CSS 选择器、包装 DOM 节点或从 HTML 字符串创建元素来创建 Zepto 集合对象。

Zepto 集合是一个类似数组的对象，它具有可链接的方法来操作它引用的 DOM 节点。文档中的所有方法都是集合方法，除了直接在 $(Zepto)对象上的方法，如 $.extend。

如果给定了上下文(CSS 选择器、DOM 节点或 Zepto 集合对象)，则仅在上下文的节点内执行 CSS 选择器；这在功能上与调用 $(context).find(selector)相同。

当给定一个 HTML 字符串时，使用它来创建 DOM 节点。如果属性映射是通过参数给定的，请将它们应用于所有创建的元素。要快速创建单个元素，请使用<div>或<div/>形式。

当给定一个函数时，将其附加为 DOMContentLoaded 事件的处理程序。如果页面已经加载，则立即执行该函数。例如：

```
$('div')                 // =>获取页面上所有 DIV 元素
$('#foo')                // =>获取 ID 为 "foo"的元素
//创建元素
$("<p>Hello</p>")        // =>创建新的 P 元素
//创建带属性的元素
$("<p />", { text:"Hello", id:"info", css:{color:'darkblue'} })
// => <p id="info"  style="color:darkblue">Hello</p>
//当页面装载完成时执行回调
Zepto(function($){ alert('Ready to Zepto!') })
```

【例 5-1】 Zepto 框架引入实战——创建元素、单击和触摸事件处理。

代码如下，页面效果如图 5-3 和图 5-4 所示。

```
1.  <!-- zepto-5-1.html -->
2.  <!DOCTYPE html>
3.  <html lang="en">
4.    <head>
5.      <meta charset="UTF-8" />
6.      <meta http-equiv="X-UA-Compatible" content="IE=edge" />
7.      <meta name="viewport" content="width=device-width, initial-scale=1.0" />
8.      <title>Zepto 框架引入实战</title>
9.      <script src="../js/zepto.js"></script>
10.     <style lang="">
11.       * {padding: 0;margin: 0 auto;text-align: center;}
12.      .myClass {font-size: 18px; font-style: italic; }
13.       div {width: 300px;height: 200px; border: 1px dashed black; border-radius: 10px;}
14.       p {text-indent: 2em; }
15.     </style>
16.   </head>
17.   <body>
18.     <h3>Zepto 框架引入实战</h3>
19.     <div>
20.       <p>Zepto 是一个轻量级的、针对现代高级浏览器的 JavaScript 工具库。</p>
```

```
21.             <h3>以下为 Zepto 自动创建的元素</h3>
22.         </div>
23.         <button>改变 div 背景色</button>
24.         <p id="info"></p>
25.         <script type="text/javascript">
26.           var p1 = $("<p>Hello Zepto!</p>"); //创建元素
27.           $("div").append(p1);
28.           //创建带有属性的元素
29.           var p2 = $("<p />", { text: "Hello World!", id: "p2",
30.            css: { color: "red", fontSize: "30px", fontWeight: "bold" }, });
31.           $(p2).appendTo("div");
32.           $(function () {      //单击按钮,将 div 背景改为红色
33.               $("button").on("click", function () { $("div").css("background", "#
                f1f2f3"); });
34.           });
35.           $(function () {      //触摸事件,给 div 增加新式
36.             $("div").on("touchstart", function () { $("div").addClass("myClass"); });
37.           });
38.           //当页面 ready 时,执行回调
39.           Zepto(function ($) { $("#info").html("Ready to Zepto!"); });
40.         </script>
41.     </body>
42. </html>
```

图 5-3　Zepto 移动端初始时页面

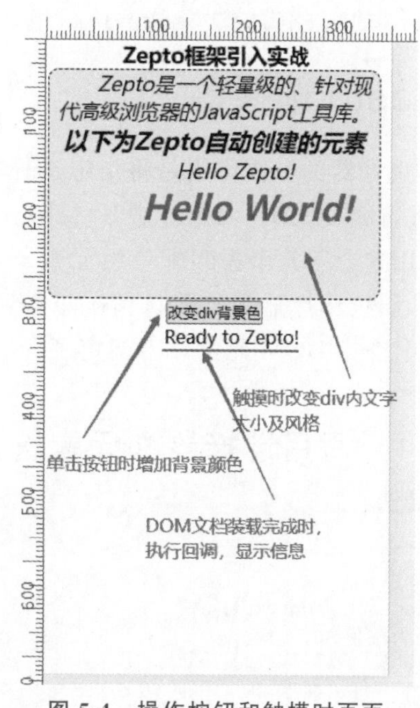

图 5-4　操作按钮和触摸时页面

代码中第 26～31 行分别创建 p 元素和带属性的 p 元素，然后添加到 div 中。第 32～34 行使用 Zepto 的 $(function(){})来为 button 标记增加 Click 事件，给 div 标记添加 CSS 样式，改变 div 的背景颜色。第 35～37 行使用 Zepto 的 $(function(){})来为 div 添加触摸事件，给 div 添加类样式 myClass(改变字体大小和风格)，此功能只有在移动端才有效。第 39 行当页面装载完成时执行回调。

5.1.7　Zepto 与 jQuery 的异同

1. 相同点

zepto.js 号称移动版的 jQuery，两者的 API 极其相似。Zepto 文件更加小，只有 10KB 多，如果熟悉 jQuery，可以很容易掌握 Zepto。

2. 不同点

- Zepto 主要用于移动端，Zepto 有一些基本的触摸事件可以用来做触摸屏交互(tap 事件、swipe 事件)，Zepto 是不支持旧版本 IE 浏览器的。而 jQuery 主要用于 PC 端。文件大小：Zepto 约 10KB；jQuery 约 30KB。
- DOM 操作的区别：添加 id 时 jQuery 不会生效而 Zepto 会生效。
- 事件触发的区别：使用 jQuery 时 Load 事件的处理函数不会执行；使用 Zepto 时 Load 事件的处理函数会执行。
- 事件委托的区别：Zepto 中，选择器上所有的委托事件都依次放入一个队列中，而在 jQuery 中则委托成独立的多个事件。
- width()与 height()的区别：Zepto 由盒模型(box-sizing)决定，用.width()返回赋值的 width，用.css('width')返回 border 等的结果；jQuery 会忽略盒模型，始终返回内容区域的宽/高(不包含 padding、border)。
- offset()的区别：Zepto 返回{top，left，width，height}；jQuery 返回{width，height}。Zepto 无法获取隐藏元素的宽高，jQuery 可以。
- Zepto 中没有为原型定义 extend()方法而 jQuery 有。
- Zepto 的 each()方法只能遍历数组，不能遍历 JSON 对象。

5.2 Zepto 选择器

Zepto 选择器的主要作用是将指定选择器对应的一(个)组元素一次性获取或选取出来，然后可以进行相关操作。Zepto 中 $(selector,[context])方法接收一个包含 CSS 选择器的字符串，然后用这个字符串去匹配一组元素。选择器有元素选择器、id 选择器、class 选择器、属性选择器和层级选择器等。默认情况下，若未指定 context 参数，则 $()将在当前的 HTML document 中查找 DOM 元素。若指定了 context 参数，如一个 DOM 元素集或 Zepto 对象，则就会在这个 context 中查找。

5.2.1 通用选择器和元素选择器

基本语法：

```
$("*")                                          //所有元素
$(this)                                         //当前元素
$(selector, [context])                          //在指定的上下文中选取指定的选择器
//以下为举例
$("div")                                        //选取页面上所有 div 元素
$("p")                                          //选取页面上所有 p 元素
$("input",document.forms[0])                    //选取当前文档中第一个表单中所有 input 元素
$("div,p").css("border", "1px dashed black");   //选取页面上所有 div 和 p 元素，并添加边框样式
```

5.2.2 id 选择器

基本语法：

```
$("#info")                                      //选取页面上 id 为 info 的元素
$("#info1,#info2").css("color", "red");         //选取 id 分别为 info1 和 info2 的元素，并添加样式
```

5.2.3 class 选择器

基本语法：

```
$(".p1").html("<b>Zepto 添加的内容.</b>"); //选取 class 为 p1 的元素，并设置 html 文本
$(".p2,.p3,.p4")                              //按指定类名选取多个元素
```

5.2.4　属性选择器

基本语法：

```
$("[type]")                                   //选取所有带有 type 属性的元素
$("[type='text']",document.forms[0])          //选取当前文档中第一个表单中的文本输入框
$("[href='url']")                             //选取 href 属性值为 url 的所有超链接
```

【例 5-2】　Zepto 基础选择器实战——选取指定的元素并执行相关操作。

代码如下，页面效果如图 5-5 和图 5-6 所示。

```
1.  <!DOCTYPE html>
2.  <html lang="en">
3.    <head>
4.      <meta charset="UTF-8" />
5.      <meta name="viewport" content="width=device-width, initial-scale=1.0" />
6.      <meta http-equiv="X-UA-Compatible" content="ie=edge" />
7.      <title>Document</title>
8.      <style>
9.        #myDiv {width: 300px;margin: 10px auto;text-align: center;}
10.     </style>
11.   </head>
12.   <body>
13.     <div id="myDiv">
14.       <form action="">
15.         <fieldset>
16.           <legend>信息采集</legend>
17.           姓名: <input type="text" name="" id="" /><br />
18.           密码: <input type="password" name="" id="" /><br />
19.           年龄: <input type="number" name="" id="" /><br />
20.           <input type="submit" value="提交" />
21.           <input type="reset" value="重置" />
22.         </fieldset>
23.       </form>
24.       <p id="info1">Zepto 是一个精简 jQuery 移动端框架。</p>
25.       <p id="info2">会 jQuery,就会 Zepto。</p>
26.       <p><button>单击修改样式</button></p>
27.       <p class="p2"></p>
28.     </div>
29.     <script src="../js/zepto.js"></script>
30.     <script src="../js/touch.js"></script>
31.     <script>
32.       $(function () {
33.        //当在 div 触摸时,给 id 为 info1、info2 的段落添加 CSS 样式,文字为红色
34.         $("#myDiv").on("touchstart", function () {
35.          $("#info1,#info2").css("color", "red");
36.         });
37.       });
38.       $(function () {   //单击按钮,分别为 p 添加文字内容,给表单元素赋值,为所有 div、p 添
          //加边框样式
39.         $("button").on("click", function () {
40.          $(".p2").html("<b>Zepto 添加的内容。</b>");
41.          $("[type='text']", document.forms[0])[0].value = "储久良";
42.          $("[type='password']", document.forms[0])[0].value = "Abc'dEsddef";
43.          $("[type='number']", document.forms[0])[0].value = 23;
44.          $("div,p").css("border", "1px dashed black");
45.         });
46.        });
47.     </script>
48.   </body>
49. </html>
```

5.2.5　层级选择器

基本语法：

图 5-5　Zepto 选择器应用初始页面

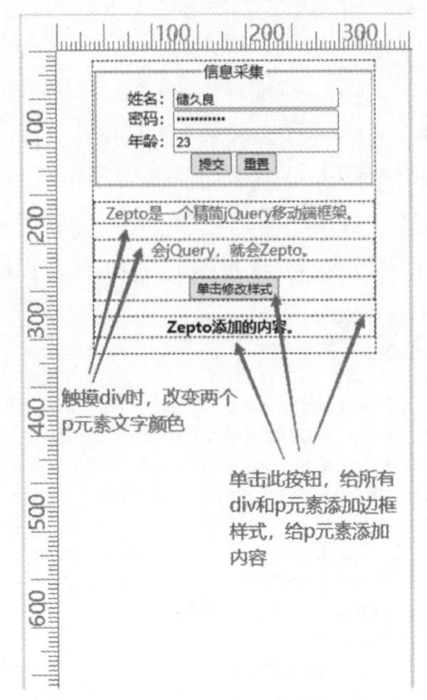

图 5-6　触摸时和操作按钮时页面

```
$("div p")          //后代选择器
$("div > ul")       //子元素选择器
$("p + h3")         //相邻且靠后选择器
$("div ~ p")        //同辈且靠后选择器
```

5.2.6　不支持的选择器

- 基本伪类：:first、:not(selector)、:even、:odd、:eq(index)、:gt(index)、:lang1.9＋、:last、:lt(index)、:header、:animated、:focus1.6＋、:root1.9＋、:target1.9＋。
- 内容伪类：:contains(text)、:empty、:has(selector)、:parent。
- 可见性伪类：:hidden、:visible。
- 属性选择器：[attribute! ＝value]。
- 表单伪类：:input、:text、:password、:radio、:checkbox、:submit、:image、:reset、:button、:file、:hidden。
- 表单对象属性：:selected。

如果需要使用类似于jQuery伪类选择器来选取元素时，需要额外引入模块selector.js。例如：

```
<script src="../js/selector.js"></script>
//按钮单击事件处理
 $(function () {
   $("#btn").on("click", function () {     //监听按钮单击事件
      $("li:first").css("color", "red");   //将第一个列表项改为红色
   });
 });
```

【例 5-3】 Zepto 其他选择器实战——选取指定的元素并执行相关操作。

代码如下，页面效果如图 5-7 和图 5-8 所示。

```
1.  <!-- zepto-5-3.html -->
2.  <html lang="en">
3.    <head>
```

```
4.      <meta charset = "UTF - 8" />
5.      <meta name = "viewport" content = "width = device - width, initial - scale = 1.0" />
6.      <meta http - equiv = "X - UA - Compatible" content = "ie = edge" />
7.      <title> Zepto 其他选择器实战</title>
8.      <script src = "../js/zepto.js"></script>
9.      <script src = "../js/touch.js"></script>
10.     <style>
11.       #myDiv { width: 280px; margin: 0px auto; text - align: center;
12.         background - color: #f1f1f1;  overflow: hidden;
13.       }
14.       p, ul, h3 { margin: 20px auto; width: 280px; }
15.       p #btn { margin: 0 atuo; text - align: center; }
16.     </style>
17.   </head>
18.   <body>
19.     <div id = "myDiv">
20.       <h3> Zepto 其他选择器实战</h3>
21.       <p id = "info1"> Zepto 是一个精简 jQuery 移动端框架。</p>
22.       <p id = "info2">会 jQuery,就会 Zepto。</p>
23.       <button>单击修改样式</button>
24.       <p class = "p2"></p>
25.     </div>
26.     <p>同辈且靠后选择器 div~p: 这个段落紧靠在 div 之后。</p>
27.     <h3>相邻且靠后选择器 h3 + ul: Web 前端框架技术</h3>
28.     <ul>
29.       <li> Vue.js </li>
30.       <li> React.js </li>
31.       <li> Angular.js </li>
32.     </ul>
33.     <p>这个段落在最后。</p>
34.     <p><button id = "btn">单击层级选择器样式</button></p>
35.     <script>
36.       $(function () {
37.       //当在 div 中触摸时,将 div 中 p 元素的文字变为红色,p 中的按钮添加圆角边框
38.        $("#myDiv").on("touchstart", function () {
39.          $("div > p").css("color", "red");
40.          $("p button").css("border - radius", "10px");
41.        });
42.       });
43.       $(function () {
44.         //单击按钮时,分别为 p 添加文字内容,给 div 中所有 p 添加边框样式
45.         $("button").on("click", function () {
46.           $(".p2").html("<b> Zepto 添加的内容。</b>");
47.           $("div > p").css("border", "1px dashed black");
48.         });
49.       });
50.       $(function () {
51.        $("#btn").on("click", function () {
52.          $("h3 + ul").css("text - decoration", "underline");   // h3 后面 ul 中 li 有下画线
53.          $("div~p").css("font - style", "italic");           // div 同辈且靠后的变为斜体
54.        });
55.       });
56.     </script>
57.   </body>
58. </html>
```

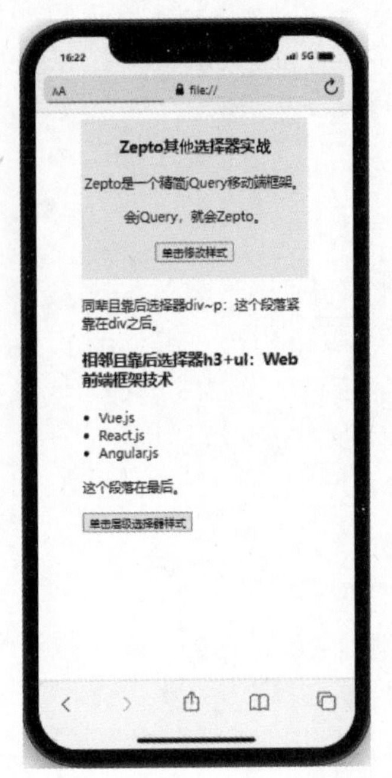

图 5-7 Zepto 层级选择器应用初始页面

图 5-8 触摸时和操作按钮时页面

5.3 Zepto 操作 DOM

5.3.1 创建 DOM 元素

1. 根据“HTML 字符串”创建新元素

Zepto 核心方法中根据 HTML 字符串可以创建新元素。语法如下。

```
$(htmlString)                            //创建集合
$("<p>Hello Zepto!</p>")                 //创建一个 p 元素
$("<h3>Zepto 专注移动端开发!</h3>")        //创建一个 h3 元素
```

生成的 DOM 元素可以使用 append(content)或 appendTo(target)方法添加到 HTML 中的 body 中。例如：

```
var p1 = $("<p>Hello Zepto!</p>");                    //创建一个 p 元素
$("body").append(p1)                                  //添加到 body 中
var h3ele = $("<h3>Zepto 专注移动端开发!</h3>")         //创建一个 h3 元素
$('body').append(h3ele);
```

2. 根据“HTML 字符串和属性”创建新元素

Zepto 核心方法中根据 HTML 字符串和属性可以创建新元素。其中，attributes 需要定义为对象{property:value,…}的形式，属性可以是 text、id、css 等。语法如下。

```
$(htmlString, attributes)        //创建带属性的 DOM 对象
var div2 = $('<div/>',{text:'Hello Zepto! ', id:'div2', css:{color:'red', fontSize:'30px',
fontWeight:'bold'}});
$(div2).appendTo('body');        //将 div2 添加到 body 中
```

【例 5-4】 Zepto 创建 DOM 元素实战。

代码如下，页面效果如图 5-9 和图 5-10 所示。

```
1.  <!-- zepto-5-4.html -->
2.  <!DOCTYPE html>
3.  <html lang="en">
```

```
4.     <head>
5.       <meta charset = "UTF-8" />
6.       <meta http-equiv = "X-UA-Compatible" content = "IE = edge" />
7.       <meta name = "viewport" content = "width = device-width, initial-scale = 1.0" />
8.       <title>Zepto 创建 DOM 元素</title>
9.       <script src = "../js/zepto.js"></script>
10.      <script src = "../js/touch.js"></script>
11.      <style>
12.        #div1 {width: 280px;height: 240px;border: 1px dashed black;text-align: center;}
13.      </style>
14.    </head>
15.    <body>
16.      <div id = "div1">
17.        <h3>Zepto 创建 DOM 元素</h3>
18.      </div>
19.      <script>
20.        $(function () {
21.         $("#div1").on("touchstart", function () {
22.           //当在#div1 中触摸时,给 div 添加两个子元素 p 和 div
23.           var p1  =  $("<p>这是创建的新 p 元素</p>");
24.           var div2  =  $("<div/>", {
25.            text: "这是创建的子 div!",
26.            id: "div2",
27.            class: "divClass",
28.            css: { color: "red", fontStyle: "italic", },
29.           });
30.            $("body").append(p1);                        //添加到 body 中
31.           if ($("#div2").length == 0) {                 //当#div2 存在时不添加
32.             $(div2).appendTo("#div1");                 //添加到 div 中
33.           }
34.          });
35.        });
36.      </script>
37.    </body>
38.  </html>
```

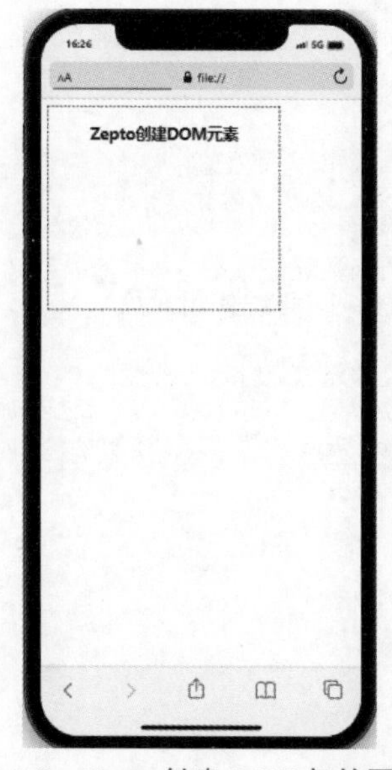

图 5-9 Zepto 创建 DOM 初始页面

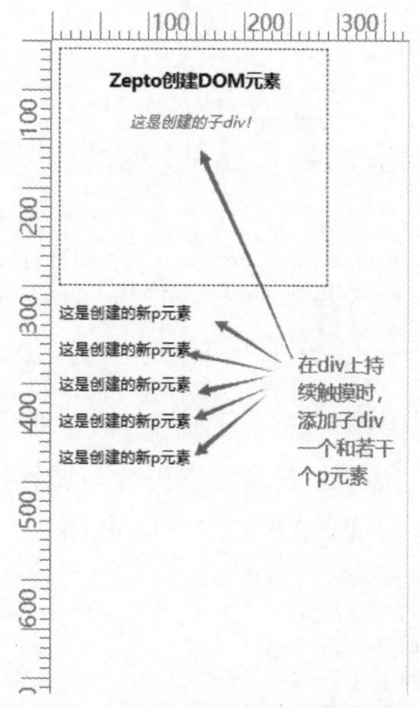

图 5-10 触摸时添加子元素页面

5.3.2 设置或获取元素内容与属性

Zepto 提供 4 个简单实用的获取 DOM 元素内容和属性的方法。具体如下。

(1) text(): 设置或返回所选元素的文本内容(相当于 innerText)。

```
text()                                       //string,获取内容
text(content)                                //设置内容
text(function(index, oldText){ … })          //回调函数返回值
$("#p1").text()                              //获取文本内容
$("#p1").text("这是设置的新内容。")            //设置文本内容
//带有回调函数的 text()
$("#btn1").on("click",function(){
 $("#p1").text(function(i,oldText){
    return "旧文本: " + oldText + " 新文本: Hello Zepto! (index: " + i + ")";
    });
});
```

(2) html(): 设置或返回所选元素的内容(包括 HTML 标记,相当于 innerHTML)。

```
html()                                       //string,返回所选元素的内容
html(content)                                //设置所选元素的内容
html(function(index, oldHtml){ … })          //回调函数返回值
//以下是操作示范
$("#p1").html()                              //获取 HTML 文本
$("#btn2").on("click" ,function(){           //带有回调函数的 html()
  $("#p2").html(function(i,oldText){
   return "旧 html: " + oldText + " 新 html: Hello <b>Zepto!</b> (index: " + i + ")";
   });
  });
```

(3) val(): 设置或返回表单字段的值。

```
val()                                        //string,读取属性
val(value)                                   //设置属性
val(function(index, oldValue){ … })          //设置属性,回调函数返回值
//以下是操作示范
 $("#name").val();                           //获取 id 为 name 的文本输入框的内容
 $("#name").val("张江海");                    //设置 id 为 name 的文本输入框的内容
 $("#name").val(function (index, oldText) {
    $("#info").html("旧值: " + oldText + ",新值: " + "张江海");
   return "张江海";                           //回调函数返回新值
 });
```

(4) attr(): 用于设置/改变属性值。

```
$("#input1").val()                                  //获取表单字段的值
attr(name)                                          //string,读取属性值
attr(name, value)                                   //设置属性
attr(name, function(index, oldValue){ … })          //回调函数设置属性
attr({ name: value, name2: value2, … })             //设置多个属性,使用对象
//以下是操作示例
$("#a1").attr("href","http://www.edu.cn");          //设置超链接的 href 属性
$("#a1").attr({href: "http://www.edu.cn", title :"教育网" });          //同时设置多个属性
$("#a1").attr("href",function(i,oldValue){return oldValue + "/info"; });          //回调函数
```

【例 5-5】 Zepto 获取元素内容与属性实战。

代码如下,页面效果如图 5-11 和图 5-12 所示。

```
1.  <!-- zepto-5-5.html -->
2.  <!DOCTYPE html>
3.  <html lang = "en">
4.    <head>
5.      <meta charset = "UTF-8" />
6.      <meta http-equiv = "X-UA-Compatible" content = "IE = edge" />
7.      <meta name = "viewport" content = "width = device-width, initial-scale = 1.0" />
8.      <title>Zepto 获取 DOM 元素</title>
9.      <script src = "../js/zepto.js"></script>
10.   </head>
```

```
11.     <body>
12.       <h3>Zepto获取 DOM 元素内容</h3>
13.       <p id="p1">Hello <strong>Zepto</strong>是移动端框架。</p>
14.       <p>
15.         <button id="btn1">显示文本</button><span id="text"></span><br />
16.         <button id="btn2">显示 HTML</button><span id="htmltext"></span>
17.       </p>
18.       <p><a id="a1" href="http://www.edu.cn" title="edu.cn">中国教育网</a></p>
19.       <p><button id="btn3">显示 href 属性值</button><span id="pro1"></span></p>
20.       <form action="">
21.        姓名:<input type="text" value="储久良" /><br />
22.        成绩:<input type="text" value="98" /><br />
23.       </form>
24.       <p><button id="btn4">获取表单内容</button><span id="info"></span></p>
25.       <script>
26.         $(function () {
27.          $("#btn1").on("click", function () {
28.            $("#text").html("Text: " + $("#p1").text());       // 获取 text()
29.          });
30.          $("#btn2").click(function () {
31.            $("#htmltext").html("HTML: " + $("#p1").html());  //获取 html()
32.          });
33.          $("#btn3").on("click", function () {
34.           var attrs = $("#a1").attr(["title", "href"]);        //获取多个属性
35.            $("#pro1").html(attrs[0].title + "," + attrs[0].href);
36.          });
37.          $("#btn4").on("click", function () {
38.           var content = "";
39.            $("input").forEach(function (element) {   //遍历对象数组,分别获取表单元素的值
40.              content += "," + $(element).val();    //获取表单字段值
41.            });
42.            $("#info").html("Form: " + content);
43.          });
44.         });
45.       </script>
46.     </body>
47.   </html>
```

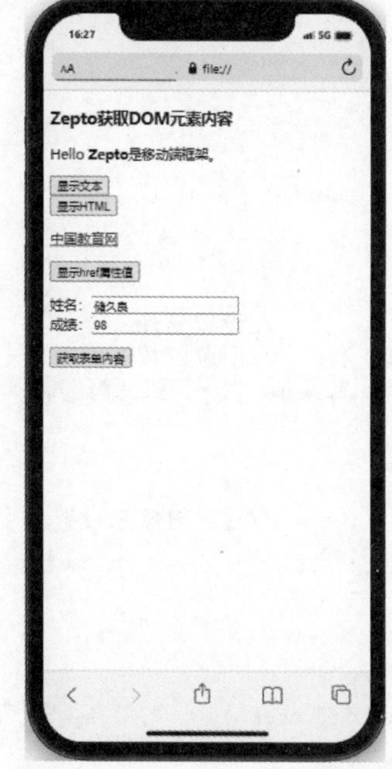

图 5-11　获取元素内容初始页面

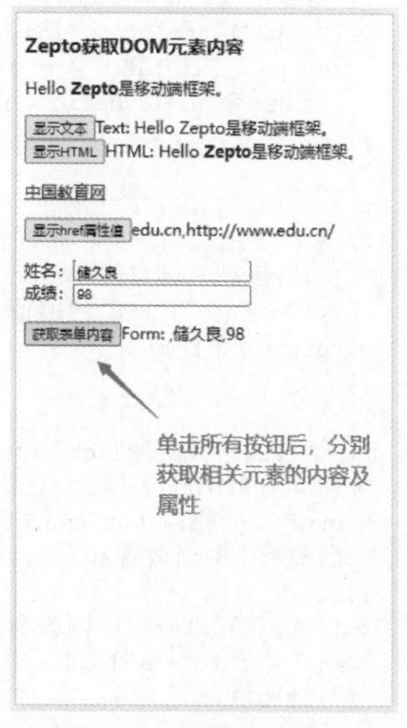

图 5-12　操作按钮页面

【例 5-6】 Zepto 设置 DOM 元素内容与属性实战。

代码如下，页面效果如图 5-13 和图 5-14 所示。

```
1.  <!-- zepto-5-6.html -->
2.  <!DOCTYPE html>
3.  <html lang="en">
4.    <head>
5.      <meta charset="UTF-8" />
6.      <meta http-equiv="X-UA-Compatible" content="IE=edge" />
7.      <meta name="viewport" content="width=device-width, initial-scale=1.0" />
8.      <title>Zepto 设置 DOM 元素</title>
9.      <script src="../js/zepto.js"></script>
10.     <style>
11.      div {margin: 0 auto; text-align: center;  }
12.     </style>
13.   </head>
14.   <body>
15.     <div>
16.       <h3>设置 DOM 元素内容与属性实战</h3>
17.       <p id="p1">这是一个有 <b>粗体</b> 字的段落。</p>
18.       <p id="p2">这是另外一个有 <b>粗体</b> 字的段落。</p>
19.       <button id="btn1">显示 新/旧 文本</button>
20.       <button id="btn2">显示 新/旧 HTML</button>
21.       <form action="">
22.        姓名: <input type="text" id="name" value="储久良" />
23.       </form>
24.       <p><button id="btn3">设置新值/显示旧值</button></p>
25.       <p id="info"></p>
26.       <p><a id="a1" href="http://www.edu.cn" title="edu.cn">中国教育网</a></p>
27.       <p><button id="btn4">设置新属性</button></p>
28.       <p id="info-a"></p>
29.     </div>
30.     <script>
31.       $(function () {
32.        $("#btn1").on("click", function () {
33.         $("#p1").text(function (i, oldText) {
34.           return  "旧文本: " + oldText + "新文本: Hello Zepto! (index: " + i + ")" ;
35.         });
36.        });
37.       });
38.       $("#btn2").on("click", function () {
39.        $("#p2").html(function (i, oldText) {
40.          return ( "旧 HTML: " + oldText +
41.            "<br>新 HTML: Hello <b>Zepto!!</b> (index: " +i +")" );
42.        });
43.       });
44.       $("#btn3").on("click", function () {
45.        // $("#name").val("张江海");                          //设置属性
46.        $("#name").val(function (index, oldText) {      //回调函数返回新值
47.          $("#info").html("旧值: " + oldText + ",新值: " + "张江海");
48.          return "张江海";
49.        });
50.       });
51.       $("#btn4").on("click", function () {                //通过对象来设置多个属性
52.        $("#a1").attr({
53.          href: "http://www.edu.cn/info/",
54.          title: "中国教育和科研计算机网",
55.        });
56.        $("#a1").html("中国教育和科研计算机网");
57.         $("#info-a").html($("#a1").attr("href") + "," + $("#a1").attr
        ("title"));                                             //取多个属性值
58.       });
59.     </script>
```

```
60.     </body>
61.   </html>
```

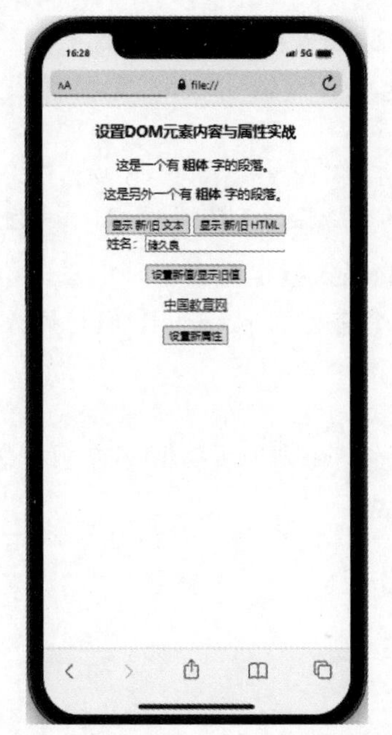

图 5-13 设置元素内容和属性初始页面

图 5-14 操作按钮设置内容和属性页面

5.3.3 添加元素

通过 Zepto 可以很容易地添加新元素/内容。

添加新的 HTML 内容方法有 append()、prepend()、after()、before()、appendTo()、prependTo()等。

1. append()：在被选元素的结尾插入内容

在每个匹配的元素的内部的末尾插入内容。内容可以为 HTML 字符串、DOM 节点或者节点组成的数组。

```
append(content)                                  //语法
$('ul').append('<li>new list item</li>')         //在选中的 ul 元素的末尾插入新的列表项
```

2. prepend()：在被选元素的开头插入内容

在每个匹配的元素内部 DOM 的开始插入内容。内容可以是 HTML 字符串、DOM 节点或节点数组。

```
prepend(content)                                 //语法
$('ul').prepend('<li>first list item</li>')      //在选中的 ul 元素的开始插入新的列表项
```

3. after()：在被选元素之后插入内容

在每个匹配的元素后面插入内容。内容可以为 HTML 字符串、DOM 节点或者由节点组成的数组。

```
after(content)                                          //语法
$('form label').after('<p>A note below the label</p>') //在表单元素 label 之后插入一个 p
```

4. before()：在被选元素之前插入内容

在每个匹配元素的前面插入内容。内容可以为 HTML 字符串、DOM 节点或者节点组成的数组。

```
before(content)                                        //语法
$('table').before('<p>See the following table:</p>')  //在表格前面插入一个 p
```

5. appendTo()：在被选元素的结尾(仍然在内部)插入指定内容

将匹配的元素插入目标元素的内部的末尾。这个有点像 append，但是插入的目标与其相反。

```
appendTo(target)                              //语法
$('<li>new list item</li>').appendTo('ul')    //将匹配到的列表项添加到 ul 中列表项的末尾
```

6. prependTo()：被选元素的开头(仍位于内部)插入指定内容

将匹配的元素插入目标元素的内部的开始。这个有点像 prepend，但是插入的目标与其相反。

```
prependTo(target)                                //语法
$('<li>first list item</li>').prependTo('ul')    //将匹配到的列表项添加到 ul 中列表的开始
```

【例 5-7】 Zepto 设置 DOM 元素内容与属性实战。

代码如下，页面效果如图 5-15～图 5-17 所示。

```
1.  <!-- zepto-5-7.html -->
2.  <!DOCTYPE html>
3.  <html lang="en">
4.    <head>
5.      <meta charset="UTF-8" />
6.      <meta http-equiv="X-UA-Compatible" content="IE=edge" />
7.      <meta name="viewport" content="width=device-width, initial-scale=1.0" />
8.      <title>Zepto 添加元素及内容实战</title>
9.      <script src="../js/zepto.js"></script>
10.     <style>
11.      div {margin: 0 auto; text-align: center; width: 280px;  }
12.      ol li { text-align: left; }
13.     </style>
14.   </head>
15.   <body>
16.     <div>
17.       <h3>Zepto 添加元素及内容实战</h3>
18.       <p>Zepto 非常容易学习!</p>
19.       <ol>
20.         <li>Web 前端开发技术</li>
21.         <li>Vue.js 前端框架技术</li>
22.         <li>Node.js 编程实战</li>
23.       </ol>
24.       <button id="btn1">append/appendTo</button>
25.       <button id="btn2">prepend/prependTo</button>
26.     </div>
27.     <div>
28.       <img src="zepto.png" alt="zepto Logo" />
29.       <h3>
30.         <button id="btn3">before</button>
31.         <button id="btn4">after</button>
32.       </h3>
33.     </div>
34.     <script>
35.       $(function () {
36.        $("#btn1").on("click", function () {
37.          $("p").append("新增文本");                          //添加内容
38.          $("ol").append("<li>Appended AAAAA</li>");          //列表项末尾添加元素
39.          $("<li>AppendedTo BBBBB</li>").appendTo("ol");      //列表项末尾添加
40.        });
41.       });
42.       $(function () {
```

```
43.          $("#btn2").on("click", function () {
44.            $("ol").prepend("<li>Prepended CCCCC</li>");              //列表项前面插入
45.            $("<li>PrependTo DDDDDD</li>").prependTo("ol");          //对象互换
46.          });
47.        });
48.        $(function () {
49.          $("#btn3").on("click", function () {
50.            $("img").before("<h4>这个标题插在图像前面。</h4>"); //图像前面插入 h4
51.          });
52.        });
53.        $(function () {
54.          $("#btn4").on("click", function () {
55.            var h41 = document.createElement("h4");                   //创建 h4
56.            h41.innerText = "DOM 生成的元素";                         //设置 h4 的 innerText 属性
57.            $("img").after(h41, "<h4>这个标题插在图像后面。</h4>");    //添加多个元素
58.          });
59.        });
60.      </script>
61.    </body>
62.  </html>
```

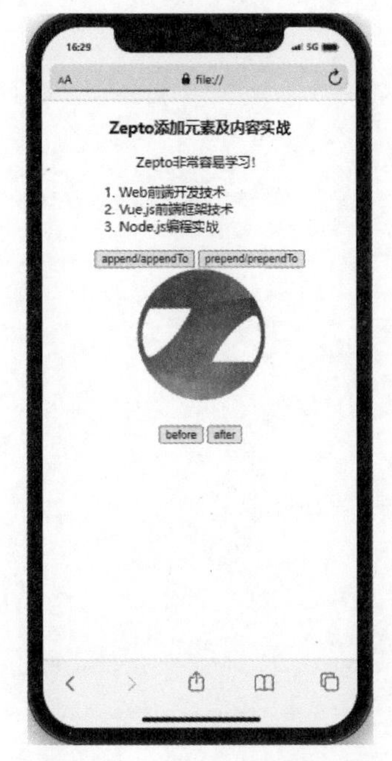

图 5-15 添加元素初始页面

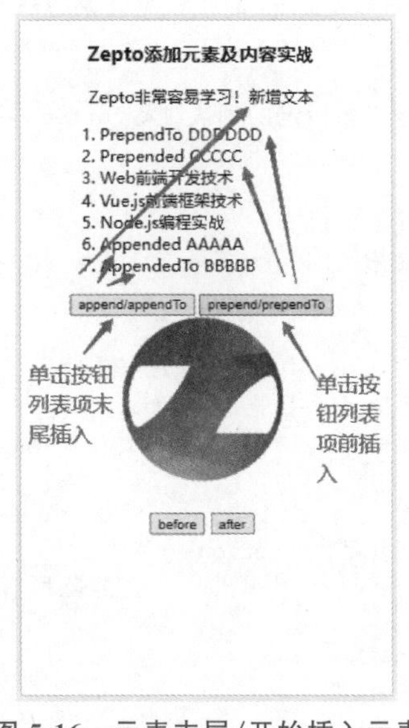

图 5-16 元素末尾/开始插入元素

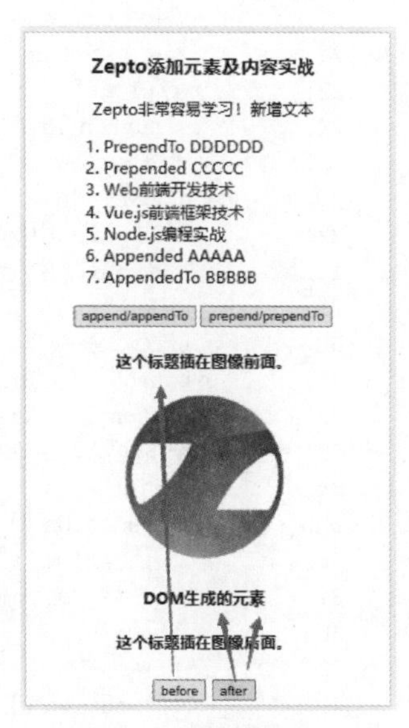

图 5-17 元素前后添加

5.3.4 删除元素

通过 Zepto 可以很容易地删除已有的 HTML 元素。如需删除元素和内容，一般可使用以下两个 Zepto 方法。

1. remove()：删除被选元素(及其子元素)

将当前集合中的元素从它们的父节点中移除，从而有效地将它们从 DOM 中分离出来。

```
remove()                          //语法
$("#div1").remove();              //删除 id 为 div1 的 div
```

2. empty()：清空对象集合中每个元素的 DOM 内容

```
empty()                       //语法
$("#div1").empty();           //清空 id 为 div1 的 div 中的子元素
```

【例 5-8】 Zepto 删除 DOM 元素实战。

代码如下，页面效果如图 5-18～图 5-20 所示。

```
1.  <!-- zepto-5-8.html -->
2.  <!DOCTYPE html>
3.  <html lang = "en">
4.    <head>
5.      <meta charset = "UTF-8" />
6.      <meta http-equiv = "X-UA-Compatible" content = "IE = edge" />
7.      <meta name = "viewport" content = "width = device-width, initial-scale = 1.0" />
8.      <title>Zepto 添加元素及内容实战</title>
9.      <script src = "../js/zepto.js"></script>
10.     <style>
11.       #div1 { height: 100px;width: 300px;border: 1px solid black;background: yellow;}
12.     </style>
13.   </head>
14.   <body>
15.     <div>
16.       <h3>删除元素 remove()/empty()实战</h3>
17.       <p>Zepto 非常容易学习!</p>
18.       <button id = "btn1">删除被选中元素</button>
19.       <ul>
20.         <li class = "myList">Web 前端开发技术</li>
21.         <li class = "myList">Vue.js 前端框架技术</li>
22.         <li>Node.js 编程实战</li>
23.       </ul>
24.       <button id = "btn2">删除指定的列表项</button>
25.     </div>
26.     <div id = "div1">
27.       <h3>div 中标题字元素</h3>
28.       <h4>div 中标题字元素</h4>
29.     </div>
30.     <br />
31.     <button id = "btn3">清空 div 中子元素</button>
32.     <button id = "btn4">还原 div 中子元素</button>
33.     <h3>注意: remove()与 empty()两个方法<br />作用是不相同。</h3>
34.     <script>
35.       $(function () {
36.        $("#btn1").on("click", function () {
37.          $("p").remove();                    //删除所有 p 元素
38.        });
39.       });
40.       $(function () {
41.        $("#btn2").on("click", function () {
42.          $(".myList").remove();              //删除所有类名为 myList 的列表项元素
43.        });
44.       });
45.       $(function () {
46.        $("#btn3").on("click", function () {
47.          $("#div1").empty();                 //清空 id 为 div1 的子元素
48.        });
49.       });
50.       $(function () {
51.        $("#btn4").on("click", function () {
52.          $("#div1").append("<h3>div 中标题字元素</h3>");      //添加 h3
53.          $("<p>div 中段落内容。</p>").appendTo("#div1");      //添加 p
54.        });
55.       });
56.     </script>
57.   </body>
58. </html>
```

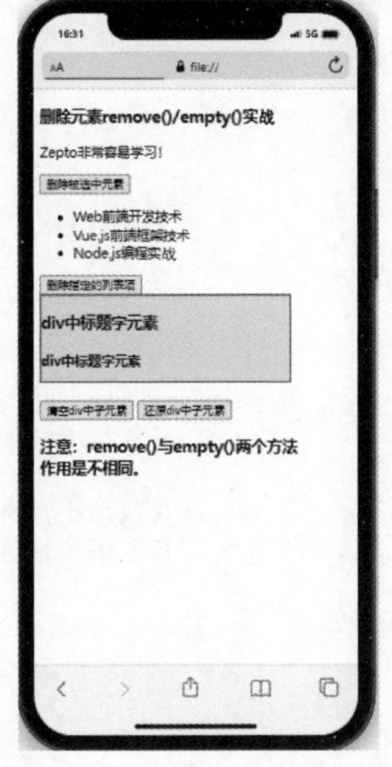

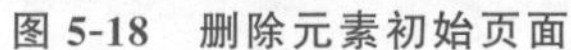
图 5-18 删除元素初始页面

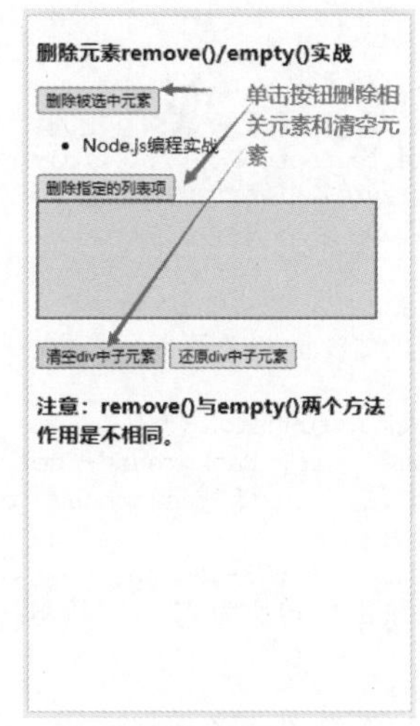

图 5-19 删除相关元素

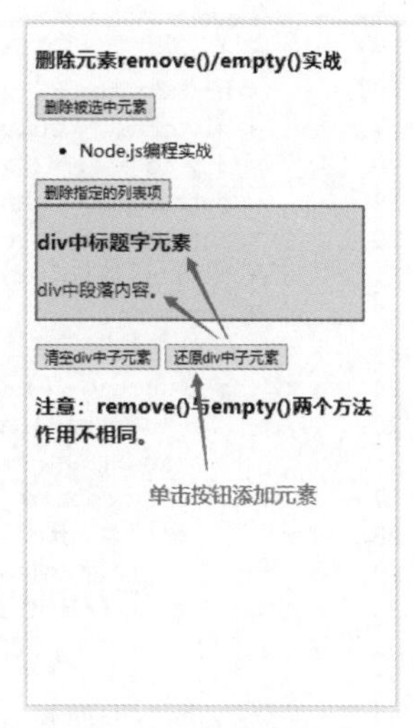

图 5-20 添加新元素

5.3.5 获取并设置 CSS 类

Zepto 中的.css()方法可以用来设置和获取 DOM 元素的 CSS 样式属性，可以获取或设置元素的单个属性或多个属性。

1. 获取或设置元素的样式属性

获取元素的多个属性时，需要使用数组格式，如["width","background-color"]。设置元素的多个属性时，需要使用对象格式，如{width:"120px",height:"100px",backgroundColor:"red"}，对象中的属性如果是由多个单词构建时，必须使用 camelCase 驼峰命名格式，属性值必须加引号，否则不生效，如 background-color、font-size 必须改为 backgroundColor、fontSize 才会有效。

基本语法：

```
$('.div1').css('background-color');                    //获取元素单个属性
$('.div1').css(['background-color', 'width']);         //获取元素多个属性
$('.div1').css('background-color', 'red');             //设置元素的背景色
//同时设置元素的多个属性,使用对象来定义属性和值,对象属性使用驼峰格式命名
$('.div1').css({
  backgroundColor: 'red',                               //属性名为 camelCase
  width: '150px',
  height: '120px'
});
```

【例 5-9】 Zepto CSS()方法实战。

代码如下，页面效果如图 5-21～图 5-23 所示。

```
1.  <!-- zepto-5-9.html -->
2.  <!DOCTYPE html>
3.  <html lang="en">
4.    <head>
5.      <meta charset="UTF-8" />
6.      <meta http-equiv="X-UA-Compatible" content="IE=edge" />
7.      <meta name="viewport" content="width=device-width, initial-scale=1.0" />
8.      <title>Zepto CSS-.css()方法实战</title>
9.      <script src="../js/zepto.js"></script>
10.     <style>
11.       .div1 {font-size: 20px; background-color: #6688aa;width: 250px; height: 150px;}
```

```
12.         #div2 {width: 250px; height: 150px;}
13.       </style>
14.     </head>
15.     <body>
16.       <h3>Zepto CSS - .css()方法实战</h3>
17.       <div class="div1"><p>Zepto CSS 方法</p></div>
18.       <div id="div2"><p>Hello Zepto CSS</p></div>
19.       <button id="btn1">获取单/多个属性</button>
20.       <button id="btn2">设置单/多个属性</button>
21.       <p id="info"></p>
22.       <script>
23.        //单击按钮,获取.div1 的 div 的相关属性
24.        $(function () {
25.         $("#btn1").on("click", function () {
26.           var bg1 = $(".div1").css("background-color");              //获取单个属性
27.           var props = $(".div1").css(["background-color", "width"]); //获取多个属性
28.           $("#info").html(
29.             "属性/值:" + JSON.stringify(props) + "<br>背景色:" + bg1
30.           );  //输出 JSON 对象需要转换为 JSON 字符串
31.         });
32.        });
33.        //单击按钮,设置#div2 的 div 的相关属性
34.        $(function () {
35.         $("#btn2").on("click", function () {
36.           //随机产生一个颜色分量(0~255 的整数),并转换为十六进制
37.           function randomColor() {
38.             return Math.floor(Math.random() * 256).toString(16);
39.           }
40.           var bg3 = "#" + randomColor() + randomColor() + randomColor();
41.           $("#div2").css("background-color", bg3);     //设置单个属性
42.           $("#div2").css({
43.             borderRadius: "10px",                       //属性名为 camelCase
44.             height: "180px",                            //属性值加引号
45.             fontSize: "24px",                           //属性名为 camelCase
46.           });                                           //设置多个属性,定义为对象
47.           $("#info").html("背景颜色为:" + bg3);
48.         });
49.        });
50.       </script>
51.     </body>
52.   </html>
```

图 5-21 初始时页面

图 5-22 单击获取按钮页面

图 5-23 单击设置按钮页面

2. 添加、删除或切换元素的类名

1）添加类名 addClass()

为每个匹配的元素添加指定的 class 类名。多个 class 类名之间使用空格分隔。也可以使用函数来为匹配到的多个元素添加类名，其中，function(index，oldClassName){…}用于返回类名，参数 index 为返回集合中元素的 index 位置，oldClassName 为旧的类名。

```
addClass(name)                                  //添加类名
addClass(function(index, oldClassName){ ... })  //回调函数返回类名
$('.div1').addClass('active');                  //给类名为 div1 的 div 添加类 active 样式
$('.div1').addClass('active1 active2');         //添加多个类名,多个 class 类名之间使用空格分隔
//使用函数添加类名
$("p").addClass(function(index){                //给多个 p 元素添加类名
    return "p_" + index;                        //返回类名
});
```

以下 style 元素中定义的规则，应用到匹配的相应的 p 元素上。

```
.p_0 {color: blue;}
.p_1 {color: red;}
```

2）删除类名 removeClass()

从集合的所有元素中删除指定的类名。如果没有指定类名，则删除所有类名。可以在一个以空格分隔的字符串中给定多个类名。

```
removeClass([name])                                  //自身
removeClass(function(index, oldClassName){ … })      //移除回调函数返回类名
//以下为操作示例
$('.div2').removeClass('active');                    //给类名为 div2 的 div 删除类 active 样式
//使用函数删除类名
$("ol li").removeClass(function () {
    return "book" + $(this).index();  //有序列表的每一个列表项分别设置类名为 book0～book3
});
```

3）切换类名 toggleClass()

在集合中的每个元素中切换给定的类名(以空格分隔)。如果元素上存在类名，则会删除该类名；否则会添加。如果 setting 的值为真，这个功能类似于 addClass；如果为假，这个功能类似于 removeClass。

```
toggleClass(names, [setting])                                    //自身
toggleClass(function(index, oldClassNames){ … }, [setting])      //自身,使用函数来切换
//以下操作示例
$("#div3").toggleClass("active");                                //判断有 class 则删除,无则添加
$("#div3").toggleClass("active", true);                          //true 相当于 addClass()
$("#div3").toggleClass("active", false);                         //false 相当于 removeClass()
//使用函数切换类名
$("ul li").toggleClass(function () {
    return "book" + $(this).index();                             //book0～book3 为类名
});
```

3. 检查元素是否有指定类

hasClass()方法检查被选元素是否包含指定的类名称。如果被选元素包含指定的类，该方法返回 true；否则返回 false。

```
hasClass(name)                     //返回 boolean
alert($("p").hasClass("p1"));//检查所有 p 元素中是否有类 p1,有则输出 true,否则输出 false
```

【例 5-10】 Zepto 添加、删除、切换及检查类名方法实战。

代码如下，页面效果如图 5-24～图 5-28 所示。

```
1.  <!-- zepto-5-10.html -->
2.  <html lang="en">
3.    <head>
4.      <meta charset="UTF-8" />
5.      <meta http-equiv="X-UA-Compatible" content="IE=edge" />
6.      <meta name="viewport" content="width=device-width, initial-scale=1.0" />
7.      <title>Zepto CSS 添加、删除与切换类名方法实战</title>
8.      <script src="../js/zepto.js"></script>
9.      <style>
10.      div {margin: 0 auto;width: 250px; height: 150px;
11.       border: 1px solid black; text-align: center; }
12.      #btn { margin: 0 auto; width: 230px;  height: 100px; border: 1px solid black;
13.       text-align: center;  padding: 10px;  }
14.        .active1 { border: 1px dashed black; background-color: aliceblue; border-
        radius: 10px;}
15.      .active2 { border: 1px dotted green;  color: red;
16.       background-color: rgb(116, 177, 230);  }
17.      .active3 {border: 1px double blue; background-color: rgb(39, 183, 16); border-
      radius: 30px;  }
18.     </style>
19.   </head>
20.   <body>
21.     <h3>Zepto CSS 添加、删除与切换类名方法实战</h3>
22.     <div class="div1">
23.      <p>Zepto CSS 添加类名</p>
24.     </div>
25.     <div id="div2" class="active2 active3">
26.      <p>Zepto 删除类名</p>
27.     </div>
28.     <div id="div3" class="active1 active2">
29.      <p>Hello Zepto 切换类名。</p>
30.     </div>
31.     <div id="btn">
32.      <button id="btn1">添加类名</button>
33.      <button id="btn2">删除类名</button>
34.      <button id="btn3">切换类名</button>
35.      <button id="btn4">检查类名</button>
36.      <p id="info"></p>
37.     </div>
38.     <script>
39.      //获取.div1 的 div 的背景颜色
40.       $(function () {
41.        $("#btn1").on("click", function () {
42.          $(".div1").addClass("active1");
43.          $("#info").html("添加类名 active1。");
44.        });
45.       });
46.      //设置#div2 的 div 的背景颜色
47.       $(function () {
48.        $("#btn2").on("click", function () {
49.          //移除多个类样式
50.          $("#div2").removeClass("active2 active3");
51.          $("#info").html("删除类名 active2、active3。");
52.        });
53.       });
54.       $(function () {
55.        $("#btn3").on("click", function () {
56.          //原来已有 active1,单击后会在类 active1、active2 之间切换
57.          $("#div3").toggleClass("active2");                //判断有 class 则删除,无则添加
58.          //$("#div3").toggleClass("active1", true);    //true 相当于 addClass()
59.          //$("#div3").toggleClass("active3", false);   //false 相当于 removeClass()
60.          $("#info").html("类名由 active2 切换类名 active1。");
61.        });
62.       });
```

```
63.        $(function () {
64.          $("#btn4").on("click", function () {
65.            //检查#div3 是否含有 active2
66.            var bol = $("#div3").hasClass("active2");
67.            var info = bol
68.             ? "第 3 个 div 元素中含有类 active2。"
69.             : "第 3 个 div 元素中无类 active2。";
70.            $("#info").html(info);
71.          });
72.        });
73.      </script>
74.    </body>
75.  </html>
```

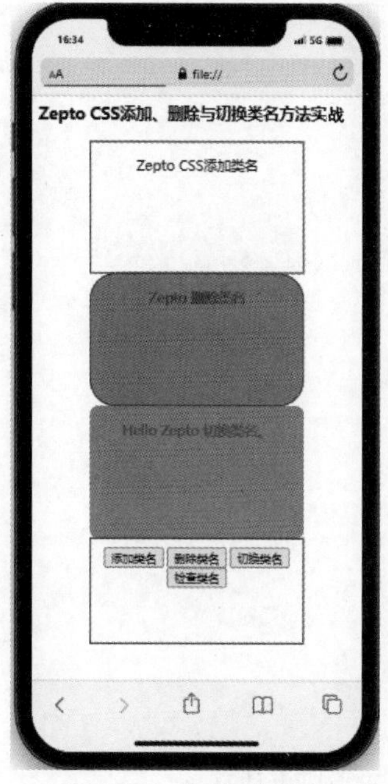

图 5-24　初始时页面

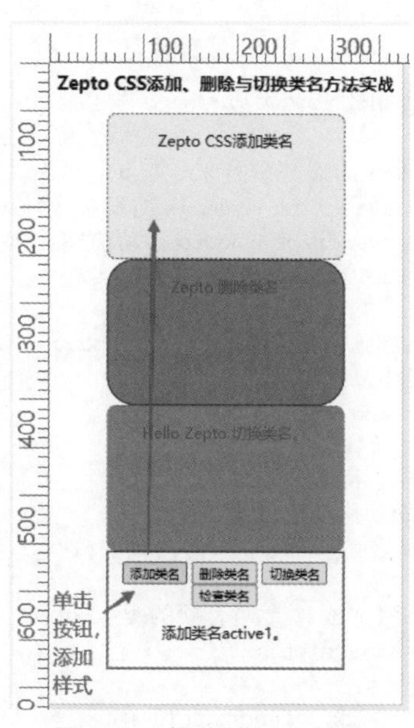

图 5-25　操作按钮 1 页面

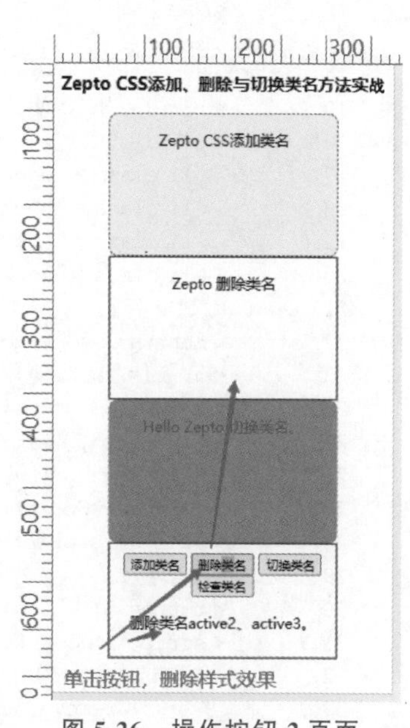

图 5-26　操作按钮 2 页面

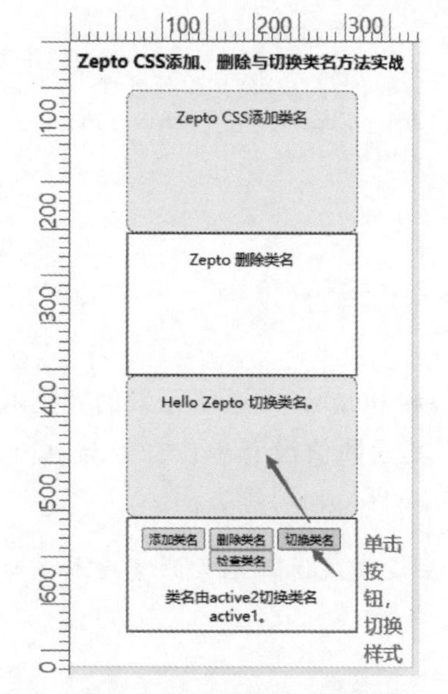

图 5-27　操作按钮 3 页面

图 5-28　操作按钮 4 页面

【例 5-11】 Zepto 使用函数删除和切换类名方法实战。

代码如下，页面效果如图 5-29 和图 5-30 所示。

```
1.  <!-- zepto-5-11.html -->
2.  <html>
3.    <head>
4.      <meta charset="UTF-8" />
5.      <meta http-equiv="X-UA-Compatible" content="IE=edge" />
6.      <meta name="viewport" content="width=device-width, initial-scale=1.0" />
7.      <title>Zepto使用函数删除和切换类名实战</title>
8.      <script src="../js/zepto.js"></script>
9.      <style type="text/css">
10.       .book1, .book3 {color: red; }
11.       .book0, .book2 {color: blue; }
12.     </style>
13.   </head>
14.   <body>
15.     <h3 id="h3">使用函数删除类名实战</h3>
16.     <ol id="ul1">
17.       <li class="book0">Web前端开发技术</li>
18.       <li class="book1">JavaScript+Vue.js前端技术从入门到实战</li>
19.       <li class="book2">JavaScript+Zepto移动前端技术</li>
20.       <li class="book3">Vue.js前端框架技术</li>
21.     </ol>
22.     <button id="remove">删除列表项中的类</button>
23.     <h3 id="h3">使用函数切换类名实战</h3>
24.     <ul>
25.       <li>Web前端开发技术</li>
26.       <li>Vue.js前端框架技术</li>
27.       <li>JavaScript+Zepto移动前端技术</li>
28.       <li>JavaScript+Vue.js前端技术从入门到实战</li>
29.     </ul>
30.     <button id="toggle">添加或移除列表项的类</button>
31.     <script type="text/javascript">
32.       $(function () {
33.         $("#remove").on("click", function () {        //使用on监听事件
34.           $("ol li").removeClass(function () {return "book" + $(this).index();});
35.         });
36.       });
37.       $(function () {
38.         $("#toggle").click(function () {              //直接使用事件处理
39.           $("ul li").toggleClass(function () {return "book" + $(this).index(); });
40.         });
41.       });
42.     </script>
43.   </body>
44. </html>
```

5.3.6 Zepto 窗口尺寸

Zepto 提供处理尺寸的重要方法，分别有 width()和 height()，返回元素的宽度和高度，宽度和高度中包括内容、内边界、边框，不包括外边界。其返回值没有单位。但与 jQuery 不同，没有 innerWidth()、innerHeight()、outerWidth()、outerHeight()等方法。

注意 在 jQuery 中，width()和 height()方法设置或返回元素的宽度和高度(不包括内边距、边框或外边距，仅仅是内容的宽度和高度)。

1. width()

获取集合中第一个元素的宽度，或者设置集合中所有元素的宽度。

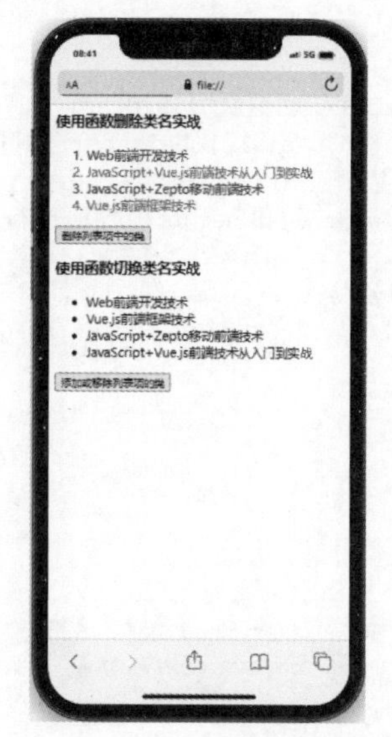

图 5-29　初始时页面

图 5-30　操作按钮时页面

```
width()                                  //获取宽度
width(value)                             //设置宽度
width(function(index, oldWidth){ … })    //回调函数,返回宽度
$('#foo').width()                        //返回宽度值
```

2. height()

获取对象集合中第一个元素的高度,或者设置对象集合中所有元素的高度。

```
height()                                   //获取高度
height(value)                              //设置高度
height(function(index, oldHeight){ … })    //回调函数,返回高度
$('#foo').height()                         //返回高度值
```

【例 5-12】　Zepto 窗口尺寸方法实战。

代码如下,页面效果如图 5-31 和图 5-32 所示。

```
1.  <!-- zepto-5-12.html -->
2.  <html>
3.    <head>
4.      <meta charset="UTF-8" />
5.      <meta http-equiv="X-UA-Compatible" content="IE=edge" />
6.      <meta name="viewport" content="width=device-width, initial-scale=1.0" />
7.      <title>Zepto元素尺寸方法实战</title>
8.      <script src="../js/zepto.js"></script>
9.      <style type="text/css">
10.       #div1 {height: 100px;width: 250px;padding: 10px;margin: 3px;
11.         border: 1px solid blue; background-color: #f1f2f3; }
12.     </style>
13.   </head>
14.   <body>
15.     <h3 id="h3">Zepto元素尺寸方法实战</h3>
16.     <div id="div1" styel="width:250px;heigth:100px"></div>
17.     <br />
18.     <button id="btn1">显示 div 的尺寸</button>
19.     <p>width() - 返回元素的宽度。</p>
20.     <p>height() - 返回元素的高度。</p>
21.     <p>包括 content、padding、border 在内。</p>
22.     <p id="content"></p>
23.     <script type="text/javascript">
```

```
24.        $(function () {
25.         $("#btn1").on("click", function () {
26.           var con_text = "<p>Width of div:" + $("#div1").width() + "</p>";
27.           con_text += "<p>Height of div:" + $("#div1").height() + "</p>";
28.           $("#div1").html(con_text);   //设置元素 HTML 内容
29.           //通过 css()获取内容的宽度和高度,与 width()和 height()方法进行比较
30.           $("#content").html(
31.             "<b>div 的内容宽度:" + $("#div1").css("width") +
32.               "</b><br><b>div 的内容宽度:" + $("#div1").css("height") + "</b>"
33.           );
34.         });
35.       });
36.     </script>
37.   </body>
38. </html>
```

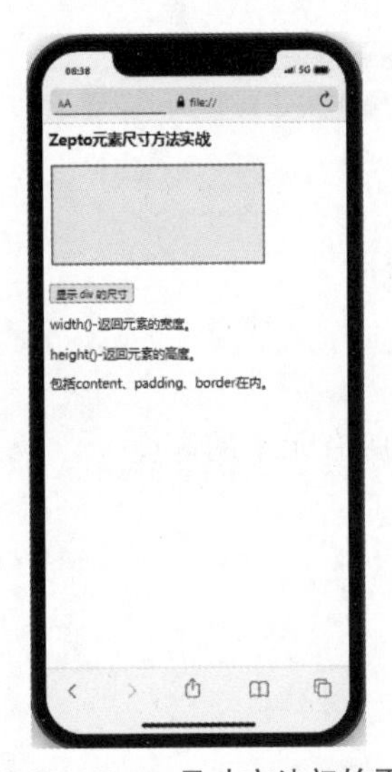

图 5-31　Zepto 尺寸方法初始页面

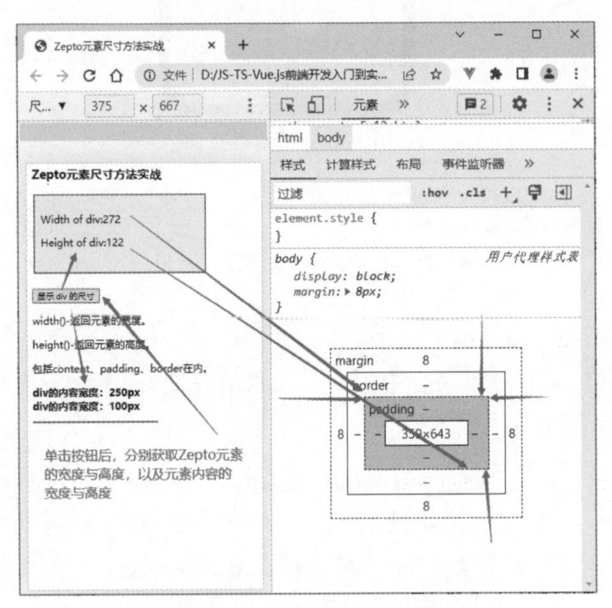

图 5-32　Zepto 尺寸方法执行页面

该案例中使用 Zepto 的 css()来获取 width 和 height,属性值是 div 的内容的宽度和高度。而使用 Zepto 的 width()和 height()方法获取的是包括边框、填充和内容的宽度和高度值。两者是有区别的。

项目实战 5

1. Zepto CSS 类方法实战——图像特效显示

扫一扫

文本

扫一扫

视频

2. Zepto DOM 操作方法实战——图书选购

扫一扫

文本

扫一扫

视频

小结

本章介绍了移动端框架 Zepto、Zepto 选择器、DOM 操作等关键技术。

Zepto 简介部分重点介绍了 Zepto 概述、下载与引入方法以及浏览器支持情况，同时也介绍了 Zepto 模块和自定义 zepto.js 文件模块的方法，最后介绍了 Zepto 与 jQuery 的异同。

Zepto 选择器部分重点介绍了通用选择器的元素选择器、id 选择器、类选择器、属性选择器、层级选择器以及不支持的选择器。如果需要像 jQuery 那样使用伪类选择器的话，需要额外引入模块 selector.js。

Zepto 操作 DOM 部分重点介绍了创建 DOM 元素、设置或获取元素内容与属性、添加与删除元素、获取并设置 CSS 类以及 Zepto 尺寸等方法，这是本章的重点和难点。

练习 5

习题

自测题

第6章

Zepto高级应用

本章学习目标：

通过本章的学习，读者能够了解移动端框架 Zepto 的效果、遍历、事件和 AJAX 等方面的新功能，学会使用 Zepto 构建移动端动画效果。能够通过 Zepto 来遍历 DOM 元素，通过事件侦听、移除、委托、只执行一次以及事件触发和 touch 事件处理相关业务需求。

Web 前端开发工程师应知应会以下内容。

- 掌握 Zepto 效果中的显示/隐藏、淡入/淡出和动画的方法。
- 学会使用 Zepto 的遍历祖先、后代、同胞和过滤的方法来选择元素。
- 掌握 Zepto 事件侦听、移除、委托、触发和手势等事件来处理业务需求。
- 学会使用 AJAX 相关方法来获取外部数据。

6.1 Zepto 效果

Zepto 封装了很多动画效果，其中最为常见的就是显示/隐藏、淡入/淡出和自定义动画。但 Zepto 不支持 jQuery 的 slideDown()、slideUp()、slideToggle()等滑动效果和 stop()方法。

6.1.1 显示/隐藏效果

通过 Zepto 可以使用 hide()、show()和 toggle()方法来隐藏和显示 HTML 元素。hide()方法通过设置 CSS 的属性 display 为 none 来将对象集合中的元素隐藏。show()方法通过恢复元素的 CSS 属性 display 为 block 来显示元素。toggle([setting])方法显示或隐藏匹配元素。如果 setting 为 true，相当于 show()方法。如果 setting 为 false，相当于 hide()方法。

```
$(selector).hide();        //隐藏所有匹配的元素
$(selector).show();        //显示所有匹配的元素
toggle([setting])          //切换显示或隐藏匹配的所有元素
$("p").hide();             //隐藏所有匹配的 p 元素
$("#div1").show();         //显示指定 ID 为 div1 的 div 元素
$("#div1").toggle($("#name").val().length > 0) //当文本框中有内容时，返回 true，相当于
//show()，否则返回 false，相当于 hide()
```

【例 6-1】 Zepto 特效显示/隐藏方法实战。

代码如下，页面效果如图 6-1～图 6-4 所示。

```
1.  <!-- zepto-6-1.html -->
2.  <!DOCTYPE html>
3.  <html lang="en">
4.    <head>
5.      <meta charset="UTF-8" />
6.      <meta http-equiv="X-UA-Compatible" content="IE=edge" />
7.      <meta name="viewport" content="width=device-width, initial-scale=1.0" />
8.      <script type="text/javascript" src="../js/zepto.js"></script>
9.      <title>Zepto 效果显示与隐藏实战</title>
```

```
10.       <style>
11.         #div0 { margin: 0 auto; text-align: center;width: 260px;}
12.         button {font-size: 18px;}
13.       </style>
14.     </head>
15.     <body>
16.       <div id="div0">
17.         <h3>Zepto 显示与隐藏实战</h3>
18.         <div id="div1">
19.           <img src="why-zepto.png" alt="" />
20.           <input type="text" name="" id="name" />
21.         </div>
22.         <p>
23.           <button id="btn1">隐藏</button>
24.           <button id="btn2">显示</button>
25.           <button id="btn3">切换</button>
26.         </p>
27.       </div>
28.
29.       <script type="text/javascript">
30.         $(function () {
31.           $("#btn1").on("click", function () {
32.             $("#div1").hide();
33.           });
34.         });
35.         $(function () {
36.           $("#btn2").on("click", function () {
37.             $("#div1").show();
38.           });
39.         });
40.         $(function () {
41.           $("#btn3").on("click", function () {
42.             $("#div1").toggle($("#name").val().length > 0); //当文本框中有内容时显示,
                //否则隐藏
43.           });
44.         });
45.       </script>
46.     </body>
47.   </html>
```

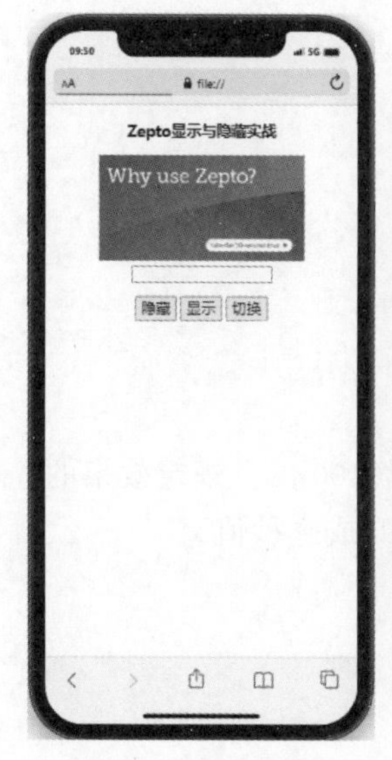

图 6-1 初始页面

图 6-2 隐藏页面

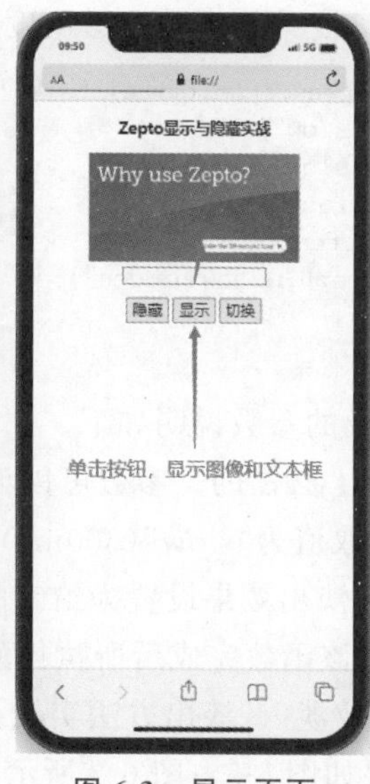

图 6-3 显示页面

图 6-4 切换页面

若将代码第 42 行中的 toggle()方法中的参数删除，则可以切换显示与隐藏 div 元素。

6.1.2 淡入/淡出效果

Zepto 默认模块并不支持淡入/淡出效果，需要引入 fx.js 和 fx_methods.js 两个模块才能使用淡入/淡出效果。可以通过<script>标记引入两个模块。引入方法如下。

```
<script type="text/javascript" src="../js/fx_methods.js"></script>
<script type="text/javascript" src="../js/fx.js"></script>
```

1. 淡入 fadeIn()方法

Zepto 中的 fadeIn()用于淡入已隐藏的元素。

```
$(selector).fadeIn(speed,callback);    //语法
$("#div1").fadeIn();                   //无参数
$("#div2").fadeIn("slow");             //字符串参数,慢速
$("#div2").fadeIn("fast");             //字符串参数,快速
$("#div3").fadeIn(3000);               //参数为毫秒
```

2. 淡出 fadeOut()方法

Zepto 中的 fadeOut()方法用于淡出可见的元素。

```
$(selector).fadeOut(speed,callback);   //语法
$("#div1").fadeOut();                  //无参数
$("#div2").fadeOut("slow");            //字符串参数,慢速
$("#div2").fadeOut("fast");            //字符串参数,快速
$("#div3").fadeOut(3000);              //参数为毫秒
```

3. 切换淡入/淡出 fadeToggle()方法

fadeToggle()方法可以在 fadeIn()与 fadeOut()方法之间进行切换。若元素已淡出，则 fadeToggle()会向元素添加淡入效果。若元素已淡入，则 fadeToggle()会向元素添加淡出效果。

```
$(selector).fadeToggle(speed,callback);    //语法
$("#div1").fadeToggle();                   //无参数
$("#div2").fadeToggle("slow");             //字符串参数,慢
$("#div3").fadeToggle(3000);               //参数为毫秒
```

4. 渐变 fadeTo()方法

fadeTo()方法允许渐变为给定的不透明度(值介于 0～1)。

```
$(selector).fadeTo(speed,opacity,callback);    //语法
$("#div1").fadeTo("slow",0.15);                //慢,不透明度为 0.15
$("#div2").fadeTo("slow",0.4);                 //慢,不透明度为 0.4
$("#div3").fadeTo("fast",0.7);                 //快,不透明度为 0.7
$("p"). fadeIn (1000,function(){               //有 callback 回调函数
    alert("The paragraph is now hidden");
    });
});
```

以上 4 个方法中涉及的参数说明如下。

- speed 或 duration：必需的。参数可以设置许多不同的值，默认为 400ms。规定效果的时长或速度。其取值为“slow”(600ms)、“fast”(200ms)、“normal”或毫秒值。
- opacity：将淡入/淡出效果设置为给定的不透明度(值介于 0～1)。
- callback：参数是该函数完成后所执行的函数名称。

【例 6-2】 Zepto 特效淡入/淡出方法实战。

代码如下，页面效果如图 6-5～图 6-8 所示。

```
1.  <!-- zepto-6-2.html -->
2.  <!DOCTYPE html>
```

```
3.  < html lang = "en">
4.    < head >
5.      < meta charset = "UTF - 8" />
6.      < meta http - equiv = "X - UA - Compatible" content = "IE = edge" />
7.      < meta name = "viewport" content = "width = device - width, initial - scale = 1.0" />
8.      < script type = "text/javascript" src = "../js/zepto.js"></script >
9.      < script type = "text/javascript" src = "../js/fx.js"></script >
10.     < script type = "text/javascript" src = "../js/fx_methods.js"></script >
11.     < title > Zepto 效果显示与隐藏实战</title >
12.     < style >
13.      #div0 {margin: 0 auto; text - align: center; width: 260px; }
14.      button { font - size: 18px; }
15.     </style >
16.   </head >
17.   < body >
18.     < div id = "div0">
19.      < h3 > Zepto 淡入/淡出实战</h3 >
20.      < div id = "div1">< img src = "why - zepto.png" alt = "" /></div >
21.      < div id = "div2">< img src = "why - zepto.png" alt = "" /></div >
22.      < div id = "div3">< img src = "why - zepto.png" alt = "" /></div >
23.      < p >
24.       < button id = "btn1">淡出</button >
25.       < button id = "btn2">淡入</button >< br />
26.       < button id = "btn3">淡入/淡出</button >
27.       < button id = "btn4">渐变</button >
28.      </p >
29.      < p id = "info"></p >
30.     </div >
31.     < script type = "text/javascript">
32.      $(function () {
33.       $("#btn1").on("click", function () {
34.          $("#div1").fadeOut();
35.          $("#div2").fadeOut(1000);
36.          $("#div3").fadeOut("slow");
37.       });
38.      });
39.      $(function () {
40.       $("#btn2").on("click", function () {
41.          $("#div1").fadeIn();
42.          //有回调函数的场景
43.          $("#div2").fadeIn(2000);
44.          $("#div3").fadeIn("fast", function () {
45.             $("#info").html("< b>淡入完成...</b >");
46.          });
47.       });
48.      });
49.      $(function () {
50.       $("#btn3").on("click", function () {
51.          $("#div1").fadeToggle();
52.          $("#div2").fadeToggle(3000);
53.          $("#div3").fadeToggle("fast");
54.       });
55.      });
56.      $(function () {
57.       $("#btn4").on("click", function () {
58.          $("#div1").fadeTo("slow", 0);
59.          $("#div2").fadeTo(3000, 0.5);
60.          $("#div3").fadeTo("fast", 1);
61.       });
62.      });
63.     </script >
64.   </body >
65. </html >
```

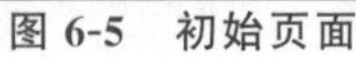
图 6-5　初始页面

图 6-6　淡出页面

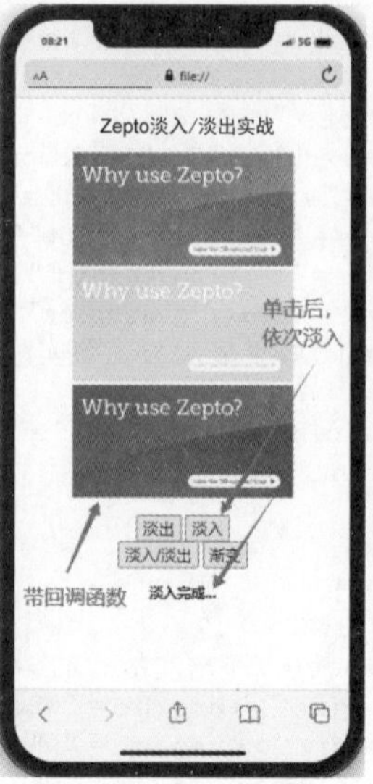

图 6-7　淡入页面

图 6-8　渐变页面

6.1.3　动画

animate()方法用于创建自定义动画。语法如下。

```
$(selector).animate(properties, [duration, [easing, [function(){ … }]]])
```

- properties：必需的。定义形成动画的 CSS 属性，使用{}来定义。

注意　当使用 animate()时，必须使用驼峰标记法书写所有的属性名。例如，使用 paddingLeft 而不是 padding-left，使用 marginRight 而不是 margin-right，等等。

- duration：规定效果的时长，默认为 400ms。其值可以是时间（以毫秒为单位，如 200ms）或者字符串（如"fast" "slow"）。其中：fast 表示 200ms、slow 表示 600ms。
- easing（默认为 linear）：指定动画的缓动类型，其值可为 ease、linear、ease-in/ease-out、ease-in-out、cubic-bezier()。
- function(){…}：回调函数，动画完成后所执行的函数名称。

注意　Zepto 只使用 CSS 过渡效果的动画。jQuery 的 easings 不会支持。jQuery 的相对变化("=+10px")语法也不支持。

【例 6-3】　Zepto 动画效果实战。

代码如下，页面效果如图 6-9～图 6-12 所示。

```
1.  <!-- zepto-6-3.html -->
2.  <!DOCTYPE html>
3.  <html lang="en">
4.    <head>
5.      <meta charset="UTF-8" />
6.      <meta http-equiv="X-UA-Compatible" content="IE=edge" />
7.      <meta name="viewport" content="width=device-width, initial-scale=1.0" />
8.      <script type="text/javascript" src="../js/zepto.js"></script>
9.      <script type="text/javascript" src="../js/fx.js"></script>
10.     <script type="text/javascript" src="../js/fx_methods.js"></script>
11.     <title>Zepto 动画效果实战</title>
12.     <style>
13.      button {font-size: 18px; }
14.      div {
15.       background: #98bf21;   height: 100px; width: 100px; position: absolute;
16.       transition: all 4s; /* 在所有属性上过渡 4s */
17.      }
```

```
18.        </style>
19.      </head>
20.      <body>
21.        <h3>Zepto 动画效果实战</h3>
22.        <p>
23.          <button id="btn1">开始动画</button>
24.          <button id="btn2">恢复初始状态</button>
25.        </p>
26.        <p>
27.          默认情况下,所有
28.          HTML 元素的位置都是静态的,并且无法移动.如需对位置进行操作,记得首先把元素的
29.          CSS position 属性设置为 relative、fixed 或 absolute。
30.        </p>
31.        <div>Zepto 动画。</div>
32.        <script type="text/javascript">
33.          $(function () {
34.            $("#btn1").on("click", function () {
35.              $("div").animate({ fontSize: "30px" }, "slow");
36.              $("div").animate(
37.                { background: "green", left: "125px", height: "200px", width: "200px",
38.                  opacity: "0.5", transform: "rotate(120deg)",      //旋转 120°
39.                },
40.                5000,                                               //延时
41.                "ease-in-out"                                       //动画函数
42.              );
43.            });
44.          });
45.          $(function () {
46.            //恢复初始状态
47.            $("#btn2").on("click", function () {
48.              $("div").animate({ fontSize: "16px" }, "slow");
49.              $("div").animate(
50.                { background: "#98bf21", left: "0px", height: "100px",width: "100px",
51.                  opacity: "1",                                     //不透明为 1,出现
52.                  transform: "rotate(0deg)",                        //旋转 0°
53.                },
54.                5000,                                               //延时
55.                "ease-out"                                          //动画函数
56.              );
57.            });
58.          });
59.        </script>
60.      </body>
61.    </html>
```

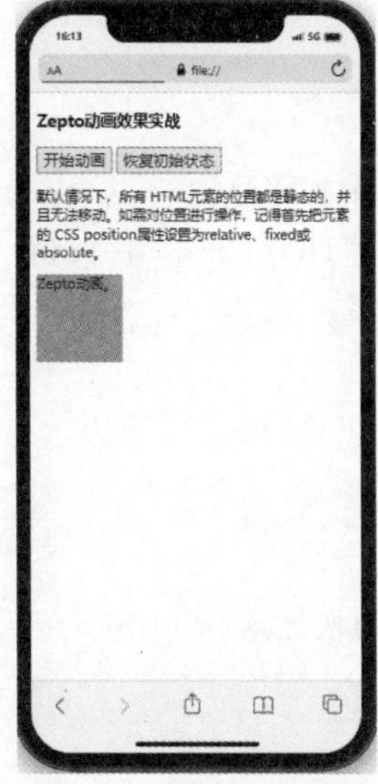

图 6-9 动画初始页面

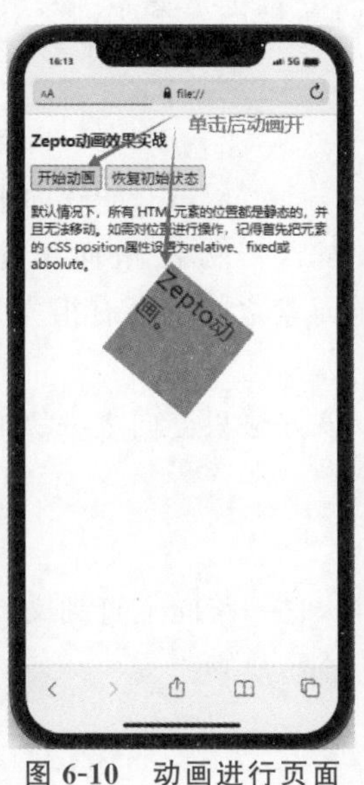

图 6-10 动画进行页面

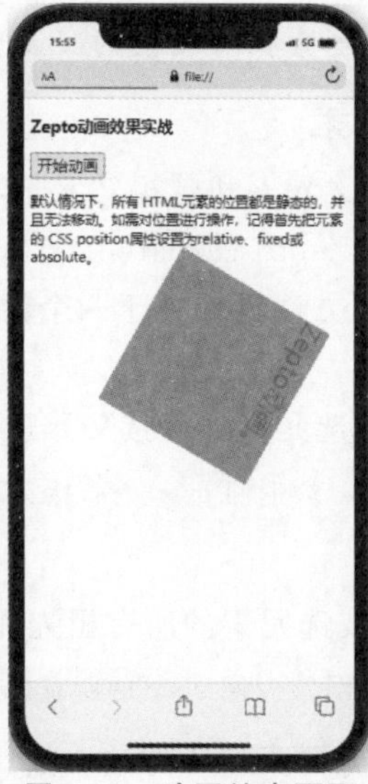

图 6-11 动画结束页面

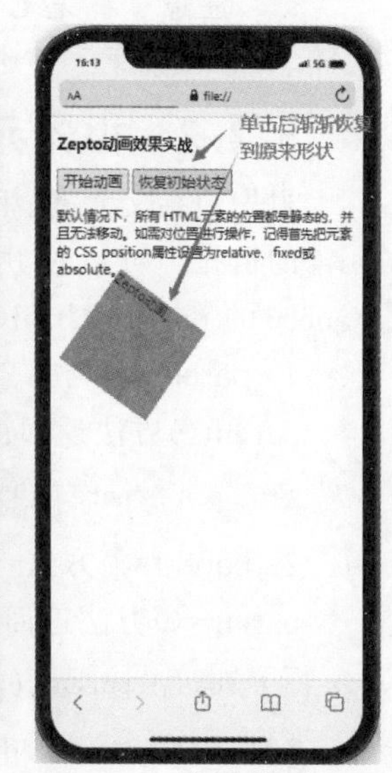

图 6-12 动画恢复页面

6.2 Zepto 遍历

Zepto 遍历用于根据其相对于其他元素的关系来“查找”(或选取)HTML 元素。以某项选择开始,并沿着这个选择移动,直到抵达期望的元素为止。

6.2.1 遍历

通过 Zepto 遍历,能够从被选(当前的)元素开始,轻松地在 DOM 树中向上移动(祖先)、向下移动(子孙)、水平移动(同胞)。这种“移动”被称为对 DOM 进行遍历。图 6-13 展示了一个简易的 DOM 树。

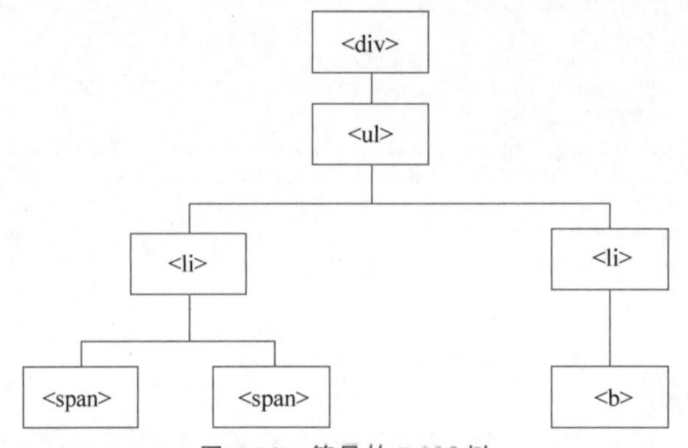

图 6-13 简易的 DOM 树

- < div >是< ul >的父元素,同时也是其中所有内容的祖先。
- < ul >元素是< li >元素的父元素,同时是< div >的子元素。
- 左边的< li >元素是< span >的父元素,是< ul >的子元素,同时也是< div >的后代。
- < span >元素是< li >的子元素,同时也是< ul >和< div >的后代。
- 两个< li >元素是同胞(拥有相同的父元素)。
- 右边的< li >元素是< b >的父元素,< ul >的子元素,同时也是< div >的后代。
- < b >元素是右边的< li >的子元素,同时也是< ul >和< div >的后代。

注意 祖先元素包括父元素、祖父元素、曾祖父元素等。后代元素包括子元素、孙子元素、曾孙元素等。同胞元素拥有相同的父元素。

6.2.2 祖先元素

祖先包括父元素、祖父元素和曾祖父元素等。通过 Zepto,能够向上遍历 DOM 树,以查找元素的祖先。可以使用 Zepto 的 parent()、parents()方法来向上遍历 DOM 树。不支持 jQuery 的 parentsUntil()方法返回介于两个给定元素之间的所有祖先元素。

1. parent()方法

parent()方法返回被选元素的直接父元素。该方法只会向上一级的 DOM 树进行遍历。

```
$("span").parent();  //返回 span 的直接父元素
```

2. parents()方法

parents()方法返回被选元素的所有祖先元素,它一路向上直到文档的根元素(< html >)。

```
$("span").parents();  //返回 span 的所有祖先元素
```

【例 6-4】 Zepto 祖先元素遍历方法实战。

代码如下,页面效果如图 6-14～图 6-16 所示。

```
1.  <!-- zepto-6-4.html -->
2.  <!DOCTYPE html>
3.  <html lang="en">
4.    <head>
5.      <meta charset="UTF-8" />
6.      <meta http-equiv="X-UA-Compatible" content="IE=edge" />
7.      <meta name="viewport" content="width=device-width, initial-scale=1.0" />
8.      <script type="text/javascript" src="../js/zepto.js"></script>
9.      <title>Zepto遍历祖先实战</title>
10.     <style>
11.       /* div内的所有元素加样式 */
12.       .div0 * {display: block;border: 1px dashed #d1d2d3;padding: 5px;margin: 15px;}
13.       .containter, h3 { width: 280px; }
14.       button {font-size: 18px;border-radius: 5px; padding: 5px;  }
15.       button:hover { border: 1px solid red;  }
16.     </style>
17.   </head>
18.   <body>
19.     <div class="div0">
20.       <h3>遍历祖先方法实战</h3>
21.       <div class="containter">
22.         div (曾祖父)
23.         <ul>ul (祖父)
24.           <li>li (直接父)<span>span-Zepto</span></li>
25.         </ul>
26.       </div>
27.       <div class="containter">
28.         div (祖父)
29.         <p>p (直接父)<span>span-Zepto</span></p>
30.       </div>
31.     </div>
32.     <p>
33.       <button id="btn1">祖先遍历</button>
34.       <button id="btn2">所有祖先遍历</button>
35.     </p>
36.     <script>
37.       $(function () {
38.         $("#btn1").on("click", function () {
39.           $("span").parent().css({
40.             color: "blue",
41.             border: "1px dotted green",
42.             borderRadius: "10px",
43.             backgroundColor: "#f1f2f3",
44.           });
45.         });
46.       });
47.       $(function () {
48.         $("#btn2").on("click", function () {
49.           $("span").parents().css({
50.             color: "red",
51.             border: "1px dotted red",
52.             borderRadius: "10px",
53.             backgroundColor: "#e1e2e3",
54.           });
55.         });
56.       });
57.     </script>
58.   </body>
59. </html>
```

6.2.3 后代元素

Zepto中后代元素是指子元素、孙子元素、曾孙元素等。通过Zepto能够向下遍历DOM树，

图 6-14　动画初始页面

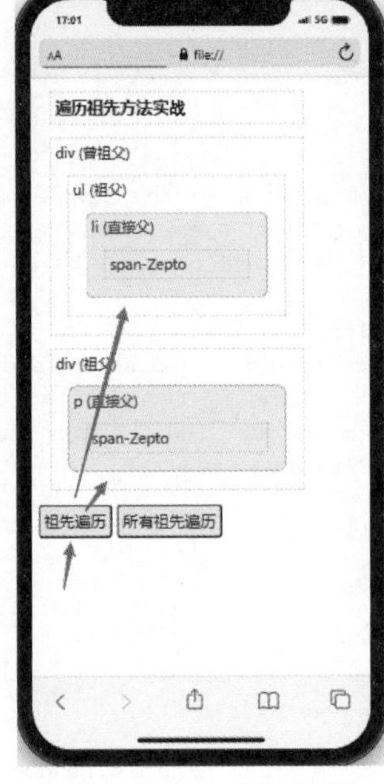

图 6-15　动画进行页面

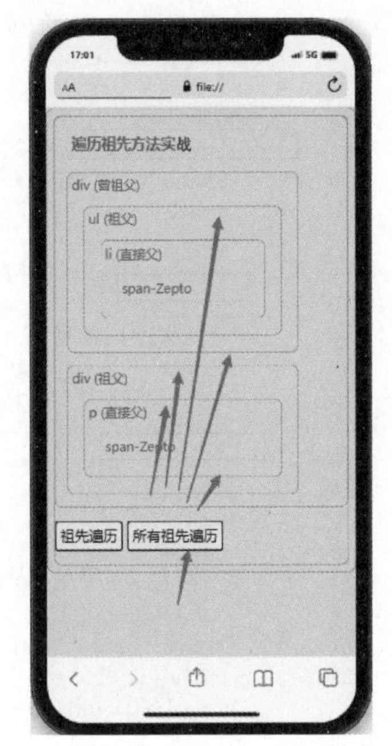

图 6-16　动画结束页面

以查找元素的后代。可以使用 children()、find()方法来完成向下遍历 DOM 树。

1. children()方法

children()方法获得元素集合中的每个元素的直接子元素，如果给定 selector，那么返回的结果中只包含符合 CSS 选择器(selector)的元素。该方法只会向下一级的 DOM 树进行遍历。

```
children([selector])              //返回集合
$("div").children();              //返回每个 div 的所有子元素
$("div").children("p.p1");        //返回每个 div 中类名为 p1 的子元素 p
```

2. find()方法

find()方法返回在当前对象集合内查找符合 CSS 选择器的每个元素的后代元素。如果给定 Zepto 对象集合或者元素，过滤它们，只有当它们在当前 Zepto 集合对象中时，才会被返回。

```
find(selector)                 //返回集合
find(collection)               //返回集合,v1.0+
find(element)                  //返回集合,v1.0+
$("div").find("span");         //查找每个 div 中的所有 span 元素
$("div").find("*");            //返回<div>的所有后代
```

【例 6-5】　Zepto 后代元素遍历方法实战。

代码如下，页面效果如图 6-17～图 6-20 所示。

```
1.  <!-- zepto-6-5.html -->
2.  <!DOCTYPE html>
3.  <html lang="en">
4.    <head>
5.      <meta charset="UTF-8" />
6.      <meta http-equiv="X-UA-Compatible" content="IE=edge" />
7.      <meta name="viewport" content="width=device-width, initial-scale=1.0" />
8.      <script type="text/javascript" src="../js/zepto.js"></script>
9.      <title>Zepto 后代遍历实战</title>
10.     <style>
11.       /* div 内的所有元素加样式 */
12.       .containter, h3 { width: 300px;}
13.       .containter * {display: block;border: 2px solid #99aabb;padding: 4px;margin: 6px;}
```

```
14.         button {font - size: 18px;border - radius: 4px;padding: 4px;}
15.         button:hover {border: 1px solid red;}
16.       </style>
17.     </head>
18.     <body>
19.       <h3>后代遍历方法实战</h3>
20.       <div class = "containter">
21.         div1 (当前元素)
22.         <ul>
23.           ul (子元素)
24.           <li>li (孙元素)<span>span(曾孙元素) - Zepto 后代</span></li>
25.           <li>li (孙元素)<span>span(曾孙元素) - Zepto 后代</span></li>
26.         </ul>
27.       </div>
28.       <div class = "containter">
29.         div2 (当前元素)
30.         <p>子元素<span>孙元素 span - Zepto </span></p>
31.         <p>子元素<b>孙元素 b - Zepto </b></p>
32.       </div>
33.       <p>
34.         <button id = "btn1">div 后代遍历</button>
35.         <button id = "btn2">查找指定元素的后代</button>
36.         <button id = "btn3">查找所有后代</button>
37.       </p>
38.       <script>
39.         $(function () {
40.           $("#btn1").on("click", function () { //单击后,返回每个 div 中所有子元素并改变
              //样式
41.             $("div").children().css({color: "blue", border: "1px solid red",
42.               borderRadius: "10px", backgroundColor: "#f1f2f3", });
43.           });
44.         });
45.         $(function () {    //单击后,返回每个 div 中所有 span 元素并改变样式
46.           $("#btn2").on("click", function () {
47.             $("div").find("span").css({
48.               color: "red", border: "1px dotted red",borderRadius: "10px", backgroundColor:
                  "#e1e2e3",
49.             });
50.           });
51.         });
52.         $(function () {
53.           $("#btn3").on("click", function () { //单击后,返回每个 div 中所有元素并改变样式
54.              $("div").find("*").css({color: "red",     border: "4px double red", });
55.           });
56.         });
57.       </script>
58.     </body>
59.   </html>
```

6.2.4　同胞元素

同胞元素拥有相同的父元素。通过 Zepto 能够在 DOM 树中遍历元素的同胞元素。可以使用 siblings()、next()、prev()等方法在 DOM 树中水平遍历。不支持 jQuery 的 nextAll()、nextUntil()、prevAll()、prevUntil()等方法。

1. siblings()方法

获取集合中每个元素的所有同级节点。如果指定了 CSS 选择器,则筛选结果仅包含与选择器匹配的元素。

```
siblings([selector])          //返回集合对象
$("div").siblings();          //返回所有 div 的同胞元素
$("h3").siblings("p");        //带选择器,返回<h3>中所有同胞 p 元素
```

图 6-17　后代遍历初始页面

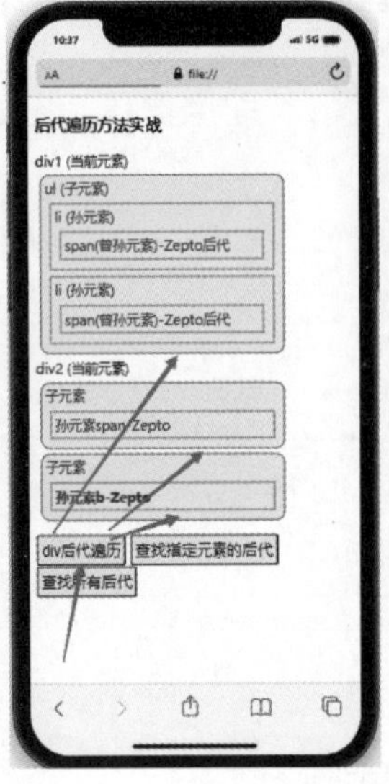

图 6-18　后代遍历页面

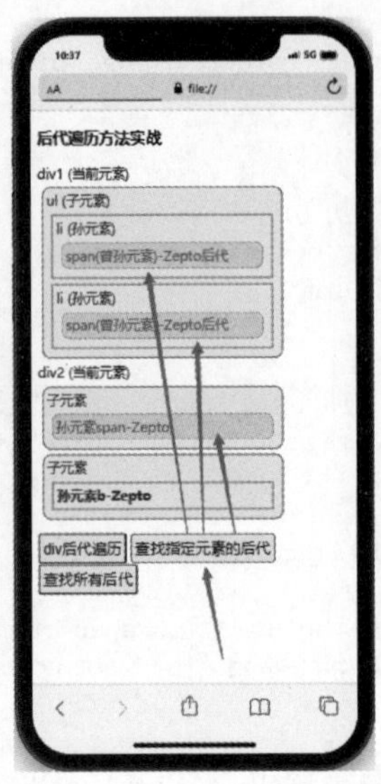

图 6-19　查找指定后代页面

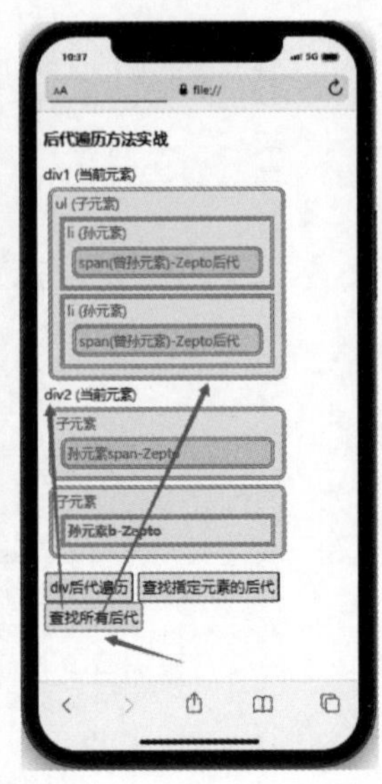

图 6-20　查找所有后代

2. next()方法

next()方法获取对象集合中每一个元素的下一个兄弟节点(可以选择性地带上过滤选择器)。

```
next()                          //集合对象
next(selector)                  //集合对象,v1.0+
$('dl dt').next()               //返回 dd 元素
$("h4").next(".chu")            //带过滤器,类名为 chu 的指定元素
```

3. prev()方法

获取集合中每个元素的上一个同级元素(可选择性地带上过滤选择器)。如果指定了 CSS 选择器,则筛选结果仅包含与选择器匹配的元素。

```
prev()                       //集合对象
prev(selector)               //集合对象,v1.0+
$("h4").prev()               //返回 h4 上一个同胞
$("h4").prev(".jiu")         //返回 h4 上一个指定类名的同胞
```

【例 6-6】 Zepto 同胞元素遍历方法实战。

代码如下,页面效果如图 6-21～图 6-27 所示。

```
1.  <!-- zepto-6-6.html -->
2.  <!DOCTYPE html>
3.  <html lang="en">
4.    <head>
5.      <meta charset="UTF-8" />
6.      <meta http-equiv="X-UA-Compatible" content="IE=edge" />
7.      <meta name="viewport" content="width=device-width, initial-scale=1.0" />
8.      <script type="text/javascript" src="../js/zepto.js"></script>
9.      <title>Zepto 同胞遍历实战</title>
10.     <style>
11.      body { text-align: center; }
12.      /* div 内的所有元素加样式 */
13.      .containter,h3 {width: 300px;   margin: 0 auto; }
14.      .containter * {border: 1px solid #f1f2f5; padding: 4px;margin: 6px; }
15.      .containter {border: 1px solid #e1f2f5;}
16.      button { font-size: 18px;border-radius: 4px;padding: 4px;}
17.      button:hover {border: 1px solid red;}
18.     </style>
```

```
19.     </head>
20.     <body>
21.       <h3>同胞遍历方法实战</h3>
22.       <div class = "containter">
23.         <p class = "jiu">p - 同胞拥有相同的父元素。</p>
24.         <h4>h4 - Zepto 移动框架技术</h4>
25.         <h4>h4 - 同胞遍历</h4>
26.         <p class = "chu">p - Zepto 很容易学习。</p>
27.       </div>
28.       <div class = "containter">
29.         <p>p - Zepto 移动开发。</p>
30.         <p>p - Zepto 简洁、灵活。</p>
31.       </div>
32.       <blockquote>
33.         <button id = "btn1">div 同胞遍历</button>
34.         <button id = "btn2">h4 - 同胞</button>
35.         <button id = "btn3">h4 - next 同胞</button>
36.         <button id = "btn4">h4 指定选择器同胞</button>
37.         <button id = "btn5">h4 - prev 同胞</button>
38.         <button id = "btn6">h4 - prev 指定选择器同胞</button>
39.       </blockquote>
40.       <script>
41.         $(function () {
42.         //单击后,返回每个 div 所有同胞(4 个)元素并改变样式
43.           $("#btn1").on("click", function () {
44.             $("div").siblings().css({color: "blue", border: "1px solid red",});
45.           });
46.         });
47.         $(function () {
48.         //单击后,返回每个 h4 指定 p 元素并改变样式
49.           $("#btn2").on("click", function () {
50.             $("h4").siblings("p").css({
51.               color: "green", border: "1px dotted green",
52.               borderRadius: "10px",  fontWeight: "bolder",
53.             });
54.           });
55.         });
56.         $(function () {
57.         //单击后,返回每个 h4 的下一个同胞(p 和 h4 两个元素)
58.           $("#btn3").on("click", function () {
59.             $("h4").next().css({color: "red", border: "4px double red",});
60.           });
61.         });
62.         $(function () {
63.         //单击后,返回每个 h4 下一个指定类名的同胞(一个 h4 元素)
64.           $("#btn4").on("click", function () {
65.             $("h4").next(".chu").css({color: "red",border: "4px double red",});
66.           });
67.         });
68.         $(function () {
69.         //单击后,返回每个 h4 上一个同胞(两个,h4 和 p 元素)
70.           $("#btn5").on("click", function () {
71.             $("h4").prev().css({color: "blue",border: "10px groove blue", });
72.           });
73.         });
74.         $(function () {
75.         //单击后,返回每个 h4 上一个指定类名为 jiu 的同胞(一个 p 元素)
76.           $("#btn6").on("click", function () {
77.             $("h4").prev(".jiu").css({color: "#a5f2c3",border: "10px ridgee #a5f2c3",
78.             });
79.           });
80.         });
81.       </script>
```

```
82.     </body>
83.  </html>
```

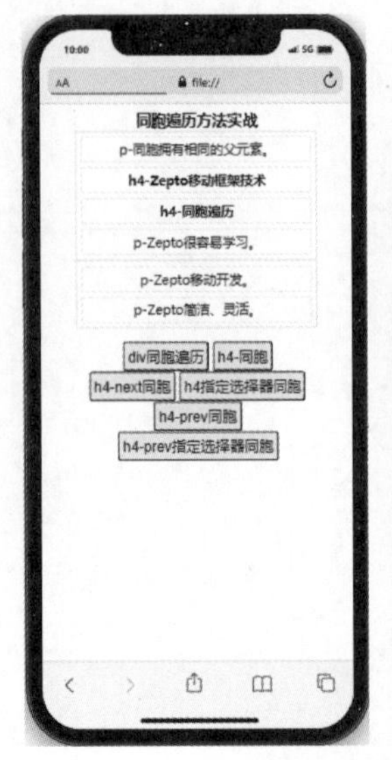

图 6-21 初始页面

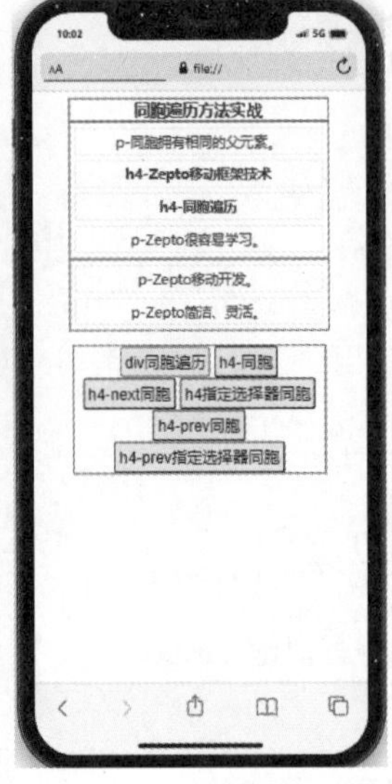

图 6-22 div 同胞遍历页面

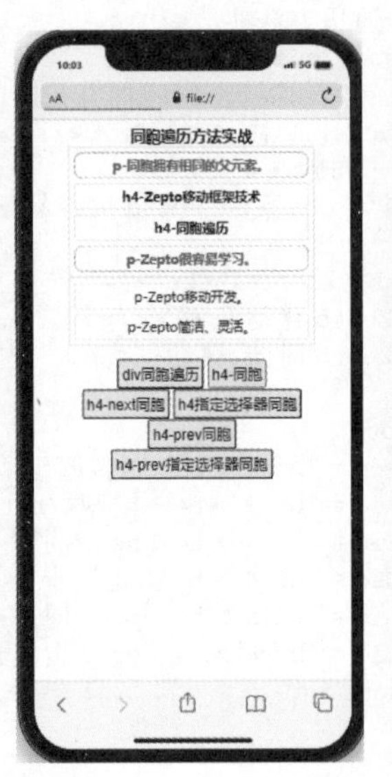

图 6-23 h4 同胞遍历页面

图 6-24 下一同胞页面

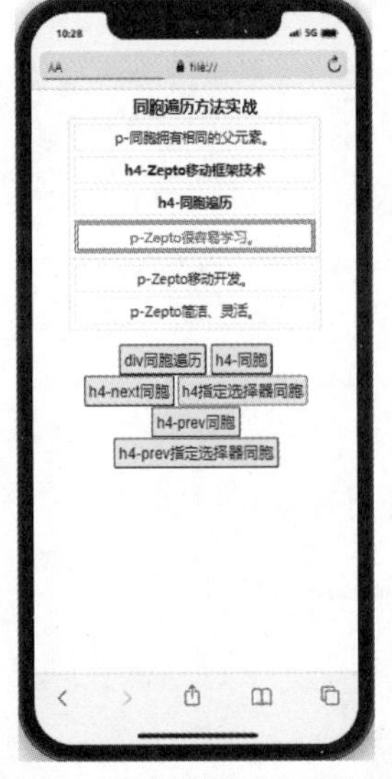

图 6-25 带选择器下一同胞页面

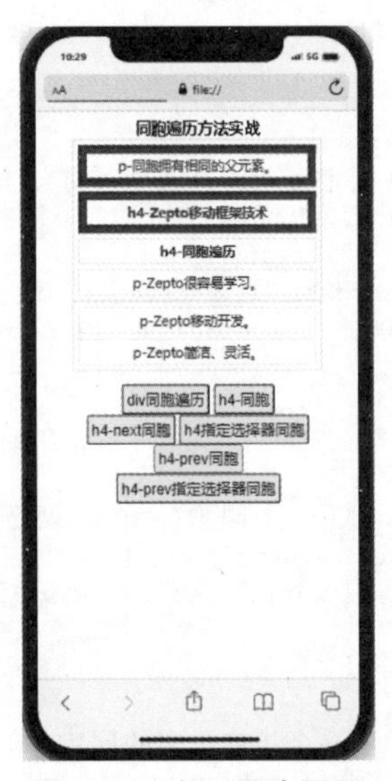

图 6-26 上一同胞页面

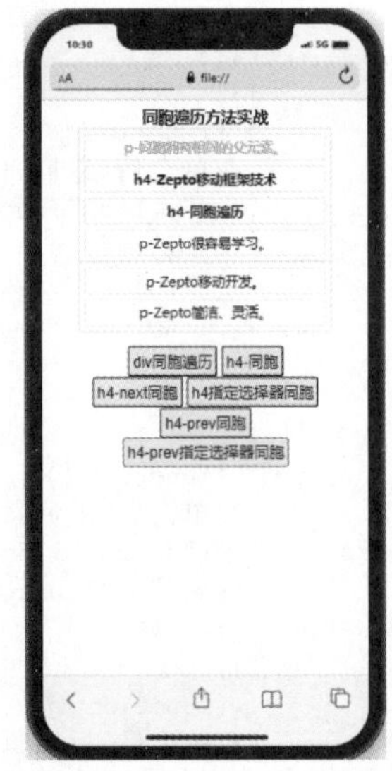

图 6-27 带选择器的上一同胞页面

6.2.5 过滤

有三个最基本的过滤方法可用来缩小搜索范围，可以使用 first()、last()和 eq()等方法来基于其在一组元素中的位置来选择一个特定的元素。

1. 返回唯一元素的过滤方法

```
first()              //语法，获取当前对象集合中的第一个元素
last()               //语法，获取当前对象集合中最后一个元素
eq(index)            //语法，从当前对象集合中获取给定索引值的元素
$('form').first()    //获取当前 form 表单集合中的第一个元素
$('li').last()       //获取列表项集合中最后一个元素
$('li').eq(0)        //  只选取第一个元素
$('li').eq(-1)       //  只选取最后一个元素
```

【例 6-7】 Zepto 过滤(first()、last()、eq())方法实战。

代码如下，页面效果如图 6-28～图 6-31 所示。

```
1.  <!-- zepto-6-7.html -->
2.  <!DOCTYPE html>
3.  <html lang="en">
4.    <head>
5.      <meta charset="UTF-8" />
6.      <meta http-equiv="X-UA-Compatible" content="IE=edge" />
7.      <meta name="viewport" content="width=device-width, initial-scale=1.0" />
8.      <script type="text/javascript" src="../js/zepto.js"></script>
9.      <title>Zepto过滤方法实战</title>
10.     <style>
11.       .containter, h3 {width: 300px; margin: 0 auto; text-align: center;  }
12.       .containter {  border: 1px solid #e1f2f5; margin: 15px auto;  }
13.       blockquote { margin: 15px auto; text-align: center;  }
14.       button { font-size: 18px;  border-radius: 4px; padding: 4px;  }
15.       button:hover { border: 2px dashed red; }
16.     </style>
17.   </head>
18.   <body>
19.     <h3>过滤方法实战</h3>
20.     <div class="containter">
21.       <ul>
22.         <li>ASP 程序设计</li>
23.         <li>JSP 程序设计</li>
24.         <li>PHP 程序设计</li>
25.       </ul>
26.     </div>
27.     <div class="containter">
28.       <p>这是第一个段落。</p>
29.       <p>这是第二个段落。</p>
30.       <p>这是第三个段落。</p>
31.     </div>
32.     <blockquote>
33.       <button id="btn1">first 过滤</button>
34.       <button id="btn2">last 过滤</button>
35.       <button id="btn3">eq(1)过滤</button>
36.     </blockquote>
37.     <script>
38.       $(function () {
39.         //单击后,返回所有 div 中第一个并改变样式
40.         $("#btn1").on("click", function () {
41.           $("div").first().css({
42.             color: "blue",  border: "1px dashed red",   borderRadius: "5px",
43.           });
44.         });
45.       });
46.       $(function () {
47.         //单击后,返回 div 中有 p 元素的最后一个 p 元素并改变样式
48.         $("#btn2").on("click", function () {
49.           $("div p").last().css({
50.             color: "green",  border: "3px double green",
51.             borderRadius: "10px", fontWeight: "bolder",
52.           });
53.         });
54.       });
55.       $(function () {
56.         //单击后,返回无序列表中索引号为 1 的列表项,并改变样式
57.         $("#btn3").on("click", function () {
58.           $("div ul li").eq(1).css({ color: "blue", border: "2px solid red", });
59.         });
60.       });
61.     </script>
62.   </body>
63. </html>
```

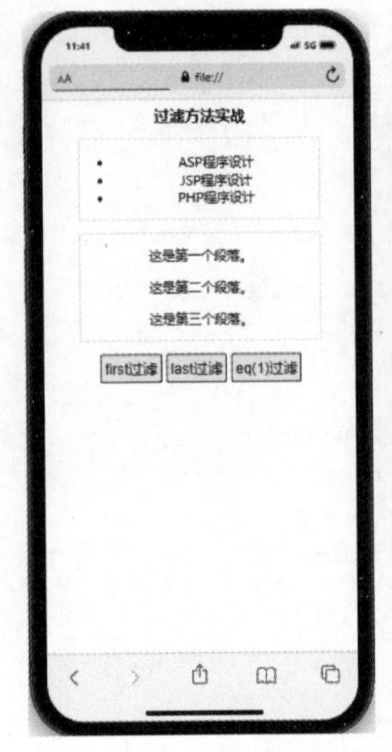

图 6-28 初始页面

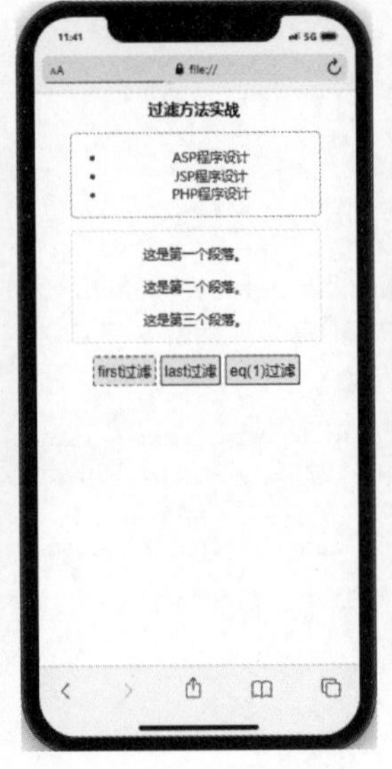

图 6-29 first 过滤页面

图 6-30 last 过滤页面 图 6-31 eq(1)过滤页面

2. 返回匹配或不匹配某项指定选择器的元素的过滤方法

filter(selector)方法过滤对象集合,返回对象集合中满足 CSS 选择器的项。如果参数为一个函数,函数返回有实际值时,元素才会被返回。在函数中,this 关键字指向当前的元素。

not(selector)方法筛选当前集合以获取与 CSS 选择器不匹配的元素的新集合。如果给定了另一个集合而不是选择器,则只返回其中不存在的元素。如果给定了函数,则仅返回函数返回错误值的元素。在函数内部,this 关键字指的是当前元素。

```
filter(selector)                        //语法,返回指定过滤器的元素
filter(function(index){ … })            //集合对象,v1.0 +
not(selector)                           //语法,返回不匹配指定过滤器的元素
not(collection)                         //语法,返回集合对象中不存在的元素
not(function(index){ … })               //返回函数返回错误值的元素
$("div p").filter(".p1")                //返回 div 中所有 p 元素中指定类名的 p 元素
$("div p").not(".p1")                   //返回 div 中所有 p 元素中未指定类名的 p 元素
$("li").filter(function(index){         //有 6 个列表项
    return index % 2 == 0;
}).css("background-color","red");       //将第 1、3、5 个列表项变成红色
```

【例 6-8】 Zepto 过滤(filter()、not())方法实战。

代码如下,页面效果如图 6-32~图 6-35 所示。

```
1.  <!-- zepto-6-8.html -->
2.  <!DOCTYPE html>
3.  <html lang="en">
4.    <head>
5.      <meta charset="UTF-8" />
6.      <meta http-equiv="X-UA-Compatible" content="IE=edge" />
7.      <meta name="viewport" content="width=device-width, initial-scale=1.0" />
8.      <script type="text/javascript" src="../js/zepto.js"></script>
9.      <title>Zepto 过滤方法 - 2 实战</title>
10.     <style>
11.      .containter, h3 {width: 300px; margin: 0 auto; text-align: center; }
12.      .containter { border: 1px solid #e1f2f5; margin: 15px auto; }
13.      blockquote { margin: 15px auto; text-align: center;}
14.      button {font-size: 18px;border-radius: 4px; padding: 4px; }
```

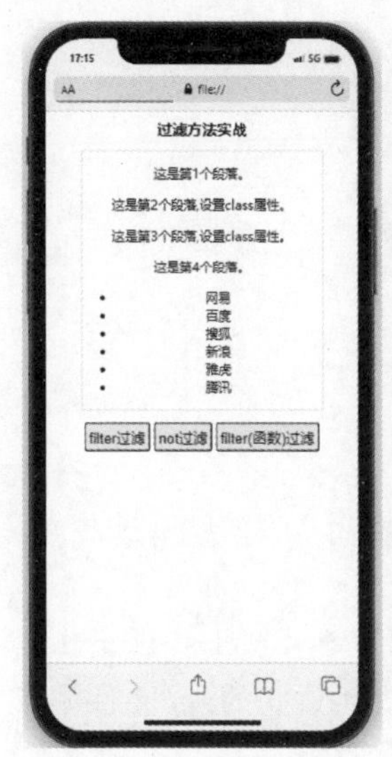

图 6-32　初始页面

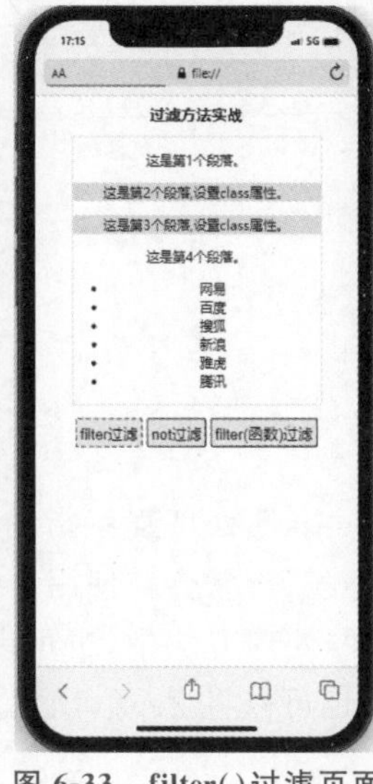

图 6-33　filter()过滤页面

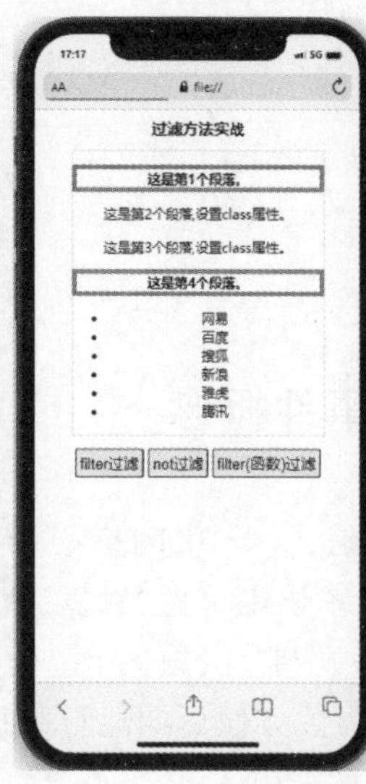

图 6-34　not()过滤页面

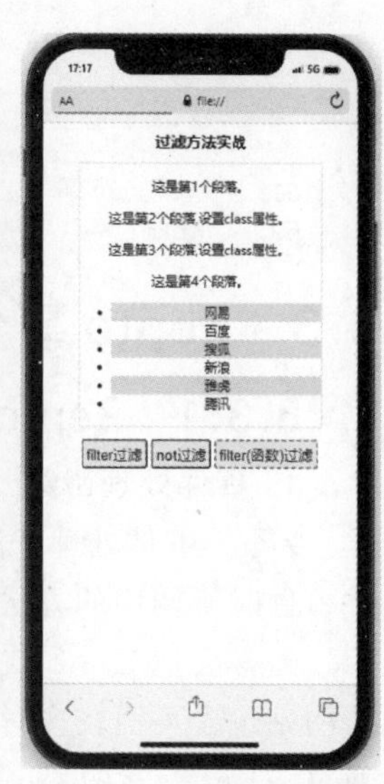

图 6-35　函数过滤页面

```
15.          button:hover {   border: 2px dashed red;}
16.        </style>
17.      </head>
18.      <body>
19.        <h3>过滤方法实战</h3>
20.        <div class = "containter">
21.          <p>这是第 1 个段落。</p>
22.          <p class = "p1">这是第 2 个段落,设置 class 属性。</p>
23.          <p class = "p1">这是第 3 个段落,设置 class 属性。</p>
24.          <p>这是第 4 个段落。</p>
25.          <ul>
26.            <li>网易</li>
27.            <li>百度</li>
28.            <li>搜狐</li>
29.            <li>新浪</li>
30.            <li>雅虎</li>
31.            <li>腾讯</li>
32.          </ul>
33.        </div>
34.        <blockquote>
35.          <button id = "btn1">filter 过滤</button>
36.          <button id = "btn2">not 过滤</button>
37.          <button id = "btn3">filter(函数)过滤</button>
38.        </blockquote>
39.        <script>
40.          $(function () {
41.            //单击后,返回 div 中所有 p 元素中指定类名的 p 元素并改变样式
42.            $("#btn1").on("click", function () {
43.              $("div p").filter(".p1").css({ backgroundColor: "yellow",});
44.            });
45.          });
46.          $(function () {
47.            //单击后,返回 div 中所有 p 元素中未指定类名的 p 元素并改变样式
48.            $("#btn2").on("click", function () {
49.              $("div p").not(".p1").css({ border: "5px double red", fontWeight: "bolder", });
50.            });
51.          });
52.          $(function () {
53.            //单击后,返回列表中所有索引值为偶数的列表项并改变样式
54.            $("#btn3").on("click", function () {
55.              $("ul li")
56.                .filter(function (index) { return index % 2 == 0;
```

```
57.            }).css({ backgroundColor: "yellow", });
58.          });
59.        });
60.      </script>
61.    </body>
62.  </html>
```

6.3 Zepto 事件

6.3.1 Zepto 事件概念

1. 事件处理函数

Zepto 事件处理方法是 Zepto 中的核心函数。事件处理程序指的是当 HTML 中发生某些事件时所调用的方法。术语由事件“触发”或“激发”经常会被使用。

通常会把 Zepto 代码放到< head >标记的事件处理方法中，也可以放在< body >标记中。若网站包含页面较多时，为了方便后期运行维护，也可以将 Zepto 函数放到独立的.js 文件中。通过 script 元素的 src 属性来引入。

```
1.  <head>
2.    <script type = "text/javascript" src = "../js/zepto.js"></script>
3.    <script type = "text/javascript">
4.      $(document).ready(function(){          //文档准备函数
5.        $("button").click(function(){        //按钮单击事件
6.          $("p").hide();                     //匹配的 p 元素隐藏
7.        });
8.      });
9.    </script>
10. </head>
```

2. Zepto 事件

Zepto 事件与 jQuery 事件以及 JavaScript 事件类似，如 on()、off()、one()、trigger()、triggleHandler()等，其他事件如 bind、delegate、die、live、unbind、undelegate 已经废弃，可以使用其他方法替代。只是 Zepto 增加了适用于移动端的 touch、tap、swipe 等手势事件。常用部分事件使用方式如下。

```
$(document).ready(function)            //将函数绑定到文档的就绪事件(当文档完成加载时)
$(function(){})                        //ready 方式简写格式
$(selector).click(function)            //触发或将函数绑定到被选元素的单击事件
$(selector).dblclick(function)         //触发或将函数绑定到被选元素的双击事件
$(selector).focus(function)            //触发或将函数绑定到被选元素的获得焦点事件
$(selector).mouseover(function)        //触发或将函数绑定到被选元素的鼠标悬停事件
//事件也可以用 on()方法来监听
$(selector).on(("click", function () {}) //同样可以使用 on()监听单击事件
```

在 Zepto 中 ready 与 onLoad 事件在执行效果上是有区别的。ready 事件是在 DOM 加载完成时触发，不包括图像资源，可以多次执行，可以简写为 $(function(){})。而 onLoad 事件是所有资源均加载完成时触发，只执行一次，不能简写。

```
1.  <script>
2.    //DOM 加载完毕(不包括图片等)
3.    $(document).ready(function () {});
4.    //全部文件加载完毕(HTML 文件 + CSS 文件 + JS 文件 + 图片等)
5.    window.onload = function () {};
6.  </script>
```

综上所述，其实 ready 比 onLoad 要快，一般建议使用 ready 事件。

6.3.2 Zepto 监听事件

Zepto 中通过 on()方法来监听事件，绑定事件处理函数可以响应事件，完成相关操作。

```
on(type, [selector], function(e){ … })                          //自身
on(type, [selector], [data], function(e){ … })                  //自身,v1.1+
on({ type: handler, type2: handler2, … }, [selector])           //自身
on({ type: handler, type2: handler2, … }, [selector], [data])   //自身,v1.1+
```

将事件处理程序添加到集合中的元素。多个事件类型可以以空格分隔的字符串传递，也可以作为“事件类型为键、处理程序为值”的对象传递。如果给定了 CSS 选择器，则只有当事件源自与选择器匹配的元素时，才会调用处理程序函数。

如果给定了数据参数[data]，则在执行事件处理程序期间，该值将可作为 event.data 属性值。

事件处理程序是在处理程序所附加的元素的上下文中执行的，如果提供了选择器，则是在匹配的元素中执行的。当事件处理程序返回 false 时，将为当前事件调用 preventDefault()和 stopPropagation()，从而阻止默认的浏览器操作。

如果将 false 作为参数而不是回调函数传递给此方法，则相当于传递一个返回 false 的函数。

```
var elem = $('#content')                              //获取 id 为 content 的元素
//观察#content 内部的所有单击
elem.on('click', function(e){ … })
//观察#content 中导航链接内的单击
elem.on('click', 'nav a', function(e){ … })           //给定 CSS 选择器
//文档中链接内的所有单击
$(document).on('click', 'a', function(e){ … })        //给定 CSS 选择器
//禁止跟随页面上的任何导航链接
$(document).on('click', 'nav a', false)               //给定 CSS 选择器,指定 false 参数
//单击超链接时,将阻止默认行为
$("a").click(function(event){                         //回调函数指定参数 event
  event.preventDefault();
});
//单击 div 会阻止事件冒泡(多个 div 嵌套)
$("#div2").click(function (event) {
   event.stopPropagation();                           //阻止事件冒泡
   alert("Default prevented: " + event.isDefaultPrevented());
});
```

Zepto 中的 isDefaultPrevented()、isPropagationStopped()两个函数可以用来判断阻止是否成功，均返回布尔值。其中，isDefaultPrevented()方法返回指定的 event 对象上是否调用了 preventDefault()方法；isPropagationStopped()方法返回指定的 event 对象上是否调用了 stopPropagation()方法。

【例 6-9】 Zepto 事件监听 on()方法实战。

代码如下，页面效果如图 6-36～图 6-39 所示。

```
1.  <!-- zepto-6-9.html -->
2.  <!DOCTYPE html>
3.  <html lang="en">
4.    <head>
5.      <meta charset="UTF-8" />
6.      <meta http-equiv="X-UA-Compatible" content="IE=edge" />
7.      <meta name="viewport" content="width=device-width, initial-scale=1.0" />
8.      <title>Document</title>
9.      <script src="../js/zepto.min.js"></script>
10.     <style>
11.       #div0 {width: 300px;  height: 300px;  background-color: #f2f2f2;
```

```
12.           display: flex;justify-content: center; align-items: center;
13.          }
14.          #div1 { width: 200px; height: 200px; background-color: #a1a2a3;
15.           display: flex; justify-content: center; align-items: center;
16.          }
17.          #div2 {width: 100px; height: 100px; background-color: #e1e2e3;
18.           display: flex;  justify-content: center; align-items: center;
19.          }
20.        </style>
21.      </head>
22.      <body>
23.        <h3>Zepto 事件监听 on 方法实战</h3>
24.        <div id="div0">
25.         <div id="div1">
26.          <div id="div2">div2 </div>
27.         </div>
28.        </div>
29.        <p>stopPropagation()方法用于阻止事件冒泡</p>
30.        <p id="info"></p>
31.        <h3>默认行为阻止与允许</h3>
32.        <a id="a1" href="http://www.163.com" title="默认行为被阻止">网易</a>
33.        <p>preventDefault() 方法将防止上面的链接打开 URL。</p>
34.        <a href="http://baidu.com" title="默认行为允许">百度</a>
35.        <script>
36.         function fun2(event) {                                    //自定义函数
37.          event.stopPropagation();                                 //阻止事件冒泡
38.           $("#info").html($("#info").html() + "单击 div2!<br>");
39.         }
40.         $("#div0").on("click", function () {
41.           $("#info").html($("#info").html() + "单击 div0!<br>");
42.         });
43.         $("#div1").click(function () {
44.           $("#info").html($("#info").html() + "单击 div1!<br>");
45.         });
46.         $("#div2").on("click", fun2);                             //回调函数为自定义函数
47.         $("#a1").on("click", function (event) {                   //调用原生方法
48.          event.preventDefault();                                  //阻止默认行为
49.         });
50.        </script>
51.      </body>
52.    </html>
```

图 6-36　初始页面

图 6-37　单击 div2 页面

图 6-38　单击 div1 页面

图 6-39　单击超链接页面

代码中第24～28行插入了三个嵌套的div，id分别为div0、div1、div2，分别监听单击事件。其中，id为div2的div调用event.stopPropagation()方法来阻止事件冒泡，这样单击div2时事件不向外传播；若不调用该方法则会向外传播事件。单击div1时会发生冒泡事件。第47行对第32行定义的“网易”超链接定义单击事件，绑定事件处理函数，并调用阻止事件默认行为，不能访问网易网站，而第34行定义的百度超链接没有限制默认行为，可以访问百度。

6.3.3 Zepto移除事件

Zepto事件中的off()方法移除对象上使用on()绑定的事件处理程序。若要移除特定的事件处理程序，必须传递与on()方法相同的函数。否则，仅用事件类型调用此方法就会移除该类型的所有处理程序。当在没有参数的情况下调用时，它会移除在当前元素上注册的所有事件处理程序。

```
off(type, [selector], function(e){ … })          //移除某一类型事件的回调函数
off({ type: handler, type2: handler2, … }, [selector])
off(type, [selector])                             //移除元素上所有特定事件
off()                                             //移除元素上所有事件
$("#div1").on("click", fun1);                     //fun1为回调函数名称
$("#div1").off("click", fun1);                    //移除时，传递与on()相同的函数fun1
```

【例6-10】 Zepto移除事件off()方法实战。

代码如下，页面效果如图6-40～图6-42所示。

```
1.  <!-- zepto-6-10.html -->
2.  <!DOCTYPE html>
3.  <html lang="en">
4.    <head>
5.      <meta charset="UTF-8" />
6.      <meta http-equiv="X-UA-Compatible" content="IE=edge" />
7.      <meta name="viewport" content="width=device-width, initial-scale=1.0" />
8.      <title>Zepto事件监听off方法实战</title>
9.      <script src="../js/zepto.min.js"></script>
10.     <style>
11.       #div0 { width: 300px;   height: 300px; background-color: #b1b2b3;
12.         display: flex; justify-content: center; align-items: center; }
13.       #div1 {width: 200px; height: 200px; background-color: #e1e2e3;
14.         display: flex; justify-content: center;  align-items: center;   }
15.       #div2 { width: 100px;height: 100px; background-color: #f6f6f6;
16.         display: flex; justify-content: center; align-items: center; }
17.     </style>
18.   </head>
19.   <body>
20.     <h3>Zepto事件监听off方法实战</h3>
21.     <div id="div0"><div id="div1"><div id="div2">div2</div></div></div>
22.     <p>默认单击div2,响应事件,单击'off方法'按钮后,不响应单击事件。</p>
23.     <p id="info"></p>
24.     <a id="a1" href="http://www.163.com" title="默认行为被阻止" target="_blank">网
    易</a>
25.     <p>默认阻止,单击'off方法'按钮后,允许访问。</p>
26.     <button id="btn1">off方法</button>
27.     <script>
28.       function fun1() {
29.         $("#info").html(
30.           $("#info").html() + "div1的width:" + $("#div1").width() + "px<br>"
31.         );
32.       }
33.       function fun3() { $("#info").html($("#info").html() + "单击div1!<br>"); }
34.       function fun2(event) {
35.         event.stopPropagation();           //阻止事件冒泡
36.         $("#info").html($("#info").html() + "单击div2!<br>");
```

```
37.         }
38.         $("#div0").on("click", function () {
39.           $("#info").html($("#info").html() + "单击 div0!<br>");
40.         });
41.         //div1 定义两个不同的 click 事件
42.         $("#div1").on("click", fun3);
43.         $("#div1").on("click", fun1);
44.         $("#div2").on("click", fun2);   //回调函数为自定义函数
45.         $("#a1").on("click", function (event) {event.preventDefault();    //调用原生方法
46.         });
47.         //取消相关事件及函数
48.         $("#btn1").on("click", function () {
49.           $("#div2").off();              //取消所有事件
50.           $("#a1").off();                //取消所有事件
51.           $("#div1").off("click", fun1);
52.         });
53.       </script>
54.     </body>
55.   </html>
```

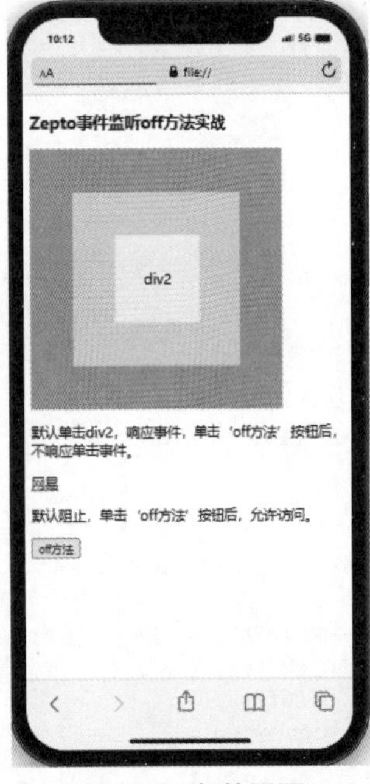

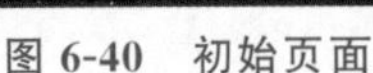
图 6-40　初始页面

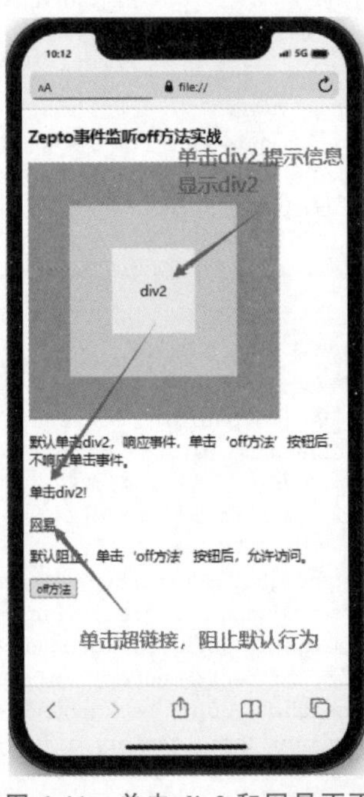

图 6-41　单击 div2 和网易页面

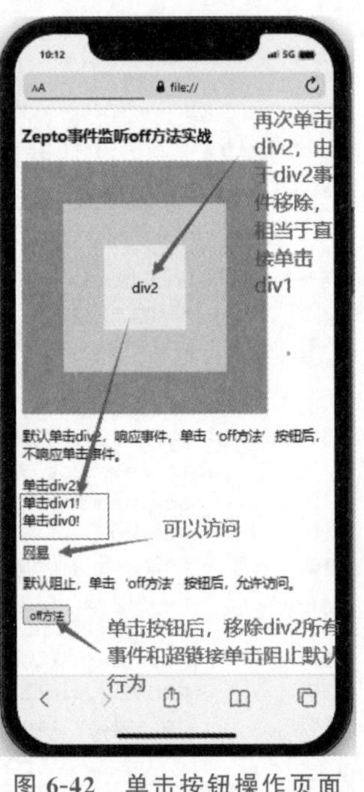

图 6-42　单击按钮操作页面

6.3.4　Zepto 事件委托

事件委托(代理)是把事件定义到父元素上，通过选择器传递给子元素。

事件委托就是利用冒泡的原理，把事件加到父级上，通过判断事件来源的子集，执行相应的操作。事件委托首先可以极大减少事件绑定次数，提高性能；其次可以让新元素的子元素也拥有相同的操作。可以理解为声明一个全局变量，所有的子元素都要执行声明过的父元素的参数。

基本语法：

```
on(type,[selector],function(){})               //事件委托使用 on()方法
$("父元素选择器").on("无 on 的事件","子元素选择器",function(){   })
$("#ul1").on("click", "li", function () {}) //事件委托
```

当父元素动态增加新子元素时，新增子元素可以拥有跟原有子元素相同的操作和特征。

【例 6-11】 Zepto 事件委托方法实战。

代码如下,页面效果如图 6-43～图 6-45 所示。

```
1.  <!-- zepto-6-11.html -->
2.  <!DOCTYPE html>
3.  <html lang="en">
4.    <head>
5.      <meta charset="UTF-8" />
6.      <meta http-equiv="X-UA-Compatible" content="IE=edge" />
7.      <meta name="viewport" content="width=device-width, initial-scale=1.0" />
8.      <title>Zepto事件代理方法实战</title>
9.      <script src="../js/zepto.js"></script>
10.   </head>
11.   <body>
12.     <h3>Zepto事件代理方法实战</h3>
13.     <button id="btn1">增加列表项</button>
14.     <button id="btn2">事件委托(代理)</button>
15.     <ul id="ul1">
16.       <li>AAAA</li>
17.       <li>BBBB</li>
18.       <li>CCCC</li>
19.       <li>DDDD</li>
20.     </ul>
21.     <p id="info"></p>
22.     <script>
23.       var str = "ABCDEFGHIJKLMNOPQRSTUVWXYZ";
24.       function selectOne() {
25.         //随机产生一个字符
26.         return str[Math.floor(Math.random() * str.length)];
27.       }
28.       $("#btn2").on("click", function () {
29.         //事件代理
30.         $("#ul1").on("click", "li", function () {
31.           $(this).css({ color: "blue" });
32.           $("#info").html("子元素事件代理成功!!");
33.         });
34.       });
35.       //在列表项末尾添加新的列表项
36.       $("#btn1").on("click", function () {
37.         var listtext = selectOne() + selectOne() + selectOne() + selectOne();
38.         $("#ul1").append("<li>" + listtext + "</li>");
39.       });
40.       //单击无序列表项改变自身样式
41.       $("ul li").on("click", function () {
42.         $(this).css({ color: "red" });
43.       });
44.     </script>
45.   </body>
46. </html>
```

6.3.5 Zepto 只执行一次

添加一个事件处理程序,该事件处理程序在第一次运行时会删除自身,确保该处理程序只触发一次。有关选择器和数据参数的解释,请参见.on()。

```
one(type, [selector], function(e){ … })                              //基本语法
one(type, [selector], [data], function(e){ … })                      //数据选项,v1.1+支持
one({type: handler, type2: handler2, … }, [selector])                //以对象的方式设置多个事件
one({type: handler, type2: handler2, … }, [selector], [data])        //v1.1+支持
```

向被选元素添加一个或多个事件处理程序。该处理程序只能被每个元素触发一次。

【例 6-12】 Zepto 只执行一次 one()方法实战。

代码如下,页面效果如图 6-46～图 6-48 所示。

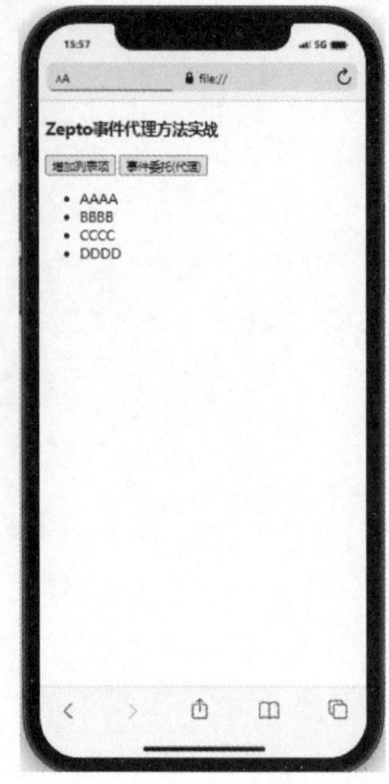

图 6-43　初始页面

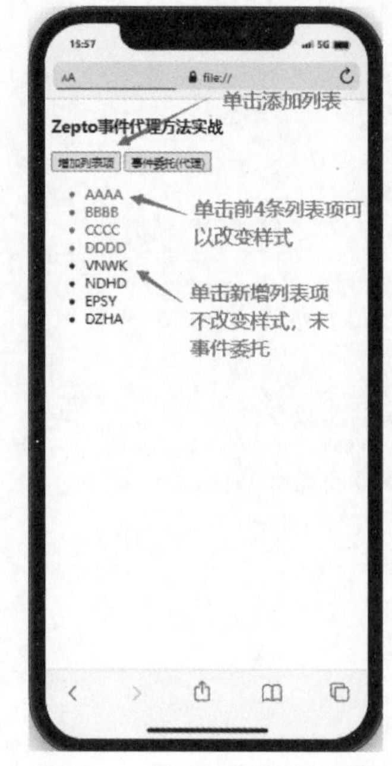

图 6-44　单击左边按钮页面

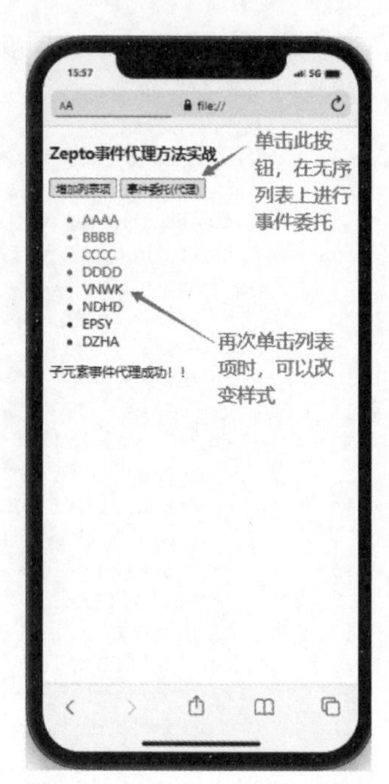

图 6-45　单击右边按钮页面

```
1.  <!-- zepto-6-12.html -->
2.  <!DOCTYPE html>
3.  <html lang="en">
4.    <head>
5.      <meta charset="UTF-8" />
6.      <meta http-equiv="X-UA-Compatible" content="IE=edge" />
7.      <meta name="viewport" content="width=device-width, initial-scale=1.0" />
8.      <title>Zepto 事件代理方法实战</title>
9.      <script src="../js/zepto.js"></script>
10.     <style>
11.       button {font-size: 22px;width: 100px; height: 30px;}
12.       button:hover {border: 1px solid red; }
13.     </style>
14.   </head>
15.   <body>
16.     <h3>Zepto 只执行一次方法实战</h3>
17.     <button id="btn1">one</button>
18.     <button id="btn2">on</button>
19.     <p id="p1">这个段落的样式,单击 one 只改变一次。</p>
20.     <p id="p2">这个段落的样式,单击 one 时只改变一次。</p>
21.     <p id="p3">这个段落的样式,单击 one 只改变一次; 单击 on 时可以连续改变。</p>
22.     <script>
23.       $(function () {
24.        $("#btn1").one("click", function () {
25.          $("p").css({ fontSize: "20px" });
26.        });                    //按钮只执行 1 次
27.       });
28.       $(function () {
29.        var varSize = 20;
30.        $("#btn2").on("click", function () {
31.          $("#p3").css({ fontSize: varSize + "px", fontStyle: "italic" });
32.          varSize++;           //字体大小加 1(px)
33.        });                    //这个按钮可以多次执行
34.       });
35.     </script>
36.   </body>
37. </html>
```

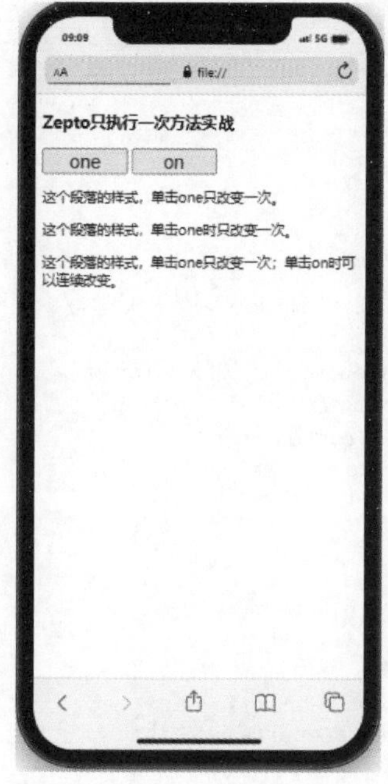

图 6-46　初始页面

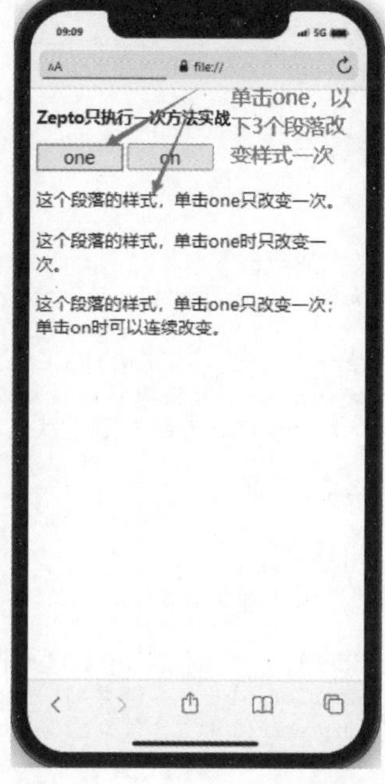

图 6-47　单击 one 按钮页面

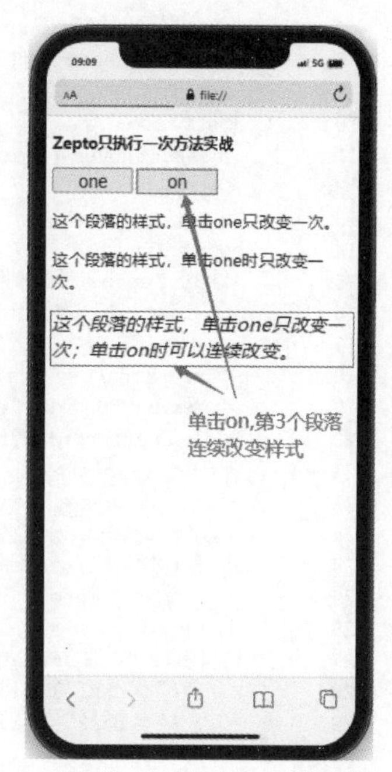

图 6-48　单击 on 按钮页面

6.3.6　Zepto 事件触发

1. trigger()方法

在集合的元素上触发指定的事件，可以使用 trigger()方法。事件可以是字符串类型，也可以是使用 $.Event 获得的完整事件对象。如果给定了 args 数组，则会将其作为附加参数传递给事件处理程序。

```
trigger(event, [args])              //在匹配的元素上触发指定的事件
$("#a1").trigger("click");          //触发超链接上的单击事件,访问默认 URL
```

2. triggerHandler()

```
triggerHandler(event, [args])             //触发当前元素上指定的事件,阻止冒泡
$("#a1").triggerHandler("click");         //触发超链接上的单击事件,阻止默认行为
```

类似于 trigger()，但只触发当前元素上的事件处理程序，而不会冒泡。

3. $.Event()

创建并初始化一个指定的 DOM 事件。如果给定 properties 对象，使用它可扩展出新的事件对象。默认情况下，事件被设置为冒泡方式；这可以通过设置 bubbles 为 false 来关闭。

一个事件初始化的函数可以使用 trigger 来触发。

```
$.Event(type,[properties])          //创建一个 DOM 事件
var el = $.event("click");          //定义一个 DOM 事件对象
$.Event('mylib:change', { bubbles: false })
```

【例 6-13】 Zepto 事件触发方法实战。

代码如下，页面效果如图 6-49～图 6-51 所示。

```
1.  <!-- zepto-6-13.html -->
2.  <!DOCTYPE html>
3.  <html lang="en">
4.    <head>
5.      <meta charset="UTF-8" />
6.      <meta http-equiv="X-UA-Compatible" content="IE=edge" />
```

```
7.      <meta name = "viewport" content = "width = device - width, initial - scale = 1.0" />
8.      <title> Zepto 事件代理方法实战</title>
9.      <script src = "../js/zepto.js"></script>
10.     <style>
11.       button:hover { border: 1px solid red; }
12.     </style>
13.   </head>
14.   <body>
15.     <h3> Zepto 事件触发方法实战</h3>
16.     <a id = "a1" href = "https://www.tsinghua.edu.cn/" target = "iframe">清华大学</a>
17.     <br />
18.     <iframe name = "iframe" src = "https://www.163.com" frameborder = "0"></iframe>
19.     <p><button id = "btn1"> trigger - 允许默认行为</button></p>
20.     <p><button id = "btn2"> triggerHandler - 阻止默认行为</button></p>
21.     <p id = "info"></p>
22.     <script type = "text/javascript">
23.       $(function () {
24.         $("#a1").click(function () {
25.           $("#info").html("单击了超链接。");
26.         });
27.         var e =  $.Event("click");   //创建一个 DOM 事件对象
28.         $("#btn1").click(function () {  $("#a1").trigger(e);   });
29.         $("#btn2").click(function () {  $("#a1").triggerHandler(e);   });
30.       });
31.     </script>
32.   </body>
33. </html>
```

图 6-49　初始页面

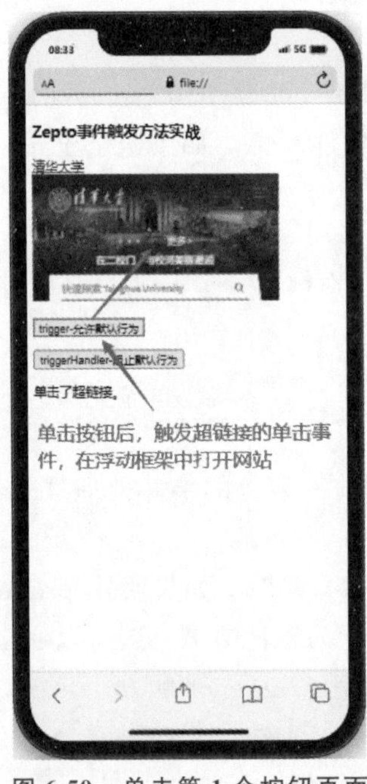

图 6-50　单击第 1 个按钮页面

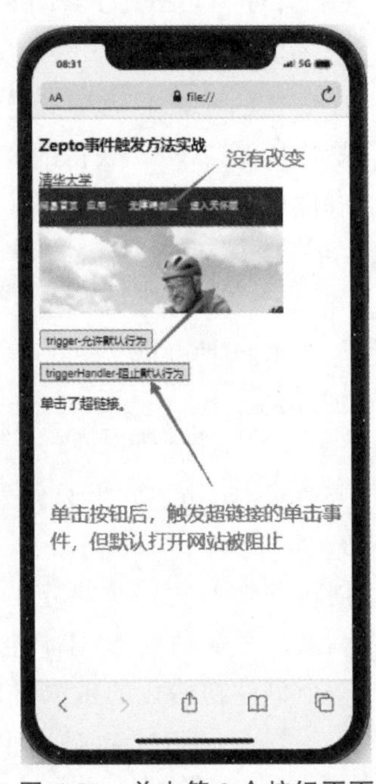

图 6-51　单击第 2 个按钮页面

6.3.7　Zepto touch 事件

1. Zepto 中的 touch 事件

Zepto 中的 touch 事件包含 touchStart、touchMove、touchEnd 和 touchCancel。

- touchStart：手指触摸屏幕上时触发。
- touchMove：手指在屏幕上移动时触发。
- touchEnd：手指从屏幕上拿起时触发。

- touchCancel：系统取消 touch 事件时触发。通常在发生其他事件(如来电需要接听，或按 Tab 键)后，需要中断 touch 事件时触发。

注意 用户一次触摸屏幕操作会同时触发 touchStart、touchEnd 和 Click 事件。

【例 6-14】 Zepto 事件触发方法实战。

代码如下，页面效果如图 6-52～图 6-54 所示。

```
1.  <!-- zepto-6-14.html -->
2.  <!DOCTYPE html>
3.  <html lang="en">
4.    <head>
5.      <meta charset="UTF-8" />
6.      <meta http-equiv="X-UA-Compatible" content="IE=Edge" />
7.      <meta name="viewport" content="width=device-width, initial-scale=1.0" />
8.      <title>移动端 touch 操作</title>
9.      <style>
10.      body { text-align: center; }
11.      div { width: 280px; height: 200px;border: 5px ridge #f0f1f3;overflow: auto;}
12.     </style>
13.   </head>
14.   <body>
15.     <h3>Zepto touch 事件实战</h3>
16.     <div>Zepto</div>
17.     <p>在 div 中单击、触摸时改变 div 边框样式。</p>
18.     <script src="../js/zepto.js"></script>
19.     <script>
20.       $(function () {
21.        $("div").on("click", function () {
22.          $("div").append("单击 div!<br/>");
23.          $("div").css({ border: "5px solid #334455" });
24.         console.log("click...");
25.        });
26.        $("div").on("touchstart", function () {
27.          $("div").css({ border: "5px double #778899" });
28.          $("div").append("触摸开始!<br/>");
29.         console.log("touchstart...");
30.        });
31.        $("div").on("touchend", function () {
32.          $("div").css({ border: "5px dashed #8899AA" });
33.          $("div").append("触摸结束!<br/>");
34.         console.log("touchend...");
35.        });
36.        $("div").on("touchmove", function () {
37.          $("div").css({ border: "5px dotted #99AABB" });
38.          $("div").append("触摸移动!<br/>");
39.         console.log("touchmove...");
40.        });
41.        $("div").on("touchcancel", function () {
42.          $("div").css({ border: "5px groove #AABBCC" });
43.          $("div").append("遇到其他事件时,触摸取消!<br/>");
44.         console.log("touchcancel...");
45.        });
46.       });
47.     </script>
48.   </body>
49. </html>
```

2. touch 模块

Zepto 在 touch 模块中添加了以下事件，这些事件可以与打开和关闭一起使用。

- tap：在元素被轻敲时激发。
- singleTap 和 doubleTap：这对事件可用于检测同一元素上的单点和双点(如果不需要双点检测，请改用 tap)。

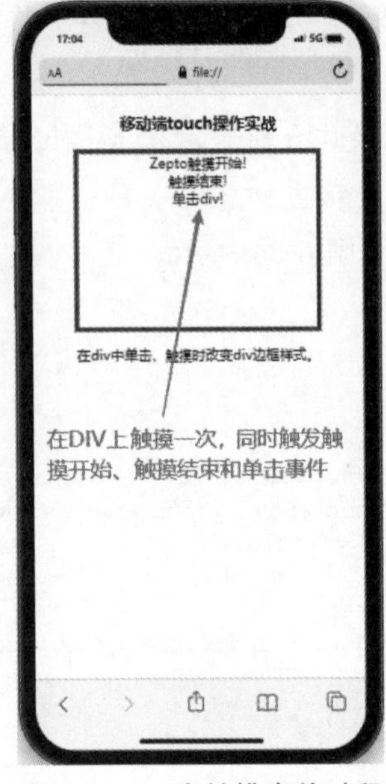

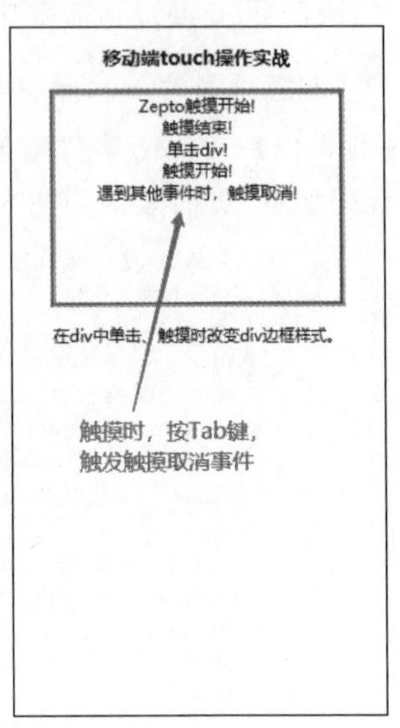

图 6-52　初始页面　　图 6-53　一次触摸事件过程　　图 6-54　触摸取消事件

- longTap：当一个元素被点击并且手指按住屏幕超过 750ms 时就会触发。
- swipe(滑动)、swipeLeft(向左滑动)、swipeRight(向右滑动)、swipeUp(向上滑动)、swipeDown(向下滑动)：当元素被滑动时(可选地在给定方向上)激发。

所有这些事件也可以通过任何 Zepto 集合上的快捷方式获得。

```
<style>.delete { display: none; }</style>
<ul id='items'>
  <li>List item 1 <span class='delete'>DELETE</span></li>
  <li>List item 2 <span class='delete'>DELETE</span></li>
</ul>
<script>
//在滑动时,显示"删除"按钮
$('#items li').swipe(function(){
  $('.delete').hide()
  $('.delete', this).show()
})
//当单击"删除"按钮时,删除行
$('.delete').tap(function(){
  $(this).parent('li').remove()
})
</script>
```

【例 6-15】 Zepto 事件触发方法实战。

代码如下,页面效果如图 6-55～图 6-57 所示。

```
1.  <!-- zepto-6-15.html -->
2.  <!DOCTYPE html>
3.  <html lang="en">
4.    <head>
5.      <meta charset="UTF-8" />
6.      <meta http-equiv="X-UA-Compatible" content="IE=edge" />
7.      <meta name="viewport" content="width=device-width, initial-scale=1.0" />
8.      <title>Zepto 事件代理方法实战</title>
9.      <script src="../js/zepto.js"></script>
10.     <script src="../js/touch.js"></script>
11.     <style>
12.       .delete {display: none; }
```

```
13.         span {margin: 0px 10px;color: red; background-color: beige; padding: 2px 5px;}
14.         ul { touch-action: none;  /* 禁用元素上的所有手势,使用自己的拖放和缩放 API
            */ }
15.       </style>
16.     </head>
17.     <body>
18.       <h3>Zepto touch 事件实战</h3>
19.       <h4>我的待办事项</h4>
20.       <ul id="list">
21.         <li>周一下午 14: 30 交流大会<span class="delete">删除</span></li>
22.         <li>周二 IT 学院技术报告<span class="delete">删除</span></li>
23.         <li>周四下午 15: 00 教学检查<span class="delete">删除</span></li>
24.         <li>周五下午 14: 00 学生座谈会<span class="delete">删除</span></li>
25.       </ul>
26.       <script type="text/javascript">
27.         //在滑动时,显示"删除"按钮
28.         $("#list li").on("swipe", function () {
29.           //$(".delete").hide();              //隐藏所有 span 元素
30.          //$(".delete", this).show();
31.           $(this).find(".delete").show()     //显示指定的元素
32.         });
33.         //当单击"删除"按钮时,删除行
34.         $(".delete").tap(function () {
35.          //查找直接父元素
36.           $(this).parent("li").remove();
37.         });
38.       </script>
39.     </body>
40.   </html>
```

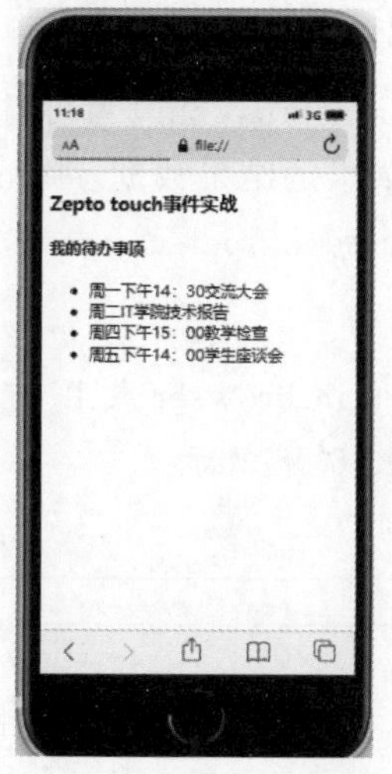

图 6-55 初始页面

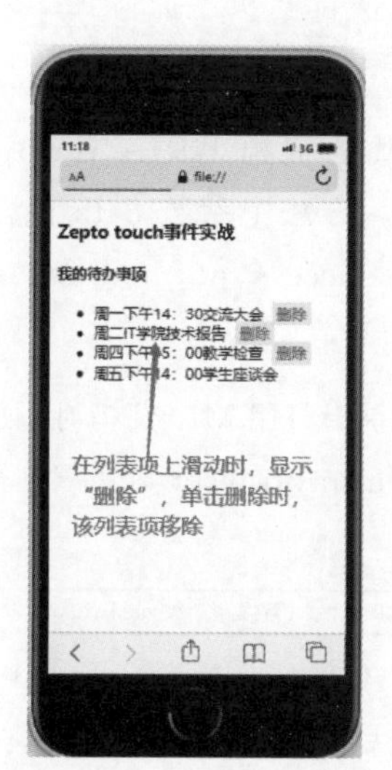

图 6-56 滑动事件页面

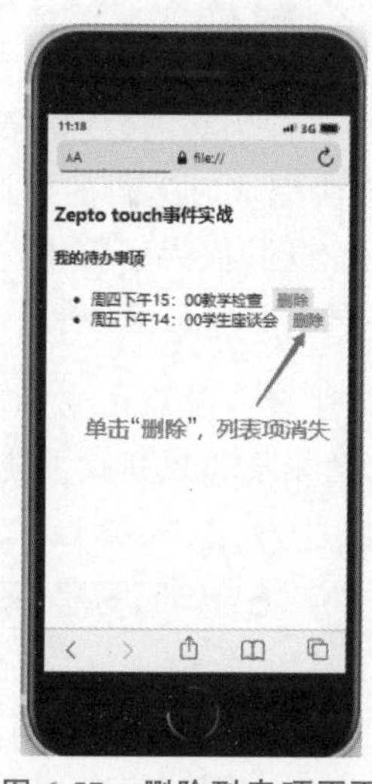

图 6-57 删除列表项页面

可以将代码第 28 行中“swipe”事件名改为“swipe * ”(*-表示方向),同样可以实现左滑、右滑、上滑和下滑的功能。同样可以将代码第 34 行中的“tap”改为“ * Tap”(*-表示 single、double、long),可以实现各种点击屏幕的效果。

注意 如果在 Android 移动端上 swipe 滑动事件不响应,可以在移动元素上添加 CSS 属性 touch-action:none;来禁止所有默认事件,这样才可以响应滑动事件。

6.4 Zepto AJAX

AJAX 是与服务器交换数据的技术,实现了对部分网页的内容进行更新,而不是重载全部

页面。

AJAX 即异步 JavaScript 和 XML(Asynchronous JavaScript and XML)。简单地说，在不重载整个网页的情况下，AJAX 通过后台加载数据，并在网页上进行显示。

使用 AJAX 的应用程序案例如谷歌地图、腾讯微博、优酷视频、人人网等。

执行 AJAX 请求，它可以是本地资源，或者通过支持 HTTP access control 的浏览器或者通过 JSONP(JSON with Padding-JSON 的一种"使用模式")来实现跨域。JSONP 的实现原理是利用< script ></script >标记可以获取不同源资源的特点，来达到跨域访问某个资源。

6.4.1 Zepto AJAX 模块引入

通常 zepto.js 默认内置 5 个模块，其中就包含 AJAX 模块。如果需要另外引入，可以在 HTML 文档中使用< script >标记来引入 ajax.js 模块。引入方式如下。

```
<script src = "../js/zepto.js"></script>
<script src = "../js/ajax.js"></script>
```

6.4.2 Zepto AJAX load()方法

load()方法用于从服务器加载数据，并把返回的数据放置到指定的元素中。

将当前集合的 HTML 内容设置为给定 URL 的 GET AJAX 调用的结果。可以在 URL 中指定 CSS 选择器，但它为可选项。这样只使用与选择器匹配的 HTML 内容来更新集合。如果没有给定 CSS 选择器，则使用完整的响应文本。load()方法使用语法如下。

```
load(url, function(data, status, xhr){ … })          //基本语法
$('#some_element').load('server_text.txt #bar') //server_text.txt 为外部文件,指定选择器
//#bar
```

其中，url 为必需，规定需要加载的资源 URL；function(data,status,xhr)为可选，规定 load()方法完成时运行的回调函数。方法中参数 data 包含来自请求的结果数据，status 包含请求的状态(其值为字符串，分别为 success、notmodified、error、timeout、parsererror)，xhr 包含 XMLHttpRequest 对象。

注意 通常在 VS Code 中调试 HTML 代码时，使用 open in browser 或 Live Server 插件时，均不会出现错误。使用 open in browser 时 URL 格式如图 6-58 所示。

图 6-58 使用 open in browser 时 URL 格式

而在调试包含 Zepto AJAX 方法的 HTML 代码时，需要使用 http 或 https 协议来访问本地资源，不能使用 file 协议，否则会报"from origin 'null' has been blocked by CORS policy: Cross origin requests are only supported"错误，如图 6-59 所示。使用类似于 Live Server 效果的插件，此时 URL 格式如图 6-60 所示。

```
Access to XMLHttpRequest at 'file:///D:/JS-TS-Vue.js%E5%8   zepto-6-16.html:1
9%8D%E7%AB%AF%E5%BC%80%E5%8F%91%E5%85%A5%E9%97%A8%E5%88%B0%E5%AE%9E%E6%88%98/
jsts-vue3/chapter6/server_test.txt' from origin 'null' has been blocked by
CORS policy: Cross origin requests are only supported for protocol schemes:
http, data, isolated-app, chrome-extension, chrome, https, chrome-untrusted.
```

图 6-59 使用 open in browser 时出现跨源资源请求被 Cross 策略阻止

图 6-60 使用 Live Server 插件时 URL 格式

【例 6-16】 Zepto AJAX load()方法实战。

代码如下，页面效果如图 6-61～图 6-64 所示。外部数据放置在当前目录下的 server-data 子文件夹中，名称为 server_test.txt。

```
1.  <!-- zepto-6-16.html -->
2.  <!DOCTYPE html>
3.  <html lang="en">
4.    <head>
5.      <meta charset="UTF-8" />
6.      <meta name="viewport" content="width=device-width, initial-scale=1.0" />
7.      <title>Zepto AJAX 请求</title>
8.      <script src="../js/zepto.js"></script>
9.      <style>
10.       #div1 {width: 280px;height: 200px;border: 1px solid black;}
11.       button {font-size: 18px; }
12.     </style>
13.   </head>
14.   <body>
15.     <h3>Zepto AJAX load()方法实战</h3>
16.     <p>
17.       <button id="btn1">load 全部内容</button>
18.       <button id="btn2">load 部分内容</button>
19.       <button id="btn3">load-function()</button>
20.     </p>
21.     <div id="div1"></div>
22.     <p id="info"></p>
23.     <script>
24.       $("#btn1").on("click", function () {
25.         $("#div1").load("./server-data/server_test.txt");    //外部文本放在当前目录下
26.       });
27.       $("#btn2").on("click", function () {
28.         $("#div1").load("./server-data/server_test.txt #p1");         //指定 CSS 选择器
29.       });
30.       $("#btn3").on("click", function () {               //指定 CSS 选择器,并设置可选参数
31.         $("#div1").load("./server-data/server_test.txt h3", function (data, status,
          xhr) {
32.           if (status == "success") {
33.             $("#info").html("外部内容加载成功!数据内容为: " + data);
34.           }
35.           if (status == "error") {
36.             $("#info").html("Error: " + xhr.status + ": " + xhr.statusText);
37.           }
38.         });
39.       });
40.     </script>
41.   </body>
42. </html>
```

注：server-data/server_test.txt 文件内容如下：

```
<h3>Zepto AJAX load()方法调用外部文本。</h3>
<p id="p1">段落:Zepto AJAX load()方法 - 指定选择器 p。</p>
```

6.4.3 Zepto AJAX 请求方法

1. $.get()

$.get()和$.post()属于$.ajax()的一种简写方式。格式如下。

```
$.get(url, function(data, status, xhr){ … })             //返回 XMLHttpRequest 对象
$.get(url, [data], [function(data, status, xhr){ … }], [dataType]) //返回 XMLHttpRequest,v1.0+
```

设置 data 参数{key1:value1,key2:value2}将被添加到查询字符串中。

执行 AJAX 的 GET 请求。这是一种$.ajax()方法的快捷方式。格式如下。

```
$.get('/whatevs.html', function(response){
  $(document.body).append(response)  //将响应对象添加到 body 标记中
})
```

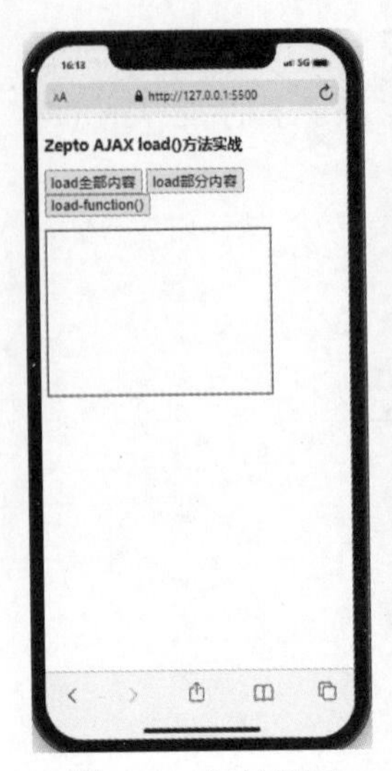

图 6-61 初始页面

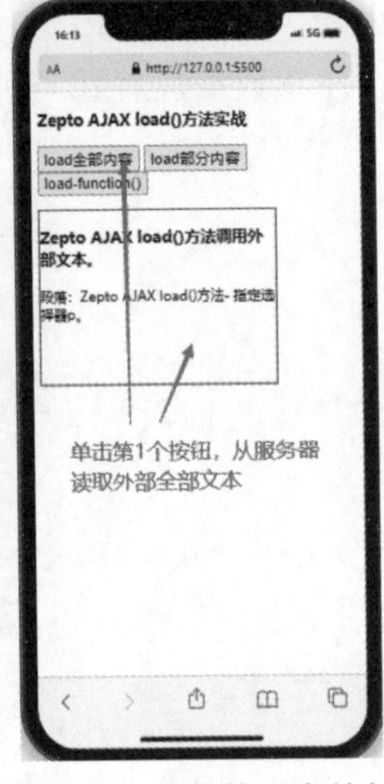

图 6-62 单击第 1 个按钮页面

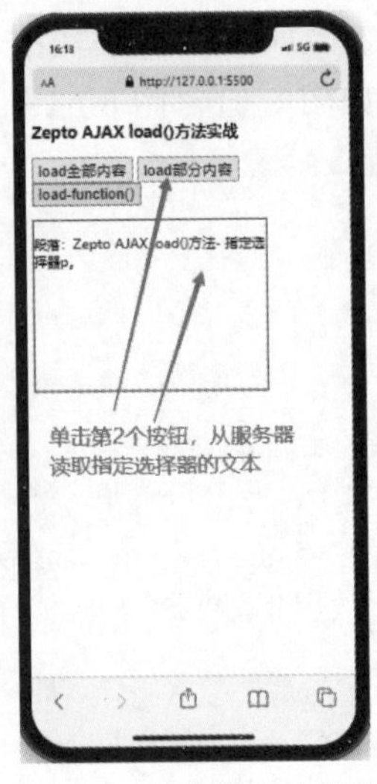

图 6-63 单击第 2 个按钮页面

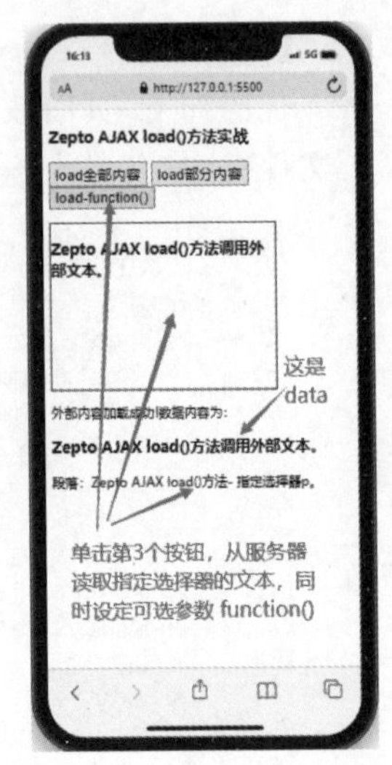

图 6-64 单击第 3 个按钮页面

2. $.getJSON()

$.getJSON()方法主要用来从服务器加载 JSON 数据，它使用的是 GET HTTP 请求。格式如下。

```
$.getJSON(url, function(data, status, xhr){ … })          //返回 XMLHttpRequest
$.getJSON(url, [data], function(data, status, xhr){ … }) //返回 XMLHttpRequest v1.0+
```

经过 AJAX GET 请求获取 JSON 数据，这是一种 $.ajax()方法的快捷方式。

```
$.getJSON('/awesome.json', function (data) { console.log(data) }) //用 JSONP 从外域获取数据
$.getJSON('//example.com/awesome.json?callback=?',
    function (remoteData) { console.log(remoteData) }
)
```

3. $.post()

使用 HTTP POST 请求从服务器加载数据。格式如下。

```
$.post(url, [data], function(data, status, xhr){ … }, [dataType])  //返回 XMLHttpRequest
//执行$.post()的$.ajax 的快捷方式,同时加载 data 参数
$.post('/create', { sample: 'payload' }, function(response){
  //process response
 })
//数据也可以是字符串
$.post('/create', $('#some_form').serialize(), function(response){
  //…
 })
```

【例 6-17】 Zepto AJAX $.get()、$.post()和$.getJSON()方法实战。

代码如下，页面效果如图 6-65～图 6-68 所示。外部数据放置在当前目录下的 server-data 子文件夹中，名称为 db.json。

```
1.  <!-- zepto-6-17.html -->
2.  <!DOCTYPE html>
3.  <html lang="en">
4.    <head>
5.      <meta charset="UTF-8" />
6.      <meta name="viewport" content="width=device-width, initial-scale=1.0" />
7.      <title>Zepto AJAX 调用方法</title>
8.      <style>
```

```
9.          body { text - align: center;   }
10.         button { font - size: 18px; }
11.         button:hover { background - color: #f1f1f1;   border: 1px dashed red; }
12.         #div1 { border: 1px dotted #5a5151; margin: 10px auto; text - align: center; }
13.       </style>
14.       <script src = "../js/zepto.js"></script>
15.     </head>
16.     <body>
17.       <h3>AJAX 调用方法实战之一</h3>
18.       <button id = "btn1">$.get</button>
19.       <button id = "btn2">$.getJSON</button>
20.       <button id = "btn3">$.post</button>
21.       <div id = "div1"></div>
22.       <script>
23.        $("#btn1").on("click", function () {
24.         //使用$.get()快捷方式,带数据参数,网易云音乐随机歌曲
25.           $.get( "https://api.uomg.com/api/rand.music",   { sort: "热歌榜", format:
          "json" },
26.           function (response) {
27.             console.log(response);
28.              $("#div1").html("<h3>网易云音乐随机歌曲</h3>");
29.              $("#div1").append(JSON.stringify(response.data));
30.           }
31.         );
32.        });
33.        $("#btn2").on("click", function () {
34.         //使用$.getJSON()快捷方式,带数据参数,网易云音乐随机歌曲
35.          $.getJSON("./server - data/db.json", function (response) {
36.           console.log(response);
37.            $("#div1").html("<h3>JSON 数据</h3>");
38.            $("#div1").append(JSON.stringify(response.posts));
39.          });
40.        });
41.        $("#btn3").on("click", function () { //$.post()使用默认格式,带数据参数
42.         $.post("https://api.uomg.com/api/rand.music", { sort: "热歌榜", format: "json" },
43.           function (data, status, xhr) {
44.             console.log(data);
45.             if (status == "success") {
46.               $("#div1").html("<h3>网易云音乐随机歌曲</h3>");
47.              //$("#div1").append(JSON.stringify(data.data));
48.               $("#div1").append(
49.                 "<p>歌曲名称:" + data.data.name + "</p>" +
50.                 "<p><a href = '" + data.data.url + "'>歌曲链接</a></p>" +
51.                 "<img width = '280px' src = '" + data.data.picurl + "'>" +
52.                 "<p>艺术家姓名:" + data.data.artistsname + "</p>"
53.               );
54.             }
55.           }
56.         );
57.        });
58.       </script>
59.     </body>
60.   </html>
```

注意 网易云音乐随机歌曲 API 文档参见 http://www.free-api.com/doc/302。

- 请求示例：https://api.uomg.com/api/rand.music? sort=热歌榜&format=json。
- 返回格式：json/mp3。
- 请求方式：get/post。

注：server-data/db.json 文件内容如下：

```
{
 "posts": [
   { "id": 1,"title": "Web 前端开发技术","author":"chujiuliang" },
```

```
    { "id": 2,"title": "Vue.js 好学!","author": "chujiuliang"}
  ],
  "comments": [
    { "title": "JSON Server",
      "body": "JSON Server 是一款小巧的接口模拟(与 mock 相似)工具。",
      "id": 1,
      "postId": 1
    }
  ],
  "profile": {"name": "chujiuliang"}
}
```

4. $.ajax(options)

执行 AJAX 请求。它可以是本地资源，也可以通过浏览器或 JSONP 中的 HTTP 访问控制支持跨域访问。

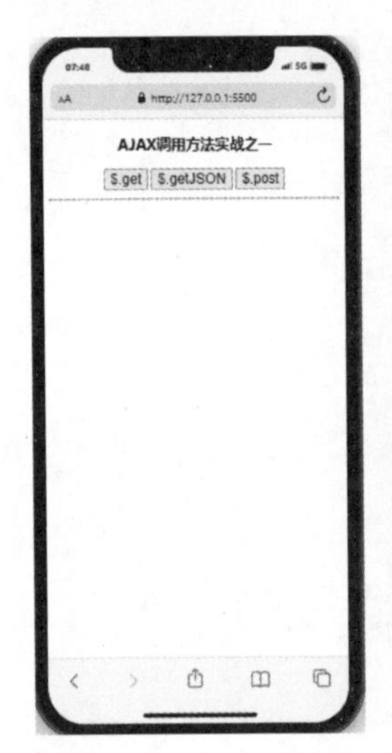

图 6-65　初始页面

图 6-66　get 页面

图 6-67　getJSON 页面

图 6-68　post 页面

```
$.ajax(options)    //返回 XMLHttpRequest
```

1）options

参数 options 是一个对象{}，由多个属性值对构成。其属性及说明如下。

- type(默认为"GET")：请求方法。其值可为"GET""POST"或 other。
- url(默认为当前 URL)：请求所指向的 URL。
- data(默认为 none)：发送到服务器的数据；若是 GET 请求，它会自动被作为参数拼接到 url 上。非 String 对象将经过 $.param 获得序列化字符串。
- processData(默认为 true)：是否自动将非 GET 请求的数据序列化为字符串。
- contentType(默认为"application/x-www-form-urlencoded")：发布到服务器的数据的内容类型(也可以通过 headers 设置)。传递 false 可跳过设置默认值。
- mimeType(默认为 none)：覆盖响应的 MIME 类型。适用于 v1.1+版本。
- dataType(默认为 none)：预期服务器返回的数据类型，可以是"json""jsonp""xml""html"或"text"其中之一。
- jsonp(默认为"callback")：JSONP 回调查询参数的名称。
- jsonpCallback(默认为"jsonp{N}")：全局 JSONP 回调函数的字符串(或返回的一个函数)名称。设置该项能启用浏览器的缓存。适用于 v1.1+版本。

- timeout(默认为0)：以毫秒为单位的请求超时时间，0表示不超时。
- headers：AJAX请求的附加HTTP头的对象。
- async(默认为true)：默认设置下，全部请求均为异步。若是需发送同步请求，请将此设置为false。
- global(默认为true)：请求将触发全局AJAX事件处理程序，设置为false将不会触发全局AJAX事件。
- context(默认为window)：在执行回调的上下文中(this指向)。
- traditional(默认为false)：使用$.param来激活传统方式(浅)数据参数的序列化。
- cache(默认为true)：是否应该允许浏览器缓存GET响应。自v1.14版本以来，dataType的默认值为false："script"或"jsonp"。
- xhrFields(默认为none)：包含要逐字复制到XMLHttpRequest实例的属性的对象。适用于v1.1+版本。
- username & password(默认为none)：HTTP基本身份验证凭据。适用于v1.1+版本。

若是URL中含有"=?"或者dataType是"jsonp"，则通过注入一个<script>标记而不是使用XMLHttpRequest来执行请求(请参见jsonp)。将具有不支持的contentType、dataType、headers和async的限制。

2) AJAX callbacks

指定如下回调函数，将按给定的顺序执行。

- beforeSend(xhr, settings)：请求发出前调用，它接收xhr对象和settings作为参数对象。若是它返回false，请求将被取消。
- success(data, status, xhr)：请求成功以后调用。传入返回后的数据，以及包含成功代码的字符串。
- error(xhr, errorType, error)：请求出错时调用(如超时，解析错误，或者状态码不在HTTP 2xx)。
- complete(xhr, status)：请求完成时调用，不管请求失败或成功。

3) Promise回调接口(v1.1+)

若是可选的"callbacks"和"deferred"模块被加载，从$.ajax()返回的XHR对象实现了promise接口链式的回调。

```
xhr.done(function(data, status, xhr){ … })
xhr.fail(function(xhr, errorType, error){ … })
xhr.always(function(){ … })
xhr.then(function(){ … })
```

这些方法取代了success、error和complete回调选项。

4) AJAX事件

这些事件是在AJAX请求的生命周期中触发的，执行时默认设置为global:true。

- ajaxStart(global)：若是没有其余AJAX请求当前活跃将会被触发。
- ajaxBeforeSend(xhr, options)：在发送请求前，能够被取消。
- ajaxSend(xhr, options)：类似ajaxBeforeSend，但不能取消。
- ajaxSuccess(xhr, options, data)：当返回成功时。
- ajaxError(xhr, options, error)：当有错误时。
- ajaxComplete(xhr, options)：请求已经完成后，不管请求是成功或者失败。
- ajaxStop(global)：若这是最后一个活跃着的AJAX请求，将会被触发。

默认状况下,AJAX 事件在 Document 对象上触发。然而,若请求的 context 是一个 DOM 节点,该事件会在此节点上触发而后在 DOM 中冒泡。唯一的例外是 ajaxStart 和 ajaxStop 这两个全局事件。

```
$(document).on('ajaxBeforeSend', function(e, xhr, options){
  // 对于在页面上执行的每个 AJAX 请求,都会触发此操作。
  // xhr 对象和 $.ajax()选项可用于编辑。
  // 返回 false 以取消此请求。
})
$.ajax({
  type: 'GET',
  url: '/projects',
  // 数据将被添加到查询字符串中
  data: { name: 'zepto.js' },
  // 我们期望得到的数据类型:
  dataType: 'json',
  timeout: 300,
  context: $('body'),
  success: function(data){
    // 假设接收到此 JSON 有效载荷
    //      {"project":{"id": 42, "html": "<div>..." }}
    // 将 HTML 附加到上下文对象。
    this.append(data.project.html)
  },
  error: function(xhr, type){
    alert('Ajax error!')
  }
})

// 发布 JSON 载荷:
$.ajax({
  type: 'POST',
  url: '/projects',
  // 发布载荷:
  data: JSON.stringify({ name: 'zepto.js' }),
  contentType: 'application/json'
})
```

5. $.ajaxSettings

一个包含 AJAX 请求的默认设置的对象,大多数设置在 $.ajax()中进行描述。全局设置时有用的设置如下。

- timeout(默认为 0): 对 AJAX 请求设置一个非零的值指定一个默认的超时时间,以毫秒为单位。
- global(默认为 true): 设置为 false,以防止触发 AJAX 事件。
- xhr(默认为 XMLHttpRequest factory): 设置为一个函数,它返回 XMLHttpRequest 实例(或一个兼容的对象)。
- accepts: 从服务器请求的 MIME 类型,指定 dataType 值如下。

script:“text/javascript, application/javascript”

json:“application/json”

xml:“application/xml, text/xml”

html:“text/html”

text:“text/plain”

6. $.param

将对象序列化为 URL 编码的字符串表示形式,以便在 AJAX 请求查询字符串和发布数据中使用。如果设置了浅层,则嵌套对象不会被序列化,嵌套数组值也不会在其键上使用方括号。

如果任何一个单独的值对象是函数而不是字符串,则该函数将被调用,其返回值将是被序列化的值。

```
$.param(object, [shallow])        //string
$.param(array)                    //string
```

此方法接受 serializeArray 格式的数组,其中每个项都有“name”和“value”属性。

```
$.param({ foo: { one: 1, two: 2 }})                //=> "foo[one] = 1 & foo[two] = 2)"
$.param({ ids: [1,2,3] })                          //=> "ids[] = 1 & ids[] = 2 & ids[] = 3"
$.param({ ids: [1,2,3] }, true)                    //=> "ids = 1 & ids = 2 & ids = 3"
$.param({ foo: 'bar', nested: { will: 'not be ignored' }})
//=> "foo = bar & nested[will] = not + be + ignored"
$.param({ foo: 'bar', nested: { will: 'be ignored' }}, true)
//=> "foo = bar&nested = [object + Object]"
$.param({ id: function(){ return 1 + 2 } })        //=> "id = 3"
```

【例 6-18】 Zepto AJAX $.ajax()方法实战。

代码如下,页面效果如图 6-69~图 6-71 所示。外部数据放置在当前目录下的 server-data 子文件夹中,名称为 server_test.txt。

```
1.  <!-- zepto - 6 - 18.html -->
2.  <!DOCTYPE html>
3.  <html lang = "en">
4.    <head>
5.      <meta charset = "UTF - 8" />
6.      <meta name = "viewport" content = "width = device - width, initial - scale = 1.0" />
7.      <title> Document </title>
8.      <script src = "../js/zepto.js"></script>
9.      <style>
10.       body { text - align: center; }
11.       button { font - size: 18px;  padding: 2px 5px;}
12.       button:hover {border: 1px dashed red;}
13.        #div1 { margin: 10px auto;padding: 10px;  }
14.     </style>
15.   </head>
16.   <body>
17.     <h3> AJAX 调用方法实战之二</h3>
18.     <button id = "btn1">$.ajax - 本地数据</button><br /><br />
19.     <input type = "text" id = "inputA" placeholder = "请输入宽度" required />
20.     <button id = "btn2">$.ajax(jsonp) - 百度</button><br />
21.     <div id = "div1"></div>
22.     <script>
23.       //可以将$.ajax 返回对象赋给一个变量——XMLHttpRequest 对象
24.       //$("#btn1").on("click", function () {
25.       //   //$.ajax(options)
26.       //   var htmlobj  =  $.ajax({
27.       //     type: "GET",
28.       //     url: "./server - data/server_test.txt",
29.       //     async: false,
30.       //   });                                          //返回 XMLHttpRequest 对象
31.       //   console.dir(htmlobj);
32.       //    $("#div1").html(htmlobj.responseText);      //显示响应对象文本
33.       //});
34.        $("#btn1").on("click", function () {
35.          $.ajax({
36.            type: "GET",  url: "./server - data/server_test.txt",  data: {},
37.            dataType: "text",  timeout: 300,
38.            context: $("#div1"),                        //返回内容添加到指定的选择器元素中
39.            success: function (data) {  this.html(data);  },
40.            error: function (xhr, type) { this.html("<h4> AJAX error!</h4>");  },
41.          });
42.        });
43.        $("#btn2").on("click", function () {
44.          var key  =  $("#inputA").val();
```

```
45.         if (key.length == 0) { $("#div1").html("<h4>请输入宽度</h4>");
46.         } else {
47.           $.ajax({
48.             type: "GET",                                   //请求方式,默认是'GET',常用'POST'
49.             url: "http://suggestion.baidu.com/su",         //获取返回函数的接口
50.             data: { wd: key },                             //请求的参数
51.             dataType: "jsonp",                             //设置返回的数据格式
52.             jsonp: "cb",                                   //定义回调函数名称
53.             jsonpCallback: "xxxx",                         //回调函数名称
54.             timeout: 300,                                  //请求的超时时间
55.             context: $("#div1"),                          //返回内容添加到指定的选择器元素中
56.             success: function (data) {                     //成功获取数据的回调
57.               //通过 Zepto 来使用 JSONP 不需要自定义函数去处理数据
58.               console.log(data);  this.html(JSON.stringify(data));
59.             },
60.             error: function (xhr, type) {                  //失败获取数据的回调
61.               this.html("<h4>AJAX error!</h4>");
62.             },
63.           });
64.         }
65.       });
66.     </script>
67.   </body>
68. </html>
```

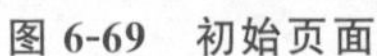
图 6-69　初始页面

图 6-70　单击第 1 个按钮页面

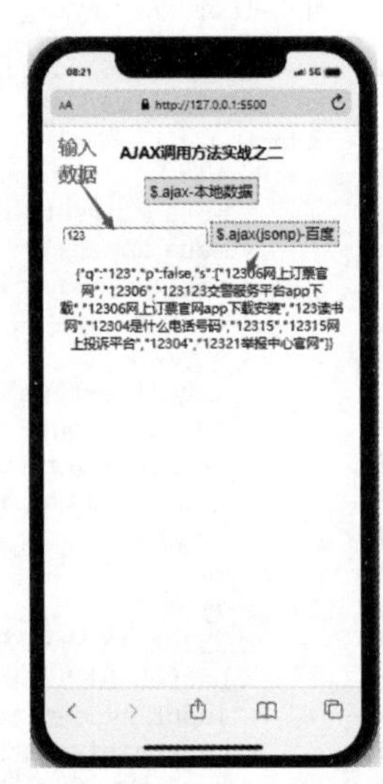

图 6-71　单击第 2 个按钮页面

7. $.ajaxJSONP()

执行 JSONP 请求可以跨域获取数据。与 $.ajax()相比没有任何优势,因此不建议使用。

```
$.ajaxJSONP(options)  //mock XMLHttpRequest
```

通过 JSONP 获取跨域数据的方法如下。

(1) 通过<script>标记获取跨域数据。

```
<script>
  function getJsonp (data) {                          //定义函数,处理数据
    console.log("拿到了 Data 数据: ");
    console.log(data);
  }
</script>
<script src="./getdata.js?callback=getJsonp"></script>
/getdata.js
getJsonp ({ student: { name: "ls", age: 30 } });   //调用,以函数的参数形式传递数据
```

(2) 通过 $.ajax()来发送 JSONP 请求。

```
$.ajax({
    type: "GET",                            //请求方式
    url: "./server-data/data.js",          //请求资源
    dataType: "jsonp",                      //返回数据类型
    jsonp: "cb",                            //默认为 callback,JSONP 回调查询参数的名称
    jsonpCallback: "getJsonp",              //回调函数名称
    success: function (data) {              //成功时,处理数据
      console.log(data);
    },
    error: function (xhr, type) {
     console.log("error");
    },
});
```

由于 JSONP 是通过<script>标记的 src 属性来实现跨域数据获取的,所以 JSONP 只支持 GET 数据请求,不支持 POST 请求。JSONP 和 AJAX 之间没有任何关系,不能把 JSONP 请求数据的方式叫作 AJAX,因为 JSONP 没有用到 XMLHttpRequest 这个对象,所以不是真正的 AJAX 请求。

【例 6-19】 JSONP 请求——通过 script 标记获取外部数据实战。

代码如下,页面效果如图 6-72 所示。外部 JS 文件放置在当前目录下的 server-data 子文件夹中,名称为 data.js。

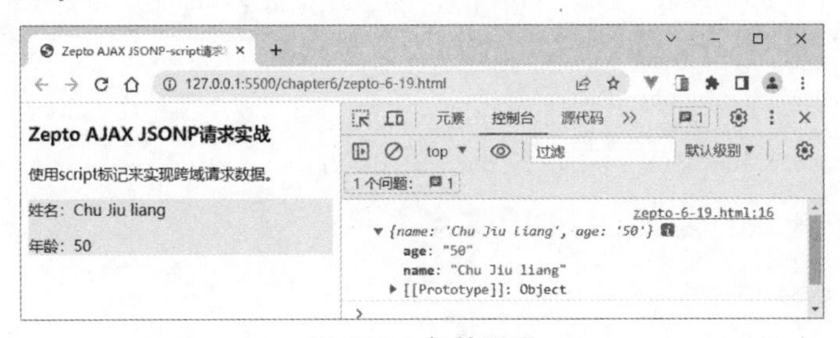

图 6-72　初始页面

(1) HTML 文件,代码如下。

```
1.  <!-- zepto-6-19.html -->
2.  <!DOCTYPE html>
3.  <html lang="en">
4.    <head>
5.      <meta charset="UTF-8" />
6.      <meta name="viewport" content="width=device-width, initial-scale=1.0" />
7.      <title>Zepto AJAX JSONP-script 请求实战</title>
8.      <script src="../js/zepto.js"></script>
9.    </head>
10.   <body>
11.     <h3>Zepto AJAX JSONP 请求实战</h3>
12.     <p>使用 script 标记来实现跨域请求数据。</p>
13.     <div id="div1" style="background:#f1f1f1"></div>
14.     <script>
15.       function getJsonp(data) {
16.         console.log(data.student);
17.         show(data);
18.       }
19.     </script>
20.     <script src="./server-data/data.js?callback=getJsonp"></script>
21.   </body>
22. </html>
```

(2) data.js 文件,代码如下。

```
1.  //data.js
2.  getJsonp({
```

```
3.   student: { name: "Chu Jiu liang",  age: "50",  },
4.  });
5.  function show(data) {
6.   $("#div1").html(
7.     "<p>姓名: " + data.student.name + "</p>" + "<p>年龄: " + data.student.age + "</p>"
8.   );
9.  }
```

【例 6-20】 AJAX 发送 JSONP 请求跨域数据实战。

代码如下，页面效果如图 6-73 和图 6-74 所示。外部 JS 文件放置在当前目录下的 server-data 子文件夹中，名称为 data.js(同例 6-19)。

```
1.  <!-- zepto-6-20.html -->
2.  <!DOCTYPE html>
3.  <html lang="en">
4.    <head>
5.      <meta charset="UTF-8" />
6.      <meta name="viewport" content="width=device-width, initial-scale=1.0" />
7.      <title>AJAX 请求 JSONP 实战</title>
8.      <script src="../js/zepto.js"></script>
9.    </head>
10.   <body>
11.     <h3>AJAX 请求 JSONP 实战 - 调用 JS</h3>
12.     <button id="btn1">本地 JSONP 请求 - 获取学生信息</button><br />
13.     <div id="div1" style="background: #f1f2f3"></div>
14.     <script type="text/javascript">
15.      function getJsonp(data) {
16.       console.log("拿到数据!");
17.       console.log(JSON.stringify(data.student));
18.      }
19.      $("#btn1").on("click", function () {
20.       $.ajax({
21.         type: "GET",
22.         url: "./server-data/data.js",
23.         dataType: "jsonp",            //返回数据类型
24.         jsonp: "cb",
25.         jsonpCallback: "getJsonp",    //回调函数名称
26.         success: function (data) {    //成功时,处理数据
27.          $("#div1").html(
28.            "<p>姓名: " +  data.student.name + "</p>" +
29.            "<p>年龄: " +   data.student.age +   "</p>"
30.          );
31.         },
32.         error: function (xhr, type) {
33.          $("#div1").html("error");
34.          console.log("error");
35.         },
36.       });
37.      });
38.     </script>
39.   </body>
40. </html>
```

图 6-73 初始页面

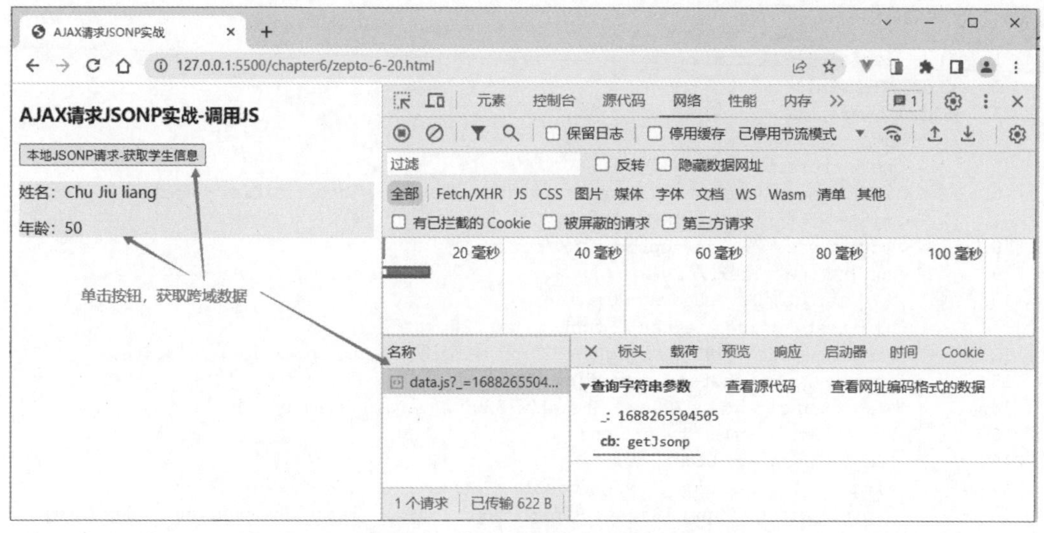

图 6-74　单击按钮请求跨域数据

6.5　Zepto 典型应用

轮播图也称为 banner 图、焦点图、滑片等。通常打开网站、App、小程序等应用的首页时，首先出现的就是轮播图，用于介绍网站主要提供的功能或进行产品宣传等方面内容的展示。

6.5.1　轮播图实战

【例 6-21】　轮播图实战。

代码如下，页面效果如图 6-75 和图 6-76 所示。

图 6-75　轮播图初始页面

图 6-76　单击左右侧箭头按钮切换图像页面

1. HTML 页面设计

轮播图页面由图像展示区（5 幅图像）、左右箭头切换区、数字指示区等部分组成。

2. CSS 样式设计

（1）整个页面使用 div(.imgBox)包裹，设置该 div 的 position 属性值为 relative，其宽度为 720px、高度为 320px。

（2）左右箭头 div 使用背景图像（文件名为“./zepto-6-21/left-right.jpg”）填充，图像文件需要进行分割，设置该 div 的 position 属性值为“absolute”，使用 top、left、right、z-index、opacity（不透明度）等属性来定位和显示箭头图像，操作效果如图 6-76 所示。

（3）数字指示区样式采用圆角边框 border-radius 来设置（半径为 13px），其宽度和高度均为 26px、背景颜色为“#DDDDDD”，盘旋时背景颜色为“#FF0000”，采用无序列表嵌套 div 来实现。包裹的 div 样式 position 属性值设置为“absolute”，同时设置 bottom、left 等属性来定位,操作效果如图 6-76 所示。

```
1.  <!-- zepto-6-21.html -->
2.  <!DOCTYPE html>
3.  <html lang="en">
4.    <head>
5.      <meta charset="UTF-8" />
6.      <meta name="viewport" content="width=device-width, initial-scale=1.0" />
7.      <title>自行设计轮播图</title>
8.      <script src="../js/zepto.js"></script>
9.      <style type="text/css">
10.       * { margin: 0;  padding: 0;  }
11.      h3 { text-align: center;  font-size: 25px; }
12.      .imgBox {width: 700px; height: 320px; margin: 0 auto; position: relative;
13.       text-align: cneter;  overflow: hidden;  }
14.      .imgBox img {width: 700px;  height: 320px; margin: 0 auto;  }
15.      .box {list-style-type: none; }
16.      .img1 { display: block; }
17.      .img2,  .img3, .img4,.img5 { display: none; }
18.      #prev {width: 95px; height: 95px;  top: 115px;  left: 0px;position: absolute;
19.        background: url(./zepto-6-21/left-right.jpg) no-repeat 0px -80px;
20.        z-index: 1000; opacity: 0.2; border-radius: 43px;  }
21.      #next { width: 95px; height: 95px;  top: 115px;  right: 0px;
22.        background: url(./zepto-6-21/left-right.jpg) no-repeat -165px -80px;
23.        position: absolute;  z-index: 1000; opacity: 0.2; border-radius: 43px; }
24.      #prev:hover, #next:hover {opacity: 0.7;  }
25.      #circlebutton {position: absolute; bottom: 20px; left: 260px;
26.        list-style-type: none;  text-align: center;  }
27.      #circlebutton li { margin-left: 10px; float: left;  }
28.      /* 设置圆点按钮样式,圆角边框 */
29.        #circlebutton li div {width: 26px; height: 26px; background: #dddddd; font-
       size: 18px;
30.          border-radius: 13px; cursor: pointer; text-align: center; vertical-align:
         middle;}
31.     </style>
32.   </head>
33.   <body>
34.     <h3>简易轮播图设计</h3>
35.     <div class="imgBox">
36.      <!-- 轮播图箭头事件处理 -->
37.      <div id="prev"></div>
38.      <div id="next"></div>
39.      <!-- 图像轮播区 -->
40.      <ul class="box">
41.        <li><img class="img-slide img1" src="./zepto-6-21/s1.jpg" alt="1" /></li>
42.        <li><img class="img-slide img2" src="./zepto-6-21/s2.jpg" alt="2" /></li>
43.        <li><img class="img-slide img3" src="./zepto-6-21/s3.jpg" alt="3" /></li>
44.        <li><img class="img-slide img4" src="./zepto-6-21/s4.jpg" alt="3" /></li>
45.        <li><img class="img-slide img5" src="./zepto-6-21/s5.jpg" alt="3" /></li>
46.      </ul>
47.      <!-- 数字指示区 -->
48.      <ul id="circlebutton">
49.        <li><div class="divEle" style="background: #ff0000">1</div></li>
50.        <li><div class="divEle">2</div></li>
51.        <li><div class="divEle">3</div></li>
52.        <li><div class="divEle">4</div></li>
53.        <li><div class="divEle">5</div></li>
54.      </ul>
55.     </div>
56.     <script type="text/javascript">
57.      var index = 0;                    //定义图像索引号
58.      //获取页面上相关元素
59.      var divCon = $(".divEle");        //所有圆点 div
60.      var imgEle = $(".img-slide");     //所有图像
```

```
61.       var divPrev = $("#prev");          //左箭头
62.       var divNext = $("#next");          //右箭头
63.       //圆点上鼠标悬停时,切换图像
64.       for (var i = 0; i < divCon.length; i++) {
65.         divCon[i].index = i;
66.         divCon.eq(i).on("mouseover", function () {
67.          if (index == this.index) {
68.            return;
69.          }
70.          index = this.index;
71.          changeImg();
72.          clearInterval(change1);
73.        });
74.       }
75.       //自动轮播
76.       function autoChangeImg() {
77.        index++;                    //改变序号
78.        changeImg();                //改变当前序号的图像的 display:block,其余为 none
79.       }
80.       //设置定时器,每隔 3s 切换一张图片
81.       var change1 = setInterval(autoChangeImg, 3000);
82.       //设置每个图像的默认样式为不显示,将指定 index 序号的图像设置为 block
83.       function changeImg() {
84.        if (index >= imgEle.length) {
85.          index = 0;
86.        }
87.        for (var i = 0; i < imgEle.length; i++) {
88.          imgEle.css("display", "none");
89.          divCon.eq(i).css("background", "#DDDDDD");
90.        }
91.        imgEle.eq(index).css("display", "block");
92.        divCon.eq(index).css("background", "#FF0000");
93.       }
94.       //左右箭头控制滚动
95.       divPrev.on("click", function () {
96.        clearInterval(change1);
97.        if (index > 0) {
98.          index--;
99.        } else {
100.           index = 4;
101.         }
102.         changeImg();               //渲染指定的图像
103.       });
104.
105.       divNext.on("click", function () {
106.         clearInterval(change1);
107.         if (index >= 4) {
108.           index = 0;
109.         } else {
110.           index++;
111.         }
112.         changeImg();               //渲染指定的图像
113.       });
114.       //左右箭头鼠标悬停时,停止滚动
115.       divNext.on("mouseover", function () {
116.         clearInterval(change1);
117.       });
118.       divPrev.on("mouseover", function () {
119.         clearInterval(change1);
120.       });
121.       //左右箭头鼠标移出时,恢复滚动
122.       divPrev.on("mouseout", function () {
123.         change1 = setInterval(autoChangeImg, 3000);
```

```
124.        });
125.        divNext.on("mouseout", function () {
126.          change1 = setInterval(autoChangeImg, 3000);
127.        });
128.      </script>
129.    </body>
130.  </html>
```

代码中第 57 行定义全局变量 index，用于保存图像的索引号。第 59～62 行 Zepto 的 $(“选择器”)获取左右箭头 div 对象、轮播图像对象、圆点 div 对象。第 64～74 行定义圆点上鼠标悬停时，切换图像。通过循环动态给圆点 div 对象 divCon 指定事件处理函数。第 83～93 行渲染指定序号的图像 changeImg()函数。根据类名获取 img 元素，通过 css("display","none")方法循环给每一个 img 设置隐藏效果，通过 css("background","#DDDDDD")方法给每一个圆点 div 元素设置背景；同样通过 css()给指定序号为 index 的 img 元素设置 display 属性和圆点 div 元素设置 background 属性，其值分别为“block”和“#FF0000”。第 76～79 行自动轮播 autoChangeImg()函数。在没有使用鼠标前，页面自动执行图像轮播。需要使用 Window 对象的定时执行函数 setInterval()。第 95～127 行定义左右箭头 Click、mouseOver 和 mouseOut 事件处理函数。

6.5.2 旋转表格——点餐实战

【例 6-22】 旋转表格——点餐实战。

代码如下，页面效果如图 6-77 和图 6-78 所示。设计要求：

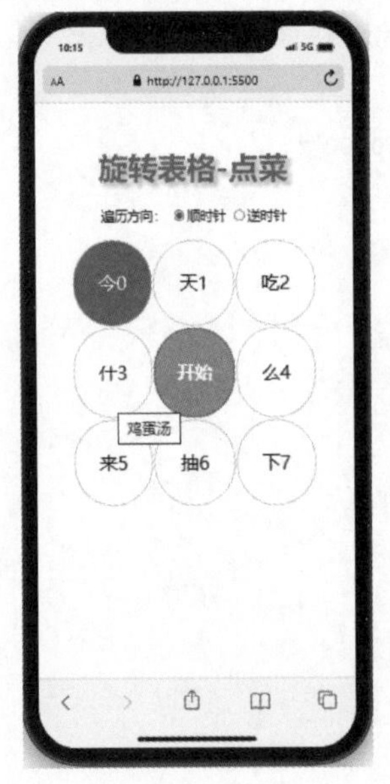

图 6-77 初始页面

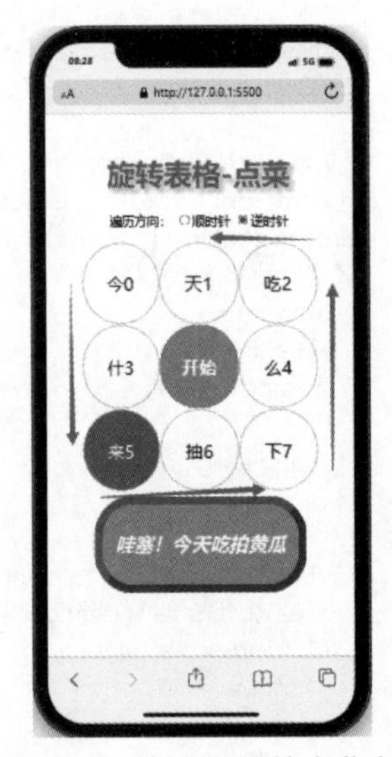

图 6-78 点击开始抽中菜名

(1) 设计表格布局。在 3 行 3 列的表格中，第 2 行第 2 列单元格作为中心点单元格(不参加遍历)，插入不同的文字，并指定顺序，按行分别为 0-1-2-3-4-5-6-7)，分别对应不同的菜名，鼠标指向某一单元格时显示菜名，如图 6-77 所示。

(2) 选择遍历方向。选择单选按钮确定遍历方向为顺时针(0-1-2-4-7-6-5-3-0)或逆时针(0-3-5-6-7-4-2-1-0)。

(3) 操作中心点单元格。按照选定的遍历方向遍历所有 td 元素，并将该 td 元素的背景设置为红色。遍历三轮后，再通过随机函数产生一个[0,7]的随机数，作为最后抽中的单元格，并通过动画显示类似“哇塞！今天吃拍黄瓜”这样的信息，如图 6-78 所示。在三轮遍历过程中，按照“先慢速(200ms)-快速(20ms)-再慢速(200ms)”的遍历方式，通过 setInterval(oneTurn, 200)和 setInterval(oneTurn,20)两种方式实现。

```
1.  <!-- zepto-6-22.html 综合案例 -->
2.  <!DOCTYPE html>
3.  <html lang="en">
4.    <head>
5.      <meta charset="UTF-8" />
6.      <meta name="viewport" content="width=device-width, initial-scale=1.0" />
7.      <title>Zepto-今天吃什么?</title>
8.      <script src="../js/zepto.js"></script>
9.      <script type="text/javascript" src="../js/fx_methods.js"></script>
10.     <script type="text/javascript" src="../js/fx.js"></script>
11.     <style>
12.       body, table, tr,td {margin: 0; padding: 0;}
13.       .container {width: 300px;  height: 580px; margin: 50px auto 0;
14.        text-align: center;  padding: 0 20px;  }
15.       table {display: inline-block; }
16.       td, th { width: 99px; height: 99px; border: 1px solid #ccc;
17.        border-radius: 49px;    font-size: 22px; }
18.       th { cursor: pointer;  user-select: none; }
19.       /* 设置标识样式 */
20.       tr .active { background-color: red; color: white;   }
21.       /* 设置中奖结果 */
22.       .results { text-align: center;  vertical-align: middle;  display: none;
23.         width: 125px; height: 50px; border: 10px outset red;
24.         border-radius: 50px;  line-height: 100px; background-color: rgb(204, 236, 205);
25.         margin: 5px auto; color: white; font-size: 2px;font-weight: bolder;font-style:
            italic; }
26.       h1 { text-shadow: 5px 5px 5px #e1ff00; font-size: 36px; color: red;}
27.       #play { background-color: rgb(143, 186, 99);color: white; border: 2px dotted red; }
28.     </style>
29.   </head>
30.   <body>
31.     <div class="container">
32.       <h1>旋转表格-点菜</h1>
33.       <p>遍历方向:<input type="radio" name="dir" checked value="sx" />顺时针
34.        <input type="radio" name="dir" value="lx" />逆时针  </p>
35.       <table>
36.        <tr>
37.          <td class="active" title="红烧肉">今 0</td><td title="鸡骨汤">天 1</td>
38.          <td title="口水鸡">吃 2</td>
39.        </tr>
40.        <tr>
41.          <td title="鸡蛋汤">什 3</td><th id="play">开始</th><td title="大闸蟹">么
            4</td>
42.        </tr>
43.        <tr>
44.          <td title="拍黄瓜">来 5</td><td title="炒虾仁">抽 6</td>
45.          <td title="酱牛肉">下 7</td>
46.        </tr>
47.        <tr>
48.          <td colspan="3" style="border-style: none; text-align: center">
49.            <div class="results"></div>
50.          </td>
51.        </tr>
52.       </table>
53.     </div>
54.     <script>
55.       //定义项目全局变量
56.       var startcount = null; //设置计时器变量,刚开始为空
57.       //根据单选按钮确定遍历方向
58.       var dir1 = [0, 1, 2, 4, 7, 6, 5, 3];      //顺时针
59.       var dir2 = [0, 3, 5, 6, 7, 4, 2, 1];      //逆时针
```

```
60.        var tdSet;                                    //定义遍历顺序列表集合变量
61.        var tdNo = 0;                                 //设置红色背景单元格标识
62.        var count = 0;                                //设置已经遍历的次数,刚开始为0次
63.        var sumCount = 24;                            //(3*8),遍历3轮,一轮8次
64.        var MaxsumCount;                              //定义最大随机数
65.        var ranValve;                                 //定义随机数,开始和结束的阈值
66.        var menus = [ "红烧肉","鸡骨汤", "口水鸡","鸡蛋汤", "大闸蟹", "拍黄瓜",
67.    "炒虾仁", "酱牛肉",];                               //定义菜名数组
68.        //根据单选按钮来设置遍历顺序数组
69.        $("[type='radio']").on("click", function () {
70.         tdSet = $(this).val() == "sx" ? dir1 : dir2;
71.          $("td").removeClass("active");              //每次运行当前的背景色清空
72.         tdNo = 0;                            //选择方向后,每次从第1个单元格开始着红色背景
73.          $("td").eq(0).addClass("active");   //第1个单元格加背景色
74.        });
75.        //当鼠标单击开始单元格后,触发 trunStart()函数
76.        tdSet = dir1;                                 //未单击单选按钮,默认是顺时针方向
77.        $("#play").on("click", function () {
78.          $("td").eq(tdSet[tdNo]).addClass("active");   //每次运行当前的背景色清空
79.          tdNo = 0;                                     //每次从第1个单元格开始
80.          $("td").eq(tdSet[tdNo]).addClass("active");   //添加红色背景
81.          trunStart();
82.        });
83.        function trunStart() {
84.          //计时器不为空,这个圈跑完,就直接退出
85.          if (startcount != null) {
86.            console.log("setcount", startcount);
87.            return;
88.          }
89.          $(".results").css("display", "none");          //隐藏结果 div
90.          count = 0;                                     //循环遍历的次数
91.          //最大随机数,取值范围为[0, 7],确保每个都能被选到
92.          MaxsumCount = Math.floor(Math.random() * 8) + sumCount;
93.          console.log("MaxsumCount", MaxsumCount);
94.          //随机阈值,控制刚开始跑几步加速,以及剩几步减速,取值范围为[4, 7]
95.          ranValve = Math.floor(Math.random() * 4 + 4);
96.          //开启计时器,每200ms执行一次 oneTurn()函数
97.          console.log("ranValve", ranValve);
98.          startcount = setInterval(oneTurn, 200);
99.        }
100.         function oneTurn() {
101.           count++;                                     //每遍历一次次数 count 就加1
102.           console.log("count", count);
103.           $("td").removeClass("active");               //每次运行当前的背景色清空
104.           tdNo++;                                      //每执行一次 tdNo 就加1
105.           tdNo = tdNo > 7 ? 0 : tdNo;                 //若 tdNo 大于7,tdNo = 0,否则会报错
106.           $("td").eq(tdSet[tdNo]).addClass("active"); //设置当前的 td 背景色
107.           //若遍历的次数等于随机阈值的话,则清空慢速计时器,重新开启快速计时器
108.           //1 - 慢速 -- ranValve --- 快速 - count + ranValve(> sumCount) --- 慢速 --
           //sumCountxNum
109.           if (count == ranValve) {
110.             console.log("count - 1", count);
111.             clearInterval(startcount);
112.             startcount = setInterval(oneTurn, 20);
113.           }
114.           //若 count + ranValve > MaxsumCount,则将加速的计时器清空,重新开启慢速计时器
115.           if (count + ranValve >= MaxsumCount) {
116.             clearInterval(startcount);
117.             startcount = setInterval(oneTurn, 200);
118.           }
119.           //若 count > MaxsumCount,则清空当前计时器(null),直接返回出去,一次抽奖结束
120.           if (count >= MaxsumCount) {
121.             clearInterval(startcount);
122.             startcount = null;
```

```
123.            $(".results").attr("style", "none");   //置空原 style 属性,确保每次动画生效
124.            $(".results").css("display", "block"); //添加 CSS 样式,显示
125.            $(".results").html("哇塞!今天吃" + menus[tdSet[tdNo]]);            //取菜名
126.            //设置结果 div 动画效果
127.            $(".results").animate(
128.              { width: "250px", height: "100px", fontSize: "24px",
129.                background: "rgb(96, 240, 101);",
130.              }, 1000,  "ease - in - out"
131.            );
132.            return;
133.          }
134.        }
135.      </script>
136.    </body>
137.  </html>
```

项目实战 6

1. Zepto 效果与 CSS 方法实战——转盘抽奖

扫一扫

文本

扫一扫

视频

2. Zepto AJAX 发送 JSONP 请求方法实战——电商接口

扫一扫

文本

扫一扫

视频

小结

本章介绍了移动端框架 Zepto 效果、遍历、事件、AJAX 等关键技术。

Zepto 效果主要介绍了 hide()、show()和 toggle()等方法实现元素隐藏、显示和切换显示的效果。主要通过 CSS 的 display 属性来实现。

通过 Zepto 遍历,能够从被选(当前的)元素开始,在 DOM 树中向上移动(祖先)、向下移动(子孙)、水平移动(同胞)。通过 parent()、parents()遍历父元素和祖先元素。通过 children()、find()遍历后代元素。通过 siblings()、next()遍历同胞元素。通过 first()、last()、eq(index)来获取唯一元素,通过 filter(selector)、not(selector)来过滤相关元素。

Zepto 事件中主要介绍了侦听、移除、委托、只执行一次、触发以及 touch 事件。通过捕获或侦听事件来处理相关业务需求。

Zepto AJAX 主要介绍了 load()、$.get()、$.post(). $.getJSON()以及 $.ajax(options)等,其中,$.ajaxJSONP()不建议使用,可以使用 $.ajax(options)来替代。使用时需要设置 dataType、jsonp、jsonpCallback 等属性来封装 JSONP 请求参数。

练习 6

扫一扫

习题

扫一扫

自测题

第7章

Vue 3.x基础应用

本章学习目标：

通过本章的学习，读者能够对 Vue 3. x 基础应用有一个基本的了解。本章将系统地学习 Vue 模板语法、响应式基础、计算属性、类与样式绑定、条件渲染、列表渲染、事件处理、表单输入绑定、侦听器、模板引用及生命周期等方面的知识，学会使用 Vue 3. x 基础来解决实际工程中的一些基础性问题。

整个章节的编程风格选用组合式 API。选项式 API 编程请参考官网[①]。

Web 前端开发工程师应知应会以下内容。

- 掌握创建 Vue 应用的基本方法。
- 熟练地掌握模板语法。
- 掌握选项式 API 和组合式 API 声明响应式状态的方法与区别。
- 学会使用 computed()来定义计算属性。
- 学会使用 v-bind 绑定类和样式。
- 学会使用条件渲染和列表渲染来解决实际工程问题。
- 学会使用 v-model 来绑定表单输入。
- 学会使用 v-on 来侦听事件。
- 学会使用 watch()和 watchEffect()来侦听相关对象或属性。
- 理解生命周期钩子函数，利用钩子函数完成特定的功能。
- 学会使用 ref 属性引用模板。

7.1 Vue 简介及快速上手

7.1.1 什么是 Vue

Vue(发音为/vjuː/，类似 view)是一款用于构建用户界面的 JavaScript 框架。Vue 由尤雨溪(Evan You)开发，首次发布于 2014 年。Vue 可以与其他库或框架结合使用，如 React 或 AngularJS。它还可以与现代工具链和构建工具进行集成，如 webpack 或 Gulp，使其更加灵活和可扩展。

Vue 基于标准 HTML、CSS 和 JavaScript 构建，并提供了一套声明式的、组件化的编程模型，以帮助高效地开发用户界面。无论是简单的还是复杂的界面，Vue 都可以胜任。

Vue 2.7 是当前同时也是最后一个 Vue 2. x 的次级版本更新。Vue 2.7 会以其发布日期，即 2022 年 7 月 1 日开始计算，提供 18 个月的长期技术支持。在此期间，Vue 2 将会提供必要的 bug 修复和安全修复，但不再提供新特性。Vue 2 的终止支持时间是 2023 年 12 月 31

---

① https://cn. vuejs. org/guide/introduction. html

日。在此之后，Vue 2 在已有的分发渠道（各类 CDN 和包管理器）中仍然可用，但不再进行更新，包括对安全问题和浏览器兼容性问题的修复等。

Vue 3 是当前 Vue 的最高主版本，它提供了更好的性能和更好的 TypeScript 支持，并拥有诸如 Teleport、Suspense 和模板语法可有多个根元素等 Vue 2 中没有的新特性。

【例 7-1】 一个最基本的示例实战。

代码如下，页面如图 7-1 所示。

```
1.  <!DOCTYPE html>
2.  <html lang="en">
3.    <head>
4.      <meta charset="UTF-8" />
5.      <meta name="viewport" content="width=device-width, initial-scale=1.0" />
6.      <script src="../js/vue.global.js"></script>
7.      <title>一个最基本的示例</title>
8.    </head>
9.    <body>
10.     <div id="app">
11.       <button @click="count++">Count is: {{ count }}</button>
12.     </div>
13.     <script>
14.       const { createApp, ref } = Vue;
15.       createApp({
16.         setup() {
17.           return {
18.             count: ref(0),
19.           };
20.         },
21.       }).mount("#app");
22.     </script>
23.   </body>
24. </html>
```

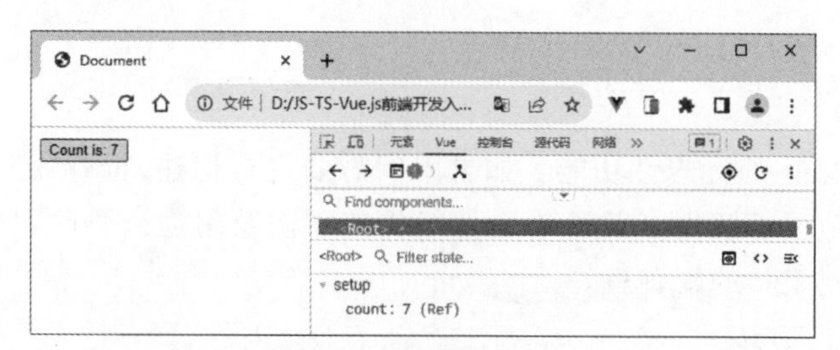

图 7-1 最基本的示例

上面的示例展示了 Vue 的以下两个核心功能。

- **声明式渲染**：Vue 基于标准 HTML 拓展了一套模板语法，使得可以声明式地描述最终输出的 HTML 和 JavaScript 状态之间的关系。
- **响应性**：Vue 会自动跟踪 JavaScript 状态并在其发生变化时响应式地更新 DOM。

7.1.2 渐进式框架

Vue 是一个框架，也是一个生态，其功能覆盖了大部分前端开发常见的需求。但 Web 世界是十分多样化的，不同的开发者在 Web 上构建的东西可能在形式和规模上会有很大的不同。考虑到这一点，Vue 的设计非常注重灵活性和"可以被逐步集成"这个特点。根据需求场景，可以用不同的方式使用 Vue。

- 不需要构建步骤，渐进式增强静态的 HTML。
- 在任何页面中作为 Web Components 嵌入。
- 单页应用（SPA）。

- 全栈/服务端渲染(SSR)。
- Jamstack/静态站点生成(SSG)。
- 开发桌面端、移动端、WebGL,甚至是命令行终端中的界面。

如果是初学者,可能会觉得这些概念有些复杂。不用担心,理解教程和指南中的内容只需要具备基础的 HTML 和 JavaScript 知识。即使不是这些方面的专家,也能够跟得上。

如果是有经验的开发者,希望了解如何以最合适的方式在项目中引入 Vue,或者是对上述这些概念感到好奇,可以在使用 Vue 的多种方式中讨论了有关它们的更多细节。

无论再怎么灵活,Vue 的核心知识在所有这些用例中都是通用的。即使现在只是一个初学者,随着不断成长,到未来有能力实现更复杂的项目时,这一路上获得的知识依然会适用。如果已经是一个高手,可以根据实际场景来选择使用 Vue 的最佳方式,在各种场景下都可以保持同样的开发效率。这就是为什么将 Vue 称为"渐进式框架":它是一个可以与你共同成长、适应不同需求的框架。

7.1.3 单文件组件

在大多数启用了构建工具的 Vue 项目中,可以使用一种类似 HTML 格式的文件来书写 Vue 组件,它被称为单文件组件(也被称为 *.vue 文件)。顾名思义,Vue 的单文件组件会将一个组件的逻辑 (JavaScript)、模板(HTML)和样式(CSS)封装在同一个文件里。下面将用单文件组件的格式重写上面的计数器示例。

```
1.  <script setup>
2.  import { ref } from 'vue'
3.  const count = ref(0)
4.  </script>
5.  <template>
6.    <button @click = "count++"> Count is: {{ count }}</button>
7.  </template>
8.  <style scoped>
9.  button { font - weight: bold;}
10. </style>
```

单文件组件是 Vue 的标志性功能。如果用例需要进行构建,推荐用它来编写 Vue 组件。可以在后续相关章节里了解更多关于单文件组件的用法及用途。暂时只需要知道 Vue 会帮忙处理所有这些构建工具的配置就好。

7.1.4 API 风格

Vue 的组件可以按两种不同的风格书写:选项式 API 和组合式 API。

1. 选项式 API

使用选项式 API,可以用包含多个选项的对象来描述组件的逻辑,如 data、methods 和 mounted。选项所定义的属性都会暴露在函数内部的 this 上,它会指向当前的组件实例。

```
1.  <script>
2.  export default {
3.   //data() 返回的属性将会成为响应式的状态
4.   //并且暴露在 'this'上
5.   data() { return {count: 0 }   },
6.   //methods 是一些用来更改状态与触发更新的函数
7.   //它们可以在模板中作为事件处理器绑定
8.   methods: {
9.    increment() { this.count++    }
10.  },
11.  //生命周期钩子会在组件生命周期的各个不同阶段被调用
12.  //例如这个函数就会在组件挂载完成后被调用
13.  mounted() {
```

```
14.     console.log('The initial count is ${this.count}.')
15.   }
16. }
17. </script>
18. <template>
19.   <button @click="increment">Count is: {{ count }}</button>
20. </template>
```

2. 组合式 API

通过组合式 API，可以使用导入的 API 函数来描述组件逻辑。在单文件组件中，组合式 API 通常会与<script setup>搭配使用。这个 setup 属性是一个标识，它告诉 Vue 需要在编译时进行一些处理，可以更简洁地使用组合式 API。例如，<script setup>中的导入和顶层变量/函数都能够在模板中直接使用。

下面是使用了组合式 API 与<script setup>改造后和上面的模板完全一样的组件。

```
1.  <script setup>
2.  import { ref, onMounted } from 'vue'
3.  const count = ref(0)      //响应式状态
4.  //用来修改状态、触发更新的函数
5.  function increment() {
6.    count.value++
7.  }
8.  //生命周期钩子
9.  onMounted(() => {
10.   console.log('The initial count is ${count.value}.')
11. })
12. </script>
13. <template>
14.   <button @click="increment">Count is: {{ count }}</button>
15. </template>
```

两种 API 风格都能够覆盖大部分的应用场景。它们只是同一个底层系统所提供的两套不同的接口。实际上，选项式 API 是在组合式 API 的基础上实现的。关于 Vue 的基础概念和知识在它们之间都是通用的。

选项式 API 以"组件实例"的概念为中心(即上述例子中的 this)，对于有面向对象语言背景的用户来说，这通常与基于类的心智模型更为一致。同时，它将响应性相关的细节抽象出来，并强制按照选项来组织代码，从而对初学者而言更为友好。

组合式 API 的核心思想是直接在函数作用域内定义响应式状态变量，并将从多个函数中得到的状态组合起来处理复杂问题。这种形式更加自由，需要对 Vue 的响应式系统有更深的理解才能高效使用。相应地，它的灵活性也使得组织和重用逻辑的模式变得更加强大。

以下是对 Vue 新手的一些建议。

在学习的过程中，推荐采用更易于自己理解的风格。再强调一下，大部分的核心概念在这两种风格之间都是通用的。熟悉了一种风格以后，也能够很快地理解另一种风格。

在生产项目中，当不需要使用构建工具，或者打算主要在低复杂度的场景中使用 Vue，如渐进增强的应用场景，推荐采用选项式 API。

当打算用 Vue 构建完整的单页应用时，推荐采用组合式 API+单文件组件。

7.2 创建一个 Vue 应用

7.2.1 应用实例

每个 Vue 应用都是通过 createApp()函数创建一个新的应用实例。代码如下。

```
import { createApp } from 'vue'
const app = createApp({
  /* 根组件选项 */
})
```

7.2.2 根组件

传入 createApp()的对象实际上是一个组件,每个应用都需要一个"根组件",其他组件将作为其子组件。

如果使用的是单文件组件,可以直接从另一个文件中导入根组件。

```
import { createApp } from 'vue'
import App from './App.vue'     //从一个单文件组件中导入根组件
const app = createApp(App)
```

虽然许多示例中只需要一个组件,但大多数真实的应用都是由一棵嵌套的、可重用的组件树组成的。

7.2.3 挂载应用

应用实例必须在调用了.mount()方法后才会渲染出来。该方法接收一个"容器"参数,可以是一个实际的 DOM 元素或是一个 CSS 选择器字符串。部分代码如下。

```
<!--   HTML 中 -->
<div id="app"></div>
<!-- 在<script>标记中 -->
app.mount('#app')
```

应用根组件的内容将会被渲染在容器元素里面。容器元素自身将不会被视为应用的一部分。

.mount()方法应该始终在整个应用配置和资源注册完成后被调用。同时请注意,不同于其他资源注册方法,它的返回值是根组件实例而非应用实例。

根组件的模板通常是组件本身的一部分,但也可以直接通过在挂载容器内编写模板来单独提供。部分代码如下。

```
<div id="app">
  <button @click="count++">{{ count }}</button>
</div>

import { createApp } from 'vue'
const app = createApp({
  data() {
    return {
      count: 0
    }
  }
})
app.mount('#app')
```

当根组件没有设置 template 选项时,Vue 将自动使用容器的 innerHTML 作为模板。

DOM 内模板通常用于无构建步骤的 Vue 应用程序。它们也可以与服务器端框架一起使用,其中根模板可能是由服务器动态生成的。

7.2.4 应用配置

应用实例会暴露一个.config 对象允许我们配置一些应用级的选项,例如,定义一个应用级的错误处理器,用来捕获所有子组件上的错误。

```
app.config.errorHandler = (err) => {
  /* 处理错误 */
}
```

应用实例还提供了一些方法来注册应用范围内可用的资源。例如，注册一个组件：

```
app.component('TodoDeleteButton', TodoDeleteButton)
```

这使得 TodoDeleteButton 在应用的任何地方都是可用的。本书会在后续章节中讨论关于组件和其他资源的注册，也可以在 API 参考中浏览应用实例 API 的完整列表。

应确保在挂载应用实例之前完成所有应用配置。

7.2.5 多个应用实例

应用实例并不只限于一个。createApp()允许在同一个页面中创建多个共存的 Vue 应用，而且每个应用都拥有自己的用于配置和全局资源的作用域。

```
const app1 = createApp({
  /* ... */
})
app1.mount('#container-1')
const app2 = createApp({
  /* ... */
})
app2.mount('#container-2')
```

如果正在使用 Vue 来增强服务端渲染 HTML，并且只想要用 Vue 去控制一个大型页面中特殊的一小部分，应避免将一个单独的 Vue 应用实例挂载到整个页面上，而是应该创建多个小的应用实例，将它们分别挂载到所需的元素上去。

【例 7-2】 多个组件实例的实战。

代码如下，页面如图 7-2 所示。

```
1.  <!DOCTYPE html>
2.  <html lang="en">
3.    <head>
4.      <meta charset="UTF-8" />
5.      <meta name="viewport" content="width=device-width, initial-scale=1.0" />
6.      <title>多个组件实例实战</title>
7.      <script src="../js/vue.global.js"></script>
8.    </head>
9.    <body>
10.     <h3>多个组件实例实战</h3>
11.     <div id="app1">
12.       <p>计数器 1count1 = {{count1}}</p>
13.       <button @click="addCount1">计数器 1 - 加 1 </button>
14.     </div>
15.     <div id="app2">
16.       <p>计数器 2count2 = {{count2}}</p>
17.       <button @click="addCount2">计数器 2 - 加 1 </button>
18.     </div>
19.     <script>
20.      const { createApp, ref } = Vue;
21.      createApp({
22.       setup() {
23.        const count1 = ref(0);
24.        const addCount1 = () => {
25.         count1.value++;
26.        };
27.        return {
28.         count1,
29.         addCount1,
```

```
30.          };
31.        },
32.      }).mount("#app1");
33.      createApp({
34.        setup() {
35.          const count2 = ref(0);
36.          const addCount2 = () => {
37.            count2.value++;
38.          };
39.          return {
40.            count2,
41.            addCount2,
42.          };
43.        },
44.      }).mount("#app2");
45.    </script>
46.  </body>
47. </html>
```

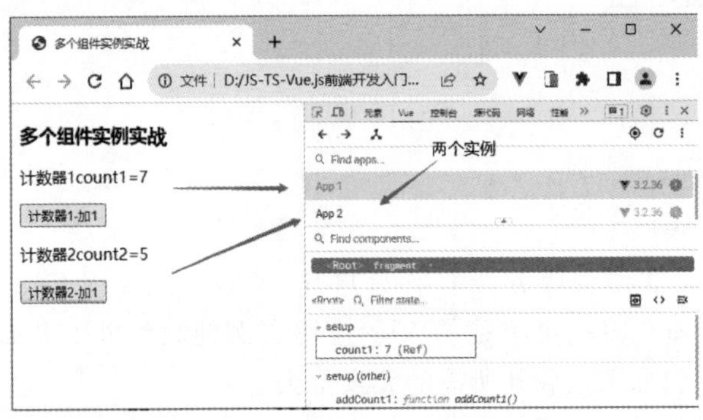

图 7-2　两个 App 实例

7.3 模板语法

Vue 使用一种基于 HTML 的模板语法，能够声明式地将其组件实例的数据绑定到呈现的 DOM 上。所有的 Vue 模板都是语法层面合法的 HTML，可以被符合规范的浏览器和 HTML 解析器解析。

在底层机制中，Vue 会将模板编译成高度优化的 JavaScript 代码。结合响应式系统，当应用状态变更时，Vue 能够智能地推导出需要重新渲染的组件的最少数量，并应用最少的 DOM 操作。

7.3.1 文本插值

最基本的数据绑定形式是文本插值，它使用的是“Mustache”语法（即双花括号）。例如：

```
<span>Message: {{ msg }}</span>
```

双花括号标记会被替换为相应组件实例中 msg 属性的值。同时，每次 msg 属性更改时它也会同步更新。

7.3.2 原始 HTML

双花括号会将数据解释为纯文本，而不是 HTML。使用 v-html 指令可以插入 HTML。例如：

```
<p>Using text interpolation: {{ rawHtml }}</p>
<p>Using v-html directive: <span v-html="rawHtml"></span></p>
Using text interpolation: <span style="color: red">This should be red.</span>
Using v-html directive: This should be red.
```

这里看到的 v-html 属性被称为一个指令。指令由 v-作为前缀，表明它们是一些由 Vue 提供的特殊属性，它们将为渲染的 DOM 应用特殊的响应式行为。简单来说，就是在当前组件实例上，将此元素的 innerHTML 与 rawHtml 属性保持同步。

span 的内容将会被替换为 rawHtml 属性的值，插值为纯 HTML——数据绑定将会被忽略。注意，不能使用 v-html 来拼接组合模板，因为 Vue 不是一个基于字符串的模板引擎。在使用 Vue 时，应当使用组件作为 UI 重用和组合的基本单元。

7.3.3 Attribute 绑定

双花括号不能在 HTML 属性中使用。想要响应式地绑定一个属性，应该使用 v-bind 指令。例如：

```
<div v-bind:id="dynamicId"></div>
```

v-bind 指令指示 Vue 将元素的 id 属性与组件的 dynamicId 属性保持一致。如果绑定的值是 null 或者 undefined，那么该属性将会从渲染的元素上移除。

1. 简写

开头为:的属性可能和一般的 HTML 属性看起来不太一样，但它的确是合法的属性名称字符，并且所有支持 Vue 的浏览器都能正确解析它。此外，它们不会出现在最终渲染的 DOM 中。

```
<div :id="dynamicId"></div>  <!-- 简写是可选  -->
```

2. 布尔型 Attribute

布尔型属性依据 true/false 值来决定属性是否应该存在于该元素上。disabled 就是最常见的例子之一。

v-bind 在这种场景下的行为略有不同：

```
<button :disabled="isButtonDisabled">Button</button>
```

当 isButtonDisabled 为真值或一个空字符串(即<button disabled="">)时，元素会包含这个 disabled 属性。而当其为其他假值时属性将被忽略。

3. 动态绑定多个值

如果有像这样的一个包含多个属性的 JavaScript 对象：

```
const objectOfAttrs = {  id: 'container', class: 'wrapper'  }
```

通过不带参数的 v-bind，可以将它们绑定到单个元素上：

```
<div v-bind="objectOfAttrs"></div>
```

7.3.4 使用 JavaScript 表达式

至此，仅在模板中绑定了一些简单的属性名。但是 Vue 实际上在所有的数据绑定中都支持完整的 JavaScript 表达式：

```
{{ number + 1 }}
{{ ok ? 'YES' : 'NO' }}
{{ message.split('').reverse().join('') }}
<div :id="`list-${id}`"></div>
```

这些表达式都会被作为 JavaScript，以当前组件实例为作用域解析执行。

在 Vue 模板内，JavaScript 表达式可以被使用在如下场景上。

- 在文本插值中(双花括号)。

• 在任何 Vue 指令(以 v-开头的特殊 attribute)属性的值中。

1. 仅支持表达式

每个绑定仅支持单一表达式,也就是一段能够被求值的 JavaScrip 代码。一个简单的判断方法是是否可以合法地写在 return 后面。

因此,下面的例子都是无效的。

```
<!-- 这是一个语句,而非表达式 -->
{{ var a = 1 }}
<!-- 条件控制也不支持,请使用三元表达式 -->
{{ if (ok) { return message } }}
```

2. 调用函数

可以在绑定的表达式中使用一个组件暴露的方法:

```
<time :title = "toTitleDate(date)" :datetime = "date">
  {{ formatDate(date) }}
</time>
```

3. 受限的全局访问

模板中的表达式将被沙盒化,仅能够访问到有限的全局对象列表。该列表中会暴露常用的内置全局对象,如 Math 和 Date。

没有显式包含在列表中的全局对象将不能在模板内表达式中访问。例如,用户附加在 Window 对象上的属性。然而,也可以自行在 app. config. globalProperties 上显式地添加它们,供所有的 Vue 表达式使用。

7.3.5 指令 Directives

指令是带有 v-前缀的特殊属性。Vue 提供了许多内置指令,包括上面所介绍的 v-bind 和 v-html。

指令属性的期望值为一个 JavaScript 表达式(除了少数几个例外,即之后要讨论到的 v-for、v-on 和 v-slot)。一个指令的任务是在其表达式的值变化时响应式地更新 DOM。以 v-if 为例:

```
<p v-if = "seen"> Now you see me </p>
```

这里,v-if 指令会基于表达式 seen 的值的真假来移除/插入该 p 元素。

1. 参数 Arguments

某些指令会需要一个"参数",在指令名后通过一个冒号隔开作标识。例如,用 v-bind 指令来响应式地更新一个 HTML 属性:

```
<a v-bind:href = "url"> … </a>
 <!-- 简写 -->
<a :href = "url"> … </a>
```

这里 href 就是一个参数,它告诉 v-bind 指令将表达式 url 的值绑定到元素的 href 属性上。在简写中,参数前的一切(例如 v-bind:)都会被缩略为一个冒号(:)字符。

另一个例子是 v-on 指令,它将监听 DOM 事件。例如:

```
<a v-on:click = "doSomething"> … </a>
 <!-- 简写 -->
<a @click = "doSomething"> … </a>
```

这里的参数是要监听的事件名称 click。v-on 有一个相应的缩写,即@字符。之后也会讨论关于事件处理的更多细节。

2. 动态参数

同样在指令参数上也可以使用一个 JavaScript 表达式，需要包含在一对方括号内。例如：

```
<!-- 注意，参数表达式有一些约束，参见下面"动态参数值的限制"与"动态参数语法的限制"章节的解释
-->
<a v-bind:[attributeName] = "url"> … </a>
 <!-- 简写 -->
<a :[attributeName] = "url"> … </a>
```

这里的 attributeName 会作为一个 JavaScript 表达式被动态执行，计算得到的值会被用作最终的参数。举例来说，如果组件实例有一个数据属性 attributeName，其值为"href"，那么这个绑定就等价于 v-bind:href。

相似地，还可以将一个函数绑定到动态的事件名称上。例如：

```
<a v-on:[eventName] = "doSomething"> … </a>
 <!-- 简写 -->
<a @[eventName] = "doSomething">
```

在此示例中，当 eventName 的值是"focus"时，v-on:[eventName]就等价于 v-on:focus。

3. 动态参数值的限制

动态参数中表达式的值应当是一个字符串，或者是 null。特殊值 null 意为显式移除该绑定。其他非字符串的值会触发警告。

4. 动态参数语法的限制

动态参数表达式因为某些字符的缘故有一些语法限制，如空格和引号，在 HTML attribute 名称中都是不合法的。例如：

```
<!-- 这会触发一个编译器警告 -->
<a :['foo' + bar] = "value"> … </a>
```

如果需要传入一个复杂的动态参数，推荐使用计算属性替换复杂的表达式，也是 Vue 最基础的概念之一，后面会讲到。

当使用 DOM 内嵌模板（直接写在 HTML 文件里的模板）时，需要避免在名称中使用大写字母，因为浏览器会强制将其转换为小写。

```
<a :[someAttr] = "value"> … </a>
```

上面的例子将会在 DOM 内嵌模板中被转换为:[someattr]。如果组件拥有“someAttr”属性而非“someattr”，这段代码将不会工作。单文件组件内的模板不受此限制。

5. 修饰符 Modifiers

修饰符是以点开头的特殊后缀，表明指令需要以一些特殊的方式被绑定。例如，.prevent 修饰符会告知 v-on 指令对触发的事件调用 event.preventDefault()。例如：

```
<form @submit.prevent = "onSubmit">…</form>
```

之后在讲到 v-on 和 v-model 的功能时，将会看到其他修饰符的例子。

最后，在图 7-3 中可以直观地看到完整的指令语法。

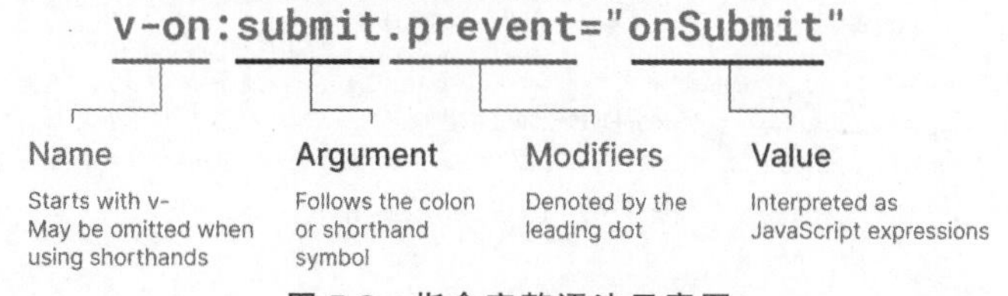

图 7-3　指令完整语法示意图

【例 7-3】 模板语法实战。

代码如下，页面如图 7-4 所示。

```
1.  <!DOCTYPE html>
2.  <html lang = "en">
3.    <head>
4.      <meta charset = "UTF - 8" />
5.      <meta name = "viewport" content = "width = device - width, initial - scale = 1.0" />
6.      <title>模板语法实战</title>
7.      <script src = "../js/vue.global.js"></script>
8.    </head>
9.    <body>
10.     <h3>模板语法实战</h3>
11.     <div id = "app">
12.       <button @click = "addCount1">计数器 1 - 加 1 </button>
13.       <p>计数器:count = {{count}}</p>
14.       <p>JS 表达式 count * 2 + 1 = {{count * 2 + 1}}</p>
15.       <span v - html = "vhtml"></span>
16.       <p>双大括号: {{vhtml}}</p>
17.       <p :style = "{color:'red',fontSize:fsize + 'px'}">这是段落绑定 style 属性。</p>
18.       <p><a href = "http://www.163.com" @click = "handlrerB">允许: 网易</a></p>
19.       <p><a href = "http://www.gov.cn" @click.prevent = "handlrerA" >阻止: 中央人民政府
          </a>
20.       </p>
21.     </div>
22.     <script>
23.       const { createApp, ref } = Vue;               //解构赋值
24.       createApp({
25.        setup() {
26.          const count = ref(0);
27.          const vhtml = ref("<h3>原始 HTML: 这是 HTML 文本</h3>");
28.          const fsize = ref(20);
29.          const addCount1 = () => { count.value++;   };
30.          const handlrerA = () => { console.log("该网站不能访问啦!"); };
31.          const handlrerB = () => { console.log("网易可以访问啦!");   };
32.          return {                                   //暴露所有属性和方法
33.            count,  vhtml, fsize,                    //属性
34.            addCount1, handlrerA, handlrerB,         //方法
35.          };
36.        },
37.       }).mount("#app");                            //挂载
38.     </script>
39.   </body>
40. </html>
```

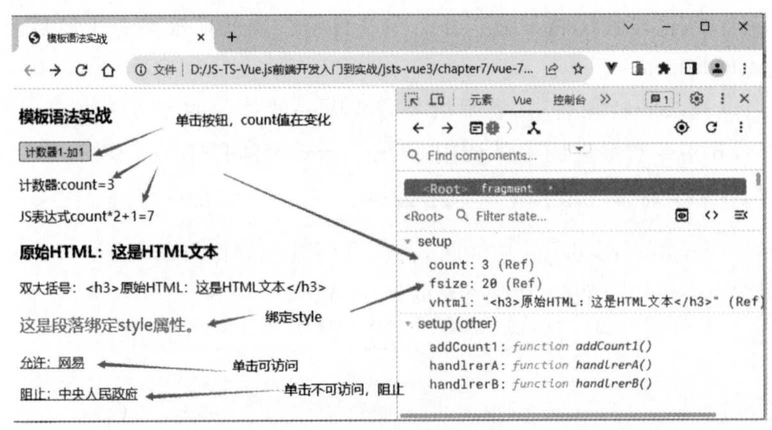

图 7-4 模板语法应用

7.4 响应式基础

7.4.1 选项式 API：声明响应式状态

选用选项式 API 时，会用 data 选项来声明组件的响应式状态。此选项的值应为返回一个对象的函数。Vue 将在创建新组件实例的时候调用此函数，并将函数返回的对象用响应式系统进行包装。此对象的所有顶层属性都会被代理到组件实例（即方法和生命周期钩子中的 this）上。

```
1.  export default {
2.   data() {
3.    return {
4.     count: 1
5.    }
6.   },
7.   //'mounted'是生命周期钩子,之后会讲到
8.   mounted() {
9.    //'this'指向当前组件实例
10.   console.log(this.count) // => 1
11.   //数据属性也可以被更改
12.   this.count = 2
13.  }
14. }
```

这些实例上的属性仅在实例首次创建时被添加，因此需要确保它们都出现在 data()函数返回的对象上。若所需的值还未准备好，在必要时也可以使用 null、undefined 或者其他一些值占位。

虽然也可以不在 data 中定义，直接向组件实例添加新属性，但这个属性将无法触发响应式更新。

Vue 在组件实例上暴露的内置 API 使用 $ 作为前缀。它同时也为内部属性保留_前缀。因此，应该避免在顶层 data 上使用任何以这些字符作前缀的属性。

在 Vue 3 中，数据是基于 JavaScript Proxy（代理）实现响应式的。使用过 Vue 2 的读者可能需要注意下面这样的边界情况。

```
1.  export default {                                  //在组件中定义
2.   data() {
3.    return {
4.     someObject: {}                                  //响应式对象
5.    }
6.   },
7.   mounted() {
8.    const newObject = {}                            //非响应式对象
9.    this.someObject = newObject
10.   console.log(newObject === this.someObject)       //false
11.  }
12. }
```

当在赋值后再访问 this.someObject，此值已经是原来的 newObject 的一个响应式代理。与 Vue 2 不同的是，这里原始的 newObject 不会变为响应式：请确保始终通过 this 来访问响应式状态。

7.4.2 选项式 API：声明方法

要为组件添加方法，需要用到 methods 选项。它应该是一个包含所有方法的对象。

```
export default {                          //在组件中定义
  data() {
   return {
```

```
      count: 0
    }
  },
  methods: {                          //该选项声明方法
    increment() {
      this.count++
    }
  },
  mounted() {
    //在其他方法或是生命周期中也可以调用方法
    this.increment()
  }
}
```

Vue 自动为 methods 中的方法绑定了永远指向组件实例的 this。这确保了方法在作为事件监听器或回调函数时始终保持正确的 this。不应该在定义 methods 时使用箭头函数，因为箭头函数没有自己的 this 上下文。

```
export default {
  methods: {
    increment: () => {
      //反例：无法访问此处的 'this'!
    }
  }
}
```

和组件实例上的其他属性一样，方法也可以在模板上被访问。在模板中它们常常被用作事件监听器。例如：

```
<button @click="increment">{{ count }}</button>
```

在上面的例子中，increment 方法会在 button 被单击时调用。

1. 深层响应性

在 Vue 中，默认情况下，状态是深度响应的。这意味着当改变嵌套对象或数组时，这些变化也会被检测到。例如：

```
export default {                          //在组件中定义
  data() {
    return {
      obj: {
        nested: { count: 0 },
        arr: ['foo', 'bar']
      }
    }
  },
  methods: {
    mutateDeeply() {
      //以下都会按照期望工作
      this.obj.nested.count++
      this.obj.arr.push('baz')
    }
  }
}
```

2. DOM 更新时机

当修改了响应式状态时，DOM 会被自动更新。但是需要注意的是，DOM 更新不是同步的。Vue 会在“next tick”更新周期中缓冲所有状态的修改，以确保不管进行了多少次状态修改，每个组件都只会被更新一次。

要等待 DOM 更新完成后再执行额外的代码，可以使用 nextTick()全局 API。例如：

```
import { nextTick } from 'vue'
export default {
  methods: {
   async increment() {
     this.count++
     await nextTick()
     //现在 DOM 已经更新了
   }
  }
}
```

3. 有状态方法

在某些情况下，可能需要动态地创建一个方法函数，如创建一个预置防抖的事件处理器。

```
import { debounce } from 'lodash-es'
export default {
  methods: {
   //使用 Lodash 的防抖函数
   click: debounce(function () {
     //… 对单击的响应 …
   }, 500)
  }
}
```

不过这种方法对于被重用的组件来说是有问题的，因为这个预置防抖的函数是有状态的：它在运行时维护着一个内部状态。如果多个组件实例都共享同一个预置防抖的函数，那么它们之间将会互相影响。

要保持每个组件实例的防抖函数都彼此独立，可以改为在 created 生命周期钩子中创建这个预置防抖的函数。

```
export default {  //在组件中定义
  created() {
    //每个实例都有了自己的预置防抖的处理函数
    this.debouncedClick = _.debounce(this.click, 500)
  },
  unmounted() {
    //最好是在组件卸载时
    //清除掉防抖计时器
    this.debouncedClick.cancel()
  },
  methods: {
    click() {
      //… 对单击的响应 …
    }
  }
}
```

【例 7-4】 选项式 API 声明响应状态与方法实战。

代码如下，页面如图 7-5 所示。该例不定义单文件组件，直接在 HTML 模式下需要使用 const App={…}格式来定义组件对象(第 16～28 行)。

```
1.  <!DOCTYPE html>
2.  <html lang="en">
3.    <head>
4.      <meta charset="UTF-8" />
5.      <meta name="viewport" content="width=device-width, initial-scale=1.0" />
6.      <script src="../js/vue.global.js"></script>
7.      <title>Document</title>
8.    </head>
9.    <body>
10.     <div id="app">
11.      <p>计数器 count={{count}}</p>
```

```
12.        <button @click = "ansycAdd()">增 1 </button>
13.       </div>
14.       <script>
15.         const { createApp, ref } = Vue;         //解构赋值
16.         const App = {
17.           data() { return { count: ref(1),  };  },
18.           mounted() {                           //'mounted' 是生命周期钩子
19.             console.log(this.count);            //'this' 指向当前组件实例 => 1
20.             this.count = 2;                     //数据属性也可以被更改
21.           },
22.           methods: {
23.             increment() {this.count++;  },
24.             ansycAdd() {
25.               setTimeout(this.increment, 1000); //异步 1 秒执行
26.             },
27.           },
28.         };
29.         createApp(App).mount("#app");
30.       </script>
31.     </body>
32.   </html>
```

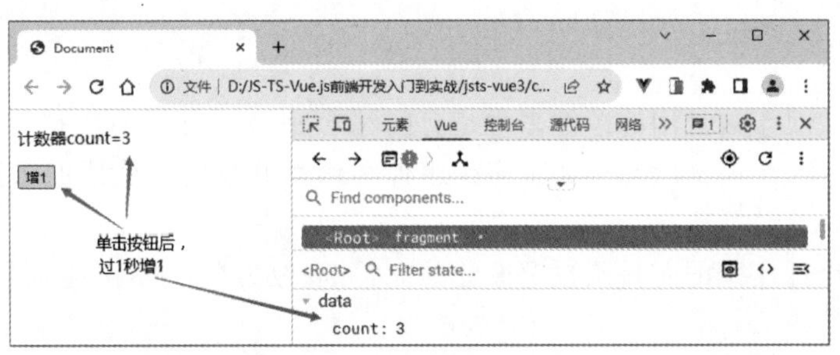

图 7-5 在 HTML 模式下使用选项式 API 定义组件对象

7.4.3 组合式 API:声明响应式状态

1. ref()

在组合式 API 中,推荐使用 ref()函数来声明响应式状态。例如:

```
import { ref } from 'vue'
const count = ref(0)
```

ref()接收参数,并将其包裹在一个带有.value 属性的 ref 对象中返回。例如:

```
const count = ref(0)
console.log(count)          //{ value: 0 }
console.log(count.value)    //0
count.value++
console.log(count.value)    //1
```

要在组件模板中访问 ref(),应从组件的 setup()函数中声明并返回它们。例如:

```
import { ref } from 'vue'
export default {
  //'setup' 是一个特殊的钩子,专门用于组合式 API
  setup() {
    const count = ref(0)
    //将 ref 暴露给模板
    return {
      count
    }
  }
}
  <!-- 模板中使用时自动展开,不需要加.value  -->
<div>{{ count }}</div>
```

注意，在模板中使用 ref 时，不需要附加. value。方便起见，当在模板中使用时，ref 会自动解包(有一些注意事项)。

也可以直接在事件监听器中改变一个 ref。例如：

```
<button @click="count++">  {{ count }}</button>
```

对于更复杂的逻辑，可以在同一作用域内声明更改 ref 的函数，并将它们作为方法与状态一起公开。例如：

```
import { ref } from 'vue'
export default {
  setup() {
    const count = ref(0)
    function increment() {
      //在 JavaScript 中需要 .value
      count.value++
    }
    //不要忘记同时暴露 increment 函数
    return {
      count,
      increment
    }
  }
}
```

然后，暴露的方法可以被用作事件监听器。例如：

```
<button @click="increment">{{ count }}</button>
```

在 setup()函数中手动暴露大量的状态和方法非常烦琐。幸运的是，可以通过使用单文件组件(SFC)来避免这种情况。可以使用<script setup>来大幅度地简化代码。单文件组件内容如下。

```
<script setup>
import { ref } from 'vue'
const count = ref(0)
function increment() {
  count.value++
}
</script>
<template>
  <button @click="increment">
    {{ count }}
  </button>
</template>
```

<script setup>中顶层的导入、声明的变量和函数可在同一组件的模板中直接使用。可以理解为模板是在同一作用域内声明的一个 JavaScript 函数——它自然可以访问与它一起声明的所有内容。

ref 可以持有任何类型的值，包括深层嵌套的对象、数组或者 JavaScript 内置的数据结构，如 Map。

ref 会使它的值具有深层响应性。这意味着即使改变嵌套对象或数组时，变化也会被检测到。

```
import { ref } from 'vue'
const obj = ref({
  nested: { count: 0 },
  arr: ['foo', 'bar']
```

```
})
function mutateDeeply() {
  //以下都会按照期望工作
  obj.value.nested.count++
  obj.value.arr.push('baz')
}
```

非原始值将通过 reactive()转换为响应式代理，该函数将在后面讨论。

也可以通过 shallowRef()来放弃深层响应性。对于浅层 ref，只有.value 的访问会被追踪。浅层 ref 可以用于避免对大型数据的响应性开销来优化性能，或者由外部库管理其内部状态的情况。

2. reactive()

还有另一种声明响应式状态的方式，即使用 reactive()。与将内部值包装在特殊对象中的 ref 不同，reactive()将使对象本身具有响应性。例如：

```
import { reactive } from 'vue'
const state = reactive({ count: 0 })
```

在模板中使用：

```
<button @click="state.count++">{{ state.count }}</button>
```

响应式对象是 JavaScript 代理，其行为就和普通对象一样。不同的是，Vue 能够拦截对响应式对象所有属性的访问和修改，以便进行依赖追踪和触发更新。

reactive()将深层地转换对象：当访问嵌套对象时，它们也会被 reactive()包装。当 ref 的值是一个对象时，ref()也会在内部调用它。与浅层 ref 类似，这里也有一个 shallowReactive()可以选择退出深层响应性。

(1) 响应式代理与原始值。

值得注意的是，reactive()返回的是一个原始对象的 Proxy，它和原始对象是不相等的。

```
const raw = {}
const proxy = reactive(raw)
//代理对象和原始对象不是全等的
console.log(proxy === raw) //false
```

只有代理对象是响应式的，更改原始对象才不会触发更新。因此，使用 Vue 的响应式系统的最佳实战是仅使用声明对象的代理版本。

为保证访问代理的一致性，对同一个原始对象调用 reactive()会总是返回同样的代理对象，而对一个已存在的代理对象调用 reactive()会返回其本身。例如：

```
//在同一个对象上调用 reactive() 会返回相同的代理
console.log(reactive(raw) === proxy)    //true
//在一个代理上调用 reactive() 会返回它自己
console.log(reactive(proxy) === proxy)    //true
```

这个规则对嵌套对象也适用。依靠深层响应性，响应式对象内的嵌套对象依然是代理。

```
const proxy = reactive({})
const raw = {}
proxy.nested = raw
console.log(proxy.nested === raw)    //false
```

(2) reactive()的局限性。

reactive()有一些局限性。

① **有限的值类型**：它只能用于对象类型(对象、数组和如 Map、Set 这样的集合类型)。它

不能用于如 string、number 或 boolean 这样的原始类型。

② **不能替换整个对象**：由于 Vue 的响应式跟踪是通过属性访问实现的，因此必须始终保持对响应式对象的相同引用。这意味着不能轻易地“替换”响应式对象，因为这样的话与第一个引用的响应性连接将丢失。例如：

```
let state = reactive({ count: 0 })
//上面的 ({ count: 0 }) 引用将不再被追踪
//(响应性连接已丢失!)
state = reactive({ count: 1 })
```

③ **对解构操作不友好**：当将响应式对象的原始类型属性解构为本地变量时，或者将该属性传递给函数时，将丢失响应性连接。例如：

```
const state = reactive({ count: 0 })
//当解构时,count 已经与 state.count 断开连接
let { count } = state
//不会影响原始的 state
count++
//该函数接收到的是一个普通的数字
//并且无法追踪 state.count 的变化
//必须传入整个对象以保持响应性
callSomeFunction(state.count)
```

由于这些限制，建议使用 ref()作为声明响应式状态的主要 API。

【例 7-5】 组合式 API 声明响应状态与方法实战。

代码如下，页面如图 7-6 所示。

```
1.  <!DOCTYPE html>
2.  <html lang="en">
3.    <head>
4.      <meta charset="UTF-8" />
5.      <meta name="viewport" content="width=device-width, initial-scale=1.0" />
6.      <script src="../js/vue.global.js"></script>
7.      <title>组合式 API 编程实战</title>
8.    </head>
9.    <body>
10.     <div id="app">
11.      <h3>组合式 API 编程实战</h3>
12.      <p>ref: 计数器 count={{count}}</p>
13.      <button @click="ansycAdd">增 1 </button>
14.      <p>reactive 对象 state:姓名-{{state.name}},年龄-{{state.age}}</p>
15.      <button @click="addAge">年龄增 1 </button>
16.     </div>
17.     <script>
18.      const { createApp, ref, reactive, onMounted } = Vue;      //解构赋值
19.      const App = {
20.       setup() {
21.        const count = ref(0);
22.        const state = reactive({ age: 23, name: "李时明" });
23.        const increment = () => { count.value++;  };
24.        const ansycAdd = () => {
25.         setTimeout(increment, 1000);                           //异步 1 秒执行
26.        };
27.        const addAge = () => { state.age++; };
28.        //'onMounted'是生命周期钩子
29.        onMounted(() => {
30.         console.log(count.value);                              //=> 1
31.         count.value = 2;                                       //数据属性也可以被更改
32.        });
33.        return {
34.         count, state,
```

```
35.          increment, ansycAdd,  addAge,
36.        };
37.       },
38.     };
39.     createApp(App).mount("#app");
40.    </script>
41.   </body>
42. </html>
```

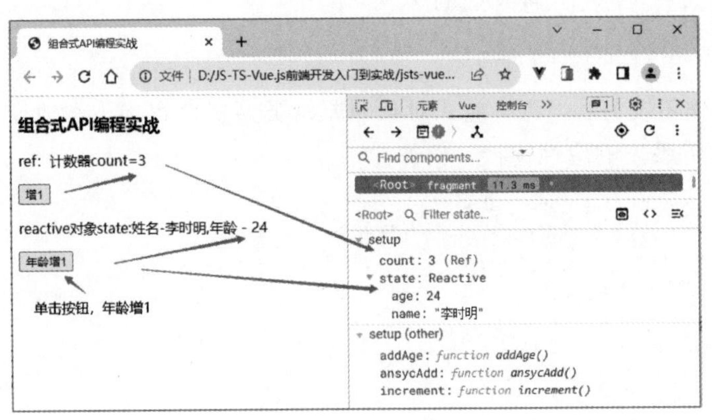

图 7-6　在 HTML 模式下使用组合式 API 定义组件对象

7.5 计算属性

7.5.1 基础应用

模板中的表达式虽然方便，但也只能用来做简单的操作。如果在模板中写太多逻辑，会让模板变得臃肿，难以维护。例如，有这样一个包含嵌套数组的对象：

```
const author = reactive({
  name: 'John Doe',
  books: [
    'Vue 2 - Advanced Guide',
    'Vue 3 - Basic Guide',
    'Vue 4 - The Mystery'
  ]
})
```

若想根据 author 是否已有一些书籍来展示不同的信息：

```
<p>Has published books:</p>
<span>{{ author.books.length > 0 ? 'Yes' : 'No' }}</span>
```

这里的模板看起来有些复杂。必须认真看好一会儿才能明白它的计算依赖于 author.books。更重要的是，如果在模板中需要不止一次这样的计算，并不想将这样的代码在模板里重复好多遍。

因此，推荐使用计算属性来描述依赖响应式状态的复杂逻辑。下面是重构后的示例(组件)。

```
<script setup>
import { reactive, computed } from 'vue'

const author = reactive({
  name: 'John Doe',
  books: [
    'Vue 2 - Advanced Guide',
    'Vue 3 - Basic Guide',
    'Vue 4 - The Mystery'
  ]
})
```

```
//一个计算属性 ref
const publishedBooksMessage = computed(() => {
  return author.books.length > 0 ? 'Yes' : 'No'
})
</script>
<template>
  <p>Has published books:</p>
  <span>{{ publishedBooksMessage }}</span>
</template>
```

在这里定义了一个计算属性 publishedBooksMessage。computed()方法期望接收一个 getter 函数,返回值为一个计算属性 ref。和其他一般的 ref 类似,可以通过 publishedBooksMessage.value 访问计算结果。计算属性 ref 也会在模板中自动解包,因此在模板表达式中引用时无须添加.value。

Vue 的计算属性会自动追踪响应式依赖。它会检测到 publishedBooksMessage 依赖于 author.books,所以当 author.books 改变时,任何依赖于 publishedBooksMessage 的绑定都会同时更新。

7.5.2　计算属性缓存与方法

读者可能注意到在表达式中像这样调用一个函数也会获得和计算属性相同的结果:

```
<p>{{ calculateBooksMessage() }}</p>
//组件中
function calculateBooksMessage() {
  return author.books.length > 0 ? 'Yes' : 'No'
}
```

若将同样的函数定义为一个方法而不是计算属性,两种方式在结果上确实是完全相同的,然而,不同之处在于计算属性值会基于其响应式依赖被缓存。一个计算属性仅会在其响应式依赖更新时才重新计算。这意味着只要 author.books 不改变,无论多少次访问 publishedBooksMessage 都会立即返回先前的计算结果,而不用重复执行 getter 函数。

这也解释了为什么下面的计算属性永远不会更新,因为 Date.now()并不是一个响应式依赖。

```
const now = computed(() => Date.now())
```

相比之下,方法调用总是会在重渲染发生时再次执行函数。

为什么需要缓存呢?想象一下,有一个非常耗性能的计算属性 list,需要循环一个巨大的数组并做许多计算逻辑,并且可能也有其他计算属性依赖于 list。如果没有缓存,会重复执行非常多次 list 的 getter,然而这实际上没有必要。如果确定不需要缓存,那么也可以使用方法调用。

7.5.3　可写计算属性

计算属性默认是只读的。当尝试修改一个计算属性时,会收到一个运行时警告。只在某些特殊场景中可能才需要用到"可写"的属性,可以通过同时提供 getter 和 setter 来创建。

```
<script setup>
import { ref, computed } from 'vue'
const firstName = ref('John')
const lastName = ref('Doe')
const fullName = computed({
  //getter
  get() {
    return firstName.value + ' ' + lastName.value
```

```
    },
    //setter
    set(newValue) {
      //注意：这里使用的是解构赋值语法
      [firstName.value, lastName.value] = newValue.split('')
    }
  })
  </script>
```

现在再运行 fullName. value='John Doe'时，setter 会被调用而 firstName 和 lastName 会随之更新。

【例 7-6】 计算属性与方法实战。

代码如下，页面如图 7-7 和图 7-8 所示。

```
1.   <!DOCTYPE html>
2.   <html lang="en">
3.     <head>
4.       <meta charset="UTF-8" />
5.       <meta name="viewport" content="width=device-width, initial-scale=1.0" />
6.       <script src="../js/vue.global.js"></script>
7.       <title>计算属性与方法编程实战</title>
8.     </head>
9.     <body>
10.      <div id="app">
11.        <h3>计算属性与方法编程实战</h3>
12.        <p>是否出版图书:</p>
13.        <span>表达式: {{ author.books.length > 0 ? 'Yes' : 'No' }}; </span>
14.        <span>计算属性: {{publishedBooksMessage}}</span>
15.        <p>函数: {{ calculateBooksMessage() }}</p>
16.        <hr />
17.        <h3>可写计算属性</h3>
18.        <p>作者姓名: {{firstName}} - {{lastName}}</p>
19.        <button @click="resetName('李 春天')">重新设置姓名</button>
20.      </div>
21.      <script>
22.       const { createApp, ref, reactive, computed } = Vue;   //解构赋值
23.       const App = {
24.         setup() {
25.          const author = reactive({
26.           name: "储久良",
27.           books: [
28.            "Vue.js 前端框架技术与实战",
29.            "web 前端开发技术",
30.            "web 前端开发技术实验与实战",
31.           ],
32.          });
33.          const publishedBooksMessage = computed(() => {
34.           return author.books.length > 0 ? "Yes" : "No";
35.          });
36.          const calculateBooksMessage = () => {
37.           return author.books.length > 0 ? "Yes" : "No";
38.          };
39.          const firstName = ref("储");
40.          const lastName = ref("久良");
41.          const fullName = computed({
42.           get() {                                    //getter
43.            return firstName.value + " " + lastName.value;
44.           },
45.           set(newValue) {  //setter
46.            [firstName.value, lastName.value] = newValue.split(" ");        //解构赋值语法
47.           },
48.          });
```

```
49.           const resetName = (name) => {
50.             fullName.value = name;
51.           };
52.           return {                                           //暴露所有属性和方法给组件
53.             author,
54.             firstName,
55.             lastName,
56.             publishedBooksMessage,
57.             calculateBooksMessage,
58.             resetName,
59.           };
60.         },
61.       };
62.       createApp(App).mount("#app");
63.     </script>
64.   </body>
65. </html>
```

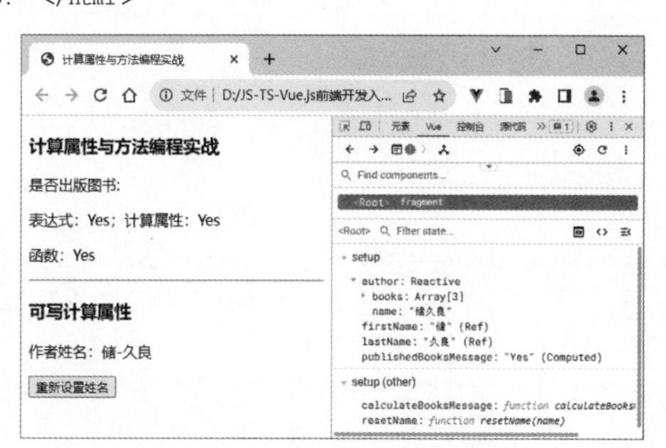

图 7-7 计算属性与方法应用(初始页面)

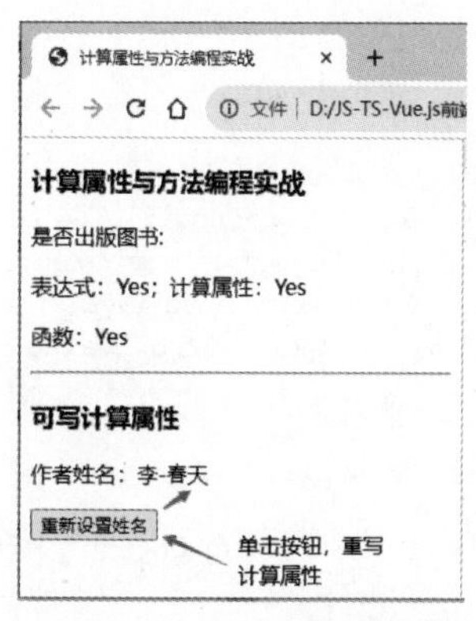

图 7-8 可写计算属性应用

7.6 类与样式绑定

数据绑定的一个常见需求场景是操纵元素的 CSS class 列表和内联样式。因为 class 和 style 都是属性,可以和其他属性一样使用 v-bind 将它们和动态的字符串绑定。但是,在处理比较复杂的绑定时,通过拼接生成字符串是麻烦且易出错的。因此,Vue 专门为 class 和 style 的 v-bind 用法提供了特殊的功能增强。除了字符串外,表达式的值也可以是对象或数组。

7.6.1 绑定 HTML class

1. 绑定对象

可以给:class(v-bind:class 的缩写)传递一个对象来动态切换 class。例如:

```
<div :class="{ active: isActive }"></div>
```

语法说明:表示 active 是否存在取决于数据属性 isActive 的值为真假值。为 true 时,active 类样式生效;为 false 时,active 类样式不生效。

可以在对象中写多个字段来操作多个 class。此外,:class 指令也可以和一般的 class 属性共存。举例来说,下面这样的状态:

```
const isActive = ref(true)
const hasError = ref(false)
```

配合以下模板(与一般 class 共存):

```
<div class="static"  :class="{ active: isActive, 'text-danger': hasError }"></div>
```

渲染的结果会是：

```
<div class="static active"></div>
```

当 isActive 或者 hasError 改变时，class 列表会随之更新。举例来说，如果 hasError 变为 true，class 列表也会变成“static active text-danger”。

绑定的对象并不一定需要写成内联字面量的形式，也可以直接绑定一个对象。

```
const classObject = reactive({
  active: true,
  'text-danger': false
})

<div :class="classObject"></div>
```

这也会渲染出相同的结果。也可以绑定一个返回对象的计算属性。这是一个常见且很有用的技巧。例如：

- JS 部分代码。

```
const isActive = ref(true)
const error = ref(null)
const classObject = computed(() => ({
  active: isActive.value && !error.value,
  'text-danger': error.value && error.value.type === 'fatal'
}))
```

- 模板内容。

```
<div :class="classObject"></div>
```

2. 绑定数组

可以给:class 绑定一个数组来渲染多个 CSS class。例如：

- JS 部分代码。

```
const activeClass = ref('active')
const errorClass = ref('text-danger')
```

- 模板内容。

```
<div :class="[activeClass, errorClass]"></div>
```

渲染的结果是：

```
<div class="active text-danger"></div>
```

如果想在数组中有条件地渲染某个 class，可以使用三元表达式。例如：

```
<div :class="[isActive ? activeClass : '', errorClass]"></div>
```

errorClass 会一直存在，但 activeClass 只会在 isActive 为 true 时才存在。

然而，这可能在有多个依赖条件的 class 时会有些冗长。因此也可以在数组中嵌套对象：

```
<div :class="[{ active: isActive }, errorClass]"></div>
```

3. 在组件上使用

本节假设已经有 Vue 组件的知识基础。如果没有，也可以暂时跳过，以后再阅读。

对于只有一个根元素的组件，当使用了 class 属性时，这些 class 会被添加到根元素上并与该元素上已有的 class 合并。

举例来说，如果声明了一个组件名叫 MyComponent，模板如下：

```
 <!-- 子组件模板 -->
<p class="foo bar">Hi!</p>
```

在使用时添加一些 class：

```
 <!-- 在使用组件时 -->
<MyComponent class="baz boo" />
```

渲染出的 HTML 为

```
<p class="foo bar baz boo">Hi!</p>
```

class 的绑定也是同样的：

```
<MyComponent :class="{ active: isActive }" />
```

当 isActive 为 true 时，被渲染的 HTML 会是：

```
<p class="foo bar active">Hi!</p>
```

如果组件有多个根元素，将需要指定哪个根元素来接收这个 class。可以通过组件的 $attrs 属性来实现指定。

```
 <!-- MyComponent 模板使用 $attrs 时 -->
<p :class="$attrs.class">Hi!</p>
<span>This is a child component</span>
```

模板内容：

```
<MyComponent class="baz" />
```

这将被渲染为

```
<p class="baz">Hi!</p>
<span>This is a child component</span>
```

7.6.2 绑定内联样式

1. 绑定对象

:style 支持绑定 JavaScript 对象值，对应的是 HTML 元素的 style 属性。例如：

- JS 部分代码：

```
const activeColor = ref('red')
const fontSize = ref(30)
```

- 模板内容：

```
<div :style="{ color: activeColor, fontSize: fontSize + 'px' }"></div>
```

尽管推荐使用 camelCase，但:style 也支持 kebab-cased 形式的 CSS 属性 key(对应其 CSS 中的实际名称。例如：

```
<div :style="{ 'font-size': fontSize + 'px' }"></div>
```

直接绑定一个样式对象通常是一个好主意，这样可以使模板更加简洁。例如：

- JS 部分代码：

```
const styleObject = reactive({
  color: 'red',
  fontSize: '13px'
})
```

- 模板内容：

```
<div :style="styleObject"></div>
```

同样地，如果样式对象需要更复杂的逻辑，也可以使用返回样式对象的计算属性。

2. 绑定数组

还可以给:style 绑定一个包含多个样式对象的数组。这些对象会被合并后渲染到同一元素上：

```
<div :style="[baseStyles, overridingStyles]"></div>
```

3. 自动前缀

当在:style 中使用了需要浏览器特殊前缀的 CSS 属性时，Vue 会自动为它们加上相应的前缀。Vue 是在运行时检查该属性是否支持在当前浏览器中使用。如果浏览器不支持某个属性，那么将尝试加上各个浏览器特殊前缀，以找到哪一个是被支持的。

4. 样式多值

可以对一个样式属性提供多个(不同前缀的)值。例如：

```
<div :style="{ display: ['-webkit-box', '-ms-flexbox', 'flex'] }"></div>
```

数组仅会渲染浏览器支持的最后一个值。在这个示例中，在支持不需要特别前缀的浏览器中都会渲染为 display:flex。

【例 7-7】 类与样式绑定实战。

代码如下，页面如图 7-9 所示。

```
1.  <!-- vue-7-7.html -->
2.  <!DOCTYPE html>
3.  <html lang="en">
4.    <head>
5.      <meta charset="UTF-8" />
6.      <meta name="viewport" content="width=device-width, initial-scale=1.0" />
7.      <script src="../js/vue.global.js"></script>
8.      <title>类与样式绑定实战</title>
9.      <style type="text/css">
10.       /* 3.定义 CSS */
11.       .redP { color: red;  font-size: 24px;  font-weight: bold;  }
12.       .class-a {color: green;  font-size: 32px;  font-weight: bolder;  }
13.       .class-b { border: 1px dashed #0033cc;  }
14.       .active {  color: blue;  text-decoration: underline; }
15.       .static { color: #667788;   font-size: 18px;  }
16.       .redText { color: red;  background: #ededed;  }
17.     </style>
18.   </head>
19.   <body>
20.     <div id="app">
21.       <h3>类与样式绑定实战</h3>
22.       <p>类绑定</p>
23.       <p v-bind:class="myClass">普通变量: Pinia 是 Vue 下一代存储库!</p>
24.       <p :class="classObject">对象: Zepto 是移动端的 jQuery!</p>
25.       <div :class="{active: isActive }">对象: Vue Router 可以实现路由!</div>
26.       <div :class="[classA, classB]">数组: Vue.js 3.x 市场适用面广!</div>
27.       <div class="static" v-bind:class="{active: isActive, redText: hasError }">
28.         v-bind:class 指令与普通的 class 属性共存。
29.       </div>
30.       <hr />
31.       <p>样式绑定</p>
32.       <div :style="{color:activeColor,fontSize:fontSize + 'px'}">绑定 style</div>
33.       <div :style="styleObject"> style 对象</div>
34.       <div :style="[styleObjectA, styleObjectB]"> style 数组</div>
35.     </div>
36.     <script>
37.       const { createApp, ref, reactive, computed } = Vue;    //解构赋值
```

```
38.        const App = {
39.         setup() {
40.          const myClass = ref("redP");
41.          const classObject = reactive({
42.           "class - a": true,
43.           "class - b": true,
44.          });
45.          const classA = ref("class - a");
46.          const classB = ref("class - b");
47.          const isActive = ref(true);
48.          const hasError = ref(true);
49.          const activeColor = ref("#99DD33");
50.          const fontSize = ref(36);
51.          const styleObject = reactive({
52.           border: "2px" + " solid" + "#99AA33",
53.           fontSize: 32 + "px",
54.          });
55.          const styleObjectA = reactive({color: "blue", fontSize: 36 + "px",});
56.          const styleObjectB = reactive({ background: "#DFDFDF", });
57.          return {                                          //暴露所有属性和方法给组件
58.           myClass, classObject,  classA, classB,
59.           isActive,  hasError, activeColor, fontSize,
60.           styleObject, styleObjectA, styleObjectB,
61.          };
62.         },
63.        };
64.        createApp(App).mount("#app");
65.      </script>
66.    </body>
67.  </html>
```

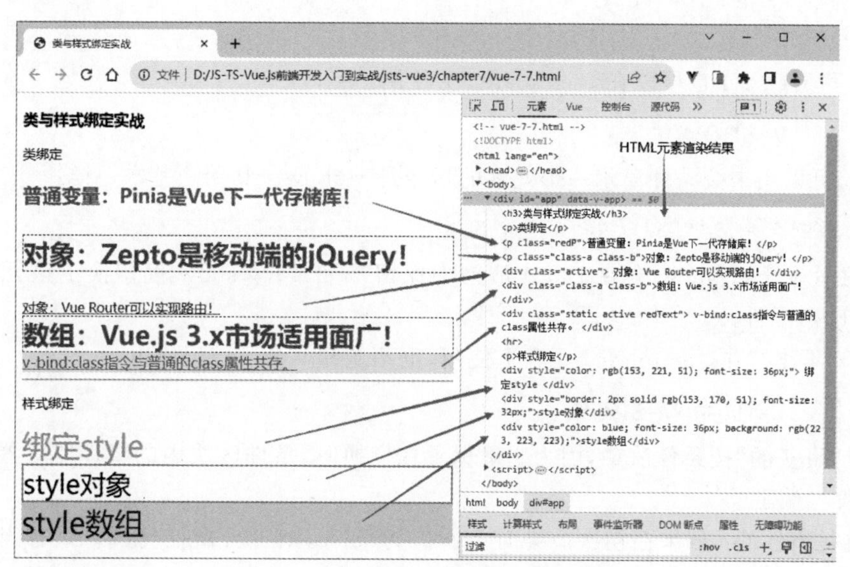

图 7-9 类与样式绑定渲染结果页面

7.7 条件渲染

7.7.1 v-if

v-if 指令用于条件性地渲染一块内容。其内容只会在指令的表达式返回真值时才被渲染。

```
<h1 v-if="flag">这些内容会在条件为真时显示!</h1>
```

7.7.2 v-else

也可以使用 v-else 为 v-if 添加一个“else 区块”。

```
<button @click=" flag = ! flag ">切换显示</button>
<h1 v-if=" flag ">这些内容会在条件为真时显示!</h1>
<h1 v-else>终于轮到我出场啦!</h1>
```

一个 v-else 元素必须跟在一个 v-if 或者 v-else-if 元素后面,否则它将不会被识别。

7.7.3 v-else-if

顾名思义,v-else-if 提供的是相应于 v-if 的“else if 区块”。它可以连续多次重复使用。

```
<div v-if="type === 'A'">A</div>
<div v-else-if="type === 'B'">B</div>
<div v-else-if="type === 'C'">C</div>
<div v-else>Not A/B/C</div>
```

和 v-else 类似,一个使用 v-else-if 的元素必须紧跟在一个 v-if 或一个 v-else-if 元素后面。

7.7.4 <template>上的 v-if

因为 v-if 是一个指令,它必须依附于某个元素。但如果想要切换不止一个元素呢?在这种情况下可以在一个<template>元素上使用 v-if,这只是一个不可见的包装器元素,最后渲染的结果并不会包含这个<template>元素。

```
<template v-if="ok">
  <h1>这是标题</h1>
  <p>段落 1</p>
  <p>段落 2</p>
</template>
```

v-else 和 v-else-if 也可以在<template>上使用。

7.7.5 v-show

另一个可以用来按条件显示一个元素的指令是 v-show。其用法基本一样:

```
<h1 v-show="ok">Hello!</h1>
```

不同之处在于,v-show 会在 DOM 渲染中保留该元素;v-show 仅切换了该元素上名为 display 的 CSS 属性。

v-show 不支持在<template>元素上使用,也不能和 v-else 搭配使用。

7.7.6 v-if 与 v-show

v-if 是“真实的”按条件渲染,因为它确保了在切换时,条件区块内的事件监听器和子组件都会被销毁与重建。

v-if 也是惰性的:如果在初次渲染时条件值为 false,则不会做任何事。只有当条件首次变为 true 时条件区块才被渲染。

相比之下,v-show 简单许多,无论初始条件如何,元素始终会被渲染,只有 CSS display 属性会被切换。

总的来说,v-if 有更高的切换开销,而 v-show 有更高的初始渲染开销。因此,如果需要频繁切换,则使用 v-show 较好;如果在运行时绑定条件很少改变,则 v-if 会更合适。

7.7.7 v-if 和 v-for

当 v-if 和 v-for 同时存在于一个元素上的时候,v-if 会首先被执行。请查看列表渲染获取更多细节。

注意 不推荐同时使用 v-if 和 v-for，因为二者的优先级不明显。

【例 7-8】 条件渲染实战。

代码如下，页面如图 7-10 和图 7-11 所示。

```
1.  <!-- vue-7-8.html -->
2.  <!DOCTYPE html>
3.  <html lang="en">
4.    <head>
5.      <meta charset="UTF-8" />
6.      <meta name="viewport" content="width=device-width, initial-scale=1.0" />
7.      <title>条件渲染实战</title>
8.      <script src="../js/vue.global.js"></script>
9.    </head>
10.   <body>
11.     <div id="app">
12.      <h3>条件渲染实战</h3>
13.      <p v-if="flag">v-if 块: 我显示啦!</p>
14.      <p v-else>v-else 块: 终于轮到啦!</p>
15.      <button @click="flag=!flag">切换显示-{{flag}}</button>
16.      <p v-show="flag">v-show 块: 条件为真,我显示啦!</p>
17.     <!-- 输入成绩,判定成绩等级 -->
18.      <p>
19.       <label for="">请输入成绩:</label>
20.       <input  type="number"  v-model="score"  min="0"
21.         max="100"  placeholder="请输入成绩"  />
22.      </p>
23.      <template v-if="score>=90"><h3>成绩为优秀</h3></template>
24.      <template v-else-if="score>=80"><h3>成绩为良好</h3></template>
25.      <template v-else-if="score>=70"><h3>成绩为中等</h3></template>
26.      <template v-else-if="score>=60"><h3>成绩为合格</h3></template>
27.      <template v-else><h3>成绩为不合格</h3></template>
28.     </div>
29.     <script>
30.      const { createApp, ref} = Vue;
31.      const App = {
32.       //定义组件 App
33.       setup() {
34.        const flag = ref(false);
35.        const score = ref(0);
36.        return { flag, score };
37.       },
38.      };
39.      createApp(App).mount("#app");
40.     </script>
41.   </body>
42. </html>
```

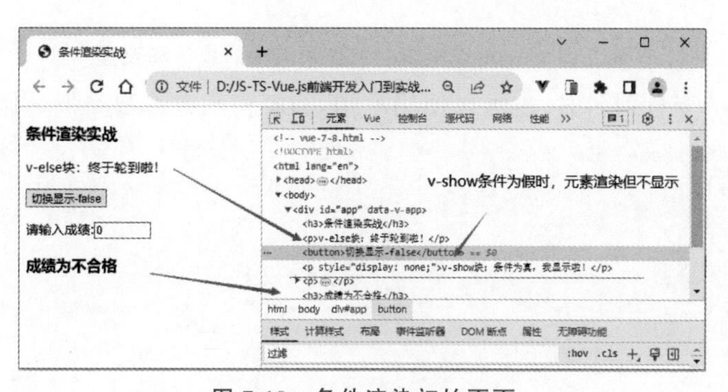

图 7-10 条件渲染初始页面

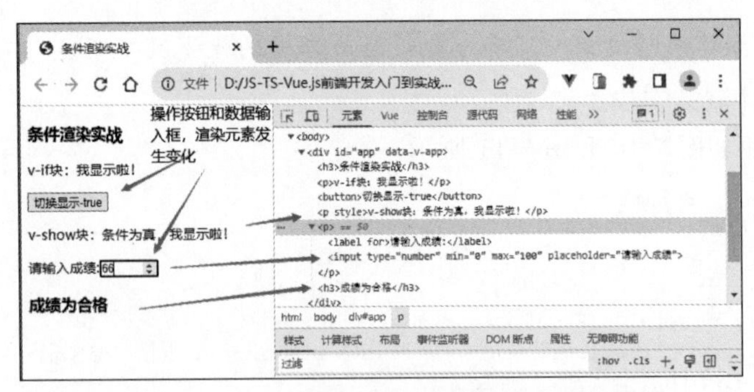

图 7-11　操作按钮和输入框时渲染结果页面

7.8　列表渲染

7.8.1　v-for

可以使用 v-for 指令基于一个数组来渲染一个列表。v-for 指令的值需要使用 item in items 形式的特殊语法，其中，items 是源数据的数组，而 item 是迭代项的别名。例如：

- JS 部分代码：

```
const items = ref([{ message: 'Foo' }, { message: 'Bar' }])
```

- 模板内容：

```
<li v-for="item in items">
  {{ item.message }}
</li>
```

在 v-for 块中可以完整地访问父作用域内的属性和变量。v-for 也支持使用可选的第二个参数表示当前项的位置索引。部分代码如下，页面效果如图 7-12 所示。

- JS 部分代码：

```
const parentMessage = ref('Parent')
const items = ref([{ message: 'Foo' }, { message: 'Bar' }])
```

- 模板内容：

```
<li v-for="(item, index) in items">
  {{ parentMessage }} - {{ index }} - {{ item.message }}
</li>
```

- Parent - 0 - Foo
- Parent - 1 - Bar

图 7-12　v-for 块中访问父作用域内的属性和变量

在定义 v-for 的变量别名时，也可以使用解构，和解构函数参数类似。例如：

```
<li v-for="{ message } in items">
  {{ message }}
</li>

<!-- 有 index 索引时 -->
<li v-for="({ message }, index) in items">
  {{ message }} {{ index }}
</li>
```

对于多层嵌套的 v-for，作用域的工作方式和函数的作用域很类似。每个 v-for 作用域都可以访问到父级作用域。例如：

```
<li v-for="item in items">
  <span v-for="childItem in item.children">
    {{ item.message }} {{ childItem }}
  </span>
</li>
```

也可以使用 of 作为分隔符来替代 in，这更接近 JavaScript 的迭代器语法。例如：

```
<div v-for="item of items"></div>
```

7.8.2 v-for 与对象

也可以使用 v-for 来遍历一个对象的所有属性。遍历的顺序会基于对该对象调用 Object.keys()的返回值来决定。

- JS 部分代码：

```
const myObject = reactive({
  title: 'How to do lists in Vue',
  author: 'Jane Doe',
  publishedAt: '2016-04-10'
})
```

- 模板内容：

```
<ul>
  <li v-for="value in myObject">
    {{ value }}
  </li>
</ul>
```

可以通过提供第二个参数表示属性名(例如 key)：

```
<li v-for="(value, key) in myObject">
  {{ key }}: {{ value }}
</li>
```

第三个参数表示位置索引：

```
<li v-for="(value, key, index) in myObject">
  {{ index }}. {{ key }}: {{ value }}
</li>
```

【例 7-9】 列表渲染实战。

代码如下，页面如图 7-13 所示。

```
1.  <!-- vue-7-9.html -->
2.  <!DOCTYPE html>
3.  <html lang="en">
4.    <head>
5.      <meta charset="UTF-8" />
6.      <meta name="viewport" content="width=device-width, initial-scale=1.0" />
7.      <title>列表渲染实战</title>
8.      <script src="../js/vue.global.js"></script>
9.    </head>
10.   <body>
11.     <div id="app">
12.       <h3>列表渲染实战 - 对象 - 多参数</h3>
13.       <ul>
14.         <li v-for="(value, key, index) in myObject">{{ index }}. {{ key }}: {{ value }}
            </li>
15.       </ul>
16.       <h3>列表渲染实战 - 数组 - 多参数</h3>
17.       <ul>
18.         <li v-for="(item,index) in myClass" :key="item">{{index}} - {{item}}</li>
```

```
19.        </ul>
20.        <h3>列表渲染实战 - 数组对象 - 多参数 - 解构</h3>
21.        <ul>
22.         <li v-for="({name,age,sex},index) in myStudents" :key="name">
23.           {{index}} - {{name}} - {{age}} -- {{sex}}
24.         </li>
25.        </ul>
26.      </div>
27.      <script>
28.        const { createApp, reactive } = Vue;
29.        const App = {
30.         //定义组件 App
31.         setup() {
32.           const myObject = reactive({
33.            title: "Vue.js 前端框架技术与实战",
34.            author: "储久良",
35.            publishedAt: "2022-01-01",
36.           });
37.           const myClass = reactive([
38.            "22 软件 1 班",   "22 计算机 1 班",   "21 大数据技术 1 班",   "22 信息管理 1 班",
39.           ]);
40.           const myStudents = reactive([
41.            { name: "徐依然", age: 20, sex: "女" }, { name: "陈飞翔", age: 21, sex: "男" },
42.            { name: "张李阳光", age: 19, sex: "男" },{ name: "宫冬琴", age: 198, sex: "女" },
43.           ]);
44.           return {myObject,  myClass,  myStudents,  };
45.         },
46.        };
47.        createApp(App).mount("#app");
48.      </script>
49.    </body>
50.  </html>
```

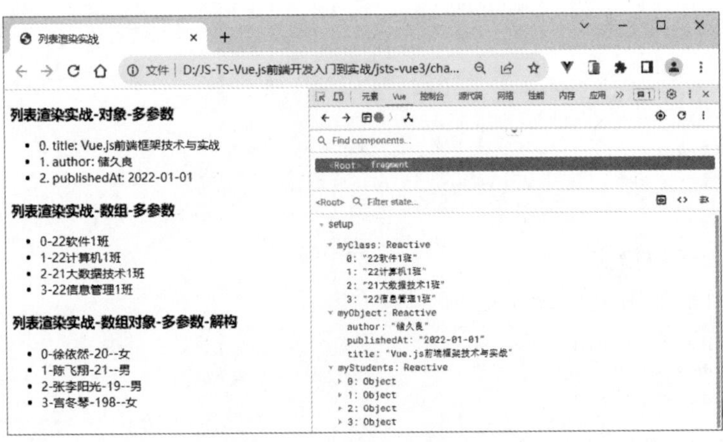

图 7-13　列表渲染结果页面

7.8.3　v-for 应用场景

1. 在 v-for 里使用范围值

v-for 可以直接接收一个整数值。在这种用例中,会将该模板基于 1～n 的取值范围重复多次。

```
<span v-for="n in 10">{{ n }}</span>
```

注意此处 n 的初值是从 1 开始而非 0。

2. <template>上的 v-for

与模板上的 v-if 类似,也可以在<template>标记上使用 v-for 来渲染一个包含多个元素的块。例如：

```
<ul>
  <template v-for="item in items">
    <li>{{ item.msg }}</li>
    <li class="divider" role="presentation"></li>
  </template>
</ul>
```

3. v-for 与 v-if

当它们同时存在于一个节点上时，v-if 比 v-for 的优先级更高。这意味着 v-if 的条件将无法访问到 v-for 作用域内定义的变量别名。例如：

```
<!-- 这会抛出一个错误，因为属性 todo 此时没有在该实例上定义 -->
<li v-for="todo in todos" v-if="!todo.isComplete">
  {{ todo.name }}
</li>
```

在外新包装一层< template >，再在其上使用 v-for 可以解决这个问题（这也更加明显易读）。

```
<template v-for="todo in todos">
  <li v-if="!todo.isComplete">
    {{ todo.name }}
  </li>
</template>
```

4. 通过 key 管理状态

Vue 默认按照“就地更新”的策略来更新通过 v-for 渲染的元素列表。当数据项的顺序改变时，Vue 不会随之移动 DOM 元素的顺序，而是就地更新每个元素，确保它们在原本指定的索引位置上渲染。

默认模式是高效的，但只适用于列表渲染输出的结果不依赖子组件状态或者临时 DOM 状态（例如表单输入值）的情况。

为了给 Vue 一个提示，以便它可以跟踪每个节点的标识，从而重用和重新排序现有的元素，需要为每个元素对应的块提供一个唯一的 key 属性。例如：

```
<div v-for="item in items" :key="item.id">
  <!-- 内容 -->
</div>
```

当使用< template v-for >时，key 应该被放置在这个< template >容器上。例如：

```
<template v-for="todo in todos" :key="todo.name">
  <li>{{ todo.name }}</li>
</template>
```

注意 key 在这里是一个通过 v-bind 绑定的特殊 attribute。请不要和在 v-for 中使用对象里所提到的对象属性名相混淆。key 绑定的值期望是一个基础类型的值，例如字符串或 number 类型。不要用对象作为 v-for 的 key。

5. 组件上使用 v-for

可以直接在组件上使用 v-for，和在一般的元素上使用没有区别（别忘记提供一个 key）。

```
<MyComponent v-for="item in items" :key="item.id" />
```

但是，这不会自动将任何数据传递给组件，因为组件有自己独立的作用域。为了将迭代后的数据传递到组件中，还需要传递 props。例如：

```
<MyComponent
  v-for="(item, index) in items"  :item="item"  :index="index"  :key="item.id"
/>
```

不自动将 item 注入组件的原因是，这会使组件与 v-for 的工作方式紧密耦合。明确其数据的来源可以使组件在其他情况下重用。

7.8.4 数组变化侦测

1. 变更方法

Vue 能够侦听响应式数组的变更方法，并在它们被调用时触发相关的更新。这些变更方法包括 push()、pop()、shift()、unshift()、splice()、sort()、reverse()。

2. 替换一个数组

变更方法，顾名思义，就是会对调用它们的原数组进行变更。相对地，也有一些不可变方法，如 filter()、concat()和 slice()，这些都不会更改原数组，而总是返回一个新数组。当遇到的是非变更方法时，需要将旧的数组替换为新的数组。例如：

```
//'items' 是一个数组的 ref
items.value = items.value.filter((item) => item.message.match(/Foo/))
```

读者可能认为这将导致 Vue 丢弃现有的 DOM 并重新渲染整个列表——幸运的是，情况并非如此。Vue 实现了一些巧妙的方法来最大化对 DOM 元素的重用，因此用另一个包含部分重叠对象的数组来做替换，仍会是一种非常高效的操作。

3. 展示过滤或排序后的结果

有时希望显示数组经过过滤或排序后的内容，而不实际变更或重置原始数据。在这种情况下，可以创建返回已过滤或已排序数组的计算属性。例如：

- JS 部分代码：

```
const numbers = ref([1, 2, 3, 4, 5])
const evenNumbers = computed(() => {
  return numbers.value.filter((n) => n % 2 === 0)
})
```

- 模板内容：

```
<li v-for="n in evenNumbers">{{ n }}</li>
```

在计算属性不可行的情况下(例如在多层嵌套的 v-for 循环中)，可以使用以下方法。

- JS 部分代码：

```
const sets = ref([
  [1, 2, 3, 4, 5],  [6, 7, 8, 9, 10]
])

function even(numbers) {
  return numbers.filter((number) => number % 2 === 0)
}
```

- 模板内容：

```
<ul v-for="numbers in sets">
  <li v-for="n in even(numbers)">{{ n }}</li>
</ul>
```

在计算属性中使用 reverse()和 sort()的时候务必小心。这两个方法将变更原始数组，计算函数中不应该这么做。请在调用这些方法之前创建一个原数组的副本。例如：

```
- return numbers.reverse()
+ return [ ...numbers].reverse()
```

【例 7-10】 列表渲染——数组变化侦测实战。

代码如下，页面如图 7-14 和图 7-15 所示。

```
1.  <!-- vue-7-10.html -->
2.  <!DOCTYPE html>
3.  <html lang="en">
4.    <head>
5.      <meta charset="UTF-8" />
6.      <meta name="viewport" content="width=device-width, initial-scale=1.0" />
7.      <title>列表渲染-绑定 key 及数组变化侦测实战</title>
8.      <script src="../js/vue.global.js"></script>
9.    </head>
10.   <body>
11.     <div id="app">
12.      <h3>列表渲染-绑定 key 及数组变化侦测实战</h3>
13.      <div id="">
14.       <h3>绑定 key 对象数组遍历</h3>
15.       <label>序号:</label><input type="text" v-model="id" placeholder="输入序号" />
16.       <label>姓名:</label><input type="text" v-model="name" placeholder="输入姓
      名" />
17.       <button @click="addStudent">添加学生信息</button>
18.       <p><span v-for="user in students" :key="user.id">
19.           <input type="checkbox" /> {{user.id}} -- {{user.name }} 
20.         </span></p>
21.      </div>
22.      <div>
23.       <h3>更新数组元素的方法-变异方法:</h3>
24.       <p v-once>排序前数据: {{numbers}}</p>
25.       <button type="button" @click="sort()">数组排序-sort</button>
26.       <button type="button" @click="reverse()">数组逆序-reverse</button>
27.       <p style="color: red">【{{indexArr}}】后数据: {{numbers}}</p>
28.       <p v-once>原数组元素{{items}}</p>
29.       <button type="button" @click="add">添加数组元素 3 个</button>
30.       <span v-for="item in items">{{item.name}} </span>
31.       <br /><button @click="deleteArr">删除数组元素 2 个</button>
32.       <span>被删除的元素有: {{el1}} - {{el2}}</span>
33.       <h3>更新数组元素的方法-非变异方法: </h3>
34.       <p>原数组: {{numbers}}</p>
35.       <button @click="slice()">生成新数组-slice</button>
36.       <span>slice()-新数组: {{sliceArr}}</span><br />
37.       <button @click="concat()">生成新数组-concat</button>
38.       <span>concat()-新数组: {{concatArr}}</span><br />
39.       <button @click="filter()">过滤元素-filter</button>
40.       <span>filter()-新数组: {{filterArr}}</span><br />
41.       <button @click="filterM()">匹配查找-filter</button>
42.       <span>filterM()匹配-新数组: {{filterArrM}}</span><br />
43.      </div>
44.     </div>
45.     <script>
46.      const { createApp, reactive, ref } = Vue;
47.      const App = {
48.       //定义组件 App
49.       setup() {
50.        const id = ref("");
51.        const name = ref("");
52.        const sliceArr = reactive([]);
53.        const concatArr = reactive([]);
54.        const filterArr = reactive([]);
```

```
55.        const filterArrM = reactive([]);
56.        const el1 = reactive([]);
57.        const el2 = reactive([]);
58.        const students = reactive([{ id: 1, name: "张开民" }, { id: 2, name: "宋小明" },]);
59.        const addStudent = () => {
60.         students.push({ id: id.value, name: name.value }); //在数组末尾添加新元素
61.        };
62.        const indexArr = ref("排序");
63.        const numbers = reactive(["aaaa", "fff",  "bbbb", "cccc", "xyzz", "ggss",]);
64.        const reverse = () => {
65.         indexArr.value = "逆序";
66.         return numbers.reverse();
67.        };
68.        const slice = () => {
69.         if (numbers.length >= 2) {
70.           sliceArr.splice(0);                         //先清空数组
71.           sliceArr.push(numbers.slice(1, numbers.length - 1));
72.         }
73.        };
74.        const concat = () => {
75.         concatArr.splice(0);                          //先清空数组
76.         concatArr.push(numbers.concat(["vvrr", "ssee", "kkkk"]));
77.        };
78.        const filter = () => {
79.         filterArr.splice(0);                          //先清空数组
80.           filterArr.push( numbers.filter(function (member) {return member.length <=
           4;}) );
81.        };
82.        const sort = () => {
83.         indexArr.value = "排序";
84.         return numbers.sort();
85.        };
86.        const items = reactive([{ name: "李民明" }, { name: " 李诚信" }]);
87.        const add = () => {
88.         items.push({ name: "储林玉" });                 //在数组尾部添加
89.         items.unshift({ name: "王伟根" });              //在数组首部添加
90.         items.splice(items.length, 0, { name: "李中明" }); //在数组尾部添加
91.        };
92.        const deleteArr = () => {
93.         el1.push(items.pop());
94.         el2.push(items.shift());
95.        };
96.        const filterM = () => {
97.         filterArrM.splice(0);                         //先清空数组
98.           filterArrM.push( items.filter(function (item) {return item.name.match(/
           李/); }));
99.        };
100.        return {
101.         items, id, name, students,  indexArr,  numbers, sliceArr,  concatArr,
102.         filterArr, filterArrM, el1, el2, addStudent,  add, sort, filterM, filter,
103.         concat,  slice,  reverse,  deleteArr,
104.        };
105.       },
106.      };
107.      createApp(App).mount("#app");
108.     </script>
109.   </body>
110. </html>
```

图 7-14　列表渲染——绑定 key 及数组变化侦测初始页面

图 7-15　列表渲染——绑定 key 及数组变化侦测操作结果页面

7.9 事件处理

7.9.1 监听事件

可以使用 v-on 指令(简写为@)来监听 DOM 事件,并在事件触发时执行对应的 JavaScript。用法：v-on:click="handler"或@click="handler"。

事件处理器(handler)的值如下。

- 内联事件处理器：事件被触发时执行的内联 JavaScript 语句(与 onClick 类似)。
- 方法事件处理器：一个指向组件上定义的方法的属性名或是路径。

1. 内联事件处理器

内联事件处理器通常用于简单场景。例如：

- JS 部分代码：

```
const count = ref(0)
```

- 模板内容：

```
<button @click="count++">Add 1</button>
<p>Count is: {{ count }}</p>
```

(1) 在内联处理器中调用方法。

除了直接绑定方法名，还可以在内联事件处理器中调用方法。这允许向方法传入自定义参数以代替原生事件。例如：

- JS 部分代码：

```
function say(message) {
  alert(message)
}
```

- 模板内容：

```
<button @click="say('hello')">Say hello</button>
<button @click="say('bye')">Say bye</button>
```

(2) 在内联事件处理器中访问事件参数。

有时需要在内联事件处理器中访问原生 DOM 事件。可以向该处理器方法传入一个特殊的 $event 变量，或者使用内联箭头函数。例如：

- 模板内容：

```
<!-- 使用特殊的 $event 变量 -->
<button @click="warn('Form cannot be submitted yet.', $event)">
  Submit
</button>
<!-- 使用内联箭头函数 -->
<button @click="(event) => warn('Form cannot be submitted yet.', event)">
  Submit
</button>
```

- JS 部分代码：

```
function warn(message, event) {
  //这里可以访问原生事件
  if (event) {
    event.preventDefault()
  }
  alert(message)
}
```

2. 方法事件处理器

随着事件处理器的逻辑变得愈发复杂，内联代码方式变得不够灵活。因此 v-on 也可以接收一个方法名或对某个方法的调用。例如：

- JS 部分代码：

```
const name = ref('Vue.js')
function greet(event) {
  alert('Hello ${name.value}!')
  //'event'是 DOM 原生事件
  if (event) {
    alert(event.target.tagName)
  }
}
```

- 模板内容：

```
<!-- 'greet'是上面定义过的方法名 -->
<button @click="greet">Greet</button>
```

方法事件处理器会自动接收原生 DOM 事件并触发执行。在上面的例子中,能够通过被触发事件的 event. target. tagName 访问到该 DOM 元素。

3. 方法与内联事件判断

模板编译器会通过检查 v-on 的值是否是合法的 JavaScript 标识符或属性访问路径来断定是何种形式的事件处理器。例如,foo、foo. bar 和 foo['bar']会被视为方法事件处理器,而 foo()和 count++会被视为内联事件处理器。

7.9.2 事件修饰符

在处理事件时调用 event. preventDefault()或 event. stopPropagation()是很常见的。尽管可以直接在方法内调用,但如果方法能更专注于数据逻辑而不用去处理 DOM 事件的细节会更好。

为解决这一问题,Vue 为 v-on 提供了事件修饰符。修饰符是用. 表示的指令后缀,包含以下这些:. stop、. prevent、. self、. capture、. once、. passive。

```
<!-- 单击事件将停止传递 -->
<a @click.stop="doThis"></a>

<!-- 提交事件将不再重新加载页面 -->
<form @submit.prevent="onSubmit"></form>

<!-- 修饰符可以使用链式书写 -->
<a @click.stop.prevent="doThat"></a>
<!-- 也可以只有修饰符 -->
<form @submit.prevent></form>
<!-- 仅当 event.target 是元素本身时才会触发事件处理器 -->
<!-- 例如:事件处理器不来自子元素 -->
<div @click.self="doThat">…</div>
```

注意 使用修饰符时需要注意调用顺序。因为相关代码是以相同的顺序生成的。因此使用@click. prevent. self 会阻止元素及其子元素的所有单击事件的默认行为,而@click. self. prevent 则只会阻止对元素本身的单击事件的默认行为。

. capture、. once 和. passive 修饰符与原生 addEventListener 事件相对应。

```
<!-- 添加事件监听器时,使用 'capture' 捕获模式 -->
<!-- 例如:指向内部元素的事件,在被内部元素处理前,先被外部处理 -->
<div @click.capture="doThis">…</div>

<!-- 单击事件最多被触发一次 -->
<a @click.once="doThis"></a>

<!-- 滚动事件的默认行为 (scrolling) 将立即发生而非等待 'onScroll' 完成 -->
<!-- 以防其中包含 'event.preventDefault()' -->
<div @scroll.passive="onScroll">…</div>
```

. passive 修饰符一般用于触摸事件的监听器,可以用来改善移动端设备的滚屏性能。

注意 请勿同时使用. passive 和. prevent。因为. passive 已经向浏览器表明了不想阻止事件的默认行为。如果这么做了,则. prevent 会被忽略,并且浏览器会抛出警告。

7.9.3 按键修饰符

在监听键盘事件时,经常需要检查特定的按键。Vue 允许在 v-on 或@监听按键事件时添加按键修饰符。

```
<!-- 仅在 'key' 为 'Enter' 时调用 'submit' -->
<input @keyup.enter = "submit" />
```

可以直接使用 KeyboardEvent.key 暴露的按键名称作为修饰符，但需要转为 kebab-case 形式。

```
<input @keyup.page-down = "onPageDown" />
```

在上面的例子中，仅会在 $event.key 为'PageDown'时调用事件处理。

1. 按键别名

Vue 为一些常用的按键提供了别名，分别为.enter、.tab、.delete（捕获“Delete”和“BackSpace”两个按键）、.esc、.space、.up、.down、.left、.right。

2. 系统按键修饰符

可以使用以下系统按键修饰符来触发鼠标或键盘事件监听器，只有当按键被按下时才会触发。系统按键修饰符为.ctrl、.alt、.shift、.meta。

3. .exact 修饰符

.exact 修饰符允许控制触发一个事件所需的确定组合的系统按键修饰符。

```
<!-- 当按下 Ctrl 键时，即使同时按下 Alt 键或 Shift 键也会触发 -->
<button @click.ctrl = "onClick"> A </button>

<!-- 仅当按下 Ctrl 键且未按任何其他键时才会触发 -->
<button @click.ctrl.exact = "onCtrlClick"> A </button>

<!-- 仅当没有按下任何系统按键时触发 -->
<button @click.exact = "onClick"> A </button>
```

7.9.4 鼠标按键修饰符

鼠标按键修饰符将处理程序限定为由特定鼠标按键触发的事件。这些修饰符分别为.left、.right、.middle。

【例 7-11】 事件处理实战。

代码如下，页面效果如图 7-16 和图 7-17 所示。

```
1.  <!-- vue-7-11.html -->
2.  <!DOCTYPE html>
3.  <html lang = "en">
4.    <head>
5.      <meta charset = "UTF-8" />
6.      <meta name = "viewport" content = "width = device-width, initial-scale = 1.0" />
7.      <title>事件处理实战</title>
8.      <script src = "../js/vue.global.js"></script>
9.      <style>
10.       .red{color: red;font-weight: bold;}
11.     </style>
12.   </head>
13.   <body>
14.     <div id = "app">
15.       <h3>事件处理实战</h3>
16.       <button @click = "counter++">增 1 </button>
17.       <p>在按钮上单击<span class = "red">{{ counter }}</span>  次.</p>
18.       <button @click = "hello"> hello </button>
19.       <p>通过 event 获取 name 和标记名称: <span class = "red">{{name}}</span>
      
20.       事件对象名称: <span class = "red">{{tagName}}</span></p>
21.       <p><button @click = "sum(100)">计算 1-100 的累加和</button>
```

```
22.         事件处理带参数: {{sumN}}</p>
23.         <p></p><button @click="sumInterval(100,200)">计算 100-200 的累加和</button>
24.         事件处理带参数: {{sumMn}}</p>
25.       </div>
26.       <script>
27.         const { createApp, ref } = Vue;
28.         const App = {
29.           setup() {
30.             const counter = ref(0);
31.             const name = ref("张万明");
32.             const tagName = ref("无");
33.             const sumN = ref(0);
34.             const sumMn = ref(0);
35.             const hello = (event) => {
36.               name.value = "Hello 李小明";
37.               //event 是原生 DOM 事件
38.               if (event) {
39.                 tagName.value = event.target.tagName;
40.               }
41.             };
42.             const sumInterval = (m, n) => {
43.               let sum1 = 0;
44.               for (let index = m; index <= n; index++) {
45.                 sum1 = sum1 + index;
46.               }
47.               sumMn.value = sum1;
48.             };
49.             const sum = (n) => {
50.               let sum1 = 0;
51.               for (let index = 1; index <= n; index++) {
52.                 sum1 = sum1 + index;
53.               }
54.               sumN.value = sum1;
55.             };
56.             return {
57.               counter, name, tagName, sumN, sumMn,
58.               hello, sumInterval, sum,
59.             };
60.           },
61.         };
62.         createApp(App).mount("#app");
63.       </script>
64.     </body>
65.   </html>
```

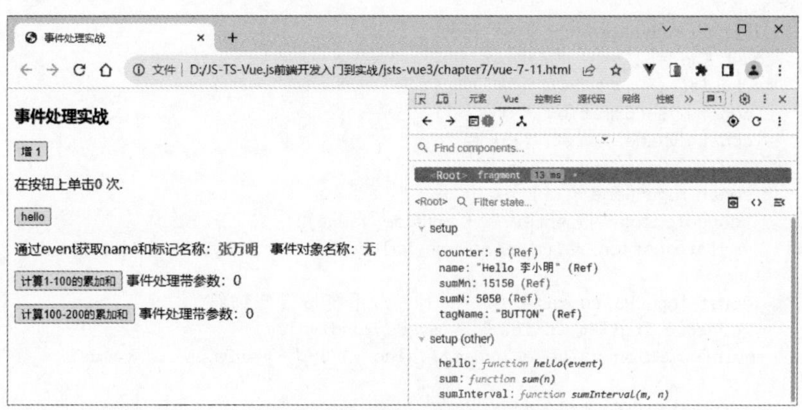

图 7-16 事件处理初始页面

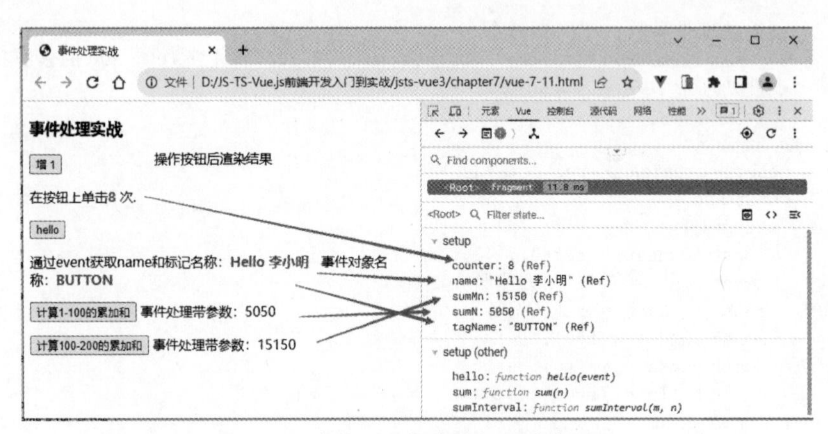

图 7-17 事件处理操作按钮后渲染页面

【例 7-12】 修饰符综合实战。

代码如下，页面效果如图 7-18 和图 7-19 所示。

```
1.  <!-- vue-7-12.html -->
2.  <!DOCTYPE html>
3.  <html lang="en">
4.    <head>
5.      <meta charset="UTF-8" />
6.      <title>修饰符实战</title>
7.      <script src="../js/vue.global.js"></script>
8.      <style>
9.        #div1{background-color: #f1f2f3;padding: 10px;}
10.      input{ width:150px;height: 26px;    }
11.     </style>
12.   </head>
13.   <body>
14.     <div id="app">
15.      <h3>修饰符实战</h3>
16.      <!-- 在输入框按下 Enter 键时调用方法 -->
17.      姓名:<input  type="text"   v-on:keyup.alt.enter="inputName"
18.       placeholder="输入姓名后按 Alt + Enter 显示"  v-model="myName" /><br />
19.      <!-- 在输入框按下系统按键修饰符 Shift 键时调用方法 -->
20.      密码:<input  type="password"  v-on:keyup.shift="inputPassword"
21.       placeholder="按 shift 显示的输入密码"   v-model="myPassword"/><br />
22.      <p>您的信息:{{myInformation}}</p>
23.      <p>按 "Ctrl+鼠标左单击"以下 div,更新信息</p>
24.      <div id="div1" @click.left.ctrl="showInfo">这是初始信息。</div>
25.     </div>
26.     <script>
27.      const { createApp, ref } = Vue;
28.      const App = {
29.       setup() {
30.        const myInformation = ref('');
31.        const myName = ref('');
32.        const myPassword = ref("");
33.        const inputName = () => {
34.         console.log("按 enter:" + myName.value);
35.         myInformation.value = myName.value + "-" + myPassword.value;
36.        };
37.        const inputPassword = () => {   //系统按键修饰符
38.         console.log("按 shift: " + myPassword.value);
39.        myInformation.value = myName.value + "-" + myPassword.value;
40.        };
41.        const showInfo = () =>{
42.         console.log("按 Ctrl: " + myPassword.value);
43.        document.getElementById("div1").innerHTML += myName.value + "-" + myPassword
```

```
                    .value;
44.                 }
45.                 return {
46.                 myInformation,myName,myPassword,inputName,inputPassword,showInfo
47.                 };
48.               },
49.             };
50.             createApp(App).mount("#app");
51.           </script>
52.       </body>
53.   </html>
```

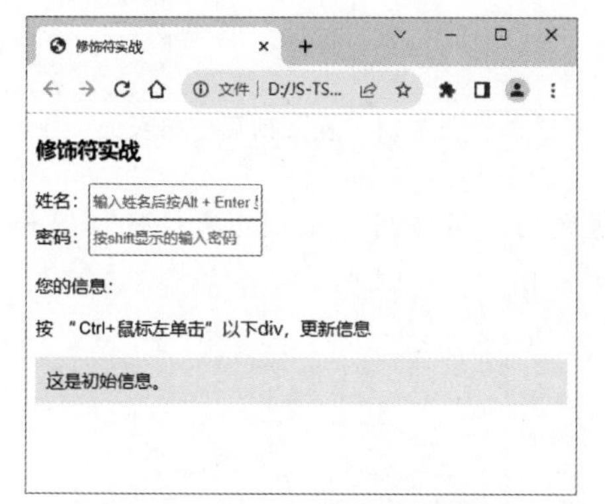

图 7-18　修饰符应用初始页面

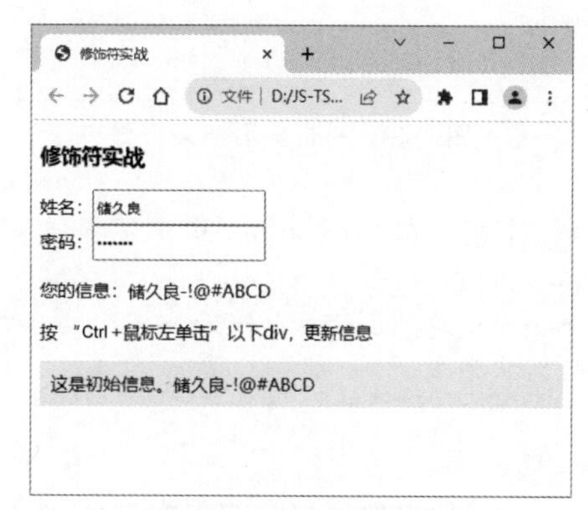

图 7-19　操作后渲染页面

7.10　表单输入绑定

7.10.1　v-model 指令

在前端处理表单时，常常需要将表单输入框的内容同步给 JavaScript 中相应的变量。手动连接值绑定和更改事件监听器可能会很麻烦。例如：

```
<input  :value="text"  @input="event => text = event.target.value">
```

v-model 指令帮助简化了这一步骤。格式如下。

```
<input v-model="text">
```

另外，v-model 还可以用于各种不同类型的输入，<textarea>、<select>元素。它会根据所使用的元素自动使用对应的 DOM 属性和事件组合。例如：

- 文本类型的<input>和<textarea>元素会绑定 value 属性，并侦听 input 事件。
- <input type="checkbox">和<input type="radio">会绑定 checked 属性，并侦听 change 事件。
- <select>会绑定 value 属性，并侦听 change 事件。

注意　v-model 会忽略任何表单元素上初始的 value、checked 或 selected 属性。它将始终将当前绑定的 JavaScript 状态视为数据的正确来源。应该在 JavaScript 中使用响应式系统的 API 来声明该初始值。

7.10.2　表单元素输入绑定

1. 文本

```
<p>Message is: {{ message }}</p>
<input v-model="message" placeholder="edit me" />
```

在文本框中输入内容时，段落< p >标记的内容也同步更新，如图 7-20 所示。

2. 多行文本

```
<span>Multiline message is:</span>
<p style="white-space: pre-line;">{{ message }}</p>
<textarea v-model="message" placeholder="add multiple lines"></textarea>
```

在多行文本域中输入内容，段落中内容同步更新，如图 7-21 所示。

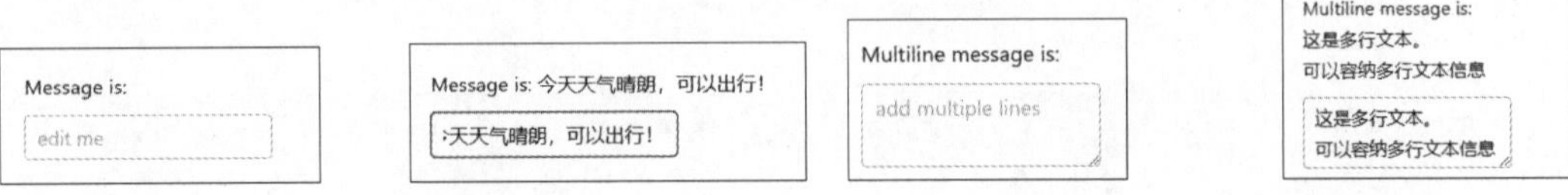

图 7-20　单击前后渲染页面　　　图 7-21　输入前后渲染页面

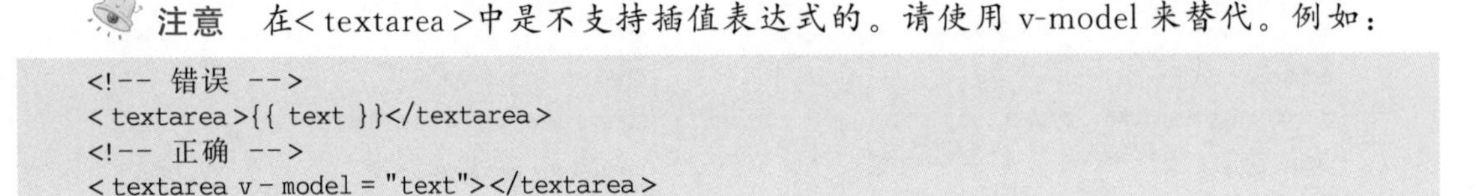

注意　在< textarea >中是不支持插值表达式的。请使用 v-model 来替代。例如：

```
<!-- 错误 -->
<textarea>{{ text }}</textarea>
<!-- 正确 -->
<textarea v-model="text"></textarea>
```

3. 复选框

(1) 单一的复选框绑定布尔类型值，如图 7-22 所示。例如：

```
<input type="checkbox" id="checkbox" v-model="checked" />
<label for="checkbox">{{ checked }}</label>
```

(2) 多个复选框绑定到同一个数组或集合的值，如图 7-23 所示。例如：

- JS 部分代码：

```
const checkedNames = ref([])
```

- 模板内容：

```
<div>Checked names: {{ checkedNames }}</div>
<input type="checkbox" id="jack" value="Jack" v-model="checkedNames">
<label for="jack">Jack</label>
<input type="checkbox" id="john" value="John" v-model="checkedNames">
<label for="john">John</label>
<input type="checkbox" id="mike" value="Mike" v-model="checkedNames">
<label for="mike">Mike</label>
```

false　true　Checked names: []　Jack　John　Mike　Checked names: ["Jack", "John", "Mike"]　Jack　John　Mike

图 7-22　单击前后渲染页面　　　图 7-23　单击前后渲染页面

4. 单选按钮

```
<div>Picked: {{ picked }}</div>
<input type="radio" id="one" value="One" v-model="picked" />
<label for="one">One</label>
<input type="radio" id="two" value="Two" v-model="picked" />
<label for="two">Two</label>
```

单选按钮绑定到同一变量。单击单选按钮后，一组按钮中只能选中一个，div 的内容同步更新，如图 7-24 所示。

5. 选择框

(1) 单个选择框绑定到变量，如图 7-25 所示。例如：

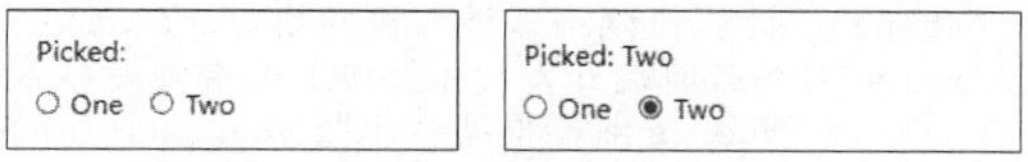

图 7-24 单击单选按钮前后渲染页面

```
<div>Selected: {{ selected }}</div>
<select v-model="selected">
  <option disabled value="">Please select one</option>
  <option>A</option>
  <option>B</option>
  <option>C</option>
</select>
```

(2) 支持多选的选择框值绑定到一个数组,如图 7-26 所示。例如:

```
<div>Selected: {{ selected }}</div>
<select v-model="selected" multiple>
  <option>A</option>
  <option>B</option>
  <option>C</option>
</select>
```

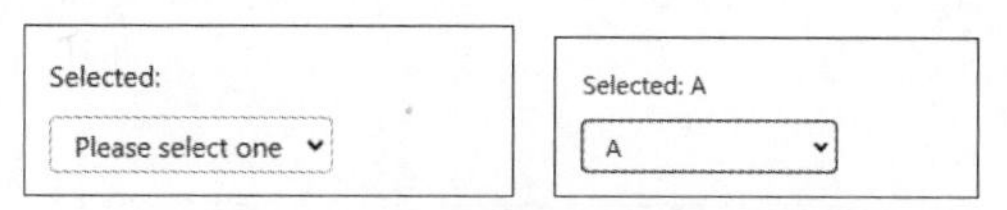

图 7-25 单击选择框前后渲染页面

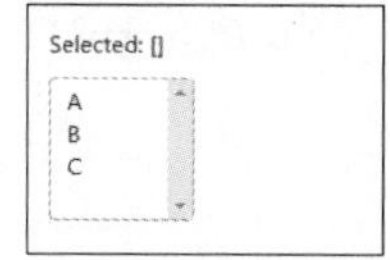

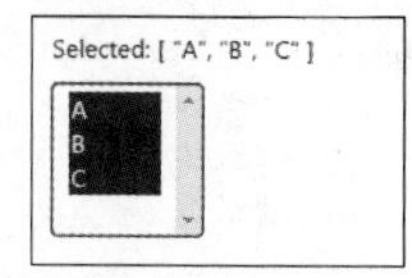

图 7-26 单击多选择框前后渲染页面

【例 7-13】 表单输入绑定实战。

代码如下,页面效果如图 7-27 和图 7-28 所示。

```
1.  <!-- vue-7-13.html -->
2.  <!DOCTYPE html>
3.  <html lang="en">
4.    <head>
5.      <meta charset="UTF-8" />
6.      <meta name="viewport" content="width=device-width, initial-scale=1.0" />
7.      <title>表单输入绑定实战</title>
8.      <script src="../js/vue.global.js"></script>
9.    </head>
10.   <body>
11.     <div id="app">
12.      <h3>表单输入绑定实战</h3>
13.      <fieldset>
14.       <legend>学生信息采集表</legend>
15.       <p> 姓名({{name}}):
16.         <input type="text" v-model="name" placeholder="请输入姓名" />
17.       </p>
18.       <p>性别({{sex}}):
19.         <input  type="radio"  v-model="sex"  value="男"  id=""  />男 <input
            type="radio" v-model="sex" value="女" />女
20.       </p>
21.       <p> 兴趣与爱好({{checked}}):
22.         <input type="checkbox" v-model="checked" value="音乐" />音乐
23.         <input type="checkbox" v-model="checked" value="唱歌" />唱歌
24.         <input type="checkbox" v-model="checked" value="乒乓球" />乒乓球
25.         <input type="checkbox" v-model="checked" value="健美操" />健美操
26.       </p>
27.       <p>
28.         选择您喜爱的课程:({{myCourses}})
29.         <select name="" id="" v-model="myCourses" multiple>
30.           <option disabled value="">请选择课程(支持多选)</option>
```

```
31.             <option value="计算机网络">计算机网络</option>
32.             <option value="Web 前端开发技术">Web 前端开发技术</option>
33.             <option value="Vue.js 前端框架技术">Vue.js 前端框架技术</option>
34.             <option value="JSP 程序设计">JSP 程序设计</option>
35.           </select>
36.         </p>
37.         <p>学生对学校环境的建议:{{propose}}</p>
38.         <textarea v-model="propose" id="" cols="60" rows="5"></textarea>
39.       </fieldset>
40.     </div>
41.     <script>
42.       const { createApp, ref } = Vue;
43.       const App = {
44.         setup() {
45.           const name = ref("");
46.           const propose = ref("");
47.           const sex = ref("男");
48.           const checked = ref([]);
49.           const myCourses = ref([]);
50.           return { name,  sex,  propose, checked,  myCourses,   };
51.         },
52.       };
53.       createApp(App).mount("#app");
54.     </script>
55.   </body>
56. </html>
```

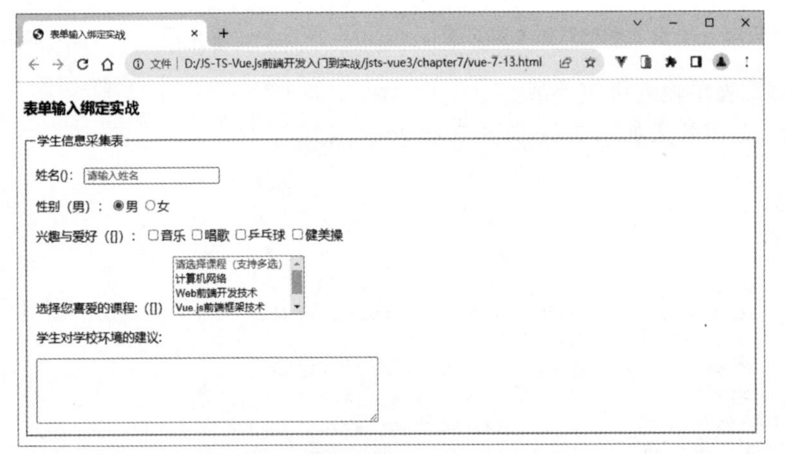

图 7-27　表单输入绑定初始渲染页面

图 7-28　表单输入绑定操作结果渲染页面

7.10.3 值绑定

对于单选按钮、复选框和选择框选项，v-model 绑定的值通常是静态的字符串(或者对复选框是布尔值)。例如：

```
<!-- 'picked' 在被选择时是字符串 "a" -->
<input type="radio" v-model="picked" value="a" />

<!-- 'toggle' 只会为 true 或 false -->
<input type="checkbox" v-model="toggle" />

<!-- 'selected' 在第一项被选中时为字符串 "abc" -->
<select v-model="selected">
  <option value="abc">ABC</option>
</select>
```

但有时可能希望将该值绑定到当前组件实例上的动态数据。这可以通过使用 v-bind 来实现。此外，使用 v-bind 时可以将选项值绑定为非字符串的数据类型。

1. 复选框

```
<input  type="checkbox"  v-model="toggle"  true-value="yes"  false-value="no" />
```

true-value 和 false-value 是 Vue 特有的属性，仅支持和 v-model 配套使用。这里 toggle 属性的值会在选中时被设为"yes"，取消选择时设为"no"。同样可以通过 v-bind 将其绑定为其他动态值。例如：

```
<input  type="checkbox"  v-model="toggle"
  :true-value="dynamicTrueValue"  :false-value="dynamicFalseValue" />
```

注意 true-value 和 false-value 属性不会影响 value 属性，因为浏览器在表单提交时，并不会包含未选择的复选框。为了保证这两个值(如"yes"和"no")的其中之一被表单提交，请使用单选按钮作为替代。

2. 单选按钮

```
<input type="radio" v-model="pick" :value="first" />
<input type="radio" v-model="pick" :value="second" />
```

pick 会在第一个按钮选中时被设为 first，在第二个按钮选中时被设为 second。

3. 选择框选项

```
<select v-model="selected">
  <!-- 内联对象字面量 -->
  <option :value="{ number: 123 }">123</option>
</select>
```

v-model 同样也支持非字符串类型的值绑定。在上面这个例子中，当某个选项被选中，selected 会被设为该对象字面量值{number:123}。

7.10.4 修饰符

1. .lazy

默认情况下，v-model 会在每次 input 事件后更新数据(IME 拼字阶段的状态例外)。若加 lazy 修饰符，则可在每次 change 事件后更新数据。例如：

```
<!-- 在 "change" 事件后同步更新而不是 "input" -->
<input v-model.lazy="msg" />
```

2. .number

若想让用户输入自动转换为数字，可在 v-model 后加.number 修饰符来管理输入。例如：

```
<input v-model.number="age" />
```

如果该值无法被 parseFloat()处理，那么将返回原始值。

number 修饰符会在输入框有 type="number"时自动启用。

3. .trim

若想要默认自动去除用户输入内容中两端的空格，可在 v-model 后加. trim 修饰符。例如：

```
<input v-model.trim="msg" />
```

【例 7-14】 表单值绑定实战。

代码如下，页面效果如图 7-29 和图 7-30 所示。

```
1.  <!-- vue-7-14.html -->
2.  <!DOCTYPE html>
3.  <html lang="en">
4.    <head>
5.      <meta charset="UTF-8" />
6.      <meta name="viewport" content="width=device-width, initial-scale=1.0" />
7.      <title>表单值绑定实战</title>
8.      <script src="../js/vue.global.js"></script>
9.      <style>
10.       .red {   color: red; font-weight: bold;   }
11.     </style>
12.   </head>
13.   <body>
14.     <div id="app">
15.       <h3>表单值绑定实战</h3>
16.       <fieldset>
17.         <legend>学生信息采集表</legend>
18.         <p>  v-model.lazy.trim-姓名(<span class="red">{{name}}</span>):
19.           <input  type="text"   v-model.lazy.trim="name" placeholder="请输入姓名回车
            后更新" /> </p>
20.         <p> v-model.number-年龄(<span class="red">{{age}}</span>):
21.         <input   type="number"   v-model.number="age"    min="18"   />
22.         </p>
23.         <p>兴趣与爱好(<span class="red">{{checked}}</span>):
24.           <input  type="checkbox"   v-model="checked"   true-value="Yes" false-value
            ="No"  />音乐 </p>
25.         <p>去向选择(<span class="red">{{pick}}</span>):
26.           <input type="radio" v-model="pick" :value="first" />逛街
27.           <input type="radio" v-model="pick" :value="second" />去图书馆
28.         </p>
29.         <p>选择您喜爱的课程:(<span class="red">{{myCourses}}</span>)
30.           <select v-model="myCourses" multiple>
31.             <option disabled value="">请选择课程(支持多选)</option>
32.             <option :value="network">计算机网络</option>
33.             <option :value="{name:'Web3.0'}"> Web 前端开发技术</option>
34.             <option :value="{name:'Vue.js 3.x'}"> Vue.js 前端框架技术</option>
35.             <option :value="{name:'JSP'}"> JSP 程序设计</option>
36.           </select>
37.         </p>
38.       </fieldset>
39.     </div>
40.     <script>
41.      const { createApp, ref }  = Vue;
42.      const App  = {
43.       setup() {
44.        const name  = ref("");
45.        const pick  = ref("");
46.        const age  = ref(20);
```

```
47.         const checked = ref("");
48.         const myCourses = ref([]);
49.         const network = ref("计算机网络");
50.         const first = ref("逛街");
51.         const second = ref("去图书馆");
52.         const check1 = ref("Yes");
53.         const check2 = ref("No");
54.         return {
55.          name,  age,  pick, checked, first,second, myCourses, network, check1, check2,
56.         };
57.       },
58.     };
59.     createApp(App).mount("#app");
60.    </script>
61.  </body>
62. </html>
```

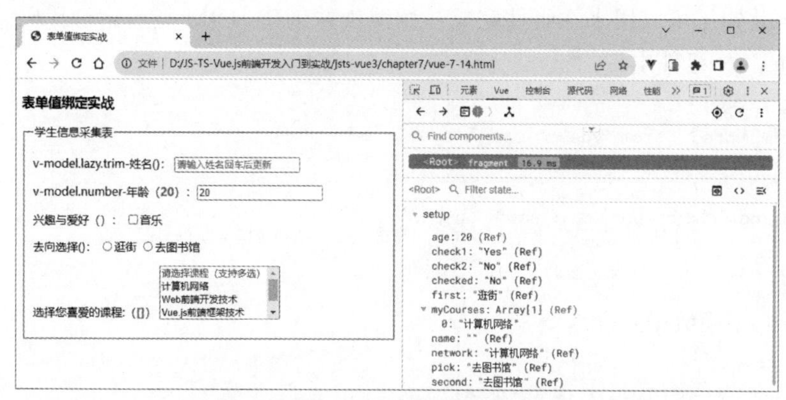

图 7-29　表单值绑定初始渲染页面

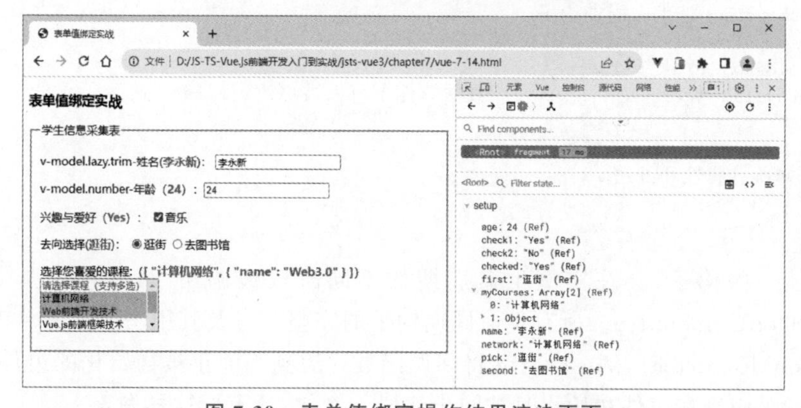

图 7-30　表单值绑定操作结果渲染页面

7.11　生命周期

每个 Vue 组件实例在创建时都需要经历一系列的初始化步骤，如设置好数据侦听、编译模板、挂载实例到 DOM，以及在数据改变时更新 DOM。在此过程中，它也会运行被称为生命周期钩子的函数，让开发者有机会在特定阶段运行自己的代码。

Vue 3 生命周期钩子如下。

- setup()：开始创建组件之前，在 beforeCreate 和 created 之前执行，创建的是 data 和 method。
- onBeforeMount()：组件挂载到节点上之前执行的函数。

- onMounted()：组件挂载完成后执行的函数。
- onBeforeUpdate()：组件更新之前执行的函数。
- onUpdated()：组件更新完成之后执行的函数。
- onBeforeUnmount()：组件卸载之前执行的函数。
- onUnmounted()：组件卸载完成后执行的函数。
- onActivated()：被包含在<keep-alive>中的组件，会多出两个生命周期钩子函数，被激活时执行。
- onDeactivated()：如从 A 组件切换到 B 组件，A 组件消失时执行。
- onErrorCaptured()：当捕获一个来自子孙组件的异常时激活钩子函数。

7.11.1 注册周期钩子

onMounted 钩子可以用来在组件完成初始渲染并创建 DOM 点后运行代码。例如：

- 在 Vue 3.x 组件中：

```
<script setup>
import { onMounted } from 'vue'

onMounted(() => {
  console.log('the component is now mounted.')
})
</script>
```

- 在 setup()函数中：

```
setup() {
  const count = ref(0);
   const increment = () => { count.value++; };
    //'onMounted'是生命周期钩子
  onMounted(() => {
    console.log(count.value);      // => 1
    count.value = 2;               //数据属性也可以被更改
  });
  return {
    //暴露所有属性和方法…
  };
},
```

还有其他一些钩子，会在实例生命周期的不同阶段被调用，最常用的是 onMounted、onUpdated 和 onUnmounted。所有生命周期钩子的完整参考及其用法请参考 API 索引。

当调用 onMounted 时，Vue 会自动将回调函数注册到当前正被初始化的组件实例上。这意味着这些钩子应当在组件初始化时被同步注册。例如，请不要这样做：

```
setTimeout(() => {
  onMounted(() => {
    //异步注册时，当前组件实例已丢失
    //这将不会正常工作
  })
}, 100)
```

注意这并不意味着对 onMounted 的调用必须放在 setup()或<script setup>内的词法上下文中。onMounted()也可以在一个外部函数中调用，只要调用栈是同步的，且最终起源自 setup()就可以。

7.11.2 生命周期图示

下面是实例生命周期的图表，如图 7-31 所示。现在并不需要完全理解图中的所有内容，但以后它将是一个有用的参考。

生命周期函数分类如下。

创建期：beforeCreate、created。

挂载期：beforeMount、mounted。

更新期：beforeUpdate、updated。

销毁期：beforeUnmount、unmounted。

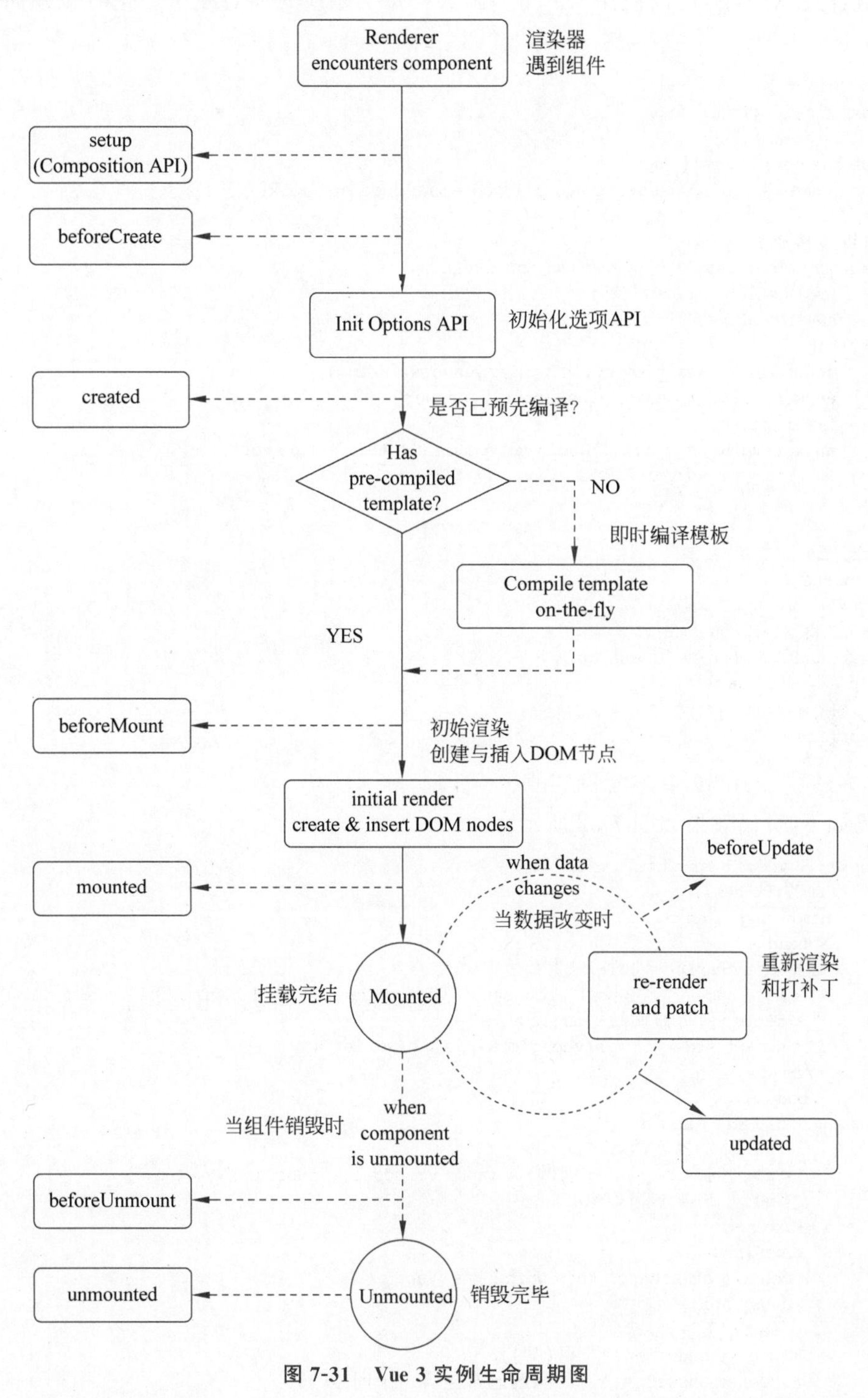

图 7-31　Vue 3 实例生命周期图

7.12 侦听器

7.12.1 watch()基本示例

计算属性允许声明性地计算衍生值。然而在有些情况下，需要在状态变化时执行一些“副作用”，例如，更改 DOM 或根据异步操作的结果去修改另一处的状态。

在组合式 API 中，可以使用 watch()函数在每次响应式状态发生变化时触发回调函数。例如：

```
<script setup>
import { ref, watch } from 'vue'

const question = ref('')
const answer = ref('Questions usually contain a question mark. ; - )')

//可以直接侦听一个 ref
watch(question, async (newQuestion, oldQuestion) => {
  if (newQuestion.indexOf('?') > -1) {
    answer.value = 'Thinking...'
    try {
      const res = await fetch('https://yesno.wtf/api')
      answer.value = (await res.json()).answer
    } catch (error) {
      answer.value = 'Error! Could not reach the API. ' + error
    }
  }
})
</script>
<template>
  <p>
    Ask a yes/no question:
    <input v-model="question" />
  </p>
  <p>{{ answer }}</p>
</template>
```

【例 7-15】 watch()基本示例实战。

代码如下，页面效果如图 7-32 所示。

```
1.  <!-- vue-7-15.html -->
2.  <!DOCTYPE html>
3.  <html lang="en">
4.    <head>
5.      <meta charset="UTF-8" />
6.      <meta name="viewport" content="width=device-width, initial-scale=1.0" />
7.      <title>侦听器实战</title>
8.      <script src="../js/vue.global.js"></script>
9.    </head>
10.   <body>
11.     <div id="app">
12.       <h3>侦听器实战</h3>
13.       <p>询问一个 yes/no 问题：<input v-model="question" /></p>
14.       <p>{{ answer }}</p>
15.     </div>
16.     <script>
17.       const { createApp, ref, watch } = Vue;
18.       const App = {
19.         setup() {
20.           const question = ref("");
21.           const answer = ref("问题通常包含一个问号");
22.           //可以直接侦听一个 ref
```

```
23.          watch(question, async (newQuestion, oldQuestion) => {
24.            if (newQuestion.indexOf("?") > -1) {
25.              answer.value = "Thinking...";
26.              try {
27.                const res = await fetch("https://yesno.wtf/api");
28.                answer.value = (await res.json()).answer;  //把请求的返回值 转换为 JSON
                   //格式
29.              } catch (error) {
30.                answer.value = "错误! 不能访问 API. " + error;
31.              }
32.            }
33.          });
34.          return {question,answer};
35.        },
36.      };
37.      createApp(App).mount("#app");
38.    </script>
39.  </body>
40. </html>
```

图 7-32　watch 基本示例渲染页面

代码第 23 行中，在函数前面加上 async 关键字，来表示要执行一个异步操作，async 函数都会返回一个 promise。await(第 28 行中)关键字只能在使用 async 定义的函数的内部使用，如果用在普通函数中，就会报错。当函数执行的时候，一旦遇到 await 就会先返回，等到触发的异步操作完成，再接着执行函数体内后面的语句。await 是一个运算符，用于组成表达式，用于等待一个异步方法执行完成返回的值(返回值可以是一个 Promise 对象或普通返回的值)。await 命令后面的 Promise 对象，运行结果可能是 rejected，所以最好把 await 命令放在 try{…}catch(error){…}代码块中(代码中第 26～32 行)。fetch(第 27 行)用于做 HTTP 请求，如 get、post 等，还可以用于上传和下载文件。

watch()的第一个参数可以是不同形式的“数据源”，它可以是一个 ref(包括计算属性)、一个响应式对象、一个 getter 函数或多个数据源组成的数组。例如：

```
const x = ref(0)
const y = ref(0)
//单个 ref
watch(x, (newX) => {
 console.log('x is ${newX}')
})

//getter 函数
watch(
 () => x.value + y.value,
 (sum) => {
   console.log('sum of x + y is: ${sum}')
 }
)

//多个来源组成的数组
watch([x, () => y.value], ([newX, newY]) => {
 console.log('x is ${newX} and y is ${newY}')
})
```

注意，不能直接侦听响应式对象的属性值。例如：

```
const obj = reactive({ count: 0 })
//错误,因为 watch() 得到的参数是一个 number
watch(obj.count, (count) => {
 console.log('count is: ${count}')
})
```

这里需要用一个返回该属性的 getter 函数。例如：

```
//提供一个 getter 函数
watch(
 () => obj.count,
 (count) => {
   console.log('count is: ${count}')
 }
)
```

7.12.2 深层侦听器

直接给 watch()传入一个响应式对象，会隐式地创建一个深层侦听器——该回调函数在所有嵌套的变更时都会被触发。例如：

```
const obj = reactive({ count: 0 })
watch(obj, (newValue, oldValue) => {
  //在嵌套的属性变更时触发
  //注意:'newValue'  此处和 'oldValue'是相等的
  //因为它们是同一个对象
 })
obj.count++
```

相比之下，一个返回响应式对象的 getter 函数，只有在返回不同的对象时，才会触发回调。例如：

```
watch(
  () => state.someObject, //getter 函数
  () => {
    //仅当 state.someObject 被替换时触发
  }
)
```

也可以给上面这个例子显式地加上{deep:true}选项，强制转成深层侦听器。例如：

```
watch(
  () => state.someObject,
  (newValue, oldValue) => {
    //注意:'newValue'此处和 'oldValue'是相等的
    //* 除非 * state.someObject 被整个替换了
  },
  { deep: true }  //深层侦听
)
```

7.12.3 即时回调的侦听器

watch()默认是懒执行的，即仅当数据源变化时，才会执行回调。但在某些场景中，希望在创建侦听器时立即执行一遍回调。例如，想请求一些初始数据，然后在相关状态更改时重新请求数据。

可以通过传入 immediate: true 选项来强制侦听器的回调立即执行。例如：

```
watch(source, (newValue, oldValue) => {
  //立即执行,且当 'source'改变时再次执行
}, { immediate: true } )
```

7.12.4 watchEffect()

侦听器的回调使用与源完全相同的响应式状态是很常见的。例如下面的代码，在每当todoId的引用发生变化时使用侦听器来加载一个远程资源。代码如下，效果如图7-33所示。

- 模板内容：

```
<button @click="todoId++">改变 id{{todoId}}</button>
<p>{{data}}</p>
```

- JS代码：

```
const todoId = ref(1)
const data = ref(null)

watch(todoId, async () => {
 const response = await fetch(
   'https://jsonplaceholder.typicode.com/todos/${todoId.value}'
 )
 data.value = await response.json()
 console.log('data', data)
}, { immediate: true })
```

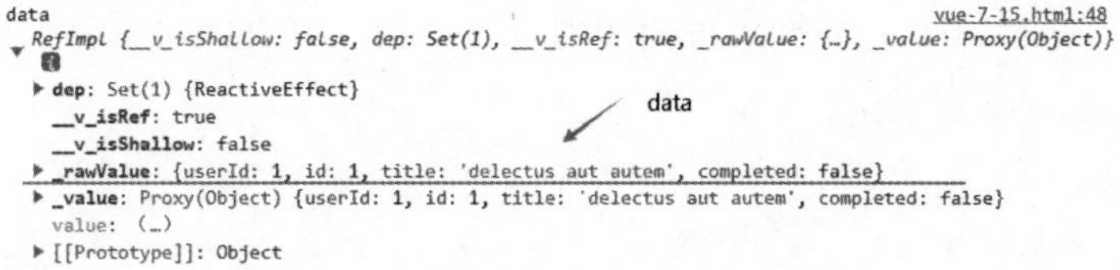

图 7-33 控制台输出 data 响应式对象

特别是注意侦听器是如何两次使用todoId的，一次是作为源，另一次是在回调中。

可以用watchEffect()函数来简化上面的代码。watchEffect()允许自动跟踪回调的响应式依赖。上面的侦听器可以重写为

```
watchEffect(async () => {
 const response = await fetch(
   'https://jsonplaceholder.typicode.com/todos/${todoId.value}'
 )
 data.value = await response.json()
})
```

在这个例子中，回调会立即执行，不需要指定{immediate: true}。在执行期间，它会自动追踪todoId.value作为依赖(和计算属性类似)。每当todoId.value变化时，回调会再次执行。有了watchEffect()，不再需要明确传递todoId作为源值。

对于这种只有一个依赖项的例子来说，watchEffect()的好处相对较小。但是对于有多个依赖项的侦听器来说，使用watchEffect()可以消除手动维护依赖列表的负担。此外，如果需要侦听一个嵌套数据结构中的几个属性，watchEffect()可能会比深度侦听器更有效，因为它将只跟踪回调中被使用到的属性，而不是递归地跟踪所有的属性。

注意 watchEffect()仅会在其同步执行期间才追踪依赖。在使用异步回调时，只有在第一个await正常工作前访问到的属性才会被追踪。

watch()和watchEffect()都能响应式地执行有副作用的回调。它们之间的主要区别是追踪响应式依赖的方式不同。具体如下。

(1) watch()只追踪明确侦听的数据源。它不会追踪任何在回调中访问到的东西。另外，仅在数据源确实改变时才会触发回调。watch()会避免在发生副作用时追踪依赖，因此，能更

加精确地控制回调函数的触发时机。

(2) watchEffect()则会在副作用发生期间追踪依赖。它会在同步执行过程中,自动追踪所有能访问到的响应式属性。这样更方便,而且代码往往更简洁,但有时其响应性依赖关系会不那么明确。

7.12.5 回调的触发时机

当更改了响应式状态,它可能会同时触发 Vue 组件更新和侦听器回调。

默认情况下,用户创建的侦听器回调,都会在 Vue 组件更新之前被调用。这意味着在侦听器回调中访问的 DOM 将是被 Vue 更新之前的状态。

如果想在侦听器回调中能访问被 Vue 更新之后的 DOM,需要指明{flush:'post '}选项。例如:

```
watch(source, callback, {
 flush: 'post'
})

watchEffect(callback, {
 flush: 'post'
})
```

后置刷新的 watchEffect()有个更方便的别名 watchPostEffect()。例如:

```
import { watchPostEffect } from 'vue'

watchPostEffect(() => {
  /* 在 Vue 更新后执行 */
})
```

7.12.6 停止侦听器

在 setup()或<script setup>中用同步语句创建的侦听器,会自动绑定到宿主组件实例上,并且会在宿主组件卸载时自动停止。因此,在大多数情况下,无须关心怎么停止一个侦听器。

有一个关键点是,侦听器必须用同步语句创建:如果用异步回调创建一个侦听器,那么它不会绑定到当前组件上,必须手动停止它,以防内存泄漏。例如:

```
<script setup>
import { watchEffect } from 'vue'

//它会自动停止
watchEffect(() => {})

//…这个则不会!
setTimeout(() => {
  watchEffect(() => {})
 }, 100)
</script>
```

要手动停止一个侦听器,请调用 watch()或 watchEffect()返回的函数。

```
const unwatch = watchEffect(() => {})
//…当该侦听器不再需要时
unwatch()
```

注意　需要异步创建侦听器的情况很少,请尽可能选择同步创建。如果需要等待一些异步数据,可以使用条件式的侦听逻辑。例如:

```
//需要异步请求得到的数据
const data = ref(null)
```

```
watchEffect(() => {
  if (data.value) {
    //数据加载后执行某些操作…
  }
})
```

【例 7-16】 watch()与 watchEffect()比较实战。

代码如下,页面效果如图 7-34 所示。

```
1.  <!-- vue - 7 - 16.html -->
2.  <!DOCTYPE html>
3.  <html lang = "en">
4.    <head>
5.      <meta charset = "UTF - 8" />
6.      <meta name = "viewport" content = "width = device - width, initial - scale = 1.0" />
7.      <title>watch 和 watchEffect 函数实战</title>
8.      <script src = "../js/vue.global.js"></script>
9.      <style>
10.       button {   margin: 2px 10px;    }
11.       fieldset {   text - align: center;    }
12.     </style>
13.   </head>
14.   <body>
15.     <div id = "app">
16.       <fieldset>
17.         <legend align = "center">watch 和 watchEffect 函数实战</legend>
18.         <p>reactObj 中的 num1 = {{num1}}</p>
19.         <button @click = "addOne">reactObj 对象的 num1 属性值增加 1 </button>
20.         <button @click = "stopWatch">停止监听</button>
21.         <button @click = "student.age++">改变响应式对象 student 的部分属性</button>
22.         <p>reactObj 中的嵌套对象 student = {{student}}</p>
23.       </fieldset>
24.     </div>
25.     <script>
26.       const { reactive, toRefs, watch, watchEffect } = Vue;
27.       const app = Vue.createApp({
28.         setup() {
29.           const reactObj = reactive({
30.             num1: 1,
31.             student: {name: "张志怀", age: 23, claseeName: "23 计算机 1 班", },
32.           });
33.           //副作用,若响应式属性变更,就会触发这个函数,但它是惰性的
34.           watchEffect(() => {
35.             console.log('watcheffect 触发了!reactObj 为 ${JSON.stringify(reactObj)}');
36.           });
37.           //定义一个监听器,返回停止监听的 ID,需要监听源
38.           const stop = watch(reactObj, (val, oldVal) => {
39.             console.log( "旧值: " + JSON.stringify(oldVal.student) +
40.               " - 新值: " + JSON.stringify(val.student) );
41.           });
42.           //响应式对象的属性 num1 增加 1
43.           function addOne() { reactObj.num1++;}
44.           //停止监听
45.           function stopWatch() {   stop();   }
46.           return { ...toRefs(reactObj), addOne, stopWatch, };
47.         },
48.       });
49.       app.mount("#app");
50.     </script>
51.   </body>
52. </html>
```

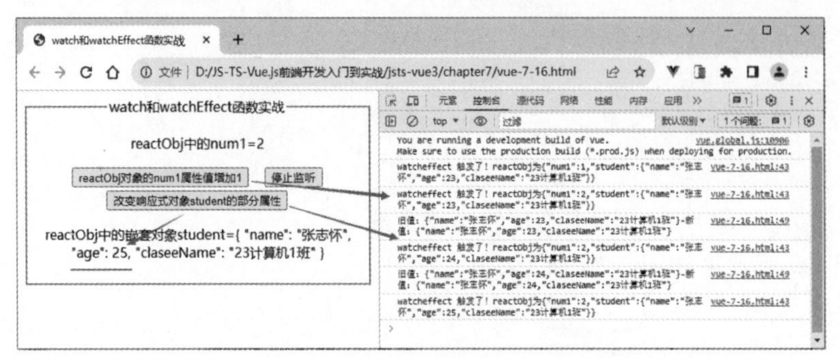

图 7-34　watch()与 watchEffect()使用区别

7.13　模板引用

虽然 Vue 的声明性渲染模型抽象了大部分对 DOM 的直接操作，但在某些情况下，仍然需要直接访问底层 DOM 元素。要实现这一点，可以使用特殊的 ref 属性。例如：

```
< input ref = "input">
```

ref 是一个特殊的属性，和 v-for 章节中提到的 key 类似。它允许在一个特定的 DOM 元素或子组件实例被挂载后，获得对它的直接引用。这可能很有用，例如，在组件挂载时将焦点设置到一个 input 元素上，或在一个元素上初始化一个第三方库。

7.13.1　访问模板引用

为了通过组合式 API 获得该模板引用，需要声明一个同名的 ref。例如：

```
< script setup >
import { ref, onMounted } from 'vue'
//声明一个 ref 来存放该元素的引用,必须和模板里的 ref 同名
const input = ref(null)

onMounted(() => {
  input.value.focus()
})
</script >

< template >
  < input ref = "input" />
</template >
```

如果不使用< script setup >，需确保从 setup()返回 ref。部分代码如下。

```
export default {
  setup() {
    const input = ref(null)
    //...
    return {
      input
    }
  }
}
```

注意　只可以在组件挂载后才能访问模板引用。如果想在模板中的表达式上访问 input，在初次渲染时会是 null。这是因为在初次渲染前这个元素还不存在。

如果需要侦听一个模板引用 ref 的变化，应确保考虑到其值为 null 的情况。代码如下。

```
watchEffect(() => {
  if (input.value) {
```

```
    input.value.focus()
  } else {
    //此时还未挂载,或此元素已经被卸载(例如通过 v-if 控制)
  }
})
```

7.13.2 v-for 中的模板引用

当在 v-for 中使用模板引用时,对应的 ref 中包含的值是一个数组,它将在元素被挂载后包含对应整个列表的所有元素(需要 v3.2.25 及以上版本)。

```
<script setup>
import { ref, onMounted } from 'vue'
const list = ref([
  /* … */
])
const itemRefs = ref([])
onMounted(() => console.log(itemRefs.value))
</script>
<template>
  <ul>
    <li v-for="item in list" ref="itemRefs">
      {{ item }}
    </li>
  </ul>
</template>
```

应该注意的是,ref 数组并不保证与源数组相同的顺序。

7.13.3 函数模板引用

除了使用字符串值作名字,ref 属性还可以绑定为一个函数,会在每次组件更新时都被调用。该函数会收到元素引用作为其第一个参数。例如:

```
<input :ref="(el) => { /* 将 el 赋值给一个数据属性或 ref 变量 */ }">
```

注意 这里需要使用动态的:ref 绑定才能够传入一个函数。当绑定的元素被卸载时,函数也会被调用一次,此时的 el 参数会是 null。当然也可以绑定一个组件方法而不是内联函数。

7.13.4 组件上的 ref

模板引用也可以被用在一个子组件上。这种情况下引用中获得的值是组件实例。例如:

```
<script setup>
import { ref, onMounted } from 'vue'
import Child from './Child.vue'
const child = ref(null)
onMounted(() => {
  //child.value 是 <Child /> 组件的实例
})
</script>
<template>
  <Child ref="child" />
</template>
```

如果一个子组件使用的是选项式 API 或没有使用<script setup>,被引用的组件实例和该子组件的 this 完全一致,这意味着父组件对子组件的每一个属性和方法都有完全的访问权。这使得在父组件和子组件之间创建紧密耦合的实现细节变得很容易,当然也因此,应该只在绝对需要时才使用组件引用。大多数情况下,应该首先使用标准的 props 和 emit 接口来实现父子组件交互。

有一个例外的情况,使用了<script setup>的组件是默认私有的:一个父组件无法访问到一个使用了<script setup>的子组件中的任何东西,除非子组件在其中通过 defineExpose()宏显式暴露。例如:

```
<script setup>
import { ref } from 'vue'
const a = 1
const b = ref(2)
//像 defineExpose 这样的编译器宏不需要导入
defineExpose({a, b})
</script>
```

当父组件通过模板引用获取到了该组件的实例时,得到的实例类型为{a:number,b:number}(ref 都会自动解包,和一般的实例一样)。

【例 7-17】 模板引用实战。

代码如下,页面效果如图 7-35 和图 7-36 所示。

```
1.  <!-- vue-7-17.html -->
2.  <!DOCTYPE html>
3.  <html lang="en">
4.    <head>
5.      <meta charset="UTF-8" />
6.      <meta name="viewport" content="width=device-width, initial-scale=1.0" />
7.      <title>模板引用实战</title>
8.      <script src="../js/vue.global.js"></script>
9.      <style>
10.      .red{color:red;font-size: 20px;font-weight: bold;}
11.     </style>
12.   </head>
13.   <body>
14.     <div id="app">
15.      <h3>模板引用实战</h3>
16.      <div ref="div"><p>模板引用-fonsize={{fsize}}px。</p></div>
17.      <button @click="changeSize">随机改变字体大小</button>
18.      <h3>v-for 中模板引用</h3>
19.      <p id="list-content">挂载完成时,itemRefs 中的内容:</p>
20.      <ul>
21.       <li v-for="item in list" ref="itemRefs">{{item}}</li>
22.      </ul>
23.      <button @click="changeContet">修改子组件的内容</button>
24.      <Child ref="child">
25.     </div>
26.     <script>
27.      const { createApp, ref,onMounted } = Vue;
28.      //定义子组件
29.      const Child = {
30.       template:'
31.       <div><p :class='childClass'>子组件中的内容。{{name}}</p></div>',
32.       data(){
33.        return{ name:'Vue.js',  childClass:'', }
34.       }
35.      };
36.      const App = {
37.       setup() {
38.        //访问模板引用
39.        const div = ref(null);             //定义一个同名的 ref 变量
40.        const fsize = ref(16);             //默认 16px
41.        const changeSize = () => {
42.         fsize.value = rndNum();
43.         div.value.style.fontSize = fsize.value + "px";
```

```
44.          };
45.          const rndNum = () => {
46.           return Math.floor(Math.random() * 20 + 12);
47.          };
48.          //v-for 中模板引用
49.          const list = ref(["Web基础", "Vue.js基础", "JSP程序设计"]);
50.          const itemRefs = ref([]);
51.          onMounted(() => {
52.           //挂载完成时,使用 map()构建一个新数组
53.            document.getElementById("list-content").innerHTML += (itemRefs.value.map
             ((item) => item.textContent));
54.          });
55.          //组件上的模板引用
56.          const child = ref(null);
57.          const changeContet = () => {
58.           console.log(child.value)
59.           child.value.name = "Web"           //改变子组件的属性 name
60.           child.value.childClass = 'red'     //改变子组件的属性 childClass
61.          };
62.          return {div, list, itemRefs, fsize, changeSize, rndNum, changeContet, child};
63.        },
64.      };
65.      const app = createApp(App)
66.      app.component('Child', Child)
67.       app.mount("#app");
68.    </script>
69.  </body>
70. </html>
```

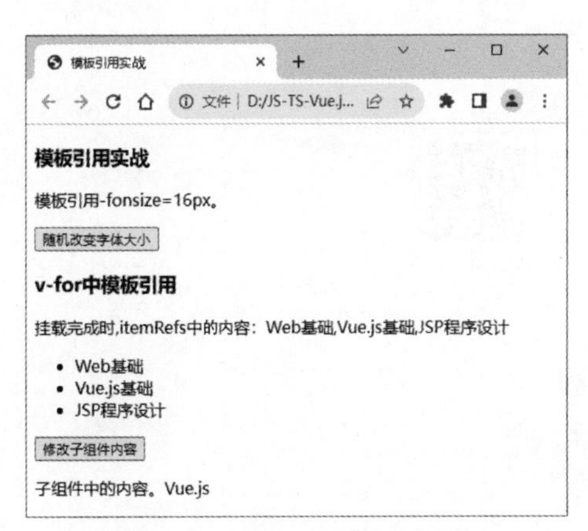

图 7-35　模板引用初始页面

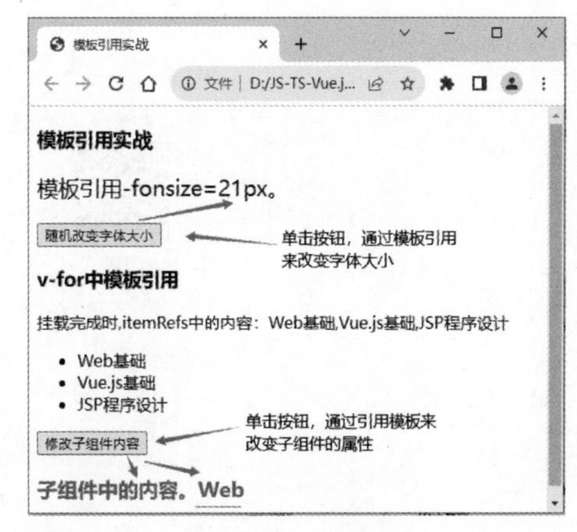

图 7-36　操作按钮后模板引用渲染页面

项目实战 7

1. 表单输入绑定与列表渲染实战——选修课程

2. 计算属性与侦听器实战——成绩预警

扫一扫

文本

扫一扫

视频

小结

本章主要介绍了 Vue 3. x 基础应用。从 Vue 简介、模板语法、响应式基础、计算属性、类与样式绑定、条件渲染、列表渲染、事件处理、表单输入绑定、生命周期、侦听器、模板引用等方面进行了详细的讲解，每部分均给出翔实的实战案例，案例能够契合知识点和技能点要求，有效帮助读者和开发者快速熟悉、理解和掌握，让读者和开发者能够举一反三，触类旁通。

模板语法中重点介绍了文本插值、原始 HTML、属性绑定、使用 JavaScript 表达式等。响应式基础主要介绍了选项式 API 和组合式 API 声明状态的方法。计算属性主要讲解了计算属性的基础应用及与方法的区别。类和样式的绑定主要介绍了类和样式的绑定方法及属性值取值设置情形。条件渲染中主要讲授了 v-if、v-else-if、v-else、v-show。特别注意 v-if 与 v-show 指令的区别。列表渲染主要介绍了 v-for 指令的多种使用方法，注意 v-if 与 v-for 指令的优先级，使用时应尽量在不同的对象上分别使用，避免同时作用在同一个元素上。事件处理主要介绍了 v-on 指令的使用场景及常用的事件修饰符。表单输入绑定主要介绍了 v-model 指令绑定在不同表单元素上的应用场景，注意不同元素绑定属性值的区别。生命周期主要介绍了组件创建、挂载、更新与销毁等阶段的使用的不同的生命周期钩子函数，为读者和开发者提供了在不同生命周期内处理特殊事件的机会。侦听器主要介绍 watch()和 watchEffect()应用场景及使用上的区别。模板引用主要介绍使用 ref 属性来引用元素、组件。

练习 7

扫一扫

习题

扫一扫

自测题

第8章

Vue 3.x高级应用

本章学习目标：

通过本章的学习，读者将能够对组件基础和组件进阶有个深入的了解。掌握单文件组件命名与注册方法。掌握从“声明 props 实现数据由父组件向子组件单向传递”到“子组件通过自定义事件向父组件发送数据”再到“通过依赖注入实现父组件提供数据给子孙组件共享使用”的所有方法。整个章节的编程风格选用组合式 API。选项式 API 编程请参考官网①。

Web 前端开发工程师应知应会以下内容。

- 掌握单文件组件的组成、命名与注册方法。
- 学会声明 props 和使用 props 向下单向传递数据。
- 学会声明触发事件和监听事件。
- 牢记在组件上应用 v-model 时组件内必须要做的两件事。
- 掌握默认插槽、具名插槽和作用域插槽在应用上的区别。
- 掌握依赖注入的使用方法与应用场景。

8.1 单文件组件命名规范

组件允许将 UI 划分为独立的、可重用的部分，并且可以对每个部分进行单独的思考。在实际应用中，组件常常被组织成层层嵌套的树状结构，如图 8-1 所示。

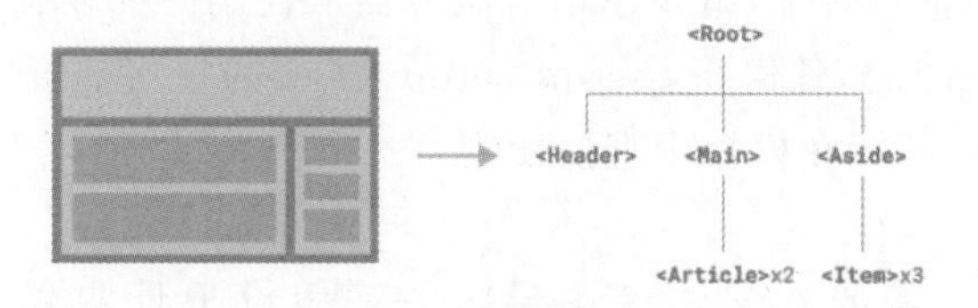

图 8-1 组件树结构

这与嵌套 HTML 元素的方式类似，Vue 实现了自己的组件模型，可以在每个组件内封装自定义内容与逻辑。Vue 同样也能很好地配合原生 Web Component。

8.1.1 单文件组件

1. 什么是 Vue 文件

一个单文件组件（Single-File Component，SFC）通常使用 *. vue 作为文件扩展名。SFC 是 Vue. js 自定义的一种文件格式，一个. vue 文件就是一个单独的组件，在文件内封装了组件相关的代码：HTML、CSS、JavaScript。

---

① https://cn. vuejs. org/guide/introduction. html

2. 组件组成

一个.vue文件由三部分组成：<template>、<script>、<style>。

1）template

一个SFC中最多有一个<template>块。其内容将被提取为字符串传递给vue-template-compiler，然后webpack将其编译为JS渲染函数，并最终注入从<script>导出的组件中。

2）script

一个SFC最多有一个<script>块。它的默认导出应该是一个Vue.js的组件选项对象，也可以导出由Vue.extend()创建的扩展对象。在Vue.extend()中data必须是函数，所以在.vue SFC的script中，导出中的data也是函数。

3）style

一个.vue文件可以包含多个<style>标记，可以使用scope和module进行封装。具有不同封装模式的多个<style>标记可以在同一个组件中混合使用。

3. 定义组件

使用构建步骤时，一般会将Vue组件定义在一个单独的.vue文件中。代码如下。

```
<script setup>
import { ref } from 'vue'
const count = ref(0)
</script>
<template>
  <button @click="count++">You clicked me {{ count }} times.</button>
</template>
```

<script setup>是在单文件组件中使用组合式API的编译时语法糖。当同时使用SFC与组合式API时该语法是默认推荐的。相比于普通的<script>语法，它具有更多优势。

- 更少的模板内容，更简洁的代码。
- 能够使用纯TypeScript声明props和自定义事件。
- 更好的运行时性能（其模板会被编译成同一作用域内的渲染函数，避免了渲染上下文代理对象）。
- 更好的IDE类型推导性能（减少了语言服务器从代码中抽取类型的工作）。

当使用<script setup>时，任何在<script setup>声明的顶层的绑定（包括变量、函数声明以及import导入的内容）都能在模板中直接使用。

4. 使用组件

要使用一个子组件，需要在父组件中导入它。假设把计数器组件放在了一个叫作ButtonCounter.vue的文件中，这个组件将会以默认导出的形式被暴露给外部。

```
<script setup>
import ButtonCounter from './ButtonCounter.vue'
</script>
<template>
  <h1>这是一个子组件，子组件也可以复用</h1>
  <ButtonCounter />
  <ButtonCounter />
  <ButtonCounter />
</template>
```

通过<script setup>，导入的组件都在模板中直接可用。

当然，也可以全局地注册一个组件，使得它在当前应用中的任何组件上都可以使用，而不需要额外再导入。组件可以被重用任意多次。

可以使用 Vite 来创建 Vue 应用，具体的方法和步骤可参考 9.4 节。

【例 8-1】 一个简易的 Vue SFC 实战。

页面效果如图 8-2 所示。使用命令 npm create vue@latest vue-8-1 来创建项目 vue-8-1，项目中需要开启某个功能，可以直接按 Enter 键选择 No。在项目被创建后，通过以下步骤安装依赖并启动开发服务器。命令如下。

```
cd vue - 8 - 1
npm install
npm run dev
```

删除 components 文件夹下的所有组件文件，然后修改 App. vue 文件。代码如下。

```
1.  <script setup>
2.  import { ref } from "vue";
3.  const count = ref(0);
4.  </script>
5.  <template>
6.    <div>
7.      <h3>Vite + Vue 3.x 创建一个 Vue 应用</h3>
8.      <button @click = "count++">单击增加 {{ count }} 次</button>
9.    </div>
10. </template>
11. <style scoped>
12. button {font - size: 20px; padding: 2px 5px; }
13. h3 { color: red; }
14. </style>
```

App. vue 就是一个单文件组件，由 template、script setup、style 组成。

图 8-2 vue-8-1 项目运行页面

8.1.2 组件命名规范

为了避免与现有的或未来的 HTML 元素有冲突，自定义组件名称通常由多个单词组成。现有的 HTML 元素名称都是由单个单词构成。Vue 组件中通常采用 kebab-case 或 camelCase 命名方式。

1. kebab-case（短横线分隔式）命名法

当使用 kebab-case 命名法定义一个组件时，组件名由多个单词构建时，用连字号"-"连接起来，例如，组件名可以为 my-name、my-component-name 等。

```
//在组件中局部注册，自定义组件名称必须加上引号，如'kebab - cased - component'
components: {
  'kebab - cased - component': { /* … */ },   //使用 kebab - case 注册
}
```

2. camelCase（驼峰式）命名法

当使用 camelCase 命名法定义一个组件时，构成组件名称的多个单词除第一个单词首字母为小写，其他单词的首字母都采用大写字母。例如，组件名可以为 myFirstName、myLastName、myComponent 等。

```
components: {
  'camelCaseComponent': { /* … */ },   //使用 camelCase 注册
}
```

3. PascalCase(帕斯卡式)命名法

与 camelCase 相比,使用 PascalCase 命名法时,第一个单词的首字母是大写的；当使用 PascalCase 命名法定义一个组件时,在引用自定义元素时两种命名法都可以使用。也就是说,< my-component-name >和< MyComponentName >都是可接受的。

```
components: {
  'PascalCasedComponent': { /* … */ }   //使用 PascalCase 注册
}
```

为了方便,Vue 支持将模板中使用 kebab-case 的标记解析为使用 PascalCase 注册的组件。这意味着一个以 MyComponent 为名注册的组件,在模板中可以通过< MyComponent >或< my-component >引用。这让能够使用同样的 JavaScript 组件注册代码来配合不同来源的模板。

HTML 标记和属性名称是不区分大小写的,所以浏览器会把任何大写的字符解释为小写。这意味着当使用 DOM 内的模板时,无论是 PascalCase 形式的组件名称、camelCase 形式的 prop 名称还是 v-on 的事件名称,都需要转换为相应等价的 kebab-case(短横线连字符)形式。例如：

```
//JavaScript 中的 camelCase
const BlogPost = {
  props: ['postTitle'],
  emits: ['updatePost'],
  template: '<h3>{{ postTitle }}</h3>'
}
template
  <!-- HTML 中的 kebab-case -->
<blog-post post-title="hello!" @update-post="onUpdatePost"></blog-post>
```

在 HTML 模板中,请使用 kebab-case。

```
<!-- 在 HTML 模板中始终使用 kebab-case -->
<kebab-cased-component></kebab-cased-component>
<camel-cased-component></camel-cased-component>
<pascal-cased-component></pascal-cased-component>
//在字符串模板中,可以采用以下格式引用
const app = Vue.createApp({});
app.component('MyCom',{
    template:'<div>
      <kebab-cased-component></kebab-cased-component>
      <camel-cased-component></camel-cased-component>
      <camelCaseComponent></camelCaseComponent>
      <pascal-cased-component></pascal-cased-component>
      <pascalCasedComponent></pascalCasedComponent>
      <PascalCasedComponent></PascalCasedComponent>
    </div>'
 })
```

8.2 组件注册

一个 Vue 组件在使用前需要先被“注册”,这样 Vue 才能在渲染模板时找到其对应的实现。组件注册有两种方式：全局注册和局部注册。全局组件适用于所有实例,局部组件仅供本实例使用。

8.2.1 组件全局注册

可以使用 Vue 应用实例的 app.component()方法,让组件在当前 Vue 应用中全局可用。

```
1.  import { createApp } from 'vue'
2.  const app = createApp({})
3.  app.component(
4.    //注册的名字
5.    'MyComponent',
6.    //组件的实现
7.    {
8.      /* ... */
9.    }
10. )
```

如果使用单文件组件，可以注册被导入的.vue文件。例如：

```
import MyComponent from './App.vue'              //导入 vue 文件
app.component('MyComponent', MyComponent)        //全局注册导入文件
```

app.component()方法可以被链式调用：

```
app
  .component('ComponentA', ComponentA)
  .component('ComponentB', ComponentB)
  .component('ComponentC', ComponentC)
```

全局注册的组件可以在此应用的任意组件的模板中使用。

```
 <!-- 这在当前应用的任意组件中都可用 -->
<ComponentA/>
<ComponentB/>
<ComponentC/>
```

所有的子组件也可以使用全局注册的组件，这意味着这三个组件也都可以在彼此内部使用。

8.2.2 组件局部注册

全局注册虽然很方便，但有以下几个问题。

全局注册但并没有被使用的组件无法在生产打包时被自动移除(也叫“tree-shaking”)。如果全局注册了一个组件，即使它并没有被实际使用，它仍然会出现在打包后的JS文件中。

全局注册在大型项目中使项目的依赖关系变得不那么明确。在父组件中使用子组件时，不太容易定位子组件的实现。和使用过多的全局变量一样，这可能会影响应用长期的可维护性。

相比之下，局部注册的组件需要在使用它的父组件中显式导入，并且只能在该父组件中使用。它的优点是使组件之间的依赖关系更加明确，并且对tree-shaking更加友好。

在使用<script setup>的单文件组件中，导入的组件可以直接在模板中使用，无须注册。

```
<script setup>
import ComponentA from './ComponentA.vue'
</script>
<template>
  <ComponentA />
</template>
```

如果没有使用<script setup>，则需要使用components选项来显式注册。代码如下。

```
import ComponentA from './ComponentA.vue'
export default {
  components: { ComponentA  },
  setup() { //...   }
}
```

对于每个components对象里的属性，它们的key名就是注册的组件名，而值就是相应组件的实现。上面的例子中使用的是ES2015的缩写语法，等价于：

```
export default {
  components: {   ComponentA: ComponentA   }
  //…
}
```

注意 局部注册的组件在后代组件中并不可用。在这个例子中，ComponentA 注册后仅在当前组件可用，而在任何的子组件或更深层的子组件中都不可用。

【例 8-2】 组件注册实战。

以例 8-1 的项目为基础，新建 vue-8-2 文件夹，将项目 vue-8-1 的内容全部复制到 vue-8-2 文件夹中。然后新建相关组件，并导入相关组件，完成后，执行 npm run dev 命令开启开发服务，页面效果如图 8-3 所示。步骤如下。

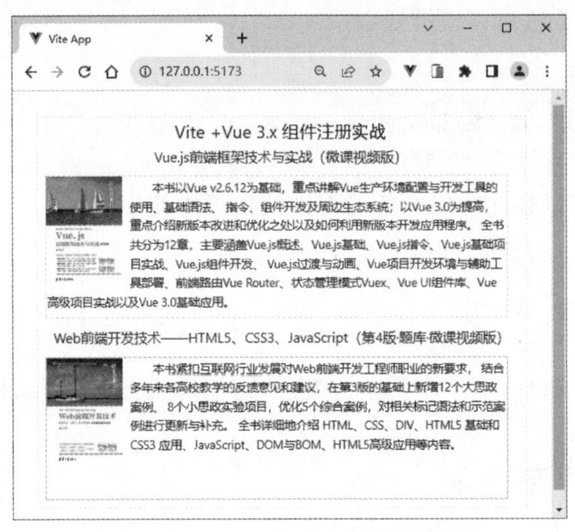

图 8-3　vue-8-2 组件注册应用页面

(1) 修改 main.js 文件。全局注册 VueBook 组件。代码如下。

```
1.  import "./assets/main.css";
2.  import { createApp } from "vue";
3.  import App from "./App.vue";
4.  import VueBook from "./components/VueBook.vue";                    //导入组件
5.  createApp(App).component("VueBook", VueBook).mount("#app");        //全局注册组件,并挂载
```

(2) 修改 App.vue 文件。代码如下。

```
1.  <script setup>
2.  import WebBook from "./components/WebBook.vue";
3.  </script>
4.  <template>
5.    <div id="div0">
6.      <h2>Vite +Vue 3.x 组件注册实战</h2>
7.      <!-- 使用全局注册组件 -->
8.      <VueBook></VueBook>
9.      <!-- 使用局部注册组件 -->
10.     <WebBook></WebBook>
11.   </div>
12. </template>
13. <style scoped>
14. #div0 { margin: 0 auto; text-align: center;  border: 1px dashed #f1f2f3; }
15. </style>
```

该组件中导入并使用 WebBook.vue 组件，在<script setup>中，省去了局部注册组件的过程，同时使用全局组件 VueBook.vue。

(3) 定义组件。分别定义 VueBook.vue 和 WebBook.vue 文件。代码如下。

- 定义 VueBook.vue 组件。代码如下。

```
1.  <template>
2.    <div>
3.      <h3>Vue.js 前端框架技术与实战(微课视频版)</h3>
4.      <div id="book1">
5.        <img src="/vue-1.png" alt="" />
6.        <p>本书以 Vue v2.6.12 为基础,重点讲解 Vue 生产环境配置与开发工具的使用、基础语
          法、指令、组件开发及周边生态系统; 以 Vue 3.0 为提高,重点介绍新版本改进和优化之处
          以及如何利用新版本开发应用程序。全书共分为 12 章,主要涵盖 Vue.js 概述、Vue.js 基
          础、Vue.js 指令、Vue.js 基础项目实战、Vue.js 组件开发、Vue.js 过渡与动画、Vue 项目开发
          环境与辅助工具部署、前端路由 Vue  Router、状态管理模式 Vuex、Vue UI 组件库、Vue 高级
          项目实战以及 Vue 3.0 基础应用。</p>
7.      </div>
8.    </div>
9.  </template>
10. <style>
11. #book1 {border: 1px dotted #e2e3e4;width: 600px; margin: 10px;height: 180px;}
12. img { width: 100px; display: block; float: left; margin-right: 10px;}
13. p {text-indent: 2em; text-align: left; padding: 2px; }
14. </style>
```

- 定义 WebBook.vue 文件。代码如下。

```
1.  <template>
2.    <div>
3.      <h3>Web 前端开发技术——HTML5、CSS3、JavaScript(第 4 版·题库·微课视频版)</h3>
4.      <div id="book2">
5.        <img src="/web-1.png" alt="" />
6.        <p>本书紧扣互联网行业发展对 Web 前端开发工程师职业的新要求,结合多年来各高校教
          学的反馈意见和建议,在第 3 版的基础上新增 12 个大思政案例、8 个小思政实验项目,优化
          5 个综合案例,对相关标记语法和示范案例进行更新与补充。全书详细地介绍 HTML、CSS、
          DIV、HTML5 基础和 CSS3 应用、JavaScript、DOM 与 BOM、HTML5 高级应用等内容。</p>
7.      </div>
8.    </div>
9.  </template>
10. <style>
11. #book2 {border: 1px solid #d2d3d4;margin: 10px;height: 180px; width: 600px;}
12. img {width: 100px;display: block; float: left; margin-right: 10px; }
13. p { text-indent: 2em; text-align: left; padding: 2px;}
14. </style>
```

8.3 props

8.3.1 传递 props

props 是一种自定义的属性,可以在组件上声明注册。props 的名字很长,应使用 camelCase 形式,因为它们是合法的 JavaScript 标识符,可以直接在模板的表达式中使用,也可以避免在作为属性 key 名时必须加上引号。

要传递给博客文章组件一个标题,必须在组件的 props 列表(以数组形式表示)上声明它。可以使用 defineProps()编译宏来声明。代码如下。

```
<!-- BlogPost.vue -->
<script setup>
defineProps(['title', 'getMessage'])       //声明后才可使用
</script>
<template>
  <h4>{{ title }},{{ getMessage }}</h4>
</template>
 <!--  组件中属性名使用 kebab-case 形式   -->
<MyComponent greeting-message="hello" />
```

defineProps()是一个仅在< script setup >中可用的编译宏命令,并不需要显式地导入。声明的 props 会自动暴露给模板。defineProps()会返回一个对象,其中包含可以传递给组件的所有 props。可以使用类似 props.title 的方式来使用传递的参数。例如:

```
const props = defineProps(['title', 'message'])
console.log(props.title + props.message)
```

一个组件可以有任意多的 props,默认情况下,所有 prop 都接收任意类型的值。

当一个 prop 被注册后,可以像这样在模板中以自定义属性的形式传递数据给它。

```
<BlogPost title = "My journey with Vue" />
<BlogPost title = "Blogging with Vue" />
<BlogPost title = "Why Vue is so fun" />
<!-- 根据一个变量的值动态传入 -->
<BlogPost :title = "post.title" />
 <!-- 根据一个更复杂表达式的值动态传入 -->
<BlogPost :title = "post.title + ' by ' + post.author.name" />
```

在实际应用中,可能在父组件中会有如下一个博客文章数组。例如:

```
const posts = ref([
  { id: 1, title: 'My journey with Vue' },
  { id: 2, title: 'Blogging with Vue' },
  { id: 3, title: 'Why Vue is so fun' }
])
```

在这种情况下,可以在模板中使用 v-for 来渲染它们。

```
<BlogPost v-for = "post in posts"   :key = "post.id"   :title = "post.title" />
```

8.3.2 动态组件

有些场景会需要在两个组件间来回切换,如 Tab 界面切换显示组件,如图 8-4 所示。

图 8-4 Tab 选项卡界面

上面的例子是通过 Vue 的< component >元素和特殊的属性 is 来实现的。例如:

```
<!-- 模板中,currentTab 改变时组件也改变 -->
<component :is = "tabs[currentTab]"></component>
```

在上面的例子中,被传给:is 的值可以是被注册的组件名或导入的组件对象。

也可以使用 is 属性来创建一般的 HTML 元素。

当使用< component :is="…">来在多个组件间做切换时,被切换掉的组件会被卸载。可以通过< KeepAlive >组件强制被切换掉的组件仍然保持"存活"的状态。

注意 < KeepAlive >是一个内置组件,它的功能是在多个组件间动态切换时缓存被移除的组件实例。

```
<!-- 非活跃的组件将会被缓存! -->
<KeepAlive>
  <component :is = "activeComponent" />
</KeepAlive>
```

使用 Vue 3.x 动态组件的时候,需要使用 shallowRef()(浅层响应式)进行包裹组件 id,用于动态切换组件,否则会报错。和 ref()不同,shallowRef()的内部值将会原样存储和暴露,并且不会被深层递归地转为响应式。只有对.value 的访问是响应式的。

【例 8-3】 动态组件与传递 props 实战。

以例 8-2 的项目为基础，新建 vue-8-3 文件夹，将项目 vue-8-2 的内容全部复制到 vue-8-3 文件夹中。然后新建相关组件，并导入相关组件，完成后，执行 npm run dev 命令开启开发服务，页面效果如图 8-5 所示。步骤如下。

(1) 修改 App. vue 文件。代码如下。

```
1.  <script setup>
2.  import { ref, shallowRef } from "vue";
3.  import WebBook from "./components/WebBook.vue";
4.  import VueBook from "./components/VueBook.vue";
5.  import Home from "./components/Home.vue";
6.  const currentCom = shallowRef(Home);
7.  const propsTitle = ref("首页");
8.  const componentTabs = [
9.   { name: "首页", comp: Home },
10.  { name: "Web 前端开发", comp: WebBook },
11.  { name: "Vue.js 前端框架技术", comp: VueBook },
12. ];
13. const changeCom = (comp, title) => {
14.  currentCom.value = comp;         //更新组件名称
15.  propsTitle.value = title;        //传递标题内容
16. };
17. </script>
18. <template>
19.   <div id="div0">
20.     <h2>Vite + Vue 3.x 动态组件与传递 props 实战</h2>
21.     <!-- 使用局部注册组件 -->
22.     <button
23.       v-for="compo in componentTabs"
24.       :key="compo.name"
25.       @click="changeCom(compo.comp, compo.name)"
26.       :class="{ active: currentCom == compo.comp }"
27.     >
28.       {{ compo.name }}
29.     </button>
30.    <KeepAlive>
31.       <component :title="propsTitle" :is="currentCom" class="tab"></component>
32.    </KeepAlive>
33.   </div>
34. </template>
35. <style scoped>
36. #div0 { margin: 0 auto;  text-align: center; border: 1px dashed #f1f2f3; }
37. .tab { border: 1px solid #ccc; padding: 10px;font-size: 18px; }
38. button { font-size: 20px; padding: 2px 10px;}
39. .active { background-color: #f1e2dd;  border: 1px dashed red;
40. }
41. </style>
```

(2) 定义组件。在 components 文件夹下，新建 Home. vue、VueBook. vue、WebBook. vue。

- 定义 Home. vue 文件。代码如下。

```
1. <template>
2.   <div class="tab">
3.     <h3>{{ title }}</h3>
4.     <p>Home 组件 - 欢迎访问首页。</p>
5.   </div>
6. </template>
7. <script setup>
8. defineProps(["title"]);             //传递 props
9. </script>
```

- 定义 VueBook. vue 文件。代码如下。

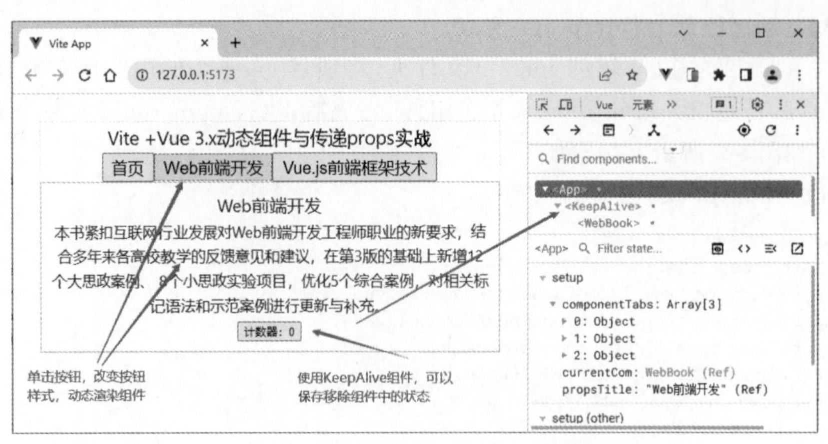

图 8-5　vue-8-3 动态组件切换界面

```
1.  <script setup>
2.  defineProps(["title"]);
3.  </script>
4.  <template>
5.    <div>
6.      <h3>{{ title }}</h3>
7.      <div id="book1">
8.        <p>
9.         本书以 Vue v2.6.12 为基础,重点讲解 Vue 生产环境配置与开发工具的使用、基础语法、指
           令、组件开发及周边生态系统; 以 Vue
10.        3.0 为提高,重点介绍新版本改进和优化之处以及如何利用新版本开发应用程序。
11.       </p>
12.     </div>
13.   </div>
14. </template>
```

- 定义 WebBook.vue 文件。代码如下。

```
1.  <script setup>
2.  defineProps(["title"]);
3.  import { ref } from "vue";
4.  const count = ref(0);
5.  </script>
6.  <template>
7.    <div>
8.      <h3>{{ title }}</h3>
9.      <div id="book2">
10.       <p>
11.        本书紧扣互联网行业发展对 Web 前端开发工程师职业的新要求,结合多年来各高校教学
           的反馈意见和建议,在第 3 版的基础上新增 12 个大思政案例、
12.        8 个小思政实验项目,优化 5 个综合案例,对相关标记语法和示范案例进行更新与补充。
13.       </p>
14.     <button @click="count++">计数器: {{count}}</button>
15.     </div>
16.   </div>
17. </template>
```

8.3.3　props 声明

一个组件需要显式声明它所接收的 props,这样 Vue 才能知道外部传入的哪些是 props,哪些是透传 attribute。

在使用<script setup>的单文件组件中,props 可以使用 defineProps()来声明。例如:

```
<script setup>
const props = defineProps(['foo'])
console.log(props.foo)
</script>
```

在没有使用<script setup>的组件中，props可以使用props选项来声明。例如：

```
export default {
  props: ['foo'],
  setup(props) {
    //setup() 接收 props 作为第一个参数
    console.log(props.foo)
  }
}
```

注意传递给defineProps()的参数和提供给props选项的值是相同的，两种声明方式背后其实使用的都是props选项。

除了使用字符串数组来声明props外，还可以使用对象的形式。例如：

```
//使用 <script setup>
defineProps({
  title: String,
  likes: Number
})
//非 <script setup>
export default {
  props: {
    title: String,
    likes: Number
  }
}
```

对于以对象形式声明中的每个属性，key是props的名称，而值则是该props预期类型的构造函数。例如，如果要求一个props的值是number类型，则可使用Number构造函数作为其声明的值。

对象形式的props声明不仅可以一定程度上作为组件的文档，而且如果其他开发者在使用组件时传递了错误的类型，也会在浏览器控制台中抛出警告。

8.3.4　单向数据流

所有的props都遵循着单向绑定原则，props因父组件的更新而变化，自然地将新的状态向下流往子组件，而不会逆向传递。这避免了子组件意外修改父组件的状态的情况，否则应用的数据流将很容易变得混乱而难以理解。

另外，每次父组件更新后，所有的子组件中的props都会被更新到最新值，这意味着不应该在子组件中去更改一个props。若这么做了，Vue会在控制台上抛出警告。信息如下。

```
const props = defineProps(['foo'])
//警告!props 是只读的!
props.foo = 'bar'
```

导致想要更改一个props的需求通常来源于以下两种场景。

- props被用于传入初始值，而子组件想在之后将其作为一个局部数据属性。在这种情况下，最好是新定义一个局部数据属性，从props上获取初始值即可。

```
const props = defineProps(['initialCounter'])
//计数器只是将 props.initialCounter 作为初始值
//像下面这样做就使 props 和后续更新无关了
const counter = ref(props.initialCounter)
```

- 需要对传入的props值做进一步的转换。在这种情况下，最好是基于该props值定义一个计算属性。

```
const props = defineProps(['size'])
//该 props 变更时计算属性也会自动更新
const normalizedSize = computed(() => props.size.trim().toLowerCase())
```

当对象或数组作为 props 被传入时，虽然子组件无法更改 props 绑定，但仍然可以更改对象或数组内部的值。这是因为 JavaScript 的对象和数组是按引用传递，而对 Vue 来说，禁止这样的改动，虽然可能生效，但有很大的性能损耗，比较得不偿失。

这种更改的主要缺陷是它允许了子组件以某种不明显的方式影响父组件的状态，可能会使数据流在将来变得更难以理解。在最佳实战中，应该尽可能避免这样的更改，除非父子组件在设计上本来就需要紧密耦合。在大多数场景下，子组件应该抛出一个事件来通知父组件做出改变。

8.3.5 props 校验

Vue 组件可以更细致地声明对传入的 props 的校验要求。例如，上面已经看到过的类型声明，如果传入的值不满足类型要求，Vue 会在浏览器控制台中抛出警告来提醒使用者。这在开发给其他开发者使用的组件时非常有用。

要声明对 props 的校验，可以向 defineProps()宏提供一个带有 props 校验选项的对象。例如：

```
defineProps({
  //基础类型检查
  //(给出 'null' 和 'undefined' 值则会跳过任何类型检查)
  propA: Number,
  //多种可能的类型
  propB: [String, Number],
  //必传,且为 String 类型
  propC: {
    type: String,
    required: true
  },
  //Number 类型的默认值
  propD: {
    type: Number,
    default: 100
  },
  //对象类型的默认值
  propE: {
    type: Object,
    //对象或数组的默认值
    //必须从一个工厂函数返回
    //该函数接收组件所接收到的原始 props 作为参数
    default(rawProps) {
      return { message: 'hello' }
    }
  },
  //自定义类型校验函数
  propF: {
    validator(value) {
      //该值必须与其中一个字符串匹配
      return ['success', 'warning', 'danger'].includes(value)
    }
  },
  //函数类型的默认值
  propG: {
    type: Function,
    //不像对象或数组的默认,这不是一个工厂函数。这是一个用来作为默认值的函数
    default() {
      return 'Default function'
    }
  }
})
```

注意　defineProps()宏中的参数不可以访问< script setup >中定义的其他变量，因为在编译时整个表达式都会被移到外部的函数中。

- 所有 props 默认都是可选的，除非声明了 required：true。
- 除 Boolean 外的未传递的可选 props 将会有一个默认值 undefined。
- Boolean 类型的未传递 props 将被转换为 false。这可以通过为它设置 default 来更改——例如，设置为 default：undefined 将与非布尔类型的 props 的行为保持一致。
- 如果声明了 default 值，那么在 props 的值被解析为 undefined 时，无论 props 是未被传递还是显式指明的 undefined，都会改为 default 值。

当 props 的校验失败后，Vue 会抛出一个控制台警告(在开发模式下)。

【例 8-4】　单向数据流与 props 校验实战。

以例 8-3 的项目为基础，新建 vue-8-4 文件夹，将项目 vue-8-3 的内容全部复制到 vue-8-4 文件夹中。删除 components 下的除 Home. Vue 外其余组件，修改 App. vue 和 Home. vue，完成后，执行 npm run dev 命令开启开发服务，页面效果如图 8-6 所示。步骤如下。

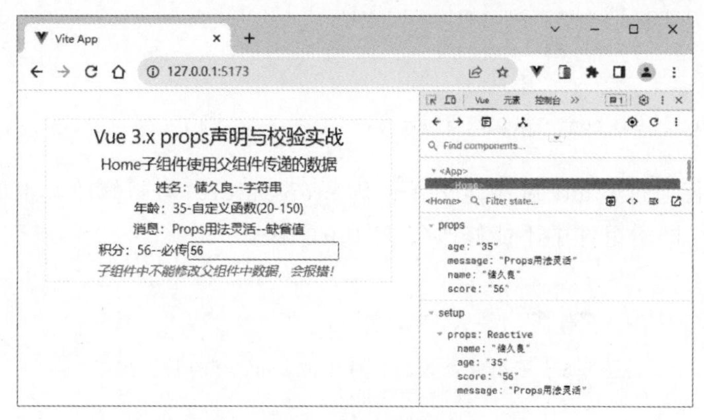

图 8-6　vue-8-3 动态组件切换界面

(1) 修改 App. vue 文件。代码如下。

```
1.  < script setup >
2.  import Home from "./components/Home.vue";
3.  </script >
4.  < template >
5.    < div id = "div0">
6.      < h2 > Vue 3.x props 声明与校验实战</h2 >
7.      <!--   单向数据流 message 未设置,为缺省项  -->
8.      < Home name = "储久良" age = "35" score = "56"></Home >
9.    </div >
10. </template >
11. < style scoped >
12. #div0 { margin: 0 auto; text - align: center; border: 1px dashed #f1f2f3;}
13. </style >
```

在 App. vue 中，代码第 8 行未传参 message，因为其设置了默认值。age 这个 props 是自定义函数，输入范围必须为[20，150]，否则 validator(value)函数会因检测不符合要求而报错。当将其设置为“13”时，控制台检查报错，如图 8-7 所示。

```
▲ ▸[Vue warn]: Invalid prop: custom validator check  App.vue?t=1691978791214:
failed for prop "age".
  at <Home name="储久良" age="13" message="这是父传子单向数据流" >
  at <App>
```

图 8-7　age＝“13”时控制台检查报错

(2) 修改 Home. vue 文件。代码如下。

```
1.  < template >
```

```
2.    <div class = "tab">
3.      <h3>Home 子组件使用父组件传递的数据</h3>
4.      <p>姓名: {{ props.name }} -- 字符串</p>
5.      <p>年龄: {{ props.age }} - 自定义函数(20 - 150)</p>
6.      <p>消息: {{ props.message }} -- 缺省值</p>
7.      <p>
8.       积分: {{ props.score }} -- 必传<input type = "number" v - model = "props.score" />
9.      </p>
10.     <p id = "p1">子组件中不能修改父组件中数据,会报错!</p>
11.   </div>
12. </template>
13. <script setup>
14. const props = defineProps({
15.   name: String,
16.   age: {
17.     validator(value) {
18.       return value >= 20 && value <= 150;
19.     },
20.   },
21.   message: { type: String, default: "Props 用法灵活", },
22.   score: { type: [Number, String], required: true, },
23. });
24. </script>
25. <style>
26. #p1 {color: red; font - style: italic;}
27. </style>
```

代码中,第 8 行通过 v-model 绑定表单值为 props. score,但当修改其值时,控制台同样报错,如图 8-8 所示。即了组件中不能修改父组件中的状态。

```
▲ ▶[Vue warn] Set operation on key "score" failed: target is      Home.vue:8
readonly.
 ▶ Proxy(Object) {name: '储久良', age: '35', score: '56', message: 'Props用法灵活'}
```

图 8-8 子组件修改父组件中的 score 时控制台报错

8.4 组件事件

8.4.1 触发与监听事件

在组件的模板表达式中,可以直接使用 $ emit 方法触发自定义事件(例如,在 v-on 的处理函数中)。

```
<!-- MyComponent -->
<button @click = " $ emit('someEvent')"> click me </button>
```

父组件可以通过 v-on(缩写为@)来监听事件。

```
<MyComponent @some - event = "callback" />
```

同样,组件的事件监听器也支持. once 修饰符。

```
<MyComponent @some - event.once = "callback" />
```

像组件与 props 一样,事件的名字也提供了自动的格式转换。注意这里触发了一个以 camelCase 形式命名的事件,但在父组件中可以使用 kebab-case 形式来监听。与 props 大小写格式一样,在模板中也推荐使用 kebab-case 形式来编写监听器。

8.4.2 事件参数

有时候会需要在触发事件时附带一个特定的值。例如,想要用<BlogPost>组件来管理文本会缩放得多大。在这个场景下,可以给 $ emit 提供一个额外的参数。在模板中这样定义:

```
<button @click = "$emit('increaseBy', 1)"> Increase by 1 </button>
```

然后在父组件中监听事件，可以先简单写一个内联的箭头函数作为监听器，此函数会接收到事件附带的参数。在模板中这样定义：

```
<MyButton @increase-by = "(n)  => count  +=  n" />
```

或者，也可以用一个组件方法来作为事件处理函数：

```
<MyButton @increase-by = "increaseCount" />
```

该方法也会接收到事件所传递的参数：

```
function increaseCount(n) {
  count.value  +=  n
}
```

8.4.3　声明触发的事件

组件可以显式地通过 defineEmits()宏来声明它要触发的事件。代码如下。

```
<script setup>
defineEmits(['inFocus', 'submit'])
</script>
```

在< template >中使用的 $emit 方法不能在组件的< script setup >部分中使用，但 defineEmits()会返回一个相同作用的函数供使用。

```
<script setup>
const emit = defineEmits(['inFocus', 'submit'])        //声明事件
function buttonClick() {
  emit('submit')                                       //可以使用 defineEmits()声明的事件
}
</script>
```

defineEmits()宏不能在子函数中使用。如上所示，它必须直接放置在< script setup >的顶级作用域下。

如果显式地使用了 setup()函数而不是< script setup >，则事件需要通过 emits 选项来定义，emit()函数也被暴露在 setup()的上下文对象上。代码如下。

```
export default {
  emits: ['inFocus', 'submit'],
  setup(props, ctx) {
    ctx.emit('submit')
  }
}
```

与 setup()上下文对象中的其他属性一样，emit()可以安全地被解构。代码如下。

```
export default {
  emits: ['inFocus', 'submit'],          //通过 emits 选项来声明事件
  setup(props, { emit }) {               //解构 emit => ctx.emit
    emit('submit')                       //声明后才可以使用
  }
}
```

这个 emits 选项还支持对象语法，它允许对触发事件的参数进行验证。

```
<script setup>
const emit = defineEmits({
  submit(payload) {
    //通过返回值为 'true' 还是为 'false' 来判断
    //验证是否通过
```

```
    }
})
</script>
```

尽管事件声明是可选的，还是推荐完整地声明所有要触发的事件，以此在代码中作为文档记录组件的用法。同时，事件声明能让 Vue 更好地将事件和透传 attribute 做出区分，从而避免一些由第三方代码触发的自定义 DOM 事件所导致的边界情况。

8.4.4 事件校验

和对 props 添加类型校验的方式类似，所有触发的事件也可以使用对象形式来描述。

要为事件添加校验，那么事件可以被赋值为一个函数，接收的参数就是抛出事件时传入 emit 的内容，返回一个布尔值来表明事件是否合法。

```
<script setup>
const emit = defineEmits({
  //没有校验
  click: null,
  //校验 submit 事件
  submit: ({ email, password }) => {
    if (email && password) {
      return true
    } else {
      console.warn('Invalid submit event payload!')
      return false
    }
  }
})

function submitForm(email, password) {
  emit('submit', { email, password })
}
</script>
```

【例 8-5】 声明触发事件与监听事件实战。

以例 8-4 的项目为基础，新建 vue-8-5 文件夹，将项目 vue-8-4 的内容全部复制到 vue-8-5 文件夹中。修改 App. vue 和 Home. vue，完成后，执行 npm run dev 命令开启开发服务，页面效果如图 8-9 和图 8-10 所示。步骤如下。

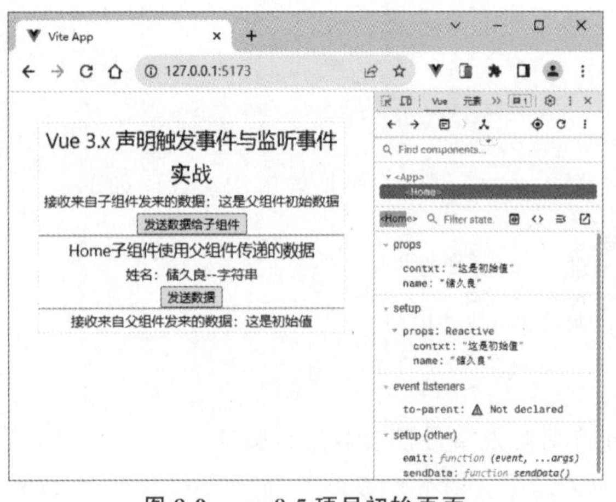

图 8-9 vue-8-5 项目初始页面

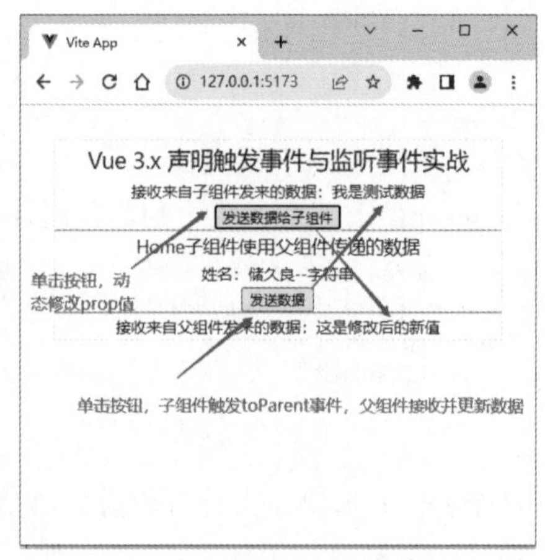

图 8-10 操作按钮更新页面

项目功能：父组件静态和动态传递数据给子组件，监听事件并处理子组件传回的数据。子组件声明 props 和声明事件、触发事件并传回事件参数。

(1) 修改 App. vue 文件。代码如下。

```
1.  <script setup>
2.  import Home from "./components/Home.vue";
3.  import { ref } from "vue";
4.  const message = ref("这是父组件初始数据");
5.  const txt = ref("这是初始值");
6.  const reciveData = (mess) => {
7.   message.value = mess;
8.  };
9.  const emit = defineEmits(["toChild"]);
10. const sendChild = () => {
11.  txt.value = "这是修改后的新值";
12. };
13. </script>
14. <template>
15.   <div id="div0">
16.     <h2>Vue 3.x 声明触发事件与监听事件实战</h2>
17.     <!--   单向数据流 -->
18.     <p>接收来自子组件发来的数据: {{ message }}</p>
19.     <button @click="sendChild">发送数据给子组件</button>
20.     <hr />
21.     <!--   动态传值 + 静态传值 -->
22.     <Home :contxt="txt" name="储久良" @to-Parent="reciveData"></Home>
23.   </div>
24. </template>
25. <style scoped>
26.  #div0 { margin: 0 auto;text-align: center;border: 1px dashed #f1f2f3;}
27. </style>
```

(2) 修改 Home. vue 文件。代码如下。

```
1.  //子组件
2.  <script setup>
3.  const props = defineProps({
4.   name: { type: String,required: true, },
5.   contxt: String,
6.  });
7.  const emit = defineEmits(["toParent"]);
8.  const sendData = () => {
9.   emit("toParent", "我是测试数据");
10. };
11. </script>
12. <template>
13.   <div class="tab">
14.     <h3>Home 子组件使用父组件传递的数据</h3>
15.     <p>姓名: {{ props.name }} -- 字符串</p>
16.     <button @click="sendData">发送数据</button>
17.     <hr />
18.     <p>接收来自父组件发来的数据: {{ contxt }}</p>
19.   </div>
20. </template>
21. <style>
22.  #p1 {color: red; font-style: italic;}
23. </style>
```

8.5 组件 v-model

8.5.1 v-model 的参数

v-model 可以在组件上使用以实现双向绑定。

首先,回忆 v-model 在原生元素上的用法:

```
<input v-model="searchText" />
```

在代码背后，模板编译器会对 v-model 进行更冗长的等价展开。上面的代码其实等价于：

```
<input :value="searchText"  @input="searchText = $event.target.value" />
```

而当使用在一个组件上时，v-model 会被展开为如下的形式。

```
<CustomInput  :modelValue="searchText"
  @update:modelValue="newValue => searchText = newValue"
/>
```

要让这个例子实际工作起来，<CustomInput>组件内部需要做以下两件事。

- 将内部原生<input>元素的 value 属性绑定到 modelValue 这个 props 上。
- 当原生的 input 事件触发时，触发一个携带了新值的 update:modelValue 自定义事件。

以下是相应的代码。

```
<!-- CustomInput.vue -->
<script setup>
defineProps(['modelValue'])
defineEmits(['update:modelValue'])
</script>

<template>
  <input
    :value="modelValue"
    @input="$emit('update:modelValue', $event.target.value)"
  />
</template>
```

现在 v-model 可以在这个组件上正常工作了。

```
<CustomInput v-model="searchText" />
```

8.5.2 多个 v-model 绑定

默认情况下，v-model 在组件上都是使用 modelValue 作为 props，并以 update:modelValue 作为对应的事件。可以通过给 v-model 指定一个参数来更改这些名字。

```
<MyComponent v-model:title="bookTitle" />
```

在这个例子中，子组件应声明一个 title prop，并通过触发 update:title 事件更新父组件值。

```
<!-- MyComponent.vue -->
<script setup>
defineProps(['title'])
defineEmits(['update:title'])
</script>

<template>
  <input
    type="text"
    :value="title"
    @input="$emit('update:title', $event.target.value)"
  />
</template>
```

8.5.3 处理 v-model 修饰符

在学习输入绑定时，已经知道了 v-model 有一些内置的修饰符，如.trim、.number 和.lazy。在某些场景下，可能想要一个自定义组件的 v-model 支持自定义的修饰符。

可以创建一个自定义的修饰符 capitalize，它会自动将 v-model 绑定输入的字符串值第一个字母转为大写。

```
<MyComponent v-model.capitalize="myText" />
```

组件的 v-model 上所添加的修饰符，可以通过 modelModifiers prop 在组件内访问到。在下面的组件中，声明了 modelModifiers 这个 props，它的默认值是一个空对象。

```
<script setup>
const props = defineProps({
  modelValue: String,
  modelModifiers: { default: () => ({}) }
})

defineEmits(['update:modelValue'])
console.log(props.modelModifiers) //{ capitalize: true }
</script>

<template>
  <input  type="text" :value="modelValue"
    @input="$emit('update:modelValue', $event.target.value)"
  />
</template>
```

注意　这里组件的 modelModifiers props 包含 capitalize 且其值为 true，因为它在模板中的 v-model 绑定 v-model.capitalize="myText"上被使用了。

有了这个 props，就可以检查 modelModifiers 对象的键，并编写一个处理函数来改变抛出的值。在下面的代码里，就是在每次<input/>元素触发 input 事件时将值的首字母大写。

```
<script setup>
const props = defineProps({
  modelValue: String,
  modelModifiers: { default: () => ({}) }
})

const emit = defineEmits(['update:modelValue'])

function emitValue(e) {
  let value = e.target.value
  if (props.modelModifiers.capitalize) {
    value = value.charAt(0).toUpperCase() + value.slice(1)
  }
  emit('update:modelValue', value)
}
</script>

<template>
  <input type="text" :value="modelValue" @input="emitValue" />
</template>
```

对于又有参数又有修饰符的 v-model 绑定，生成的 props 名将是 arg+"Modifiers"。例如：

```
<MyComponent v-model:title.capitalize="myText">
```

相应的声明应该是：

```
const props = defineProps(['title', 'titleModifiers'])
defineEmits(['update:title'])
console.log(props.titleModifiers) //{ capitalize: true }
```

下面是另一个例子，展示了如何在使用多个不同参数的 v-model 时使用修饰符。

```
<UserName
  v-model:first-name.capitalize="first"
  v-model:last-name.uppercase="last"
/>
<script setup>
const props = defineProps({
  firstName: String,
  lastName: String,
  firstNameModifiers: { default: () => ({}) },
  lastNameModifiers: { default: () => ({}) }
})
defineEmits(['update:firstName', 'update:lastName'])

console.log(props.firstNameModifiers)     //{ capitalize: true }
console.log(props.lastNameModifiers)      //{ uppercase: true}
</script>
```

【例 8-6】 组件 v-model 与自定义修饰符实战。

以例 8-5 的项目为基础，新建 vue-8-6 文件夹，将项目 vue-8-5 的内容全部复制到 vue-8-6 文件夹中。修改 App.vue 和定义 CustomInput.vue，完成后，执行 npm run dev 命令开启开发服务，页面效果如图 8-11 所示。步骤如下。

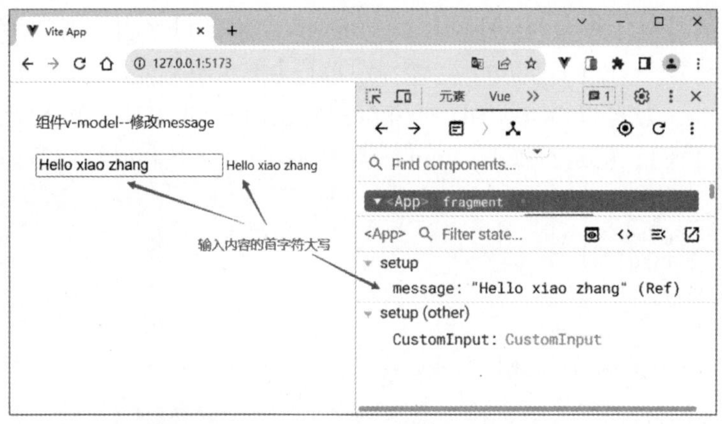

图 8-11 组件 v-model 绑定 message 页面

(1) 修改 App.vue 文件。代码如下。

```
1.  <script setup>
2.  import { ref } from "vue";
3.  import CustomInput from "./components/CustomInput.vue";
4.  const message = ref("");
5.  </script>
6.  <template>
7.    <h3>组件 v-model -- 修改 message</h3>
8.    <br /><CustomInput v-model="message" /> {{ message }}
9.  </template>
```

(2) 定义 components/CustomInput.vue 文件。代码如下。

```
1.  <script setup>
2.  const props = defineProps({
3.   modelValue: String,
4.   modelModifiers: { default: () => ({}) },          //组件 v-model 上的所有修饰符
5.  }); //声明 props
6.  const emit = defineEmits(["update:modelValue"]); //声明自定义事件
7.  function emitValue(e) {
8.   let value = e.target.value;
9.   if (props.modelModifiers.capitalize) {
10.    value = value.charAt(0).toUpperCase() + value.slice(1);
```

```
11.   }
12.    emit("update:modelValue", value);
13.   }
14.   </script>
15.   <template>
16.     <!-- 组件内使用$emit()来触发带新值的'update:modelValue'自定义事件 -->
17.     <input :value="modelValue" @input="emitValue" />
18.   </template>
19.   <style>
20.   input {font-size: 18px; }
21.   </style>
```

代码中,第2~5行声明props,第6行声明自定义事件。第7~13行定义函数emitValue(),完成将输入的内容首字符转换为大写,并触发带新值的自定义事件。

8.6 插槽 Slots

8.6.1 插槽内容与出口

在之前的章节中已经了解到组件能够接收任意类型的JavaScript值作为props,但组件要如何接收模板内容呢?在某些场景中,可能想要为子组件传递一些模板片段,让子组件在它们的组件中渲染这些片段。

例如,这里有一个<FancyButton>组件,可以像这样使用:

```
<FancyButton>
  Click me!           <!-- 插槽内容 -->
</FancyButton>
```

<FancyButton>的模板的内容是这样的:

```
<button class="fancy-btn">
  <slot></slot>     <!-- 插槽出口 -->
</button>
```

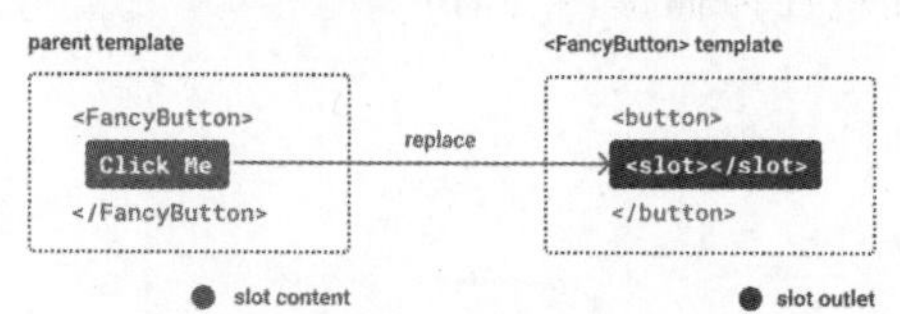

图8-12 插槽内容传递与渲染

<slot>元素是一个插槽出口,表明了父元素提供的插槽内容将在哪里被渲染,如图8-12所示。

最终渲染出的DOM是这样的:

```
<button class="fancy-btn">Click me!</button>
```

通过使用插槽,<FancyButton>仅负责渲染外层的<button>(以及相应的样式),而其内部的内容由父组件提供。

理解插槽的另一种方式是和下面的JavaScript函数做类比,其概念是类似的。

```
//父元素传入插槽内容
FancyButton('Click me!')
//FancyButton 在自己的模板中渲染插槽内容
function FancyButton(slotContent) {
  return '<button class="fancy-btn">
      ${slotContent}
    </button>'
}
```

插槽内容可以是任意合法的模板内容,不局限于文本。例如,可以传入多个元素,甚至是组件。

```
<FancyButton>
  <span style="color:red">Click me!</span>
  <AwesomeIcon name="plus" />
</FancyButton>
```

通过使用插槽,<FancyButton>组件更加灵活和具有可复用性。现在组件可以用在不同的地方渲染各异的内容,但同时还保证都具有相同的样式。

8.6.2 渲染作用域

插槽内容可以访问到父组件的数据作用域,因为插槽内容本身是在父组件模板中定义的。例如:

```
<span>{{ message }}</span>
<FancyButton>{{ message }}</FancyButton>
```

这里的两个{{ message }}插值表达式渲染的内容都是一样的。

插槽内容无法访问子组件的数据。Vue 模板中的表达式只能访问其定义时所处的作用域,这和 JavaScript 的词法作用域规则是一致的。换言之,父组件模板中的表达式只能访问父组件的作用域;子组件模板中的表达式只能访问子组件的作用域。

8.6.3 默认内容

在外部没有提供任何内容的情况下,可以为插槽指定默认内容,如<SubmitButton>组件:

```
<button type="submit"><slot></slot></button>
```

如果想在父组件没有提供任何插槽内容时在<button>内渲染“Submit”,只需要将“Submit”写在<slot>标签之间来作为默认内容。代码如下。

```
<button type="submit">
  <slot>
    Submit <!-- 默认内容 -->
  </slot>
</button>
```

现在,当在父组件中使用<SubmitButton>且没有提供任何插槽内容时:

```
<SubmitButton />
```

“Submit”将会被作为默认内容渲染。结果如下。

```
<button type="submit">Submit</button>
```

但如果提供了插槽内容:

```
<SubmitButton>Save</SubmitButton>
```

那么被显式提供的内容会取代默认内容:

```
<button type="submit">Save</button>
```

8.6.4 具名插槽

有时在一个组件中包含多个插槽出口是很有用的。例如,在一个<BaseLayout>组件中有如下模板。

```
<div class="container">
  <header>
    <!-- 标题内容放这里 -->
  </header>
  <main>
    <!-- 主要内容放这里 -->
  </main>
  <footer>
```

```
    <!-- 底部内容放这里 -->
  </footer>
</div>
```

对于这种场景,< slot >元素可以有一个特殊的属性 name,用来给各个插槽分配唯一的 ID,以确定每一处要渲染的内容。

```
<div class = "container">
  <header>
    <slot name = "header"></slot>
  </header>
  <main>
    <slot></slot>
  </main>
  <footer>
    <slot name = "footer"></slot>
  </footer>
</div>
```

这类带 name 的插槽被称为具名插槽。没有提供 name 的< slot >出口会隐式地命名为"default"。

在父组件中使用< BaseLayout >时,需要一种方式将多个插槽内容传入各自目标插槽的出口,此时就需要用到具名插槽了。

要为具名插槽传入内容,需要使用一个含 v-slot 指令的< template >元素,并将目标插槽的名字传给该指令。代码如下。

```
<BaseLayout>
  <template v - slot:header>
    <!-- header 插槽的内容放这里 -->
  </template>
</BaseLayout>
```

v-slot 有对应的简写#,因此< template v-slot:header >可以简写为< template #header >。其意思就是"将这部分模板片段传入子组件的 header 插槽中",具名插槽内容传递与渲染效果如图 8-13 所示。

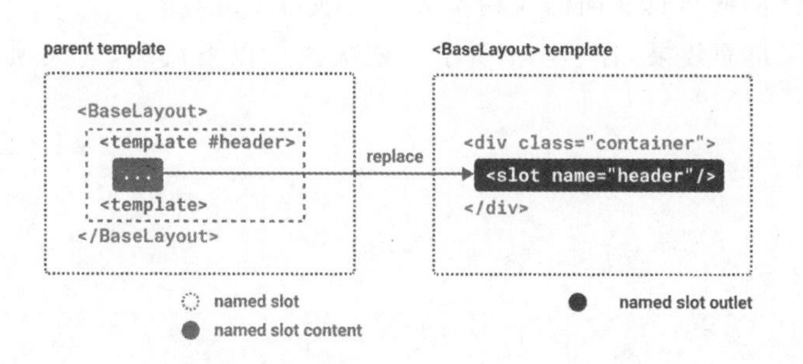

图 8-13 具名插槽内容传递与渲染效果

下面给出完整的向< BaseLayout >传递插槽内容的代码,指令均使用的是缩写形式。代码如下。

```
<BaseLayout>
  <template #header>
    <h1>Here might be a page title</h1>
  </template>
  <template #default>
```

```
    <p>A paragraph for the main content.</p>
    <p>And another one.</p>
  </template>
  <template #footer>
    <p>Here's some contact info</p>
  </template>
</BaseLayout>
```

当一个组件同时接收默认插槽和具名插槽时，所有位于顶级的非<template>节点都被隐式地视为默认插槽的内容。所以上面的代码也可以写成：

```
<BaseLayout>
  <template #header>
    <h1>Here might be a page title</h1>
  </template>
  <!-- 隐式的默认插槽 -->
  <p>A paragraph for the main content.</p>
  <p>And another one.</p>
  <template #footer>
    <p>Here's some contact info</p>
  </template>
</BaseLayout>
```

现在<template>元素中的所有内容都将被传递到相应的插槽。最终渲染出的 HTML 如下。

```
<div class="container">
  <header>
    <h1>Here might be a page title</h1>
  </header>
  <main>
    <p>A paragraph for the main content.</p>
    <p>And another one.</p>
  </main>
  <footer>
    <p>Here's some contact info</p>
  </footer>
</div>
```

【例 8-7】 默认插槽与具名插槽应用实战——项目 vue-8-7。

关键代码如下，页面效果如图 8-14 所示。依次执行以下命令，完成项目初始化创建。命令如下。

```
npm create vue@latest vue-8-7
cd vue-8-7
npm install
npm run dev
```

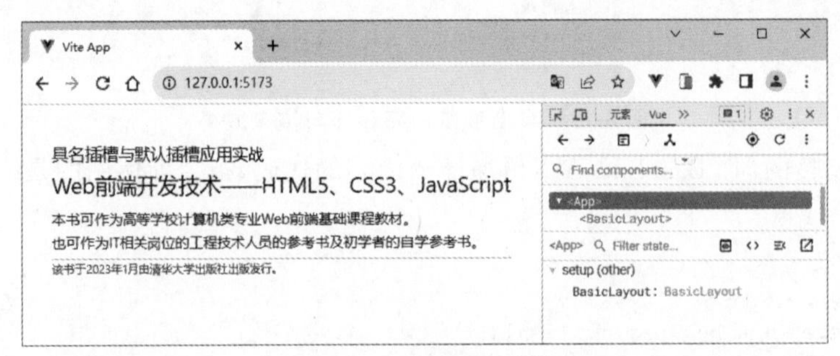

图 8-14 vue-8-7 项目页面

启动开发服务后，在 URL 中输入“http://127.0.0.1:5173/”，查看初始页面效果。然后删除 components 子文件夹下所有组件，修改 App. vue 与重新定义 components/BasicLayout. vue 组件。

(1) 修改 App. vue 文件。代码如下。

```
1.  <script setup>
2.  import BasicLayout from "./components/BasicLayout.vue";
3.  </script>
4.  <template>
5.    <BasicLayout>
6.      <template #header>
7.        <h3>具名插槽与默认插槽应用实战</h3>
8.        <h2>Web 前端开发技术——HTML5、CSS3、JavaScript</h2>
9.      </template>
10.     <template #default>
11.       <p>本书可作为高等学校计算机类专业 Web 前端基础课程教材。</p>
12.       <p>也可作为 IT 相关岗位的工程技术人员的参考书及初学者的自学参考书。</p>
13.     </template>
14.     <template #footer>
15.       <p>该书于 2023 年 1 月由清华大学出版社出版发行。</p>
16.     </template>
17.   </BasicLayout>
18. </template>
```

(2) 定义 BasicLayout. vue 文件。代码如下。

```
1.  <template>
2.    <div class="container">
3.      <header>
4.        <slot name="header">header</slot>
5.      </header>
6.      <main>
7.        <slot>main</slot>
8.      </main>
9.      <footer>
10.       <slot name="footer">footer</slot>
11.     </footer>
12.   </div>
13. </template>
14. <style>
15. footer {border-top: 1px solid #ccc;color: #666;font-size: 0.8em;}
16. header, footer, main { margin: 5px auto; }
17. </style>
```

8.6.5 动态插槽名

动态指令参数在 v-slot 上也是有效的，即可以定义下面这样的动态插槽名。

```
<base-layout>
  <template v-slot:[dynamicSlotName]>
    ...
  </template>
  <!-- 缩写为 -->
  <template #[dynamicSlotName]>
    ...
  </template>
</base-layout>
```

注意这里的表达式和动态指令参数受相同的语法限制。

8.6.6 作用域插槽

在上面的渲染作用域中讨论到，插槽的内容无法访问到子组件的状态。

然而在某些场景下插槽的内容可能想要同时使用父组件域内和子组件域内的数据，如图 8-15 所示。要做到这一点，需要一种方法来让子组件在渲染时将一部分数据提供给插槽。

可以像对组件传递 props 那样，向一个插槽的出口上传递属性。

```
<!-- <MyComponent> 的模板 -->
<div>
  <slot :text="greetingMessage" :count="1"></slot>
</div>
```

当需要接收插槽 props 时，默认插槽和具名插槽的使用方式有一些小区别。下面将先展示默认插槽如何接收 props，通过子组件标记上的 v-slot 指令，直接接收到了一个插槽 props 对象。

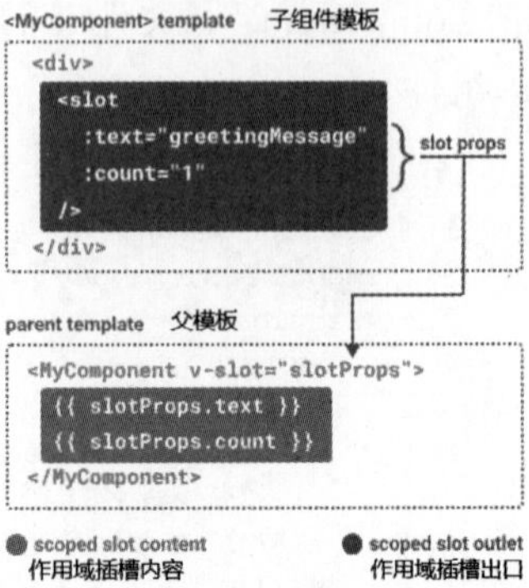

图 8-15　作用域插槽 props 传递过程

```
<MyComponent v-slot="slotProps">
  {{ slotProps.text }} {{ slotProps.count }}
</MyComponent>
```

v-slot="slotProps"可以类比这里的函数签名，和函数的参数类似，也可以在 v-slot 中使用解构。

```
<MyComponent v-slot="{ text, count }">
  {{ text }} {{ count }}
</MyComponent>
```

8.6.7　具名作用域插槽

具名作用域插槽的工作方式也是类似的，插槽 props 可以作 v-slot 指令的值被访问到：v-slot:name="slotProps"。当使用缩写时是这样：

```
<MyComponent>
  <template #header="headerProps">
    {{ headerProps }}
  </template>
  <template #default="defaultProps">
    {{ defaultProps }}
  </template>
  <template #footer="footerProps">
    {{ footerProps }}
  </template>
</MyComponent>
```

向具名插槽中传入 props：

```
<slot name="header" message="hello"></slot>
```

注意插槽上的 name 是一个 Vue 特别保留的属性，不会作为 props 传递给插槽。因此最终 headerProps 的结果是{message:'hello'}。

如果同时使用了具名插槽与默认插槽，则需要为默认插槽使用显式的<template>标记。尝试直接为组件添加 v-slot 指令将导致编译错误。这是为了避免因默认插槽的 props 的作用域而困惑。例如：

```
<!-- 该模板无法编译 -->
<template>
  <MyComponent v-slot="{ message }">
    <p>{{ message }}</p>
    <template #footer>
      <!-- message 属于默认插槽，此处不可用 -->
      <p>{{ message }}</p>
    </template>
```

```
  </MyComponent>
</template>
```

为默认插槽使用显式的<template>标记有助于更清晰地指出 message 属性在其他插槽中不可用。

```
<template>
  <MyComponent>
    <!-- 使用显式的默认插槽 -->
    <template #default="{ message }">
      <p>{{ message }}</p>
    </template>
    <template #footer>
      <p>Here's some contact info</p>
    </template>
  </MyComponent>
</template>
```

【例 8-8】 具名插槽与默认插槽 props 应用实战。

以例 8-7 的项目为基础,新建 vue-8-8 文件夹,将项目 vue-8-7 的内容全部复制到 vue-8-8 文件夹中。修改 App. vue 和修改 BasicLayout. vue,完成后,执行 npm run dev 命令开启开发服务,页面效果如图 8-16 所示。步骤如下。

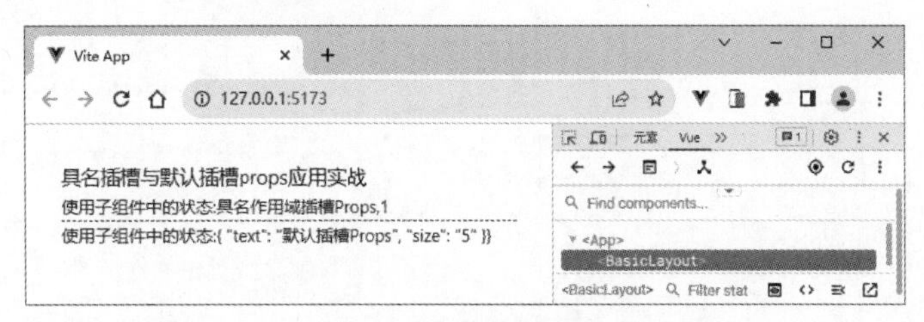

图 8-16 vue-8-8 项目父组件使用子组件中的状态

(1) 修改 App. vue 文件。插槽 props 可以作 v-slot 指令的值。代码如下。

```
1.  <script setup>
2.  import BasicLayout from "./components/BasicLayout.vue";
3.  </script>
4.  <template>
5.    <BasicLayout>
6.      <template #header="namedProps">
7.        <h3>具名插槽与默认插槽 props 应用实战</h3>
8.        <p>使用子组件中的状态:{{ namedProps.text }},{{ namedProps.size }}</p>
9.      </template>
10.     <template #default="defaultProps">
11.       <p>使用子组件中的状态:{{ defaultProps }}</p>
12.     </template>
13.   </BasicLayout>
14. </template>
```

(2) 定义 BasicLayout. vue 文件。在子组件的插槽上分别定义 text 和 size 两个属性。代码如下。

```
1.  <template>
2.    <div class="container">
3.      <header>
4.        <!-- 向具名插槽中传入 props: -->
5.        <slot name="header" text="具名作用域插槽 Props" size="1">header</slot>
6.      </header>
7.      <main>
8.        <!-- 向默认插槽中传入 props: -->
9.        <slot text="默认插槽 Props" size="5">main</slot>
10.     </main>
```

```
11.     </div>
12.   </template>
13.   <style>
14.   main { border-top: 1px dashed #aa1111;}
15.   </style>
```

8.7 依赖注入

8.7.1 prop 逐级透传问题

通常情况下,从父组件向子组件传递数据时,会使用 props。想象一下这样的结构：有一些多层级嵌套的组件,形成了一棵巨大的组件树,而某个深层的子组件需要一个较远的祖先组件中的部分数据。在这种情况下,如果仅使用 props 则必须将其沿着组件链逐级传递下去,这会非常麻烦,如图 8-17 所示。

注意,虽然这里的< Footer >组件可能根本不关心这些 props,但为了使< DeepChild >能访问到它们,仍然需要定义并向下传递。如果组件链路非常长,可能会影响到更多这条路上的组件。这一问题被称为“prop 逐级透传”,这显然是希望尽量避免的情况。

provide 和 inject 可以帮助解决这一问题。一个父组件相对于其所有的后代组件,会作为依赖提供者。任何后代的组件树,无论层级有多深,都可以注入由父组件提供给整条链路的依赖,如图 8-18 所示。

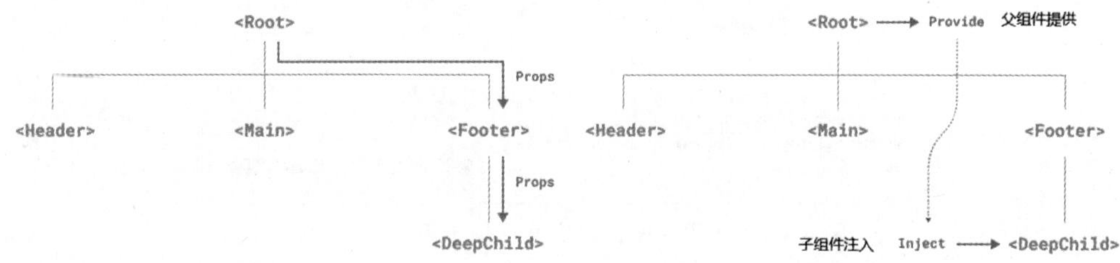

图 8-17　根组件向下 props 传递参数　　　图 8-18　根组件提供-子组件注入

8.7.2 Provide

要为组件后代提供数据,需要使用到 provide()函数。代码如下。

```
<script setup>
import { provide } from 'vue'
provide(/* 注入名 */ 'message', /* 值 */ 'hello!')
</script>
```

如果不使用< script setup >,请确保在 setup()内同步调用 provide()。代码如下。

```
import { provide } from 'vue'
export default {
  setup() {
    provide(/* 注入名 */ 'message', /* 值 */ 'hello!')
  }
}
```

provide()函数接收两个参数。第一个参数被称为注入名,可以是一个字符串或是一个 Symbol。后代组件会用注入名来查找期望注入的值。一个组件可以多次调用 provide(),使用不同的注入名,注入不同的依赖值。

第二个参数是提供的值,值可以是任意类型,包括响应式的状态,如一个 ref。代码如下。

```
import { ref, provide } from 'vue'
const count = ref(0)
provide('key', count)
```

提供的响应式状态使后代组件可以由此和提供者建立响应式的联系。

8.7.3　应用层 Provide

除了在一个组件中提供依赖，还可以在整个应用层面提供依赖。代码如下。

```
import { createApp } from 'vue'
const app = createApp({})
app.provide(/* 注入名 */ 'message', /* 值 */ 'hello!')
```

在应用级别提供的数据在该应用内的所有组件中都可以注入。这在编写插件时会特别有用，因为插件一般都不会使用组件形式来提供值。

8.7.4　Inject

要注入上层组件提供的数据，需使用 inject()函数。代码如下。

```
<script setup>
import { inject } from 'vue'
const message = inject('message')
</script>
```

如果提供的值是一个 ref，注入进来的会是该 ref 对象，而不会自动解包为其内部的值。这使得注入方组件能够通过 ref 对象保持和供给方的响应性链接。

同样地，如果没有使用<script setup>，inject()需要在 setup()内同步调用。代码如下。

```
import { inject } from 'vue'
export default {
  setup() {
    const message = inject('message')
    return { message }
  }
}
```

1. 注入默认值

默认情况下，inject()假设传入的注入名会被某个祖先链上的组件提供。如果该注入名的确没有任何组件提供，则会抛出一个运行时警告。

若在注入一个值时不要求必须有提供者，那么应该声明一个默认值，和 props 类似。代码如下。

```
//如果没有祖先组件提供"message"
//'value'会是"这是默认值"
const value = inject('message', '这是默认值')
```

在一些场景中，默认值可能需要通过调用一个函数或初始化一个类来取得。为了避免在用不到默认值的情况下进行不必要的计算或产生副作用，可以使用工厂函数来创建默认值。代码如下。

```
const value = inject('key', () => new ExpensiveClass(), true)
```

第三个参数表示默认值应该被当作一个工厂函数。

2. 和响应式数据配合使用

当提供/注入响应式的数据时，建议尽可能将任何对响应式状态的变更都保持在供给方组件中。这样可以确保所提供状态的声明和变更操作都内聚在同一个组件内，使其更容易维护。

有的时候，可能需要在注入方组件中更改数据。在这种情况下，推荐在供给方组件内声明并提供一个更改数据的方法函数。代码如下。

```
<!-- 在供给方组件内 -->
<script setup>
import { provide, ref } from 'vue'
```

```
const location = ref('North Pole')

function updateLocation() {
  location.value = 'South Pole'
}

provide('location', {
  location,
  updateLocation
})
</script>

<!-- 在注入方组件 -->
<script setup>
import { inject } from 'vue'
const { location, updateLocation } = inject('location')
</script>

<template>
  <button @click="updateLocation">{{ location }}</button>
</template>
```

最后，如果想确保提供的数据不能被注入方的组件更改，可以使用 readonly()来包装提供的值。

```
<script setup>
import { ref, provide, readonly } from 'vue'
const count = ref(0)
provide('read-only-count', readonly(count))
</script>
```

3. 使用 Symbol 作注入名

至此，已经了解了如何使用字符串作为注入名。但如果正在构建大型的应用，包含非常多的依赖提供，或者正在编写提供给其他开发者使用的组件库，建议最好使用 Symbol 来作为注入名以避免潜在的冲突。

通常推荐在一个单独的文件中导出这些注入名 Symbol。

```
//keys.js
export const myInjectionKey = Symbol()

//在供给方组件中
import { provide } from 'vue'
import { myInjectionKey } from './keys.js'

provide(myInjectionKey, { /*
  要提供的数据
 */ });

//注入方组件
import { inject } from 'vue'
import { myInjectionKey } from './keys.js'

const injected = inject(myInjectionKey)
```

【例 8-9】 依赖注入实战——项目 vue-8-9。

以例 8-8 的项目为基础进行修改和完善。关键代码如下，页面效果如图 8-19 所示。

(1) 修改 App.vue 文件。代码如下。

```
1.  <script setup>
2.  import { ref, provide } from "vue";
```

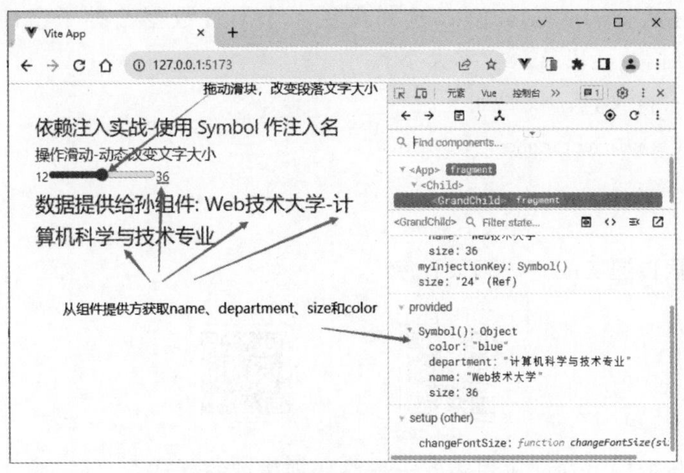

图 8-19 vue-8-9 使用 Symbol 作为注入名

```
3.  import Child from "./components/Child.vue";
4.  import { myInjectionKey } from "./keys.js";
5.  provide(myInjectionKey, {   /* 要提供的数据 */
6.   name: "Web 技术大学",
7.   size: 36,
8.   department: "计算机科学与技术专业",
9.   color: "blue",
10. });
11. </script>
12. <template>
13.    <h2>依赖注入实战 - 使用 Symbol 作注入名</h2>
14.    <Child />
15. </template>
```

代码第 3～4 行导入 Child 组件和 keys.js 文件，提供 myInjectionKey，并封装 4 个属性，分别为 name、size、department、color，并为其赋值。第 14 行使用 Child 组件。

(2) 新建 Child.vue 文件。代码如下。

```
1.  <script setup>
2.  import GrandChild from "./GrandChild.vue";
3.  </script>
4.  <template>
5.     <GrandChild />
6.  </template>
```

(3) 新建 components/GrandChild.vue 文件。代码如下。

```
1.  <script setup>
2.  import { inject, ref } from "vue";
3.  import { myInjectionKey } from "../keys.js";
4.  const injected = inject(myInjectionKey);
5.  const size = ref(20);
6.  const ftsize = ref(12);
7.  const changeFontSize = (size) => {
8.   ftsize.value = size;
9.  };
10. </script>
11. <template>
12.    <h3>操作滑动 - 动态改变文字大小</h3>
13.    12<input  type="range"  @change="changeFontSize(size)"
14.       min="12"  :max="injected.size" v-model="size" />{{ injected.size }}
15.    <p :style="{ color: injected.color, fontSize: ftsize + 'px' }">
16.       数据提供给孙组件: {{ injected.name }} - {{ injected.department }}
17.    </p>
18. </template>
```

代码第 4 行注入 myInjectionKey，这样提供 4 个属性数据给孙子组件使用（第 13～17 行）。当拖动滑块时，改变段落 p 文字大小。

（4）定义 keys.js 文件。代码如下。

```
1.    export const myInjectionKey = Symbol();
```

扫一扫

视频

项目实战 8

1. 组件间数据传递实战——聊天程序

扫一扫

文本

扫一扫

视频

2. 插槽传值与插槽 props 应用实战——改变插槽内容样式

扫一扫

文本

扫一扫

视频

小结

本章主要介绍组件基础和组件进阶的主要内容。详细讲解单文件组件的组成、命名规范和注册方法。在此基础上，详细讲解 props、组件事件、组件 v-model 指令、插槽及依赖注入等方面的知识与实现技术。

其中，props 部分主要介绍了传递 props，通过使用 defineProps()编译宏来声明 props，然后在组件中就可以使用 props 中的属性。介绍使用<component v-bind:is= ''></component>来动态切换组件。以对象方式对传入组件的数据进行 props 校验。

组件事件部分主要介绍了父组件通过 v-on 来监听自定义事件，执行回调；子组件通过@click 事件来执行 $ emit('someEvent')。子组件也可以向父组件提供额外的参数。在子组件中通过 defineEmits()宏来声明它要触发的事件，在组件的函数中执行 emit('someEvent')。

组件 v-model 部分主要介绍让组件上应用 v-model 指令能够正常工作，组件内需要做两件事：①将内部原生<input>元素的 value 属性绑定到 modelValue；②当原生的 input 事件触发时，触发一个携带了新值的 update:modelValue 自定义事件。

插槽部分主要介绍了插槽内容与出口、渲染作用域、默认内容及具名插槽、动态插槽名和作用域插槽的作用及应用场景。

最后介绍了依赖注入。父组件通过 provide()向子组件提供数据。子组件通过 inject()使用父组件提供的数据。

练习 8

扫一扫

习题

扫一扫

自测题

第9章

Vue 3.x前端工程构建工具

本章学习目标：

通过本章的学习，读者能够了解 Web 前端工程构建工具(也称为“脚手架”)的基本组成，学会使用前端工程构建工具来快速构建 Vue 3.x 应用。学会安装 Node.js，会熟练地使用 npm 常用的包安装、更新、删除、查看、启动运行本地化服务等基本操作命令。在前端项目构建过程中，充分比较 Vue CLI 与 Vite 两个构建工具的不同，能够根据不同前端项目的开发需要，灵活运行不同的构建工具。

Web 前端开发工程师应知应会以下内容。

- 学会安装 Node.js，配置项目生产环境。
- 掌握常用的 npm 操作命令。
- 掌握 Vite 构建工具的特性，学会安装 Vite。
- 掌握 Vue CLI 创建项目的方法与基本步骤。
- 掌握 Vite 构建前端项目的方法与基本步骤。
- 熟悉 Vue CLI 与 Vite 构建前端项目的文档结构的差异性。
- 根据项目业务需求选择不同构建工具来创建单页应用。

9.1 Node.js 简介

9.1.1 Node.js 概述

Node.js 发布于 2009 年 5 月，由 Ryan Dahl(瑞安·达尔)开发而成，是一个基于 Chrome V8 引擎的 JavaScript 运行环境，用于快捷地构建响应速度快、易于扩展的网络应用。Node.js 就是运行在服务端的 JavaScript。它摒弃了传统平台依靠多线程来实现高并发的设计思路，采用了单线程、非阻塞 IO、事件驱动式的程序设计模式。Chrome V8 引擎执行 JavaScript 的速度非常快，性能非常好，非常适合在分布式设备上运行数据密集型的实时应用。

Node.js 内建了 HTTP 服务器，可以向用户提供服务。与 PHP、Python、Ruby on Rails 相比，它跳过了 Apache、Nginx 等 HTTP 服务器，直接面向前端开发。Node.js 的许多设计理念与经典架构(如 LAMP)有着很大的不同，可提供强大的伸缩能力。

9.1.2 Node.js 部署

可以从 https://nodejs.org/zh-cn/download 上选择“下载”，进入下载页面，如图 9-1 所示。根据用户的操作系统类型选择相应的安装包。推荐多数用户使用长期支持版，目前最新 64 位版本为 node-v18.17.0-x64.msi。本书选择 64 位的 Windows 安装包 node-v16.14.2-x64.msi(不建议使用最新版本)，由于安装过程比较简单，用户可以自行安装。在安装完 Node.js 的同时也完成了 npm 包管理器的安装。

图 9-1 Node.js 下载页面

安装完成后，可以通过选择“开始”菜单|“所有程序”|Node.js|Node.js command prompt 等一系列操作，进入命令行窗口，在窗口中输入 node -v、npm -v 和 vue -V 等分别查看安装的软件版本信息，如有版本信息提示，说明 Node.js 环境安装就绪，如图 9-2 所示。

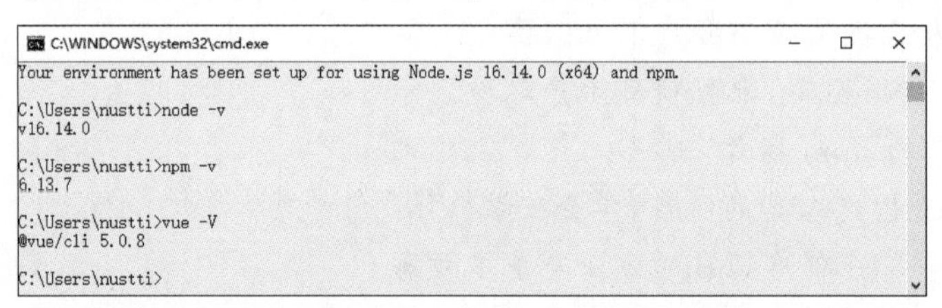

图 9-2 查看 Node.js、npm 和 Vue 版本信息

9.1.3 下载 Vue DevTools

Vue DevTools 是一款基于 Chrome 浏览器的插件，用于调试 Vue 应用，可以极大地提高应用的调试效率。

1. 下载 devtools-main.zip 压缩包

（1）从 https://github.com/vuejs/devtools # vue-devtools 页面上单击 Clone or download 按钮。下载后对 devtools-main.zip 文件进行解压。

（2）然后进入 devtools-main 目录，安装构建工具所需要的依赖，完成工具构建。命令如下。

```
npm install
npm run build
```

（3）安装 Chrome 浏览器扩展程序。单击 Chrome 浏览器 URL 右侧的 ✱ 图标，进行安装，显示 Vue.js DevTools 加载完成，如图 9-3 所示。

（4）打开 Vue 应用，并在 Chrome 浏览器中查看页面，按 F12 键，进入调试界面。在浏览器 URL 右侧会出现 Vue.js 图标，并且在“调试”菜单最右侧也会出现 Vue 项目。单击 Vue，会看到 Vue 模型中存储的数据。注意：安装依赖前需要注意使用的 Node.js 版本，版本太低时安装依赖时会报错。

2. 下载相关的扩展程序（后缀为.crx）

可以从 https://devtools.vuejs.org/guide/installation.html 选择相关浏览器的扩展包，DevTools 的包名类似于“nhdogjmejiglipccpnnnanhbledajbpd_6.5.0_chrome.zzzmh.cn.crx”，

然后打开浏览器的扩展程序界面，将后缀名为“*.crx”的文件拖曳到扩展程序页面上，完成添加扩展程序后，出现 DevTools 信息对话框，如图 9-3 所示。然后单击“详情”按钮，进入启动详情页面，打开“在无痕模式下启用”“允许访问文件网址”“收集各项错误”三个开关，如图 9-4 所示，完成后返回扩展程序界面。

图 9-3 安装扩展程序加载界面

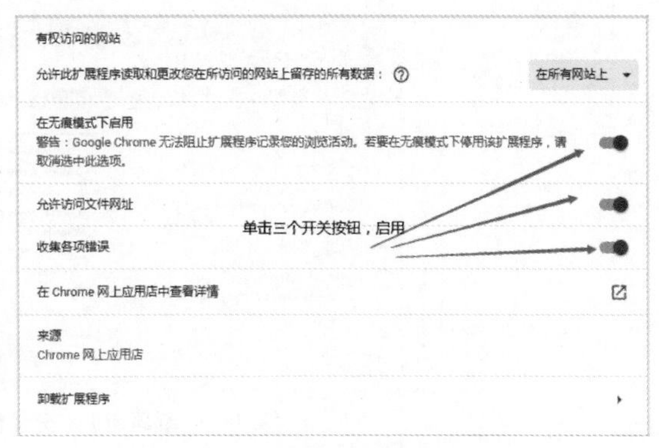

图 9-4 进入管理扩展程序界面

在 VS Code 编程环境下，打开 Vue.js 文件，通过 Chrome 浏览器在调试状态下查看 Vue 面板信息，如图 9-5 所示。至此，说明 Vue DevTools 安装成功。

图 9-5 配置成功后调试页面

9.1.4 Node.js 环境配置

安装完成后进行环境变量设置。环境配置主要是为 npm 配置全局模块安装的路径和缓存 cache 的路径。在执行类似 npm install vue-cli [-g]（-g 为可选参数，g 代表 global 全局安装）的安装语句时，会将安装的模块安装到类似“C:\Users\用户名\AppData\Roaming\npm”这样的路径中，如图 9-6 所示，占用 C 盘资源。

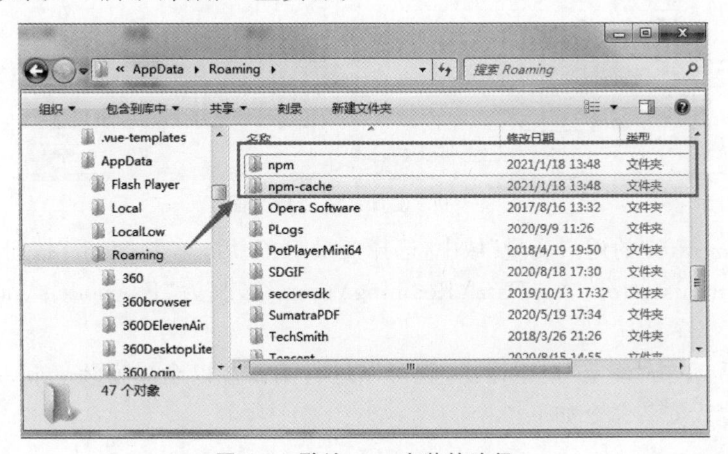

图 9-6 默认 npm 安装的路径

具体配置步骤如下。

(1) 在指定盘符(设为 F:\nodejs)下新建文件夹 node_global 和 node_cache,用于存放安装的全局模块及缓存 cache,如图 9-7 所示。即 F:\nodejs\node_global 为安装全局模块所在的路径,F:\nodejs\node_cache 为缓存 cache 的路径。

图 9-7　新建 npm 安装全局模块和缓存的路径

(2) 在命令行执行 npm 相关配置设置命令。命令如下,执行效果如图 9-8 所示。

```
npm config set prefix " F:\nodejs\node_global "
npm config set cache " F:\nodejs\node_cache "
```

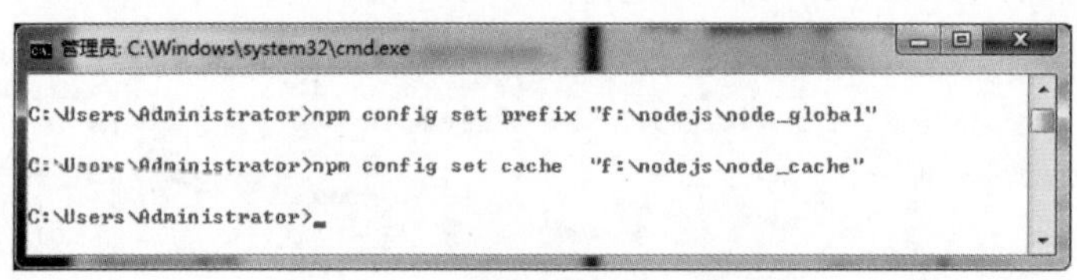

图 9-8　npm 配置命令执行界面

(3) 设置环境变量。右击“计算机”,依次选择“属性”|“高级系统设置”|“高级”|“环境变量”。在系统变量域中,单击“新建”按钮,在“编辑系统变量”对话框中设置变量名为“NODE_PATH”、变量值为“F:\nodejs\node_global\node_modules”,如图 9-9 所示。

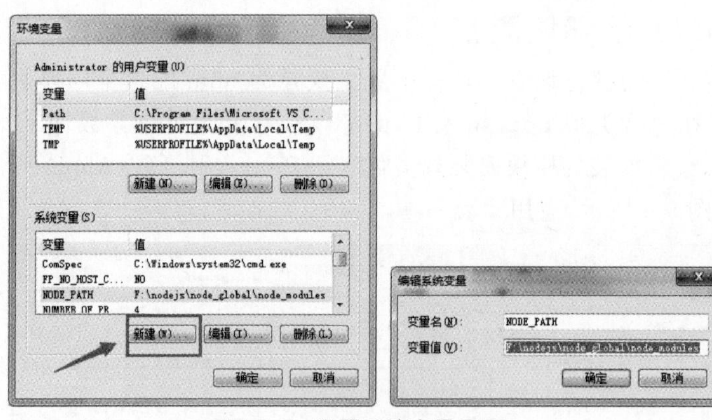

图 9-9　设置系统变量界面

在“Administrator 的用户变量”域中,选择变量 Path 后,单击“编辑”按钮,将变量值中的“C:\Users\Administrator\AppData\Roaming\npm”修改为“F:\nodejs\node_global”,如图 9-10 所示。

配置完成后,单击“确定”按钮退出,就可以进行测试。以全局安装 express 为例,来验证模块存放的位置。安装命令如下。

```
npm install -g express
```

图 9-10　设置用户变量界面

执行效果如图 9-11 所示，表明 express 模块添加成功。然后在设置的全局模块路径下查看安装前后文件夹的变化，如图 9-12 所示。

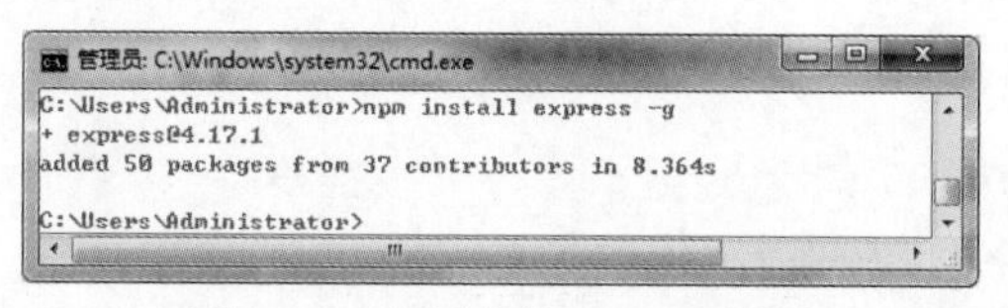

图 9-11　全局安装 express 界面

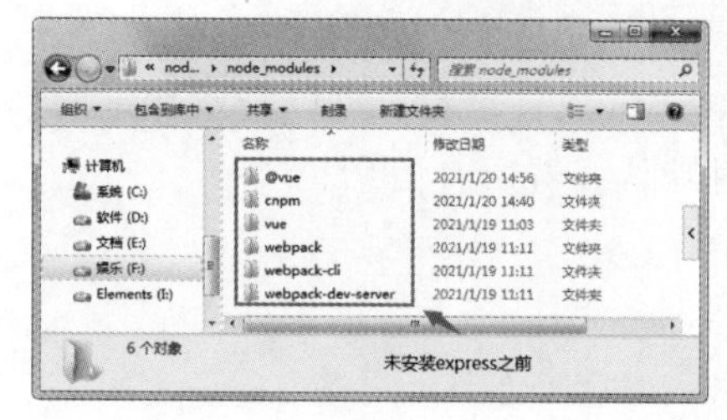

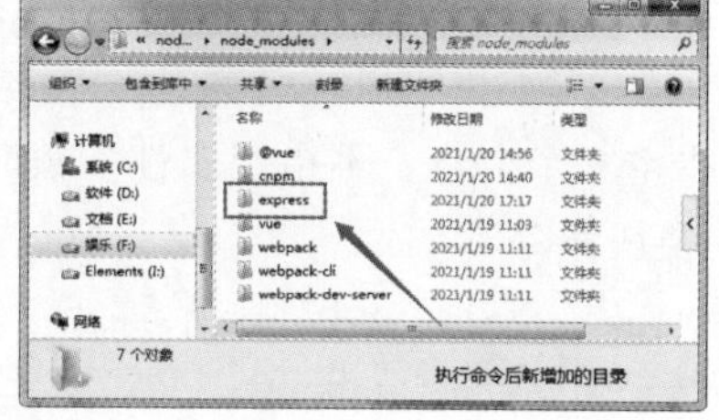

图 9-12　执行命令前后模块文件夹数量对比

9.2　npm 使用介绍

9.2.1　npm 简介

npm(node package manager)是 Node 官方提供的包管理工具，是 Node 包的标准发布平台，专门用于 Node 包的发布、传播、依赖控制。npm 提供了命令行工具，可以方便地下载、安装、升级、删除包，也可以作为开发者发布与维护包。

npm 是随同 Node 一起安装的包管理工具，解决了 Node 代码部署上的很多问题。经常使用在以下三种场景。

(1) 允许用户从 npm 服务器下载别人编写的第三方包到本地使用。

(2) 允许用户从 npm 服务器下载并安装别人编写的命令行程序到本地使用。

(3) 允许用户将自己编写的包或命令行程序上传到 npm 服务器供别人使用。

npm 的背后有一个 CouchDB(开源的面向文档的数据库管理系统)支撑，详细记录了每个包的信息，包括作者、版本、依赖、授权信息等。它的作用是：将开发者从烦琐的包管理工作中解放出来，更加专注于功能的开发。

npm 由三个独立的部分组成：npm 官方网站(仓库源)、注册表(registry)、命令行工具(CLI)。网站是开发者查找包(package)、设置参数以及管理 npm 使用体验的主要途径；注册表是一个巨大的数据库，保存了每个包(package)的信息。CLI 通过命令行或终端运行。开发者通过 CLI 与 npm 打交道。

下面就来体验一下 npm 为开发者带来的便利。

9.2.2　npm 常用命令

1. 查看帮助命令

```
npm help 或 npm h
```

语法说明：命令中带“[]”表示可选参数，使用时不加“[]”。不带参数-g 表示项目模块安装路径，带参数-g 表示全局模块安装路径。以下命令中用法类似。

2. 查看模块信息命令

(1) 查看全局或项目下已安装的各模块之间的依赖关系图。

```
npm list/ls/la/ll [ - g]
```

list 表示列出所有模块的依赖关系。ls、la、ll：是 list 的别名，功能类似。

(2) 查看模块安装路径。

```
npm root [ - g]
```

(3) 查看模块信息(名称、版本号、依赖关系、Repo 等)命令。

```
npm view < name >[package.json 属性名称]
npm view webpack author                    (示例：查看 webpack 的作者信息)
```

name 表示所需查找的模块名称。package.json 属性名称：可以指定特定的属性，模块和属性之间至少空一个空格。不指定属性参数时默认查看所有信息。

3. 安装模块命令

```
npm install [< name >@< version >] [ - g][ -- save][ - dev]
npm install vue - cli@5.0.8 - g -- save - dev     (示例)
```

< name >@< version >：表示安装指定的版本。通用格式为“模块@版本”。例如，“vue-cli@5.0.8”为安装 v 5.0.8 版本的 Vue CLI。如果不指定版本默认安装最新版本，实际使用时模块名称和版本号不需要加“<>”。

-g 或--global：表示全局安装。

--save 或-S：表示将安装包信息记录在 package.json 文件中的 dependencies(生产阶段的依赖)属性中。

-dev：表示将安装包信息记录在 package.json 文件中的 devDependencies(开发阶段的依赖)属性中，所以开发阶段一般都使用这个参数。

--save-dev 或-D：表示将安装包信息记录在 package.json 文件中的 devDependencies 属性中。以下命令类似参数设置功能与此相同。

4. 卸载模块命令

```
npm uninstall   [< name >@< version >] [ - g][ -- save][ - dev]
```

一般在安装新版本时，可以先卸载旧版本，然后再用 npm install 重新安装新版本，也可以用 npm update 升级安装。

5. 更新模块命令

```
npm update   [< name >@< version >] [ - g][ -- save][ - dev]
```

6. 搜索模块命令

```
npm search [< name >@< version >] [ - g][ -- save][ - dev]
```

7. 创建一个 package.json 文件命令

```
npm init [ -- force| - f| -- yes| - y| -- scope]
npm init <@scope >
npm init [<@scope >/]< name >
```

--yes 或-y、--force 或-f：表示无须回答任何问题，全部使用默认值。创建的文件内容如图 9-13 所示。

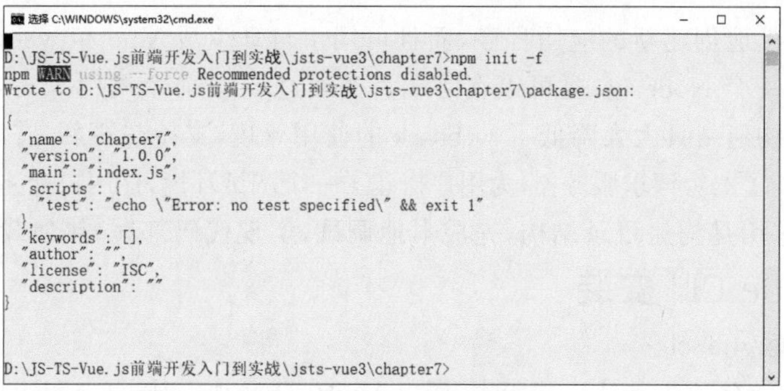

```
D:\JS-TS-Vue.js前端开发入门到实战\jsts-vue3\chapter7>npm init -f
npm WARN using --force Recommended protections disabled.
Wrote to D:\JS-TS-Vue.js前端开发入门到实战\jsts-vue3\chapter7\package.json:

{
  "name": "chapter7",
  "version": "1.0.0",
  "main": "index.js",
  "scripts": {
    "test": "echo \"Error: no test specified\" && exit 1"
  },
  "keywords": [],
  "author": "",
  "license": "ISC",
  "description": ""
}


D:\JS-TS-Vue.js前端开发入门到实战\jsts-vue3\chapter7>
```

图 9-13　创建文件内容

Node在调用某个包时，会首先检查包中packgage.json文件的main属性，将其作为包的接口模块，如果package.json或main属性不存在，会尝试寻找index.js或index.node作为包的接口。

package.json是CommonJS规定的用来描述包的文件。完全符合规范的package.json文件应该含有以下属性。

(1) name：包的名字，必须是唯一的，由小写英文字母、数字和下画线组成，不能包含空格。

(2) description：包的简要说明。

(3) version：符合语义化版本识别规范的版本字符串。

(4) keywords：关键字数组，通常用于搜索。

(5) maintainers：维护者数组，每个元素要包含name、email(可选)、web(可选)字段。

(6) contributors：贡献者数组，格式与maintainers相同。包的作者应该是贡献者数组的第一个元素。

(7) bugs：提交bug的地址，可以是网址或者电子邮件地址。

(8) licenses：许可证数组，每个元素要包含type(许可证的名称)和url(链接到许可证文本的地址)字段。

(9) repositories：仓库托管地址数组，每个元素要包含type(仓库的类型，如git)、URL(仓库的地址)和path(相对于仓库的路径，可选)字段。

(10) dependencies：包的依赖，一个关联数组，由包名称和版本号组成。

(11) devDependencies：package的开发依赖模块，即别人要在这个package上进行开发。

8. 查找过时的模块命令

```
npm outdated [ -g]
```

通过此命令可以列出系统中所有过时的模块，然后根据需要进行适当的更新。

9. 安装淘宝镜像

```
npm install cnpm -- registry = https://registry.npm.taobao.org - g
```

--registry：表示注册处URL。安装同样的模块速度会快些。

其余npm命令的使用方法用户可以通过npm官方网站(https://npmjs.org/)和官方文档网站(https://docs.npmjs.com)自行查阅。

9.3　Vue CLI构建项目

9.3.1　什么是Vue CLI

Vue CLI(Command-Line Interface)俗称Vue脚手架，它专门为单页面应用快速搭建繁杂的脚手架，可以轻松地创建新的应用程序，而且可用于自动生成 Vue 和 webpack 的项目模板。实际上，vue-cli 是一个 Node 包，且可以在终端直接通过 Vue 命令调用。

Vue CLI 这个构建工具大大降低了 webpack 的使用难度，支持热更新，有 webpack-dev-server 的支持，相当于启动了一个请求服务器，为用户搭建了一个测试环境，让用户专注项目的开发。

Vue CLI 的作用是构建目录结构，完成本地调试，实现代码部署、热加载、单元测试。

9.3.2 Vue CLI 安装

1. 全局安装@vue/cli

由于 Vue 3.0 已经成为默认安装版本，所以 Vue CLI 必须安装 v3.0 以上版本。命令如下。

```
npm install @vue/cli -g
cnpm install @vue/cli -g
```

命令执行后，命令行窗口效果如图 9-14 所示。

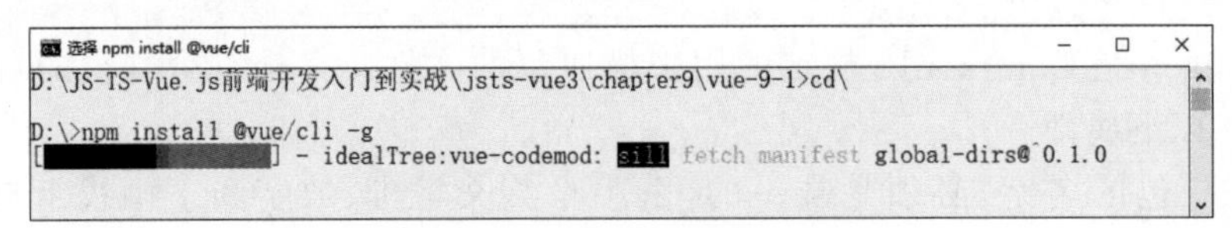

图 9-14 安装@vue/cli 的界面

2. 查看@vue/cli 的版本

```
vue -version或者 vue -V(说明:V 需要大写)
```

命令执行后，命令行窗口效果如图 9-15 所示。出现的版本号为@vue/cli 5.0.8。

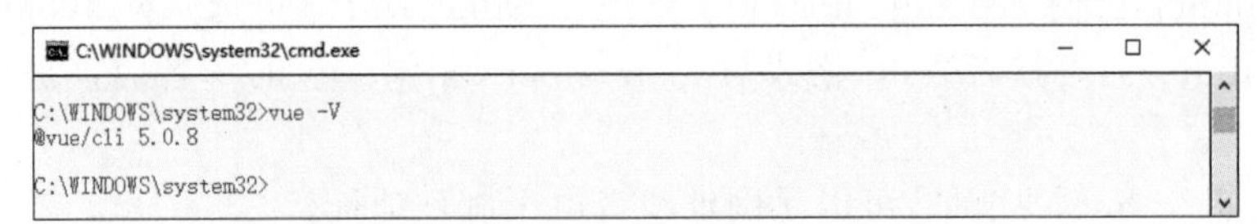

图 9-15 查看 Vue 脚手架的版本信息界面

9.3.3 Vue CLI 创建 Vue 项目

使用 Vue CLI 可以方便地构建 Vue 项目。创建项目步骤如下。

```
vue create project-name
cd project-name
npm install
npm run serve
```

【例 9-1】 Vue CLI+Vue 3.x 创建 Vue 项目实战——项目 vue-9-1。

步骤如下，页面效果如图 9-16～图 9-20 所示。

(1) 使用 vue create vue-9-1 项目。在命令行状态下执行命令后，参照图 9-16 完成对话界面选择操作。操作命令如下。

```
vue create vue-9-1
```

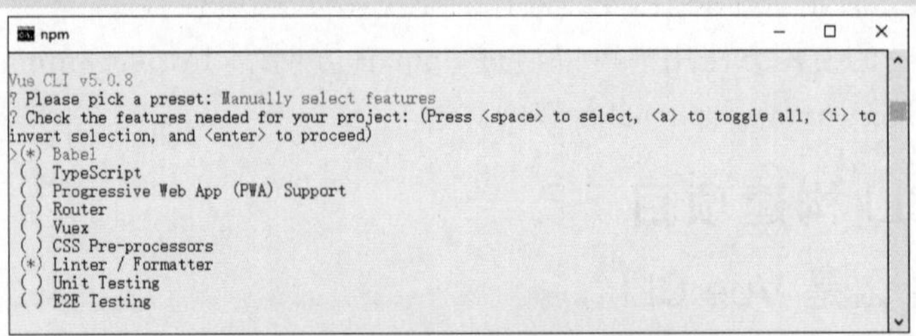

图 9-16 创建 vue-9-1 项目对话界面

（2）在命令行界面，执行如图 9-17 所示步骤，完成项目初始化创建。

```
cd vue-9-1
npm run serve
```

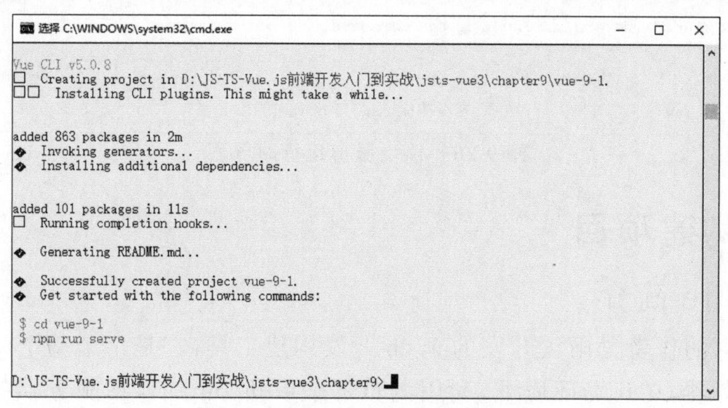

图 9-17　vue-9-1 项目创建过程

（3）执行上述命令后，启动开发服务，完成编译，如图 9-18 所示。

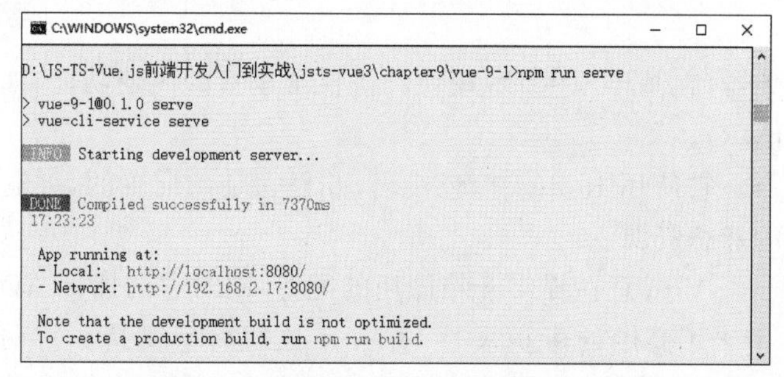

图 9-18　项目初始化工作完成时窗口界面

（4）在浏览器的地址栏中输入“http://localhost:8080”，查看 Vue 应用页面，如图 9-19 所示。

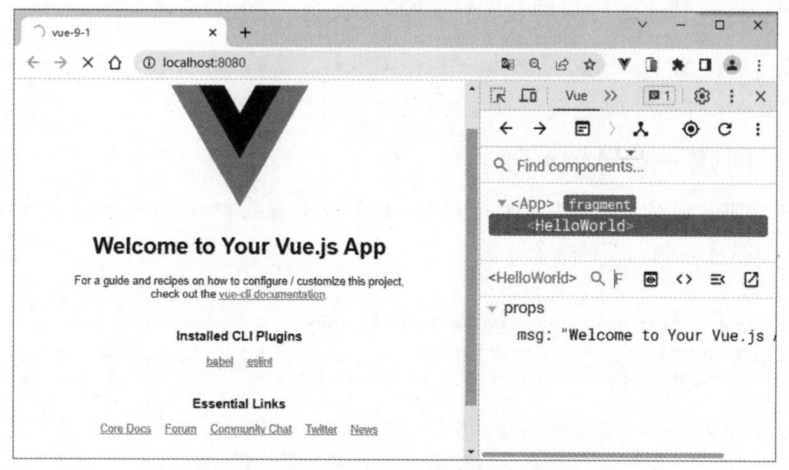

图 9-19　在浏览器打开服务地址页面

（5）如果需要停止运行 Vue 项目，可以在命令行界面按 Ctrl+C 组合键，然后再按 Y 键终止批处理操作，也可以连续按两次 Ctrl+C 组合键直接终止，如图 9-20 所示。

注意　使用 Vue CLI 创建 vue-9-1 基础项目时，首次启动开发服务成功后大约需要 7000ms 时间，关闭后重启约需 4000ms，占用存储空间约 130MB。当然这些数据与使用计算机的条件有关（Intel(R) Core(TM) i5-8250U CPU @ 1.60GHz 1.80GHz、8GB）。

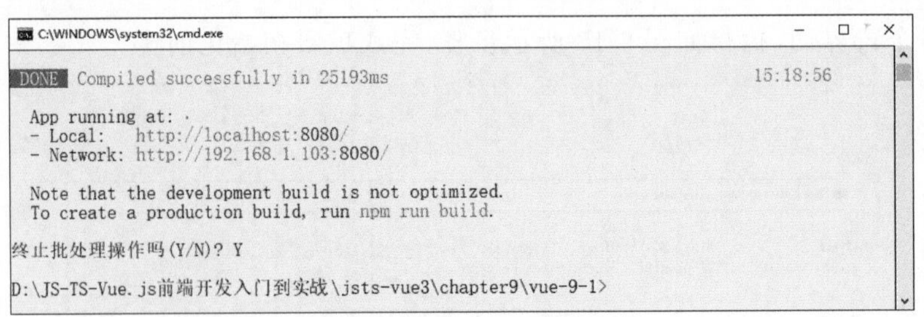

图 9-20 停止服务运行时界面

9.4 Vite 构建项目

9.4.1 Vite 简介

Vite[①] 是 Vue 的作者尤雨溪开发的 Web 开发构建工具，它是一个基于浏览器原生 ES 模块导入的开发服务器，在开发环境下，利用浏览器去解析 import，在服务器端按需编译返回，完全跳过了打包这个概念，服务器随启随用。同时不仅对 Vue 文件提供了支持，还支持热更新，而且热更新的速度不会随着模块增多而变慢。在生产环境下使用 Rollup 打包。它主要由以下两部分组成。

- 一个开发服务器，它基于原生 ES 模块。提供了丰富的内建功能，如速度快到惊人的模块热更新(HMR)。
- 一套构建指令。它使用 Rollup 打包代码，并且它是预配置的，可输出用于生产环境的高度优化过的静态资源。

图 9-21 Vite 的图标

Vite 意在提供开箱即用的配置，同时它的插件 API 和 JavaScript API 带来了高度的可扩展性，并有完整的类型支持。目前，Vite 最新版本为 v4.4.8，图标如图 9-21 所示，详细功能可以参见 Vite 官方中文文档(https://cn.vitejs.dev/guide/)。

Vite 主要特性有快速的冷启动、及时的热模块更新、真正的按需加载。

注意　Vite 需要 Node.js 版本 v18+、v20+。然而，有些模板需要依赖更高的 Node 版本才能正常运行，当包管理器发出警告时，请注意升级 Node 版本。

9.4.2 创建一个 Vite 项目

可以通过附加的命令行选项直接指定项目名称和需要使用的模板。例如，要构建一个 Vite+Vue 3.x 项目，执行以下命令。

```
# npm 6.x
npm create vite@latest my-vue-app --template vue
# npm 7+, extra double-dash is needed:
npm create vite@latest my-vue-app -- --template vue
# npm 8+
npm create vite my-vue-app -t vue
# yarn
yarn create vite my-vue-app --template vue
# pnpm
pnpm create vite my-vue-app --template vue
```

查看 create-vite 以获取每个模板的更多细节：vanilla、vanilla-ts、vue、vue-ts、react、react-ts、preact、preact-ts、lit、lit-ts、svelte、svelte-ts。

① Vite：法语意为“快速的”(发音/vit/，发音同“veet”)。

【例 9-2】 使用 Vite 创建项目实战——项目 vue-9-2。

步骤如下，页面效果如图 9-22～图 9-25 所示。

① 使用 npm create vite（或 npm init vite）命令创建 vue-9-2 项目，选择框架 vue、变体（vue/vue-ts），完成后按提示步骤启动开发服务，如图 9-22 所示。命令如下。

```
npm create vite  vue-9-2 -t vue
npm init vite vue-9-2  --template vue
```

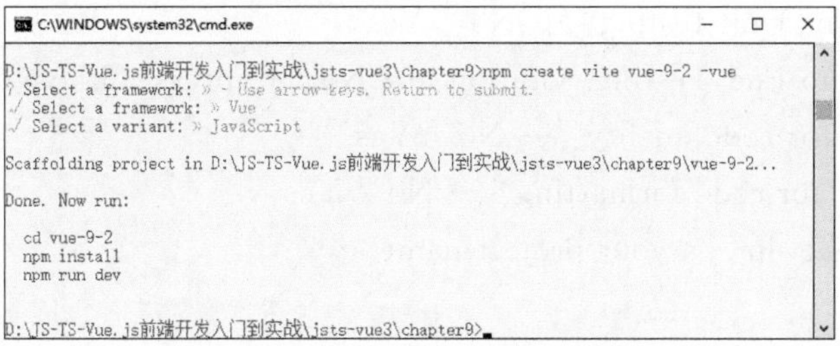

图 9-22　Vite 构建项目 vite-app1 界面

② 分别执行 cd vue-9-2、npm install、npm run dev 等命令，完成后界面如图 9-23 所示。

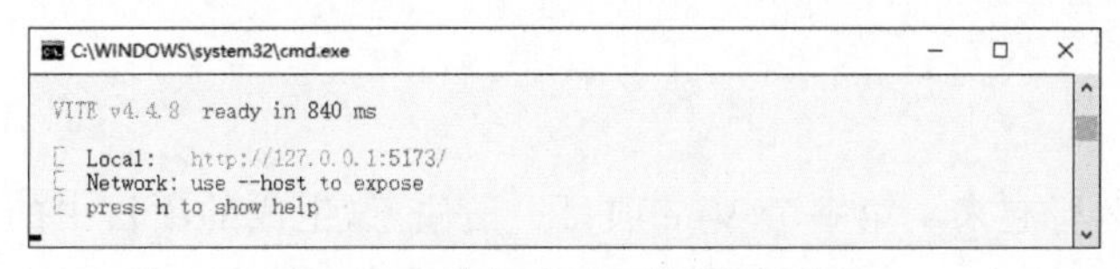

图 9-23　执行启动开发服务界面

③ 在浏览器的地址栏中输入“http://127.0.0.1:5173/”，页面效果如图 9-24 所示。

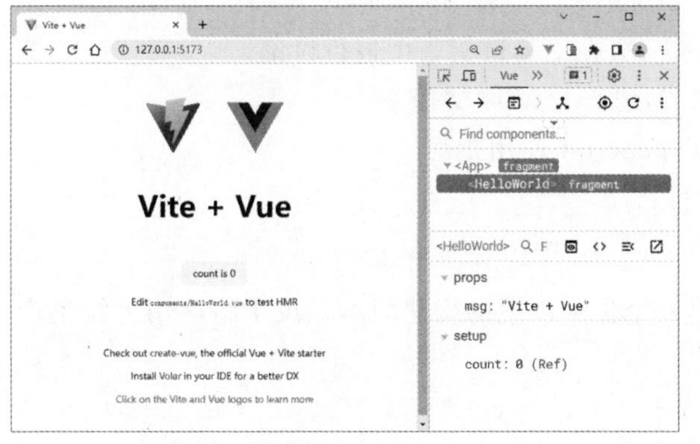

图 9-24　Vite 构建项目 vue-9-2 页面

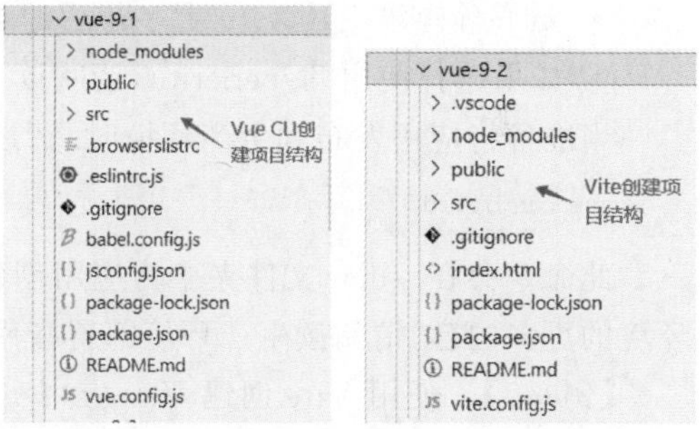

图 9-25　Vue CLI 与 Vite 构建项目文件结构比较

注意　使用 Vite 创建 vue-9-2 基础项目时，首次启动开发服务成功后大约需要 800ms 时间，关闭后重启约需 800ms，占用存储空间约 30MB。由此可见，使用 Vite 创建 Vue 项目比使用 Vue CLI 创建项目会节省大量存储空间，同时也提高了启动开发服务的速度。

9.4.3　创建一个 Vue 应用项目

在本节中，将介绍如何在本地搭建 Vue 单页应用。创建的项目将使用基于 Vite 的构建设置，并允许使用 Vue 的单文件组件。确保安装了最新版本的 Node.js，并且当前工作目录正是打算创建项目的目录。在命令行中运行以下命令（不要带上>符号）。

```
npm create vue@latest
```

该命令将安装并执行 create-vue，这是 Vue 项目的官方脚手架工具。将看到一些可选功能的提示，如 TypeScript 和测试支持等。具体选项如下。

√ Project name：… < your-project-name >

√ Add TypeScript? … No / Yes

√ Add JSX Support? … No / Yes

√ Add Vue Router for Single Page Application development? … No / Yes

√ Add Pinia for state management? … No / Yes

√ Add Vitest for Unit testing? … No / Yes

√ Add an End-to-End Testing Solution? … No / Cypress / Playwright

√ Add ESLint for code quality? … No / Yes

√ Add Prettier for code formatting? … No / Yes

Scaffolding project in ./< your-project-name >…

Done.

如果不确定是否要开启某个功能，可以直接按 Enter 键选择 No。在项目被创建后，通过以下步骤安装依赖并启动开发服务器。命令如下。

```
cd < your - project - name >
npm install
npm run dev
```

现在应该已经运行起来了第一个 Vue 项目。请注意，生成的项目中的示例组件使用的是组合式 API 和< script setup >，而非选项式 API。下面是一些补充提示。

- 推荐的 IDE 配置是 Visual Studio Code＋Volar 扩展。如果使用其他编辑器，可参考 IDE 支持章节。
- 更多工具细节，包括与后端框架的整合，会在工具链指南中进行讨论。
- 要了解构建工具 Vite 更多背后的细节，请查看 Vite 文档。
- 如果选择使用 TypeScript，请阅读 TypeScript 使用指南。

当准备将应用发布到生产环境时，请运行：

```
npm run build
```

此命令会在./dist 文件夹中为应用创建一个生产环境的构建版本。关于将应用上线生产环境的更多内容，请阅读生产环境部署指南。

【例 9-3】 使用 Vite 创建 Vue 应用实战——项目 vue-9-3。

步骤如下，页面效果如图 9-26～图 9-29 所示。

（1）使用 npm create vue@latest vue-9-3 命令创建 vue-9-3 项目，如图 9-26 所示。

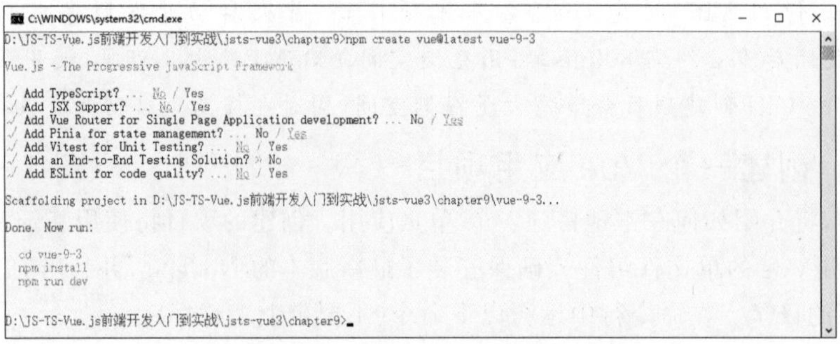

```
C:\WINDOWS\system32\cmd.exe
D:\JS-TS-Vue.js前端开发入门到实战\jsts-vue3\chapter9>npm create vue@latest vue-9-3

Vue.js - The Progressive JavaScript Framework

√ Add TypeScript? ... No / Yes
√ Add JSX Support? ... No / Yes
√ Add Vue Router for Single Page Application development? ... No / Yes
√ Add Pinia for state management? ... No / Yes
√ Add Vitest for Unit Testing? ... No / Yes
√ Add an End-to-End Testing Solution? » No
√ Add ESLint for code quality? ... No / Yes

Scaffolding project in D:\JS-TS-Vue.js前端开发入门到实战\jsts-vue3\chapter9\vue-9-3...

Done. Now run:

  cd vue-9-3
  npm install
  npm run dev

D:\JS-TS-Vue.js前端开发入门到实战\jsts-vue3\chapter9>
```

图 9-26 Vite 创建 Vue 应用对话界面

（2）分别执行 cd vue-9-3、npm install、npm run dev 等命令，完成后界面如图 9-27 所示。

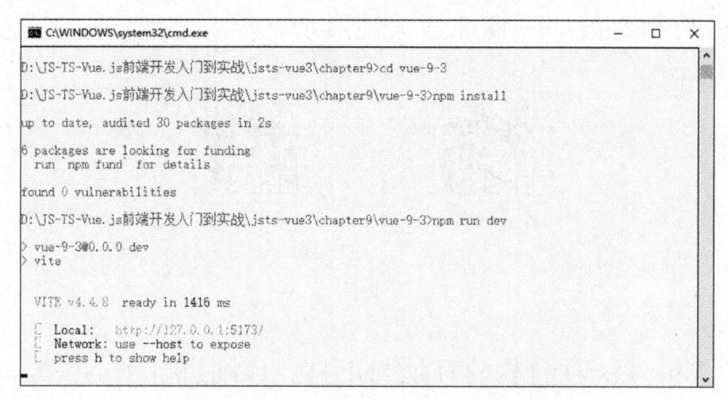

图 9-27 相关命令执行结果界面

(3) 在浏览器的地址栏中输入“http://127.0.0.1:5173/”,页面效果如图 9-28 和图 9-29 所示。

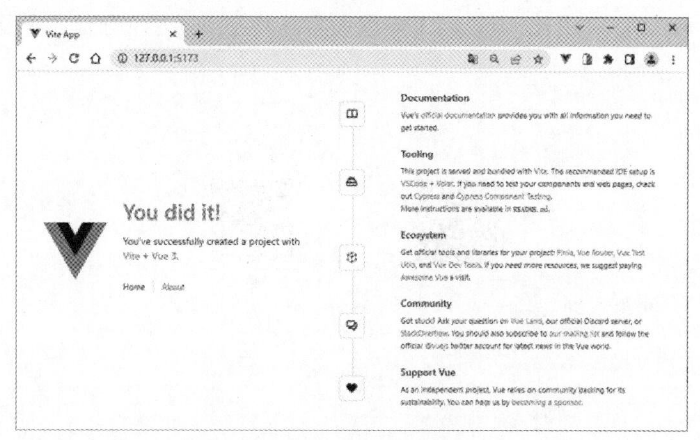

图 9-28 vue-9-3 项目页面

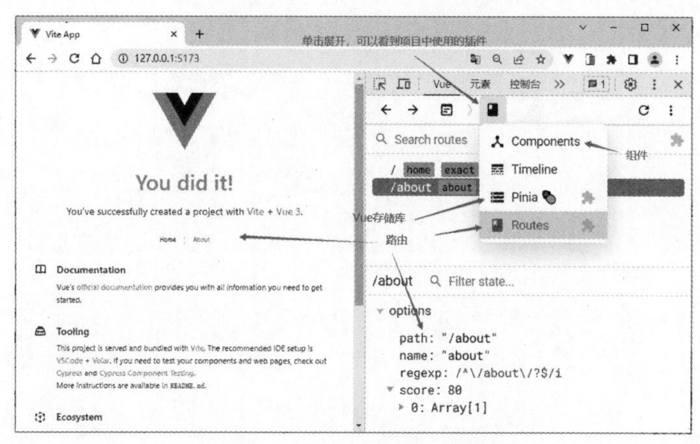

图 9-29 vue-9-3 项目调试界面

项目实战 9

1. 创建 Vite 简易项目实战——随机抽奖

扫一扫

文本

扫一扫

视频

2. Vite 创建 Vue 应用实战——商品放大镜展示

扫一扫

文本

扫一扫

视频

小结

本章主要介绍了 Vue 3.x 项目构建环境与工具。详细讲解了 Node.js 安装与开发环境的配置及 npm 常用命令。同时介绍了 Vue CLI 和 Vite 两种前端构建工具的特点和使用方法。讲解使用 Vue CLI 与 Vite 构建前端项目常用命令和开发步骤。结合项目构建对两种前端构建工具所生成的项目占有的存储空间与项目启动开发服务的速度进行比较。实战证明，使用 Vite 来构建 Vite 和 Vue 应用比 Vue CLI 构建项目速度更快，占用存储空间更少。

练习 9

扫一扫

习题

扫一扫

自测题

第10章

Vue Router路由

本章学习目标：

通过本章的学习，读者能够了解 Vue Router 的本质，学会安装和配置 Vue Router。掌握 route、routes 和 router 的基本概念，在实际工程项目中采用 Vue 3.x 集成的 Vue Router 4.x 来实现 URL 与页面之间的映射关系。

Web 前端开发工程师应知应会以下内容。

- 学会安装和配置 Vue Router。
- 学会定义路由表和路由。
- 掌握 router-link 和 router-view 标记的基本语法。
- 理解 Vue Router 的各种高级应用。
- 学会使用 Vue Router 实现单页应用中的导航。

10.1 Vue Router 概述

Vue Router 是 Vue.js 官方的路由管理器。它和 Vue.js 的核心深度集成，让构建单页面应用变得易如反掌。在 Vue Router 单页面应用中，路径之间的切换，也就是组件的切换。Vue Router 目前的版本为 v4.2.4(https://unpkg.com/vue-router@4)。

路由模块的本质就是建立起 URL 和页面之间的映射关系。 Vue 的单页应用是基于路由和组件的，路由用于设定访问路径，并将路径和组件映射起来。

Vue Router 的功能如下。

- 嵌套路由映射。
- 动态路由选择。
- 模块化、基于组件的路由配置。
- 路由参数、查询、通配符。
- 展示由 Vue.js 的过渡系统提供的过渡效果。
- 细致的导航控制。
- 自动激活 CSS 类的链接。
- HTML5 history 模式或 hash 模式。
- 可定制的滚动行为。
- URL 的正确编码。

10.1.1 Vue Router 的安装与使用

1. 直接下载/CDN

可以访问 https://unpkg.com/vue-router@4，然后右击页面，选择“网页另存为”菜单或在当前页面上按 Ctrl+S 组合键，将 vue-router.global.js 保存在项目的文件夹下，或直接使用

CDN 资源，然后在项目中引用它。引用格式如下。

```
<script src="/path/to/vue.js"></script>
<script src="/path/to/vue-router.js"></script>
<script src="https://unpkg.com/vue-router@4.1.1/dist/vue-router.global.js"></script>
```

2. 使用 npm 安装

```
npm install vue-router@4 --save-dev| -D
```

在项目中使用 Vue Router，必须通过 createApp(App).use(router)显式地使用路由功能。在 Vue 3.x 下，项目的 src/router/index.js 文件中使用下列语句来使用路由功能。参考代码如下。

```
import { createRouter, createWebHistory } from 'vue-router'
const routes = [
  {path: '/home',name: 'Home',component: Home},{ … }
 ]
const router = createRouter({
  history: createWebHistory(),
  routes
 })
export default router
```

10.1.2 Vue Router 入门应用

1. Vue+Vue Router 入门——不使用工具创建(仅 HTML 文件)

用 Vue+Vue Router 创建单页应用非常简单。通过 Vue.js 已经可以使用组件构建应用。当加入 Vue Router 时，需要将组件映射到路由上，让 Vue Router 知道在哪里渲染它们。

【例 10-1】 Vue+Router 入门项目实战(不使用 Vite 创建项目)。

代码如下，使用 VS Code 插件 Live Server 查看页面效果如图 10-1 所示。

```
1.  <!-- router-10-1.html -->
2.  <!DOCTYPE html>
3.  <html lang="en">
4.    <head>
5.      <meta charset="UTF-8" />
6.      <meta name="viewport" content="width=device-width, initial-scale=1.0" />
7.      <title>Vue+VueRouter 入门项目</title>
8.      <script src="https://unpkg.com/vue@3"></script>
9.      <script src="https://unpkg.com/vue-router@4"></script>
10.     <style>
11.       .link { margin: 5px 10px; padding: 2px;background-color: #f1f2f3; }
12.     </style>
13.   </head>
14.   <body>
15.     <div id="app">
16.       <h1>Hello App!</h1>
17.       <p>
18.         <!-- 使用 router-link 组件进行导航,通过传递 'to' 来指定链接 -->
19.         <!-- '<router-link>' 将呈现一个带有正确 'href' 属性的 '<a>' 标签 -->
20.         <router-link class="link" to="/">首页 - Home</router-link>
21.         <router-link class="link" to="/about">关于我们 - About</router-link>
22.       </p>
23.       <!-- 路由出口,路由匹配到的组件将渲染在这里 -->
24.       <router-view></router-view>
25.     </div>
26.     <script>
27.      //1. 定义路由组件.也可以从其他文件导入
28.      const Home = { template: "<div>Home - 首页</div>" };
29.      const About = { template: "<div>About - 关于我们</div>" };
30.      //2. 定义一些路由
31.      //每个路由都需要映射到一个组件
```

```
32.        const routes = [
33.          { path: "/", component: Home },
34.          { path: "/about", component: About },
35.        ];
36.        //3. 创建路由实例并传递 'routes' 配置,可以在这里输入更多的配置
37.        const router = VueRouter.createRouter({
38.          //4. 内部提供了 history 模式的实现.为了简单起见,这里使用 hash 模式
39.          history: VueRouter.createWebHashHistory(),
40.          routes, //'routes: routes' 的缩写
41.        });
42.        //5. 创建并挂载根实例
43.        const app = Vue.createApp({});
44.        //确保 _use_ 路由实例使整个应用支持路由
45.        app.use(router);
46.        app.mount("#app");
47.        //现在,应用已经启动了
48.      </script>
49.    </body>
50.  </html>
```

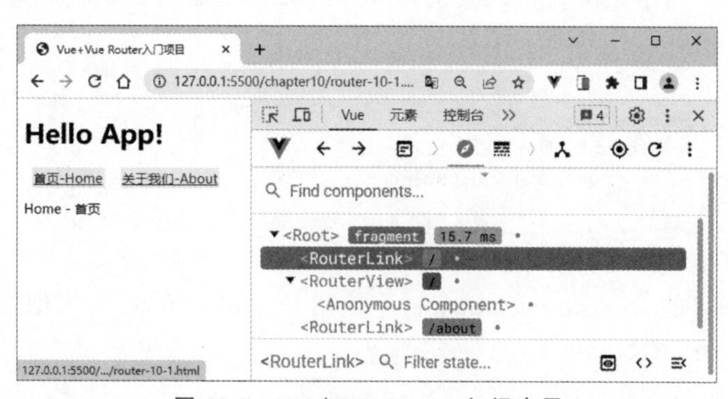

图 10-1 Vue+Vue Router 入门应用

2. Vite+Vue+Vue Router 开发单面应用

1) 路由页面的实现

在使用 Vite 开发 Vue Router 应用时,通常在 App.vue 的模板中使用 router-link、router-view 这两个 Vue Router 的组件。语法如下。

(1) router-link 标记(组件)。

在 App.vue 文件中使用 router-link 组件来设计导航,并通过传入"to"属性来指定链接。组件语法如下。

```
<router-link to="/home">首页</router-link>
<router-link to="/about">关于我们</router-link>
<router-link to="/news">综合新闻</router-link>
```

<router-link></router-link>用于设计导航,默认会被渲染成一个<a></a>标记。to 表示可以跳转链接的页面。

(2) router-view 标记(组件)

```
<router-view></router-view>
```

<router-view>表示路由出口。该组件用于将匹配到的组件(相当于链接的页面)渲染在这里。

2) 创建路由器并配置路由

路由配置一般在项目中的 src/router/index.js 中进行。首先需要导入 vue-router 模块,通过 createRouter({routes})来创建路由管理器 router,然后再定义路由组件、定义路由、创建路由实例、传入路由参数等。具体配置步骤如下。

（1）定义/导入路由组件。

当组件内容比较简单时，可以直接在index.js中进行定义；当组件内容较为复杂时，建议单独建立组件文件，然后导入其中。组件定义方法如下。

```
//组件不复杂时,可以直接定义在其中(对象形式)
const Home = { template: '<div><h3>首页</h3><p>…</p></div>' }
//或者使用 Vue.extend() 创建的组件构造器
const About = Vue.extend({
  template: '<ul><li></li></ul>',  //使用反单引号
 })
//组件复杂时,需单独定义组件并导入组件(vue 文件)
import Home from './home'
import About from './about'
```

（2）定义路由。

在index.js文件中必须定义routes（路由记录组合），它是数组变量，每一条路由（对象）就是其中的成员之一。每条路由通常包含两个基本属性：path（路径）和component（组件）。定义格式如下。

```
const routes = [
  {path: '/home',component: Home},
  {path: '/about',component: About},
  {path: '/download',component: Download}
]
```

（3）创建router实例，然后传入routes配置。

在Vue 3.x项目的src/router/index.js中使用createRouter({})来创建router，对路由进行管理，它接收routes参数。

```
import { createRouter, createWebHistory } from 'vue-router'
const router = createRouter({
  history: createWebHistory(),  //createWebHashHistory() #模式
  routes
})
export default router
```

在项目入口文件main.js中创建Vue实例，导入router并使用router，这样就可以使用路由了。参考代码如下。

```
import { createApp } from 'vue'
import App from './App.vue'
import router from './router'
createApp(App).use(router).mount('#app')
```

上述步骤配置完成后，当用户单击router-link标记上的标题时，会按to属性的值到路由表中去匹配路由，配置到路由后，将组件渲染到<router-view></router-view>标记所在的地方。

【例10-2】 Vite 4＋Vue 3＋Vue Router 4多组件切换渲染实战。

代码如下，页面效果如图10-2～图10-5所示。

（1）项目初始化。

在命令行窗口下，使用Vite创建router-10-1项目。创建完成后在浏览器的地址栏中输入“http://127.0.0.1:5173”，可以查看初始页面，如图10-2和图10-3所示。命令如下。

```
npm create vite router-10-1 -t vue
cd router-10-1
npm install
npm install vue-router -D
npm run dev
```

```
PS D:\JS-TS-Vue.js前端开发入门到实战\jsts-vue3\chapter10\router-10-demo> npm run dev

> router-10-demo@0.0.0 dev
> vite

  VITE v4.4.6  ready in 1157 ms

  ➜  Local:   http://127.0.0.1:5173/
  ➜  Network: use --host to expose
  ➜  press h to show help
```

图 10-2　router-10-1 命令启动本地服务

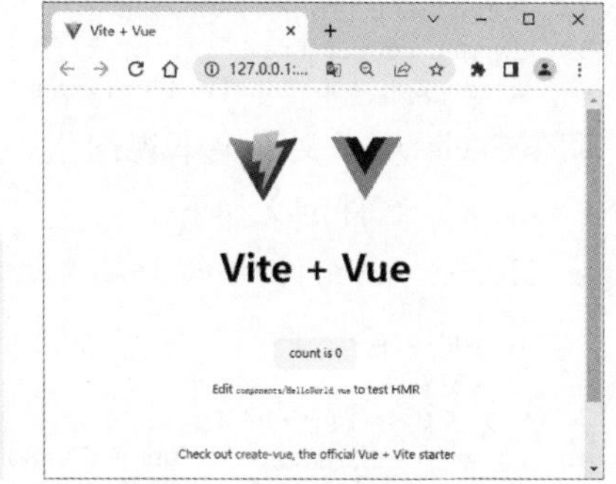

图 10-3　router-10-1 初始页面

(2) 在 src 下创建 router/index.js 文件。定义路由、路由组件、路由表、创建路由实例，并传入 routes。

① 修改 src/router/index.js 文件，增加新路由。代码如下。

```
1.  import { createRouter, createWebHistory } from "vue-router";
2.  import Home from "../views/Home.vue";
3.  import News from "../views/News.vue";
4.  const routes = [
5.    { path: "/",  name: "Home",  component: Home,  },
6.    { path: "/about", name: "About", component: () =>
7.      import(/* webpackChunkName: "about" */ "../views/About.vue"),  //懒加载
8.    },
9.    { path: "/news", name: "News",component: News, },
10. ];
11. const router = createRouter({
12.   history: createWebHistory(),
13.   routes,
14. });
15. export default router;
```

代码第 6～8 行定义了一条路由记录，采用按需加载(懒加载)组件，该组件不需要使用 import 导入。

② 重新编辑 App.vue 文件。设计三个导航，并实现路由渲染。代码如下。

```
1.  <template>
2.    <div id="app">
3.      <h2>Vue Router-多组件导航实战</h2>
4.      <nav>
5.        <router-link to="/">首页</router-link> |
6.        <router-link to="/about">关于我们</router-link> |
7.        <router-link to="/news">综合新闻</router-link>
8.      </nav>
9.      <router-view class="pages"></router-view>
10.   </div>
11. </template>
12. <style>
13. #app {margin: 0 auto; padding: 10px; text-align: center;  color: #2c3e50;}
14. nav { padding: 5px;}
15. nav a { font-weight: bold; color: #2c3e50; }
16. nav a.router-link-exact-active {  color: #42b983; }
17. .pages { margin: 0 auto;  width: 500px;
18.   border-radius: 5px;  border: 1px dotted #c3c7ca;  }
19. </style>
```

代码中，第 4～9 行定义了路由导航及路由出口。第 17、18 行定义了路由出口样式。

③ 重新编辑 main.js 文件。代码如下。

```
1.  import { createApp } from "vue";
```

```
2.  import App from "./App.vue";
3.  import router from "./router";
4.  createApp(App).use(router).mount("#app");
```

④ src/views 子文件夹下视图组件的定义。有三个组件，分别是 Home. vue、About. vue 和 News. vue。组件定义如下。

- Home. vue 组件。

```
1.  <template>
2.    <div>
3.      <h3>首页</h3>
4.      <p>使用 Vite + Vue + VueRouter
5.       4 创建路由项目十分快捷.在 Vite + Vue 创建的项目基础上加入路由功能即可开发路由项目。
6.      </p>
7.    </div>
8.  </template>
```

- About. vue 组件。

```
1.  <template>
2.    <div>
3.      <h3>关于我们</h3>
4.      <p>
5.       Vue Router 是 Vue.js 官方的路由管理器。它和 Vue.js
6.       的核心深度集成,让构建单页面应用变得易如反掌。
7.      </p>
8.    </div>
9.  </template>
10. <style>
11. p {   text-align: left;   text-indent: 2em;   }
12. </style>
```

- News. vue 组件。

```
1.  <template>
2.    <div>
3.      <h3>综合新闻</h3>
4.      <ul>
5.       <li>新一批人工智能图书出版发行</li>
6.       <li>新一代 Web 前端开发图书签名售书</li>
7.       <li>新版计算机专业图书隆重发行</li>
8.      </ul>
9.    </div>
10. </template>
11. <style>
12. ul { list-style-type: none;  padding: 0; margin: 0; }
13. </style>
```

⑤ 完成上述步骤后，切换到浏览器界面，刷新页面，如图 10-4 所示。单击导航时，会发现 URL 和组件在同步更新，如图 10-5 所示。

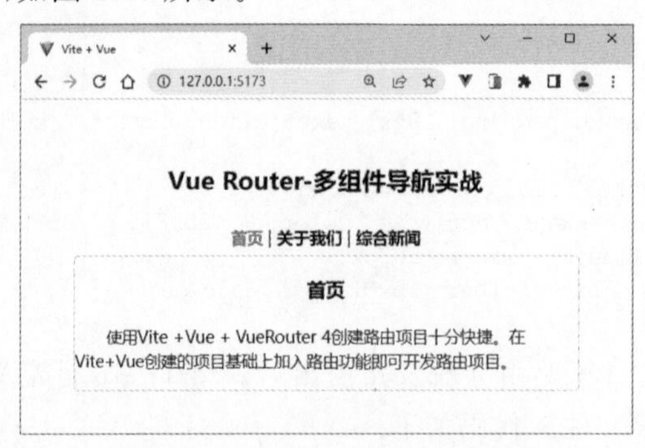

图 10-4　router-10-1 项目导航首页

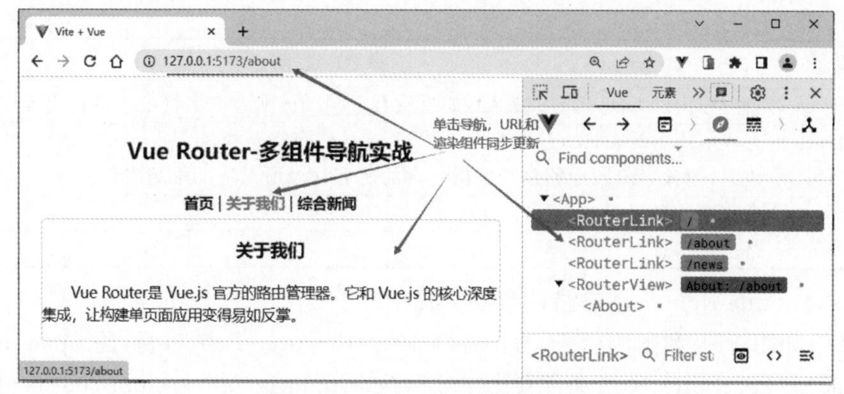

图 10-5 router-10-1 导航操作页面

10.2 Vue Router 基础

10.2.1 动态路由匹配

很多场合中需要将给定匹配模式的路由映射到同一个组件。例如，可能有一个 User 组件，它应该对所有用户进行渲染，但用户 ID 不同。在 Vue Router 中，可以在路径中使用一个动态字段来实现，称为**路径参数**，例如 path:'/user/:userId'来达到这个效果。参考代码如下。

```
1.  const User = { template: '<div>User</div>' }
2.  const router = createRouter({
3.   routes: [{ path: '/user/:id', component: User }  ]   //动态路径参数以冒号:开头
4.  })
```

这样定义后，像/user/chujiulang 和/user/liyiang 等用户都将映射到同一个路由。一个“路径参数”使用冒号:表示。当匹配到一个路由时，参数值会被设置到 this. $route. params，可以在每个组件内使用。因此，可以更新 User 的模板，呈现当前用户的 ID。代码如下。

```
1.  const User = {
2.   template: '<div>User {{ $route.params.id }}</div>',
3.  }
```

在一个路由中还可以设置多个“路径参数”，它们会映射到 $route. params 上的相应字段，如表 10-1 所示。

表 10-1 多个路径参数的匹配模式与匹配路径对照表

匹配模式	匹配路径	$ route. params
/users/:username	/users/eduardo	{username: 'eduardo'}
/users/:username/posts/:postId	/users/eduardo/posts/123	{username: 'eduardo', postId: '123'}

$route 路由信息对象表示当前激活的路由的状态信息，每次成功的导航后都会产生一个新的对象。除了 $route. params 外，$route 对象还提供了其他有用的信息，例如，$route. query(如果 URL 中有查询参数)、$route. hash 等，如表 10-2 所示。

表 10-2 $route 路由信息对象的属性

参数名称	参数说明
$ route. path	字符串，对应当前路由的路径，总是解析为绝对路径，如/user/chu
$ route. params	一个 key/value 对象，包含动态片段和全匹配片段，如果没有路由参数，就是一个空对象
$ route. query	一个 key/value 对象，表示 URL 查询参数。例如，对于路径/foo?user=1，则有 $ route. query. user==1，如果没有查询参数，则是个空对象

续表

参数名称	参数说明
$route.hash	当前路由的 hash 值(不带 #),如果没有 hash 值,则为空字符串。也称为锚点
$route.fullPath	完成解析后的 URL,包含查询参数和 hash 的完整路径
$route.matched	数组,包含当前匹配的路径中所包含的所有片段所对应的配置参数对象
$route.name	当前路径名字
$route.meta	路由元信息

【例 10-3】 Vue Router 动态路径参数实战。

页面效果如图 10-6 和图 10-7 所示。将例 10-2 中 router-10-1 项目(除 node_modules 文件夹外)全部复制到 router-10-2 文件夹中。然后执行 npm install 和 npm run dev 两行命令。最后对相关文件进行修改。

(1) 修改 App.vue 文件。分别进行单个动态路径参数和多个动态路径参数的设置。在 <template>标记中增加部分代码如下。

```
1.  <template>
2.    <div id="app">
3.      <h2>Vue Router - 动态路由匹配实战</h2>
4.      <nav>
5.        <!--  以下为动态路由匹配,使用不同的 to 属性 ,单个路径参数 -->
6.        <router-link to="/user/chujiuliang">用户(chujiuliang)</router-link> |
7.        <router-link to="/user/liming">用户(liming)</router-link> |
8.        <!-- 多个路径参数 -->
9.        <router-link to="/student/张永远/post/21001">学生(21001)</router-link> |
10.       <router-link to="/student/李春明/post/21002">学生(21002)</router-link>
11.     </nav>
12.     <router-view class="pages"></router-view>
13.   </div>
14. </template>
15. <style>
16. #app {margin: 0 auto; padding: 10px; text-align: center;color: #2c3e50;}
17. nav { padding: 5px;}
18. nav a {font-weight: bold; color: #2c3e50; }
19. nav a.router-link-exact-active { color: #42b983; }
20. .pages { margin: 0 auto; width: 500px;border-radius: 5px;border: 1px dotted #c3c7ca; }
21. </style>
```

(2) 修改 src/router/index.js 文件。代码如下。

```
1.  import { createRouter, createWebHistory } from "vue-router";
2.  import User from "../views/User.vue";
3.  import Student from "../views/Student.vue";
4.  const routes = [
5.    {
6.      path: "/user/:name",                  //单个路径参数
7.      name: "User",                         //命名路由
8.      component: User,                      //映射组件
9.    },
10.   {
11.     path: "/student/:name/post/:id",      //多个路径参数
12.     name: "Student",
13.     component: Student,
14.   },
15. ];
16. const router = createRouter({
17.   history: createWebHistory(),
18.   routes,
19. });
20. export default router;
```

(3) User. vue 组件。

```
1.  <template>
2.    <div>
3.      <h3>用户中心</h3>
4.      <p>欢迎 {{ this. $route. params. name }}用户</p>
5.      <p>路径: {{ this. $route. path }}</p>
6.    </div>
7.  </template>
```

代码中第 4、5 行使用 this. $route 对象来获取 params 和 path 属性值。

(4) Student. vue 组件。

```
1.  <template>
2.    <div>
3.      <h3>学生信息中心</h3>
4.      <p>
5.        {{ this. $route. params. name }},学生 ID:{{
6.         this. $route. params. id
7.        }},欢迎您!
8.      </p>
9.      <p>路径: {{ this. $route. path }}</p>
10.   </div>
11. </template>
12. <style>
13. p { text - align: left; text - indent: 2em; }
14. </style>
```

(5) 上述文件修改完成后,重新刷新一下页面,效果如图 10-6 所示。

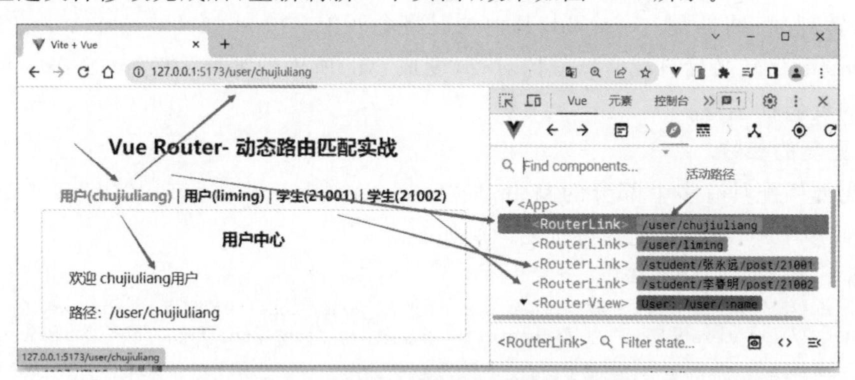

图 10-6　router-10-2 单个路径参数导航

(6) 分别切换每个导航,匹配到的路由组件被渲染出来,如图 10-7 所示。

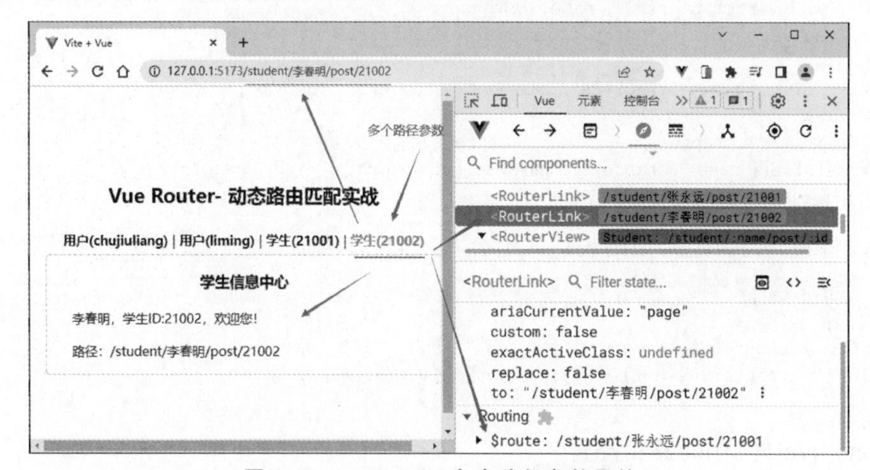

图 10-7　router-10-2 多个路径参数导航

10.2.2 路由的匹配语法

大多数应用都会使用/about这样的静态路由和/users/:userId这样的动态路由，就像例10-3中在动态路由匹配中看到的那样，但是Vue Router可以提供更多的方式。为了简单起见，所有的路由都省略了component属性，只关注path值。

1. 在参数中自定义正则

当定义像:userId这样的参数时，内部使用以下的正则([^/]+)(至少有一个字符不是斜线/)来从URL中提取参数。这很好用，除非需要根据参数的内容来区分两个路由。设想两个路由/:orderId和/:productName，两者会匹配完全相同的URL，所以需要一种方法来区分它们。最简单的方法就是在路径中添加一个静态部分来区分它们。例如：

```
const routes = [
  { path: '/o/:orderId' },            //匹配 /o/3549,其中,/o 为静态部分
  { path: '/p/:productName' },        //匹配 /p/books,其中,/p 为静态部分
]
```

但在某些情况下，并不想添加静态的/o、/p部分。由于orderId总是一个数字，而productName可以是任何东西，所以可以在括号中为参数指定一个自定义的正则。例如：

```
const routes = [
  { path: '/:orderId(\\d+)' },        // /:orderId -> 仅匹配数字
  { path: '/:productName' },          // /:productName -> 匹配其他任何内容
]
```

现在，转到/25将匹配/:orderId，其他情况将会匹配/:productName。routes数组的顺序并不重要！要确保转义反斜杠(\)，就像对\d(变成\\d)所做的那样，在JavaScript中实际传递字符串中的反斜杠字符。

2. 可重复的参数

如果需要匹配具有多个部分的路由，如/first/second/third，应该用“*”(0个或多个)和“+”(1个或多个)将参数标记为可重复。例如：

```
const routes = [
  { path: '/:chapters+' },  // /:chapters ->匹配 /one, /one/two, /one/two/three 等
  { path: '/:chapters*' },  // /:chapters -> 匹配 /, /one, /one/two, /one/two/three 等
]
```

这将会提供一个参数数组，而不是一个字符串，并且在使用命名路由时也需要传递一个数组。

```
//给定 { path: '/:chapters*', name: 'chapters' },
router.resolve({ name: 'chapters', params: { chapters: [] } }).href
//产生 /
router.resolve({ name: 'chapters', params: { chapters: ['a', 'b'] } }).href
//产生 /a/b
//给定 { path: '/:chapters+', name: 'chapters' },
router.resolve({ name: 'chapters', params: { chapters: [] } }).href
//抛出错误,因为 'chapters' 为空
```

也可以将它们与自定义正则表达式组合在一起，方法是将它们添加到右括号后。

```
const routes = [
  //仅匹配数字
  { path: '/:chapters(\\d+)+' },      //匹配 /1, /1/2, 等
  { path: '/:chapters(\\d+)*' },      //匹配 /, /1, /1/2, 等
]
```

3. sensitive与strict路由配置

默认情况下，所有路由是不区分大小写的，并且能匹配带有或不带有尾部斜线的路由。例

如，路由/users将匹配/users、/users/，甚至/Users/。这种行为可以通过strict和sensitive选项来修改，它们可以既可以应用在整个全局路由上，又可以应用于当前路由上。例如：

```
const router = createRouter({
  history: createWebHistory(),
  routes: [
    //将匹配 /users/posva 而非：
    //- /users/posva/ 当 strict: true
    //- /Users/posva 当 sensitive: true
    { path: '/users/:id', sensitive: true },
    //将匹配 /users, /Users, 以及 /users/42,而非 /users/ 或 /users/42/
    { path: '/users/:id?' },
  ],
  strict: true,   //应用到所有路由
})
```

4. 可选参数

也可以通过使用“?”修饰符（0个或1个）将一个参数标记为可选。例如：

```
const routes = [
  { path: '/users/:userId?' },              //匹配 /users 和 /users/posva
  { path: '/users/:userId(\\d+)?' },        //匹配 /users 和 /users/42
]
```

注意　“*”在技术上也标志着一个参数是可选的，但“?”参数不能重复。

10.2.3　嵌套路由

嵌套路由，顾名思义就是路由的多层嵌套，也称为“子路由”。通过Vue Router，可以使用嵌套路由配置来表达这种关系。创建嵌套路由的步骤如下。

(1) 通常在App.vue中定义基础路由（父路由，一级路由）导航。部分代码如下。

```
1.  <!-- vue-router-3 App.vue -->
2.  <template>
3.      <p>
4.        <!-- 使用 router-link 组件来导航. 通过传入 to 属性指定链接 -->
5.        <router-link to="/home" class="r-link1">首页</router-link>
6.        <router-link to="/about" class="r-link1">关于我们</router-link>
7.        <router-link to="/product" class="r-link1">产品介绍</router-link>
8.      </p>
9.    <!-- 以下是顶层的 router-view -->
10.     <router-view class="r-view" />
11.     ...
12. </template>
```

(2) 在router/index.js中定义路由（含子路由）组件。复杂的路由组件可以在router文件夹下创建view子文件夹，并在view子文件夹下创建所有的路由组件或仅需要创建复杂的路由组件。以下定义Product路由组件（JS对象：产品介绍），其中包含嵌套路由。部分代码如下。

```
1.  const Product = {
2.    template: '
3.      <div>
4.        <h3>产品介绍</h3>
5.        <p>
6.          <router-link class="r-link1" to="/product/phone">智能手机</router-link>
7.          <router-link class="r-link1" to="/product/appliances">家用电器</router-
            link>
8.          <router-link class="r-link1" to="/product/electronics">数码产品</router-
            link>
9.        </p>
```

```
10.      <!--  以下是组件内可以包含自己嵌套的 router - view -->
11.      <router - view ></router - view >
12.      </div >
13.   '
14. }
```

代码中第6～8行在组件中定义子路由导航和子路由出口(代码第11行)。

(3) 完成所有路由组件的定义,并在 router/index.js 中定义 routes。要将组件渲染到这个嵌套的 router-view 中,需要在路由中配置 children。部分代码如下。

```
1.  const routes = [{
2.      path: '/product',                    //不要在父级路由中使用 name 属性
3.      component: Product,
4.      //以下定义子路由
5.      children: [
6.        { path: '',  component: Phone  },//提供一个空的嵌套路径
7.        {  path: 'phone',   component: Phone   },
8.        {  path: 'appliances',   component: Appliances   },
9.        ...
10.     ]
11.   },
12. ]
```

以/开头的嵌套路径会被当作根路径。可以充分地使用嵌套组件,而不必使用嵌套的 URL。

子路由的定义格式与基础路由相同。只是在 path 属性值中不需要使用"/"。进入嵌套路由,通常是什么都不显示。可以定义一个空子路由,在不单击任何子路由时,让其默认显示哪一个子路由(代码中第6行设置默认显示 Phone 子组件的内容)。

(4) 创建路由实例,并将 routes 传入其中,然后通过 export default 暴露出来即可。通常还需要定义匹配不到任何路由时,可以设置重定向到某一个路由(如 home)。路由记录格式如下。

```
1.  //匹配不到路由时重定向到首页
2.  { path: '/',   redirect: '/home'  }
```

【例 10-4】 Vue Router 嵌套路由实战。

创建项目 router-10-3,代码如下,页面效果如图 10-8 和图 10-9 所示。步骤与例 10-3 类似,此处仅就修改的文件进行说明。

图 10-8 router-10-3 项目初始化页面

(1) 定义 App.vue 文件。

```
1.  <template>
2.    <div id = "app">
3.      <h2> Vue Router -  嵌套路由实战</h2>
4.      <nav>
5.        <router - link to = "/">首页</router - link> |
6.        <router - link to = "/shopping">商品</router - link> |
7.        <router - link to = "/about">关于我们</router - link> |
8.      </nav>
9.      <router - view class = "pages"></router - view>
10.   </div>
11. </template>
12. <style>
13. nav {padding: 5px;}
14. nav a {font - weight: bold;   color: #2c3e50;}
15. nav a.router - link - exact - active { color: #42b983; }
16. </style>
```

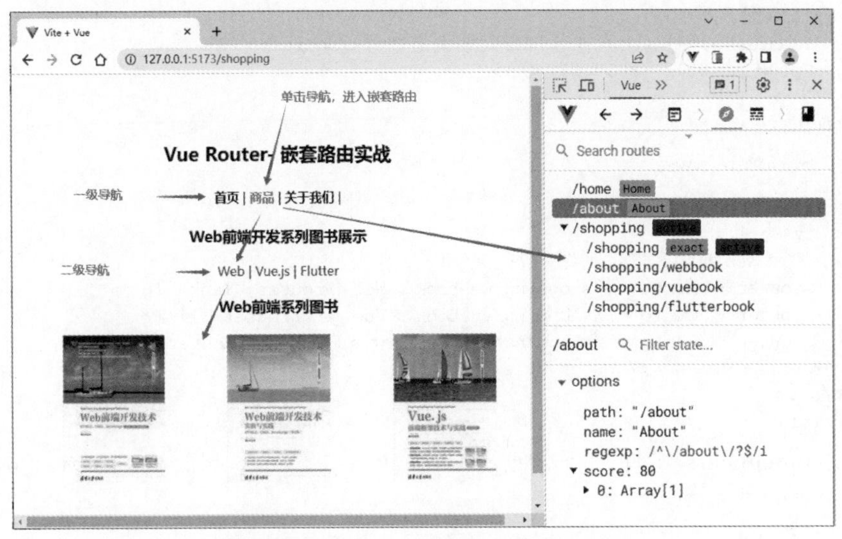

图 10-9 router-10-3"商品"嵌套路由页面

(2) 定义 router/index. js 文件。

```
1.  import { createRouter, createWebHistory } from "vue-router";
2.  import Home from "../views/Home.vue";
3.  import About from "../views/About.vue";
4.  import Shopping from "../views/Shopping.vue";
5.  import WebBook from "../components/WebBook.vue";
6.  import VueBook from "../components/VueBook.vue";
7.  import FlutterBook from "../components/FlutterBook.vue";
8.  const routes = [
9.    { path: "/",   name: "Home", component: Home,  },
10.   { path: "/about",  name: "About", component: About, },
11.   { path: "/shopping", component: Shopping,
12.     children: [
13.       { path: "", component: WebBook },  //空的嵌套路由,定义默认初始显示的组件
14.       { path: "webbook", component: WebBook },
15.       { path: "vuebook", component: VueBook },
16.       { path: "flutterbook", component: FlutterBook },
17.     ],
18.   },
19. ];
20. const router = createRouter({
21.   history: createWebHistory(),
22.   routes,
23. });
24. export default router;
```

(3) 在 views 子文件夹下，分别新建 Home. vue、About. vue、Shopping. vue，各组件的定义如下。

① 组件 Home. vue。

```
1.  <template>
2.    <div>
3.      <h3>Web 前端开发技术图书商城</h3>
4.      <p>经营范围: Web 前端开发技术系列图书展示、宣传、征订。</p>
5.      <p>欢迎各单位和编程爱好者前来选购。</p>
6.    </div>
7.  </template>
```

② 组件 About. vue。

```
1.  <template>
2.    <div>
```

```
3.       <h3>联系我们</h3>
4.       <address>地址：江苏省苏州市太湖大道 8 号</address>
5.       <p>电话：0512 - 88990011</p>
6.     </div>
7.   </template>
```

③ 组件 Shopping. vue。

```
1.   <template>
2.     <div>
3.       <h3>Web 前端开发系列图书展示</h3>
4.       <router-link to="/shopping/webbook">Web</router-link> |
5.       <router-link to="/shopping/vuebook">Vue.js</router-link> |
6.       <router-link to="/shopping/flutterbook">Flutter</router-link>
7.       <router-view></router-view>
8.     </div>
9.   </template>
```

（4）在 components 文件夹下创建 WebBook. vue、VueBook. vue、FlutterBook. vue 等组件。

① 组件 WebBook. vue。

```
1.   <template>
2.     <h3>Web 前端系列图书</h3>
3.     <img src="../assets/webbook.png" alt="" />
4.   </template>
```

② 组件 VueBook. vue。

```
1.   <template>
2.     <h3>Vue.js 系列图书</h3>
3.     <img src="../assets/vuebook.png" alt="" />
4.   </template>
```

③ 组件 FlutterBook. vue。

```
1.   <template>
2.     <h3>Flutter 系列图书</h3>
3.     <img src="../assets/flutterbook.png" alt="" />
4.   </template>
```

（5）完成上述修改操作后，刷新浏览器，显示如图 10-8 所示的初始页面。

（6）切换导航到“商品”，在路由出口中会显示出三个子路由，默认显示第一个子路由，单击嵌套路由时，嵌套路由出口中显示对应的图书系列，如图 10-9 所示。

10.2.4 编程式导航

除了使用<router-link :to="…"></router-link>创建 a 标记来定义导航链接，也可以借助 router(或 this. $router)的实例方法，通过编写代码来实现。

1. 导航到不同的位置

注意 在 Vue 实例中，可以通过 $router 访问路由实例，因此可以调用 this. $router. push()。

想要导航到不同的 URL，可以使用 router. push()方法。这个方法会向 history 栈添加一个新的记录，所以，当用户单击浏览器的“后退”按钮时，会回到之前的 URL。

当单击<router-link>时，内部会调用这个方法，所以单击<router-link :to="…">相当于调用 router. push(…)。

该方法的参数可以是一个字符串路径，或者是一个描述地址的对象。例如：

```
//字符串路径
router.push('/users/eduardo')
```

```
//带有路径的对象
router.push({ path: '/users/eduardo' })
//命名的路由,并加上参数,让路由建立 url
router.push({ name: 'user', params: { username: 'eduardo' } })
//带查询参数,结果是 /register?plan = private
router.push({ path: '/register', query: { plan: 'private' } })
//带 hash,结果是 /about#team
router.push({ path: '/about', hash: '#team' })
```

注意　如果提供了 path，params 会被忽略，上述例子中的 query 并不属于这种情况。取而代之的是下面例子的做法，需要提供路由的 name 或手写完整的带有参数的 path。

```
const username = 'eduardo'
//可以手动建立 url,但必须自己处理编码
router.push('/user/${username}')                          //-> /user/eduardo
//同样
router.push({ path: '/user/${username}' })                //-> /user/eduardo
//如果可能的话,使用 'name' 和 'params' 从自动 URL 编码中获益
router.push({ name: 'user', params: { username } })       //-> /user/eduardo
//'params' 不能与 'path' 一起使用
router.push({ path: '/user', params: { username } })      //-> /user
```

当指定 params 时，可提供 string 或 number 参数(或者对于可重复的参数可提供一个数组)。任何其他类型(如 undefined、false 等)都将被自动字符串化。对于可选参数，可以提供一个空字符串("")来跳过它。

由于属性 to 与 router.push()接收的对象种类相同，所以两者的规则完全相同。

router.push()和所有其他导航方法都会返回一个 Promise，可以等到导航完成后才知道是成功还是失败。

2. 替换当前位置

它的作用类似于 router.push()，唯一不同的是，它在导航时不会向 history 添加新记录，正如它的名字所暗示的那样——它取代了当前的条目。声明式< router-link :to="…" replace >相当于执行 router.replace(…)功能。

也可以直接在传递给 router.push()的 routeLocation 中增加一个属性 replace: true。例如：

```
router.push({ path: '/home', replace: true })
//相当于
router.replace({ path: '/home' })
```

3. 横跨历史

该方法采用一个整数作为参数，表示在历史堆栈中前进或后退多少步，类似于 window.history.go(n)。

```
//向前移动一条记录,与 router.forward() 相同
router.go(1)
//返回一条记录,与 router.back() 相同
router.go(-1)
//前进三条记录
router.go(3)
//如果没有那么多记录,静默失败
router.go(-100)
router.go(100)
```

4. 篡改历史

router.push()、router.replace()和 router.go()是 window.history.pushState()、window.history.replaceState()和 window.history.go()的翻版，它们确实模仿了 window.

history 的 API。因此，如果已经熟悉 Browser History APIs，在使用 Vue Router 时，操作历史记录就会觉得很熟悉。

无论在创建路由器实例时传递什么样的 history 配置，Vue Router 的导航方法 push()、replace()、go()都能始终正常工作。

【例 10-5】 Vue Router 编程式导航实战。

代码如下，页面效果如图 10-10 和图 10-11 所示。创建项目 router-10-4，步骤与例 10-3 类似，现就 App.vue 需要修改的内容说明如下。

```
1.  <script setup>
2.  import { useRouter } from "vue-router";
3.  const router = useRouter();
4.  const goHome = () => {
5.   router.push("/");                     //参数为字符串
6.  };
7.  const goAbout = () => {
8.   router.push({ path: "/about" });      //参数为对象
9.  };
10. const goVuejs = () => {
11.  router.push({ name: "VueBook" });     //参数为命名路由
12. };
13. </script>
14. <template>
15.   <div id="app">
16.     <h2>Vue Router-编程式导航实战</h2>
17.     <nav>
18.      <router-link to="/">首页</router-link> |
19.      <router-link to="/shopping">商品</router-link> |
20.      <router-link to="/about">关于我们</router-link> |
21.     </nav>
22.     <router-view class="pages"></router-view>
23.     <div>
24.      <p>
25.       编程式导航:<button @click="goAbout()">关于我们</button>
26.       <button @click="goHome()">返回首页</button>
27.       <button @click="goVuejs()">子路由-Vue.js</button>
28.      </p>
29.     </div>
30.   </div>
31. </template>
32. <style>
33. nav {  padding: 5px;  }
34. nav a {   font-weight: bold;     color: #2c3e50;}
35. nav a.router-link-exact-active {  color: #42b983; }
36. </style>
```

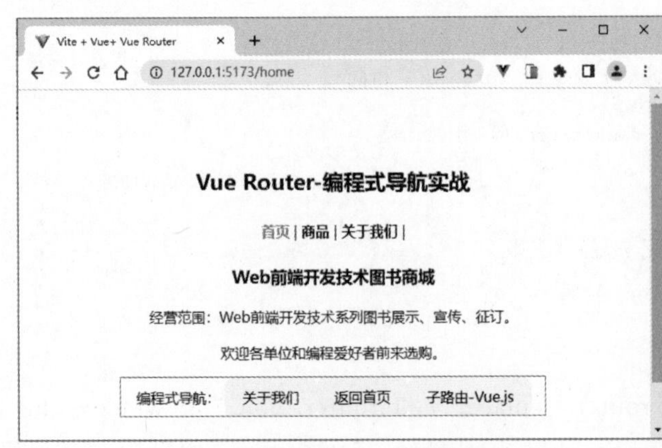

图 10-10 router-10-4 初始页面

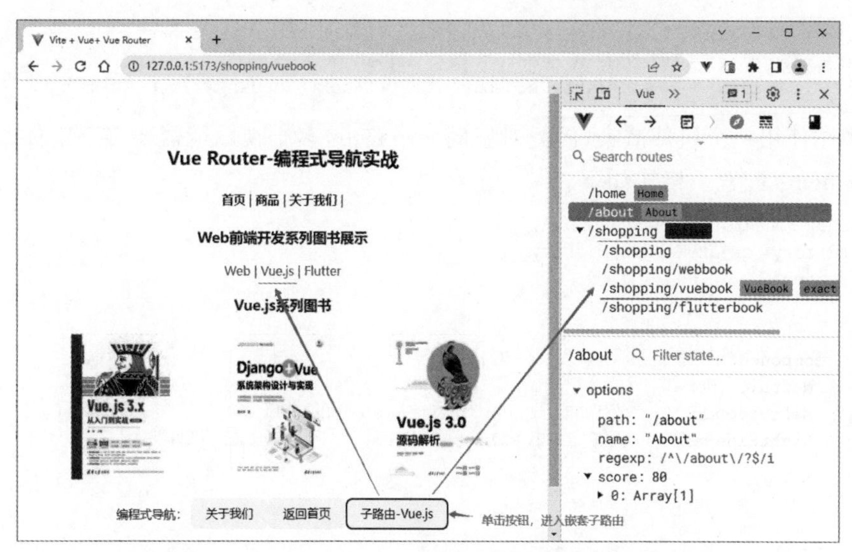

图 10-11 单击"子路由-Vuejs"按钮时路由信息变化页面

代码中第 25～27 行定义了三个 button 按钮，通过 v-on：click 绑定三个方法，分别是 goAbout()、goHome()、goVuejs()。代码中第 1～13 行定义了命令按钮绑定的三个函数，通过 router 对象完成路由跳转功能。

10.2.5 命名路由

除了 path 之外，还可以为任何路由提供 name。这具有以下优点。

- 没有硬编码的 URL。
- params 的自动编码/解码。
- 防止在 URL 中出现输入错误。
- 绕过路径排序(如显示一个)。

```
const routes = [
  {
    path: '/user/:username',
    name: 'user',
    component: User,
  },
]
```

要链接到一个命名的路由，可以向 router-link 组件的 to 属性传递一个对象：

```
<router-link :to="{ name: 'user', params: { username: 'erina' }}">
  User
</router-link>
```

这跟代码调用 router.push()是一回事：

```
router.push({ name: 'user', params: { username: 'erina' } })
```

在这两种情况下，路由将导航到路径/user/erina。

10.2.6 命名视图

有时想同时(同级)展示多个视图，而不是嵌套展示，例如创建一个布局，有 sidebar(侧导航)和 main(主内容)两个视图，这时命名视图就会派上用场。可以在界面中拥有多个单独命名的视图，而不是只有一个单独的出口。如果 router-view 没有设置名字，那么默认为 default。格式如下。

```
<router-view class="view left-sidebar" name="LeftSidebar"></router-view>
<router-view class="view main-content"></router-view>
<router-view class="view right-sidebar" name="RightSidebar"></router-view>
```

一个视图使用一个组件渲染，因此对于同一个路由，多个视图就需要多个组件。确保正确使用 components 配置。格式如下。

```
1.  const router = createRouter({
2.    history: createWebHashHistory(),
3.    routes: [
4.      {
5.        path: '/',
6.        components: {
7.          default: Home,
8.          LeftSidebar,        //LeftSidebar: LeftSidebar 的缩写
9.          RightSidebar,       //它们与 '<router-view>' 上的 'name' 属性匹配
10.       },
11.     },
12.   ],
13. })
```

有时可能会使用命名视图创建嵌套视图的复杂布局。这时需要命名用到的嵌套 router-view 组件。以设置一个面板为例，如图 10-12 所示。

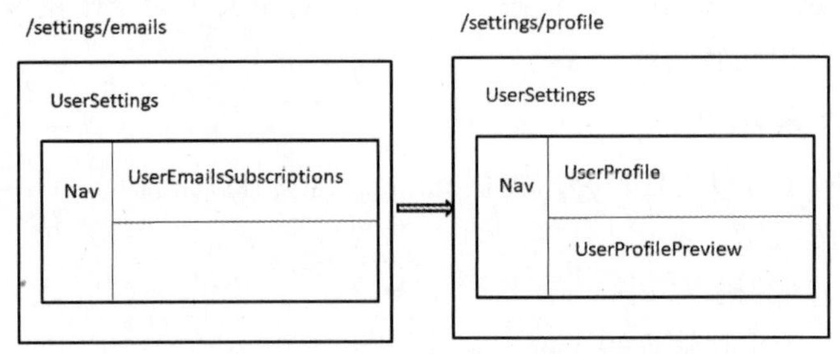

图 10-12　使用嵌套命名视图布局面板

其中，Nav 只是一个常规组件。UserSettings 是一个视图组件。UserEmailsSubscriptions、UserProfile、UserProfilePreview 是嵌套的视图组件。不使用 HTML/CSS 来做具体的布局，而是专注使用组件来实现。

在 UserSettings 组件的< template >部分，类似代码如下。

```
1.  <!-- UserSettings.vue -->
2.  <div>
3.    <h1>User Settings</h1>
4.    <NavBar/>
5.    <router-view/>
6.    <router-view name="helper"/>
7.  </div>
```

然后可以用这个路由配置完成该布局。部分代码如下。

```
1.  {
2.    path: '/settings',
3.    //可以在顶级路由配置命名视图
4.    component: UserSettings,
5.    children: [{
6.      path: 'emails',
7.      component: UserEmailsSubscriptions
8.    }, {
9.      path: 'profile',
10.     components: {
11.       default: UserProfile,
12.       helper: UserProfilePreview
```

```
13.     }
14.   }]
15. }
```

这样即可以完成使用嵌套命名视图来设置一个面板。

10.2.7 重定向和别名

1. 重定向

重定向也是通过 routes 配置来完成的，下面的例子是从/home 重定向到/。部分代码如下。

```
const routes = [{ path: '/home', redirect: '/' }]
```

重定向的目标也可以是一个命名的路由。部分代码如下。

```
const routes = [{ path: '/home', redirect: { name: 'homepage' } }]
```

甚至也可以是一个方法，动态返回重定向目标。部分代码如下。

```
const routes = [
  {
    ///search/screens -> /search?q = screens
    path: '/search/:searchText',
    redirect: to => {
      //方法接收目标路由 to 作为参数
      //return 重定向的字符串路径/路径对象
      return { path: '/search', query: { q: to.params.searchText } }
    },
  },
  {
    path: '/search',
    //…
  },
]
```

注意 导航守卫并没有应用在跳转路由上，而仅应用在其目标上。可以为/home 路由添加一个 beforeEnter 守卫，并不会有任何效果。

在写 redirect 时，可以省略 component 配置，因为它从来没有被直接访问过，所以没有组件要渲染。唯一的例外是嵌套路由：如果一个路由记录有 children 和 redirect 属性，它也应该有 component 属性。

2. 相对重定向

也可以重定向到相对位置：

```
const routes = [
  {
    //将总是把/users/123/posts 重定向到/users/123/profile
    path: '/users/:id/posts',
    redirect: to => {
      //该函数接收目标路由作为参数
      //相对位置不以'/'开头
      //或 { path: 'profile'}
      return 'profile'
    },
  },
]
```

3. 别名

重定向是指当用户访问/home 时，URL 会被/替换，然后匹配成/。那么什么是别名呢？

将"/"别名为"/home",意味着当用户访问/home时,URL仍然是/home,但会被匹配为用户正在访问/。

上面对应的路由配置为

```
const routes = [{ path: '/', component: Homepage, alias: '/home' }]
```

通过别名,可以自由地将UI结构映射到一个任意的URL,而不受配置的嵌套结构的限制。使别名以/开头,以使嵌套路径中的路径成为绝对路径。甚至可以将两者结合起来,用一个数组提供多个别名。

```
const routes = [
  {
    path: '/users',
    component: UsersLayout,
    children: [
      //为这三个 URL 呈现 UserList
      //- /users
      //- /users/list
      //- /people
      { path: '', component: UserList, alias: ['/people', 'list'] },
    ],
  },
]
```

如果路由有参数,请确保在任何绝对别名中包含它们。

```
const routes = [
  {
    path: '/users/:id',
    component: UsersByIdLayout,
    children: [
      //为这三个 URL 呈现 UserDetails
      //- /users/24
      //- /users/24/profile
      //- /24
      { path: 'profile', component: UserDetails, alias: ['/:id', ''] },
    ],
  },
]
```

10.2.8 不同的历史模式

在创建路由器实例时,history配置允许在不同的历史模式中进行选择。

1. hash 模式

hash模式是用createWebHashHistory()创建的。

```
import { createRouter, createWebHashHistory } from 'vue-router'
const router = createRouter({
  history: createWebHashHistory(),
  routes: [
    //...
  ],
})
```

它在内部传递的实际URL之前使用了一个哈希字符(#)。由于这部分URL从未被发送到服务器,所以它不需要在服务器层面上进行任何特殊处理。不过,它在SEO中确实有不好的影响。如果担心这个问题,可以使用HTML5模式。

2. HTML5 模式

用createWebHistory()创建HTML5模式,推荐使用这个模式。

```
import { createRouter, createWebHistory } from 'vue-router'
const router = createRouter({
  history: createWebHistory(),
  routes: [
    //…
  ],
})
```

当使用这种历史模式时，URL 会看起来很“正常”，如 https://example.com/user/id。

不过，问题来了。由于应用是一个单页的客户端应用，如果没有适当的服务器配置，如果用户在浏览器中直接访问 https://example.com/user/id，就会得到一个 404 错误。

不用担心，要解决这个问题，需要做的就是在服务器上添加一个简单的回退路由。如果 URL 不匹配任何静态资源，它应提供与应用程序中的 index.html 相同的页面。

3. 服务器配置示例

注意　通常服务器配置假定正在从根目录提供服务。如果部署到子目录，应该使用 Vue CLI 的 publicPath 配置和相关的路由器的 base 属性。还需要调整下面的例子，以使用子目录而不是根目录（例如，将 RewriteBase/替换为 RewriteBase/name-of-your-subfolder/）。Apache 或 Nginx 的配置请查阅官方网站[①]。

10.3 Vue Router 进阶

Vue Router 除了基础应用外，还有许多高级应用，也称为进阶。主要有导航守卫、路由元信息、路由懒加载、动态路由、过渡动效、组合式 API、类型化路由、数据获取等。本节主要介绍路由元信息、导航守卫和动态路由。其余可以参阅官方网站。

10.3.1 路由元信息

有时，可能希望将任意信息附加到路由上，如过渡名称、谁可以访问路由等。这些事情可以通过接收属性对象的 meta 属性来实现，并且它可以在路由地址和导航守卫上都被访问到。定义路由的时候，可以这样配置 meta 字段：

```
const routes = [
  {
    path: '/posts',
    component: PostsLayout,
    children: [
      {
       path: 'new',
       component: PostsNew,
       meta: { requiresAuth: true }     //只有经过身份验证的用户才能创建帖子
      },
      {
       path: ':id',
       component: PostsDetail
       meta: { requiresAuth: false }    //任何人都可以阅读文章
      }
    ]
  }
]
```

那么如何访问这个 meta 字段呢？

① https://router.vuejs.org/guide/essentials/history-mode.html

首先，routes 配置中的每个路由对象为**路由记录**。路由记录可以是嵌套的，因此，当一个路由匹配成功后，它可能匹配多个路由记录。

例如，根据上面的路由配置，/posts/new 这个 URL 将会匹配父路由记录(path：'/posts')以及子路由记录(path：'new')。

一个路由匹配到的所有路由记录会暴露为 $ route 对象(还有在导航守卫中的路由对象)的 $ route. matched 数组。需要遍历这个数组来检查路由记录中的 meta 字段，但是 Vue Router 提供了一个 $ route. meta 方法，它是一个非递归合并所有 meta 字段(从父字段到子字段)的方法。这意味着可以简单地写。

```
router.beforeEach((to, from) => {
  //而不是去检查每条路由记录
  //to.matched.some(record => record.meta.requiresAuth)
  if (to.meta.requiresAuth && !auth.isLoggedIn()) {
    //此路由需要授权,请检查是否已登录
    //如果没有,则重定向到登录页面
    return {
      path: '/login',
      //保存我们所在的位置,以便以后再来
      query: { redirect: to.fullPath },
    }
  }
})
```

TypeScript 可以通过扩展 RouteMeta 接口来输入 meta 字段：

```
//typings.d.ts or router.ts
import 'vue-router'
declare module 'vue-router' {
  interface RouteMeta {
    //是可选的
    isAdmin?: boolean
    //每个路由都必须声明
    requiresAuth: boolean
  }
}
```

10.3.2 导航守卫

正如其名，vue-router 提供的导航守卫主要用来通过跳转或取消的方式守卫导航。这里有很多方式植入路由导航中：全局、单个路由独享或者组件级。

1. 全局前置守卫

可以使用 router. beforeEach()注册一个全局前置守卫：

```
const router = createRouter({ … })
router.beforeEach((to, from) => {
  //…
  //返回 false 以取消导航
  return false
})
```

当一个导航触发时，全局前置守卫按照创建顺序调用。**守卫是异步解析执行**，此时导航在所有守卫 resolve 完之前一直处于等待中。

每个守卫方法接收以下两个参数。

- to：即将要进入的目标(用一种标准化的方式)。
- from：当前导航正要离开的路由(用一种标准化的方式)。

可以返回的值如下。

- false：取消当前的导航。如果浏览器的 URL 改变了(可能是用户手动更改或者单击了浏览器"后退"按钮)，那么 URL 地址会重置到 from 路由对应的地址。
- 一个路由地址：通过一个路由地址跳转到一个不同的地址，就像调用 router. push()一样，可以设置如 replace：true 或 name：'home'之类的配置。当前的导航被中断，然后进行一个新的导航，就和 from 一样。

```
router.beforeEach(async (to, from) => {
   if (
     //检查用户是否已登录
     !isAuthenticated &&
     //避免无限重定向
     to.name !== 'Login'
   ) {
     //将用户重定向到登录页面
     return { name: 'Login' }
   }
})
```

如果遇到了意料之外的情况，可能会抛出一个 Error。这会取消导航并且调用 router. onError()注册过的回调。

如果什么都没有，undefined 或返回 true，则导航是有效的，并调用下一个导航守卫。

以上所有都同 async 函数和 Promise 工作方式一样。

```
router.beforeEach(async (to, from) => {
  //canUserAccess() 返回 'true' 或 'false'
  const canAccess = await canUserAccess(to)
  if (!canAccess) return '/login'
})
```

在之前的 Vue Router 版本中，也是可以使用第三个参数 next 的。这是一个常见的错误来源，可以通过 RFC 来消除错误。然而，它仍然是被支持的，这意味着可以向任何导航守卫传递第三个参数。在这种情况下，确保 next 在任何给定的导航守卫中都被严格调用一次。它可以出现多于一次，但是只能在所有的逻辑路径都不重叠的情况下，否则钩子永远都不会被解析或报错。下面是一个在用户未能验证身份时重定向到/login 的错误用例。

```
router.beforeEach((to, from, next) => {
  if (to.name !== 'Login' && !isAuthenticated) next({ name: 'Login' })
  //如果用户未能验证身份，则 'next'会被调用两次
  next()
})
```

下面是正确的版本。

```
router.beforeEach((to, from, next) => {
  if (to.name !== 'Login' && !isAuthenticated) next({ name: 'Login' })
  else next()
})
```

2. 全局解析守卫

可以用 router. beforeResolve()注册一个全局守卫。这和 router. beforeEach 类似，因为它在每次导航时都会触发，不同的是，解析守卫刚好会在导航被确认之前、所有组件内守卫和异步路由组件被解析之后调用。下面是一个例子，确保用户可以访问自定义 meta 属性 requiresCamera 的路由。

```
router.beforeResolve(async to => {
  if (to.meta.requiresCamera) {
```

```
    try {
      await askForCameraPermission()
    } catch (error) {
      if (error instanceof NotAllowedError) {
        //… 处理错误,然后取消导航
        return false
      } else {
        //意料之外的错误,取消导航并把错误传给全局处理器
        throw error
      }
    }
  }
})
```

router. beforeResolve()是获取数据或执行任何其他操作(如果用户无法进入页面时,希望避免执行的操作)的理想位置。

3. 全局后置钩子

也可以注册全局后置钩子,然而和守卫不同的是,这些钩子不会接受 next()函数也不会改变导航本身。

```
router.afterEach((to, from) => {
  sendToAnalytics(to.fullPath)
})
```

它们对于分析、更改页面标题、声明页面等辅助功能以及许多其他事情都很有用。

它们也反映了 navigation failures 作为第三个参数。

```
router.afterEach((to, from, failure) => {
  if (!failure) sendToAnalytics(to.fullPath)
})
```

要了解更多关于 navigation failures 的信息可阅读它的指南。

4. 路由独享的守卫

可以直接在路由配置上定义 beforeEnter 守卫:

```
const routes = [
  {
    path: '/users/:id',
    component: UserDetails,
    beforeEnter: (to, from) => {
      //reject the navigation
      return false
    },
  },
]
```

beforeEnter 守卫只在进入路由时触发,不会在 params、query 或 hash 改变时触发。例如,从/users/2 进入/users/3 或者从/users/2 # info 进入/users/2 # projects。它们只有在从一个不同的路由导航时,才会被触发。

也可以将一个函数数组传递给 beforeEnter,这在为不同的路由重用守卫时很有用。

```
function removeQueryParams(to) {
  if (Object.keys(to.query).length)
    return { path: to.path, query: {}, hash: to.hash }
}

function removeHash(to) {
  if (to.hash) return { path: to.path, query: to.query, hash: '' }
```

```
}
const routes = [
  {
    path: '/users/:id',
    component: UserDetails,
    beforeEnter: [removeQueryParams, removeHash],
  },
  {
    path: '/about',
    component: UserDetails,
    beforeEnter: [removeQueryParams],
  },
]
```

请注意,也可以通过使用路径 meta 字段和全局导航守卫来实现类似的行为。

5. 组件内的守卫

最后,可以在路由组件内直接定义路由导航守卫(传递给路由配置的)。

1) 可用的配置 API

可以为路由组件添加以下配置。

- beforeRouteEnter
- beforeRouteUpdate
- beforeRouteLeave

```
const UserDetails = {
  template: '…',
  beforeRouteEnter(to, from) {
    //在渲染该组件的对应路由被验证前调用
    //不能获取组件实例 'this'
    //因为当守卫执行时,组件实例还没被创建
  },
  beforeRouteUpdate(to, from) {
    //在当前路由改变,但是该组件被复用时调用
    //举例来说,对于一个带有动态参数的路径'/users/:id',在'/users/1'和'/users/2'之间跳转时,
    //由于会渲染同样的'UserDetails'组件,因此组件实例会被复用。而这个钩子就会在这个情况下
      被调用。
    //因为在这种情况发生时,组件已经挂载好了,导航守卫可以访问组件实例 'this'
  },
  beforeRouteLeave(to, from) {
    //在导航离开渲染该组件的对应路由时调用
    //与'beforeRouteUpdate'一样,它可以访问组件实例'this'
  },
}
```

beforeRouteEnter 守卫不能访问 this,因为守卫在导航确认前被调用,因此即将登场的新组件还没被创建。

不过,可以通过传一个回调给 next 来访问组件实例。在导航被确认时执行回调,并且把组件实例作为回调方法的参数。

```
beforeRouteEnter (to, from, next) {
  next(vm => {
    //通过 'vm' 访问组件实例
  })
}
```

注意,beforeRouteEnter 是支持给 next 传递回调的唯一守卫。对于 beforeRouteUpdate 和 beforeRouteLeave 来说,this 已经可用了,所以不支持传递回调,因为没有必要了。

```
beforeRouteUpdate (to, from) {
  //just use 'this'
  this.name = to.params.name
}
```

这个“**离开守卫**”通常用来预防用户在还未保存修改前突然离开。该导航可以通过返回 false 来取消。

```
beforeRouteLeave (to, from) {
  const answer = window.confirm('Do you really want to leave? you have unsaved changes!')
  if (!answer) return false
}
```

2）使用组合 API

如果正在使用组合 API 和 setup()函数来编写组件，可以通过 onBeforeRouteUpdate 和 onBeforeRouteLeave 分别添加 update 和 leave 守卫。请参考组合 API 部分以获得更多细节。

6. 完整的导航解析流程

（1）导航被触发。

（2）在失活的组件里调用 beforeRouteLeave 守卫。

（3）调用全局的 beforeEach 守卫。

（4）在重用的组件里调用 beforeRouteUpdate 守卫（v2.2+版本）。

（5）在路由配置里调用 beforeEnter。

（6）解析异步路由组件。

（7）在被激活的组件里调用 beforeRouteEnter。

（8）调用全局的 beforeResolve 守卫（v2.5+版本）。

（9）导航被确认。

（10）调用全局的 afterEach 钩子。

（11）触发 DOM 更新。

（12）调用 beforeRouteEnter 守卫中传给 next 的回调函数，创建好的组件实例会作为回调函数的参数传入。

【例 10-6】 Vue Router 导航守卫实战——修改导航页面标题。

代码如下，页面效果如图 10-13 和图 10-14 所示。

解题思路：通常网页标题是通过< title >标记来显示的，但是 SPA 只有一个固定的 HTML，导航切换不同页面时，标题并不会改变。可以通过 window.document.title='新的标题'来修改< title >的内容。

将例 10-5 的项目 router-10-4 的所有文件复制到项目 router-10-5 文件夹中。分别修改 package.json 和 package-lock.json 文件中的 name 属性为“router-10-5”。然后分别修改 App.vue 文件和 router/index.js 文件。

（1）修改 App.vue 文件。代码如下。

```
1.  < template >
2.    < div id = "app">
3.      < h2 > Vue Router - 编程式导航实战</h2 >
4.      < nav >
5.        < router - link to = "/">首页</router - link > |
6.        < router - link to = "/shopping">商品</router - link > |
7.        < router - link to = "/about">关于我们</router - link > |
8.      </nav >
9.      < router - view class = "pages"></router - view >
```

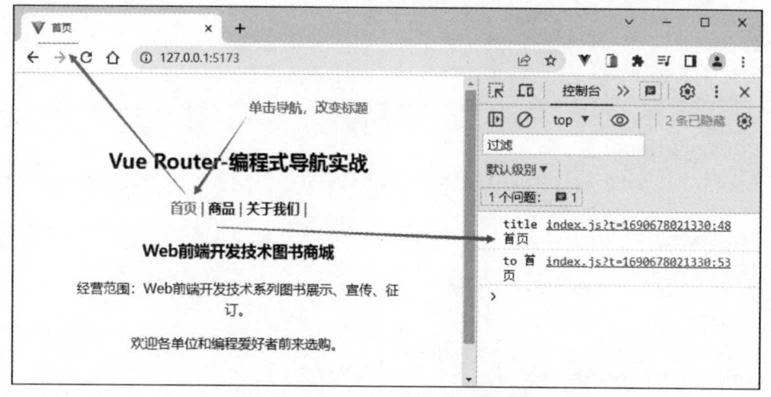

图 10-13 单击“首页”时页面

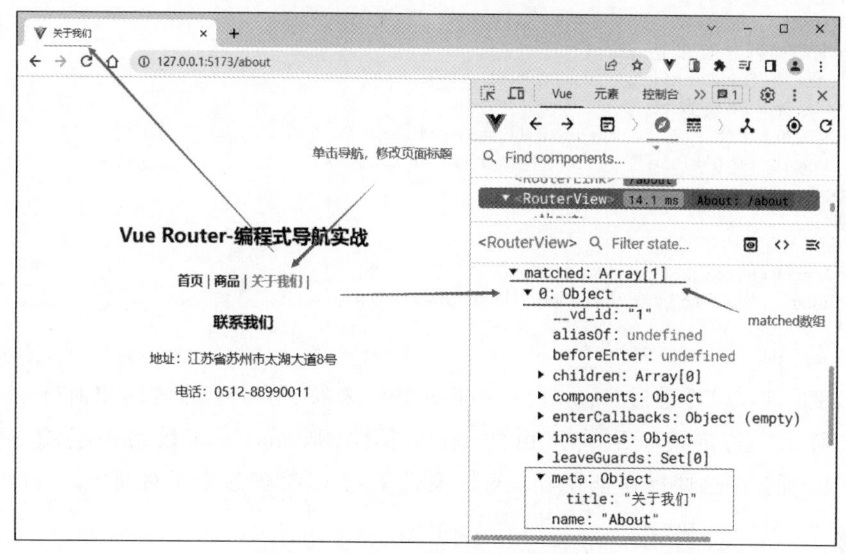

图 10-14 单击“关于我们”时页面

```
10.     </div>
11.   </template>
12.   <style>
13.   nav { padding: 5px; }
14.   nav a { font-weight: bold;  color: #2c3e50;  }
15.   nav a.router-link-exact-active { color: #42b983; }
16.   </style>
```

(2) 修改 router/index.js。配置路由 meta 元信息，添加全局前置导航守卫（第 33～38 行）、全局后置钩子（第 40～42 行）。代码如下。

```
1.   import { createRouter, createWebHistory } from "vue-router";
2.   import Home from "../views/Home.vue";
3.   import About from "../views/About.vue";
4.   import Shopping from "../views/Shopping.vue";
5.   import WebBook from "../components/WebBook.vue";
6.   import VueBook from "../components/VueBook.vue";
7.   import FlutterBook from "../components/FlutterBook.vue";
8.   const routes = [
9.     { path: "/",  name: "Home",  component: Home, meta: { title: "首页" }, },
10.    { path: "/about",  name: "About", component: About, meta: { title: "关于我们" }, },
11.    {
12.      path: "/shopping", component: Shopping, meta: { title: "商品" },
13.      children: [
14.        { path: "", component: WebBook },      //空的嵌套路由,定义默认初始显示的组件
```

```
15.         { path: "webbook", component: WebBook },
16.         {
17.          path: "vuebook",
18.          component: VueBook,
19.          name: "VueBook",
20.         }, //命名路由
21.         {
22.          path: "flutterbook",
23.          component: FlutterBook,
24.         },
25.        ],
26.      },
27.    ];
28.    const router = createRouter({
29.     history: createWebHistory(),
30.     routes,
31.    });
32.    //全局前置导航守卫 guard
33.    router.beforeEach((to, from, next) => {
34.     //从 from 跳转到 to
35.     document.title = to.matched[0].meta.title;
36.     console.log("title", to.matched[0].meta.title);
37.     next();
38.    });
39.    //全局后置钩子
40.    router.afterEach((to, from) => {
41.     console.log("to", to.matched[0].meta.title);
42.    });
43.    export default router;
```

在路由变化时，需要通过$route.matched数组来获meta中的属性和值(matched[0])，如图10-14所示。若定义了嵌套路由的meta属性，则matched数组中会增加一个成员matched[1]。所有的这些操作都在index.js文件中完成，维护起来相对简单。

10.3.3 动态路由

对路由的添加通常是通过routes选项来完成的，但是在某些情况下，可能想在应用程序已经运行的时候添加或删除路由。具有可扩展接口(如Vue CLI UI)这样的应用程序可以使用它来扩展应用程序。

1. 添加路由

动态路由主要通过两个函数实现：router.addRoute()和router.removeRoute()。它们只注册一个新的路由，也就是说，如果新增加的路由与当前位置相匹配，就需要用router.push()或router.replace()来手动导航，才能显示该新路由。

想象一下，只有一个路由的以下路由：

```
const router = createRouter({
  history: createWebHistory(),
  routes: [{ path: '/:articleName', component: Article }],
})
```

进入任何页面，/about、/store或者/3-tricks-to-improve-your-routing-code最终都会呈现Article组件。如果在/about上添加一个新的路由：

```
router.addRoute({ path: '/about', component: About })
```

页面仍然会显示Article组件，需要手动调用router.replace()来改变当前的位置，并覆盖原来的位置(而不是添加一个新的路由，最后在历史中两次出现在同一个位置)。

```
router.addRoute({ path: '/about', component: About })
//也可以使用 this.$route 或 route = useRoute() (在 setup 中)
router.replace(router.currentRoute.value.fullPath)
```

记住,如果需要等待新的路由显示,可以使用 await router.replace()。

2. 在导航守卫中添加路由

如果决定在导航守卫内部添加或删除路由,不应该调用 router.replace(),而是通过返回新的位置来触发重定向。

```
router.beforeEach(to => {
  if (!hasNecessaryRoute(to)) {
    router.addRoute(generateRoute(to))
    //触发重定向
    return to.fullPath
  }
})
```

上面的例子有两个假设:第一,新添加的路由记录将与 to 位置相匹配,实际上导致与试图访问的位置不同;第二,hasNecessaryRoute()在添加新的路由后返回 false,以避免无限重定向。

因为是在重定向中,所以是在替换将要跳转的导航,实际上行为就像之前的例子一样。而在实际场景中,添加路由的行为更有可能发生在导航守卫之外,例如,当一个视图组件挂载时,它会注册新的路由。

3. 删除路由

有几个不同的方法来删除现有的路由。

(1) 通过添加一个名称冲突的路由。如果添加与现有途径名称相同的途径,会先删除路由,再添加路由。

```
router.addRoute({ path: '/about', name: 'about', component: About })
//这将会删除之前已经添加的路由,因为它们具有相同的名字且名字必须是唯一的
router.addRoute({ path: '/other', name: 'about', component: Other })
```

(2) 通过调用 router.addRoute()返回的回调。

```
const removeRoute = router.addRoute(routeRecord)
removeRoute() //删除路由,如果存在的话
```

当路由没有名称时,这很有用。

(3) 通过使用 router.removeRoute()按名称删除路由。

```
router.addRoute({ path: '/about', name: 'about', component: About })
//删除路由
router.removeRoute('about')
```

需要注意的是,如果想使用这个功能,但又想避免名字的冲突,可以在路由中使用 Symbol 作为名字。

当路由被删除时,所有的别名和子路由也会被同时删除。

4. 添加嵌套路由

要将嵌套路由添加到现有的路由中,可以将路由的 name 作为第一个参数传递给 router.addRoute(),这将有效地添加路由,就像通过 children 添加的一样。

```
router.addRoute({ name: 'admin', path: '/admin', component: Admin })
router.addRoute('admin', { path: 'settings', component: AdminSettings })
```

这等效于:

```
router.addRoute({
  name: 'admin',
  path: '/admin',
  component: Admin,
  children: [{ path: 'settings', component: AdminSettings }],
})
```

5. 查看现有路由

Vue Router 提供了以下两个功能来查看现有的路由。

router.hasRoute()：检查路由是否存在。

router.getRoutes()：获取一个包含所有路由记录的数组。

【例 10-7】 Vue Router 动态路由实战——修改导航页面标题。

代码如下，页面效果如图 10-15 所示。

将例 10-6 的项目 router-10-5 的所有文件复制到项目 router-10-6 文件夹中。分别修改 package.json 和 package-lock.json 文件中的 name 属性为“router-10-6”。然后修改 App.vue 文件。

```
1.  <script setup>
2.  import { useRouter } from "vue-router";
3.  const router = useRouter();
4.  const displayRoute = () => {   router.push("/news"); };
5.  const plusRoute = () => {
6.    router.addRoute({                          //增加路由
7.      path: "/news",   name: "News",
8.      meta: { title: "新闻" }, component: () => import("./views/News.vue"),
9.    });
10.   console.log("routes", router.getRoutes()); //输出路由记录数组
11. };
12. </script>
13. <template>
14.   <div id="app">
15.     <h2>Vue Router - 动态路由实战</h2>
16.     <nav>
17.       <router-link to="/">首页</router-link> |
18.       <router-link to="/shopping">商品</router-link> |
19.       <router-link to="/about">关于我们</router-link>
20.     </nav>
21.     <router-view class="pages"></router-view>
22.   </div>
23.   <p>
24.     <button @click="plusRoute">增加根路由</button>
25.     <button @click="displayRoute">显示根路由 - News </button>
26.   </p>
27. </template>
28. <style>
29. nav {   padding: 5px;}
30. nav a {   font-weight: bold;   color: #2c3e50; }
31. nav a.router-link-exact-active {   color: #42b983; }
32. li { display: inline;   margin: 0 10px; }
33. </style>
```

代码中增加两个 button（第 24、25 行），分别绑定事件处理函数 plusRoute()和 displayRoute()，功能分别是增加一条根路由/news（第 5～11 行）和手动导航显示新路由（第 4 行），并在路由出口中渲染新组件 News。

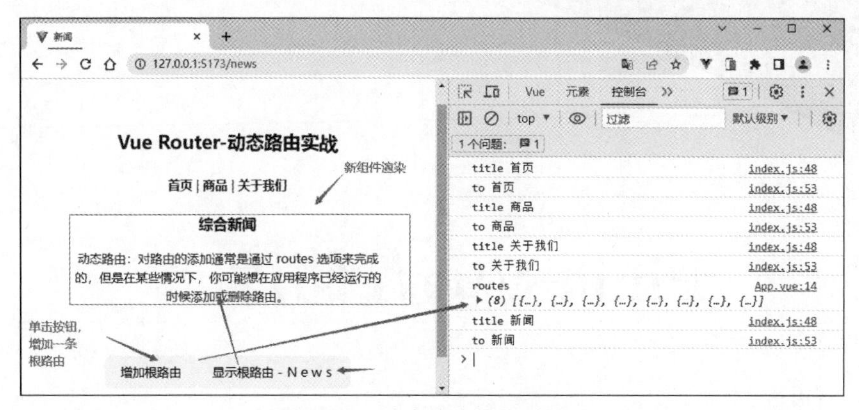

图 10-15　动态路由操作时页面

扫一扫

视频

项目实战 10

1. Vite 4＋Vue 3.x＋Vue Router 4 基础项目实战——农村住宅设计欣赏

扫一扫　　扫一扫

文本　　视频

2. Vite 4＋Vue 3.x＋Vue Router 4 应用实战——苏州景区印象欣赏

扫一扫　　扫一扫

文本　　视频

小结

本章主要介绍了 Vue Router 路由插件的功能及应用场景。重点介绍了 Vue Router 基础和 Vue Router 进阶两个部分。

在 Vue Router 基础部分，重点讲解通过 router-link 和 router-view 两个标记来构建组件完成导航和匹配组件的渲染工作。介绍了动态路由匹配、路由的匹配语法、嵌套路由、编程式导航、命名路由、命名视图、重定向和别名及不同的历史模式等方面的语法和应用方法。

在开发基础 Vue Router 项目时，一定要理解 route、routes 及 router 三者的概念及关系。route 是一条路由记录，就是一个对象。当然根据工程应用的需要，还可以使用 name、redirect、children 等属性。routes 是由若干条路由记录构成的路由记录组合（也称为路由表）。router 是路由管理器，是 Router 的实例，并将 routes 传入实例中，所定义的路由即可使用。

在 Vue Router 进阶部分，主要包括路由元信息 meta、导航守卫、动态路由（addRoute()、removeRoute()）等方面的知识及应用场景。

练习 10

扫一扫　　扫一扫

习题　　自测题

第11章

Pinia-Vue存储库

本章学习目标：

通过本章的学习，读者能够了解下一代 Vue 存储库的特性，学会使用 Vite 和 Pinia 来构建 Vue 3. x 单面应用项目，了解 Pinia 与 Vuex 3 和 Vuex 4 在功能上的一些区别。掌握 Pinia 中的 state、getter、action 等核心概念。学会创建 Store，能够使用多个 Store 来解决实际工程的数据共享问题。

Web 前端开发工程师应知应会以下内容。

- 了解 Pinia 插件的新特点。
- 学会使用 defineStore()来创建 Store。
- 掌握 Pinia 中的 state、getter、action 三个核心概念。
- 学会使用 Vue 3＋Vitc 4＋Pinia 来构建不同规模的单页前端项目。

11.1 Pinia 简介

Pinia(https://pinia. vuejs. org/)是 Vue 的新一代状态管理插件，与 Vue 2 和 Vue 3 配套的状态管理库为 Vuex 3 和 Vuex 4，Pinia 被誉为 Vuex 5。最初是在 2019 年 11 月前后重新设计使用 Composition API。从那时起，最初的原则仍然相同，但 Pinia 对 Vue 2 和 Vue 3 都有效，并且不需要使用组合 API。除了安装和 SSR 之外，两者的 API 都是相同的，并且这些文档针对 Vue 3，并在必要时提供有关 Vue 2 的注释，以便 Vue 2 和 Vue 3 用户可以阅读。Pinia 插件的注册 logo 如图 11-1 所示。

图 11-1　Pinia 插件的注册 logo

11.1.1 为什么要使用 Pinia

Pinia 是 Vue 的存储库，它允许跨组件/页面共享状态。如果熟悉 Composition API，可能会认为已经可以通过一个简单的 export const state＝reactive({})来共享全局状态。这对于单页应用程序来说是正确的，但如果它是服务器端呈现的，会使应用程序暴露出一些安全漏洞。但即使在小型单页应用程序中，也可以从使用 Pinia 中获得很多好处。

(1) Dev Tools 支持。

① 跟踪动作、突变的时间线。

② Store 出现在使用它们的组件中。

③ 时间旅行和更容易的调试。

(2) 热模块更换。

① 在不重新加载页面的情况下修改 Store。

② 在开发时保持任何现有状态。

（3）插件：使用插件扩展 Pinia 功能。

（4）为 JS 用户提供适当的 TypeScript 支持以及自动补全功能。

（5）服务器端渲染支持。

11.1.2　基础案例

以下是一个比较完整的使用 Pinia 的 API 案例。对于某些读者来说，可能已经可以开始使用，而不需要进一步深入学习。但仍然建议读者先学习完 11.2 节～11.5 节的内容后再回来学习此案例。

```
1.  import { defineStore } from 'pinia'
2.  export const todos = defineStore('todos', {
3.   state: () => ({
4.    /** @type {{ text: string, id: number, isFinished: boolean }[]} */
5.    todos: [],
6.    /** @type {'all' | 'finished' | 'unfinished'} */
7.    filter: 'all',
8.    //type 会自动推断为 number
9.    nextId: 0,
10.  }),
11.  getters: {
12.   finishedTodos(state) {
13.    //自动完成
14.    return state.todos.filter((todo) => todo.isFinished)
15.   },
16.   unfinishedTodos(state) {
17.    return state.todos.filter((todo) => !todo.isFinished)
18.   },
19.   /**
20.    * @returns {{ text: string, id: number, isFinished: boolean }[]}
21.    */
22.   filteredTodos(state) {
23.    if (this.filter === 'finished') {
24.     //自动调用其他 getter
25.     return this.finishedTodos
26.    } else if (this.filter === 'unfinished') {
27.     return this.unfinishedTodos
28.    }
29.    return this.todos
30.   },
31.  },
32.  actions: {
33.   //任何数量的参数,返回一个 Promise 或者不返回
34.   addTodo(text) {
35.    //可以直接改变状态,添加待办事项
36.    this.todos.push({ text, id: this.nextId++, isFinished: false })
37.   },
38.  },
39. })
```

11.1.3　与 Vuex 的比较

Pinia 最初是为了探索 Vuex 的下一次迭代会是什么样子，结合了 Vuex 5 核心团队讨论中的许多想法。最终团队意识到 Pinia 已经实现了 Vuex 5 中大部分内容，所以最终决定用 Pinia 代替 Vuex。

与 Vuex 相比，Pinia 提供了一个更简单的 API，具有更少的规范，提供了 Composition API 风格的 API，最重要的是，在与 TypeScript 一起使用时具有可靠的类型推断支持，如图 11-2 所示。

11.1.4　与 Vuex 3.x/4.x 的比较

Vuex 3.x 适用于 Vue 2，Vuex 4.x 适用于 Vue 3。

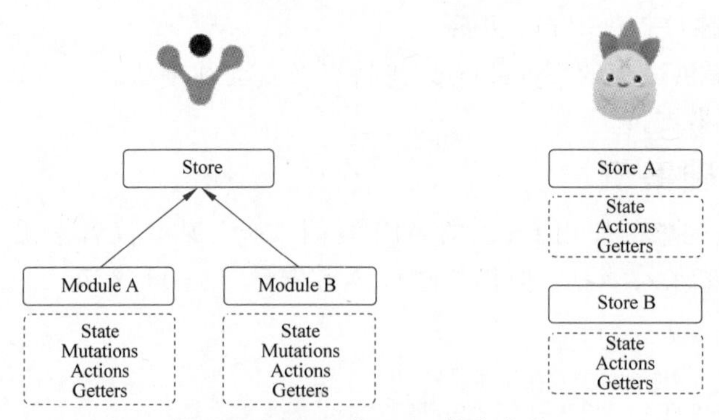

图 11-2 Pinia 与 Vuex 相比差异

Pinia API 与 Vuex 3.x/4.x 以下的版本有很大不同：

- mutations 不再存在。它们经常被认为非常冗长。最初带来了 DevTools 集成，但这不再是问题。
- 无须创建自定义复杂包装器来支持 TypeScript，所有内容都是类型化的，并且 API 的设计方式尽可能利用 TS 类型推断。
- 不再需要注入、导入函数、调用函数、享受自动完成功能。
- 无须动态添加 Store，默认情况下它们都是动态的，甚至都不会注意到。请注意，仍然可以随时手动使用 Store 进行注册，但因为它是自动的，无须担心。
- 不再有 modules 的嵌套结构。仍然可以通过在另一个 Store 中导入和使用来隐式嵌套 Store，但 Pinia 通过设计提供平面结构，同时仍然支持 Store 之间的交叉组合方式。甚至可以拥有 Store 的循环依赖关系。
- 没有命名空间模块。鉴于 Store 的扁平架构，“命名空间”Store 是其定义方式所固有的，可以说所有 Store 都是命名空间的。

11.1.5 安装

可以通过包管理器来安装 Pinia 插件。

```
yarn add pinia
npm install pinia
```

如果使用 Vue 2，还需要安装组合 API。

```
npm install  @vue/composition-api
```

如果使用 Vue CLI，可以试试非官方插件 vue-cli-plugin-pinia，方法如下。

```
vue add vue-cli-plugin-pinia
```

创建一个 Pinia(根存储)并将其传递给应用程序：

```
import { createPinia } from 'pinia'
app.use(createPinia())
```

如果使用 Vue 2，还需要安装一个插件并将创建的 Pinia 注入应用程序的根目录。代码如下。

```
1.  import { createPinia, PiniaVuePlugin } from 'pinia'
2.  Vue.use(PiniaVuePlugin)
3.  const pinia = createPinia()
4.  new Vue({
5.    el: '#app',
6.    //其他选项…
7.    //注意同一个 'pinia' 实例可以在多个 Vue 应用程序中使用
```

```
8.   //同一个页面
9.   pinia,
10. })
```

这也将添加 DevTools 支持。在 Vue 3 中,仍然不支持时间旅行和编辑等一些功能,因为 vue-devtools 尚未公开必要的 API,但 DevTools 具有更多功能,并且整体开发人员体验要好得多。在 Vue 2 中,Pinia 使用 Vuex 的现有接口(因此不能与它一起使用)。

11.1.6 Store 的概念及使用场景

1. 什么是 Store

Store 是一个保存状态和业务逻辑的实体,可以自由读取和写入,并通过导入后在 setup 中使用。换句话说,它托管全局状态。它有点像一个始终存在并且每个人都可以读取和写入的组件。它有三个概念: state、getter 和 action,并且可以安全地假设这些概念等同于组件中的“数据”“计算”和“方法”。

2. Store 使用场景

存储应该包含可以在整个应用程序中访问的数据。这包括在许多地方使用的数据,例如,导航栏中显示的用户信息,以及需要通过页面保留的数据,例如,一个非常复杂的多步骤表格。

另一方面,应该避免在存储中包含可以托管在组件中的本地数据,例如,页面本地元素的可见性。

并非所有应用程序都需要访问全局状态,但如果需要一个,Pania 将使其更轻松。

11.2 定义一个 Store

创建 Store 很简单,需要调用 Pinia 中的 defineStore()函数来,该函数接收两个参数: name,一个字符串,必传项,表示该 Store 的唯一 id; options,一个对象,Store 的配置项,包括 state、getters 和 actions。

11.2.1 在项目中定义 Store

创建 Vue 项目时,在 src 文件夹下面创建一个 store 子文件夹专门来管理 Pinia 模块。在 store 文件夹下,可以创建多个 JS 或者 TS 文件来对应相应的模块。下面是在 store 文件夹下创建的一个 index.js 模块。代码如下。

```
1.  import { defineStore } from 'pinia'        //导入 defineStore API
2.  //useStore 可以是 useUser、useCart 之类的其他字符串
3.  //defineStore() 方法有两个参数,第一个参数是 store 的唯一 id,第二个参数是选项
4.  export const useStore = defineStore('storeId', {
5.   state(){                                  //存放的就是模块的变量
6.    return{   count:30   }
7.   }
8.   getters:{
9.    //相当于 Vue 里面的计算属性,可以缓存数据
10.   },
11.   actions:{
12.       //可以通过 actions 方法,改变 state 里面的值
13.   }
14. })
15. //也可以以对象方式来定义
16. export const useStore = defineStore({
17.   id:'main',
18.   state:() =>({ count:30 })
19. //其他选项
20. })
```

这个名字也被用作 id，是必须传入的，Pinia 将用它来连接 Store 和 DevTools。为了养成习惯性的用法，将返回的函数命名为 use×××是一个符合组合式函数风格的约定。

11.2.2 在页面(组件)中使用 Store

在 setup()中调用 useStore()之前不会创建 Store。

下面以 Vue 3 页面(组件)为例，简单介绍一下 Pinia 页面的使用。

```
1.  <template>
2.    <div>
3.      <p>{{store.count}}</p>
4.    </div>
5.  </template>
6.  <script>
7.  //这里引入导出的 useStore
8.  import { useStore } from '../store/index.js'
9.  export default {
10.   setup(props) {
11.   //值得注意的是 useStore 是一个方法,调用之后会返回一个对象
12.   //这个时候就会发现,页面上就能正常显示在 index.js 里面的 state 里面定义的 count 数据
13.    const store = useStore();
14.    return {
15.     store
16.    }
17.   }
18. }
19. </script>
```

可以根据需要定义任意数量的 store，并且应该在不同的文件中定义每个 store，以充分利用 Pinia(例如，自动允许包进行代码拆分和 TypeScript 推理)。

如果还没有使用 setup 组件，仍然可以将 Pinia 与 map helpers 一起使用。

一旦 Store 被实例化，就可以直接在 Store 上访问 state、getters 和 actions 中定义的任何属性。接下来的页面中将详细介绍这些内容，但自动补全会对项目有所帮助。

Store 返回的是一个 reactive 对象，这意味着不需要在 getter 之后写.value，但是就像 setup 中的 props 一样，不能对其进行解构。

```
1.  export default defineComponent({
2.   setup() {
3.    const store = useStore()
4.    //这不起作用,因为它会破坏响应式。这和从 props 解构是一样的
5.    const { name, doubleCount } = store
6.    name            //"eduardo"
7.    doubleCount     //2
8.    return {
9.     name,          //一直会是 "eduardo"
10.    doubleCount,   //一直会是 2
11.    //这将是响应式的
12.    doubleValue: computed(() => store.doubleCount),
13.    }
14.  },
15. })
```

为了从 Store 中提取属性的同时保持其响应式，需要使用 storeToRefs()。它将为任何响应式属性创建 refs。当仅使用 Store 中的状态但不调用任何操作时，这很有用。

```
1.  import { storeToRefs } from 'pinia'
2.  export default defineComponent({
3.   setup() {
4.    const store = useStore()
5.    //'name' 和 'doubleCount' 是响应式引用
6.    //这也会为插件添加的属性创建引用
```

```
 7.    //但跳过任何 action 或 非响应式(不是 ref/reactive)的属性
 8.    const { name, doubleCount } = storeToRefs(store)  //保持响应性
 9.    return {
10.      name,
11.      doubleCount
12.    }
13.  },
14. })
```

11.2.3 在 main.js 中引入 Pinia

实际工程项目中,都会在 main.js 或者 main.ts 中引入 Pinia。在 Vue 3 中的引入方式如下。

```
import { createApp } from 'vue'
import App from './App.vue'
import { createPinia } from 'pinia';        //导入 createPinia 组件
const app = createApp(App);
const pinia = createPinia();                //创建 Pinia
app.use(pinia);                             //使用 Pinia
app.mount('#app')
```

【例 11-1】 Pinia 中 Store 的定义与应用实战。

页面代码如下,效果如图 11-3～图 11-6 所示。项目名称为 pinia-11-1。

创建项目步骤如下。

(1) 切换到项目根文件夹,执行 npm create vite pinia-11-1 -t vue。执行过程如图 11-3 所示。

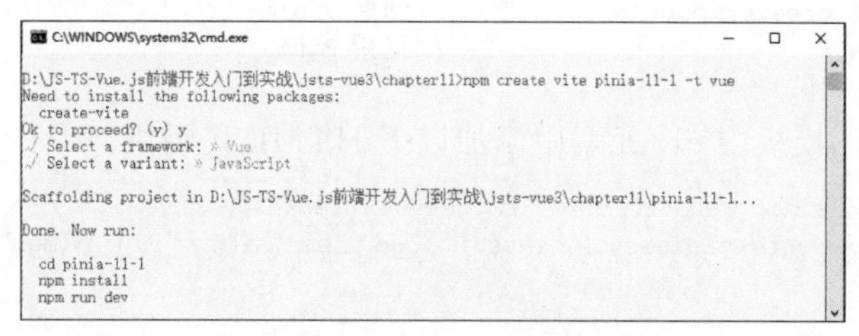

图 11-3 创建 pinia-11-1 项目

(2) 切换到项目 pinia-11-1 文件夹,执行以下命令,结果如图 11-4 所示。

```
cd pinia-11-1
npm install
npm install pinia -D
npm run dev
```

(3) 然后打开浏览器,在地址栏中输入"http://127.0.0.1:5173/",页面如图 11-5 所示,说明项目创建成功。

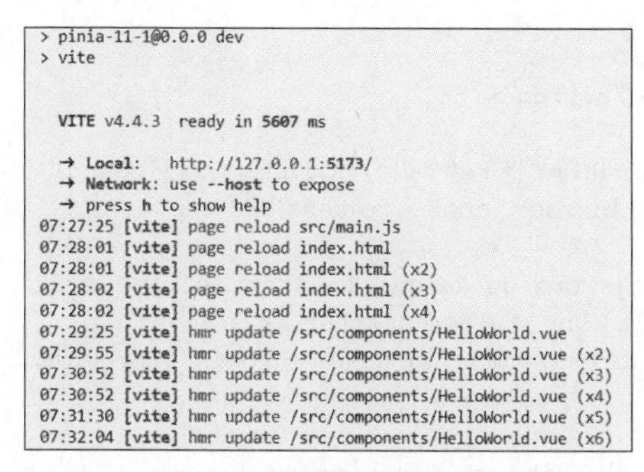

图 11-4 项目终端启动服务运行信息

图 11-5 运行 Pinia-11-1 项目

（4）引入 Pinia，需要对项目相关文件进行修改和补充。

① 在 src 文件夹下创建 store 子文件夹，并创建 index.js 文件，定义 Pinia 的 Store。代码如下。

```
1.  import { defineStore } from "pinia";
2.  export const useStore = defineStore({
3.   id: "main",
4.   state() {
5.    return {
6.     count: 10,
7.    };
8.   },
9.   actions: {
10.   changeCount() {
11.    this.count++;
12.   },
13.  },
14. });
```

② 在 main.js 中引入并使用 Pinia。修改后 main.js 文件代码如下。

```
1.  import { createApp } from "vue";
2.  import { createPinia } from "pinia";      //导入 API
3.  import "./style.css";
4.  import App from "./App.vue";
5.  const app = createApp(App);
6.  const pinia = createPinia();              //创建 Pinia
7.  app.use(pinia);                           //使用 Pinia
8.  app.mount("#app");
```

③ 在 App.vue 的模板中 div 元素中添加以下 HTML 代码块。

```
<a href="https://pinia.web3doc.top/" target="_blank">
    <img src="./assets/pinia.svg" class="logo pinia" alt="Pinia logo" />
</a>
```

④ 修改 HelloWorld.vue 文件。代码如下。

```
1.  <script setup>
2.  import { storeToRefs } from "pinia";
3.  import { useStore } from "../store";
4.  import { ref } from "vue";
5.  const count1 = ref(0);
6.  defineProps({
7.   msg: String,
8.  });
9.  const store = useStore();
10. const { changeCount } = store;
11. const { count } = storeToRefs(store);
12. </script>
13. <template>
14.   <h1>{{ msg }}</h1>
15.   <p>Pinia 状态 - count:{{ count }}</p>
16.   <button @click="changeCount">计算</button>
17.   <div class="card">
18.     <button type="button" @click="count1++">ref 对象 - count1 is {{ count1 }}</button>
19.     <p>Edit <code>components/HelloWorld.vue</code> to test HMR </p>
20.   </div>
21.    <p>Check out <a href="https://vuejs.org/guide/quick-start.html#local" target=
     "_blank">create-vue</a, the official Vue + Vite starter  </p>
22.   <p>Install <a href="https://github.com/vuejs/language-tools" target="_blank">
    Volar</a>
23.    in your IDE for a better DX  </p>
24.   <p class="read-the-docs">Click on the Vite and Vue logos to learn more</p>
25. </template>
```

```
26.  <style scoped>
27.  .read-the-docs { color: #888; }
28.  </style>
```

⑤ 修改完成后，Vite 会自动更新，同时页面自动刷新，如图 11-6 所示。按 F12 键进入调试状态，选择 Vue 选项，单击 按钮查看 Pinia 中状态数据。

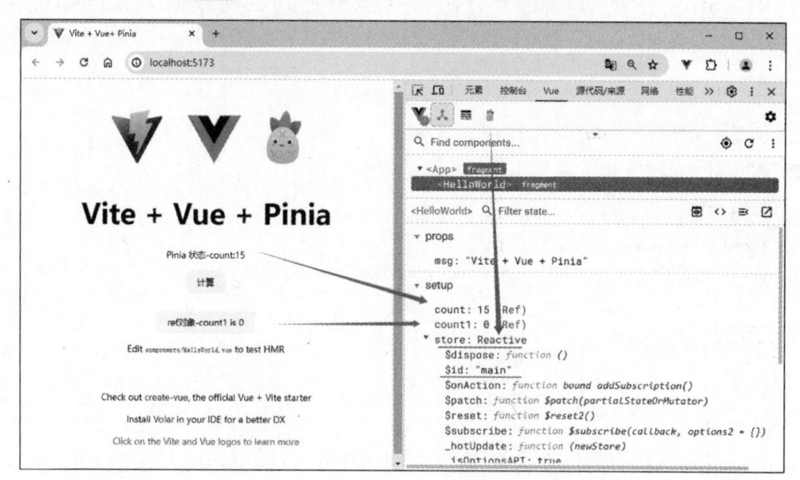

图 11-6 使用 Pinia 状态数据页面

11.3 核心概念——state

大多数时候，state 是 Store 的核心部分。通常从定义应用程序的状态开始。在 Pinia 中，状态被定义为返回初始状态的函数。Pinia 在服务器端和客户端都可以工作。

11.3.1 定义 state 状态

```
1.  import { defineStore } from 'pinia'
2.  const useStore = defineStore('storeId', {
3.    //推荐使用完整类型推断的箭头函数
4.    state: () => {
5.     return {
6.      //所有这些属性都将自动推断其类型
7.      counter: 0,
8.      name: 'Eduardo',
9.      isAdmin: true,
10.    }
11.   },
12. })
```

11.3.2 访问 state

默认情况下，可以通过 Store 实例访问状态来直接读取和写入状态。代码如下。

```
const store = useStore()
store.counter++
```

(1) 保留引用的解构。组件中使用 state 的关键代码如下。

```
1.  import { storeToRefs } from 'pinia'
2.  const store = useStore()
3.  const { counter } = storeToRefs(store)       //这样写是响应式的
4.  counter.value++
```

(2) 通过 ref()获取。

```
1.  import { storeToRefs } from 'pinia'
2.  import { ref } from 'vue'
```

```
3.  const store = useStore()
4.  const counter = ref(store.counter)
5.  counter.value++
```

11.3.3 重置状态

可以通过调用 Store 上的 $reset()方法将状态重置到其初始值。代码如下。

```
const store = useStore()
store.$reset()
```

1. 使用选项式 API

以下示例，假设已创建以下 Store。

```
1.  //Example File Path: ./src/stores/counterStore.js
2.  import { defineStore } from 'pinia',
3.  const useCounterStore = defineStore('counterStore', {
4.    state: () => ({
5.      counter: 0
6.    })
7.  })
```

2. 使用 setup()

虽然 Composition API 并不适合所有人，但 setup()钩子可以使在 Options API 中使用 Pinia 更容易。不需要额外的 map helper。

```
1.  import { useCounterStore } from '../stores/counterStore'
2.  export default {
3.    setup() {
4.      const counterStore = useCounterStore()
5.      return { counterStore }
6.    },
7.    computed: {
8.      tripleCounter() {
9.        return counterStore.counter * 3
10.     },
11.   },
12. }
```

3. 不使用 setup()

如果不使用 Composition API，并且使用的是 computed、methods、… 则可以使用 mapState()帮助器将状态属性映射为只读计算属性。

1) 状态不可修改(只读)

```
1.  import { mapState } from 'pinia'
2.  import { useCounterStore } from '../stores/counterStore'
3.  export default {
4.    computed: {
5.      //允许访问组件内部的 this.counter
6.      //与从 store.counter 读取相同
7.      ...mapState(useCounterStore, {
8.        myOwnName: 'counter',
9.        //还可以编写一个访问 store 的函数
10.       double: store => store.counter * 2,
11.       //它可以正常读取 this,但无法正常写入…
12.       magicValue(store) {
13.         return store.someGetter + this.counter + this.double
14.       },
15.     }),
16.   },
17. }
```

2）可修改状态

如果希望能够写入这些状态属性(例如，如果有一个表单)，可以使用 mapWritableState()代替。请注意，不能传递类似于 mapState()的函数。

```
1.  import { mapWritableState } from 'pinia'
2.  import { useCounterStore } from '../stores/counterStore'
3.  export default {
4.   computed: {
5.    //允许访问组件内的 this.counter 并允许设置它
6.    //this.counter++
7.    //与从 store.counter 读取相同
8.    ...mapWritableState(useCounterStore, ['counter'])
9.    //与上面相同，但将其注册为 this.myOwnName
10.   ...mapWritableState(useCounterStore, {
11.    myOwnName: 'counter',
12.   }),
13.  },
14. }
```

11.3.4 改变状态

除了直接用 store.counter++修改 Store，还可以调用 $patch()方法。它允许使用部分"state"对象同时应用多个更改。例如：

```
store.$patch({
  counter: store.counter + 1,
  name: 'Abalam',
})
```

但是，使用这种语法应用某些突变非常困难或代价高昂。任何集合修改(例如，从数组中推送、删除、拼接元素)都需要创建一个新集合。正因为如此，$patch()方法也接收一个函数来批量修改集合内部分对象的情况。

```
cartStore.$patch((state) => {
  state.items.push({ name: 'shoes', quantity: 1 })
  state.hasChanged = true
})
```

这里的主要区别是 $patch()允许将批量更改的日志写入开发工具中的一个条目中。注意两者，state 和 $patch()的直接更改都出现在 DevTools 中，并且可以进行时间旅行(在 Vue 3 中还没有)。

11.3.5 替换 state

可以通过将其 $state 属性设置为新对象来替换 Store 的整个状态。代码如下。

```
store.$state = { counter: 666, name: 'Paimon' }
```

还可以通过更改 Pinia 实例的 state 来替换应用程序的整个状态。这在 SSR for hydration 期间使用。

```
pinia.state.value = {}
```

11.3.6 订阅状态

可以通过 Store 的 $subscribe()方法查看状态及其变化，类似于 Vuex 的 subscribe()方法。与常规的 watch()相比，使用 $subscribe()的优点是 subscriptions 只会在 patches 之后触发一次(例如，当使用上面的函数版本时)。

```
1.  cartStore.$subscribe((mutation, state) => {
2.   //import { MutationType } from 'pinia'
```

```
3.    mutation.type              //'direct' | 'patch object' | 'patch function'
4.    //与 cartStore.$id 相同
5.    mutation.storeId           //'cart'
6.    //仅适用于 mutation.type === 'patch object'
7.    mutation.payload           //补丁对象传递给 to cartStore.$patch()
8.    //每当它发生变化时,将整个状态持久化到本地存储
9.    localStorage.setItem('cart', JSON.stringify(state))
10.  })
```

默认情况下,state subscriptions 绑定到添加它们的组件(如果 Store 位于组件的 setup()中)。意思是,当组件被卸载时,它们将被自动删除。如果要在卸载组件后保留它们,须将{detached: true}作为第二个参数传递给 detach 当前组件的 state subscription。

```
1.  export default {
2.    setup() {
3.      const someStore = useSomeStore()
4.      //此订阅将在组件卸载后保留
5.      someStore.$subscribe(callback, { detached: true })
6.      //...
7.    },
8.  }
```

【例 11-2】 Pinia 中 state 定义与应用实战——多组件共享与修改状态数据。

页面代码如下,效果如图 11-7 所示。

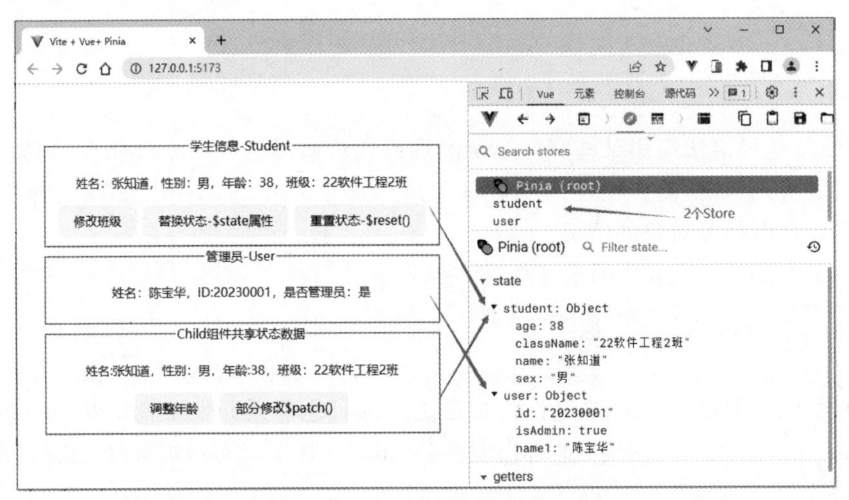

图 11-7 多个 Store 多个组件共享状态

创建项目 pinia-11-2,过程参照例 11-1 步骤进行操作。以下仅对不同的部分进行阐述。

(1) 定义 Store。

① index.js 文件。代码如下。

```
1.  import { defineStore } from "pinia";
2.  export const useStudentStore = defineStore({
3.    id: "student",
4.    state: () => {
5.      return {
6.        name: "李想云",
7.        age: 22,
8.        sex: "男",
9.        className: "22 软件工程 2 班",
10.     };
11.   },
12. });
```

② User.js 文件。代码如下。

```
1.  import { defineStore } from "pinia";
2.  export const useUserStore = defineStore({
3.   id: "user",
4.   state: () => {
5.    return {
6.     name1: "陈宝华",
7.     isAdmin: true,
8.     id: "20230001",
9.    };
10.  },
11. });
```

(2) 修改 App. vue 文件。

```
1.  <script setup>
2.  import Child from "./components/child.vue";
3.  import { storeToRefs } from "pinia";
4.  import { useStudentStore } from "./store";
5.  import { useUserStore } from "./store/user.js";
6.  const student = useStudentStore();        //第 1 个 Store
7.  const user = useUserStore();              //第 2 个 Store
8.  const { name, age, className, sex } = storeToRefs(student);
9.  const { name1, isAdmin, id } = storeToRefs(user);
10. const changeClassName = (className) => {
11.  student.className = className;
12. };
13. const changeState = () => {
14.  student.$state = { name: "储国光", age: 23,  sex: "女",  className: "20 信管 2 班", };
15. };
16. const resetState = () => {student.$reset();  };
17. </script>
18. <template>
19.   <div>
20.     <fieldset>
21.      <legend>学生信息 - Student </legend>
22.      <p> 姓名: {{ name }},性别: {{ sex }},年龄: {{ age }},班级: {{className }} </p>
23.      <button @click = "changeClassName('21 计算机 1 班')">修改班级</button>
24.      <button @click = "changeState">替换状态 - $state 属性</button>
25.      <button @click = "resetState">重置状态 - $reset()</button>
26.     </fieldset>
27.     <fieldset>
28.      <legend>管理员 - User </legend>
29.      <p> 姓名: {{ name1 }},ID:{{ id }},是否管理员: {{ isAdmin ? "是" : "否" }} </p>
30.     </fieldset>
31.   </div>
32.   <Child />
33. </template>
34. <style>
35. button { margin: 0 4px; }
36. </style>
```

在 App. vue 组件中同时使用 Student 和 User 两个 Store，并在此组件中定义 changeClassName()、changeState()、resetState()等方法，分别直接修改状态数据(第 11 行)、使用 $state 属性整体修改状态数据(第 14 行)和使用 $reset()重置状态数据(第 16 行)。

(3) 删除 HelloWorld. vue，新建 child. vue 文件。代码如下。

```
1.  //多组件共享状态数据
2.  <script setup>
3.  import { storeToRefs } from "pinia";
4.  import { useStudentStore } from "../store/index.js";
5.  const student = useStudentStore();
6.  const { name, age, sex, className } = storeToRefs(student);
7.  const addAge = (n) => {
8.   student.age += n;
```

```
9.   };
10.  const changeNameAge = (name, age) => {
11.    student.$patch({
12.      name: name,
13.      age: age,
14.    });
15.  };
16.  </script>
17.  <template>
18.    <fieldset>
19.      <legend>Child组件共享状态数据</legend>
20.      <p>姓名:{{ name }},性别: {{ sex }},年龄:{{ age }},班级: {{className }}</p>
21.      <button type="button" @click="addAge(3)">调整年龄</button>
22.      <button type="button" @click="changeNameAge('张知道', 35)">
23.        部分修改$patch()
24.      </button>
25.    </fieldset>
26.  </template>
```

在Child.vue组件中共享使用Student这个Store,并在此组件中定义addAge()和changeNameAge()两个方法,分别直接修改状态数据(第8行)和使用$patch()部分修改状态数据(第11~14行)。

11.4 核心概念——getter

getter完全等同于Store状态的计算值。它们可以用defineStore()中的getter属性定义。推荐使用箭头函数,并且它将接收state作为第一个参数。

11.4.1 定义getter

```
export const useCounterStore = defineStore('counter', {
  state: () => ({
    count: 0,
  }),
  getters: {
    doubleCount: (state) => state.count * 2,
  },
})
```

大多数时候,getter只会依赖状态,但是,有时也可能需要使用其他getter。正因为如此,可以在定义常规函数时通过this访问到整个store的实例,但是需要定义返回类型(在TypeScript中)。这是由于TypeScript中的一个已知限制,并且不会影响使用箭头函数定义的getter,也不会影响不使用this的getter。例如:

```
export const useCounterStore = defineStore('counter', {
  state: () => ({
    count: 0,
  }),
  getters: {
    //自动将返回类型推断为数字
    doubleCount(state) {
      return state.count * 2
    },
    //返回类型**必须**明确设置
    doublePlusOne(): number {
      //整个store的自动补全和类型标注
      return this.doubleCount + 1
    },
  },
})
```

11.4.2 访问 getter

```
<script setup>
  import { useCounterStore } from './counterStore'
  const store = useCounterStore()
</script>
<template>
  <p>Double count is {{ store.doubleCount }}</p>
</template>
```

11.4.3 访问其他 getter

与计算属性一样，可以组合多个 getter，通过此方法访问任何其他 getter。即使没有使用 TypeScript，也可以使用 JSDoc 提示 IDE 中的类型。例如：

```
export const useStore = defineStore('main', {
  state: () => ({
    count: 0,
  }),
  getters: {
    //类型是自动推断出来的，因为没有使用 'this'
    doubleCount: (state) => state.count * 2,
    //这里需要自己添加类型(在 JS 中使用 JSDoc)
    //可以用 this 来引用 getters
    /**
     * 返回 count 的值乘以 2 加 1
     *      * @returns {number}
     */
    doubleCountPlusOne() {
      //自动补全
      return this.doubleCount + 1
    },
  },
})
```

11.4.4 向 getter 传递参数

getter 只是幕后的计算属性，所以不可以向它们传递任何参数。不过，可以从 getter 返回一个函数，该函数可以接收任意参数。例如：

```
export const useStore = defineStore('main', {
  getters: {
    getUserById: (state) => {
      return (userId) => state.users.find((user) => user.id === userId)
    },
  },
})
```

并在组件中使用：

```
<script setup>
import { useUserListStore } from './store'
const userList = useUserListStore()
const { getUserById } = storeToRefs(userList)
//请注意，需要使用'getUserById.value'来访问<script setup>中的函数
</script>
<template>
  <p>User 2: {{ getUserById(2) }}</p>
</template>
```

请注意，当这样做时，getter 将不再被缓存，它们只是一个被调用的函数。不过，可以在 getter 本身中缓存一些结果，虽然这种做法并不常见，但有证明表明它的性能会更好。例如：

```
export const useStore = defineStore('main', {
  getters: {
    getActiveUserById(state) {
      const activeUsers = state.users.filter((user) => user.active)
      return (userId) => activeUsers.find((user) => user.id === userId)
    },
  },
})
```

11.4.5 访问其他Store的getter

如果想要使用另一个Store的getter的话，那就直接在getter内使用即可。例如：

```
import { useOtherStore } from './other-store'          //导入其他Store
export const useStore = defineStore('main', {
  state: () => ({
    //…
  }),
  getters: {
    otherGetter(state) {
      const otherStore = useOtherStore()               //定义其他Store
      return state.localData + otherStore.data         //使用其他Store的getters
    },
  },
})
```

11.4.6 使用setup()时的用法

作为Store的一个属性，可以直接访问任何getter(与state属性完全一样)。例如：

```
<script setup>
const store = useCounterStore()
store.count = 3
store.doubleCount //6
</script>
```

11.4.7 选项式API的用法

在下面的例子中，可以假设相关的Store已经创建了。例如：

```
//示例文件路径:./src/stores/counter.js
import { defineStore } from 'pinia'
export const useCounterStore = defineStore('counter', {
  state: () => ({
    count: 0,
  }),
  getters: {
    doubleCount(state) {
      return state.count * 2
    },
  },
})
```

1. 使用setup()

虽然并不是每个开发者都会使用组合式API，但setup()钩子依旧可以使Pinia在选项式API中更易用，并且不需要额外的映射辅助函数。例如：

```
<script>
import { useCounterStore } from '../stores/counter'
export default defineComponent({
  setup() {
    const counterStore = useCounterStore()
```

```
      return { counterStore }
    },
    computed: {
      quadrupleCounter() {
        return this.counterStore.doubleCount * 2
      },
    },
})
</script>
```

注意 这在将组件从选项式 API 迁移到组合式 API 时很有用，但应该只是一个迁移步骤，始终尽量不要在同一组件中混合两种 API 样式。

2. 不使用 setup()

可以使用 11.5 节的 State 中的 mapState()函数来将其映射为 getters。例如：

```
import { mapState } from 'pinia'
import { useCounterStore } from '../stores/counter'
export default {
  computed: {
    //允许在组件中访问 this.doubleCount
    //与从 store.doubleCount 中读取的相同
    ...mapState(useCounterStore, ['doubleCount']),
    //与上述相同，但将其注册为 this.myOwnName
    ...mapState(useCounterStore, {
      myOwnName: 'doubleCount',
      //也可以写一个函数来获得对 Store 的访问权
      double: store => store.doubleCount,
    }),
  },
}
```

【例 11-3】 Pinia 中 getter 定义与应用实战。

页面代码如下，效果如图 11-8 所示。创建项目 pinia-11-3，过程参照例 11-1 步骤进行操作。以下仅对不同的部分进行阐述。该项目将删除组件 HelloWord.vue，把所有 getter 访问均放在 App.vue 组件中来进行处理，并在组件中显示同步操作结果。

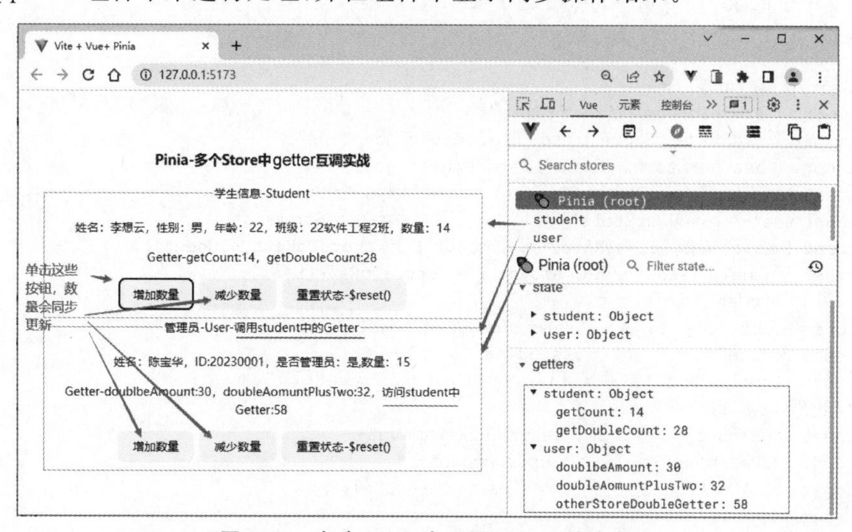

图 11-8 多个 Store 中互调 getters 的应用

(1) 修改 store 子文件夹中的 JS 文件。

① 编辑 student.js 文件，内容如下。

```
1.  import { defineStore } from "pinia";
2.  export const useStudentStore = defineStore({
3.   id: "student",
4.   state: () => {
5.    return {name: "李想云",  age: 22,   sex: "男",   className: "22 软件工程 2 班",  count: 1 };
6.   },
7.   getters: {
8.    getCount: (state) => state.count,
9.    getDoubleCount() {
10.    return this.getCount * 2; //调用其他 getter
11.   },
12.  },
13. });
```

在 student.js 中定义 getDoubleCount(),通过 this 使用自身的 getter(getCount)。

② 编辑 user.js 文件,内容如下。

```
1.  import { defineStore } from "pinia";
2.  import { useStudentStore } from "./student.js";      //导入其他 Store
3.  export const useUserStore = defineStore({
4.   id: "user",
5.   state: () => {
6.    return {name1: "陈宝华", isAdmin: true, id: "20230001", amount: 1,};
7.   },
8.   getters: {
9.    doublbeAmount: (state) => state.amount * 2,
10.   doubleAomuntPlusTwo() {
11.    return this.doublbeAmount + 2;                  //访问其他 getters
12.   },
13.   otherStoreDoubleGetter(state) {
14.    const student = useStudentStore();                      //使用其他 Store:student
15.    return state.amount * 2 + student.getDoubleCount;     //使用 student.count
16.   },
17.  },
18. });
```

在 user.js 中首先导入 useStudentStore,供 getter 调用 student 中的 getter。doubleAomuntPlusTwo()通过 this 使用自身的 getters(doublbeAmount)。otherStoreDoubleGetter()中调用 student 中的 getDoubleCount()这个 getter。

(2) 修改 App.vue 文件,代码如下。

```
1.  <script setup>
2.  import { storeToRefs } from "pinia";
3.  import { useStudentStore } from "./store/student.js";
4.  import { useUserStore } from "./store/user.js";
5.  const student = useStudentStore();      //第 1 个 Store
6.  const user = useUserStore();            //第 2 个 Store
7.  const { name, age, className, sex, count } = storeToRefs(student);
8.  const { name1, isAdmin, id, amount } = storeToRefs(user);
9.  //处理 student store
10. const addCount = () => { return student.count++;};
11. const reduceCount = () => student.count--;
12. const resetStudentState = () => {student.$reset(); };
13. //处理 user store
14. const addAmount = () => { return user.amount++; };
15. const reduceAmount = () => user.amount--;
16. const resetUserState = () => { user.$reset(); };
17. </script>
18. <template>
19.   <div>
20.     <h3>Pinia - 多个 Store 中 getter 互调实战</h3>
21.     <fieldset>
22.      <legend>学生信息 - Student</legend>
```

```
23.        <p>姓名:{{ name }},性别:{{ sex }},年龄:{{ age }},班级:{{
24.           className  }},数量:{{ count }}  </p>
25.        <p>  Getter-getCount:{{ student.getCount }},getDoubleCount:{{
26.           student.getDoubleCount  }}  </p>
27.        <button @click="addCount">增加数量</button>
28.        <button @click="reduceCount">减少数量</button>
29.        <button @click="resetStudentState">重置状态 - $reset()</button>
30.      </fieldset>
31.      <fieldset>
32.        <legend>管理员 - User - 调用 student 中的 Getter</legend>
33.        <p>  姓名:{{ name1 }},ID:{{ id }},是否管理员:{{
34.           isAdmin ? "是" : "否"  }},数量:{{ amount }}  </p>
35.        <p>Getter-doublbeAmount:{{ user.doublbeAmount }},doubleAomuntPlusTwo:{{
36.                 user. doubleAomuntPlusTwo    }}, 访 问  student  中  Getter: {{  user.
                    otherStoreDoubleGetter }}</p>
37.        <button @click="addAmount">增加数量</button>
38.        <button @click="reduceAmount">减少数量</button>
39.        <button @click="resetUserState">重置状态 - $reset()</button>
40.      </fieldset>
41.    </div>
42.  </template>
43.  <style>
44.  button {margin: 0 4px;}
45.  </style>
```

在App.vue组件中,同时导入两个Store,实现状态数据和getter共享与互调使用。通过解构赋值出所有状态,供组件使用,定义addCount()、reduceCount()、resetStudentState()分别用于count增1、count减1及状态重置。定义addAmount()、reduceAmount()、resetUserState()分别用于amount增1、amount减1及状态重置,即通过对count、amount增加与减少来同步更新相关的getter。

11.5 核心概念——action

action相当于组件中的方法。可以通过defineStore()中的actions属性来定义,非常适合定义业务逻辑。类似getter,action也可通过this访问整个Store实例,并支持完整的类型标注(以及自动补全)。不同的是,action可以是异步的,可以在它们里面await调用任何API,以及其他action。

11.5.1 添加action

可以尝试着给counter存储库添加一个actions属性,在其中定义两个方法。例如:

```
1.  export const useCounterStore = defineStore('counter', {
2.   state: () => ({
3.    count: 0,
4.   }),
5.   actions: {
6.    //由于依赖"this",因此不能使用箭头函数
7.   increment() {
8.     this.count++                                      //count 增 1
9.    },
10.   randomizeCounter() {
11.    this.count = Math.round(100 * Math.random())      //1~100 的随机数
12.   },
13.  },
14. })
```

下面是一个使用mande的例子。请注意,使用什么库并不重要,只要得到的是一个Promise,甚至可以(在浏览器中)使用原生fetch函数。例如:

```
1.  import { mande } from 'mande'
2.  const api = mande('/api/users')
3.  export const useUsers = defineStore('users', {
4.   state: () => ({
5.    userData: null,
6.    //…
7.   }),
8.   actions: {
9.    async registerUser(login, password) {
10.     try {
11.      this.userData = await api.post({ login, password })
12.      showTooltip('Welcome back ${this.userData.name}!')
13.     } catch (error) {
14.      showTooltip(error)
15.      //让表单组件显示错误
16.      return error
17.     }
18.    },
19.   },
20.  })
```

11.5.2 使用 action

可以完全自由地设置任何想要的参数以及返回任何结果。当调用 action 时，一切类型也都是可以被自动推断出来的。

action 可以像函数或者通常意义上的方法一样被调用。例如：

```
1.  <script setup>
2.  const store = useCounterStore()
3.  //将 actions 作为 Store 的方法进行调用
4.  store.randomizeCounter()
5.  </script>
6.  <template>
7.    <!-- 即使在模板中也可以 -->
8.    <button @click="store.randomizeCounter()">Randomize</button>
9.  </template>
```

11.5.3 访问其他 Store 的 action

想要使用另一个 Store，那么直接在 action 中调用就可以。代码如下。

```
1.  import { useAuthStore } from './auth-store'          //导入其他 Store
2.  export const useSettingsStore = defineStore('settings', {
3.   state: () => ({
4.    preferences: null,
5.    //…
6.   }),
7.   actions: {
8.    async fetchUserPreferences() {
9.     const auth = useAuthStore()                        //使用其他 Store
10.    if (auth.isAuthenticated) {
11.     this.preferences = await fetchPreferences()
12.    } else {
13.     throw new Error('User must be authenticated')
14.    }
15.   },
16.  },
17. })
```

11.5.4 异步 action

Pinia 中的 action 同时支持同步和异步操作。可以使用 setTimeout(function，millisecond) 来延时相应的毫秒，再去执行相关操作。例如：

```
1.  import { defineStore } from 'pinia'
2.  const useCounter = defineStore('counter', {
3.   state: () => {
4.    return {
5.     count: 0,
6.    }
7.   },
8.   actions: {
9.    asyncIncrement() {
10.     setTimeout(() => this.count++, 1000)     //延时 1s 后执行箭头函数,count 累加 1
11.    },
12.   }
13. })
```

11.5.5 选项式 API 的用法

在下面的例子中,可以假设相关的 Store 已经创建完成。代码如下。

```
1.  //示例文件路径:./src/stores/counter.js
2.  import { defineStore } from 'pinia'
3.  const useCounterStore = defineStore('counter', {
4.   state: () => ({ count: 0 }),
5.   actions: {
6.    increment() {
7.     this.count++
8.    }
9.   }
10. })
```

1. 使用 setup()

虽然并不是每个开发者都会使用组合式 API,但 setup()钩子依旧可以使 Pinia 在选项式 API 中更易用。并且不需要额外的映射辅助函数。代码如下。

```
1.  <script>
2.  import { useCounterStore } from '../stores/counter'
3.  export default defineComponent({
4.   setup() {
5.    const counterStore = useCounterStore()
6.    return { counterStore }
7.   },
8.   methods: {
9.    incrementAndPrint() {
10.    this.counterStore.increment()
11.    console.log('New Count:', this.counterStore.count)
12.   },
13.  },
14. })
15. </script>
```

2. 不使用 setup()

如果不喜欢使用组合式 API,也可以使用 mapActions()辅助函数将 actions 属性映射为组件中的方法。代码如下。

```
1.  import { mapActions } from 'pinia'
2.  import { useCounterStore } from '../stores/counter'
3.  export default {
4.   methods: {
5.    //访问组件内的 this.increment()
6.    //与从 store.increment() 调用相同
7.    ...mapActions(useCounterStore, ['increment'])
8.    //与上述相同,但将其注册为 this.myOwnName()
9.    ...mapActions(useCounterStore, { myOwnName: 'increment' }),
10.  },
11. }
```

11.5.6 订阅 action

可以通过 store. $onAction()来监听 action 和它们的结果。传递给它的回调函数会在 action 本身之前执行。after 表示在 promise 解决之后，允许在 action 解决后执行一个回调函数。同样地，onError 允许在 action 抛出错误或 reject 时执行一个回调函数。这些函数对于追踪运行时错误非常有用，类似于 Vue 文档中的这个提示。

这里有一个例子，在运行 action 之前以及 action resolve/reject 之后打印日志记录。

```
1.  const unsubscribe = someStore. $onAction(
2.   ({
3.     name,                //action 名称
4.     store,               //Store 实例，类似'someStore'
5.     args,                //传递给 action 的参数数组
6.     after,               //在 action 返回或解决后的钩子
7.     onError,             //action 抛出或拒绝的钩子
8.   }) => {
9.     //为这个特定的 action 调用提供一个共享变量
10.    const startTime = Date.now()
11.    //这将在执行 Store 的 action 之前触发
12.    console.log('Start "${name}" with params [${args.join(', ')}].')
13.    //这将在 action 成功并完全运行后触发
14.    //它等待着任何返回的 promise
15.    after((result) => {
16.      console.log(
17.        'Finished "${name}" after ${
18.         Date.now() - startTime
19.        }ms.\nResult: ${result}.'
20.      )
21.    })
22.    //如果 action 抛出或返回一个拒绝的 promise，这将触发
23.    onError((error) => {
24.      console.warn(
25.        'Failed "${name}" after ${Date.now() - startTime}ms.\nError: ${error}.'
26.      )
27.    })
28.  }
29. )
30. //手动删除监听器
31. unsubscribe()
```

默认情况下，action 订阅器会被绑定到添加它们的组件上（如果 Store 在组件的 setup()内）。这意味着，当该组件被卸载时，它们将被自动删除。如果想在组件卸载后依旧保留它们，请将 true 作为第二个参数传递给 action 订阅器，以便将其从当前组件中分离。例如：

```
1.  <script setup>
2.  const someStore = useSomeStore()
3.  //此订阅器即便在组件卸载之后仍会被保留
4.  someStore. $onAction(callback, true)
5.  </script>
```

【例 11-4】 Pinia 中 actions 定义与应用实战。

页面代码如下，效果如图 11-9～图 11-11 所示。创建项目 pinia-11-4，过程参照例 11-1 步骤进行操作。以下仅对不同的部分进行阐述。

(1) 定义 Store。

① 定义 store/student.js。代码如下。

```
1.  import { defineStore } from "pinia";
2.  export const useStudentStore = defineStore({   //使用对象来定义选项
3.    id: "student",
4.    state: () => {
```

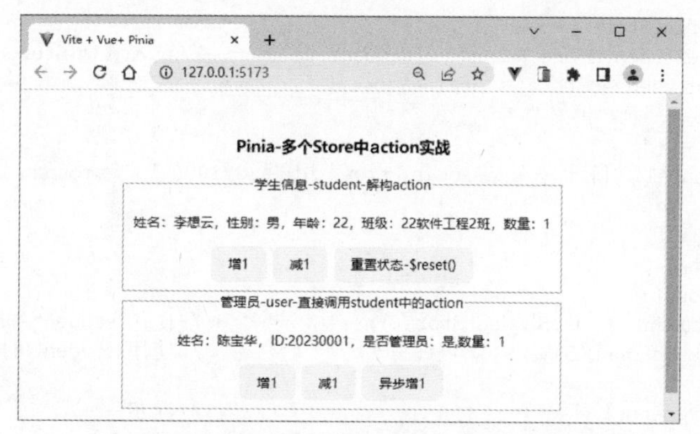

图 11-9 多个 Store 中的 action 应用初始页面

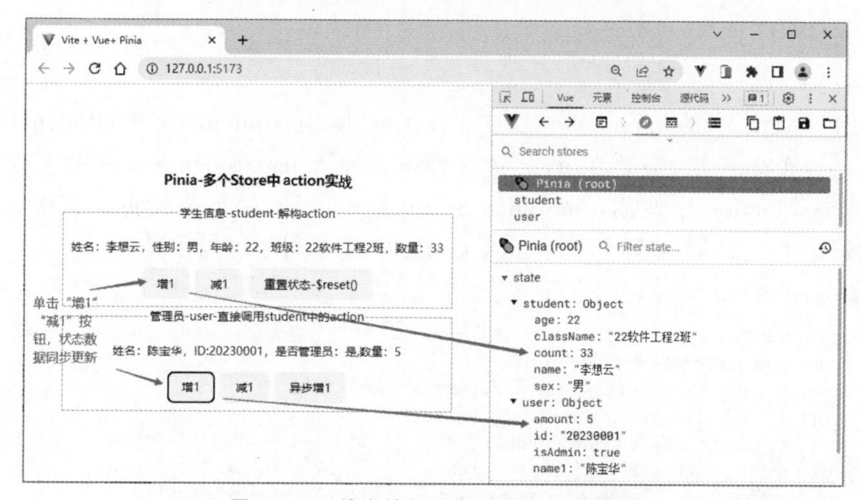

图 11-10 单击按钮执行 action 结果页面

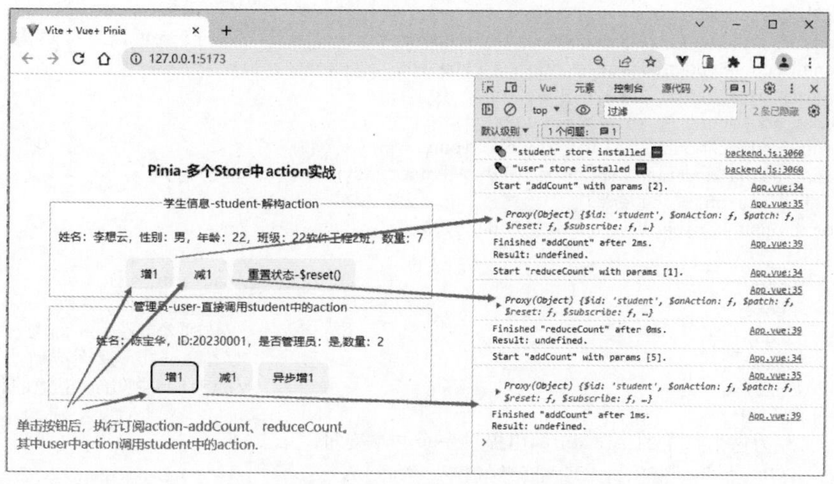

图 11-11 执行订阅 action 结果页面

```
5.     return {name: "李想云",age: 22, sex: "男",className: "22 软件工程 2 班",count: 1, };
6.   },
7.   actions: {
8.     addCount(n) { this.count += n;  },           //累增 n
9.     reduceCount(n) { this.count -= n; },         //累减 n
10.  },
11. });
```

② 定义 store/user.js。代码如下。

```
1.  import { defineStore } from "pinia";
2.  import { useStudentStore } from "./student.js";     //导入其他 Store
3.  export const useUserStore = defineStore({
4.   id: "user",
5.   state: () => {
6.    return {name1: "陈宝华", isAdmin: true, id: "20230001",  amount: 1, };
7.   },
8.   actions: {
9.    increment() {
10.    this.amount++;
11.    const student = useStudentStore();              //使用 student
12.    student.addCount(5);                            //使用 student 的 action
13.   },
14.   asyncIncrement() {                                //异步
15.    setTimeout(() => { this.amount++; }, 1000);
16.   },
17.   reduce() { this.amount--;   },
18.  },
19. });
```

在 user.js 文件中的 increment()这个 action 使用 student.js 中 student 存储库中 addCount(n)这个 action。需要在 user.js 文件中先导入 useStudentStore(第 2 行),然后在 increment()这个 action 中使用 useStudentStore(第 11 行),接下来就可以直接使用(第 12 行)。在代码第 14～16 行定义异步 action,实现延时 1s 执行累加操作。

(2) 修改 App.vue 文件。

```
1.  <script setup>
2.  import { storeToRefs } from "pinia";
3.  import { useStudentStore } from "./store/student.js";
4.  import { useUserStore } from "./store/user.js";
5.  const student = useStudentStore();                    //第 1 个 Store
6.  const user = useUserStore();                          //第 2 个 Store
7.  const { name, age, className, sex, count } = storeToRefs(student);
8.  const { name1, isAdmin, id, amount } = storeToRefs(user);
9.  //处理 student store
10. const { addCount, reduceCount } = student;            //action 可以直接解构
11. const resetStudentState = () => {student.$reset(); };
12. //处理 user store,直接使用 action
13. const addAmount = () => {  user.increment(); };
14. const reduceAmount = () => user.amount--;
15. const asyncIncrementAmount = () => { user.asyncIncrement();};
16. //订阅 Action - student
17. const unsubscribe = student.$onAction(
18.   ({
19.     name,                                             //action 名称
20.     store,                                            //Store 实例,类似 'someStore'
21.     args,                                             //传递给 action 的参数数组
22.     after,                                            //在 action 返回或解决后的钩子
23.     onError,                                          //action 抛出或拒绝的钩子
24.   }) => {
25.     //为这个特定的 action 调用提供一个共享变量
26.     const startTime = Date.now();
27.     //这将在执行 Store 的 action 之前触发
28.     console.log('Start "${name}" with params [${args.join(", ")}].');
29.     console.log(store);
30.     //这将在 action 成功并完全运行后触发
31.     //它等待着任何返回的 promise
32.     after((result) => {
33.      console.log(
34.       'Finished "${name}" after ${
35.         Date.now() - startTime
36.       }ms.\nResult: ${result}.'
```

```
37.         );
38.       });
39.       //如果 action 抛出或返回一个拒绝的 promise,这将触发
40.       onError((error) => {
41.         console.warn(
42.           'Failed "${name}" after ${Date.now() - startTime}ms.\nError: ${error}.'
43.         );
44.       });
45.     }
46.   );
47.   //手动删除监听器
48.   //unsubscribe();
49.   </script>
50.   <template>
51.     <div>
52.       <h3>Pinia - 多个 Store 中 action 实战</h3>
53.       <fieldset>
54.         <legend>学生信息 - Student </legend>
55.         <p> 姓名: {{ name }},性别: {{ sex }},年龄: {{ age }},班级: {{className
56.           }},数量: {{ count }}  </p>
57.         <button @click="addCount(2)">增 1 </button>
58.         <button @click="reduceCount(1)">减 1 </button>
59.         <button @click="resetStudentState">重置状态 - $reset()</button>
60.       </fieldset>
61.       <fieldset>
62.         <legend>管理员 - User - 调用 student 中的 getter </legend>
63.         <p> 姓名: {{ name1 }},ID:{{ id }},是否管理员: {{ isAdmin ? "是" : "否"   }},数量:
        {{ amount }} </p>
64.         <button @click="addAmount">增 1 </button>
65.         <button @click="reduceAmount">减 1 </button>
66.         <button @click="asyncIncrementAmount">异步增 1 </button>
67.       </fieldset>
68.     </div>
69.   </template>
70.   <style>
71.   button { margin: 0 4px; }
72.   </style>
```

在 App.vue 文件中同时导入两个 Store(第 3、4 行),并使用解构赋值得到两个 Store 中的状态响应对象数据(第 7、8 行)。Store 中的 action 可能直接使用(第 13、14 行),也可以从 Store 中解构出来再使用(第 10 行)。代码中第 17～46 行,定义订阅 action,只要执行 student 存储库中的 action 就可以在控制台输出相应的信息,如图 11-11 所示。

11.6　Pinia 插件与持久化

11.6.1　Pinia 插件

由于有了底层 API 的支持,Pinia Store 现在完全支持扩展。可以扩展的内容如下。

- 为 Store 添加新的属性。
- 定义 Store 时增加新的选项。
- 为 Store 增加新的方法。
- 包装现有的方法。
- 改变甚至取消 action。
- 实现副作用,如本地存储。
- 仅应用插件于特定 Store。

插件可以通过 pinia.use()添加到 Pinia 实例中。最简单的例子是通过返回一个对象将一

个静态属性添加到所有 Store。

```
import { createPinia } from 'pinia'
//创建的每个 Store 中都会添加一个名为'secret'的属性
//在安装此插件后,插件可以保存在不同的文件中
function SecretPiniaPlugin() {
  return { secret: 'the cake is a lie' }
}

const pinia = createPinia()
//将该插件交给 Pinia
pinia.use(SecretPiniaPlugin)

//在另一个文件中
const store = useStore()
store.secret //'the cake is a lie'
```

这对添加全局对象很有用,如路由器、modal 或 toast 管理器。

Pinia 插件是一个函数,可以选择性地返回要添加到 Store 的属性。它接收一个可选参数,即 context。代码如下。

```
1.  export function myPiniaPlugin(context) {
2.    context.pinia        //用 'createPinia()' 创建的 Pinia
3.    context.app          //用 'createApp()' 创建的当前应用(仅 Vue 3)
4.    context.store        //该插件想扩展的 Store
5.    context.options      //定义传给 'defineStore()' 的 Store 的可选对象
6.    //…
7.  }
```

然后用 pinia.use()将这个函数传给 Pinia。代码如下。

```
pinia.use(myPiniaPlugin)
```

插件只会应用于 Pinia 传递给应用后创建的 Store,否则它们不会生效。

【例 11-5】 Pinia 中插件的实战。

添加的部分代码如下,页面效果如图 11-12 和图 11-13 所示。在例 11-4 的基础上,创建项目 pinia-11-5,分别在 main.js 和 App.vue 文件中完成以下编辑工作,就能实现添加自定义属性。

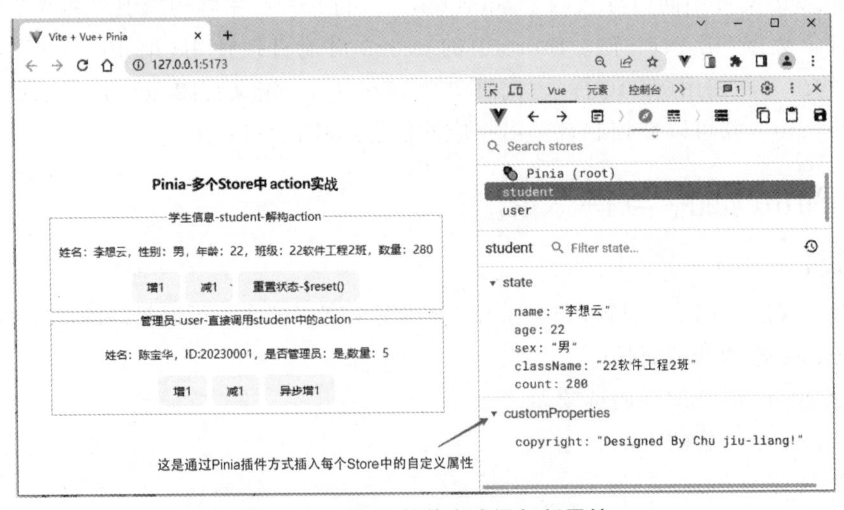

图 11-12 Pinia 插件方式添加新属性

(1) 在 main.js 中添加以下代码,来注册自定义插件。

```
//以下是测试 Pinia 插件
function CopyRightPiniaPlugin() {
```

```
    //为每个 Store 添加一个属性 copyright
    return { copyright: "Designed By Chu jiu-liang!" };
  }
  //将该插件交给 Pinia
  pinia.use(CopyRightPiniaPlugin);    //使用自定义插件
```

（2）在 App.vue 中的 resetStudentState()方法中，添加控制台输出自定义属性。代码如下。

```
  const resetStudentState = () => {
    console.log(student.copyright); //输出自定义属性
    student.$reset();
  };
```

通过 DevTools 可以追踪到 copyright 这个自定义属性，如图 11-13 所示。

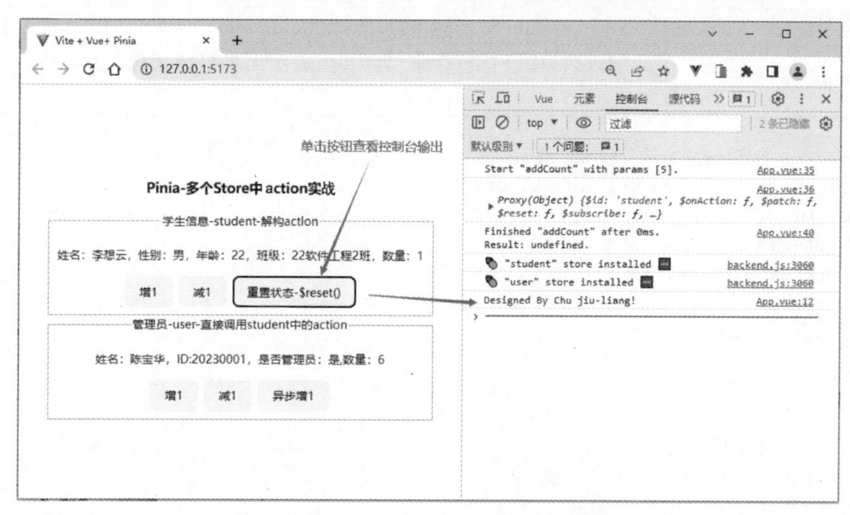

图 11-13　App.vue 中使用自定义属性

11.6.2　Pinia 持久化

在一些特定的单页面应用场景下，使用常规的 Store 来存储数据，很多时候面临着刷新就会被重置，所以急需一个插件功能来实现对某些特定的数据进行状态保持。

通常可以使用 Web Storage 中的 sessionStorage 或者 localStorage 来进行相应的处理，但是要对不同的 Store 中不同的字段进行处理，让开发者煞费苦心。

可以使用 Pinia 的持久化插件 pinia-plugin-persistedstate 来解决这一问题。

1. 安装持久化插件

```
yarn add pinia-plugin-persistedstate
npm i  pinia-plugin-persistedstate
```

2. 使用插件(在 main.js 中注册)

```
1.  import { createApp } from "vue";
2.  import App from "./App.vue";
3.  import piniaPluginPersistedstate from 'pinia-plugin-persistedstate'     //导入插件
4.  const pinia = createPinia();
5.  pinia.use(piniaPluginPersistedstate);                                    //使用插件
6.  createApp(App).use(pinia);
```

3. 模块开启持久化

```
1.  const useUserStore = defineStore("user",{
2.    //开启数据持久化
3.    persist: true
```

```
4.     //…
5.  });
```

4. 数据持久化处理

在 defineStore('main',{})或 defineStore({})中的花括号中插入"persist:true,"可以实现状态全部持久化在指定的 Web Storeage 中(默认在 localStorage 中)。

可以插入 persist:{key:'',storage:someStorage,paths:[]}来定义状态部分或全部持久化在指定的存储中,其中,persist 对象的属性及描述如表 11-1 所示。代码如下。

表 11-1 persist 对象的属性及描述

序号	属性	描　述
1	key	自定义存储的 key,默认是 store. $id
2	storage	可以指定任何 extends Storage 的实例,默认是 localStorage
3	paths	state 中的字段名,按组打包存储,为[]时,表示无数据持久化;为 undefined 时,表示全部持久化

```
1.  import { defineStore } from 'pinia'
2.  export const useStore = defineStore('main', {
3.   state: () => {
4.    return {
5.     someState: 'hello pinia',
6.     nested: {
7.      data: 'nested pinia',
8.     },
9.    }
10.  },
11.  //所有数据持久化
12.  //persist: true,
13.  //持久化存储插件其他配置
14.  persist: {
15.   key: 'storekey',                     //修改存储中使用的键名称,默认为当前 Store 的 id
16.   storage: window.sessionStorage,      //默认为 localStorage,修改为 sessionStorage
17.   //部分持久化状态,路径数组,[]意味着没有状态被持久化(默认为 undefined,持久化整个状态)
18.   paths: ['nested.data'],
19.  },
20. })
```

【例 11-6】 Pinia 持久化状态数据实战。

部分代码如下,页面效果如图 11-14 和图 11-15 所示。在例 11-4 的基础上创建项目 pinia-11-6,增加了持久化方面的需求。具体步骤如下。

(1) 安装持久化插件。

```
npm i pinia-plugin-persistedstate
```

(2) 修改 main.js 文件。导入持久化插件 piniaPluginPersistedstate。在其中增加以下两行代码。

```
import piniaPluginPersistedstate from "pinia-plugin-persistedstate";
pinia.use(piniaPluginPersistedstate);
```

(3) 在 Store 存储库中增加持久化属性设置。

在 student.js 中在 definestore({})中插入 persist:true,实现全部状态持久化在本地存储中,如图 11-14 所示。

在 user.js 中,在 defineStore({})中插入如下属性值对。

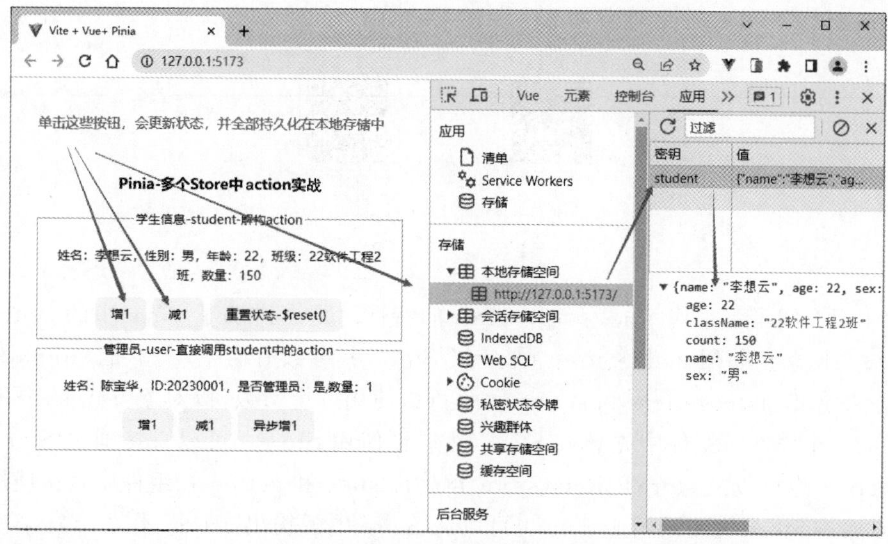

图 11-14　student 存储库中状态全部持久化在本地存储中

```
persist:{
  key: "user",
  storage:window.sessionStorage,
  paths:[ "name1", "amount"
]},
```

可以实现部分状态持久化在会话存储中，如图 11-15 所示。

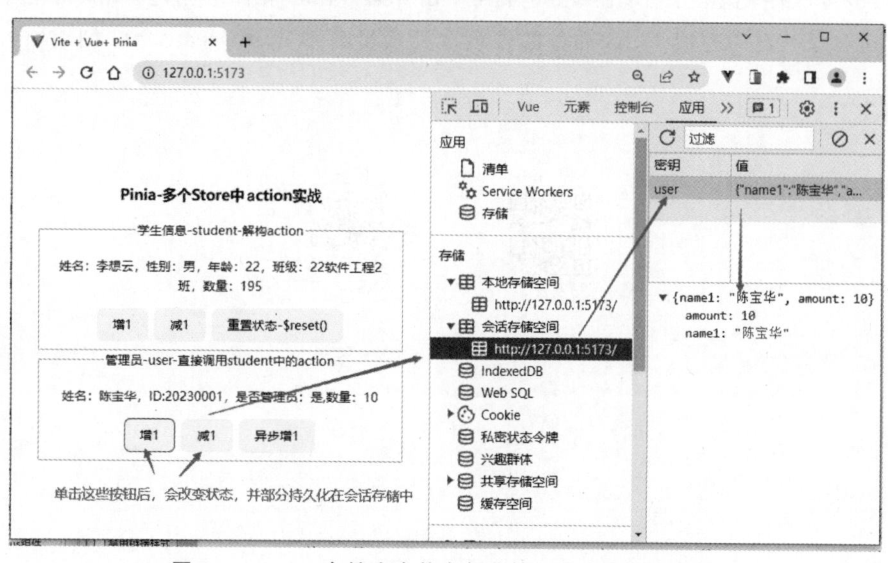

图 11-15　user 存储库中状态部分持久化在会话存储中

扫一扫

视频

项目实战 11

1. Pinia 核心概念实战——“惠民早点”点餐

扫一扫

文本

扫一扫

视频

2. Vue 3+Vite 4+Pinia 项目实战——图书征订

扫一扫

文本

扫一扫

视频

小结

本章主要介绍了下一代 Vue 存储库 Pinia 的特性。重点讲解了 Pinia 中的 state、getter、action 等核心概念。使用 defineStore()来定义 Store,其参数有两个,一个是 storeId;另一个是对象,用来定义 state、getters 和 actions。也可以使用一个参数,以对象方式来定义,storeId 作为其中的一个属性。组件中先导入 Store,然后再使用 Store。可以直接通过 Store 来调用 state 和 getter,也可以从 storeToRefs(store)解构出 state 和 getter,在组件中直接使用。在组件中,可以通过 Store 直接调用 action,也可以从 Store 中解构出 action,作为方法来使用。还可以使用其他 Store 的 action。

在使用 Vue 3+Vite 4+Pinia 开发中小型项目时,使用 npm init vite 或 npm create vite 来创建项目,然后进入项目文件夹,安装 Pinia 插件,安装项目依赖,再启动项目,然后根据业务逻辑来修改 App. vue 或直接创建新有业务组件来满足业务的需求。当然,如果需要持久化状态数据也可以使用 pinia-plugin-persistedstate 插件。

当然,也可以使用 npm create vue@latest projectName 来直接创建 Pinia 项目。在对话时选上 Pinia,即可自动完成 Pinia 插件的安装。其余步骤与 npm create vite 创建项目相同。

练习 11

扫一扫

习题

扫一扫

自测题

第12章

uni-app跨平台移动端开发工具

本章学习目标：

通过本章的学习，读者能够了解 uni-app 的特点和优势，学会使用 uni-app＋Vue 3 来开发移动端的简易应用程序，学会安装和配置 uni-app 的开发环境、运行与发布移动端的应用。

Web 前端开发工程师应知应会以下内容。

- 学会安装 uni-app 运行与开发环境。
- 学会使用 uni-app 的内置组件。
- 学会使用工程化方法来构建 uni-app 的移动端应用。

12.1 uni-app 概述

12.1.1 uni-app 简介

uni-app(uni，读 you ni，是统一的意思，官网为 https://uniapp.dcloud.net.cn/)是一个使用 Vue.js 开发所有前端应用的框架，开发者编写一套代码，可发布到 iOS、Android、Web(响应式)，以及各种小程序(微信/支付宝/百度/头条/飞书/QQ/快手/钉钉/淘宝)、快应用等多个平台。uni-app 图标及主要特色如图 12-1 所示。

为什么要选择 uni-app?

uni-app 在开发者数量、案例、跨端抹平度、扩展灵活性、性能体验、周边生态、学习成本、开发成本 8 大关键指标上拥有更强的优势。

图 12-1 uni-app logo 图标及主要特色

相对开发者来说，减少了学习成本。因为只要学会 uni-app 之后，就可以开发出 iOS、Android、H5 以及各种小程序的应用，不需要再去学习开发其他应用的框架；对于公司而言，也大大减少了开发成本。

12.1.2 uni-app 运行环境

运行 uni-app 项目需要安装 HBuilder X(https://www.dcloud.io/hbuilderx.html)前端开发工具。可以运行的环境如下。

- 浏览器运行。进入 uni-app 项目，单击工具栏上的“运行”|“运行到浏览器”，选择浏览器(如 Chrome)，即可在浏览器里体验 uni-app 的 H5 版。
- 真机运行。连接手机，开启 USB 调试，进入 uni-app 项目，单击工具栏上的“运行”|“真机运行”，选择运行的设备，即可在该设备里体验 uni-app。
- 在微信开发者工具里运行。进入 uni-app 项目，单击工具栏上的“运行”|“运行到小程序模拟器”|“微信开发者工具”，即可在微信开发者工具里体验 uni-app。

12.1.3 uni-app 项目目录及文件

本书以默认模板创建项目为例，如图 12-2 所示，介绍一下 uni-app 项目的目录及文件，分别如下。

- pages. json：配置页面路由、导航条、选项卡等页面类信息。
- manifest. json：应用的配置文件，配置应用名称、appid、logo、版本等打包信息。
- App. vue：入口组件，应用配置，用来配置 App 全局样式以及监听应用生命周期。
- main. js：Vue 初始化入口文件。
- uni. scss：uni-app 内置的常用样式变量。
- unpackage：非工程代码，一般存放运行或发行的编译结果。
- pages：业务页面文件存放的目录——page 数组里第一个页面将成为首页。
- static：存放应用引用的本地静态资源(如图片、视频等)的目录。
- components：组件存放目录。

uni-app-12-6
.hbuilderx
.vite
components
pages
static
unpackage
App.vue
index.html
main.js
manifest.json
pages.json
uni.promisify.adaptor.js
uni.scss

图 12-2　uni-app 目录及文件

12.2 uni-app 项目开发

uni-app 支持通过可视化界面、vue-cli 命令行两种方式快速创建项目。可视化的方式比较简单，HBuilder X 内置相关环境，开箱即用，无须配置 node. js。HBuilder X 是通用的前端开发工具，但为 uni-app 做了特别强化。

12.2.1 通过 HBuilder X 可视化界面

【例 12-1】 使用 HBuilder X 创建 uni-app 项目实战——uni-app-12-1。

页面效果如图 12-3～图 12-5 所示。

(1) 单击工具栏里的“文件”|“新建”|“项目”(快捷键 Ctrl＋N)，按如图 12-3 所示步骤完成项目创建。

图 12-3　创建 uni-app-12-1 项目界面

(2) 在 HX 的项目管理器中,选择创建的 uni-app-12-1 项目,从菜单栏上选择"运行"|"运行到浏览器"|Chrome。或从工具栏中单击 ⓟ |"运行到 Chrome",如图 12-4 所示。在浏览器中打开 http://localhost:5173/#/,效果如图 12-5 所示。

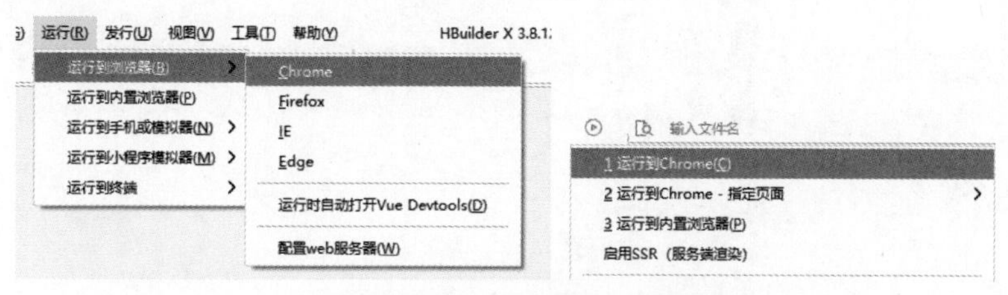

图 12-4　创建完成后启动运行界面

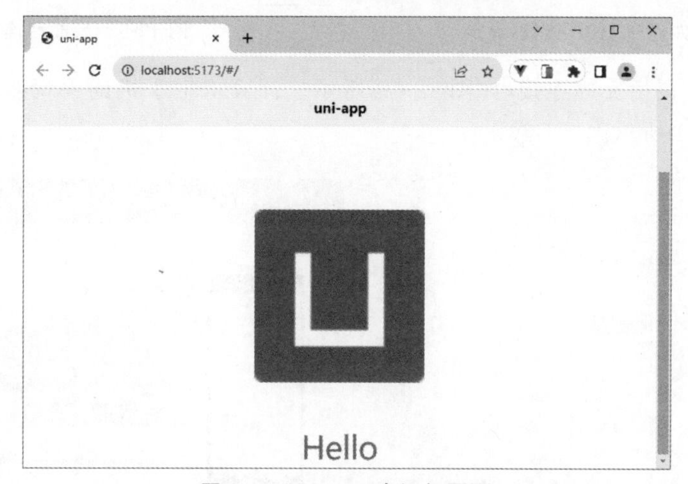

图 12-5　Chrome 中运行页面

12.2.2　通过 HBuilder X 运行到手机或模拟器

运行到手机或模拟器,需要配置 Android App 基座/iOS App 基座。下面以华为 Meta40 为例,详细讲解 Android App 基座配置。

(1) 下载华为手机助手 HiSuite_13.0.0.310.exe,安装完成后,打开手机助手软件界面,计算机 USB 连接手机,选择"传输文件",如图 12-6 所示。进入"设置",选择"允许通过 HDB 连接设备",确定,选择 USB 或 Wi-Fi(选择 USB),如图 12-7 所示。

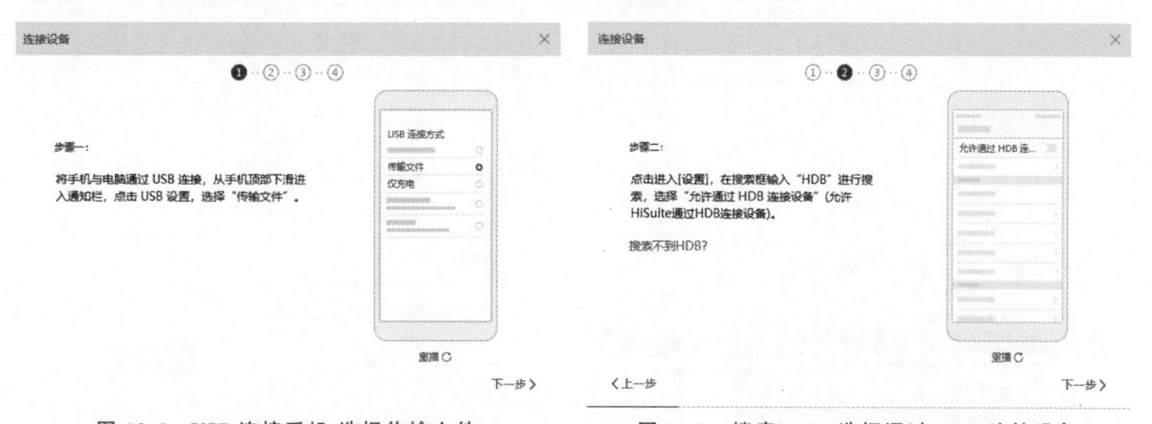

图 12-6　USB 连接手机-选择传输文件　　图 12-7　搜索 HDB-选择通过 HDB 连接设备

(2) 打开允许通过 HDB 连接设备,并单击"确定"按钮,如图 12-8 所示。若手机上未安装助手软件,根据计算机提示完成安装,连接手机即可,如图 12-9 所示。

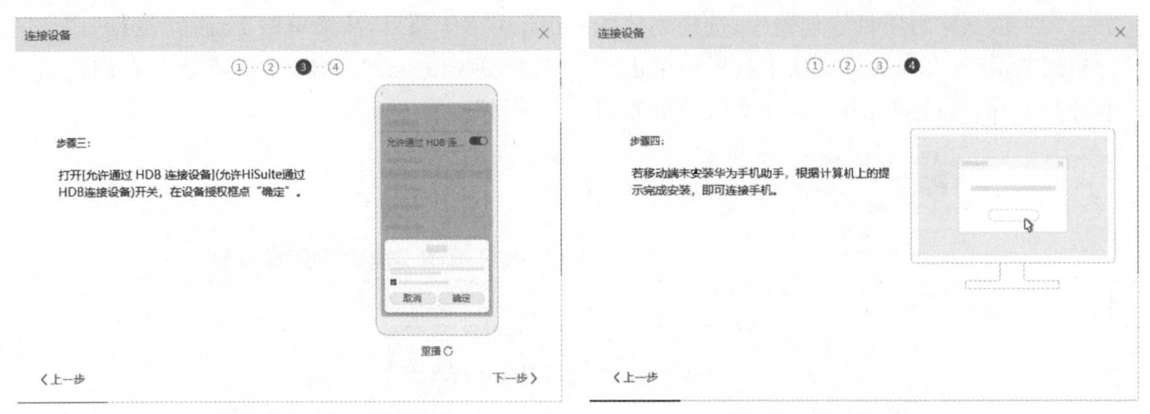

图 12-8　允许通过 HDB 连接-确定　　　　图 12-9　完成后连接手机

（3）输入验证码后完成连接，如图 12-10 所示。计算机上手机助手就能够获取手机的相关信息，如图 12-11 所示。

图 12-10　输入验证码-立即连接　　　　图 12-11　连接手机成功后界面

（4）进入 HX，选择菜单中的“运行”|“运行到手机或模拟器”|“运行到 Android App 基座”，如图 12-12 所示。然后弹出“运行项目到 Android 设备”对话框，可以查看到所连接的 Android 手机清单，如图 12-13 所示。若连接手机未设置正常，则不会显示设备清单，并显示红色报错。

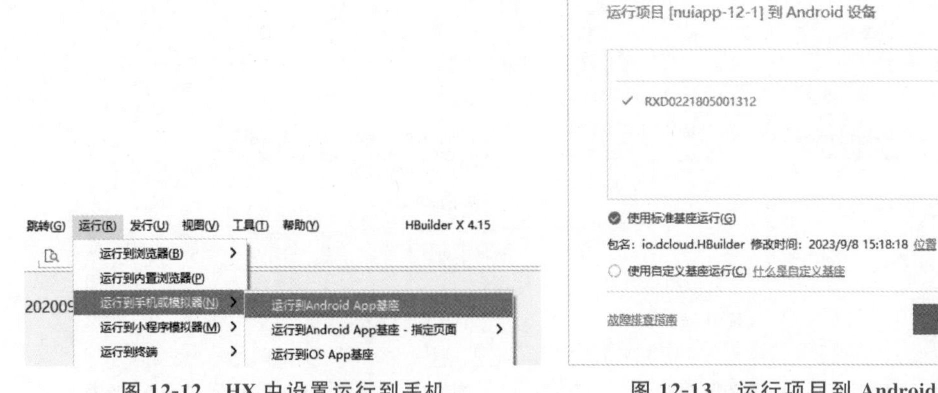

图 12-12　HX 中设置运行到手机　　　　图 12-13　运行项目到 Android 设备

（5）手机连接成功后，等待运行命令，如图 12-14 所示。在图 12-13 中单击“运行”按钮，App 即可在手机上运行，如图 12-15 所示。

图 12-14　手机连接计算机成功

图 12-15　App 手机运行

12.2.3　通过 vue-cli 命令行

除了使用 HBuilder X 可视化界面，也可以使用 CLI 脚手架，可以通过 vue-cli 创建 uni-app 项目。

1. 环境安装

全局安装 vue-cli：

```
npm install -g @vue/cli
```

2. 创建 uni-app

- 使用正式版(对应 HBuilder X 最新正式版)：

```
vue create -p dcloudio/uni-preset-vue my-project
```

- 使用 alpha 版(对应 HBuilder X 最新 alpha 版)：

```
vue create -p dcloudio/uni-preset-vue#alpha my-alpha-project
```

- 使用 Vue3/Vite 版：

创建以 JavaScript 开发的工程(如命令行创建失败，请直接访问 Github 下载模板)。

```
npx degit dcloudio/uni-preset-vue#vite my-vue3-project
npx degit dcloudio/uni-preset-vue#vite-alpha my-vue3-project
```

- 创建以 TypeScript 开发的工程(如命令行创建失败，请直接访问 Github 下载模板)。

```
npx degit dcloudio/uni-preset-vue#vite-ts my-vue3-project
```

此时，会提示选择项目模板(使用 Vue3/Vite 版不会提示，目前只支持创建默认模板)，初次体验建议选择 hello uni-app 项目模板。

【例 12-2】　使用 Vue CLI 创建 uni-app 项目实战——uni-app-12-2。

页面效果如图 12-16 和图 12-17 所示。

创建和启动步骤如下。

```
vue create -p dcloudio/uni-preset-vue uni-app-12-2
```

- 选择 hello uni-app 模板，完成项目创建。启动本地开发服务，命令如下，如图 12-17 所示。

```
npm run dev:h5
```

- 在浏览器地址栏中输入“http://localhost:8080/”，可以查看项目页面效果，如图 12-17 所示。

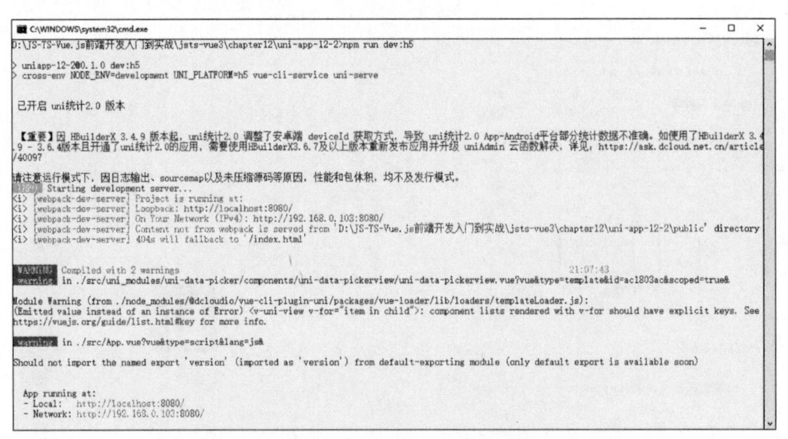

图 12-16 命令行启动本地服务页面

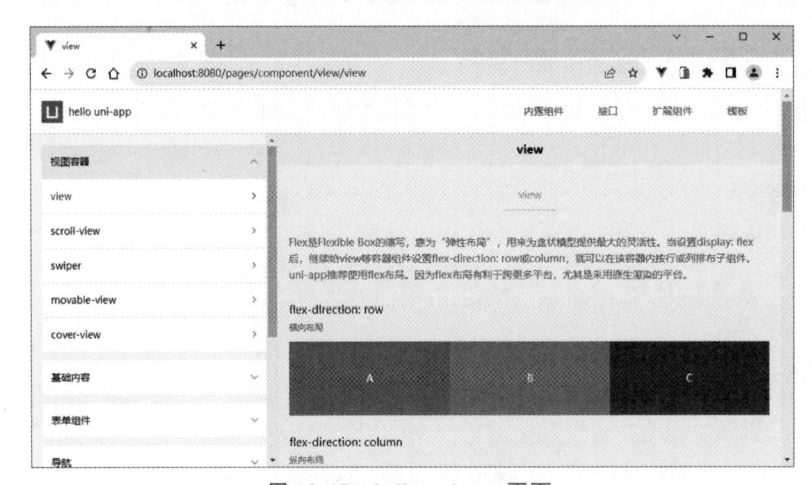

图 12-17 hello uni-app 页面

【例 12-3】 使用 Vue3/Vite 模板来创建 uni-app 项目实战——uni-app-12-3。

页面效果如图 12-18 和图 12-19 所示。

创建和启动步骤如下。

(1) 从 Github(https://github.com/dcloudio/uni-preset-vue)上选择 vite 分支下载 uni-preset-vue-vite.zip,解压缩在 uni-preset-vue-vite 文件夹中。以此文件夹作为创建 Vue+Vite+uni-app 项目的模板。

(2) 在当前目录下创建项目 uni-app-12-3 子文件夹,将 uni-preset-vue-vite 文件夹中的内容全部复制到项目 uni-app-12-3 文件夹中。然后执行 npm install 命令安装项目依赖。完成后执行 npm run dev:h5,运行界面如图 12-18 所示。

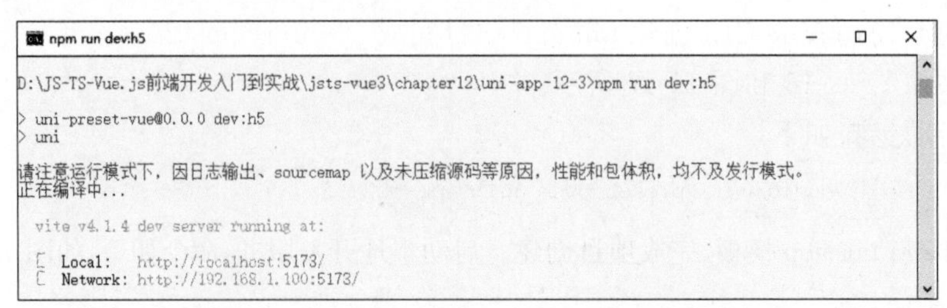

图 12-18 项目 uni-app-12-3 启动本地服务界面

在浏览器地址栏中输入“http://localhost:5173/”,可以查看项目页面效果,如图 12-19 所示。这样就可以继续使用 VS Code 来开发项目，脱离 HBuilder X。

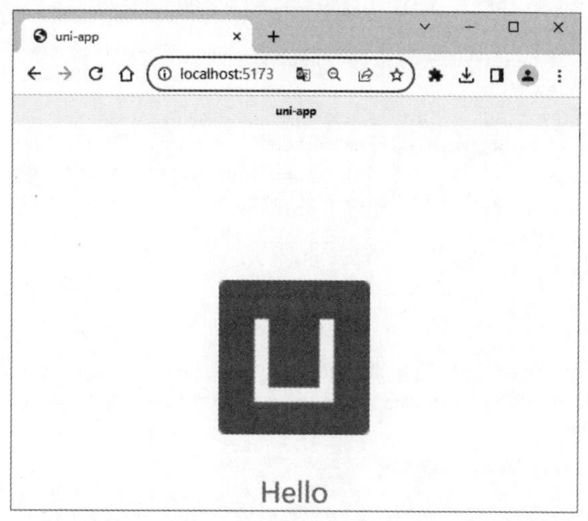

图 12-19　uni-app-12-3 项目在 Chrome 中运行页面

12.3　uni-app 常用组件

12.3.1　视图容器组件

1. View 视图容器组件

所有的视图组件，包括 view、swiper 等，本身不显示任何可视化元素。它们都是为了包裹其他真正显示的组件。

view 视图容器类似于传统 HTML 中的 div，用于包裹各种元素内容。如果使用 nvue，则需要注意包裹文字应该使用< text >组件。

View 组件的属性及说明如表 12-1 所示。

表 12-1　View 组件的属性及说明

属性	类型	默认值	说　　明
hover-class	String	none	指定按下去的样式类。当 hover-class="none"时，没有点击态效果
hover-stop-propagation	Boolean	false	指定是否阻止本节点的祖先节点出现点击态，App、H5、支付宝小程序、百度小程序不支持（支付宝小程序、百度小程序文档中都有此属性，实测未支持）
hover-start-time	Number	50	按住后多久出现点击态，单位为毫秒
hover-stay-time	Number	400	手指松开后点击态保留时间，单位为毫秒

【例 12-4】　项目 uni-app-12-2 中的< view >标记应用。

部分代码如下，页面效果如图 12-20 所示。

```
1.  < template >
2.      < view >
3.          < view class = "uni - padding - wrap uni - common - mt">
4.              < view class = "uni - title uni - common - mt">
5.                  flex - direction: row
6.                  < text >\n 横向布局</text >
7.              </view >
8.              < view class = "uni - flex uni - row">
9.                  < view class = "flex - item uni - bg - red"> A </view >
10.                 < view class = "flex - item uni - bg - green"> B </view >
11.                 < view class = "flex - item uni - bg - blue"> C </view >
```

```
12.                 </view>
13.                 <view class="uni-title uni-common-mt">
14.                     flex-direction: column
15.                     <text>\n纵向布局</text>
16.                 </view>
17.                 <view class="uni-flex uni-column">
18.                     <view class="flex-item flex-item-V uni-bg-red">A</view>
19.                     <view class="flex-item flex-item-V uni-bg-green">B</view>
20.                     <view class="flex-item flex-item-V uni-bg-blue">C</view>
21.                 </view>
22.             </view>
23.         </view>
24.     </template>
25.     <style>
26.         .flex-item {width: 33.3%;height: 200rpx;text-align: center;line-height: 200rpx;}
27.         .flex-item-V {width: 100%;   height: 150rpx; text-align: center; line-
            height: 150rpx;}
28.     </style>
```

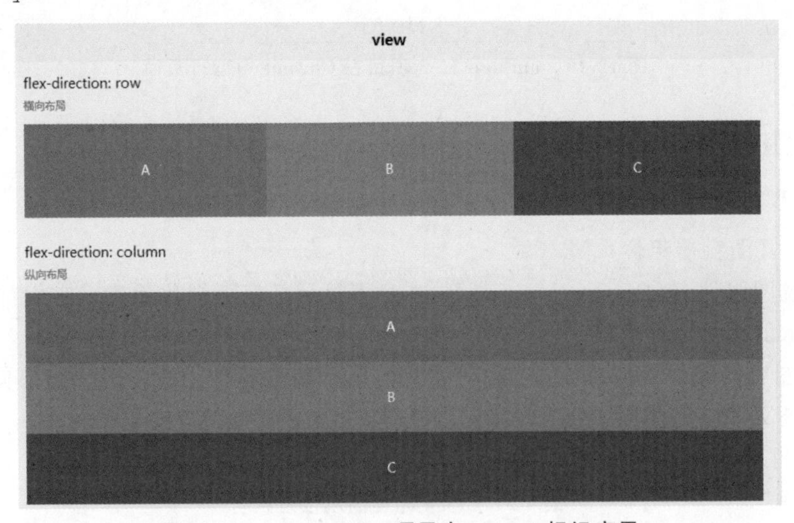

图 12-20　uni-app-12-2 项目中< view >标记应用

2. swiper 滑块视图容器

滑块视图容器一般用于左右滑动或上下滑动，如 banner 轮播图。注意滑动切换和滚动的区别，滑动切换是一屏一屏地切换。

swiper 下的每个 swiper-item 是一个滑动切换区域，不能停留在两个滑动区域之间。

1）swiper 常用属性

（1）indicator-dots：是否显示面板指示点。布尔型，默认值为 false。

（2）circular：是否采用衔接滑动，即播放到末尾后重新回到开头。布尔型，默认值为 false。

（3）autoplay：是否自动切换。布尔型，默认值为 false。

（4）interval：自动切换时间间隔。数值型，默认值 5000ms。

（5）duration：滑动动画时长。数值型，默认值 500ms。

其余属性可以参照 uniapp 官网 https://uniapp.dcloud.net.cn/component/swiper.html。

2）swiper-item

仅可放置在< swiper >组件中，宽高自动设置为 100%。注意：宽高 100%是相对于其父组件，不是相对于子组件，不能被子组件自动撑开。

示范代码如下：

```
1.  < view class = "uni - margin - wrap">
2.  < swiper class = "swiper" circular :indicator - dots = "indicatorDots" :autoplay = "autoplay" :
    interval = "interval"
3.   :duration = "duration">
4.   < swiper - item >
5.       < view class = "swiper - item uni - bg - red"> A </view >
6.   </swiper - item >
7.   < swiper - item >
8.      < view class = "swiper - item uni - bg - green"> B </view >
9.   </swiper - item >
10.  < swiper - item >
11.     < view class = "swiper - item uni - bg - blue"> C </view >
12.  </swiper - item >
13. </swiper >
14. </view >
```

【例 12-5】 滑动视图窗口实战。

新建 uni-app-12-4 项目，选择 hello 模板和 Vue 3，完成项目创建。修改 pages/index/index. vue 文件。代码如下，页面效果如图 12-21 和图 12-22 所示。

```
1.  < template >
2.    < view >
3.      < view class = "uni - margin - wrap">
4.        < swiper class = "swiper" circular :indicator - dots = "indicatorDots" :autoplay =
          "autoplay" :interval = "interval" :duration = "duration">
5.          < swiper - item >
6.            < view class = "swiper - item uni - bg - red"> A </view >
7.          </swiper - item >
8.          < swiper - item >
9.            < view class = "swiper - item uni - bg - green"> B </view >
10.         </swiper - item >
11.         < swiper - item >
12.           < view class = "swiper - item uni - bg - blue"> C </view >
13.         </swiper - item >
14.       </swiper >
15.     </view >
16.     < view class = "swiper - list">
17.         < view class = "uni - list - cell uni - list - cell - pd">
18.             < view class = "uni - list - cell - db">指示点</view >
19.               < switch :checked = "indicatorDots" @change = "changeIndicatorDots" />
20.             </view >
21.             < view class = "uni - list - cell uni - list - cell - pd">
22.               < view class = "uni - list - cell - db">自动播放</view >
23.                 < switch :checked = "autoplay" @change = "changeAutoplay" />
24.               </view >
25.             </view >
26.             < view class = "uni - padding - wrap">
27.               < view class = "uni - common - mt">
28.                       < text >幻灯片切换时长(ms)</text >
29.                       < text class = "info">{{duration}}</text >
30.                   </view >
31.                   < slider @change = "durationChange" :value = "duration" min = "500" max =
                      "2000" />
32.                     < view class = "uni - common - mt">
33.                           < text >自动播放间隔时长(ms)</text >
34.                           < text class = "info">{{interval}}</text >
35.                     </view >
36.                   < slider @change = "intervalChange" :value = "interval" min = "2000" max =
                      "10000" />
37.               </view >
38.     </view >
39. </template >
40. < script setup >
```

```
41.     import {ref} from "vue"
42.     const indicatorDots = ref(true)
43.     const autoplay = ref(true)
44.     const interval = ref(2000)
45.     const duration = ref(500)
46.     const changeIndicatorDots = () => {
47.             indicatorDots.value = !indicatorDots.value
48.     }
49.     const changeAutoplay = () => {
50.             autoplay.value = !autoplay.value
51.     }
52.     const intervalChange = (e) => {
53.             interval.value = e.detail.value
54.     }
55.     const durationChange = (e) => {
56.             duration.value = e.detail.value
57.     }
58.   </script>
59.   <style>
60.     .uni-margin-wrap {width: 690rpx;width: 100%;}
61.     .swiper {height: 300rpx;}
62.     .swiper-item {display: block;height: 300rpx;
63.             line-height: 300rpx;text-align: center;}
64.     .swiper-list {text-align: center;margin-top: 40rpx;margin-bottom: 0;}
65.   .uni-common-mt {margin-top: 60rpx;position: relative;}
66.     .info {position: absolute;right: 20rpx;}
67.   .uni-padding-wrap {width: 550rpx;margin: 0 auto;padding: 0 100rpx;}
68.     .uni-bg-red {background-color: red;}
69.     .uni-bg-green {background-color: green;}
70.   .uni-bg-blue {background-color: blue;}
71.   </style>
```

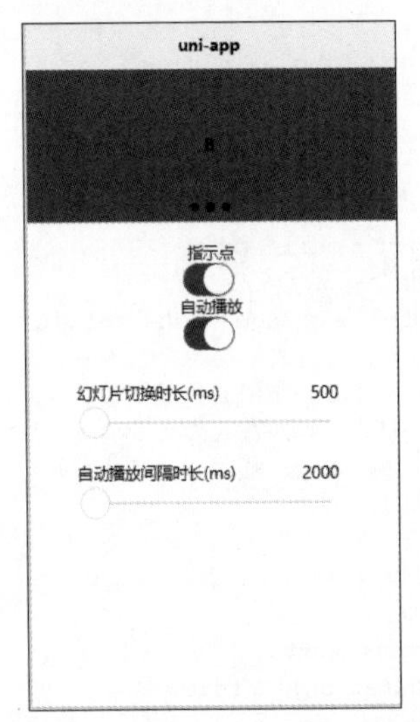

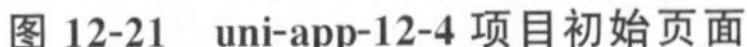
图 12-21　uni-app-12-4 项目初始页面

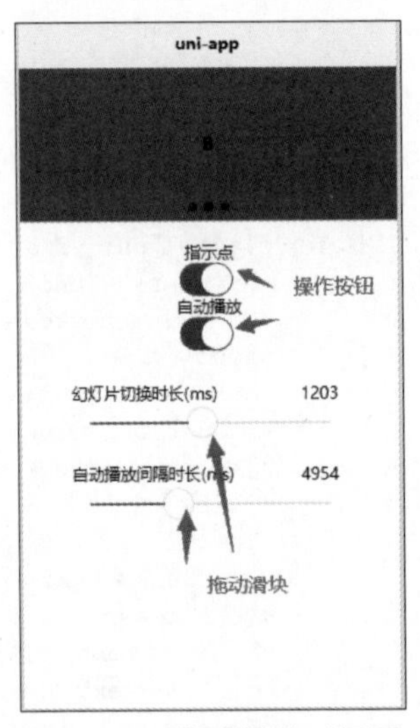

图 12-22　拖动滑块时页面

注意　拖动滑块时触发 change 事件，可以通过 event.detail.value 来获取当前值。

12.3.2　基础内容组件

基础内容组件主要包括文本< text >、图标< icon >、富文本< rich-text >和进度条< progress >四个组件。以下仅简单介绍 text 和 rich-text 组件。

1. < text ></text >组件

文本组件用于包裹文本内容。

在 app-uvue 和 app-nvue 中，文本只能写在 text 中，而不能写在 view 的 text 区域。

虽然 app-uvue 中写在 view 的 text 区域的文字，也会被编译器自动包裹一层 text 组件，看起来也可以使用，但这样会造成无法修改该 text 文字的样式。

text 组件在 Web 浏览器渲染(含浏览器、小程序 webview 渲染模式、app-vue)和 uvue 中，可以并只能嵌套 text 组件。在 nvue 中，text 组件不能嵌套。

```
<template>
 <view>
   <view class="uni-padding-wrap uni-common-mt">
       <view class="text-box" scroll-y="true">
           <text>{{text}}</text>
       </view>
       <view class="uni-btn-v">
           <button type="primary" :disabled="!canAdd" @click="add">add line</button>
           <button type="warn" :disabled="!canRemove" @click="remove">remove line
</button>
       </view>
   </view>
 </view>
</template>
```

注意 text 组件支持"\n"方式换行。如果使用<span>组件编译时会被转换为<text>。

2. <rich-text></rich-text>组件

富文本支持默认事件，包括 click、touchstart、touchmove、touchcancel、touchend、longpress。

富文本主要属性是 nodes，表示节点列表/HTML String，其值的类型为 Array/String。

节点列表内的节点现支持两种类型，通过 type 来区分，分别是元素节点和文本节点，默认是元素节点，在富文本区域里显示的 HTML 节点。受信任的 HTML 节点全局支持 class 和 style 属性，不支持 id 属性。

- 元素节点：type=node

可以设置 name、attrs、children 三个属性。其属性详情如表 12-2 所示。

表 12-2 元素节点时属性说明表

属性	说明	类型	必填	备　注
name	标记名	String	是	支持部分受信任的 HTML 节点
attrs	属性	Object	否	支持部分受信任的属性，遵循 Pascal 命名法
children	子节点列表	Array	否	结构和 nodes 一致

- 文本节点：type=text

可以设置 text(文本)属性，其值的类型为 String，是必填项。

示范代码如下：

```
1.  <template>
2.      <view class="content">
3.          <page-head :title="title"></page-head>
4.          <view class="uni-padding-wrap">
5.              <view class="uni-title uni-common-mt">
6.                  数组类型
7.                  <text>\nnodes 属性为 Array</text>
8.              </view>
9.              <view class="uni-common-mt" style="background:#FFF; padding:20rpx;">
10.                 <rich-text :nodes="nodes"></rich-text>
11.             </view>
```

```
12.             <view class = "uni - title uni - common - mt">
13.                 字符串类型
14.                 <text>\nnodes 属性为 String</text>
15.             </view>
16.             <view class = "uni - common - mt" style = "background: #FFF; padding:20rpx;">
17.                 <rich - text :nodes = "strings"></rich - text>
18.             </view>
19.         </view>
20.     </view>
21. </template>
22. <script>
23. export default {
24.     data() {
25.         return {
26.             nodes: [{
27.                 name: 'div',
28.                 attrs: {
29.                     class: 'div - class',
30.                     style: 'line - height: 60px; color: red; text - align:center;'
31.                 },
32.                 children: [{
33.                     type: 'text',
34.                     text: 'Hello uni - app!'
35.                 }]
36.             }],
37.             strings: '<div style = "text - align:center;">
38. <img src = "https://qiniu - web - assets.dcloud.net.cn/unidoc/zh/uni@2x.png"/>
39. </div>'
40.         }
41.     }
42. }
43. </script>
```

12.3.3 表单组件

表单组件主要包括 button、checkbox、editor、form、input、label、picker、picker-view、radio、slider、switch、textarea 等组件。以下简要介绍 form 和 input 组件，其余组件的使用方法可以参见 uni-app 官网中组件(https://uniapp.dcloud.net.cn/component/)中的介绍。

1. form 表单

表单将组件内的用户输入的<switch>、<input>、<checkbox>、<slider>、<radio>、<picker>提交。当单击<form>表单中 formType 为 submit 的 button 组件时，会将表单组件中的 value 值进行提交，需要在表单组件中加上 name 来作为 key。

```
<!-- 本示例未包含完整 css,获取外链 css 请参考上文,在 hello uni - app 项目中查看 -->
<template>
<view>
    <view>
        <form @submit = "formSubmit" @reset = "formReset">
            <view class = "uni - form - item uni - column">
                <view class = "title"> switch</view>
                <view>
                    <switch name = "switch" />
                </view>
            </view>
            <view class = "uni - form - item uni - column">
                <view class = "title"> radio</view>
                <radio - group name = "radio">
                    <label>
                        <radio value = "radio1" /><text>选项一</text>
```

```
                        </label>
                        <label>
                            <radio value="radio2" /><text>选项二</text>
                        </label>
                    </radio-group>
                </view>
                <view class="uni-form-item uni-column">
                    <view class="title">checkbox</view>
                    <checkbox-group name="checkbox">
                        <label>
                            <checkbox value="checkbox1" /><text>选项一</text>
                        </label>
                        <label>
                            <checkbox value="checkbox2" /><text>选项二</text>
                        </label>
                    </checkbox-group>
                </view>
                <view class="uni-form-item uni-column">
                    <view class="title">slider</view>
                    <slider value="50" name="slider" show-value></slider>
                </view>
                <view class="uni-form-item uni-column">
                    <view class="title">input</view>
                    <input class="uni-input" name="input" placeholder="这是一个输入框" />
                </view>
                <view class="uni-btn-v">
                    <button form-type="submit">Submit</button>
                    <button type="default" form-type="reset">Reset</button>
                </view>
            </form>
        </view>
    </view>
</template>
<script>
    export default {
    data() {
        return {
        }
    },
    methods: {
        formSubmit: function(e) {
            console.log('form 发生了 submit 事件,携带数据为: ' + JSON.stringify(e.detail.
value))
            var formdata = e.detail.value
            uni.showModal({
                content: '表单数据内容: ' + JSON.stringify(formdata),
                showCancel: false
            });
        },
        formReset: function(e) {
            console.log('清空数据')
        }
    }
}
</script>
```

2. input 单行输入框

HTML 规范中 input 不仅是输入框，还有 radio、checkbox、时间、日期、文件选择功能。在 uni-app 规范中，input 仅是输入框。对于其他功能 uni-app 有单独的组件或 API：radio 组件、checkbox 组件、时间选择、日期选择、图片选择、视频选择、多媒体文件选择(含图片视频)、通用文件选择。示范代码如下：

```
<!-- 本示例未包含完整 CSS,获取外链 CSS 请参考上文,在 hello uni-app 项目中查看 -->
<template>
 <view>
      <view class="uni-common-mt">
           <view class="uni-form-item uni-column">
                <view class="title">可自动聚焦的 input</view>
                <input class="uni-input" focus placeholder="自动获得焦点" />
           </view>
           <view class="uni-form-item uni-column">
                <view class="title">键盘右下角按钮显示为搜索</view>
                <input class="uni-input" confirm-type="search" placeholder="键盘右下角按
钮显示为搜索" />
           </view>
           <view class="uni-form-item uni-column">
                <view class="title">控制最大输入长度的 input</view>
                <input class="uni-input" maxlength="10" placeholder="最大输入长度为 10" />
           </view>
           <view class="uni-form-item uni-column">
                <view class="title">实时获取输入值: {{inputValue}}</view>
                <input class="uni-input" @input="onKeyInput" placeholder="输入同步到 view
中" />
           </view>
           <view class="uni-form-item uni-column">
                <view class="title">控制输入的 input</view>
                <input class="uni-input" @input="replaceInput" v-model="changeValue"
placeholder="连续的两个 1 会变成 2" />
           </view>
           <!-- #ifndef MP-BAIDU -->
           <view class="uni-form-item uni-column">
                <view class="title">控制键盘的 input</view>
                <input class="uni-input" ref="input1" @input="hideKeyboard" placeholder="输
入 123 自动收起键盘" />
           </view>
           <!-- #endif -->
           <view class="uni-form-item uni-column">
                <view class="title">数字输入的 input</view>
                <input class="uni-input" type="number" placeholder="这是一个数字输入框" />
           </view>
           <view class="uni-form-item uni-column">
                <view class="title">密码输入的 input</view>
                <input class="uni-input" password type="text" placeholder="这是一个密码输
入框" />
           </view>
           <view class="uni-form-item uni-column">
                <view class="title">带小数点的 input</view>
                <input class="uni-input" type="digit" placeholder="带小数点的数字键盘" />
           </view>
           <view class="uni-form-item uni-column">
                <view class="title">身份证输入的 input</view>
                <input class="uni-input" type="idcard" placeholder="身份证输入键盘" />
           </view>
           <view class="uni-form-item uni-column">
                <view class="title">控制占位符颜色的 input</view>
                <input class="uni-input" placeholder-style="color:#F76260" placeholder="占
位符字体是红色的" />
           </view>
      <view class="uni-form-item uni-column">
                <view class="title"><text class="uni-form-item__title">带清除按钮的输入
框</text></view>
                <view class="uni-input-wrapper">
                     <input class="uni-input" placeholder="带清除按钮的输入框" :value=
"inputClearValue" @input="clearInput" />
```

```
                <text class="uni-icon" v-if="showClearIcon" @click="clearIcon">
&#xe434;</text>
            </view>
        </view>
        <view class="uni-form-item uni-column">
            <view class="title"><text class="uni-form-item__title">可查看密码的输入
框</text></view>
            <view class="uni-input-wrapper">
                <input class="uni-input" placeholder="请输入密码" :password=
"showPassword" />
                <text class="uni-icon" :class="[!showPassword ? 'uni-eye-active' : '']"
                    @click="changePassword">&#xe568;</text>
            </view>
        </view>
    </view>
</view>
</template>
<script>
export default {
  data() {
      return {
          title: 'input',
          focus: false,
          inputValue: '',
          showClearIcon: false,
          inputClearValue: '',
          changeValue: '',
          showPassword: true
      }
  },
  methods: {
      onKeyInput: function(event) {
          this.inputValue = event.target.value
      },
      replaceInput: function(event) {
          var value = event.target.value;
          if (value === '11') {
              this.changeValue = '2';
          }
      },
      hideKeyboard: function(event) {
          if (event.target.value === '123') {
              uni.hideKeyboard();
          }
      },
      clearInput: function(event) {
          this.inputClearValue = event.detail.value;
          if (event.detail.value.length > 0) {
              this.showClearIcon = true;
          } else {
              this.showClearIcon = false;
          }
      },
      clearIcon: function() {
          this.inputClearValue = '';
          this.showClearIcon = false;
      },
      changePassword: function() {
          this.showPassword = !this.showPassword;
      }
  }
}
</script>
```

3. button 按钮组件

按钮 button 组件主要属性有 size、type、form-type，其属性说明如下。

- size：其值的类型为 String，其值可为 default(默认值)、mini(小尺寸)。
- type：类型为 String，其值分别为 primary(因应用而异)、default(白色)、warn(红色)。
- form-type：类型为 String，用于< form >组件，单击分别会触发< form >组件的 submit/reset 事件。

示范代码如下：

```
1.  <view class = "button - sp - area">
2.     <button type = "primary" plain = "true">按钮</button>
3.     <button type = "primary" disabled = "true" plain = "true">不可点击的按钮</button>
4.     <button type = "default" plain = "true">按钮</button>
5.     <button type = "default" disabled = "true" plain = "true">按钮</button>
6.     <button class = "mini - btn" type = "primary" size = "mini">按钮</button>
7.     <button class = "mini - btn" type = "default" size = "mini">按钮</button>
8.     <button class = "mini - btn" type = "warn" size = "mini">按钮</button>
9.  </view>
```

12.3.4 页面路由跳转——navigator 组件

该组件类似 HTML 中的< a >组件，但只能跳转本地页面。目标页面必须在 pages. json 中注册。除了组件方式，API 方式也可以实现页面跳转。

页面路由跳转 navigator 组件常用的属性有 url、open-type 等，其属性说明如下。

- url：类型为 String，表示应用内的跳转链接，值为相对路径或绝对路径，例如"../first/first"，"/pages/first/first"，注意不能加. vue 后缀。
- open-type：类型为 String，表示跳转方式，取值可以为"navigate(默认值)""Redirect""switchTab"等。

示范代码如下：

```
<template>
 <view>
      <view class = "page - body">
           <view class = "btn - area">
                <navigator url = "navigate/navigate?title = navigate"
                    hover - class = "navigator - hover">
                  <button type = "default">跳转到新页面</button>
                </navigator>
                <navigator url = "redirect/redirect?title = redirect" open - type = "redirect"
                    hover - class = "other - navigator - hover">
                  <button type = "default">在当前页打开</button>
                </navigator>
                <navigator url = "/pages/tabBar/extUI/extUI" open - type = "switchTab"
                    hover - class = "other - navigator - hover">
                  <button type = "default">跳转 tab 页面</button>
                </navigator>
           </view>
      </view>
   </view>
</template>
<script>
//navigate.vue 页面接收参数
    export default {
    onLoad: function(option) {      //option 为 object 类型，会序列化上个页面传递的参数
         console.log(option.id);     //打印出上个页面传递的参数。
         console.log(option.name); //打印出上个页面传递的参数。
    }
 }
</script>
```

12.3.5 tabBar 组件

在编写 uni-app 项目时，若应用需要使用一个多 tab 应用，就可以通过 tabBar 配置项指定一级导航栏以及 tab 切换时显示的对应页，通常位于页面的底部。

在 pages.json 中提供 tabBar 配置，不仅是为了方便快速开发导航，更重要的是在 App 和小程序端提升性能。在这两个平台，底层原生引擎在启动时无须等待 JS 引擎初始化，即可直接读取 pages.json 中配置的 tabBar 信息，渲染原生 tab。

注意

- 当设置 position 为 top 时，将不会显示 icon。
- tabBar 中的 list 是一个数组，只能配置最少 2 个、最多 5 个 tab，tab 按数组的顺序排序。
- tabBar 切换第一次加载时可能渲染不及时，可以在每个 tabBar 页面的 onLoad 生命周期里先弹出一个等待雪花(hello uni-app 使用了此方式)。
- tabBar 的页面展现过一次后就保留在内存中，再次切换 tabBar 页面，只会触发每个页面的 onShow，不会再触发 onLoad。
- 顶部的 tabBar 目前仅在微信小程序上支持。需要用到顶部选项卡的话，建议不使用 tabBar 的顶部设置，而是自己制作顶部选项卡，可参考 hello uni-app->模板->顶部选项卡。

以下是 tabBar 在 pages.json 中的配置代码示例。

```
1.  "tabBar": {
2.    "color": "#7A7E83",
3.    "selectedColor": "#3cc51f",
4.    "borderStyle": "black",
5.    "backgroundColor": "#ffffff",
6.    "list": [{
7.            "pagePath": "pages/component/index",
8.            "iconPath": "static/image/icon_component.png",
9.            "selectedIconPath": "static/image/icon_component_HL.png",
10.                "text": "组件"
11.           }, {
12.                "pagePath": "pages/API/index",
13.                "iconPath": "static/image/icon_API.png",
14.                "selectedIconPath": "static/image/icon_API_HL.png",
15.                "text": "接口"
16.           }]
17.  }
```

【例 12-6】 tabBar 组件实战。

代码如下，页面效果如图 12-23～图 12-26 所示。具体要求：使用 tabBar 设置底部有三个导航的页面，导航标题分别为“首页”“Vue.js”“Vue.js 3.x”，定义相关业务组件分别为 index.vue、book.vue、book2.vue。准备导航图标文件。具体开发步骤如下。

(1) 创建 uni-app-12-5 项目。新建 uni-app-12-5 项目，选择 hello 模板和 Vue 3，完成项目创建。然后选择创建项目，启动运行，并在浏览器中查看创建的默认 hello 项目。

(2) 创建新页面。选择项目中的 pages 文件夹，新建 tabBar 子文件夹，删除原来的 index 子文件夹，如图 12-23 所示。

(3) 创建业务组件。分别创建 index.vue、book1.vue、book2.vue 组件文件。代码如下。

① index.vue 组件文件。页面效果如图 12-24 所示。

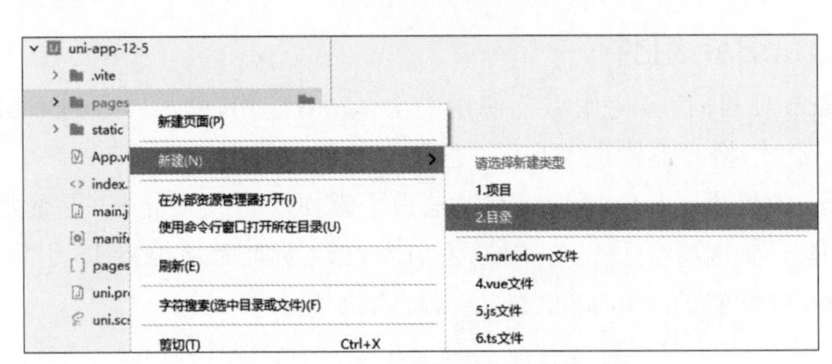

图 12-23　uni-app 创建新子目录 tabBar

```
1.  <template>
2.  <view class="home">
3.    <image src='../../static/image/tsinghua-logo.jpg' mode="widthFix"></image>
4.    <br />
5.    <view class="text1">
6.        <text class="">清华大学出版社成立于 1980 年 6 月,是教育部主管、清华大学主办的综
        合性大学出版社。2009 年 4 月由全民所有制企业改制为有限责任公司。</text>
7.    </view>
8.  </view>
9.  </template>
10. <style>
11. .home {text-align: center;width: 100%;
12.  height: 100%;padding: 5px;}
13. .text1 {text-indent: 2rem;text-align: left;padding: 0 10px;}
14. </style>
```

② book1.vue 组件文件。页面效果如图 12-25 所示。

```
1.  <template>
2.      <view class="book1">
3.          <image src="../../static/image/book1.png" mode="widthFix"></image>
4.          <br />
5.          <view class="text1">
6.              <text class=""> Vue.js 是一套用于构建用户界面的渐进式框架,是目前流行的
              三大前端框架之一。本书以 Vue2.6.12 为基础,重点讲解 Vue 生产环境配置与开
              发工具的使用、基础语法、指令、组件开发及周边生态系统; 以 Vue 3.0 为提纲,重
              点介绍新版本改进和优化之处以及如何利用新版本开发应用程序。</text>
7.          </view>
8.      </view>
9.  </template>
10. <style>
11.     .book1 {width: 100%;height: 100%;text-align: center;}
12.     .text1 {text-indent: 2rem;text-align: left;padding: 0 10px;}
13. </style>
```

③ book2.vue 组件文件。页面效果如图 12-26 所示。

```
1.  <template>
2.  <view class="book2">
3.      <image src="../../static/image/book2.png" mode="widthFix"></image><br />
4.      <view class="text1">
5.          <text>本书详细介绍渐进式框架 Vue.js 3.2 ** 特性和相关优化改进功能,并将 Vue
          CLI 5、Vuex 4、Vue Router 4、Vite4、Axios 及基于 Vue3 的面向设计师和开发者的组件库
          Element Plus 等 ** 周边生态系统囊括其中,满足 Web 前端开发者的真正需要。
          </text>
6.      </view>
7.    </view>
8.  </template>
9.  <style>
10. .book2 {paddoing: 5px;width: 100%;height: 100%;text-align: center;}
11. .book2 .text1 {text-indent: 2em;text-align: left;padding: 0 10px;}
12. </style>
```

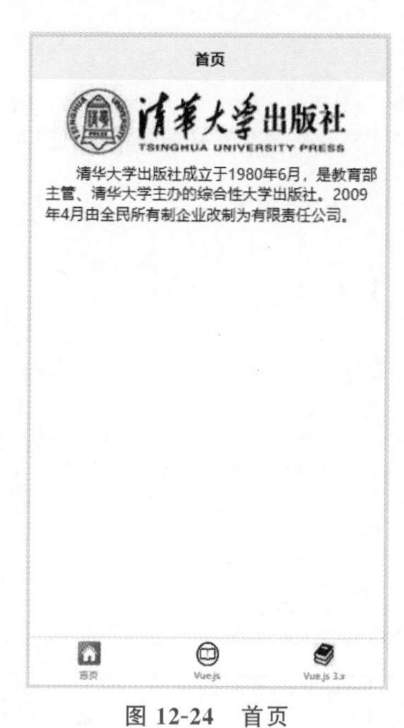

图 12-24 首页

图 12-25 Vue.js 页面

图 12-26 Vue.js 3.x 页面

（4）修改 pages.json 文件。分别配置 pages、globalStyle、tabBar 等参数。内容如下。

```
1.  {
2.      "pages": [{
3.              "path": "pages/tabBar/index",
4.              "style": {
5.                  "navigationBarTitleText": "首页"
6.              }
7.          },
8.          {
9.              "path" : "pages/tabBar/book1",
10.             "style" :
11.             {
12.                 "navigationBarTitleText" : "Vue.js",
13.                 "enablePullDownRefresh" : false
14.             }
15.         },{
16.             "path" : "pages/tabBar/book2",
17.             "style" :
18.             {
19.                 "navigationBarTitleText" : "Vue.js 3.x",
20.                 "enablePullDownRefresh" : false
21.             }
22.         }
23.     ],
24.     "globalStyle": {
25.         "navigationBarTextStyle": "black",
26.         "navigationBarTitleText": "uni-app",
27.         "navigationBarBackgroundColor": "#F8F8F8",
28.         "backgroundColor": "#F8F8F8"
29.     },
30.     "uniIdRouter": {},
31.     "tabBar": {
32.         "color": "#7A7E83",
33.         "selectedColor": "#3cc51f",
34.         "borderStyle": "black",
35.         "backgroundColor": "#ffffff",
```

```
36.         "list": [{      //tab 导航栏对象
37.             "pagePath": "pages/tabBar/index",
38.             "iconPath": "static/image/icon - home1 - 1.png",                //未激活图标
39.             "selectedIconPath": "static/image/selected - icon - home1 - 1.png",//激活图标
40.             "text": "首页"
41.         }, {
42.             "pagePath": "pages/tabBar/book1",
43.             "iconPath": "static/image/icon - book1 - 1.png",
44.             "selectedIconPath": "static/image/selected - icon - book1 - 1.png",
45.             "text": "Vue.js"
46.         },
47.         {
48.             "pagePath": "pages/tabBar/book2",
49.             "iconPath": "static/image/icon - book2 - 1.png",
50.             "selectedIconPath": "static/image/selected - icon - book2 - 1.png",
51.             "text": "Vue.js 3.x"
52.         }]
53.     }
54. }
```

该项目在微信开发者工具中运行的页面效果如图 12-27 和图 12-28 所示。

图 12-27　微信-首页

图 12-28　微信-其他页面

12.4　页面

uni-app 项目中，一个页面就是一个符合 Vue SFC 规范的 Vue 文件。

(1) 在 uni-app JS 引擎版中，后缀名是.vue 或.nvue。这些页面均全平台支持，差异在于当 uni-app 发行到 App 平台时，.vue 文件会使用 webview 进行渲染，.nvue(native vue 的缩写)会使用原生进行渲染。

一个页面可以同时存在 vue 和 nvue，在 pages.json 的路由注册时不包含页面文件名后缀，同一个页面可以对应两个文件名。重名时优先级如下。

① 在非 App 平台，先使用 vue，忽略 nvue。

② 在 App 平台,使用 nvue,忽略 vue。

(2) 在 uni-app x 中,后缀名是. uvue。

uni-app x 中没有 JS 引擎和 webview,不支持和 Vue 页面并存。uni-app x 在 app-android 上,每个页面都是一个全屏 activity,不支持透明。

12.4.1 页面管理

1. 新建页面

uni-app 中的页面默认保存在工程根目录下的 pages 目录下。

每次新建页面,均需在 pages. json 中配置 pages 列表;未在 pages. json -> pages 中注册的页面,uni-app 会在编译阶段将其忽略。pages. json 的完整配置参考页面配置。

通过 HBuilder X 开发 uni-app 项目时,在 uni-app 项目上右击选择"新建页面",HBuilder X 会自动在 pages. json 中完成页面注册,开发更方便。

同时,HBuilder X 还内置了常用的页面模板(如图文列表、商品列表等),选择这些模板,可以大幅提升开发效率。

新建页面时,可以选择是否创建同名目录。创建目录的意义在于:

(1) 如果页面较复杂,需要拆分多个附属的 JS、CSS、组件等文件,则使用目录归纳比较合适。

(2) 如果只有一个页面文件,大可不必多放一层目录。

2. 删除页面

删除页面时,需做以下两项工作。

(1) 删除. vue、. nvue、. uvue 文件。

(2) 删除 pages. json-> pages 列表项中的配置(如使用 HBuilder X 删除页面,会在状态栏提醒删除 pages. json 对应内容,单击后会打开 pages. json 并定位到相关配置项)。

3. 页面改名

操作和删除页面同理,依次修改文件和 pages. json。

4. pages. json 页面路由

pages. json 文件用来对 uni-app 进行全局配置,决定页面文件的路径、窗口样式、原生的导航栏、底部的原生 tabBar 等。它类似微信小程序中 app. json 的页面管理部分。注意定位权限申请等原属于 app. json 的内容,在 uni-app 中是在 manifest 中配置。配置列表如表 12-3 所示。

表 12-3　配置项列表

属　　性	类　　型	必填	描　　述	平台兼容
globalStyle	Object	否	设置默认页面的窗口表现	
pages	Object Array	是	设置页面路径及窗口表现	
easycom	Object	否	组件自动引入规则	2.5.5+
tabBar	Object	否	设置底部 tab 的表现	
condition	Object	否	启动模式配置	
subPackages	Object Array	否	分包加载配置	H5 不支持
preloadRule	Object	否	分包预下载规则	微信小程序
workers	String	否	Worker 代码放置的目录	微信小程序
leftWindow	Object	否	大屏左侧窗口	H5
topWindow	Object	否	大屏顶部窗口	H5
rightWindow	Object	否	大屏右侧窗口	H5

续表

属　　性	类　　型	必填	描　　述	平台兼容
uniIdRouter	Object	否	自动跳转相关配置(HBuilder X 3.5.0)	
entryPagePath	String	否	默认启动首页(HBuilder X 3.7.0)	微信、支付宝小程序

以下是一个包含所有配置选项的 pages.json。

```
{
    "pages": [{
    "path": "pages/component/index",
    "style": {"navigationBarTitleText": "组件"   }
    }, {
    "path": "pages/API/index",
    "style": {"navigationBarTitleText": "接口"   }
    }, {
    "path": "pages/component/view/index",
    "style": {"navigationBarTitleText": "view"   }
    }],
    "condition": {                                     //模式配置,仅开发期间生效
    "current": 0,                                      //当前激活的模式(list 的索引项)
    "list": [{
         "name": "test",                               //模式名称
         "path": "pages/component/view/index"          //启动页面,必选
    }]
    },
    "globalStyle": {
    "navigationBarTextStyle": "black",
    "navigationBarTitleText": "演示",
    "navigationBarBackgroundColor": "#F8F8F8",
    "backgroundColor": "#F8F8F8",
    "usingComponents":{
         "collapse-tree-item":"/components/collapse-tree-item"
    },
    "renderingMode": "seperated",        //仅微信小程序,webrtc 无法正常时尝试强制关闭同层渲染
    "pageOrientation": "portrait", //横屏配置,全局屏幕旋转设置(仅 App/微信/QQ 小程序),支持
//auto / portrait / landscape
    "rpxCalcMaxDeviceWidth": 960,
    "rpxCalcBaseDeviceWidth": 375,
    "rpxCalcIncludeWidth": 750
    },
    "tabBar": {                                   //配置 tabBar 导航栏
    "color": "#7A7E83",                           //默认文字颜色
    "selectedColor": "#3cc51f",                   //设置选中的文字颜色
    "borderStyle": "black",                       //设置边框颜色
    "backgroundColor": "#ffffff",
    "height": "50px",
    "fontSize": "10px",
    "iconWidth": "24px",
    "spacing": "3px",
    "iconfontSrc":"static/iconfont.ttf",          //app tabBar 字体.ttf 文件路径 App 3.4.4+
    "list": [{
         "pagePath": "pages/component/index",
         "iconPath": "static/image/icon_component.png",
         "selectedIconPath": "static/image/icon_component_HL.png",
         "text": "组件",
              "iconfont": {     //优先级高于 iconPath,该属性依赖 tabBar 根节点的 iconfontSrc
                   "text": "\ue102",
              "selectedText": "\ue103",
              "fontSize": "17px",
              "color": "#000000",
              "selectedColor": "#0000ff"
```

```
                }
        }, {
                "pagePath": "pages/API/index",
                "iconPath": "static/image/icon_API.png",
                "selectedIconPath": "static/image/icon_API_HL.png",
                "text": "接口"
        }],
        "midButton": {
                "width": "80px",
                "height": "50px",
                "text": "文字",
                "iconPath": "static/image/midButton_iconPath.png",
                "iconWidth": "24px",
                "backgroundImage": "static/image/midButton_backgroundImage.png"
        }
        },
    "easycom": {
      "autoscan": true,        //是否自动扫描组件
      "custom": {              //自定义扫描规则
        "^uni-(.*)": "@/components/uni-$1.vue"
      }
    },
    "topWindow": {
      "path": "responsive/top-window.vue",
      "style": {
        "height": "44px"
      }
    },
    "leftWindow": {
      "path": "responsive/left-window.vue",
      "style": {
        "width": "300px"
      }
    },
    "rightWindow": {
      "path": "responsive/right-window.vue",
      "style": {
        "width": "300px"
      },
      "matchMedia": {
        "minWidth": 768
      }
    }
}
```

5. 设置应用首页

pages.json -> pages 配置项中的第一个页面,作为当前工程的首页(启动页)。

```
{
    "pages": [
    {   "path": "pages/index/index",          //名字叫不叫 index 无所谓,位置在第一个,就是首页
        "style": {"navigationBarTitleText": "首页" }  //页面标题
    },
    {  "path": "pages/my",
        "style": {"navigationBarTitleText": "我的"  }
    },
    ]
}
```

12.4.2 页面内容构成

uni-app 页面基于 Vue 规范。一个页面内有三个根节点标记,分别如下。

- 模板组件区< template >。
- 脚本区< script >。
- 样式区< style >。

```
<template>
 <view class = "content">
      <button @click = "buttonClick">{{title}}</button>
 </view>
</template>

<script>
     export default {
     data() {
         return {
             title: "Hello world", //定义绑定在页面上的 data 数据
         }
     },
     onLoad() {
         //页面启动的生命周期,这里编写页面加载时的逻辑
     },
     methods: {
         buttonClick: function () {
             console.log("按钮被单击了")
         },
     }
 }
</script>

<style>
     .content {
     width: 750rpx;
     background - color: white;
 }
</style>
```

1. template 模板区

template 中文名为模板,它类似 HTML 的标记。但有以下两个区别。

HTML 中 script 和 style 是 HTML 的二级节点。但在 Vue 文件中,template、script、style 这三个是平级关系。

HTML 中写的是 Web 标记,但 Vue 的 template 中写的全都是 Vue 组件,每个组件支持属性、事件、Vue 指令,还可以绑定 Vue 的 data 数据。

在 Vue 2 中,template 的二级节点只能有一个节点,一般是在一个根 view 下继续写页面组件(如上示例代码)。

但在 Vue 3 中,template 可以有多个二级节点,省去一个层级,例如:

```
<template>
 <view>
      <text>标题</text>
 </view>
 <scroll - view>

 </scroll - view>
</template>
```

可以在 manifest 中切换使用 Vue 2 和 Vue 3。注意:uni-app x 中只支持 Vue 3。

2. script 脚本区

script 中编写脚本,可以通过 lang 属性指定脚本语言。

- 在 Vue 和 nvue 中，默认是 js，可以指定 ts。
- 在 uvue 中，仅支持 uts，不管 script 的 lang 属性写成什么，都按 uts 编译。

```
<script lang = "ts"></script>
```

在 Vue 的选项式（option）规范中，script 下包含 export default {}。除了选项式，还有组合式写法。

页面级的代码大多写在 export default {}中。写在里面的代码，会随着页面关闭而关闭。

1）export default 外的代码

写在 export default {}外面的代码，一般有以下几种情况。

- 引入第三方 js/ts 模块。
- 引入非 easycom 的组件（一般组件推荐使用 easycom，无须导入注册）。
- 在 ts/uts 中，对 data 进行类型定义。
- 定义作用域更大的变量。

```
<script lang = "ts">
const TAB_OFFSET = 1;                               //外层静态变量不会跟随页面关闭而回收
    import charts from 'charts.ts';                 //导入外部 js/ts 模块
    import swiperPage from 'swiper - page.vue';     //导入非 easycom 的组件
    type GroupType = {
    id : number,
    title : string
    } //在 ts 中,为下面 data 数据的 groupList 定义类型
    export default {
    components: {
       swiperPage
    },                                              //注册非 easycom 组件
    data() {
        return {
              groupList: [
                  { id: 1, title: "第一组" },
                  { id: 2, title: "第二组" },
              ]as GroupType[],                      //为数据 groupList 定义 ts 类型
        }
    },
    onLoad() {},
    methods: {}
 }
</script>
```

开发者应谨慎编写 export default {}外面的代码，这里的代码有以下两个注意事项。

- 影响应用性能。这部分代码在应用启动时执行，而不是页面加载。如果这里的代码写得太复杂，会影响应用启动速度，占用更多内存。
- 不跟随组件、页面关闭而回收。在外层的静态变量不会跟随页面关闭而回收。如果必要需要手动处理。例如，对 beforeDestroy 或 destroyed 生命周期进行处理。

2）export default 里的代码

export default {}里的内容，是页面的主要逻辑代码，包括以下几部分。

- data：template 模板中需要使用的数据。
- 页面生命周期：如页面加载、隐藏、关闭。
- methods 方法：如按钮单击、屏幕滚动。

如下页面代码的逻辑是：

- 在 data 中定义了 title，初始值是“点我”。

- 在页面中放置一个 button 组件，按钮文字区使用{{}}模板写法，里面写 title，把 data 里的 title 绑定到按钮的文字区，即按钮的初始文字是“点我”。
- 按钮的单击事件@click，指向了 methods 里的一个方法 buttonClick，单击按钮即触发这个方法的执行。
- buttonClick()方法里通过 this. title 的方式，访问 data 数据，并重新赋值为“被点了”。由于 Vue 中 data 和界面是双向绑定，修改 data 中的 title 后，因为按钮文字绑定了 title，会自动更新按钮的文字。

整体效果就是，刚开始按钮文字是“点我”，单击后按钮文字变成了“被点了”。

```
<template>
 <view>
      <button @click = "buttonClick">{{title}}</button>
 </view>
</template>

<script>
      export default {
      data() {
           return {
               title: "点我",       //定义绑定在页面上的 data 数据
               //多个 data 在这里继续定义。以逗号分隔
           }
      },
      onLoad() {
           //页面启动的生命周期，这里编写页面加载时的逻辑
      },
      //多个页面生命周期监听，在这里继续写。以逗号分隔
      methods: {
           buttonClick: function () {
               this.title = "被点了"
           },
           //多个方法，在这里继续写。以逗号分隔
      }
 }
</script>
```

3. style 样式区

style 的写法与 Web 的 CSS 基本相同。

如果页面是 nvue 或 uvue，使用原生渲染而不是 webview 渲染，那么它们支持的 CSS 是有限的。

12.4.3 页面生命周期

uni-app 页面除支持 Vue 组件生命周期外还支持下方页面生命周期函数，uni-app 页面生命周期函数如表 12-4 所示。

表 12-4 uni-app 页面生命周期函数

函数名	说明
OnLaunch	当 uni-app 初始化完成时触发(全局只触发一次)
onLoad	侦听页面加载，其参数为上个页面传递的数据，参数类型为 Object(用于页面传参)
onShow	侦听页面显示
onReady	侦听页面初次渲染完成
onHide	侦听页面隐藏
onUnload	侦听页面卸载

续表

函 数 名	说 明
onPullDownRefresh	侦听用户下拉动作,一般用于下拉刷新
onReachBottom	页面上拉触底事件的处理函数
onPageScroll	侦听页面滚动,参数为 Object
onTabItemTap	当前是 tab 页时,单击 tab 时触发
onShareAppMessage	用户单击右上角分享

例如,默认 Hello 项目的 App.vue 文件如下。

```
<script>
export default {
  onLaunch: function () {
    console.log('App Launch')
  },
  onShow: function () {
    console.log('App Show')
  },
  onHide: function () {
    console.log('App Hide')
  },
}
</script>
<style>
    s/* 每个页面公共 css */
</style>
```

当以组合式 API 使用时,在 Vue2 和 Vue3 中使用生命周期函数的方法存在一定区别。

- Vue2 组合式 API 使用方法。

```
<script>
   import { onLoad, onShow, } from "@dcloudio/uni-app";
</script>
```

- Vue3 组合式 API 使用方法。

```
<script setup>
    import { onLoad, onShow } from "@dcloudio/uni-app";
</script>
```

12.5 uni-app 实战案例

由于 uni-app 能够“开发一次,多端覆盖”,受到大多数开发者的青睐。uni-app 是采用 Vue.js 作为开发前端应用的框架,开发者编写一套代码,可发布到 iOS、Android、Web(响应式),以及各种小程序、快应用等多个平台。下面以一个示例简述 uni-app 项目的开发步骤。

12.5.1 创建项目

使用 HBuilder X 来创建项目,选择“文件”|“新建”|“项目”|uni-app,输入项目名称、项目所在文件夹、模板及 Vue 版本等信息,单击“创建”按钮,完成项目初始化创建,如图 12-29 所示。

12.5.2 项目组件开发

创建天气预报相关业务组件,分别为天气详情 weather.vue、空气质量 circleProgress.vue、风车 windMill.vue。

(1) 天气详情 weather.vue 组件,代码如下。

```
1.  <template>
2.      <scroll-view scroll-y="true" class="main">
```

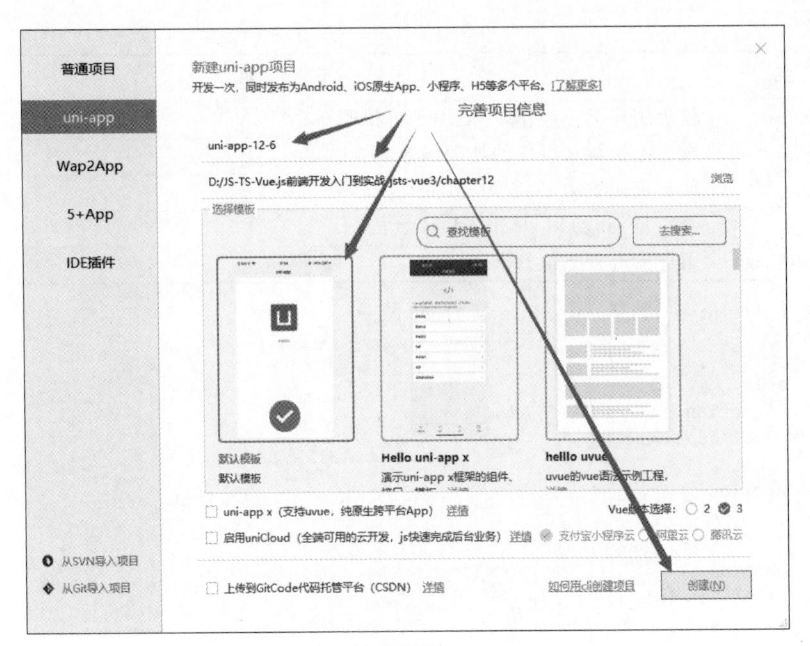

图 12-29 创建项目 uni-app-12-6

```
3.          <view class = "current">
4.              <view class = "temp src">
5.                  <view class = "temp src left">苏州气象台</view>
6.                  <view class = "temp src right">上次更新时间：{{updatetime}}</view>
7.              </view>
8.              <view class = "district">{{district}}</view>
9.              <view class = "temp">{{temp}}°C</view>
10.             <view class = "temp range" >{{temprange}}</view>
11.             <view class = "temp desc" >{{tempdesc}}</view>
12.         </view>
13.         <scroll-view scroll-x = "true">
14.             <view class = "hour" enable-flex = "true">
15.                 <view class = "each hour" v-for = "item in timelist">
16.                     <view class = "each hour time">{{item.time}}</view>
17.                     <image :src = "item.img" mode = "scaleToFill" class = "each hour img">
                        </image>
18.                     <view class = "each hour temp">{{item.temp}}</view>
19.                 </view>
20.             </view>
21.         </scroll-view>
22.         <view class = "sevenday">
23.             <view class = "each day" v-for = "item in daylist">
24.                 <view class = "each day text">
25.                     {{item.day}} {{item.week}}
26.                 </view>
27.                 <image class = "each day img" :src = "item.img" mode = "" ></image>
28.                 <view class = "each day temp">{{item.temp}}</view>
29.             </view>
30.         </view>
31.         <view class = "air">
32.             <view class = "air title">
33.                 <view class = "" style = "flex: 1;">空气质量</view>
34.                 <view class = "" style = "text-align: right;flex: 1;">更多></view>
35.             </view>
36.             <view class = "air body">
37.                 <view class = "air left">
38.                     <circleProgress class = "airprogress" :Percentage = "airvalue">
                        </circleProgress>
39.                 </view>
```

```
40.                     < view class = "air right">
41.                         < view class = "air content" v - for = "item in airlist">
42.                             < view class = "air content name">{{item.name}}</view >
43.                             < view class = "air content value">{{item.value}}</view >
44.                         </view >
45.                     </view >
46.                 </view >
47.             </view >
48.             < view class = "wind">
49.                 < view class = "wind title">
50.                     < view class = "" style = "flex: 1;">风向风力</view >
51.                     < view class = "" style = "text - align: right;flex: 1;">更多></view >
52.                 </view >
53.                 < view class = "wind body">
54.                     < view class = "wind left">
55.                         < windMill class = "wind01"></windMill >
56.                         < windMill class = "wind02"></windMill >
57.                     </view >
58.                     < view class = "wind right">
59.                         < view class = "wind right direction">
60.                             < view style = "flex: 1;text - align: left;">风向</view >
61.                             < view style = "flex: 1;text - align: left;">{{winddirection}}
                                </view >
62.                         </view >
63.                         < view class = "wind right power">
64.                             < view style = "flex: 1;text - align: left;">风力</view >
65.                             < view style = "flex: 1;text - align: left;">{{windpower}}</
                                view >
66.                         </view >
67.                     </view >
68.                 </view >
69.             </view >
70.         </scroll - view >
71. </template >
72.
73. < script setup >
74.     import windMill from "./windMill.vue"
75.     import circleProgress from "./circleProgress.vue"
76.     defineProps({
77.         district: {type: String,required: true,},
78.         temp: {type: Number,default: 0},
79.         temprange: {type: String,},
80.         tempdesc: {type: String,},
81.         updatetime: {type: String,},
82.         timelist: {type: Array,},
83.         daylist: {type: Array,},
84.         airvalue: {type: Number,default: 10,},
85.         airlist: {type: Array,},
86.         winddirection: {type: String,},
87.         windpower: {type: String,}
88.     })
89. </script >
90. < style >
91.     view {font - family: Arial, Helvetica, sans - serif;
92.         font - size: 28rpx;padding: 2rpx;}
93.     .main {width: 100 % ;height: 100 % ;padding: 4rpx;
94.         background - color: rgba(30, 100, 155, 0.4);color: #FFFFFF;}
95.     .current {display: flex;flex - direction: column;
96.         vertical - align: middle;justify - content: center;height: 400rpx;
97.         border - bottom: 2rpx solid #F1F1F1;}
98.     .current view {margin - bottom: 4rpx;}
99.     .district {height: 60rpx;font - size: 45rpx;text - align: center;}
100.  .temp {height: 90rpx;font - size: 70rpx;text - align: center;
101.          line - height: 1.5;}
```

```
102.        .temp range {height: 60rpx;font-size: 40rpx;
103.            text-align: center;line-height: 1.5;}
104.        .temp desc {height: 50rpx;font-size: 30rpx;
105.            text-align: center;line-height: 1.5;}
106.        .temp src {display: flex;flex-direction: row;
107.            text-align: justify;vertical-align: bottom;}
108.    .temp src left {}
109.        .temp src right {flex: 1;text-align: right;}
110.        .top {display: flex;flex-direction: column;}
111.        .hour {display: flex;flex-direction: row;text-align: center;
112.            font-size: small;margin-top: 4rpx;margin-bottom: 4rpx;
113.            border-bottom: 2rpx solid #F1F1F1;}
114.        .each hour {margin-left: 6rpx;}
115.        .each hour img {width: 50rpx;height: 50rpx;}
116.    .each hour img image{width:100%;height:100%;
117.        border-raduis:25rpx;background:red;}
118.        .sevenday {display: flex;flex-direction: column;}
119.    .each day {display: flex;flex-direction: row;text-align: center;
120.            margin-bottom: 2rpx;border-bottom: 2rpx solid #F1F1F1;}
121.        .each day text {flex: 1;text-align: left;line-height: 2;}
122.    .each day img {width: 70rpx;height: 70rpx;}
123.        .each day temp {flex: 1;text-align: right;line-height: 2;}
124.    .air {display: flex;flex-direction: column;
125.            margin: 6rpx;height: 260rpx;}
126.        .air title {display: flex;flex-direction: row;font-size: small;}
127.    .air body {display: flex;flex-direction: row;height: 100%;}
128.    .air left {flex: 1;display: inline-block;
129.            text-align: center;margin-top: 6rpx;}
130.        .airprogress {position: absolute;left: 40rpx;}
131.    .air right {flex: 1;display: flex;flex-direction: column;}
132.        .air content {display: flex;flex-direction: row;}
133.        .air content name {flex: 1;font-size: 20rpx;}
134.        .air content value {flex: 1;font-size: 20rpx;}
135.    .wind {display: flex;flex-direction: column;
136.            height: 260rpx;margin: 6rpx;}
137.        .wind title {display: flex;flex-direction: row;}
138.    .wind body {display: flex;flex-direction: row;}
139.        .wind left {flex: 1;position: relative;height: 150rpx;}
140.    .wind right {flex: 1;display: flex;flex-direction: column;}
141.        .wind right direction {flex: 0.5;display: flex;flex-direction: row;}
142.    .wind right power {flex: 1;display: flex;flex-direction: row;}
143.        .wind left img {width: 140rpx;height: 140rpx;}
144.        .wind01 {position: absolute;top: 10rpx;left: 0rpx;}
145.    .wind02 {position: absolute;top: -20rpx;left: 90rpx;}
146.        .provider {text-align: center;}
147.        image{width:100%;height:100%;border-radius:56%;}
148.    </style>
```

(2) 空气质量 circleProgress.vue 组件，代码如下。

```
1.  <template>
2.      <view class="content">
3.          <view class="progress">
4.              <view class="progress outer">
5.                  <view class="progress inner"></view>
6.                  <view class="progress masker" :style="{marginTop:martop+'%'}">
                    </view>
7.              </view>
8.              <view class="progress value">{{Percentage}}%</view>
9.          </view>
10.     </view>
11. </template>
12. <script setup>
13.     import {ref} from 'vue'
14.     //进度条百分比
```

```
15.        const props = defineProps({
16.            Percentage: {type: Number,default: 10},
17.      })
18.        //设置元素的 style 属性 margin - top: %
19.        const martop = ref(100 - props.Percentage)
20.    </script>
21.    < style >
22.        .content {width: 200rpx;height: 200rpx;
23.            display: block;box - sizing: border - box;}
24.        .progress {position: relative;width: 200rpx;
25.            height: 200rpx;padding: 0;box - sizing: border - box;}
26.        .progress outer {height: 100 % ;width: 100 % ;background: # AADF00;
27.            border - radius: calc(100 % /2);
28.            border: 5px solid rgba(0, 0, 0, 0.5);
29.            padding: 0;box - shadow: 0px 2px 4px # 555555;
30.             - webkit - box - shadow: 0px 2px 4px # 555555;
31.             - moz - box - shadow: 0px 2px 4px # 555555;
32.            position: absolute;box - sizing: border - box;overflow: hidden;}
33.        .progress inner {height: 100 % ;width: 100 % ;border: 1px solid yellow;
34.            border - radius: calc(100 % /2);position: absolute;
35.            background - color: white;text - align: center;box - sizing: border - box;}
36.    .progress masker {height: 100 % ;width: 100 % ;
37.            background: linear - gradient(to top, # 0DC, # 00BF00);
38.            position: absolute;box - sizing: border - box;}
39.        .progress value {width: 100 % ;color: black;font - weight: bolder;
40.            background - color: transparent;text - align: center;
41.            position: absolute;margin - top: 90rpx;}
42.    </style>
```

(3) 风车 windMill.vue 组件,代码如下。

```
1.    < template >
2.      < view >
3.        < view class = "wind mill">
4.          < view class = "circle"></view>
5.          < view class = "vane">
6.            < view class = "vane1"></view>
7.            < view class = "vane2"></view>
8.            < view class = "vane3"></view>
9.          </view>
10.         < view class = "blade"> </view>
11.       </view>
12.     </view>
13.   </template>
14.   < style >
15.   .wind mill {width: 200rpx;height: 220rpx;position: relative;}
16.   @keyframes vanflash {
17.     from {transform: rotate(0deg);transform - origin: center;}
18.     to {transform: rotate(360deg);transform - origin: center;}
19.   }
20.   .vane {width: 200rpx;height: 200rpx;position: relative;
21.     animation - name: vanflash;animation - duration: 5s;
22.       animation - iteration - count: infinite;}
23.   .vane1 {display: block;width: 80rpx;height: 4rpx;
24.     background - color: # ffffff;border - radius: 5rpx;
25.     position: absolute;left: 100rpx;top: 100rpx;
26.     transform: rotate(0deg);transform - origin: left;
27.      - webkit - transform: rotate(0deg);
28.        background:linear - gradient(to right, # FFF, # 0000ff);}
29.   .vane2 {width: 80rpx;height: 4rpx;background - color: # ffffff;
30.     position: absolute;left: 100rpx;top: 100rpx;border - radius: 5rpx;
31.     transform: rotate(120deg);transform - origin: left;
32.      - webkit - transform: rotate(120deg);
33.        background:linear - gradient(to right, # FFF, # ff0000);}
34.   .vane3 {width: 80rpx;height: 4rpx;background - color: # ffffff;
```

```
35.     position: absolute;left: 100rpx;top: 100rpx;
36.     border-radius: 5rpx;transform: rotate(240deg);
37.     transform-origin: left;-webkit-transform: rotate(240deg);
38.         background:linear-gradient(to right, #FFF, #00FF00);}
39.   .circle {position: absolute;left: 90rpx;top: 90rpx;
40.     background-color: #ffffff;width: 20rpx;
41.     height: 20rpx;border-radius: 16rpx;}
42.   .blade {width: 120rpx;height: 10rpx;background-color: #ffffff;
43.     position: absolute;left: 100rpx;top: 100rpx;
44.     border-radius: 5rpx;transform: rotate(90deg);transform-origin: left;
45.         background:linear-gradient(to top, #EFD, #CCFFDD);}
46.   </style>
```

12.5.3　入口组件及主页面组件

入口组件在项目根文件下,项目主页面组件 index.vue 位于项目的 pages 子文件夹下。

1. 入口 App.vue 组件

```
1.   <script>
2.       export default {
3.           onLaunch() {console.log('App Launch')},
4.           onShow() {console.log('App Show')},
5.           onHide() {console.log('App Hide')},
6.       }
7.   </script>
8.   <style>
9.       /* 每个页面公共 css */
10.      uni-page-body,
11.      #app {width: 100%;height: 100%;}
12.      /* #ifdef APP-PLUS */
13.      /* 以下样式用于 hello uni-app 演示所需 */
14.      page {height: 100%;}
15.      /* #endif */
16.  </style>
```

2. pages/index/index.vue 组件

```
1.   <template>
2.     <view class="content">
3.         <swiper :indicator-dots="showIndicatorDots" indicator-color="#FFFFFF"
           indicator-active-color="#FF0000"
4.                 :autoplay="isAutoPlay">
5.           <swiper-item v-for="(item,index) in weather content">
6.         <weather :id="index" :district="item.district" :temp="item.temp" :tempdesc=
           "item.tempdesc"  :temprange="item.temprange" :updatetime="item.updatetime" :
           timelist="item.time list" :daylist="item.day list" :airvalue="item.air value" :
           airlist="item.air list" :winddirection="item.winddirection"   :windpower="item.
           windpower" class="weather">
7.             </weather>
8.           </swiper-item>
9.         </swiper>
10.    </view>
11.  </template>
12.  <script setup>
13.      import weather from "../../components/weather.vue"
14.      import {ref,reactive} from 'vue'
15.      const title = ref('Hello')
16.      const showIndicatorDots = ref(true)
17.      const isAutoPlay = ref(false)
18.      const weather content = reactive([{
19.          district:"高新区",temp: 9,temprange: "4°C / 11°C",
20.          tempdesc:"晴 空气良",updatetime: "23:30",
21.          time list: [
22.              {time: "00:00",img: "../../static/day/d00.png",temp: "4°C"},
23.              {time: "01:00",img: "../../static/day/d01.png",temp: "1°C"},
```

```
24.  {time: "02:00",img: "../../static/day/d02.png",temp: "2°C"},
25.             {time: "03:00", img: "../../static/day/d03.png", temp: "3°C"}, {time: "04:
             00",img: "../../static/day/d04.png",temp: "4°C"},
26.             {time: "05:00", img: "../../static/day/d05.png", temp: "5°C"}, {time: "06:
             00",img: "../../static/day/d06.png",temp: "5°C"},
27.             {time: "07:00", img: "../../static/day/d07.png", temp: "5°C"}, {time: "08:
             00",img: "../../static/day/d08.png",temp: "6°C"},
28.             {time: "09:00", img: "../../static/day/d09.png", temp: "9°C"}, {time: "10:
             00",img: "../../static/day/d10.png",temp: "6°C"},
29.             {time: "11:00", img: "../../static/day/d11.png", temp: "7°C"}, {time: "12:
             00",img: "../../static/day/d12.png",temp: "7°C"},
30.             {time: "13:00", img: "../../static/day/d13.png", temp: "7°C"}, {time: "14:
             00",img: "../../static/day/d14.png",temp: "8°C"},
31.             {time: "15:00",img: "../../static/day/d15.png",temp: "10°C"}, {time: "16:
             00",img: "../../static/day/d16.png",temp: "11°C"},
32.             {time: "17:00",img: "../../static/day/d17.png",temp: "10°C"}, {time: "18:
             00",img: "../../static/day/d18.png",temp: "9°C"},
33.             {time: "19:00", img: "../../static/day/d19.png", temp: "8°C"}, {time: "20:
             00",img: "../../static/day/d20.png",temp: "8°C"},
34.            {time: "21:00",img: "../../static/day/d21.png",temp: "7°C"},
35.            {time: "22:00",img: "../../static/day/d22.png",temp: "7°C"},
36.            {time: "23:00",img: "../../static/day/d23.png",temp: "6°C"}
37.                ],
38.          day list: [{
39.              day: "1 月 20 日",week: "昨天",
40.              img: "../../static/night/n00.png",temp: "13°C/9°C"
41.            },
42.            {day: "1 月 21 日",week: "今天",
43.              img: "../../static/night/n01.png",temp: "11°C/6°C"},
44.            {day: "1 月 22 日",week: "明天",
45.              img: "../../static/night/n03.png",temp: "12°C/7°C"},
46.            {day: "1 月 23 日",week: "星期二",
47.                  img: "../../static/night/n04.png",temp: "12°C/3°C"},
48.            {day: "1 月 24 日",week: "星期三",
49.                  img: "../../static/night/n06.png",temp: "12°C/02°C"},
50.            {day: "1 月 25 日",week: "星期四",
51.                  img: "../../static/night/n07.png",temp: "12°C/02°C"},
52.            {day: "1 月 26 日",week: "星期五",
53.                  img: "../../static/night/n09.png",temp: "06°C/02°C"}
54.          ],
55.          air value: 35,
56.          air list: [
57.              {name: "PM10",value: 35},
58.              {name: "PM2.5",value: 26},
59.              {name: "NO2",value: 31},
60.              {name: "SO2",value: 4},
61.              {name: "O3",value: 36},
62.              {name: "CO",value: 0.81}
63.          ],
64.          winddirection: "东北风",
65.          windpower: "1～3 级",
66.        },
67.              {
68.              district: "城区",temp: 19,temprange: "5°C / 12°C",
69.              tempdesc: "阴 空气很好",updatetime: "23:00",
70.              time list: [
71.                  {time: "00:00",img: "../../static/night/n00.png",temp: "0°C"},
72.                    {time: "01:00", img: "../../static/night/n01.png", temp: "1°C"},
                      {time: "02:00",img: "../../static/night/n02.png",temp: "2°C"},
73.                    {time: "03:00", img: "../../static/night/n03.png", temp: "3°C"},
                      {time: "04:00",img: "../../static/night/n04.png",temp: "4°C"},
74.                    {time: "05:00", img: "../../static/night/n05.png", temp: "5°C"},
                      {time: "06:00",img: "../../static/night/n06.png",temp: "6°C"},
75.                    {time: "07:00", img: "../../static/night/n07.png", temp: "7°C"},
                      {time: "08:00",img: "../../static/night/n08.png",temp: "8°C"},
```

```
76.                 {time: "09:00", img: "../../static/night/n09.png", temp: "9°C"},
                    {time: "10:00", img: "../../static/night/n10.png", temp: "10°C"},
77.                 {time: "11:00", img: "../../static/night/n11.png", temp: "11°C"},
                    {time: "12:00", img: "../../static/night/n12.png", temp: "12°C"},
78.                 {time: "13:00", img: "../../static/night/n13.png", temp: "13°C"},
                    {time: "14:00", img: "../../static/night/n14.png", temp: "12°C"},
79.                 {time: "15:00", img: "../../static/night/n15.png", temp: "12°C"},
                    {time: "16:00", img: "../../static/night/n16.png", temp: "11°C"},
80.                 {time: "17:00", img: "../../static/night/n17.png", temp: "11°C"},
                    {time: "18:00", img: "../../static/night/n18.png", temp: "10°C"},
81.                 {time: "19:00", img: "../../static/night/n19.png", temp: "9°C"},
                    {time: "20:00", img: "../../static/night/n20.png", temp: "9°C"},
82.                 {time: "21:00", img: "../../static/night/n21.png", temp: "8°C"},
                    {time: "22:00", img: "../../static/night/n22.png", temp: "8°C"},
83.               {time: "23:00", img: "../../static/night/n23.png", temp: "8°C"}
84.         ],
85.         day list: [{day: "1 月 20 日", week: "昨天",
86.                   img: "../../static/day/d00.png", temp: "12°C/5°C"},
87.                   {day: "1 月 21 日", week: "今天",
88.                     img: "../../static/day/d01.png", temp: "12°C/11°C"},
89.                   {day: "1 月 22 日", week: "明天",
90.                     img: "../../static/day/d03.png", temp: "22°C/09°C"},
91.                   {day: "1 月 23 日", week: "星期二",
92.                     img: "../../static/day/d04.png", temp: "28°C/11°C"},
93.                   {day: "1 月 24 日", week: "星期三",
94.                     img: "../../static/day/d06.png", temp: "12°C/02°C"},
95.                   {day: "1 月 25 日", week: "星期四",
96.                     img: "../../static/day/d07.png", temp: "12°C/8°C"},
97.                   {day: "1 月 26 日", week: "星期五",
98.                     img: "../../static/night/n09.png", temp: "11°C/5°C"}
99.         ],
100.         air value: 55,
101.         air list: [
102.         {name: "PM10", value: 59},
103.         {name: "PM2.5", value: 35},
104.         {name: "NO2", value: 23},
105.         {name: "SO2", value: 5},
106.         {name: "O3", value: 65},
107.         {name: "CO", value: 0.71}
108.       ],
109.         winddirection: "东南风",
110.         windpower: "1～3 级",
111.       }
112.     ]
113.   )
114.   </script>
115.   <style>
116.     .content {width: 100%;height: 100%;color: #007AFF;}
117.     swiper {width: 100%;height: 100%;}
118.     .swiper-item {border: #007AFF 1rpx solid;}
119.     .weather {height: 100%;}
120.   </style>
121.
```

12.5.4 main.js 文件

项目初始设置时，选用 Vue 3 和默认 Hello 模板。main.js 文件代码如下。

```
1.  import App from './App'
2.  //#ifndef VUE3
3.  import Vue from 'vue'
4.  import './uni.promisify.adaptor'
5.  Vue.config.productionTip = false
6.  App.mpType = 'app'
7.  const app = new Vue({
8.    ...App
```

```
9.  })
10. app. $ mount()
11. //# endif
12. //# ifdef VUE3
13. import { createSSRApp } from 'vue'
14. export function createApp() {
15.   const app = createSSRApp(App)
16.   return {
17.     app
18.   }
19. }
20. //# endif
```

12.5.5 页面管理配置文件 pages.json 文件

pages.json 是工程的页面管理配置文件，包括页面路由注册、页面参数配置(原生标题栏、下拉刷新、……)、首页 tabBar 等众多功能。该项目比较简单，所以其结构并不复杂。代码如下。

```
1.  {
2.      "pages": [ //pages 数组中第一项表示应用启动页，参考: https://uniapp.dcloud.io/
        collocation/pages
3.          {
4.              "path": "pages/index/index",
5.              "style": {
6.                  "navigationBarTitleText": "uni - app + Vue3  + Vite 天气预报"
7.              }
8.          }
9.      ],
10.     "globalStyle": {
11.         "navigationBarTextStyle": "black",
12.         "navigationBarTitleText": "uni - app + Vue3  + Vite 天气预报",
13.         "navigationBarBackgroundColor": "#F8F8F8",
14.         "backgroundColor": "#F8F8F8"
15.     },
16.     "uniIdRouter": {}
17. }
```

12.5.6 项目运行

项目所有开发工作完成后，整个项目结构如图 12-30 所示。然后开始运行，采用两种方式运行：①浏览器运行；②手机真机或模拟器运行。

1. 浏览器运行(Chrome)

从 HBuilder X 的菜单中选择“运行”|“运行到浏览器”|Chrome。在 Chrome 浏览器中会自动打开 http://localhost:5173/#/，如图 12-31 所示。

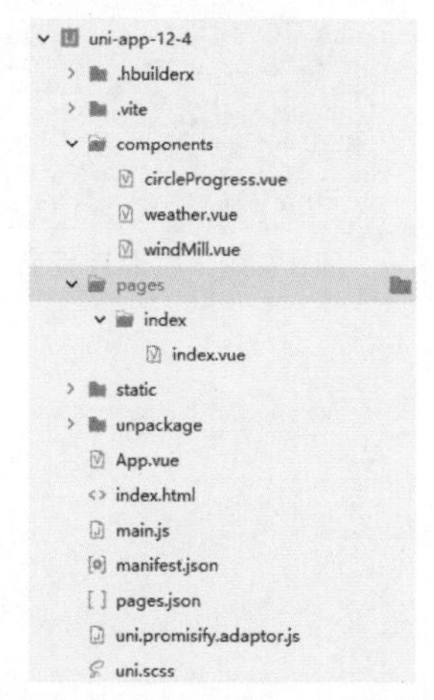

图 12-30 uni-app-12-1 项目结构

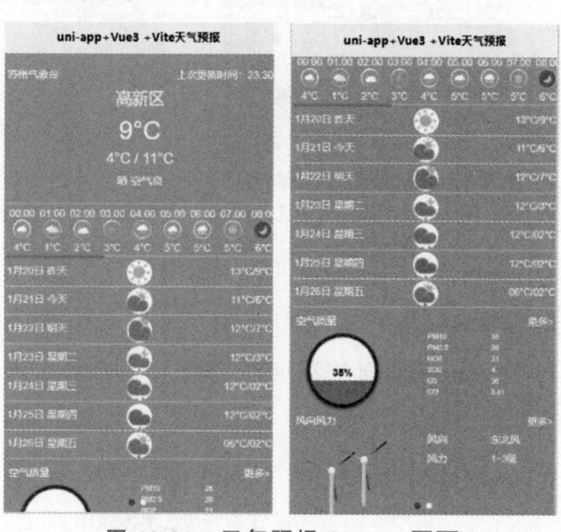

图 12-31 天气预报 Chrome 页面

2. 运行到手机或模拟器

从 HBuilder X 的菜单上选择“运行”|“运行到手机或模拟器”|“运行到 Android App 基座”，如图 12-32 所示。单击“刷新”，查找连接的手机，出现后选中此设备，单击“运行”按钮，此时 HBuilder X 终端上会出现启动信息，如图 12-33 所示。

图 12-32　运行到 Android App 基座

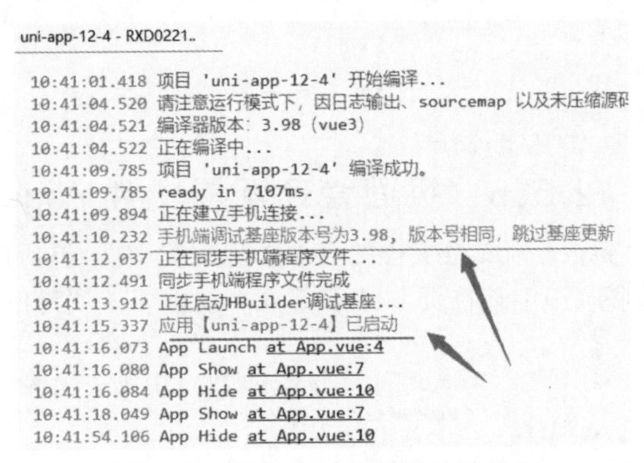

图 12-33　HBuilder X 终端启动信息

单击“运行”按钮后，手机在同步数据完成后，在手机上出现 HBuilder 图标，如图 12-34 所示。单击后可以运行 App 程序，如图 12-35 所示，在手机上左滑一下，会出现第二个页面，如图 12-36 所示。

图 12-34　手机上页面

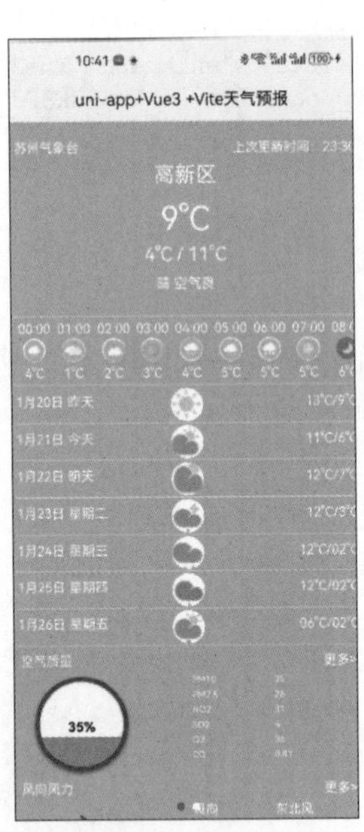

图 12-35　项目首页

图 12-36　左滑后页面

项目实战 12

1. uni-app 创建简易项目实战——选修课表

扫一扫

文本

扫一扫

视频

2. uni-app 组件 tabBar 实战——图书商城

扫一扫

文本

扫一扫

视频

小结

本章简要介绍了 uni-app 的特点和优势。讲解 uni-app 开发项目的运行环境安装与配置，重点介绍了 uni-app 项目开发方法，并对 uni-app 内置组件和页面进行简单的介绍。以天气预报示例讲解了整个项目开发过程和基本步骤，实现在浏览器和手机中真实运行 App。

练习 12

扫一扫

习题

扫一扫

自测题

参 考 文 献

[1] 储久良. Vue.js 3.x前端开发技术与实战：微课视频版[M]. 北京：清华大学出版社，2024.

[2] 储久良. Web前端开发技术：HTML5、CSS3、JavaScript(题库·微课视频版)[M]. 4版. 北京：清华大学出版社，2023.

[3] 储久良. Web前端开发技术实验与实践：HTML5、CSS3、JavaScript[M]. 4版. 北京：清华大学出版社，2023.

[4] 储久良. Vue.js前端框架技术与实战：微课视频版[M]. 北京：清华大学出版社，2022.

[5] 储久良. Web前端开发技术：HTML5、CSS3、JavaScript(微课视频版)[M]. 3版. 北京：清华大学出版社，2018.

[6] 储久良. Web前端开发技术实验与实践：HTML5、CSS3、JavaScript[M]. 3版. 北京：清华大学出版社，2018.